微波冶金

Microwave Metallurgy

彭金辉　夏洪应　等 著

科 学 出 版 社
北　京

内 容 简 介

微波冶金是将微波能应用于冶金单元，利用其选择性加热、内部加热和非接触加热等特点来强化反应过程的冶金新技术，属于前沿交叉学科。本书在介绍微波与冶金物料相互作用机理的基础上，围绕微波在磨矿、干燥、煅烧、还原、熔炼、浸出等典型反应单元中的应用，分 11 章进行系统阐述。

本书主要反映了作者及其团队在微波冶金领域的代表性研究成果。本书可作为高校冶金、材料、化工等学科相关专业本科生、研究生的学习教材，也可供相关教学、科研和工程技术人员参考。

图书在版编目(CIP)数据

微波冶金＝Microwave Metallurgy/彭金辉等著.—北京：科学出版社，2016

ISBN 978-7-03-050862-1

Ⅰ.①微… Ⅱ.①彭… ②夏… Ⅲ.①微波技术－应用－冶金 Ⅳ.①TF19

中国版本图书馆CIP数据核字(2016)第283554号

责任编辑：吴凡洁　冯晓利 / 责任校对：郭瑞芝
责任印制：吴兆东 / 封面设计：耕者设计工作室

科学出版社 出版
北京东黄城根北街 16 号
邮政编码：100717
http://www.sciencep.com
北京厚诚则铭印刷科技有限公司 印刷
科学出版社发行　各地新华书店经销
*
2016 年 12 月第 一 版　开本：720 × 1000 1/16
2022 年 1 月第三次印刷　印张：32 1/4
字数：632 000

定价：258.00 元

(如有印装质量问题，我社负责调换)

前　言

作为一种新型绿色冶金方法，微波冶金是将微波能应用于冶金单元，利用其选择性加热、内部加热和非接触加热等特点，强化反应过程的冶金新技术，现已发展成为一门引人注目的前沿交叉学科。

我国于 20 世纪 80 年代开始该领域的研究，与常规加热技术相比，微波冶金在宏观上表现出升温速率快、加热效率高、反应温度低等特点，利用这些特点有可能开发出在常规加热条件下难以实现的冶金新技术，改造某些传统工艺，使微波冶金逐步发展成为促进冶金工业节能降耗、提高资源利用率、提升冶金产品深加工水平的有效途径之一，引起了国内外学者的广泛关注。

20 余年来，作者及其团队成员一直致力于微波冶金的基础理论、新技术开发和工程应用推广的相关工作研究。先后开展了冶金物料的微波介电特性研究和物料升温行为的定量描述，为微波冶金技术提供基础数据和理论依据；针对矿物的磨矿过程，利用有用矿物和脉石在微波场中吸波特性差异性产生的众多裂隙，有效提高了后续磨矿效率；提出了微波选择性干燥新技术，建立了微波干燥物料的全过程模型，揭示了微波内部驱动水蒸气扩散机理，提高了干燥效率，降低了干燥能耗；建立了异质材料三维网络模型，构建了主要因素与分解率关联的三维模型，阐述了物料的微波煅烧机制；研究了微波强化还原和协同催化原理，揭示了难处理矿物强化解离机理；研究了包裹型难处理矿物微波氧化焙烧，提高了后续处理工艺效率；探索了金属粉体微波加热与熔化的可行性，探讨了矿物微波熔炼的相间传质强化原理，提升了熔炼反应强度；推导出微波浸出冶金物料的非等温动力学方程，探索了浸出过程能量及化学变化规律，揭示了冶金物料的微波浸出机理；开发了其他微波冶金工艺。所获得的技术成果及装备在国内外高校、科研院所和企业得到了应用，推动了微波冶金的发展，促进了冶金工业的节能、降耗、减排。

本书分为 11 章，第 1 章对微波冶金进行了简述；第 2 章简要介绍了微波的特点、微波能应用和微波冶金的发展；第 3 章介绍了微波与物料的作用机理，主要包括微波加热原理、物质介电特性和多种冶金物料的微波加热特性等；第 4 章讨论了矿物的微波助磨效果，分析了微波的作用原理；第 5 章介绍了微波干燥的原理、动力学参数的计算及干燥方程的建立，以及冶金物料的微波干燥新技术，探讨了多能源体系与微波组合干燥的特点与优势；第 6 章介绍了冶金物料的微波煅烧，并对比了其与常规煅烧的差异性；第 7 章介绍冶金物料的微波还原新工艺，内容涉及影响还原的因素分析、参数优化、扩大实验等；第 8 章介绍了矿物的微波氧化及其对后续工艺的影响；第 9 章讨论了金属粉体的微波熔化、矿物的微波熔炼；第 10 章介绍了矿物的微波浸出工艺与反应机理；第 11 章侧重于微波冶金技术其他工艺的介绍。本书所采用的例子大多来自作者及其团队在国内外所发表的论文，内容翔实可靠。

彭金辉教授设计、拟定了全书的提纲与框架结构，负责最后的审稿与定稿，执笔撰写了第 1、4、6、9 章；第 2、5、10 章由夏洪应副教授执笔；第 3、7 章由张利波教授执笔；第 8、11 章由周俊文高级工程师执笔。

本专著得以成书与国家自然科学基金重点项目“新型微波冶金高温反应器关键共性问题及应用基础研究（编号：50734007）”、国家重点基础研究发展计划（973 计划）课题“金属氧化矿非常规冶金基础理论（编号：2007CB613606）”及云南省科技领军人才培养计划项目（编号：2013HA002）等的资助，导师刘纯鹏教授的悉心指导，以及昆明理工大学的支持是密不可分的，在此予以感谢。

本书内容涉及冶金、电磁场等多个学科，书中难免有疏漏之处，恳请读者批评指正。

彭金辉

2016 年 8 月于昆明

目　录

第1章 绪　论

微波能是一种清洁能源，通过微波在物料内部的能量耗散直接加热物料，根据物料电磁特性的不同，可及时有效地在物料内部产生热量。与常规加热由表及里的热传导方式显著不同，相比而言，微波加热具有选择性加热、内部加热、非接触加热等特点，易于控制，改善劳动条件[1,2]。微波能应用范围不断拓宽，并不断出现新的应用领域，目前已在冶金、化工、石油、食品加工、医药等行业得到应用。

冶金是从矿石或二次金属资源中提取金属或金属化合物，用各种加工方法制成具有一定性能的金属材料的学科。冶金可分为火法冶金、湿法冶金和电冶金，其中火法冶金是在高温条件下进行的冶金过程，具体包括干燥、焙烧、熔炼、精炼等工序；湿法冶金是在溶液中进行的冶金过程，包括浸出、液固分离和净化等工序；电冶金是利用电能提取金属的方法，包括电炉冶炼、熔盐电解和水溶液电解等[3]。冶金工业是重要的基础原材料产业，为工业、农业、交通运输、基本建设和国防等部门提供原材料，在我国国民经济中有举足轻重的地位和作用。就有色金属冶金而言，工业产品种类多、应用领域广、产业关联度高，近年来在技术装备、品种质量、节能减排等方面均取得了显著成绩；然而我国矿物金属品位低、结构复杂、并常与其他金属和非金属元素共生，致使生产工艺复杂，三废量大，能耗较高，同时面临着环境压力大和资源综合利用尚待提高等困境[4,5]，急需寻求新技术、新方法。

微波冶金是将微波能应用于冶金单元，利用其选择性加热、内部加热和非接触加热的特点，强化反应过程的冶金新技术。昆明理工大学刘纯鹏、华一新、彭金辉等于 20 世纪 80 年代率先在国内开展研究，近年来，微波冶金引起了国内外学者的广泛关注，开展了大量的研究工作。在基础理论研究方面[5-8]，测定了矿物升温曲线，推导计算了微波场中矿物升温速率方程，获得了一批矿物吸波及升温速率数据；进行了微波场中物料的介电损耗、微波场强分布等基础研究，将微波用于矿物水分的实时检测等，以及微波冶金反应过程的动力学与反应机理揭示。在工艺技术开发方面[9-16]，研究微波技术在助磨、干燥、煅烧、还原、氧化、熔炼、浸出等冶金单元过程的应用，提金活性炭的微波加热再生技术。同时，紧密结合工艺技术，开发微波冶金装备，进行工程化实践与应用推广，产生了显著效果。与常规加热技术相比，微波冶金表现出其突出优势，利用这些优势有可能开发出在常规加热条件下难以实现的冶金新技术，改造某些传统的冶金工艺和技术，具有重要的研究意义和广阔的推广前景。

本书在国家技术发明二等奖“新型微波冶金反应器及其应用的关键技术”、云南省自然科学一等奖“微波在冶金中应用的基础理论研究”等的基础上，系统阐述了作者20余年从事微波冶金研究的相关成果及国内外研究动态，涉及微波冶金基础理论研究、新工艺研发和工程应用等方面内容，是阐述较为系统的微波冶金专著。相关技术示范性强，对提升和改造冶金工业部分高能耗高污染工艺，实现清洁化生产有推动作用；还可应用于核工业、材料、化工和能源等多个行业，促进产业结构的优化升级，推动我国经济和社会的发展，并向国外进行技术转移，提升该领域在国际上的科技竞争力，应用前景广阔。本书主要对微波冶金方面知识作了系统的介绍，如微波冶金基础、微波与冶金物料相互作用机理、微波助磨、微波干燥、微波煅烧、微波还原、微波氧化、微波熔炼、微波浸出及其他微波冶金工艺等，有助于读者更好地了解微波冶金的国内外现状，与国内外同行共同推动该行业的发展和进步。

参考文献

[1] 彭金辉, 刘秉国.微波煅烧技术及其应用.北京：科学出版社, 2013.

[2] 彭金辉, 杨显万.微波能技术新应用.昆明：云南科技出版社, 1997.

[3] 华一新.冶金过程动力学导论.北京：冶金工业出版社, 2004.

[4] 工业和信息化部.有色金属工业“十二五”发展规划, 2011.

[5] 彭金辉. 微波能在有色冶金中的反应机理及应用研究. 昆明：昆明工学院博士学位论文, 1992.

[6] Huang M, Peng J H, Yang J J, et al. A new equation for the description of the dielectric losses under microwave irradiation. Journal of Physics D: Applied Physics, 2006, 39(9):2255-2258.

[7] Huang M, Peng J H, Yang J J, et al. Microwave cavity perturbation technique for measuring the moisture content of minerals sulphide concentrate. Mineral Engineering, 2007, 20(1):92-94.

[8] Huang M, Peng J H, Wang J Q, et al. Microwave sensor for measuring the properties of liquid drop. Measurement Science and Technology, 2007, 18(7):1934-1938.

[9] 樊希安, 彭金辉, 郭胜惠, 等.微波辐射 $Mg(OH)_2$ 制备轻质活性 MgO 新工艺.轻金属, 2003, (7): 42-44.

[10] 郭胜惠, 彭金辉, 范兴祥, 等.微波煅烧碱式碳酸锌制取氧化锌.有色金属, 2002, 54(4): 53-55.

[11] 华一新, 谭春娥, 谢爱军.微波加热低品位氧化镍矿石的三氯化铁氯化.有色金属, 2000, 52(1): 59-61.

[12] 黄孟阳, 彭金辉, 张世敏, 等. 微波加热还原钛精矿制取富钛料新工艺. 钢铁钒钛, 2005, 26(3):24-28.

[13] 彭金辉, 刘纯鹏.微波辐照下硫化锌矿与软锰矿同时浸出动力学.中国有色金属学报, 1997, 17(3):152-154.

[14] 樊希安, 彭金辉, 秦文峰, 等.微波辐射在提金活性炭技术中的应用.黄金, 2003, 24(5): 33-35.

[15] Huang J H, Rowson N A. Hydrometallurgical decomposition of pyrite and marcasite in a microwave field. Hydrometallurgy, 2002, 64(3):169-179.

[16] Hua Y, Lin Z, Yan Z. Application of microwave irradiation to quick leaching of zinc silicate ore. Minerals Engineering, 2002, 15(6):451-456.

第 2 章　微波冶金基础

2.1　微波概述与特性

微波是频率为 300M~300GHz，即波长为 100~1mm 的电磁波。它位于电磁波谱的红外辐射和无线电波之间，见图 2.1。

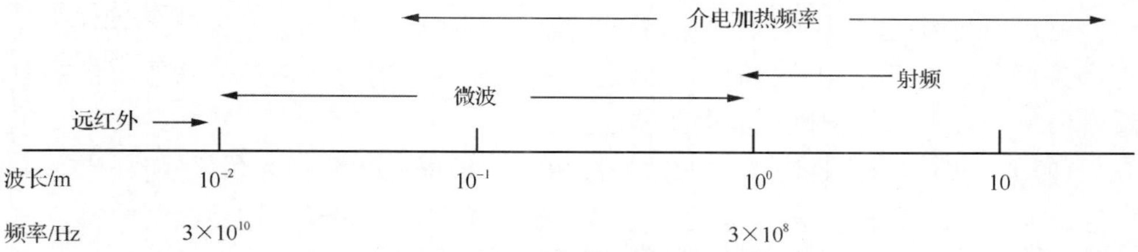

图 2.1　微波在电磁波谱中的位置

微波应用自 20 世纪 30 年代逐渐发展起来，首先应用于通信。近年来，随着微波电子技术的不断发展和人们对微波能应用及其加热优越性认识的不断提高，微波能应用技术正向纵深发展，并不断出现新的应用领域[1]。在微波波段中，根据波长和频率的不同可划分为四个波段，如表 2.1 所示。为了方便，又把微波波段划分为表 2.2 的一些波段，并用相应的符号进行表示[2]。

表 2.1　微波分波段划分

波段名称	波长范围	频率范围
分米波	1m~10cm	300M~3GHz
厘米波	10~1cm	3~30GHz
毫米波	1cm~1mm	30~300GHz
亚毫米波	1~0.1mm	300~3000GHz

从电子学和物理学的观点看，微波电磁波谱具有不同于其他波段的重要特点[3]。微波作为一种特殊的电磁波，可在家用、工业、科研和其他许多领域获得广泛的应用[1]。

表 2.2　微波波段代号及其频率

波段代号	频率/GHz	波段代号	频率/GHz
UHF	0.3~1.12	Ka	26.5~40.0
L	1.12~1.7	Q	33.0~50.0
LS	1.7~2.6	U	40.0~60.0
S	2.6~3.95	M	50.0~75.0
C	3.95~5.85	E	60.0~90.0
XZC	5.85~8.2	F	90.0~140.0
X	8.2~12.4	G	140.0~220.0
Ku	12.4~18.0	R	220.0~325.0
K	18.0~26.5		

(1) 信息性。因为微波的频率很高，所以在相对带宽不大时，其可用频率很宽，可达数百甚至上千兆赫，是低频无线电无法比拟的。现代多路通信系统，包括卫星通信系统几乎都是在微波波段工作。

(2) 似光性和似声性。微波的波长很短，比地球上一般物体(如飞机、汽车、坦克、火箭、建筑物等)的尺寸要小很多，或者不在同一量级，这使微波的特点与几何光学相似，即似光性。由于微波波长与声波尺寸具有相同量级，使微波的特点又与声波相似，即似声性。

(3) 穿透性。微波作用于物体时，能深入物质内部。例如，微波能穿透云雾、雨、植被、积雪和地表层，具有全天候和全天时的工作能力，成为遥感技术的重要波段；微波能穿透生物体，成为医学透热疗法的重要手段。

(4) 非电离性。微波的量子能量还不够大，不足以改变物质分子的内部结构或破坏分子键。而分子、原子和原子核在外加电磁场的周期作用下，呈现的许多共振现象都发生在微波范围，因而微波为探索物质的内部结构和基本性质提供了研究手段，利用这一特性和原理，可以研制用于微波波段的器件。

下面简要介绍微波检测的发展过程及其应用现状[2,3]。

(1) 1886~1934 年。1886 年，Hertz 观察到了电磁波的反射现象。1904 年，Hulsmeyer 首次发现利用电磁波的反射现象可以检测金属。1934 年，Cutton 和 Warneck 发明了雷达。

(2) 1935~1947 年。这一时期，雷达技术有了突飞猛进的发展，图 2.2 是麻省理工学院辐射实验室研发成功的 SCR-584 型雷达(1943 年)。麻省理工学院辐射实验室先后有九位诺贝尔奖获得者，出版了系列微波专著，促进了微波技术的快速发展。同时，微波功率、频率、相位和驻波比等测量技术已成熟，基于反射速调管的频谱仪研制成功。

(3) 1948~1965 年。这一时期的主要特征是发展固态器件和微波集成电路技术。

Hippel 出版了材料介电常数测量的专著，研究了微波与材料的相互作用。Kroemer 发明了异质结晶体管(2000 年获诺贝尔奖)。Watts 和 Alford 成功研发了矢量网络分析仪，1964 年，安捷伦公司推出了 100M~12.4GHz HP 系列微波网络分析仪。1965 年，Esaki 发明了隧道二极管和隧道二极管放大器(1973 年获诺贝尔奖)。

(4) 1966~1985 年。固态器件和微波集成电路技术成熟，这期间先后发明了 IMPATT 二极管、Gunn 二极管和 GaAs 器件。1968 年，TI(Texas Instrument)公司生产了微波集成电路(图 2.3)。1973 年，GaAs MESFET 器件工作频率达 100GHz。1978 年，Tektronix、Honeywell 和 NEC 等公司开始生产 GaAs 数字微波集成电路。

(5) 1986 年至今。微波检测实质上是研究微波与物质相互作用的逆问题，根据相互作用机理不同，各种微波检测原理见表 2.3 所示。检测技术主要分为频域法、时域法、噪声相关法和谐振法。最近，微波检测技术得到了广泛的应用，研制了各种微波传感器，成为现阶段研究的热点[4]。

图 2.2　SCR-584 防火炮控制雷达

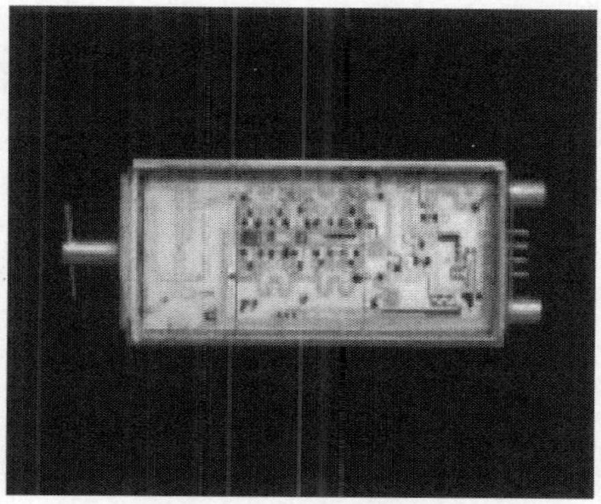

图 2.3　TI 公司的微波集成电路

矩形盒子为 6.35cm × 2.54cm

表 2.3　微波检测原理

应用对象	检测原理
非金属内部缺陷	反射、穿透、散射和介质电磁特性
金属表面粗糙度	反射、腔体微扰
介质的厚度	反射、穿透技术
金属带(板)厚度	反射、腔体微扰
水分含量	散射、穿透特性、腔体微扰
密度、组分	介质电磁特性
金属线径	衍射、腔体微扰
流量、流速	多普勒效应
振动	腔体微扰
化学反应	腔体微扰

2.2 微波能应用

微波前期应用主要是将其作为信息载体，利用它可以在空间光速传播的特性实现信息传递，因此可将微波看做一种运载信息的工具，如微波在通信、雷达、导航方面的应用都是将其作为信息的载体。

微波应用于物质加热比通信晚。在早期的微波通信工程中，发现始终伴随一种会引起微波能损耗、产生热效应的因素出现。在 20 世纪 30 年代，有人提出利用微波热效应的想法，即用微波加热物质和材料。随后不断地对微波加热进行探索、实验和研究。1937 年，Kassner 首次申请了微波加热的专利。1947 年，美国 Raytheon（雷声）公司成功研制了世界上第一台商用微波炉，并用在食物加热和医学治疗上。1952 年，Broida 等在微波等离子体的应用取得成功。1966 年，国际微波功率学会（IMPI）在加拿大阿尔伯塔成立，是微波技术发展中的一件标志性事件。1966~1968 年，Puschnel 和 Okress 分别出版了微波加热专著。60 年代末以后，微波能作为一种能源被加以利用，广泛地应用于物质加热、水分干燥以及杀虫、灭菌、医疗卫生等方面[1]。

微波加热技术最初应用于食品工业，并逐步为人们所接受，家用微波炉的出现及其发展进一步推动了微波加热技术的广泛应用。微波加热应用于材料烧结始于 20 世纪 60 年代中后期，Levins 和 Tinga 等首次提出微波烧结概念，并用于陶瓷材料的烧结。1986 年，Gedye 等将微波用于脂化、水解、氧化和亲核取代反应，开创了微波化学应用的新局面[1]。微波烧结在 80 年代中后期受到重视，Berteand 和 Sutton 等对微波烧结技术进行系统研究[2,3]。此后，微波烧结技术在材料科学领域应用，发展成为一种新型的粉末冶金快速烧结技术。1999 年，美国宾州州立大学 Roy 等的研究使微波烧结金属粉末材料成为研究热点之一。此外，微波焊接、微波合成、熔炼等高温微波技术都取得了进展，微波技术在采油、炼油、冶金、环境污染治理等方面也得到了广泛的应用。当前，微波加热作为一项新兴技术已经受到各个学科领域的高度重视。

我国是在 20 世纪 70 年代开始微波能的理论与应用研究工作。1974 年和 1980 年由电子工业部主办，在南京召开了“全国微波能推广应用技术交流会”，1983 年由中国电子学会主办，在南京召开了首届“全国微波能应用学术交流会”，此后每两年在全国举办微波能应用技术交流会，会议内容涉及面越来越广，包括工业、农业、林业、医疗等方面，最近几届加入了国际工业微波节能高峰论坛的内容。2011 年昆明举办了第 15 届全国微波能应用学术会议及微波与循环经济高峰论坛，国际微波和材料研究专家到会交流。2012 年 11 月，第九届全国微波化学暨第四届样品制备学术会议在昆明理工大学召开。

为了避免与微波通信的相互干扰，国际无线电管理委员会(International Radio Consultative Committee，CCIR)对微波频率的划分作了具体规定，其专用加热波段如表 2.4 所示[5]。

表 2.4 微波加热的专用波段

频率/MHz	波段	中心波长/m
890~940	L	0.330
2400~2500	S	0.122
5725~5875	C	0.052
2200~22250	K	0.008

工业用和家用微波加热的频率在多数国家是 2450MHz±50MHz，划分给科学和医学研究及工业生产的常用频率为 433MHz、915MHz、2450MHz、5800MHz，波长为 1~25cm 的微波专用于雷达，其余大部分波段用于电讯传输。目前，国内用于加热的常用频率为 915MHz±50MHz 和 2450MHz±50MHz[6]。

微波加热的应用从食品加热起步。第一台商用微波炉的出现，引起多方对微波能进行深入研究与开发，取得了突破性进展，微波炉很快进入家庭。最初的微波炉只有简单的加热与解冻功能，随之而来的第二代产品兼具烘烤等多种烹饪功能，依托微电子和模糊控制技术的第三代产品使微波炉在功能上更加完善，可根据用户的需要实现煮、烧、煎、烤等多种烹调模式。全球用于微波炉连续波磁控管年产量高达 2700 万只，大部分集中在日本、韩国。据报道，日、欧等发达国家的家庭大量使用微波炉来快速解冻、加热和烹调食物，家庭普及率高。我国于 1986 年开始试制，90 年代初市场开始启动，至今全国有多个厂商生产，得到了广泛应用[2,7]。

微波加热在食品行业中的应用日趋广泛，国内外主要应用情况如表 2.5 所示，其中字母 I 表示已投入工业规模，S 表示小规模试用，L 表示仍处于实验研究阶段，大多数食品用微波炉加热是经济可行的[7]，其发展潜力很大。

微波医疗是利用微波的穿透性、选择性及其介质加热效应来达到治病保健目的。微波能作热源，使人体内极性分子产生离子导电损耗与偶极子介质损耗，发展为治疗疑难病症的有效手段之一[8]。

按国际上微波加热使用频率，微波医疗多选用 915MHz、2450MHz、434MHz 及 750MHz 四个频率，频率低的特点是穿透深度大。微波辐照器可有效而准确地将微波能导引到病变部位。微波医疗的核心部件是医疗磁控管，大都采用碳化钍钨丝直热式阴极，国内也生产微波医疗磁控管及医疗仪[8]。

表 2.5　食品工业应用一览表

用途	加工食品种类	规模
解冻	冻肉、冻鱼类	I
烹调	肉类、谷类的初加工，食品再加热	I
干燥、烘烤	谷类、脂肪、固体饮料、面包、饼干、干果、方便面	I、S、L
熟化、煮熟、发酵	麦类、蔬菜、酒类、酱油等	I、S、L
消毒、灭菌	面包、肉类、饮料、牛奶、酱油等	I、S、L
杀虫、保险	谷类、干果、水果、蔬菜、腌菜等	S、L
食品科研	研究水果、蔬菜的含水量等	L
其他	拨开牡蛎、凝固蛋白等	S、L

微波加热在工业领域中应用的显著特点是快速、节能、环境友好，是一种新的方法。在油田勘探中，利用微波加热方法分析与研究岩心的特性，测量含水饱和度，烘烤测定直径孔隙度、渗透率、硅胶等。交通部门利用微波加热修补沥青路面的洞坑与裂缝，就地直接将沥青混凝土再加热、熔融、凝固，可在很短时间内均匀加热至路面深处，修补好路面。在中草药、木材、纸张、装饰织物的干燥和茶叶加工等项目中，采用微波加热技术，均取得显著效果[2,7]。

高功率微波作为新的材料处理技术受到国内外的极大重视，国外开发出高功率微波的最高频率是 100GHz，对应波长是 3.0mm，用于陶瓷处理的微波频率多为 2450MHz，也有采用 28GHz、35GHz、60GHz、84GHz[2]。在国内，对高功率微波装置的开发也较为重视，先后研制成功 2450MHz 多模腔微波烧结炉和真空微波烧结炉、915MHz 多模腔微波烧结炉、2450MHz 单模腔微波烧结炉，在结构陶瓷、电子功能陶瓷、功能涂层中开展应用研究。结构陶瓷的微波烧结有降低烧结温度及提高致密度的效果。功能涂层材料采用微波退火处理的时间大为缩短，成品率明显提高。国内多家科研单位采用微波加热技术，对电子陶瓷进行 PTC（正温度系数）热敏、NTC（负温度系数）热敏、氧化锌压敏材料的微波烧结研究。微波加热在农业、轻工、铸造、卫生等方面也有应用。

近年，微波在冶金方面的应用正在逐渐发展，微波冶金是一个崭新的领域，具有非常广泛的应用前景。

2.3　微波冶金的发展

把微波加热的优越性应用于冶金过程，为冶金科学技术的发展开辟一条崭新的道路[2]，形成了微波冶金学科方向，成为冶金学科重要的前沿性研究方向之一[1-7,9]。微波加热与常规加热不同，它不需由表及里的热传导，而是通过微波在物料内部的能量耗散来直接加热物料，根据物料介电特性的不同，可及时有效地在整个物料内部产生热量。微波加热在冶金中的应用具有以下常规加热方式无法比拟的优点：选择性加热物料、升温速率快；体加热特性，加热由内向外；对化学反应具有催化作用，能降低反应温度，缩短反应时间，促进节能降耗；其本身不产生任何气体，是实现冶金工业清洁生产的有效途径之一；使物料在瞬间得到或失去热量来源，易于自动控制。利用微波加热的这些优点，有可能开发出常规加热条件下无法实现的冶金新技术和新工艺，改造某些传统的冶金工艺和技术，提升冶金产品深加工水平，完善产品结构，实现冶金过程的高效、节能、环境友好。在未来冶金技术的发展中，微波冶金将发挥越来越重要的作用。

微波加热在冶金中的应用是近年来发展起来的一种冶金新技术，引起了世界上一些发达国家的高度重视。早在 1967 年，Ford 和 Pei 就用微波(2450MHz、800W)对炭和 17 种氧化物及硫化物进行加热，发现一些化合物在 1min 内就能被加热到几百摄氏度。Kruesi 和 Frahm 在 80 年代初期的研究表明，微波加热能够促进氧化镍、氧化锆和氧化锰矿在浸出前的预还原，能够促进硫化钼和硫化铼的焙烧或氧化。自 80 年代以来，关于微波加热在冶金中的应用研究日益增多。微波加热被用在矿石助磨、难选金矿氧化焙烧、从矿石中提取稀有金属和重金属、铁矿石和钒钛磁铁矿的碳热还原、工业废料处理等，体现了微波在冶金中应用的特点和优势[1]。

我国在 20 世纪 80 年代开始了该领域的研究工作，昆明理工大学刘纯鹏、华一新、彭金辉等[2]率先开展微波冶金研究。微波加热在冶金中的应用虽然还属于发展阶段，但已取得了很多研究成果。

国内外研究人员对微波冶金的关注不断提高，所开展的研究工作逐步增多[1-5]。

彭金辉和刘纯鹏[10]研究了微波加热下 PbS 和 PbO 交互反应而进行金属熔炼，反应为非恒温过程。与常规加热相比，微波加热下能在较低温度快速反应，避免高温过程中铅的挥发损失。微波碳热还原钛精矿的研究表明，微波碳热还原反应的表观活化能降低，可解决传统加热产生的“冷中心”问题，明显加快反应速率，降低反应温度[11]。对铁矿石、钛精矿和软锰矿进行微波加热碳热还原的研究表明，可以解决物料的“冷中心”问题、获得较高的还原速率和提高终产物的机械强度[12,13]。微波加热处理含铁废渣熔渣时加入磁铁矿和碳，可提高渣的加热速度，不仅可以回收渣中的铁，还可得到畅销的副产品[14]。微波加热成功地实现了碳热还原二氧化锡，比常规加热缩短了还原时间，降低了还原温度[15,16]。

还有一些研究证明，赤铁矿和磁铁矿与碳混合在微波场中能被还原成金属铁，有研究者认为在微波碳热还原过程中木炭比焦炭更有效[17,18]。Standish 等[19]比较了常规还原与微波还原过程，从室温加热到 1000℃，微波加热赤铁矿和磁铁矿的碳热还原反应的升温速率明显快于常规加热，反应只需 10min 就可以完成，而常规加热在 1000℃反应 50min 进行不到 40%。

彭金辉等[20,21]研究了微波场下三氯化铁溶液浸出闪锌矿，证明微波加热方式较常规加热锌的浸出速率快。微波加热浸出无需机械搅拌，浸出速率明显快于常规加热[22]。微波加热下硫酸浸出黄铜矿，提高了铜的浸出速率和浸出率[23]。微波加热浸出方铅矿研究表明，铅浸出速率较常规加热快[24]。微波加热浸出硫化铜精矿的研究表明，浸出矿浆用微波加热 40~45min，铜的回收率可达 99%，常规加热则需 120min[25,26]。在不同温度、硫酸浓度、颗粒尺寸条件下，用微波加热软锰矿同时浸出硫化锌矿的研究表明，微波加热下锌浸出速率较传统加热快得多[27]。在微波加热水热条件下氧化浸出硫化铜矿，具有快速浸出的动力学特性[28]。微波作用下一水硬铝石的拜耳法溶出，与传统拜耳法溶出工艺相比，溶出温度降低、溶出速率提高，能消除结疤危害，能较好地改善一水硬铝石的溶出性能[29]。废催化剂回收微波辅助浸出研究表明，铂和铼的回收率分别达到 96.5%和 94.20%[30]。微波加热辉钼精矿中铜的硫酸盐化浸出表明，微波加热 15min，可使辉钼精矿中的铜由 3.6%降低到 0.1%以下，精矿中钼和黄铁矿溶出少[31]。微波加热碱浸电弧熔炼炉粉尘提取锌的研究表明，微波作用下锌的回收率明显高于常规加热[32]。微波处理难浸黄铁矿和砷黄铁矿，金回收率由 30%提高到 90%以上，副产硫黄而无 SO_2 产生[33,34]。

利用矿物中的不同组分介电性质的不同，微波将选择性加热矿物中高介电损耗相，而通过低损耗相则没有明显的升温[35]。微波加热可有效促进矿石中组分颗粒间产生裂纹，使挪威钛精矿等矿石的功指数下降 90%以上[36]，采用微波干燥钛精矿和传统烘箱相比，微波处理的钛精矿表面有明显裂纹[37]。Kingman 和 Rowson[38]研究表明，用大功率微波短时间预处理钛精矿，在快速产生应力、降低矿石强度和提高磨矿产量的同时，还强化了组分磁学性质，可提高下游磁选分离等选矿过程回收率。

微波对金矿石和铁矿石进行处理，金的浸出率从难以浸出提高到 86.53%；铁矿石经微波处理后，可促进磁铁矿磨细[39,40]。对于高附加值矿石，特别是贵金属[36,38]，微波处理可改进矿石的可粉碎性和贵金属的释放[41]。相比常规氰化浸出工艺，微波对难选冶金矿的处理可以缩短处理时间，得到较高的金浸出率[42,43]。微波处理可以提高镍和钴的浸出率及脱砷率[44,45]。可见，微波处理可对矿石后续处理难度明显改善。

微波加热在冶金过程中体现出常规加热所不具备的独特优势，受到了人们日益增多的青睐。在微波与冶金物料作用机理、微波助磨、微波干燥、微波煅烧、微波还原、微波氧化、微波熔炼、微波浸出及其他微波冶金工艺的研究与应用方面，微波冶金必将受到更为广泛的关注和发展，发挥更为重要的作用。

参 考 文 献

[1] 金钦汉, 戴树珊, 黄卡玛.微波化学.北京：冶金工业出版社, 1999.

[2] 彭金辉, 杨显万.微波能技术新应用.昆明：云南科技出版社, 1997.

[3] 彭金辉, 刘秉国.微波煅烧技术及其应用.北京：科学出版社, 2013.

[4] 黄铭.微波与颗粒物质相互作用的机理及应用研究.昆明：昆明理工大学博士学位论文, 2011.

[5] Osepchuk J M. A history of microwave heating applications. IEEE Transaction on Microwave Theory and Techniques, 1984, 32(9): 1200-1223.

[6] 陈津, 赵晶, 冯秀梅, 等.微波冶金耐火材料研究.工业加热, 2006, 3: 56-57.

[7] 杨波.微波加热技术及其应用.电子节能, 1998, 2: 15-18.

[8] 冯垛生.微波技术在工业生产和医疗中的应用.北京：中国电力出版社, 2009.

[9] 彭元东.微波加热机制及粉末冶金材料烧结特性研究.长沙：中南大学博士学位论文, 2011.

[10] 彭金辉, 刘纯鹏.微波辐射下 PbS 和 PbO 的升温速率及其反应动力学.中国有色金属学报, 1993, 3(1): 25-27.

[11] Standish N, Worner H. Microwave application in the reduction of metal oxides with carbon. Iron and Steel Make, 1991, 18(5): 59-61.

[12] Standish N, Worner H. Microwave application in the reduction of metal oxides with carbon. Microwave Power and Electromagnetic Energy, 1990, 25(3): 177-179.

[13] Hua Y X, Liu C P. Microwave assisted carbothermic reduction of ilmenite. Acta Metallurgica Sinica (English Letter), 1996, 9(3): 164-165.

[14] Harton B N. Microwave treatment of ferrous slags//Steelmaking Conference Proceedings,Chicago, 1994: 435-442.

[15] Hassine M A. Synthesis of refractory metal carbide powders via microwave carbonthermal reduction. International Journal of Refractory Metals and Hard Materials, 1995, 6: 353-358.

[16] Yu A B. Reduction of stannic oxide with carbon by microwave heating//6th AusIMM Extractive Metallurgy Conference Metal,Brisbane, 1994: 225-232.

[17] Wong W L E, Karthik S, Gupta M. Development of hybrid Mg/Al_2O_3 composites with improved properties using microwave assisted rapid sintering route. Journal of Materials Science, 2005, 40: 3395-3402.

[18] Gomez I, Aguilar J A. Microwaves for reduction of iron ore pellet by carbon. MRS Online Proceeding Library,Boston, 2011, 366:347-352.

[19] Standish N, Worner H K, Gupta G. Temperature distribution in microwave heated iron ore-carbon composites. Microwave Power and Electromagnetic Energy, 1990, 25(2): 75-80.

[20] 彭金辉, 刘纯鹏.微波场三氯化铁溶液浸出闪锌矿动力学.中国有色金属学报, 1992, 2(1): 46.

[21] Peng J H, Liu C P. The kinetics of ferric chloride leaching of sphalerite in the microwave field. Transactions of the Nonferrous Metals Society of China, 1992, 2(1): 46-49.

[22] 丁伟安.微波辐射加热在湿法冶金中的应用.有色金属(冶炼部分), 1997, 3: 43-44.

[23] 苏永庆, 刘纯鹏.微波加热下硫酸浸溶黄铜矿动力学.有色金属, 2000, 1: 62-65.

[24] 彭金辉, 刘纯鹏.微波辐照下硫化铅矿常压溶解动力学.中国有色金属学报, 1993, 45(1): 68-71.

[25] Ding W A. Leaching behaviour of complex sulphide concentrate with ferric chloride by microwave irradiation. Rare Metals, 1997, 16(2): 153-155.

[26] 佟志芳, 毕诗文, 杨毅宏.微波加热在冶金领域中应用研究现状.材料与冶金学报, 2004, 3(2): 117-120.

[27] Peng J H, Liu C P. Kinetics of leaching sphalerite with pyrolusite simultaneously by microwave irradiation. Transactions of the Nonferrous Metals Society of China, 1997, 7(3):152-154.

[28] Huang J Y, Shi S Z, Xu Z Y, et al. Oxygenate leaching of copper sulfide mineral under microwave-hydrothermal conditions. Journal of Minerals & Materials Characterization & Engineering, 2002, 1(2):111-119.

[29] 郭先健.微波作用下一水硬铝石塑铝土矿溶出.有色金属(季刊), 1995, 4: 344-347.

[30] Jafarifar D, Daryanavard M R, Sheibani S. Ultra fast microwave-assisted leaching for recovery of platinum from spent catalyst. Hydrometallurgy, 2005, 7:166-171.

[31] 陶德宁.用微波激活铜硫酸盐化浸出辉钼精矿.铀矿冶, 2002, 21(3): 165-165.

[32] Xia D K, Pickles C S. Microwave caustic leaching of electric arc furnace dust. Minerals Engineering, 2000, 13(1):79-94.

[33] Kingman S W, Rowson N A. Microwave treatment of minerals–A review. Minerals Engineering, 1998, 11(11):1083-1086.

[34] 王力军, 刘春谦.难处理金矿石预处理技术综述.黄金, 2000, 21(1): 38-45.

[35] Metaxas A C, Meredith R J. Industrial microwave heating. London: Peter Peregrinus. 1983:440-467.

[36] Kingman S W, Vorster W, Rowson N A. The influence of mineralogy on microwave assisted grinding. Minerals Engineering, 2000, 13(3):313-327.

[37] 彭金辉, 郭胜惠, 张世敏, 等.微波加热干燥钛精矿研究.昆明理工大学学报(理工版), 2004, 29(4): 5-9.

[38] Kingman S W, Rowson N A. The effect of microwave radiation on the magnetic properties of minerals. Microwave Power Electromagn Energy, 2003, 35(2):141-150.

[39] 刘全军, 唐荣.微波预处理含碳超细粒金矿石的实验研究.国外黄金参考, 1998, (3-4): 136-141.

[40] 刘全军, 熊燕琴.微波在铁矿石选择性磨细中的应用机理研究.云南冶金, 1997, 26(3): 25-28.

[41] Amankwah R K, Khan A U, Pickles C A , et al. Improved grindability and gold liberation by microwave pre-treatment of a free-milling gold ore. Mineral Processing and Extractive Metallurgy, 2005, 114:30-36.

[42] 魏明安, 张锐敏.微波处理难浸微细粒包裹金的实验研究.矿冶, 2001, 1: 74-77.

[43] 谷晋川, 刘亚川.难选冶金矿微波顶处理研究.有色金属, 2003, 55(2): 54-57.

[44] Kruesi W H, Kruesi P R. Microwaves in laterite processing. Extraction and Refimng of Nickel, 1986, 8(1):17-20.

[45] Tao D P, Liu C P. Kinetics of oxidative dearsenication of niccolite ore with microwave radiation. Journal of Materials Science & Technology, 1992, 02(2):115-118.

第3章　微波与冶金物料相互作用机理

3.1　微波加热基本原理

微波加热是将微波作为能源加以利用，当微波与物质分子相互作用被吸收而产生热效应。当微波作用到物质上时，可能产生电子极化、原子极化、界面极化及偶极转向极化，其中偶极转向极化对物质的加热起主要作用。极性电介质的分子在无外电场作用时，偶极矩在各个方向的几率相等，宏观偶极矩为零。在微波场中，物质的偶极子与电场作用产生转矩，宏观偶极矩不再为零，这就产生了偶极转向极化。由于微波产生的交变电场以每秒高达数亿次的高速变向，偶极转向极化不具备迅速跟上交变电场能力而滞后于电场，导致物质内部功率消耗，部分微波能转化为热能，使物质升温[1,2]。

材料能被加热，须具备以下特性[3]：被加热材料的表面不能反射微波，即材料的标准阻抗为1；被加热材料能不可逆地将入射的微波能转化为自身热能。单位体积材料吸收的微波能可表示为

$$P = \sigma |E|^2 = 2\pi\varepsilon_0\varepsilon_e''|E|^2 = 2\pi f\varepsilon_0\varepsilon_r'\tan\delta|E|^2 \tag{3.1}$$

式中，P 为微波能;σ 为整个材料体系的有效电导率；E 为腔体中的电场强度；ε_e'' 为介质在微波场中的有效损耗因子；ε_0 为真空介电常数；ε_r' 为相对介电常数；f 为微波频率；$\tan\delta$ 为介质损耗角正切，也叫耗散因子，反映了介质吸收微波能并将其转化为内能的效率。

可见，材料的介电特性（ε_r'、ε_e'' 和 $\tan\delta$）在很大程度上反映了其对微波的吸收能力，对高磁敏感性材料，必须考虑磁场的影响，式(3.1)需校正为[4]

$$P = 2\pi f\varepsilon_0\varepsilon_r'\tan\delta|E|^2 + 2\pi\mu_0\mu_e''H^2 \tag{3.2}$$

式中，μ_0 为自由空间中的磁损耗因子；μ_e'' 为有效磁损耗因子；H 为磁场强度。

黄铭[5]根据非 Debye 的理论，推导出非 Debye 型弛豫介质吸波特性的计算方程为

$$P = 0.5\omega\varepsilon_{\mathrm{r}}''|E|^2 + 0.5E^2\left[\cos^2(\omega t)\cdot\frac{\partial\varepsilon'}{\partial t} + \cos(\omega t)\sin(\omega t)\frac{\partial\varepsilon''}{\partial t}\right] \tag{3.3}$$

式中，ε'为介电常数；ω 为角频率；t 为时间；ε''为介电损耗因子。

式(3.3)揭示了微波与颗粒物质相互作用的多样性，可解释微波加热下物质发生变化的许多特性。微波穿透深度即为当微波场的场强在物体内降低到原场强的 $1/e$ 时离物体表面的距离，表达式如下：

$$D_{\mathrm{p}} = \frac{\lambda_0}{2\sqrt{2}\pi\sqrt{\varepsilon'\left[\sqrt{1+\left(\frac{\varepsilon''}{\varepsilon'}\right)^2}-1\right]}} \tag{3.4}$$

式中，D_{p} 为入射微波能减少一半时的材料深度或 E 衰变为 E^{-1} 处的距离[1,6]，D_{p} 的大小将决定材料加热和熟化均匀性。

在 2.45GHz 处，λ_0 =12.24cm。可见高频率微波能和高介电损耗材料只能加热材料表面，而低频率微波能和低介电损耗材料将产生整体加热

$$D_{\mathrm{p}} = \frac{\lambda\sqrt{\varepsilon'}}{\pi\varepsilon''} \tag{3.5}$$

对于入射的高频波或者高介电损耗物料，微波能只聚集在物料表面，内部无法被微波辐照到，物料不能整体加热；而低频率微波或者介电特性较低的物料，微波具有较大的穿透深度，颗粒度较小的物质能够被整体加热，所以，基于介电特性的穿透深度能够指导我们获得良好的微波作用粒度或料层厚度。

综上所述，物料介电特性决定了物料对微波吸收和微波对物料的相互作用，介电特性随温度、化学成分、粒度等参数变化也会引起微波相互作用相关参数变化，研究物质与微波相互作用需要得到各种物料介电参数。

如果考虑物料的热损失和化学反应的热效应，样品的温升速率可以用式(3.6)来描述：

$$\frac{\mathrm{d}T}{\mathrm{d}t} = \frac{1}{\rho C_{\mathrm{p}}}\left(2\pi\varepsilon_0\varepsilon'' fE^2 - \frac{eaA}{V}T^4 - \sum_{i=1}^{m} n_i \Delta H_{T,t}^0 \frac{\mathrm{d}F_i}{\mathrm{d}t}\right) = \frac{2\pi f\varepsilon_0\varepsilon_{\mathrm{r}}' \tan\delta |E|^2}{\rho C_{\mathrm{p}}} \tag{3.6}$$

式中，T 为温度；t 为时间；ρ 为密度；C_{p} 为热容；ε_0 为真空介电常数；E 为物料内部的电场强度；e 为热发散系数；a 为玻尔兹曼常数；A 为表面积；V 为体积，n_i 为第 i 组元单位体积内的分子在化学反应中的热效应；F_i 为第 i 组元在化学反应

中的转化速率。如果物料在微波作用下没有发生化学反应，物料的升温速率由物料的损耗因子 ε''决定。

由于电磁场的频率极其宽广，材料、物质的性能又千差万别，所以测量方法和技术也种类繁多，要求更深入和广泛研究各种物质、材料对电磁场的响应，不同对象采用不同的测量方法。

通常，物料受到微波处理时，会对微波产生反射、吸收和透过三种现象。假设微波功率为 $P_{辐射}$ ，则其被物料吸收的功率为 P_a ，反射的功率为 P_r ，透过物料的功率为 P_t 。根据能量守恒定律有

$$P_{辐射} = P_a + P_r + P_t \tag{3.7}$$

由于微波能量是一个常数，所以可对 P 进行归一化处理得

$$1 = P_a + P_r + P_t \tag{3.8}$$

对于微波加热而言， P_a 越大，则 P_r 和 P_t 越小，反之亦然。

绝大多数物料在微波段是不透明的，除非经过特殊处理。对于不透明的物料，可以设 $t = 0$ ，则物料温度升高只取决于 P_a 和 P_r 两个参数值的大小。根据菲涅尔(Fresnel)定律，对于一个光滑的介质表面，垂直和水平极化的反射系数为

$$\gamma_v(\theta) = \left| \frac{\varepsilon_r \sin\theta - \sqrt{\varepsilon_r - \cos^2\theta}}{\varepsilon_r \sin\theta + \sqrt{\varepsilon_r + \cos^2\theta}} \right|^2 \cos\theta \tag{3.9}$$

$$\gamma_h(\theta) = \left| \frac{\sin\theta - \sqrt{\varepsilon_r - \cos^2\theta}}{\sin\theta + \sqrt{\varepsilon_r + \cos^2\theta}} \right|^2 \sin\theta \tag{3.10}$$

式中， θ 是入射角； $\gamma_h(\theta)$ 是平行反射系数； $\gamma_v(\theta)$ 是入射微波极化方向为其电矢量垂直于入射平面时，平滑表面的反射系数。

如果微波垂直入射， $\theta = 90^\circ$ ，此时式(3.9)、式(3.10)可以简化为

$$\gamma_v(\theta) = 0 \tag{3.11}$$

$$\gamma_h(\theta) = \left| \frac{1 - \sqrt{\varepsilon_r}}{1 + \sqrt{\varepsilon_r}} \right|^2 \tag{3.12}$$

则

$$P_{\mathrm{a}} = 1 - P_{\mathrm{r}} = 1 - \left| \frac{1 - \varepsilon_{\mathrm{r}}^{1/2}}{1 + \varepsilon_{\mathrm{r}}^{1/2}} \right|^2 \tag{3.13}$$

所以，物料的介电常数是表征物料吸收微波性能的主要因素。当介电常数大时，吸收率大，反射率就小，反之亦然。

3.2 物质的介电特性

微波能利用就是微波与物质相互作用的过程，研究相互作用机理，必须从微观角度去研究物质的分子结构和对外加电磁场的响应能力。研究物质介电特性，可优化材料对电磁场响应效果，也可优化微波工艺和微波设备[1]。

(1) 研究材料性能与微波频率和温度等因素的关系，以期获得技术应用上所必需的材料，以及电子、微波元器件和结构设计上所要求的准确的介电参数。各类雷达天线罩需要低介电常数、低损耗因子和满足各种使用温度环境的合格材料，以及准确的介电参数；电容器需要高介电常数和低介电损耗材料。

(2) 通过测定物质的介电参数来测定分子常数，研究分子结构或电介质理论。因为介电系数是连接宏观和微观参数的桥梁，通过测量参数可以研究从非极性到高极性的各种非金属材料和液体，如无机非金属材料、液晶、高分子聚集物、生物分子、胶体、水及水溶液、纳米材料等，去研究这些物质和材料中的电荷运动、近程相互作用、界面极化、介质的极化和吸收电磁波机理。

(3) 利用介电测量进行测试分析。通过测定矿物、粮食、纤维、烟丝等含水率或产品质量来实现在线监控产品的质量、细度、厚度等参数。在微波频段，上述材料中的偶极子转向极化已经跟不上可快速变化的电场，只有分子、原子、晶格的极化能跟上如此快速变化的电场，材料呈现稳定和低值的复介电常数；而对于典型极性介质的水分子，由于微波频段仍然存在偶极弛豫极化，所以才有高得多的介电常数和介电损耗，因而使微波测试及其在线控制在近代得到很大的发展。

(4) 在微波加热方面，如高温瓷料的烧制，需要进行掺杂以改变瓷料介电常数，而高温微波反应器的设计和控制也需要高温材料的复介电常数，否则，在微波烧结陶瓷材料过程中可能出现热失控。在生物医学方面，由于肿瘤组织与正常组织的介电特性不同，通过测量生物体的介电常数可以进行肿瘤的早期诊断，其早期诊断的效果大大好于后期。

3.2.1 复介电常数

材料吸收微波的能力主要取决于其介电特性，即材料的复介电常数及其变化特征。介电特性是研究微波加热特征、优化微波加热工艺参数、设计微波反应器的基础。微波作用于物料的电磁场方程组如下：

$$\nabla \times \boldsymbol{E} = -\frac{\partial \boldsymbol{B}}{\partial t} \tag{3.14}$$

$$\nabla \times \boldsymbol{H} = \frac{\partial \boldsymbol{D}}{\partial t} + \boldsymbol{J} \tag{3.15}$$

$$\boldsymbol{B} = \mu_{\mathrm{r}} \mu_0 \boldsymbol{H} \tag{3.16}$$

$$\boldsymbol{D} = \varepsilon_{\mathrm{r}} \varepsilon_0 \boldsymbol{E} \tag{3.17}$$

$$\boldsymbol{J} = \sigma E \tag{3.18}$$

式中，$\boldsymbol{E}$ 为电场强度；$\boldsymbol{B}$ 为磁感应强度；$\boldsymbol{D}$ 为电位移；$\boldsymbol{H}$ 为磁场强度；$\boldsymbol{J}$ 为电流密度；μ_0 为磁导率；μ_{r} 为相对复磁导率，表示物质对于外加磁场的响应；ε_0 为真空介电常数；ε_{r} 为相对介电常数，表示物质对外加电场的响应；σ 为电导率，表示物质对外加电磁场能量的损耗。

由式(3.14)~式(3.18)可得

$$\nabla \times \nabla \times \boldsymbol{H} = \mathrm{j}\omega\varepsilon_0 \nabla \times \left(\varepsilon_{\mathrm{r}} - \mathrm{j}\frac{\sigma}{\omega\varepsilon_0} \right) \boldsymbol{E} \tag{3.19}$$

对于线性、均匀、各向同性的物质而言，其电磁特性可以用两个复数参量，即复介电常数 ε 和复磁导率 μ 来唯一决定，其中

$$\varepsilon = \varepsilon' - \varepsilon'' \tag{3.20}$$

$$\mu = \mu' - \mu'' \tag{3.21}$$

式中，ω 为角频率；μ' 为相对磁导率；μ'' 为磁损耗因子。

因传导电流密度 $\boldsymbol{J}_{\mathrm{c}} = \sigma \boldsymbol{E}$，位移电流密度 $\boldsymbol{J}_{\mathrm{d}} = \omega\varepsilon \boldsymbol{E}$，所以通常用介电常数的虚部和实部的比值的绝对值分别来度量电介质材料的损耗特性，称作损耗角正切

$$\tan\delta = \frac{\varepsilon''}{\varepsilon'} = \frac{\sigma}{\omega\varepsilon} = \frac{\text{导电电流密度}}{\text{位移电流密度}} = \frac{\omega\varepsilon'' E_0^2}{\omega\varepsilon' E_0^2} = \frac{\frac{1}{2}\sigma E_0^2 / (2\pi)}{\frac{1}{2}\varepsilon' E_0^2 / T} = \frac{\text{单位弧度在介质中的能量}}{\text{储存在介质中的能量}} \tag{3.22}$$

式中，物质的复介电常数的实部 ε' 通常称作介电常数，表示物质被电磁波极化的

能力，也可以说是物质吸收微波并把电磁能储存在物质中的能力；而复介电常数的虚部 ε'' 叫做物质的介电损耗因子，表示物质将微波能转化为内能，以热能为代表；而介电损耗角正切 $\tan\delta$ 描述物质将吸收的微波能转化为内能的效率，一般说来，极性越强，物质 ε' 越大。

然而冶金物料是多种化合物的集合体，多是非线性、不均匀、各向异性的物质，其介电特性常用等效介电常数来表示，定义等效复介电常数如下：

$$\varepsilon_{\text{eff}} = \varepsilon_{\text{r}} - \text{j}\frac{\sigma}{\omega\varepsilon_0} \tag{3.23}$$

由于 $\sigma = \omega\varepsilon''$，所以在描述电解质在微波场中的性能，除了介电常数之外，可以在电导率 σ、介电损耗因子 ε'' 和损耗角正切 $\tan\delta$ 中任选一个参量与其进行配对，任意两个参量的组合可以完整地描述介电材料在微波场中的行为。

3.2.2　物料吸收微波类型

微波作为一种特定频率的电磁波，可以通过电磁力与原子等微观粒子(电子、分子、离子等)相互作用。当微波与物质相互作用时，物质的各种物理化学特性，如电导、介电常数、介电损耗系数等都将发生变化，通常表现出穿透、吸收、反射三个特性，如图 3.1 所示[7]，这往往与物料本身的性质相关。就此而言，物料大致可以分为微波吸收体、微波透射体、微波反射体。

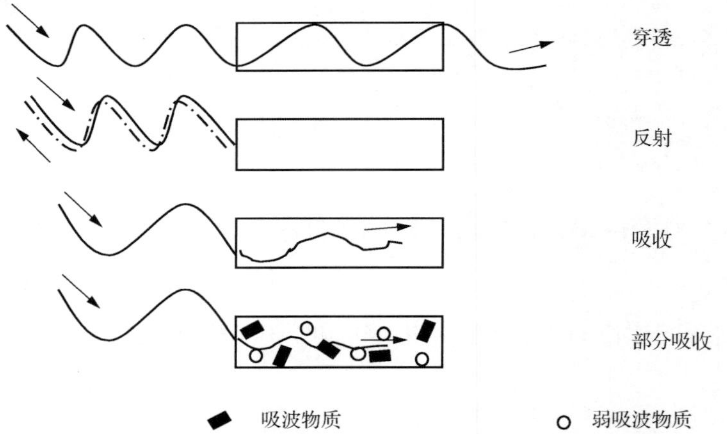

图 3.1　微波与物质作用特性

1. 微波吸收体

微波吸收体是材料对于入射微波的有效吸收，将电磁能量转换成热能或者其他形式的能量。因此微波吸收体具有良好的吸波性能，即有高于要求值的微波吸收率和宽吸收频带。微波吸收体材料有许多的分类方法，主要可以分为以下三种[8]。

按照微波吸收的原理，吸收体可分为吸收型和干涉型两类。吸收型材料主要是材料本身对电磁波的损耗吸收，干涉型吸波材料利用的是吸波层表面放射波与底面反射波的振幅相等、相位相反进行干涉与抵消，这类材料的吸收频带一般较窄。

按照材料的损耗机理的不同，微波吸收体材料又可分为电阻型、电介质型、磁介质型。电阻型微波吸收体其吸波能力主要取决于材料的电阻率；电介质型吸波体其能量衰减主要来自于介电损耗；磁介质吸收体材料主要为氧化铁，利用氧化铁独特的双复特性产生的自然共振损耗、畴壁共振损耗及介电损耗吸收电磁波。

按照材料的成型工艺与承载能力，微波吸收体材料可分为涂覆型及结构型吸波材料。涂覆型吸波材料是将吸收剂与黏结剂混合，将吸收剂按一定比例经特定工艺加入其中而制成。结构型微波吸收体材料以非金属复合材料为载体加入吸收剂而制成。

2. 微波透射体

近年来，微波加热得到了广泛应用，在选矿、材料制备、冶金等方面充分体现了不同于常规加热的优点及其绿色冶金的优势。微波加热在冶金过程中的应用也变得非常广泛，主要在微波助磨、干燥、还原、浸出、煅烧、氧化等方面，针对不同的微波冶金过程，必须选择合适的微波透射材料作为反应物承载体，从而保证反应安全、正常、高效的进行，因此微波透射材料是微波冶金不可缺少的重要部分。介电常数 ε_r' 和损耗角正切 $\tan\delta$ 是衡量材料投射微波性能的两个基本参量[9]，一般情况下，在 0.3~300GHz 频率范围内，透波材料 ε_r' 值为 1~4，$\tan\delta$ 为 10^{-3}~10^{-2} 较为适宜，能获得较理想的透波性能和较小损耗[10]。

目前，国内对微波冶金专用透波材料报道较少，但其作为微波冶金反应物料的承载体材料，对微波冶金的推广应用具有重要的作用。针对微波加热的特殊性，用于微波冶金的透波材料应具有以下主要性能：①微波频率为 0.915~2.45GHz 时，介电常数小于 10，介电损耗因子小于 0.1[11]，且介电性能随温度改变不产生明显变化；②物化性能稳定，避免与微波加热物质发生反应；③热震性能良好，低热膨胀系数，耐急冷急热；④用于回转设备的透波材料还需满足较高弯曲强度和断裂韧性。

在微波干燥、微波浸出等低温单元过程中，对透波材料的要求相对较低，一些具有介电常数低、介电损耗小的树脂基体可按不同要求选择使用。几种常用树脂的介电常数和介电损耗见表 3.1[12]。

表 3.1 常用的树脂基体高频介电性能(10GHz)

树脂	介电常数	介电损耗正切
酚醛树脂	4.5~5.0	0.015~0.030
环氧树脂	3.7	0.019
聚酯树脂	2.8~4.0	0.006~0.026
有机硅树脂	3.0~5.0	0.003~0.050
聚四氟乙烯	2.1	0.0003~0.0004

在高温火法微波冶金单元中，其反应温度高、升温速率快等特点对透波材料提出了更高要求，必须满足高温时介电性能随温度变化小、耐急冷急热等特殊性能。彭金辉等[13]从微波冶金实践出发，考察了材料的介电性能和力学性能，研制了以氧化铝、氧化镁、氧化硅为主要原料的 $x\mathrm{MgO}\cdot y\mathrm{Al_2O_3}\cdot z\mathrm{SiO_2}$ 透波陶瓷，该陶瓷在 20~1200℃的热膨胀系数为 2×10^{-6}~3×10^{-6}/℃，介电常数为 6~10，相比刚玉等单一组分材料，具有极小的加热膨胀率和优异的抗热震性。其作为承载体用于微波冶金高温反应中，可保证微波高温冶金过程正常进行，具有广泛的应用前景。

3. 微波反射体

在微波加热过程中，部分材料表现出反射微波的性能，此类材料已广泛应用于国防及日常防护上。王晓红和刘俊能[14]开展了碳纤维复合材料的微波反射性能研究，结果表明碳纤维的导电性很好，其反射率与纤维方向及层板厚度有关，且不同涂层对反射率的影响不同。张海丰等[15]将国防科技中隐身技术的涂层吸波材料理论和方法应用于建筑工程中，对工程上抗电磁辐射平板吸收材料的反射性能进行了研究。同时，金属作为典型的微波反射体，可以作为微波加热反应腔，反应腔是微波加热系统的重要组成部分。

3.2.3 介电特性的影响因素

大部分物质的介电特性都受到一系列因素的影响，如电场的频率、物质的温度、含水率，还有物质的密度、组成成分、物质的内部结构等。例如，对于颗粒物质，空气和颗粒的整体密度对介电特性有很大影响，而且在给定的微波频率作用下，物料的介电特性也随着物料的状态在不断变化，下面将介绍物质的介电特性随着频率、温度和含水率的变化情况。

1. 介电特性与含水率的关系

众所周知，水是一种强极性分子，具有偶极矩，分子直径为1.9×10^{-3}~2.3×10^{-3}m，其分子间距与直径相当。液态水分子是一个紧挨一个的排列，有点像固态，但它却无晶格结构，分子本身在其平衡位置振动外，又可缓慢移动，是一种形状不定的流体。水分子是由两个氢原子和一个氧原子化合而成，但其中的两个氢原子与一个氧原子却不在一条直线上，相互间形成 104°的夹角，使其分子的正负性分离，形成了微观上的偶极矩，且极化弛豫时间正好与微波周期相近，因此对微波具有良好的吸收效应。

当水分子处于静电场中时，水分子中带正电的氢原子趋向于电场的负方向，带负电的氧趋向于电场的正方向，使水分子按电场方向规则的排列。但电场改变方向时，水分子的排列也跟着转向。电场方向不停地改变导致水分子不停地变化，又因为水分子本身的热运动和相邻分子间的相互作用，使水分子随电场变化而摆动的规则受到了阻碍和破坏，分子处于杂乱运动条件下，产生类似摩擦效应，加剧了热能产生，使水的温度急剧升高。介电常数越大，极性分子摆动的幅度就越大，外场的电场频率越高，极性分子摆动越快，产生的热量越多。

根据物料与水的结合形态可以将水分为三类[16]：①自由水，以物理结合的水，结合能为 100J/mol，常存在于各种毛细间隙中；②束缚水，物理化学结合水，结合能大于 3000J/mol，常与介质分子化学结合，比较牢固；③与物质相互结合的化学结合水，结合能大于 5000J/mol。束缚水与自由水的介电特性不同，前者的损耗峰在 1000MHz 附近，而自由水的损耗峰在 2450MHz 附近，且与温度有关。

自由水的介电特性与液态水相似，而结合水的介电特性与冰相似。在常温下湿物料的介电特性随着水分的散失而逐渐降低直到临界水分点。物料温度升高可提高结合水的移动性，降低临界含水率。

Liu 等[17]用同轴探头反射法对含水率 0~5%的氯化钠的介电特性进行了研究，结果见表 3.2。

表 3.2　氯化钠在 2.45GHz 频率的介电特性参数

湿基含水量/%	介电常数	介电损耗	损耗正切	穿透深度/cm
0	2.4181	0.20844	0.00150	6.68
0.5	3.1187	0.30345	0.001698	6.28
1	3.3806	0.45063	0.00232	5.37
1.5	3.722	0.68187	0.00320	4.58
2	3.9943	0.90551	0.00396	4.12
2.5	4.3735	1.21321	0.00484	3.72
3	4.5591	1.40694	0.00539	3.53
3.5	4.6201	1.68449	0.00636	3.25
4	4.6619	1.76733	0.00662	3.18
4.5	4.9521	2.14228	0.00755	2.98
5	5.1951	2.55651	0.00859	2.79

从表 3.2 可以看出，介电常数随着物料含水率增加而增加。图 3.2 为氯化钠在 2.45GHz 下介电常数随含水率的变化曲线和拟合曲线。

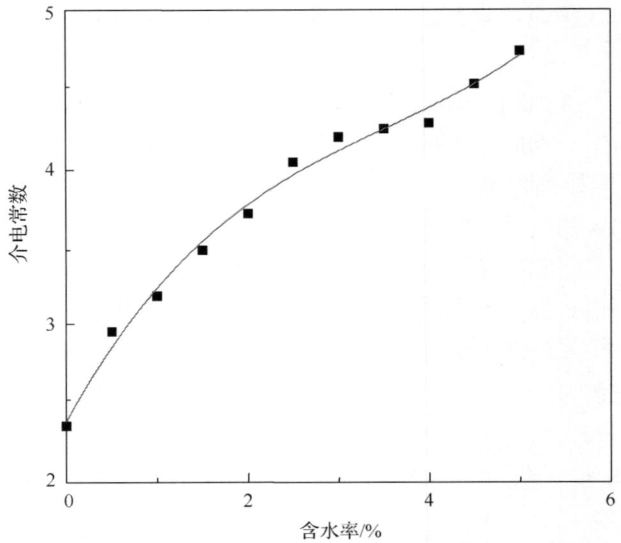

图 3.2 氯化钠介电常数随含水率的变化和拟合曲线(2.45GHz)

从图 3. 2 可以看出，随含水率在 0~5%变化，物料介电常数增速大于 3.5%~5%，与高含水物料的介电常数变化特征相反，在 2.45GHz 左右，钠离子和氯离子的转向极化滞后于电磁场的场强方向变化，但物料含水率介电常数随含水率增加呈持续增长趋势。对氯化钠介电常数进行多项式拟合，其线性相关系数为 0.988，拟合结果见表 3.3。

表 3.3 氯化钠颗粒的介电特性回归方程

介电特性	拟合方程	相关系数 R^2
介电常数	$\varepsilon' = 2.45218 + 1.22167M - 0.25679M^2 + 0.02418M^3$	0.988
介电损耗	$\varepsilon'' = 0.04749 + 0.46459M$	0.982
介电损耗正切	$\tan\delta = 0.06406 + 0.08278M$	0.991
穿透深度	$D_{\mathrm{p}} = 6.7858 - 1.61M + 0.16797M^2$	0.988

氯化钠的介电损耗因子在 2.45GHz 频率下随物料含水率变化及拟合结果见图 3.3。

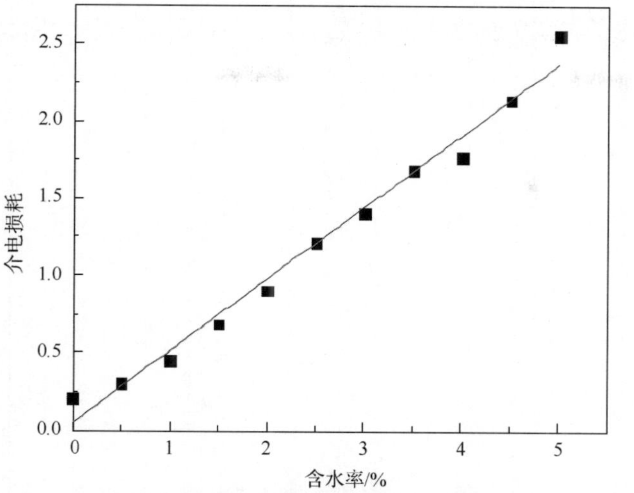

图 3.3　介电损耗随含水率的变化和拟合曲线(2.45GHz)

由图 3.3 可以看出，物料含水率的范围为 0~5%，介电损耗因子从纯氯化钠颗粒的 0.208 增加到 2.556，说明物料中的水分对介电损耗因子影响显著。由图 3.3 的拟合曲线可以看出，损耗因子和含水率呈现高度线性关系，可由此将介电特性测量系统开发为同轴探头含水率测定仪，进行水分在线测量。

氯化钠的损耗角正切在2.45GHz频率下随物料含水率变化及拟合结果见图3.4。

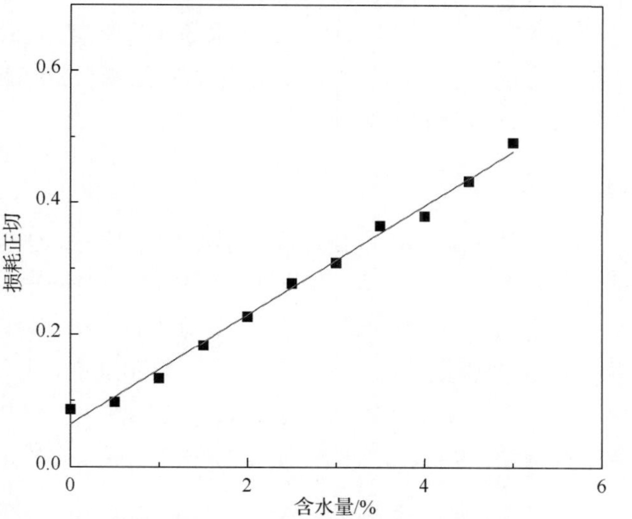

图 3.4　损耗角正切随含水率的变化和拟合曲线(2.45GHz)

由图 3.4 可以看出，损耗角正切和含水率呈现高度线性关系，线性相关系数为 0.991。

图 3.5 描述了氯化钠含水率随穿透深度在 2.45GHz 下的变化及拟合结果。

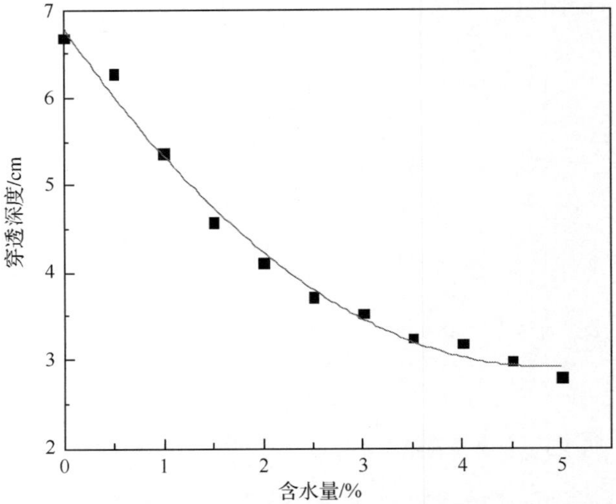

图 3.5　穿透深度随含水率的变化和拟合曲线(2.45GHz)

由图3.5可以看出,物料含水率从0~5%,物料穿透深度由无水氯化钠的6.68cm降为 2.79cm。水在 2.45GHz 下穿透深度为 1.68cm，水和氯化钠混合料在任一含水率下的穿透深度都比水的大，但比无水氯化钠的小。拟合结果表明，氯化钠的趋附深度和含水率之间具有二次函数曲线关系。

氯化钠物料的含水率一般不大于 5%，其含水率比许多食品都低。氯化钠的穿透深度随着含水率的降低而缓慢增加。高含水的苹果在含水 30%时介电损耗因子发生剧变[18]，与低含水的氯化钠明显不同。

2. 介电特性与频率的关系

描述物质介电加热的效果，介电损耗因子显得更为重要，物质的损耗因子值越大，能产生越多的热量。为了优化介电加热的效果，需对介电加热的频率作出优选，目前工业上通用的工业微波加热频率是 2450MHz 和 915MHz。

对含水物料的加热最优微波频段为 915MHz 和 2450MHz，主要是因为水的介电常数和介电损耗比一般物质都要大，含水物料的内热量主要是由水分子的偶极子在微波场下不停转动产生。水的这种特性可以用德拜弛豫方程来解释。

$$\varepsilon' = \frac{\varepsilon_s - \varepsilon_\infty}{1+\omega^2\tau^2} + \varepsilon_\infty \tag{3.24}$$

$$\varepsilon'' = \frac{(\varepsilon_s - \varepsilon_\infty)\varepsilon\tau}{1+\omega^2\tau^2} \tag{3.25}$$

式中，ε_s 为静电场时的介电常数；ε_∞ 为微波频率无穷大时的介电常数；τ 为弛豫时间，$\tau = 1/(2\pi f)$；水的静电场介电常数是 78.5，ε_∞ 约等于 4.5，另外德拜弛豫方程可近似计算介电常数和介电损耗，含水物料介电特性的精确值需要通过介电测量技术获取。

当物料含水率较低，在低频段物料本身成分的介电弛豫机制占主要地位，水分子偶极子转动产生的热量与物料本身的分子和电解质转动产生的热量相比较低。在低频段，德拜方程也不适合用来估算物料的介电常数和介电损耗因子等。

在含水矿物中都有杂质元素和离子，其介电特征与纯水完全不同，尤其在低频区域(<20000MHz)。溶液中的离子导电体随频率降低，在介电加热中作用更明显。不同含水率的氯化钠在 2.3~2.6GHz 的反射系数幅值随频率的变化见图 3.6。

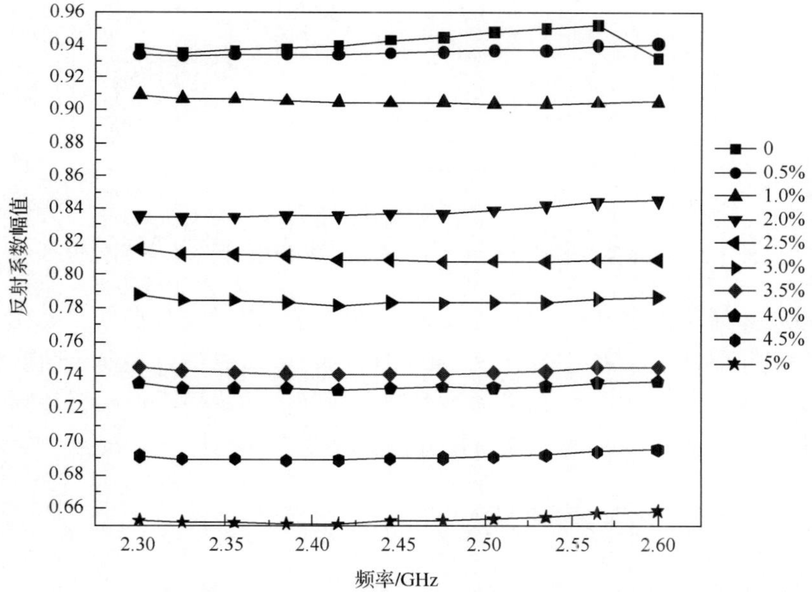

图 3.6　不同含水率氯化钠在 2.3~2.6GHz 频率内的反射系数幅值

从图 3.6 中可以看出，相同含水率氯化钠的反射系数幅值在 2.3~2.6GHz 频率范围内基本不变，说明物料中水分子与电磁波的极化机制没有发生变化。根据介电测量理论反射系数幅值代表了复介电常数的虚部，即介电损耗因子在 2.3~2.6GHz 频段内，氯化钠仍然保持较高的介电损耗因子。

图 3.7 为不同含水率的氯化钠在 2.3~2.6GHz 频率内的反射系数相位角。从图 3.7 中可以看出，相同含水率氯化钠的反射系数幅值在 2.3~2.6GHz 频率范围内呈单调递减，显示在此窄带内，物料中水分子与电磁波的极化机制发生变化。根据介电测量理论，反射系数幅值代表了复介电常数的实部，即介电常数，反射系

数的相位越低，代表物料的介电常数越大，在 2.3~2.6GHz 频段内，氯化钠的介电常数仍然保持较高的增长速度。这是因为水与氯化钠物料的结合方式主要是自由水，物料的等效介电常数几乎依赖于水的介电特性。水的介电常数随着频率的增高而增加，直到 18GHz 达到最大值。

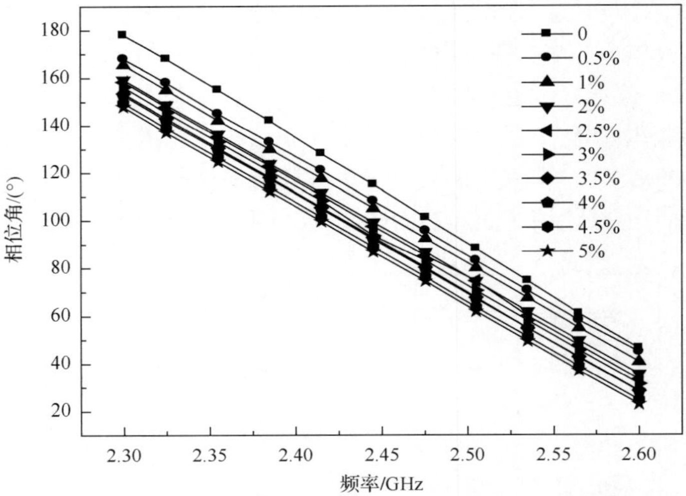

图 3.7　不同含水率氯化钠在 2.3~2.6GHz 频率内的反射系数相位角

图 3.8 为氯化钠在 2.45GHz 处反射系数幅值随温度变化曲线。从图 3.8 可以看出，氯化钠的反射系数幅值在 2.45GHz 处，随着温度升高而不断降低，从 0.75 降为 100℃时的 0.35。幅值随温度升高而降低的特性，说明损耗因子随温度升高而不断增大，与水的介电损耗特性随温度增加的特征相符合，同介电损

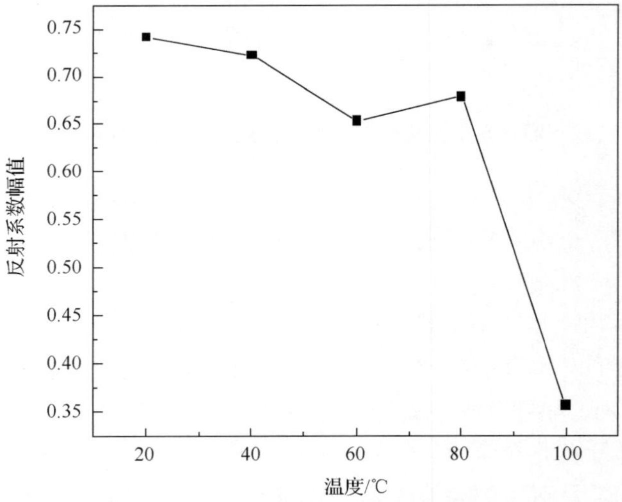

图 3.8　氯化钠在 2.45GHz 处反射系数幅值随温度变化曲线

耗因子与含水率的变化关系一致。介电损耗随着温度的升高而升高，意味着物料吸收微波能并转化为内能产生热量的效率在不断提高，热量转化会促使物料升温。

3. 介电特性与温度的关系

温度对物料介电特性的影响相对比较复杂，介电特性既可能随温度升高而升高，也可能随温度升高而降低。在含水物料中，水是最主要的微波能量吸收体。水是一种典型的偶极子，纯水在–12~100℃范围，频率为 3000MHz 的介电常数和介电损耗值见表 3.4。

表 3.4　水随温度变化的介电特性（*f*=3000MHz）

参数	冰	水	水	水	水	水	水	水	水	水	水	含 0.1molNaCl 的水
T/℃	–12	5	15	25	35	45	55	65	75	85	95	25
ε'	3.2	80.2	78.8	76.0	74.0	70.7	67.5	64.0	60.5	56.5	52.0	75.5
ε''	0.003	22.1	16.2	12.0	9.4	7.5	6.0	4.9	4.0	3.2	2.4	18

对纯液体分子，由于布朗运动，溶液的极化弛豫时间 τ 与溶液的黏度和温度有函数关系。纯液体的弛豫时间随着温度升高而迅速降低，导致液体的最大介电损耗也向高频处移动。

含水率为 4.1%氯化钠在 20~100℃范围，在 2.45GHz 下介电常数随温度的变化关系如图 3.9 所示。

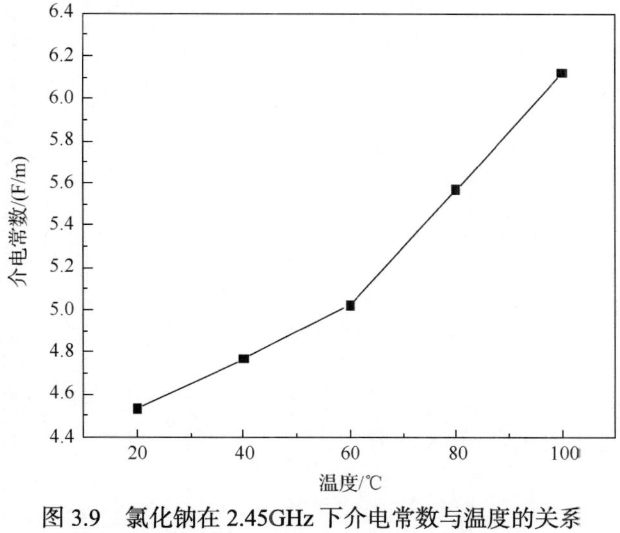

图 3.9　氯化钠在 2.45GHz 下介电常数与温度的关系

李雨[19]分别对钛精矿、无烟煤、高纯石英砂等冶金物料进行了介电特性的研究，三种物料在不同温度下的介电常数如图 3.10~图 3.12 所示。

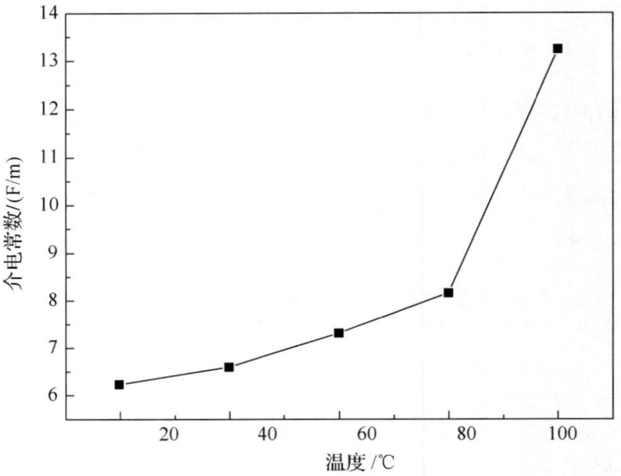

图 3.10　钛精矿介电常数与温度的关系

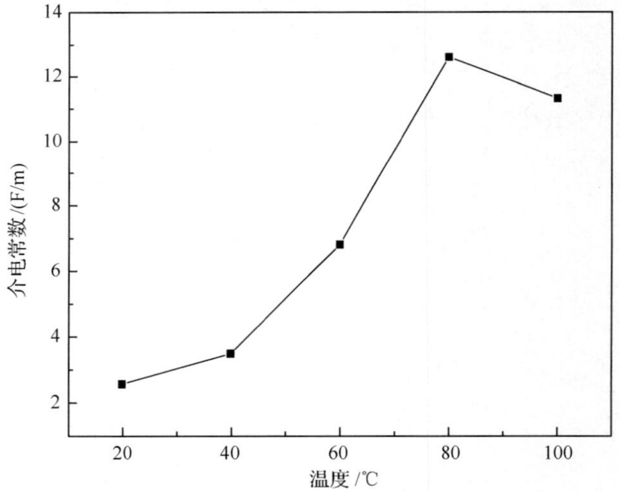

图 3.11　无烟煤介电常数与温度的关系

雷鹰[20]研究了不同二氧化钛品位的钛精矿在 2.45GHz 频率下介电特性与温度的关系，如图 3.13~图 3.15 所示。

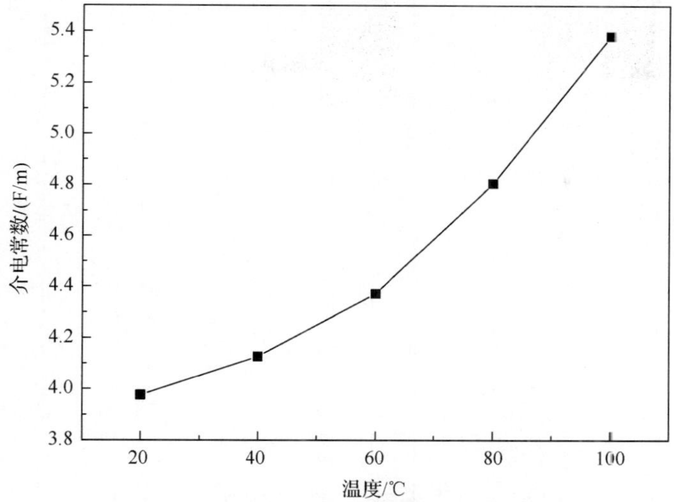

图 3.12　高纯石英砂介电常数与温度的关系

从图 3.13~图 3.15 可以看出，随着钛精矿中二氧化钛品位的提高，钛精矿的介电常数、损耗因子和损耗正切等介电特性均增大。在 20~60℃范围内变化不显著，而在 60~100℃范围内变化显著。不同二氧化钛品位钛精矿的介电特性跟其化学组成密切相关，随着精矿中二氧化钛品位的提高，全铁、氧化镁、氧化铝含量逐渐提高；氧化钙和氧化硅含量逐渐减少。除 39.0%钛精矿之外，在固定的计算

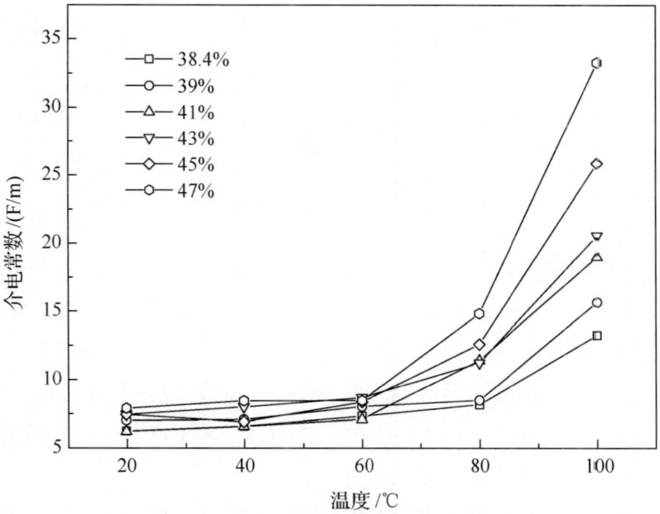

图 3.13　二氧化钛品位对钛精矿介电常数的影响

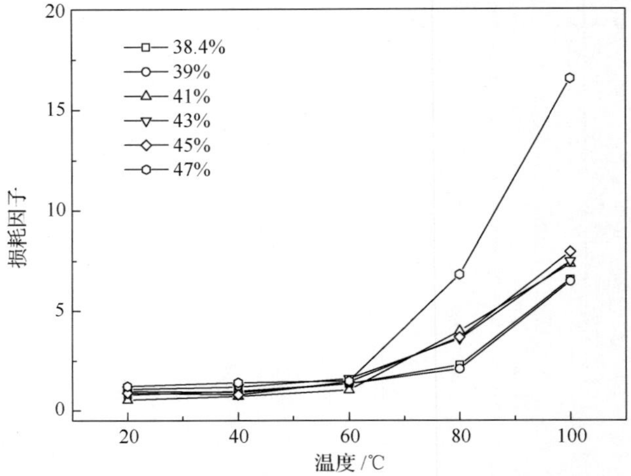

图 3.14　二氧化钛品位对钛精矿损耗因子的影响

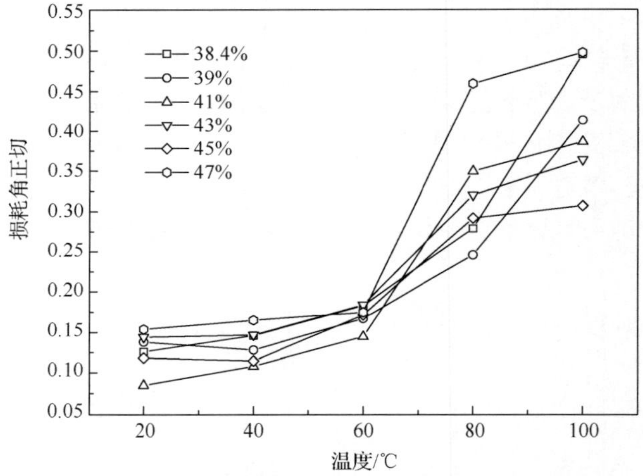

图 3.15　二氧化钛品位对钛精矿损耗角正切的影响

精度下，全铁、氧化镁和氧化铝含量则分别以 1.0%、0.1%和 0.3%的幅度提高；氧化钙和氧化硅含量分别以 0.6%和 0.9%幅度减少。钛精矿中铁氧化物(氧化亚铁 14.2F/m，氧化铁 14.2 F/m)、二氧化钛为强吸波性物质(金红石 6.7 F/m，二氧化钛 100 F/m，氧化钛 40~50 F/m)；氧化铝(9.3~11.5 F/m)、氧化钙(11.8 F/m)、氧化镁(9.7 F/m)为中等吸波性物质；二氧化硅(4.2~4.5 F/m)为弱吸波性物质。表 3.5 为钛精矿、氧化钛精矿与石墨混合物介电特性值。

图 3.16、图 3.17 为钛精矿与石墨混合物、氧化钛精矿与石墨混合物的反射系数幅值与相位变化曲线。根据介电常数与反射系数幅值和相位的关系，介电常数列于表 3.6 中。

表 3.5　2.45GHz 下钛精矿、氧化钛精矿与石墨混合物介电常数估算

类别	石墨配比/%	测定温度/℃	反射系数幅值	反射系数相位	估算介电常数
钛精矿与石墨混合物	10	20~100	0.488~0.538	−19.3~19.9	14.5~28.0
氧化钛精矿与石墨混合物	10	20~100	0.517~0.587	−36.6~12.9	15.0~45.0

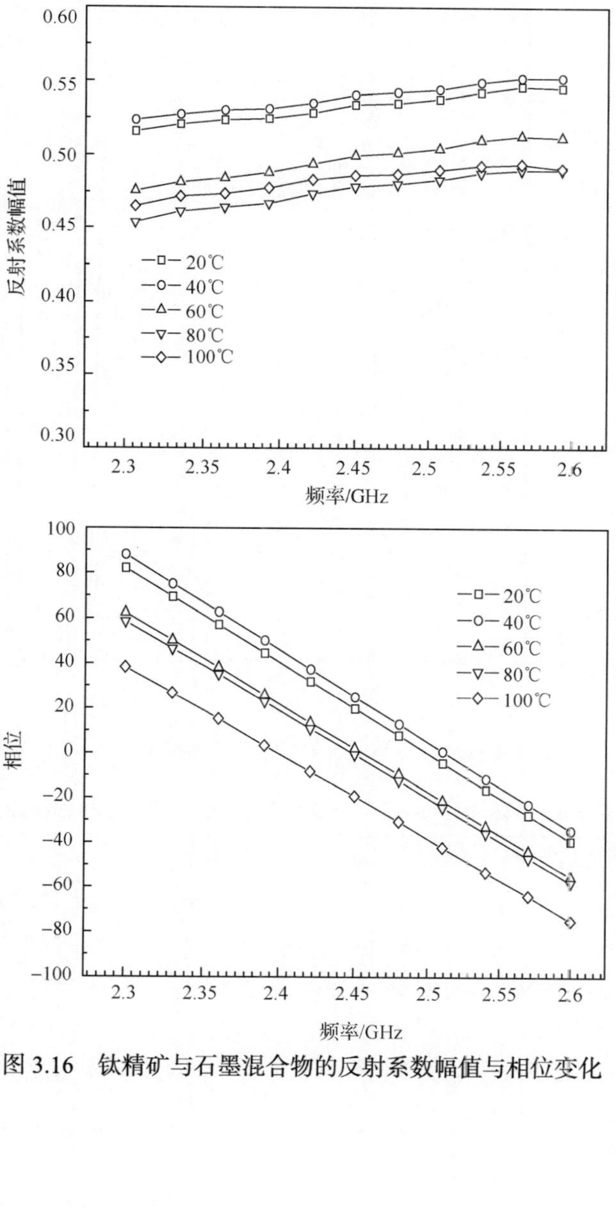

图 3.16　钛精矿与石墨混合物的反射系数幅值与相位变化

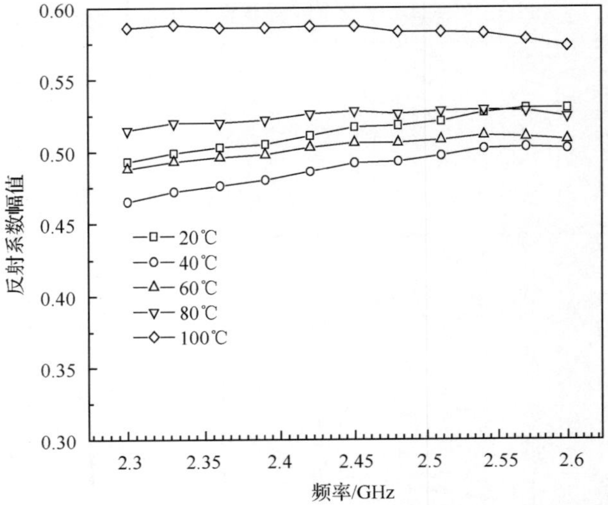

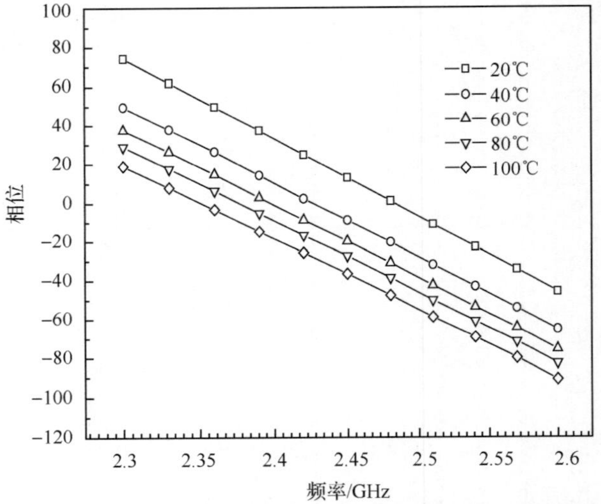

图 3.17　氧化钛精矿与石墨混合物的反射系数幅值与相位变化曲线

表 3.6　2.45GHz 下不同二氧化钛品位钛精矿介电特性参数

品位/%	测定温度/℃	反射系数幅值	反射系数相位	介电常数	损耗因子
38.36	20~100	0.542~0.857	34.9~79	6.2~13.2	0.79~6.6
39	20~100	0.544~0.837	−4.6~73.1	7.0~15.7	0.97~6.5
41	20~100	0.548~0.878	−8.4~79.5	6.2~19.0	0.53~7.3
43	20~100	0.518~0.822	−10.2~70.1	7.4~20.6	1.1~7.5
45	20~100	0.540~0.840	−17.5~70.1	7.4~25.9	0.88~8.0
47	20~100	0.546~0.807	−27.4~67.2	7.9~33.0	1.2~9.2

3.2.4　复介电常数的测量方法

物质的介电参数无法直接获得，须通过测量其他参量来提取，如驻波比、反射系数、传输系数、谐振频率和 Q 值等。通过数学建模，建立介电参数与直接测量参量之间方程，求解方程获得复介电常数。因此，介电参数的测量受限于测试仪器的精度、电磁建模理论和方程求解方法。物质的复介电常数测量方法按测量原理可分为网络参数法和谐振法两大类，如图 3.18 所示[21]。

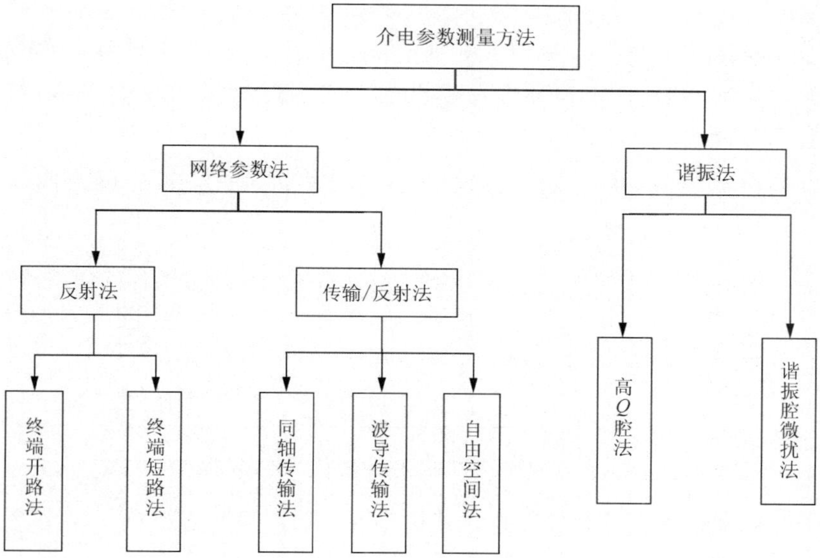

图 3.18　介电参数测量方法

1. 终端开路、短路反射法

终端开路反射法是将波导或同轴线的一端紧贴待测样品，另一端连接微波信号，通过测量样品的反射系数来计算待测样品的复介电常数。终端短路反射法是将波导或同轴线一端封闭形成短路端，待测样品置于波导或同轴线的短路端，入射波从端口入射，在短路端形成反射波，反射波和入射波叠加之后形成驻波。根据填充样品前后驻波的变化，通过建立的模型方程计算可以得到待测样品的介电常数和介电损耗因子。该测量方法设备简单，适用于单点微波频率，且测量误差较大，容易形成多值解，不利于建立自动化控制测量系统。

美国标准技术研究院(NIST)采用终端短路法进行了变温下的介电参数测试，但没有标明测试温度范围和频率范围。英国国家物理研究所(NPL)利用终端短路法对液体材料进行了变温测量，温度从室温到 50℃[22,23]。Agilent 公司[24]利用同轴线终端短路法设计了7mm 的传输线进行 0.2~20GHz 的变温测试，并推出了

-40~200℃的测试探头和测试软件，使测试设备商品化。终端短路法还可用于对多种介质材料进行-100~150℃复介电常数测试[25]。Gerson 等[26]采用终端开路法进行高温下的介电参数测试，温度范围从室温至 1200℃。

采用同轴线反射法测量，样品要制备成环状。传输波在遇到测试样品时波长要发生移动，移动程度与样品的介电常数值有关，样品制备的厚度近似等于测试波长的 1/4。因此，在测量时要根据待测样的介电参数范围，估计同轴线尺寸设计合适的测试夹具。同轴线和矩形波导反射法被广泛地应用于颗粒和粉末类物料介电参数的测量，除了煤和矿物样品，还应用于谷物、种子、蔬菜和水果的测量。通常在 2450MHz 下测量时，WR-284 型波导较为合适，但含水物料类的样品制备的尺寸较大。915MHz 时，需要大尺寸波导，同轴线反射法更好。图 3.19 是终端短路反射法的测试示意图。

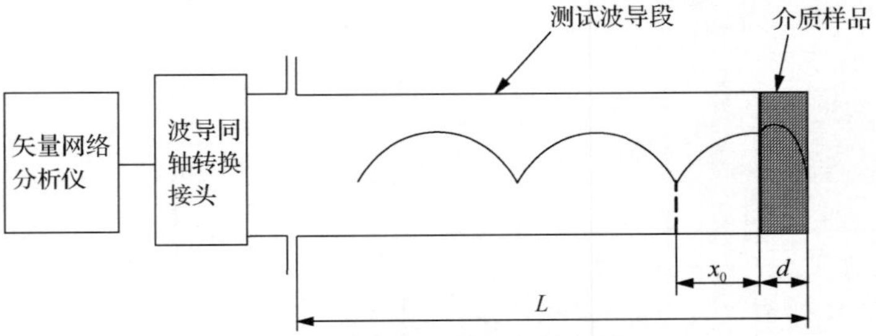

图 3.19　终端短路法测试示意图

由于开口同轴探头具有频段宽、结构开放、通用性强等特点，特别适合在线测量。Stuchly 和 Stuchly [27]应用同轴探头测量生物材料的介电特性以来，被广泛应用于介质材料的非破坏测量。同轴探头反射法也是基于微波传输线理论，即物质的介电常数和介电损耗可以根据物质的反射信号的幅值和相位得到。图 3.20 为

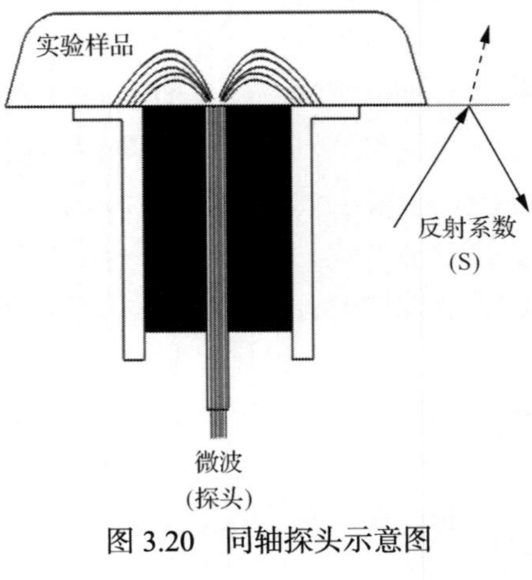

图 3.20　同轴探头示意图

同轴线反射法的示意图。待测样品和由波导或同轴线组成的探头末端相接触，探头另一端和矢量网络分析仪连接。网络分析仪发射信号并经过探头得到反射信号，即反射系数的幅值和相位。运用特定的算法对反射系数的幅值和相位进行计算，可得到样品的介电常数和介电损耗因子。

同轴探头法避免了传输线法的一些不足，同轴探头法对于测试频率在 915MHz 和 2450MHz 时，以及物料损耗因子大于 1 时具有较高的精确度[28]。当同轴探头与相接触的待测物之间有缝隙、气泡，或者待测物的密度发生变化时，就会产生一定的误差。探头端口通常通过法兰与固体样品接触，而液体样品直接插入其中。此方法具有较高精确度，而且测量的频带较宽(500M~110GHz)，但对于低损耗物料($\tan\delta<0.001$)的介电特性测量，同轴探头法的精确度受到限制[29]。

吴俊军[30]采用基于精确谱域算法的同轴探头法测定了铜镍矿、铅锌矿、黄铁矿和铜矿等矿物的介电常数。要求岩矿石的上、下表面光滑，算法成熟，且具有较高的精确度，但没有考虑温度和湿度对介电常数的影响。陈倩[31]设计了一种可以测量生物组织的终端开路同轴斜口探头，与传统的同轴探头相比，在测量灵敏度和透入深度方面具有一定优势，但探头内层为聚四氟乙烯，限制了测量温度。

2. 传输与反射法

传输与反射法(NRW 法)由 Niclson、Ross 和 Weir 提出，采用矢量网络分析仪测量样品区的散射参数，然后通过散射方程反演计算出材料的介电常数[32,33]。

$$S_{11}=S_{22}-\frac{\varGamma_{\mathrm{c}}(1-\varGamma_{\mathrm{t}}^2)}{1-\varGamma_{\mathrm{c}}^2\varGamma_{\mathrm{t}}^2} \tag{3.26}$$

$$S_{21}=S_{12}=\frac{\varGamma_{\mathrm{t}}(1-\varGamma_{\mathrm{c}}^2)}{1-\varGamma_{\mathrm{c}}^2\varGamma_{\mathrm{t}}^2} \tag{3.27}$$

$$\varGamma_{\mathrm{t}}=\mathrm{e}^{-\gamma t} \tag{3.28}$$

$$\varGamma_{\mathrm{c}}=\frac{Z_{\mathrm{c}}-Z_0}{Z_{\mathrm{c}}+Z_0} \tag{3.29}$$

$$\gamma_0=\mathrm{j}\beta_0=\mathrm{j}\cdot\frac{2\pi}{\lambda_0}\sqrt{1-\left(\frac{\lambda_0}{\lambda_{\mathrm{c}}}\right)^2} \tag{3.30}$$

$$\gamma_0=\alpha+\mathrm{j}\beta=\mathrm{j}\cdot\frac{2\pi}{\lambda_0}\sqrt{\mu_{\mathrm{r}}\varepsilon_{\mathrm{r}}-\left(\frac{\lambda_0}{\lambda_{\mathrm{c}}}\right)^2} \tag{3.31}$$

$$Z_0 = \frac{c\mu_0}{\sqrt{1-\left(\frac{\lambda_0}{\lambda_c}\right)^2}} \tag{3.32}$$

$$Z_c = \frac{c\mu_0\mu_r}{\sqrt{\mu_r\varepsilon_r-\left(\frac{\lambda_0}{\lambda_c}\right)^2}} \tag{3.33}$$

式中，S_{11}、S_{21} 分别为样品区的反射与传输散射参数；$\varGamma_c$ 为待测样品的反射系数；$\varGamma_t$ 为待测样品的传输系数；γ_0 为传翻常数；Z_0、Z_c 分别为空气与样品的波阻抗；λ_c 为波导截止波长；λ_0 为入射波长；c 为光速；t 为时间；β 为相位系数；γ 为复传播因子；μ_0 为磁导率。

由式(3.33)可得到复介电常数和复磁导率：

$$\mu_r = -\frac{j\lambda_0\gamma}{2\pi\sqrt{1-\left(\frac{\lambda_0}{\lambda_c}\right)^2}}\left(\frac{1+\varGamma_c}{1-\varGamma_c}\right) \tag{3.34}$$

$$\varepsilon_r = \frac{\left[-\gamma^2\left(\frac{\lambda_0}{2\pi}\right)^2+\left(\frac{\lambda_0}{\lambda_c}\right)^2\right]}{\mu_r} \tag{3.35}$$

对与非磁性介质，$\mu_r=1$ 得到相对复介电常数的表达式：

$$\varepsilon_r = -\gamma^2\left(\frac{\lambda_0}{2\pi}\right)+\left(\frac{\lambda_0}{\lambda_c}\right)^2 \tag{3.36}$$

将待测样品填充在传输线或波导系统的取样器中，构成一个互易双端口网络。当电磁波在传输线或波导内传播时，遇到介质，一部分会发生反射，一部分会发生透射。通过矢量网络分析仪获取样品的透射系数和反射系数，运用散射方程反演计算得到复介电常数。图 3.21 是传输反射法的测试示意图。传输反射法的优点是公式推导简单、设备便宜、测量方便，对高损耗物质测量精度较高，测试频带高，对同轴线和波导都适用。缺点是对待测样品制备要求高，要求放入波导或同轴线内的样品与腔体接触完好，细小的缝隙都会造成较大的计算误差，在方程的求解方面容易出现多值解，制备样品的厚度和长度也会对测试结果有影响，针对不同的测试夹具需制作不同形状的样品，对低损耗物质的测量误差较大。Hotta

等[23]测量了四氧化三铁粉末在0.2~13.5GHz频率下随温度变化的介电特性。

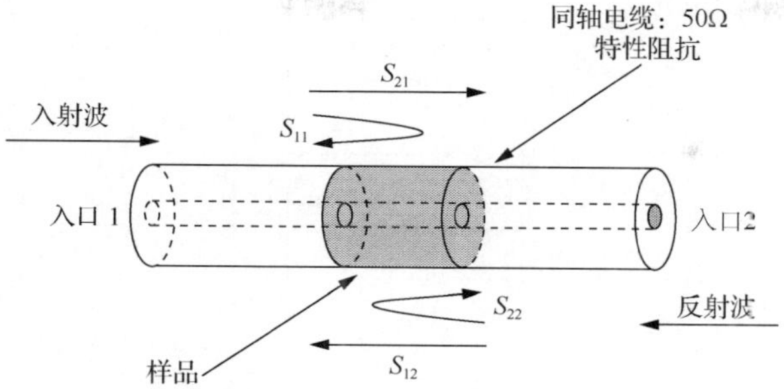

图3.21 同轴线传输反射法测试示意图

3. 自由空间法

自由空间法是一种非接触和非破坏性的测试方法，是利用天线将电磁波传输到自由空间，遇到测试样品时，发生反射和透射现象，再利用天线接收反射和透射信号，进而计算材料的介电参数[34,35]。自由空间法对测试样品没有非常严格的形状和工艺要求，只需厚度均匀且有一定的测试面积，保证电磁波能够全面入射到介质平面上，避免边沿绕射即可，可以改变入射电磁波的极化方向，非常适用于测量各向异性材料。另外，自由空间法既适用于高损耗材料，也适合于低损耗材料。当频率升高，准光学传播倾向增强时，使用方便。自由空间法的测试频带非常宽，通常测试频率为5~40GHz。图3.22是自由空间法测试介电常数示意图，图3.23是自由空间法测试原理图。

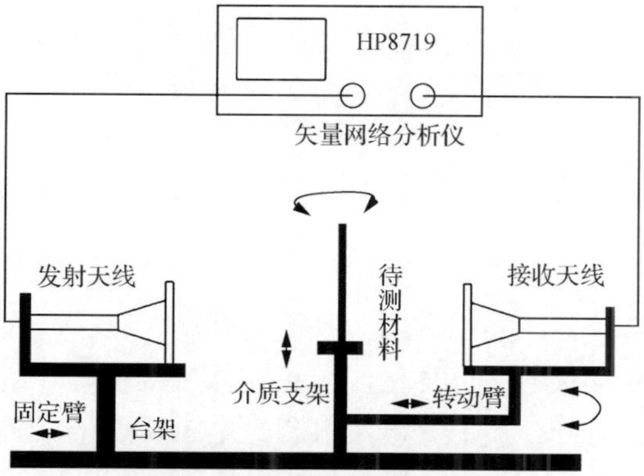

图3.22 自由空间法测试示意图

图3.23中区域0和区域2为空气，区域1为厚度d的待测材料平板，其相对电磁参数为ε、μ。电磁波由空气入射到无限厚度的该介质时的反射系数为R，而在厚度d的该介质中的传递系数为P。

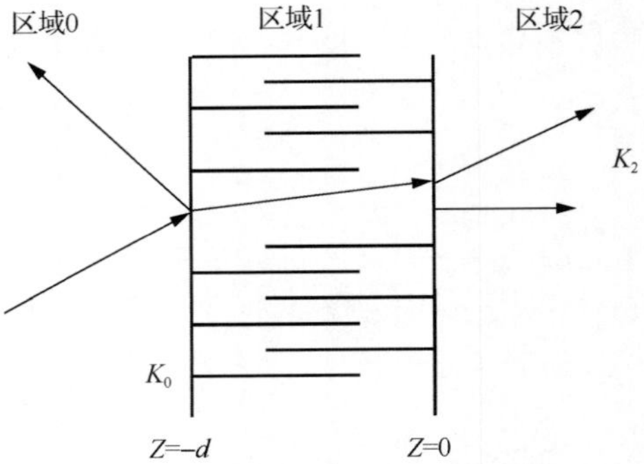

图 3.23　自由空间法测试原理示意图

$$S_{11} = \frac{R(1-P^2)}{1-R^2P^2}$$
$$S_{22} = \frac{P(1-R^2)}{1-R^2P^2} \tag{3.37}$$

根据菲涅尔定理和电磁波的传播特性可知，当电磁波以角度口为入射时，若入射波为 TE 波，即垂直极化

$$R = \frac{\mu_r \cos\theta - \sqrt{\mu_r\varepsilon_r - \sin\theta^2}}{\mu_r \cos\theta + \sqrt{\mu_r\varepsilon_r - \sin\theta^2}} \tag{3.38}$$

若入射波为 TM 波，即平行极化

$$R = \frac{\sqrt{\mu_r\varepsilon_r - \sin\theta^2} - \mu_r \cos\theta}{\sqrt{\mu_r\varepsilon_r - \sin\theta^2} + \mu_r \cos\theta} \tag{3.39}$$

式中，θ 为入射角；R 为反射系数。

4. 谐振腔微扰法

谐振腔微扰法是较为成熟的方法，测量精度高。谐振腔的微扰来源于腔体内引入微小样品、腔壁形状的微小变化，引起腔体谐振频率、品质因数变化，通过变化前后对比，计算得到介质的介电常数和介电损耗因子。微扰法要求介质引起腔体谐振频率的变化较小，样品与腔体体积之比小于 1∶5000。谐振腔微扰法被广泛应用在各向同性物质介电参数的测量，对于低损耗物质的测定精度较高。

谐振腔通常由矩形或圆柱形的波导构成，中心有可放入待测样品的小孔。未放入样品时，谐振腔有一个谐振频率和品质因数 Q 值，当放入待测样品时，会引起腔体谐振频率和品质因数发生变化，频移可以用来计算介电常数，而品质因数的变化可以用来计算介电损耗因子。已用于测量农产品在不同频率、温度和成分下的介电参数[36]。谐振腔微扰法在高温物料介电特性测试方面具有优势。图3.24是圆柱形谐振腔示意图，图3.25是样品插入谐振腔时谐振频率和品质因数的变化。

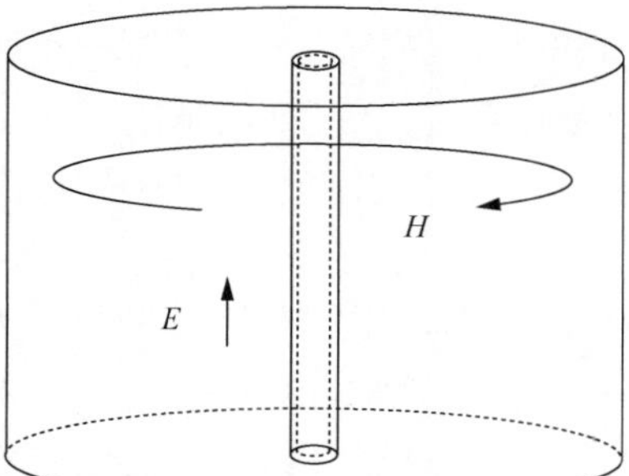

图3.24　圆柱形谐振腔示意图

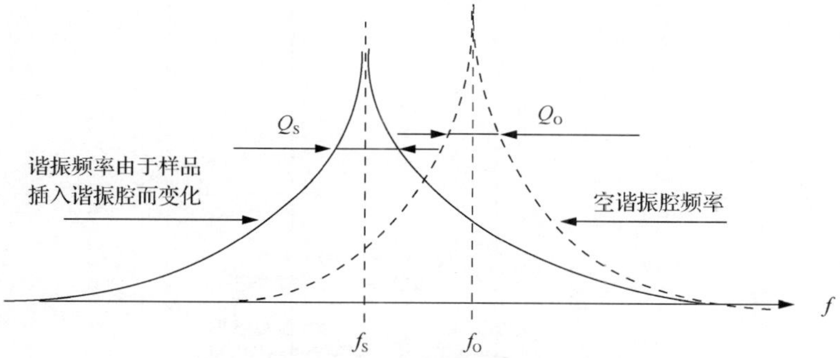

图3.25　谐振频率和品质因数的变化

谐振腔微扰法可在腔体外加热样品后进入腔体测量，将加热系统和测试系统相隔离，方便进行高温介电参数测量。Hutcheon等[37]按此原理设计了一个谐振腔在电阻加热器上方的高温介电参数测量装置，样品置于一低损耗支撑管中，在电阻炉中进行加热测温，立即送入谐振腔测量，测量了物料的介电参数。Arai等[38]利用TM_{010}圆柱腔设计了一种高温测试系统，与Hutcheon有所不同的是，为了避免热空气进入腔内，该系统中TM_{010}腔位于加热炉下面，并通过绝热层进行隔离。样品位于硅支撑器中，两端由硅陶瓷纤维塞紧，加热到一定温度后，样品迅速从炉中移至腔内进行测量。

5. 高温下介电特性测量方法

由于冶金反应多是在高温条件下，冶金物料在高温条件下介电特性测量对于设计高能效的微波冶金反应器，了解微波场下物料在化学反应中对电磁能量的吸收变化等具有重要的指导意义。常温下的介电特性测量方法比较多，可以针对不同损耗的材料范围进行测量，但是进行变温测量尤其是高温测量时还存在问题：①复介电常数随温度变化大，单一的测量系统难以匹配；②热膨胀易使样品及测量夹具或容器尺寸发生变化，引起较大误差；③需要耐高温的测量探头。

高温测试方法主要有谐振腔法微扰法和终端短路反射法以及传输反射法。

(1) 谐振腔微扰法高温测量系统。高温测量的原理与常温是相同的，只是需要将测量系统和高温加热系统相隔离，以避免测试腔体热膨胀造成误差。

加拿大学者 Pickles[39]设计了一种高温介电测量系统(图 3.26)。腔体为圆柱形谐振腔，加热装置位于圆柱腔上面，采用电阻丝加热。为防止腔体的热膨胀，腔体周围采用流动水循环冷却，测试腔体与加热腔之间有绝热材料，防止谐振腔过热。样品容器为细棒状的石英管，通过连接石英管的支撑架来上下移动样品进出谐振腔与加热腔，测试温度为 20~1050℃。

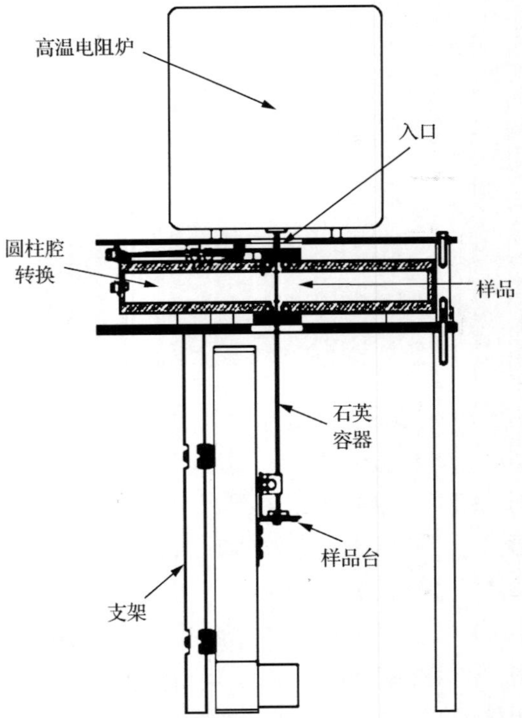

图 3.26　谐振腔微扰法高温介电测试系统

(2) 同轴传输反射法。日本东京工业大学 Hotta 等[23]研制了一套同轴线传输反射法高温介电参数测量系统(图 3.27)。同轴线传输反射法高温测量系统原理与常温相同，不同的地方在于增加了样品加热系统、测温系统和气体保护系统，该系统测试样品介电特性温度范围为 20~575℃。

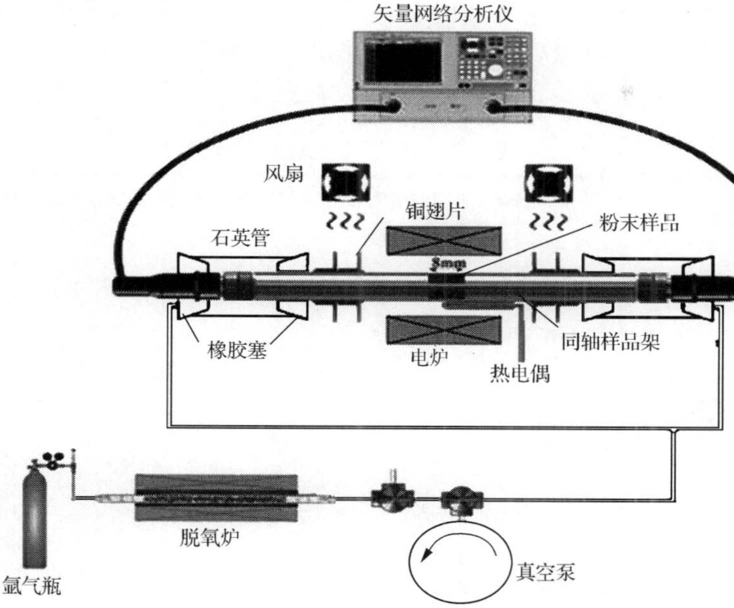

图 3.27　同轴传输反射法高温介电测量系统

6. 介电测试方法比较

每一种测量方法都需要进一步提高适用范围和测量精确度，选取一个合适的测试方法需要考虑样品容器的设计、待测样品的物理性质、测试条件、测试精确度、测试范围、合适的计算方法、变温和高温测量等因素。冶金物料既有固体，也有液体和凝胶状半固体；既有低损耗物料，也有高损耗物料，需要选取合适的方法。合适的测试方法和相应的理论计算模型能够减少误差，测试数据有助于建立受温度频率、颗粒粒度、密度、物质组成等条件影响的介电特性模型，进行高效的微波加热器的设计和温度和含水率的在线测定，表 3.7 为各种测试方法的比较[40]。

频域微波介电特性测试主要分为波导法和谐振法，波导法测试频域比较宽，可以用来测量介质的介电频谱，缺点是样品与波导内壁之间的间隙会显著影响测量精度。谐振法则克服了波导法的上述缺点，可以方便地测量介质的介电温度谱，一个样品只能测量单个频率下的介电特性参数，介质样品的介电频谱曲线则需要制备不同大小尺寸的样品和谐振腔。对于颗粒状粉末物料在单个频率下的介电参数，可以用谐振腔法进行常温和高温阶段的测量，而在宽频范围内，反射法在测量固体或液体样品时具有测量精确度高的优势。大于 200℃的高温使材料复介电常数的测量变得十分困难。既要考虑加热设备对测试系统的影响，又需考虑测量系统的精确度和适用性。目前的研究主要集中在设计耐高温的测量探头及与高温材料热隔离的测量系统，但这仅是在传统低温复介电常数测量基础上对系统的改进，并没有采用新的方法，需要开发一种新的高温复介电常数测试系统。

表 3.7　测试方法比较

参数	反射法	传输线法	自由空间法	全填充谐振腔法	部分填充谐振腔法	同轴探头法
频率	宽频	带状频率	带状频率	单频点	单频点	宽频
样品大小	适中	适中	大	大	非常小	小
温度显示、控制	难	难	非常简单	非常简单	非常简单	简单
对低损耗物料精度	非常低	居中	居中	非常高	高	低
高损耗物料精确度	低	居中	居中	不工作	低	高
样品制备难易	易	难	易	非常难	非常难	易
适用测试物质类型	固体和半固体	固体	大平板状物体	固体、半固体和液体	固体	固体、半固体和液体
对被测物的影响	破坏	破坏	不破坏	破坏	破坏	非破坏
商业化产品	没有	有	有	没有	没有	有

3.3　冶金物料的微波加热特性

由于微波加热与传统加热不同，不需要由表及里的热传导，而是通过微波在物料内部的能量作用直接加热，因而微波可以快速高效地在物料内部整体加热。对冶金物料进行微波加热，要求对各物质在微波场中的升温行为进行测定，同时由于冶金反应需要加入某些吸波物质或其他化合物进行混合，因此需对常见的冶金实际物料在微波场中的升温行为进行了解。

物料在微波场中的温度变化，除了与微波性质(f、E)有关外，主要还取决于物料本身性质，包括介电损耗系数、介电常数等[41]；另外也取决于微波功率的大小，严格来说是取决于物料内微波的能量密度，即单位质量中微波功率的大小。

部分矿物及试剂微波加热情况见表 3.8。由表 3.8 可以看出，不同冶金物料在微波场中的吸波性能明显不同。在单质元素中，碳的升温速率最大，其他化合物在一定的时间内所能达到的温度明显不同[1]。

表 3.8 部分冶金物料及化学试剂的微波加热升温速率

分类	冶金物料和化合物	化学组成	温度/K	时间/s	$\Delta T/\Delta t$/(K/s)
硫化矿及硫化物	硫化银	Ag_2S	422	150	0.83
	硫化钡	BaS	433	300	0.45
	硫化钙	CaS	375	270	0.28
	硫化镉	CdS	360	300	0.21
	硫化钴	CoS	431	420	0.31
	硫化铜	CuS	713	285	1.54
	硫化亚铜	Cu_2S	1026	160	4.55
	硫钴矿	$Cu(Co,Ni)_2S_4$	970	150	4.48
	黄铜矿	$CuFeS_2$	980	60	11.37
	斑铜矿	Cu_5FeS_4	1250	150	0.35
	黝铜矿	$Cu_{12}Sb_4S_{13}$	424	420	0.30
	硫化亚铁	FeS	800	100	5.02
	磁黄铁矿	$Fe_{1-x}S$	955	40	16.43
	黄铁矿	FeS_2	1292	405	2.45
	镍黄铁矿	$(Fe,Ni)_9S_8$	752	150	3.03
	硫化汞	HgS	378	420	0.19
	辰砂	HgS	417	510	0.23
	磁镍黄铁矿	$(Fe,Ni)_7S_9$	956	150	4.39
	辉钼矿	MoS_2	1060	150	5.08
	三硫化钼	MoS_3	1379	420	2.57
	硫化镍	NiS	524	420	0.54
	碱式硫化镍	Ni_3S_2	690	150	2.61
	方铅矿	PbS	1010	120	5.93
	硫化铅锌矿	PbS、ZnS	720	150	2.81
	硫化亚锡	SnS	1090	100	7.92
	硫化锌	ZnS	340	180	0.23
	闪锌矿	ZnS	432	150	0.89
氧化矿及氧化物	氧化铝	Al_2O_3	430	150	0.88
	氧化钙	CaO	449	150	1.01
	氧化铈	CeO_2	387	270	0.36
	氧化钴	Co_2O_3	1563	180	7.03
	三氧化铬	CrO_3	382	540	0.16
	三氧化二铬	Cr_2O_3	403	420	0.25
	氧化亚铜	Cu_2O	1395	120	6.87
	氧化铜	CuO	1285	375	2.63
	磁铁矿	Fe_3O_4	1026	150	4.85
	氧化铁	Fe_2O_3	407	270	0.40

续表

分类	冶金物料和化合物	化学组成	温度/K	时间/s	$\Delta T/\Delta t$/(K/s)
氧化矿及氧化物	赤铁矿	Fe_2O_3	455	420	0.37
	钛铁矿	$FeTiO_3$	1260	150	6.41
	钒钛磁铁矿	(V,Ti,Fe) Fe_3O_4	126	190	5.06
	氧化镁	MgO	352	150	0.43
	氧化亚锰	MnO	386	360	0.24
	二氧化锰	MnO_2	1378	100	1080
	三氧化钼	MoO_3	342	330	0.13
	氧化锑	Sb_2O_3	370	120	0.60
	石英	SiO_2	346	150	0.32
	锡石	SnO_2	1480	60	19.70
	二氧化锡	SnO_2	1010	150	4.75
	二氧化钛	TiO_2	323	240	0.10
含氧盐矿物和化合物	碳酸钙	$CaCO_3$	498	150	1.33
	方解石	$CaCO_3$	347	255	0.19
	菱铁矿	$FeCO_3$	546	150	1.65
	白铅矿	$PbCO_3$	510	180	1.18
	硫酸铁	$Fe_2(SO_4)_3 \cdot 9H_2O$	427	360	0.36
	硫酸镁	$Mg_2(SO_4)_3 \cdot 7H_2O$	353	270	0.20
	硫酸锰	$Mn(SO_4) \cdot H_2O$	320	300	0.07
	硫酸钠	$NaSO_4$	340	360	0.12
	氢氧化钙	$Ca(OH)_2$	440	150	0.95
	钠长石	$NaAlSi_3O_8$	342	420	0.10
	正长石	$KAlSi_3O_8$	340	420	0.10
	锆英石	$ZrSiO_4$	325	420	0.06
	钼酸钠	Na_2MoO_4	326	255	0.11
	彩钼铅矿	$PbMoO_4$	475	180	0.98
金属卤化物	氯化铝	$AlCl_3$	314	240	0.07
	六水氯化铝	$AlCl_3 \cdot 6H_2O$	319	240	0.09
	氯化钡	$BaCl_2$	318	240	0.08
	二水氯化钡	$BaCl_2 \cdot 2H_2O$	323	45	0.56
	氯化钙	$CaCl_2$	305	105	0.07
	二水氯化钙	$CaCl_2 \cdot 2H_2O$	318	45	0.44
	氯化铈	$CeCl_3$	321	165	0.14
	七水氯化铈	$CeCl_3 \cdot 7H_2O$	311	90	0.14
	氯化钴	$CoCl_2$	309	120	0.09
	六水氯化钴	$CoCl_2 \cdot 6H_2O$	426	240	0.53
	溴化亚铜	CuBr	995	660	1.06
	溴化铜	Cu_2Br	466	195	0.86
	氯化亚铜	CuCl	892	780	0.76
	二水氯化亚铜	$CuCl \cdot 2H_2O$	444	165	0.88
	二水氟化亚铜	$CuF \cdot 2H_2O$	351	360	0.15

续表

分类	冶金物料和化合物	化学组成	温度/K	时间/s	$\Delta T/\Delta t$/(K/s)
金属卤化物	六水溴化亚铁	$FeBr_2 \cdot 2H_2O$	453	240	0.65
	氯化亚铁	$FeCl_2$	306	90	0.09
	二水氯化亚铁	$FeCl_2 \cdot 2H_2O$	314	240	0.07
	四水氯化亚铁	$FeCl_2 \cdot 4H_2O$	320	240	0.07
	三氯化铁	$FeCl_3$	314	240	0.07
	六水三氯化铁	$FeCl_3 \cdot 6H_2O$	493	270	0.72
	氯化汞	$HgCl_2$	385	420	0.21
	溴化钾	KBr	319	15	1.40
	氯化钾	KCl	304	60	0.10
	氯化锂	LiCl	308	30	0.33
	六水溴化镁	$MgBr_2 \cdot 6H_2O$	595	540	0.55
	六水氯化镁	$MgCl_2 \cdot 6H_2O$	527	240	0.95
	四水溴化锰	$MnBr_2 \cdot 4H_2O$	449	135	0.12
	氯化锰	$MnCl_2$	326	105	0.27
	四水氯化锰	$MnCl_2 \cdot 4H_2O$	443	240	0.64
	溴化钠	NaBr	313	240	0.06
	氯化钠	NaCl	356	520	0.14
	氯化铵	NH_4Cl	304	210	0.03
	氯化镍	$NiBr_2 \cdot 2H_2O$	432	180	0.74
	六水氯化镍	$NiCl_2 \cdot 6H_2O$	324	165	0.16
	四水氟化镍	$NiF_2 \cdot 6H_2O$	441	105	1.36
	溴化铅	$PbBr_2$	329	165	0.19
	氯化铅	$PbCl_2$	324	120	0.22
	三氯化锑	$SbCl_3$	497	105	1.90
	五氯化锑	$SbCl_5$	327	360	0.08
	溴化亚锡	$SnBr_2$	745	360	1.24
	氯化亚锡	$SnCl_2$	749	120	3.76
	二水氯化亚锡	$SnCl_2 \cdot 2H_2O$	525	315	0.72
	四氯化锡	$SnCl_4$	322	480	0.05
	五水四氯化锡	$SnCl_4 \cdot 5H_2O$	424	405	0.31
	六水二氯化锡	$SnCl_2 \cdot 6H_2O$	305	180	0.04
	四氯化钛	$TiCl_4$	304	240	0.03
	氯化钨	WCl_6	318	180	0.11
	溴化锌	$ZnBr_2$	847	420	1.31
	氯化锌	$ZnCl_2$	882	420	1.93

3.3.1　氯化钠

Liu 等[17]研究了含水率为 5%的 200g 氯化钠颗粒在不同功率下的升温曲线，如图 3.28 所示。

从图 3.28 可以看出，物料吸波升温，温度随着微波作用时间的延长而升高。物料在 300W 的微波功率作用下物料从室温升到沸点温度需要 450s，而在 600W 条件下只需要 100s。在不同的微波功率下，氯化钠的升温曲线趋于线性，温度和时间的拟合曲线和拟合方程如图 3.28 和表 3.9 所示。

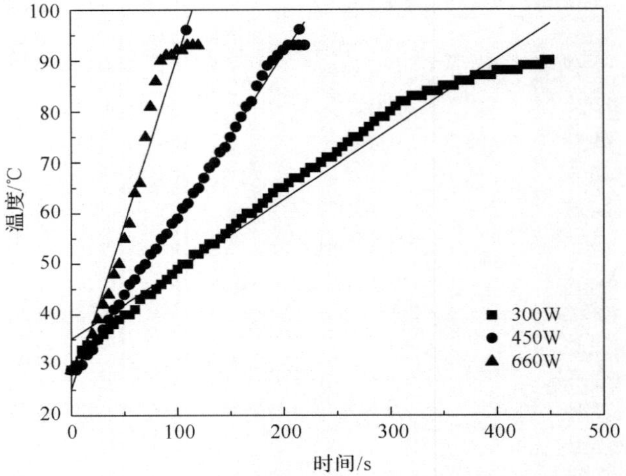

图 3.28　氯化钠颗粒在不同微波功率下的升温曲线

表 3.9　氯化钠升温曲线拟合方程

微波功率/W	拟合方程	相关系数 R^2
300	T=35.04960+0.13829t	0.97379
450	T=27.7778+0.31697t	0.99667
600	T=25.18769+0.64954t	0.95782

3.3.2　低品位铁矿

王晓辉[42]研究了惠民氧化铁矿及还原过程主要物料的升温行为。矿石主要化学成分见表 3.10，物相分析结果见表 3.11。

表 3.10　惠民铁矿石主要化学成分　　（单位：%）

参数	TFe	FeO	P	S	As	SiO_2	Al_2O_3	CaO	MgO	MnO
含量	37.27	<0.10	1.05	0.084	0.036	18.01	4.06	1.69	0.14	8.85

从表 3.10 原矿可以看出，矿石中石英含量达 18.01%，有害元素磷含量高达 1.05%。从表 3.11 可以看出，铁的主要物相为褐铁矿，并含有少量的磁铁矿。

表 3.11　惠民铁矿石铁物相分析结果　（单位：%）

参数	磁铁矿中铁	赤褐铁矿中铁	黄铁矿中铁	菱铁矿中铁	硅酸铁中铁	总量
含量	4.31	33.69	0.17	0.20	0.35	38.72
占有率	11.13	87.01	0.44	0.52	0.90	100

该矿属于典型的难选铁矿石，处理该类矿石的难点主要有矿石中黏土含量高，分选过程中矿浆易泥化，增加矿浆的机械阻力；铁矿物的比磁化系数低[43]，很难用磁选的方法回收铁矿物；矿石的嵌布粒度细，通过磨矿很难使矿物单体解离完全[44]。

1. *原矿在微波场中的升温行为*

原矿质量为 150g，在不同微波功率时的升温曲线见图 3.29。

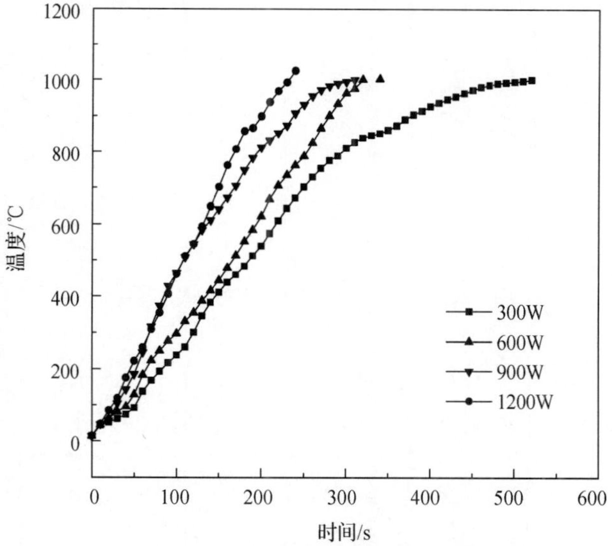

图 3.29　原矿在不同微波功率下的升温曲线

由图 3.29 可知，原矿在不同微波功率下的升温曲线趋势相似，对曲线拟合得到原矿的升温曲线方程，结果见表 3.12。对 900W 时升温曲线的拟合方程微分，得到升温速率与时间的关系（图 3.30）。

表 3.12　原矿在不同微波功率下的升温曲线方程

微波功率/W	升温曲线方程拟合指数	拟合指数
300	$T_c = -76\times10^{-6}t^3 - 0.0026t^2 + 3.78t - 42.86$	R=0.99613
600	$T_c = -6.593\times10^{-5}t^3 - 0.0229t^2 + 2.81t + 18.79$	R=0.99718
900	$T_c = 2.059\times10^{-6}t^3 - 0.0086t^2 + 5.85t - 42.98$	R=0.99688
1200	$T_c = -2.122\times10^{-5}t^3 + 0.0114t^2 + 1.43t + 35.24$	R=0.99732

由图 3.30 可知，原矿在升温过程中可分为两个阶段。在加热 175s 之前为第一阶段，原矿升温速率逐渐增大，当时间为 175s 时，原矿的升温速率达到最大，约为 3.4℃/s；加热时间超过 175s 为第二阶段，原矿升温速率开始减慢，达到一定时间后，原矿温度达到 1200℃后，几乎保持不变。

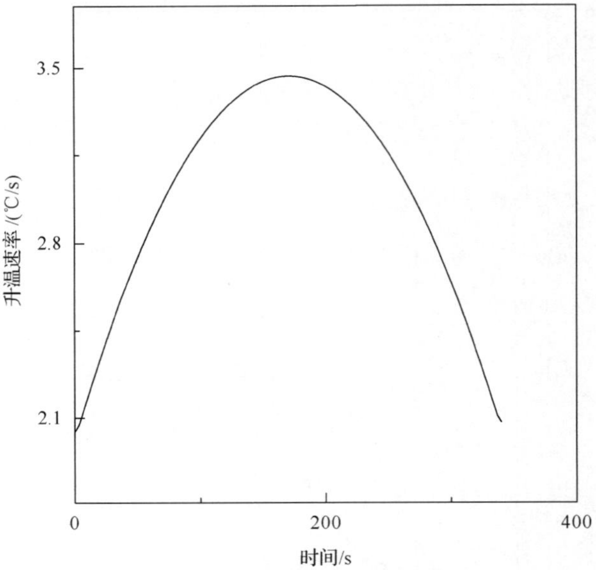

图 3.30　功率为 900W 原矿的升温速率

2. 无烟煤在微波场中的升温行为

150g 无烟煤粉在不同微波功率时的升温曲线如图 3.31 所示。

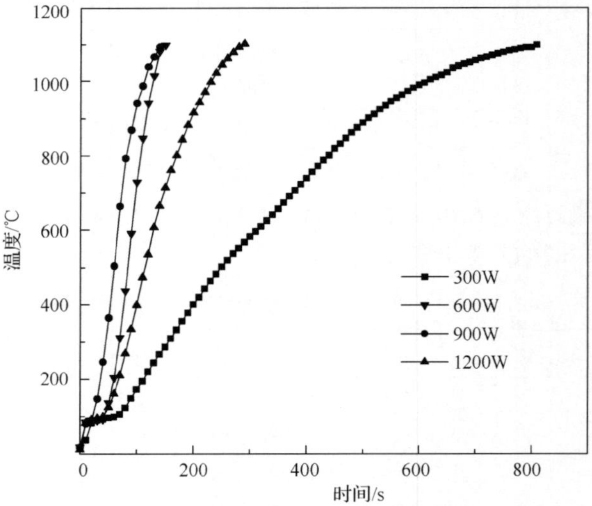

图 3.31　无烟煤在不同微波功率下的升温曲线

由图 3.31 可知，无烟煤在不同微波功率下的升温曲线趋势相似，对曲线拟合得到无烟煤的升温曲线方程见表 3.13。对 900W 时升温曲线进行微分，得到升温速率与时间的关系(图 3.32)。

表 3.13　无烟煤在不同微波功率下的升温曲线方程

微波功率/W	升温曲线方程拟合指数	拟合指数
300	$T_c=-1.214\times10^{-6}t^3+2.11\times10^{-4}t^2+1.96t+1.92$	R=0.9988
600	$T_c=-9.009\times10^{-5}t^3+0.034t^2+1.35t+28.60$	R=0.9952
900	$T_c=-6.128\times10^{-4}t^3+0.17t^2-4.99t+72.30$	R=0.9918
1200	$T_c=-4.247\times10^{-4}t^3+0.079t^2+5.55t-18.152$	R=0.9845

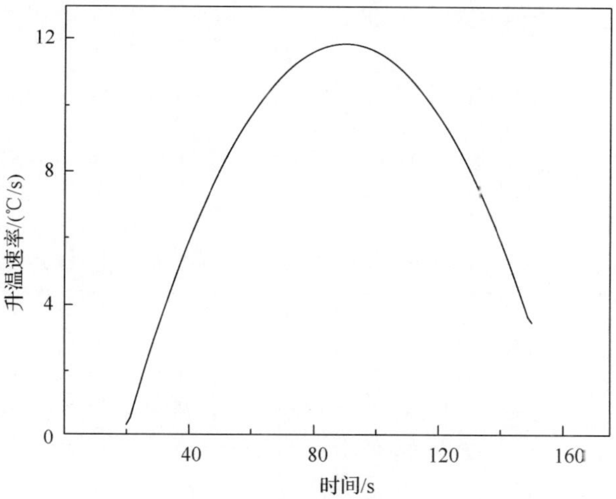

图 3.32　功率为 900W 无烟煤的升温速率

由图 3.32 可知，无烟煤在升温过程中可分为两个阶段。在加热 90s 之前为第一阶段，原矿升温速率逐渐增大，当时间为 90s 时，原矿的升温速率达到最大，约为 12℃/s；加热时间超过 90s 为第二阶段，原矿升温速率开始减慢，达到一定时间后，原矿温度达到 1100℃后，几乎保持不变。

3. 含碳矿物在不同微波功率下的升温行为

150g 原矿质，配碳量为 12%，不同微波功率时升温曲线如图 3.33 所示。

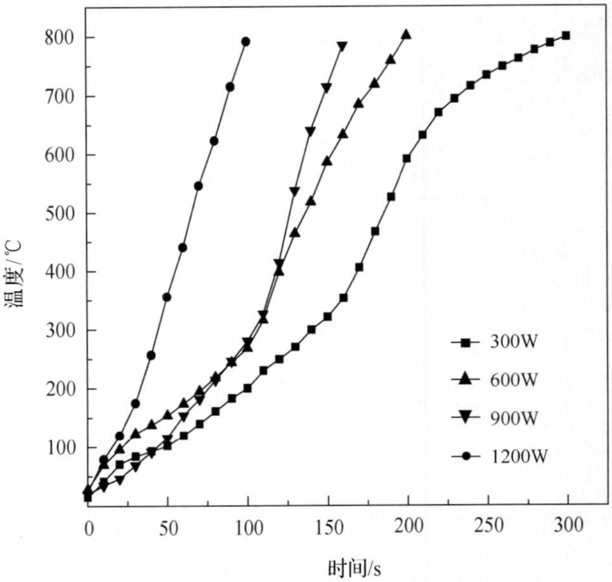

图 3.33 含碳铁矿粉在不同微波功率下的升温曲线

由图 3.33 拟合得到含碳铁粉的升温曲线方程见表 3.14。900W 时升温速率曲线如图 3.34 所示。

表 3.14 含碳铁矿粉物料在不同微波功率下的升温曲线方程

微波功率/W	升温曲线方程拟合指数	拟合指数
300	$T_c=-5.621\times10^{-5}t^3+0.028t^2-0.973t+66.06$	R=0.9901
600	$T_c=-5.52108\times10^{-5}t^3+0.02981t^2+0.02552t+67.09$	R=0.99101
900	$T_c=2.50893\times10^{-4}t^3-0.02314t^2+2.628799t+11.86$	R=0.9951
1200	$T_c=-5.707\times10^{-4}t^3+0.11t^2+2.31t-31.6$	R=0.99897

由图 3.34 可知，物料在升温过程中分为两个阶段。加热时间在 18s 之前为第一阶段，原矿升温速率基本不变；加热时间超过 18s 为第二阶段，物料升温速率开始逐渐增大，且物料升温速率增加很快，在 160s 左右，升温速率达到了 4℃/s。由此可见，低品位铁矿石吸波特性良好。

4. 不同配碳量下含碳铁矿物的升温行为

原矿质量为 150g，微波功率为 900W，配碳量分别为 9%、12%、15%、18%时的升温曲线如图 3.35 所示。

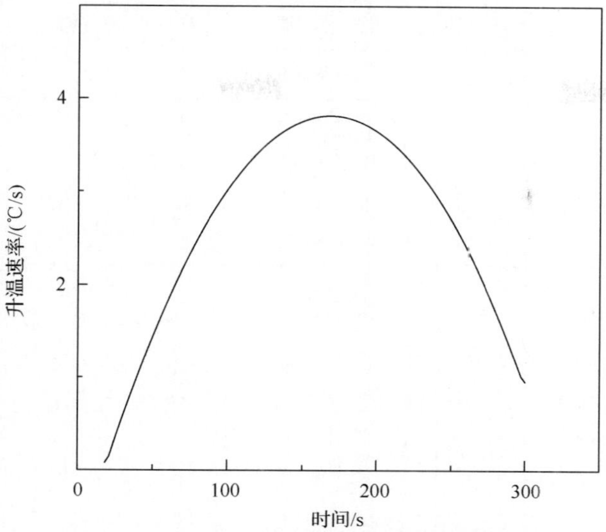

图 3.34 功率为 900W 含碳铁矿粉物料的升温速率

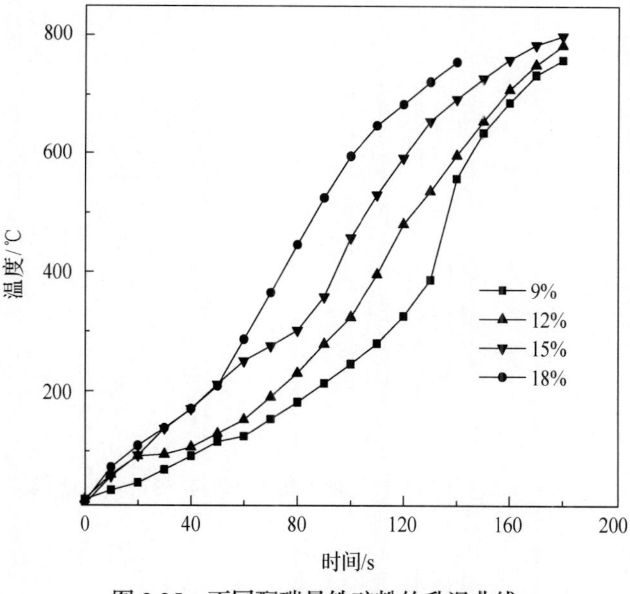

图 3.35 不同配碳量铁矿粉的升温曲线

由图 3.35 对曲线拟合得到含碳铁粉的升温曲线方程(表 3.15)。对微波加热功率 900W 时的升温曲线进行求导分析，升温速率如图 3.36 所示。

表 3.15　不同配碳量含碳铁矿粉的升温曲线方程

配碳量/%	升温曲线方程	拟合指数
9	$T_c=-1.776\times10^{-4}t^3+0.05t^2+0.947t+41.54$	R=0.99286
12	$T_c=-3.016\times10^{-4}t^3+0.082t^2-0.605t+46.47$	R=0.99897
15	$T_c=-6.492\times10^{-5}t^3+0.031t^2-0.013t+41.28$	R=0.99785
18	$T_c=-9.583\times10^{-5}t^3-0.0147t^2+3.41t+21.29$	R=0.99594

由图 3.36 分析可知，物料升温过程中基本分为两个阶段。第一个阶段：在 20s 之前，物料升温速率变化不明显，可以近似为一定值，约为 2℃/s；第二个阶段，当微波加热时间超过 20s 后，物料升温速率开始逐渐增大，且物料升温速率增加很快，在 140s 左右，升温速率达到了 12℃/s。

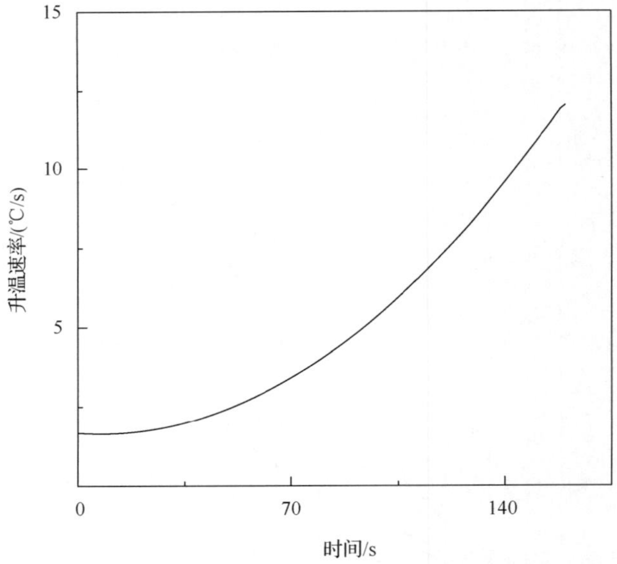

图 3.36　微波功率 900W 配碳量为 12%时物料升温速率

陈津等[45]测定了磁铁矿粉、赤铁矿粉和无烟煤等物料在微波场中的升温性能(图 3.37)。

研究表明，磁铁矿粉、赤铁矿粉和无烟煤粉对微波具有良好的吸收和升温性能，石灰和石灰石对微波的吸收能力较差。其他一些矿物在微波场中的升温性能见表 3.16。

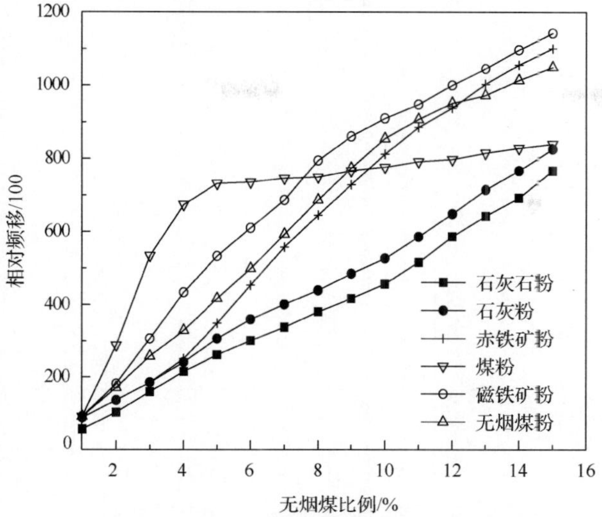

图 3.37　冶金原料在微波场中的升温曲线

表 3.16　部分矿物在微波场中的升温行为

物质名称	化学组成	温度/K	时间/s	$\Delta T/\Delta t$/(K/s)
磁铁矿	Fe_3O_4	1026	150	4.85
赤铁矿	Fe_2O_3	455	420	0.37
钛铁矿	$FeTiO_3$	1260	150	6.41
黄铁矿	FeS_2	1292	405	2.45
磁黄铁矿	$Fe_{1-x}S$	955	40	16.43
方解石、白云石		不能被微波加热	300	
硅酸盐(钾长石、石英、锆石)		不能被微波加热	300	
硫酸盐(土石膏、重晶石)		不能被微波加热	300	

3.3.3　钛铁矿

李军[46]以攀西地区难处理高钙镁钛铁矿为对象，研究矿物的微波加热升温行为。

矿样 50g，样品粒度为 20~30mm，微波功率为 1kW 时，矿样的微波升温曲线如图 3.38 所示。

从图 3.38 可以看出，微波加热过程中，升温曲线在前 30s 内斜率较大，说明物料升温速率较快，随后升温曲线斜率减小，但趋势平缓，没有出现温度急剧变化，表明该矿物具有良好的微波吸收能力。

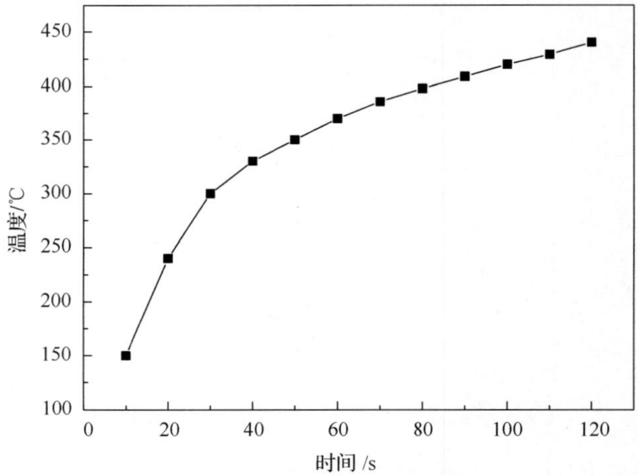

图 3.38　矿物的升温曲线

样品粒度为 20~30mm，微波功率为 1kW，不同矿样质量下的升温曲线如图 3.39 所示。

从图 3.39 可以看出，矿样质量对加热温度的影响显著，在三个微波加热时间段内，变化规律基本一致。矿样质量为 40~60g 时，能得到最大的微波加热升温速率，矿样质量增加或减少都将显著降低矿样温度。在微波加热过程中，达到同样温度，增大物料质量需更多微波能量。

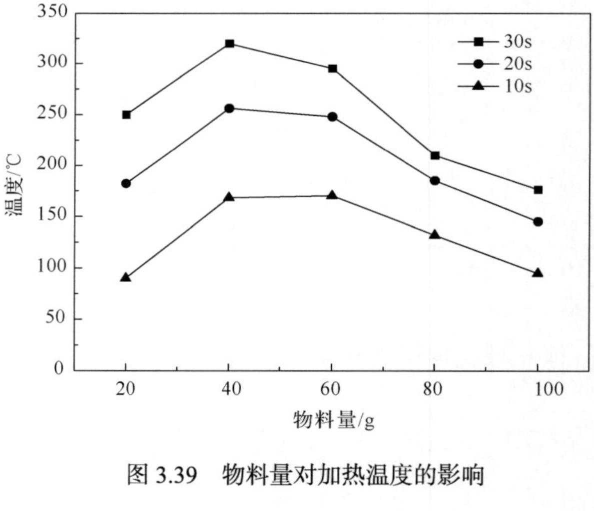

图 3.39　物料量对加热温度的影响

矿样质量 50g，矿样粒度为 20~30mm，加热时间 30s，微波功率对矿样升温曲线的影响如图 3.40 所示。

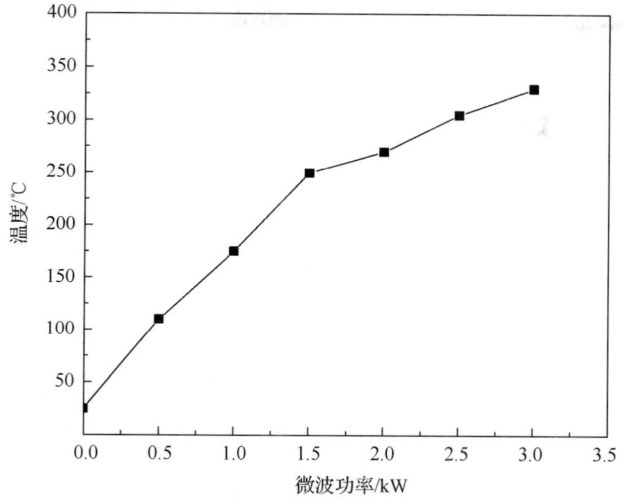

图 3.40　微波功率对加热温度的影响

从图 3.40 可以看出，微波功率对矿样加热温升具有显著影响。在一定的加热条件下，微波功率越大，物质被加热的最高温度也越高。

矿样粒度为 20~30mm，微波功率 1kW 时，不同质量矿样下的升温曲线如图 3.41 所示。

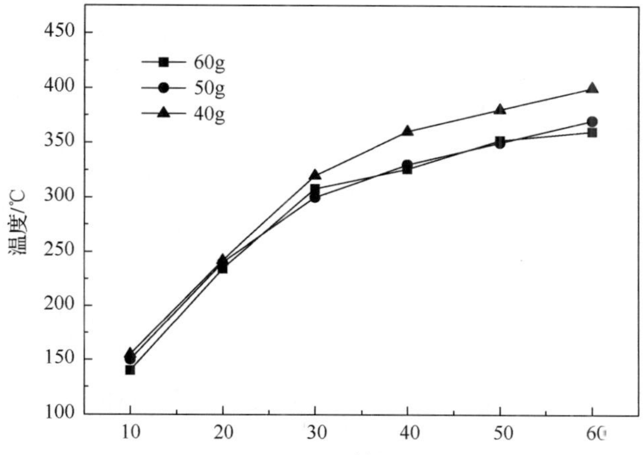

图 3.41　不同物料量的升温曲线

由图 3.41 可以看出，随着加热时间延长，矿样温度显著增高。在加热 30s 后，升温速率明显下降。

矿物在微波场中的吸波性能除了与其组分密切相关外，还与微波功率和能量密度等因素有关。

3.3.4　钛精矿球团

黄孟阳[47]对微波场中高钙镁钛精矿及其还原球团升温曲线进行了研究，原料钛精矿来自攀枝花地区，其主要化学成分见表 3.17。

由表 3.17 可以看到，攀枝花钛精矿中钙镁含量偏高，在还原时，钙镁容易形成一层“屏障”[48]，阻碍反应的进行，属难处理矿物；该矿中钙镁化合物吸波性能比较弱，硅酸盐是属于不吸波物质，氧化铝也属于弱吸波物质，而 $FeO \cdot TiO_2$ 属于高吸波物质[49]。

表 3.17　钛精矿的主要化学成分　　（单位：%）

参数	TFe	TiO_2	CaO	MgO	SiO_2	Al_2O_3
含量/%	32.18	47.85	1.56	6.56	5.6	3.16

球团重为 500g，微波功率为 1kW，钛精矿、焦炭和钛精矿氧化产物在微波场中的升温曲线，如图 3.42、图 3.43 所示。

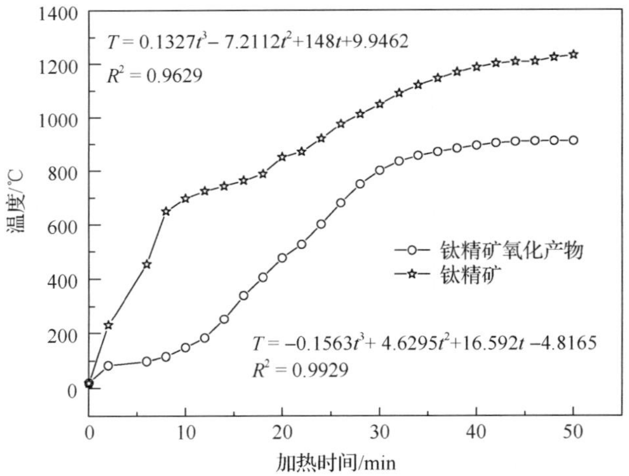

图 3.42　钛精矿、钛精矿氧化产物的升温曲线

从图 3.42、图 3.43 可以看出，在 42min 时，钛精矿升温到 1200℃，焦炭升温到 1160℃，钛精矿氧化产物升温到 902℃，其平均升温速率分别为 28.57℃/min、27.62℃/min、21.47℃/min，可见钛精矿和焦炭对微波的吸收性能较钛精矿氧化产物的更好。表明钛精矿和焦炭具有较好的升温特性，而钛精矿氧化产物升温过程较慢。此外，钛精矿和焦炭的升温速率比较特殊，在开始的 8min 内，升温速率非常快(81.25℃/min、85.25℃/min)。在后期的温度升温速率降低。

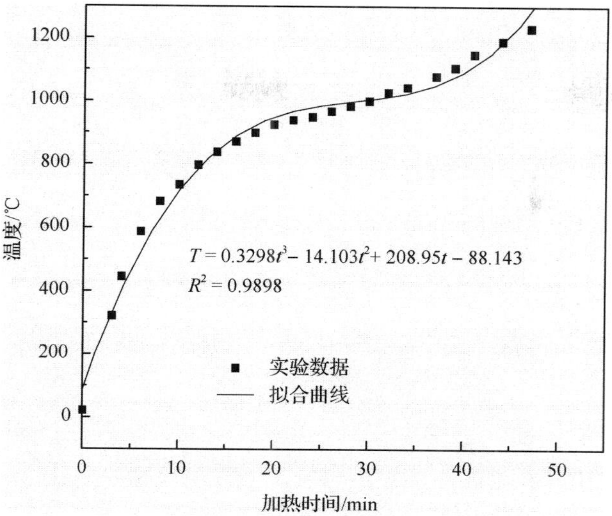

图 3.43　焦炭的升温曲线

复合球团自然干燥后，球团总质量为 500g，微波功率为 1kW，升温曲线如图 3.44 所示。由图 3.44 可知，500g 钛精矿球团在 47min 时温度达到 1200℃，其平均升温速率为 25.53℃/min，接近钛精矿和焦炭的升温速率，表明钛精矿复合球团也具有良好的吸波性能。

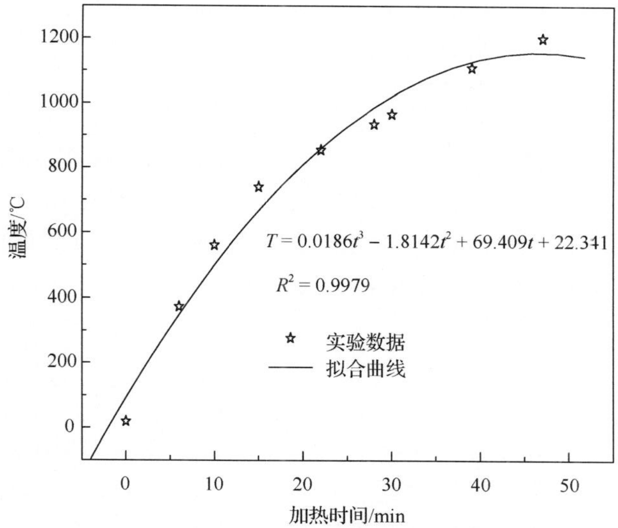

图 3.44　复合球团的升温曲线

粒度范围选取如下：1#为 80~100 目；2#为 100~120 目；3#为 160~180 目；4#为 180~200 目，矿样总质量为 500g，微波功率为 1kW，不同粒度的升温曲线图和升温曲线方程如图 3.45 和表 3.18 所示。

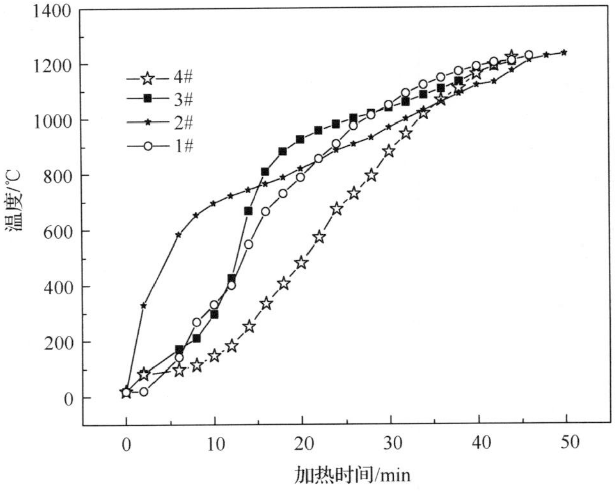

图 3.45 不同粒度钛精矿的升温曲线

表 3.18 钛精矿不同粒度升温曲线方程

物料编号	升温速率方程	相关系数
1#	$T_c=0.1874t^3-8.6451t^2+148.29t+67.529$	$R^2=0.9476$
2#	$T_c=-0.0211t^3-1.9367t^2+114.91t-160.28$	$R^2=0.9960$
3#	$T_c=0.0806t^3-6.3333t^2+164.48t-241.75$	$R^2=0.9726$
4#	$T_c=-0.2251t^3+7.9793t^2-14.101t+52.504$	$R^2=0.9989$

从图 3.45 可以看到，在 44min，1#升温到 1206℃，2#升温到 1170℃，3#升温到 1202℃，4#升温到 1217℃。4#升温最快，其粒度范围为 180~200 目。粒度越小导致粉体填充层的空隙率越小，介电损耗也就越大，所以升温速率也就越快[49]。确定微波场中钛精矿的粒度范围为 180~200 目。

3.3.5 绿矾

余延涛[50]测定了钛白粉副产品绿矾在微波场下的升温行为。物料质量为 40g，微波功率 650W，不同比例混合物料在微波场中的升温曲线如图 3.46 所示。

从图 3.46 可以看出，绿矾在微波场中的升温速率缓慢，5min 时绿矾温度达到 390K，25min 时温度仍低于 400K。铁精矿在微波场中的升温速率较快，在 650W 的微波功率下，升温至 1073K 铁精矿需要 2min。主要是因为铁精矿中含有强吸波的四氧化三铁和三氧化二铁。

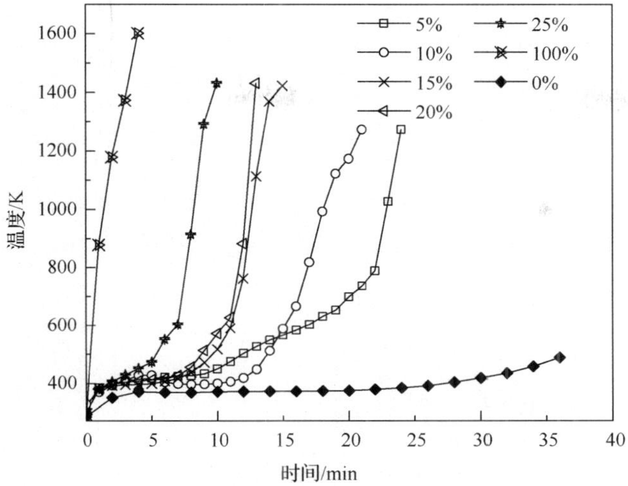

图 3.46　不同铁精矿配比下绿矾的升温曲线

绿矾与铁精矿混合后，尤其是在铁精矿-绿矾质量比高于 15%时，升温速率明显提高。当质量配比为 15%，微波加热 13min，物料温度由 293K 升高到 1073K。混合物料随着铁精矿添加比例的增大，升温速率随之提高。表明铁精矿的比例增加提高了物料的吸波性能，添加比例越大，吸波性能越好。

混合物料及绿矾在微波场中的升温曲线都呈现先慢后快的两个阶段。这是因为第一阶段是绿矾脱水阶段，绿矾吸热分步脱去七个结晶水；第二阶段当物料温度高于 673K 时，绿矾分解生成三氧化二铁或四氧化三铁，氧化铁介电常数较大，是强吸波物质。尤其是还原性环境下生成的四氧化三铁使混合物料的吸波性能再次得到提高，曲线在 673K 后期呈快速上升趋势。分析可知，铁精矿的添加对绿矾微波吸收能力有明显改善，显著提高绿矾在微波场下的升温性能，为实现微波场下绿矾快速脱水、煅烧提供了途径。铁精矿添加比例在 15%以上时，物料升温速率均较快。

不同微波功率作用下，40g 混合物料的升温曲线如图 3.47 所示。

从图 3.47 可以看出，物料升温速率随微波作用功率提高而增加。因为微波功率提高，单位体积物料的微波能量密度随之增加，物料获得的能量越大，升温越快。微波功率较低时，微波不能提供物料快速分解所需的全部能量，绿矾分解生成强吸波氧化铁的进程缓慢。

微波功率为 650W，不同质量混合物料的升温曲线如图 3.48 所示。从图 3.48 可以看出，升温趋势呈现出相似的两个阶段，各阶段升温速率不一致。微波功率一定，物料质量越小，物料升温越快。

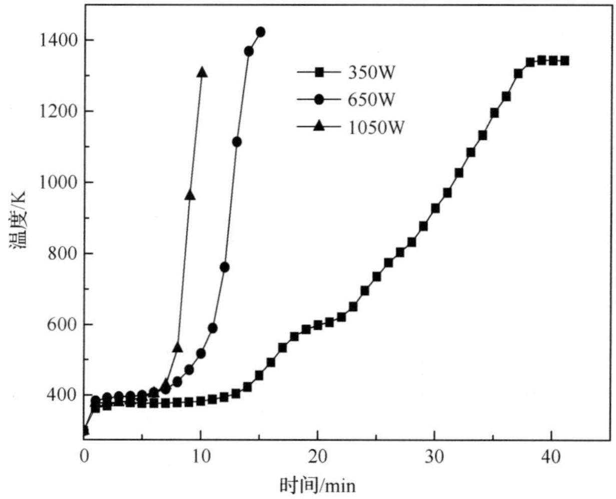

图 3.47　不同微波功率下混合物料的升温曲线

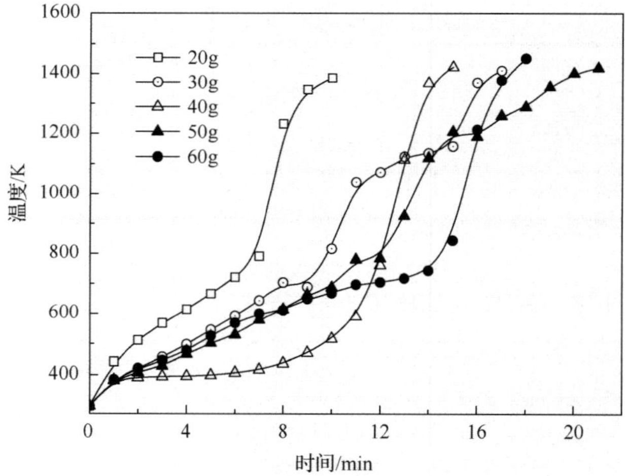

图 3.48　不同质量物料的升温曲线

3.3.6　锰碳合金球团

周越[51]对锰碳合金球团进行微波升温行为研究，物料在微波场内的升温曲线如图 3.49 所示。

由图 3.49 可知，锰碳合金球团在 60s 内的升温速率为 1.3℃/s，60~120s 间的升温速率为 0.5℃/s，120~180s 内的升温速率为 0.85℃/s；锰碳合金球在微波加热初期为快速升温阶段，而在加热中期为缓慢升温，加热后期升温速率为 0.85℃/s，这主要是锰碳合金球含水量低，微波优先加热介电常数高的成分，原料的介电常数都比水小(碳的介电常数 5.8~7.0，锰铁为 5.0~5.3)，因此，加热初期含水量高的原料升温较快，而随着温度的升高，水的介电常数逐渐减小，锰碳合金球的水分部分蒸发。

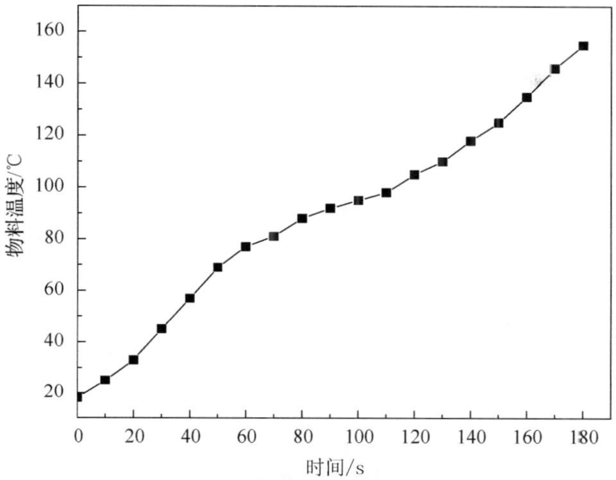

图 3.49　锰碳合金球的升温曲线

3.3.7　氢氧化锆

周越[51]对氢氧化锆进行微波升温行为测定，在微波场内的升温曲线如图 3.50 所示。

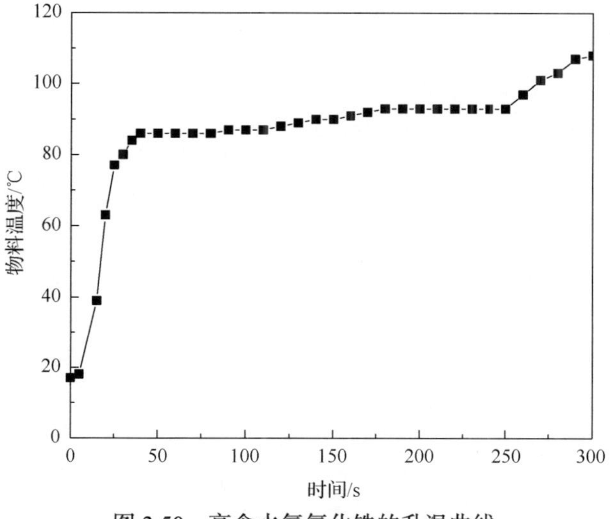

图 3.50　高含水氢氧化锆的升温曲线

由图 3.50 可以看出，氢氧化锆 50s 内升温速率为 1.8℃/s，能够快速到达水的沸点。由于物料含水率高达 76.6%，水具有很高的相对介电常数，对物料的介电参数影响较大，使混合物料的吸波性良好，可在微波场内迅速升温，而温度到达 90℃左右时，物料保持恒温，主要是微波转化的热能大部分用于水分的汽化及迁移，推断干燥过程水分的散失主要在恒温阶段。加热时间在 270s 后，随着物料的含水量降低，物料的吸波能力下降，物料继续升温，270~300s 内的升温速率为 0.27℃/s。

3.3.8 氧化锆

郭胜惠等[52]研究了物料粒度为 10~20mm，功率 3kW 时，电熔氧化锆在微波场中的升温行为如图 3.51 所示。

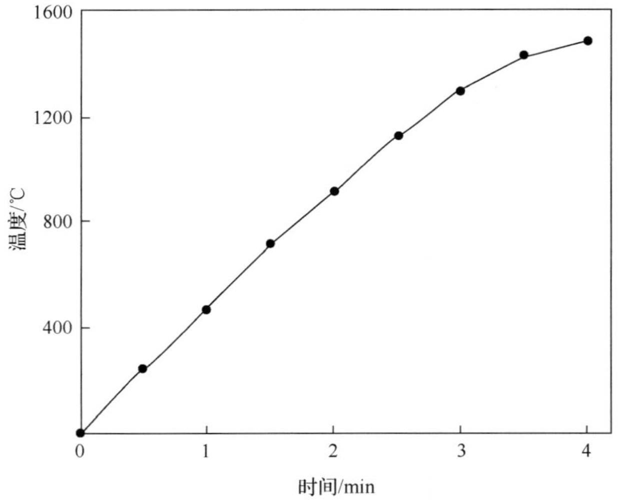

图 3.51 电熔氧化锆的升温曲线

由图 3.51 可以看出，微波加热 4min，电熔氧化锆升温至 1475℃，其平均升温速率达 368℃/min，说明电熔氧化锆微波吸波性能较好。

3.3.9 白钨精矿

郭磊[53]测定了白钨精矿在微波场中的升温曲线(图 3.52)。

由图 3.52 可以看出，高含水率钨精矿在微波场内的升温速率很快，微波加热 1min 就可达到 90℃以上，说明含水钨精矿具有较好的吸波性能。

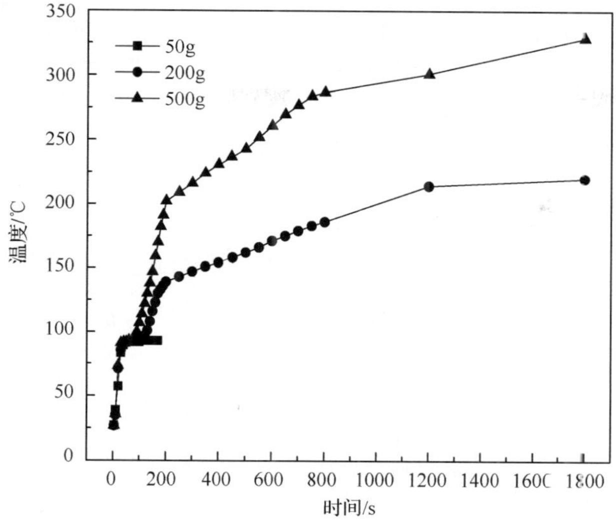

图 3.52　白钨精矿的升温曲线

3.3.10　氧化锌烟尘

王亚健[54]对氧化锌烟尘的升温曲线进行测定。微波功率 900W 时，锌烟尘质量对其升温行为的影响如图 3.53 所示，氧化锌烟尘温度 T_m 与时间的关系见式(3.40)和式(3.41)

$$T_m=54.455-17.309t+28.073t^2-1.635t^3, \quad R^2=0.9950 \tag{3.40}$$

$$T_m= 66.289-40.393t+20.787t^2-0.923t^3, \quad R^2=0.9942 \tag{3.41}$$

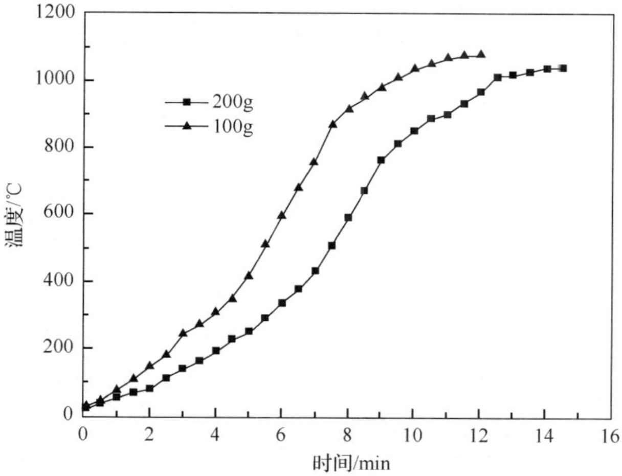

图 3.53　不同质量氧化锌烟尘的升温曲线

从图 3.53 可以看出，氧化锌烟尘平均升温速率分别为 90℃/min、72℃/min。由此可见，被加热的氧化锌烟尘质量越小，其升温速率越大。烟尘物料质量越大，其升温速率越小。

300g 氧化锌烟尘，在不同微波功率下升温曲线如图 3.54 所示，温度 T_m 与时间的关系如下：

$$T_m=65.370-37.373t+19.040t^2-0.813t^3, \quad R^2=0.9963 \tag{3.42}$$

$$T_m=48.632-11.821t+26.286t^2-1.519t^3, \quad R^2=0.9965 \tag{3.43}$$

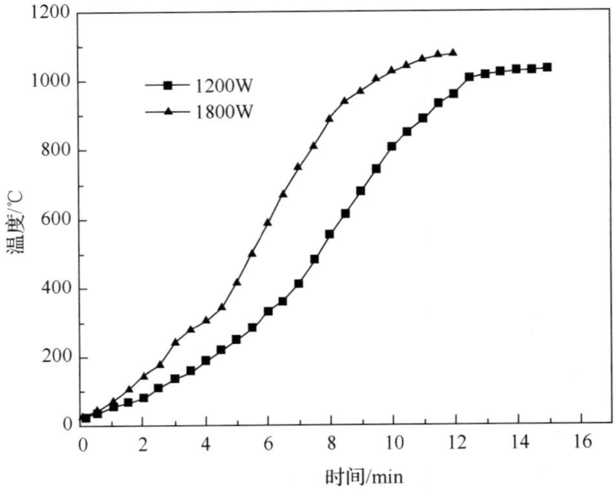

图 3.54　不同微波功率下氧化锌烟尘的升温曲线

从图 3.54 可以看出，随着微波功率增大，氧化锌烟尘平均升温速率增大，到达相同温度的时间缩短。适当增大微波功率可以缩短加热时间，提高烟尘的平均升温速率。

3.3.11　碱式碳酸钴

彭金辉、刘秉国[55,56]对碱式碳酸钴的升温行为研究。碱式碳酸钴、四氧化三钴及碱式碳酸钴-四氧化三钴各 10g，微波功率 820W，碱式碳酸钴及混合物在微波场中的升温曲线如图 3.55 所示。

由图 3.55 可知，碱式碳酸钴在微波场中升温较慢，而四氧化三钴升温很快，碱式碳酸钴-四氧化三钴随着四氧化三钴配比的增加，混合物的升温逐渐加快，这说明在碱式碳酸钴中添加煅烧产物四氧化三钴可显著增强物料的吸波能力，提升加热性能；反应过程中，随着四氧化三钴生成，物料吸波能力增强。

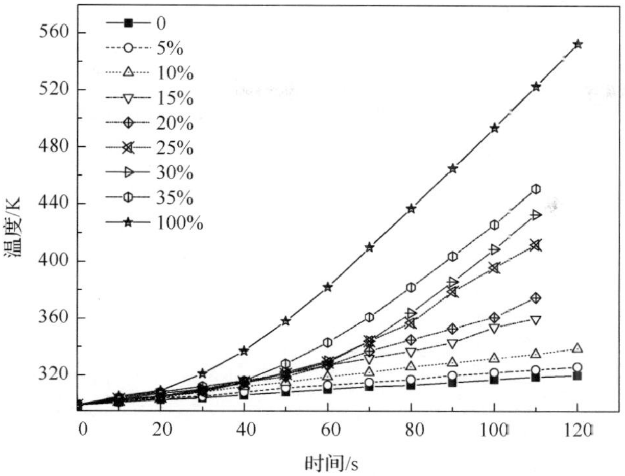

图 3.55　不同四氧化三钴配比下碱式碳酸钴的升温曲线

3.3.12　偏钒酸铵

彭金辉、刘秉国[55,56]对偏钒酸铵的升温行为进行研究。偏钒酸铵、五氧化二钒及偏钒酸铵-五氧化二钒混合物各 10g，微波功率 820W，偏钒酸铵、五氧化二钒及偏钒酸铵-五氧化二钒混合物在微波场中的升温曲线如图 3.56 所示。

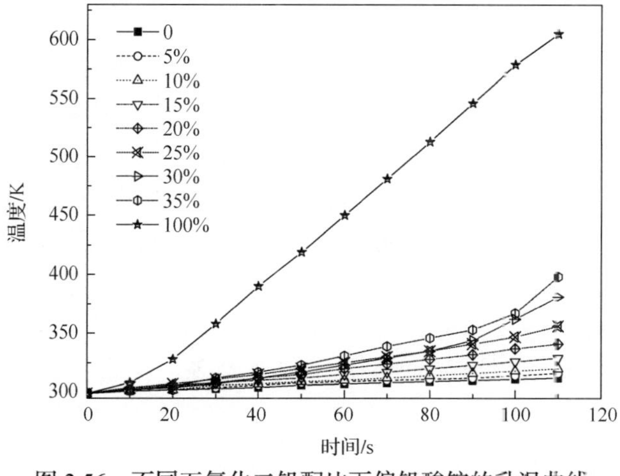

图 3.56　不同五氧化二钒配比下偏钒酸铵的升温曲线

由图 3.56 可知，偏钒酸铵在微波场中升温缓慢，而五氧化二钒升温非常迅速，微波加热 2min 即可升温至 600℃，偏钒酸铵-五氧化二钒异质材料随着五氧化二钒配比的增加，混合物的升温速率加快。其原因在于，根据 Maxwell-Garnett 异质材料等效媒介理论，高介电常数物料配比越大，异质材料等效介电常数越大，吸波性能越强，升温越快。

3.3.13 三碳酸铀酰铵

彭金辉、刘秉国[55,56]对三碳酸铀酰铵的升温行为进行研究。三碳酸铀酰铵及三碳酸铀酰铵-八氧化三铀混合物各 10g，频率 2.45GHz，微波功率为 820W，三碳酸铀酰铵及三碳酸铀酰铵-八氧化三铀混合物在微波场中的升温曲线如图 3.57 所示。

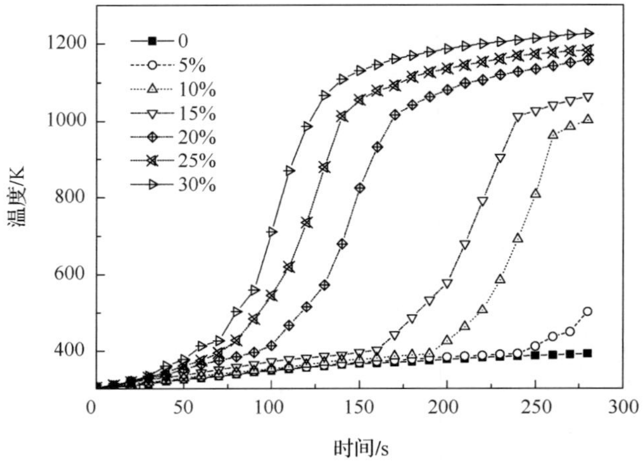

图 3.57 不同八氧化三铀配比下三碳酸铀酰铵的升温曲线

由图 3.57 可以看出，微波加热 4min 后，三碳酸铀酰铵温度升高 83K，而配有 20%八氧化三铀的三碳酸铀酰铵的温度可达 1127K；并且随着八氧化三铀配比的增加，三碳酸铀酰铵-八氧化三铀混合物升温速率逐渐提高。其原因在于，三碳酸铀酰铵微波吸波性能较弱，而八氧化三铀的吸波性能很强。

另外，从升温曲线可以看出，配有 20%八氧化三铀的三碳酸铀酰铵混合物在微波场中的升温过程明显分为三段。303~396K 为初始阶段，此阶段物料吸波性能差，升温缓慢；当微波加热 100s 后，由于三碳酸铀酰铵发生部分分解导致混合物中八氧化三铀配比增大，物料的吸波性能显著提高，物料温度急剧升高；当微波加热 200s 后，三碳酸铀酰铵基本分解完毕，此时物料全部煅烧为八氧化三铀，物料升温减缓并趋于恒温。

3.3.14 重铀酸铵

彭金辉、刘秉国[55,56]对重铀酸铵的升温行为进行研究。重铀酸铵及重铀酸铵-八氧化三铀混合物各 10g，微波功率为 820W，重铀酸铵及重铀酸铵-八氧化三铀混合物在微波场中的升温性能曲线如图 3.58 所示。

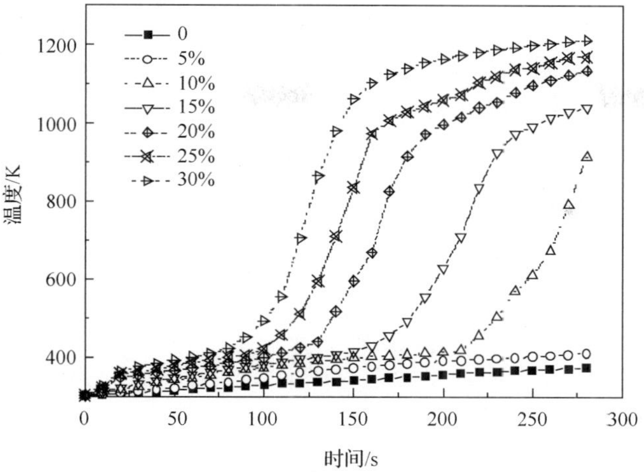

图 3.58 不同八氧化三铀配比下重铀酸铵的升温曲线

由图 3.58 可以看出，微波加热 4min 后，重铀酸铵温度升高 94K，而配有 20%八氧化三铀的重铀酸铵的温度可达 975K；并且随着八氧化三铀配比的增加，重铀酸铵-八氧化三铀混合物升温速率逐渐提高。此外，配有 20%八氧化三铀的重铀酸铵混合物在微波场中的升温过程明显分为三段，经历缓慢升温—急剧升温—升温减缓并趋于恒温的历程。

3.3.15 碳化硅

刘智等[57]研究了碳化硅用量、粒度等对微波场中升温行为的影响(图 3.59、图 3.60)。

从图 3.59 可以看出，在低温段，质量越小，升温速度越快，而在高温段，质量越大，升温速度越快。在 20min 内，质量小的样品最高升温至 836℃，质量大的坯件最高升温至 1064℃。质量越大，不仅高温时升温速度较快，最后达到的平衡温度也较高。在低温段，对于质量小样品，微波功率密度相对过剩，热散失相对较少，碳化硅迅速升温；而对于质量大的样品而言，微波功率密度相对不足，导致其在低温段升温较慢。在高温段，碳化硅的介电常数变小，微波功率密度相对过剩，热散失迅速增加，质量小的较高样品发热量相对较少，导致其在高温段升温速度缓慢，达到的平衡温度较低；而质量大的样品发热量相对较多，其在高温段升温速度相对较快，最后达到的平衡温度。

从图 3.60 可以看出，粒度越大，升温速度越慢，粒度越小，升温速度越快。在 20min 内，粒度为 0.25mm 的试样最高升温至 568℃，而粒度为 0.009mm 的试样最高升至 983℃。随样品温度的升高，试件的气孔密度降低，气孔尺寸增大，引起其有效介电损耗系数的增加。

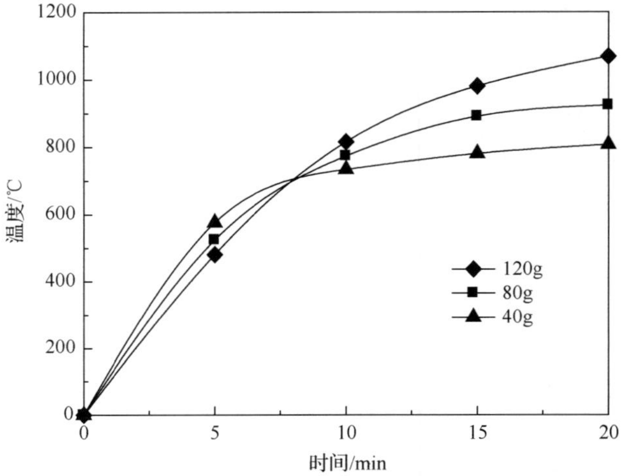

图 3.59　不同物料量下碳化硅的升温曲线

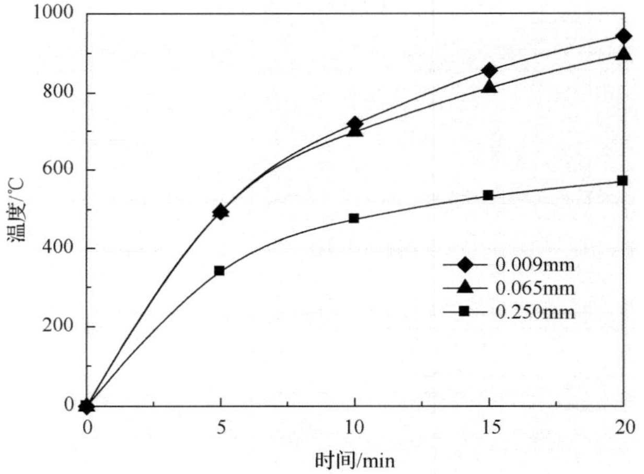

图 3.60　不同粒度下碳化硅的升温曲线

3.3.16　转炉钢渣

周朝刚等[58]开展了钢渣微波脱磷升温行为研究(图 3.61~图 3.63)。

从图 3.61 可以看出，纯钢渣和钢渣混合物的升温过程均经历三个阶段，其中第一阶段的升温速率最小，第三阶段的速率次之。第二阶段最快，第一阶段含无烟煤粉的钢渣混合物升温速率较快，第二、三阶段钢渣升温速率较快，达到 1100℃时所用时间差别不大。

由图 3.62 可以看出，焦炭粒的升温速率最快，无烟煤粉次之，烟煤最慢，达到 1300℃时焦炭粒所用时间最短。还原剂对钢渣升温特性的影响有两个方面：一方面是由于化学成分不同所致，主要是指含的碳、氢、氧、硫和磷等元素及水分、灰分等，其中含碳量越高和灰分越低，则单位质量的还原剂所能提供的热量和碳源的量就越多，就越有利于反应的进行，而含水分越多，消耗的热量也越多，则不利于还原；另一方面是由于其发热量和反应性能快慢不同所致，发热量越高，反应性能越快就越利于升温，反之升温就慢。

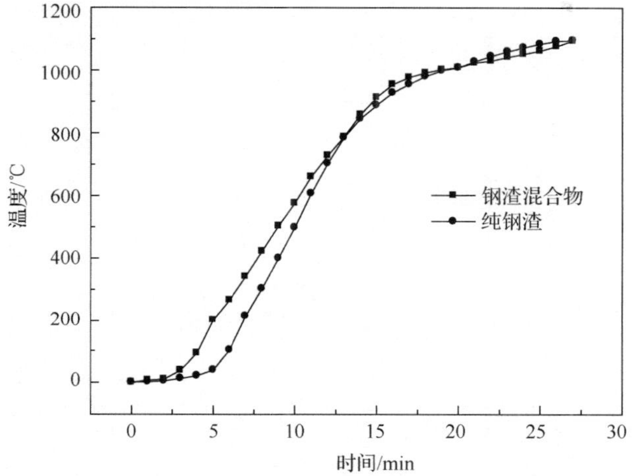

图 3.61　纯钢渣和钢渣混合物的升温曲线

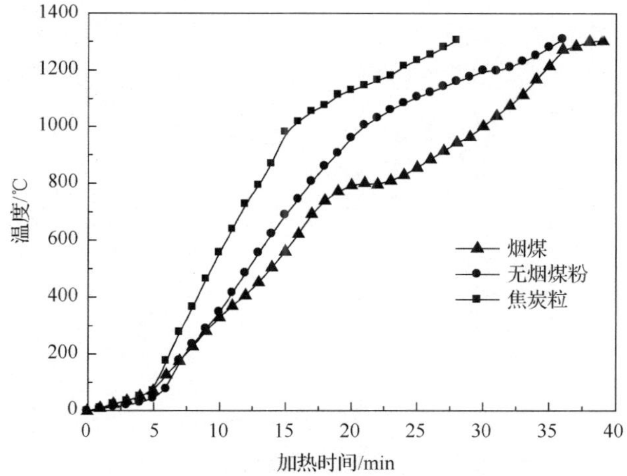

图 3.62　不同还原剂下钢渣的升温曲线

从图 3.63 可以看出，钢渣碱度（R）不同其在微波场中的升温也不同，这是由于转炉钢渣的主要化学成分有氧化钙、氧化硅、氧化亚铁、氧化镁、氧化锰、二氧化二磷（P_2O_2）等。其中氧化亚铁和二氧化二磷含量高，加热时所需还原剂就越多，反应也就越激烈，升温越快，氧化钙/氧化硅值越低则钢渣碱度就越低，在微波加热钢渣时越利于还原反应的进行，会对加热过程中的温度造成影响。

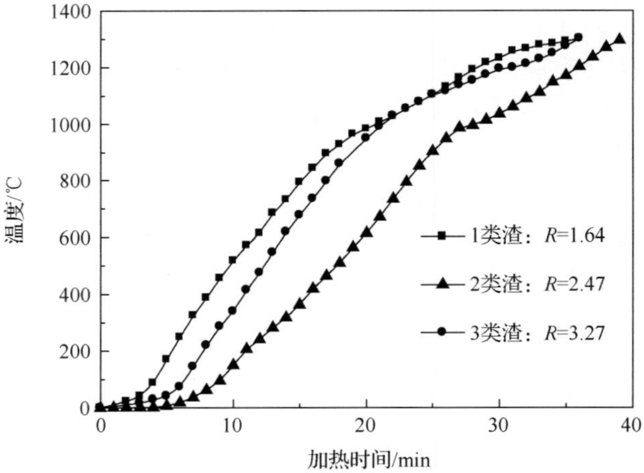

图 3.63　不同碱度钢渣的升温曲线

3.3.17　铁鳞

唐昭辉[59]测定了铁鳞及其配入的铁精矿和无烟煤在微波场中的升温行为。铁鳞、铁精矿升温曲线如图 3.64 所示。

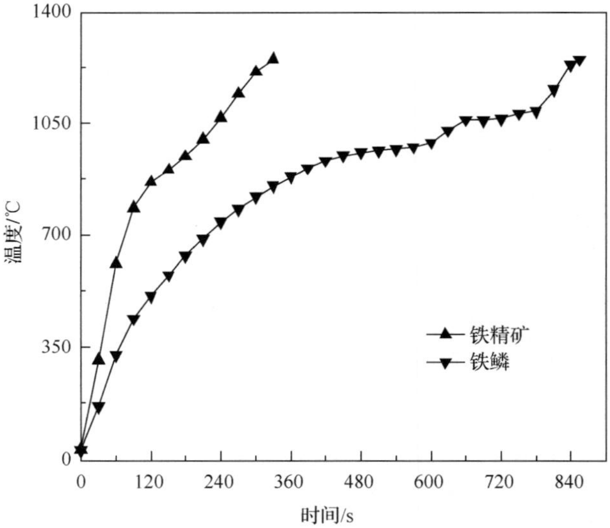

图 3.64　铁鳞和铁精矿的升温曲线

由图 3.64 可知，微波加热加热 60s 后，铁精矿温度就升至 610℃，升到 1250℃的高温只需要 330s；而铁鳞升温至 1250℃需要 855s。在微波场中，铁精矿和铁鳞具有较好的升温性能，铁精矿优于铁鳞。

图 3.65 为无烟煤在微波场中的升温曲线。

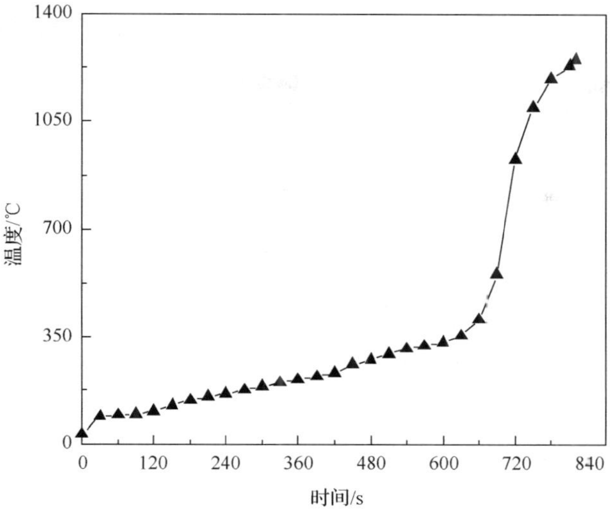

图 3.65　无烟煤的升温曲线

由图 3.65 可知，无烟煤在 400℃以下时，升温比较缓慢；当温度高于 400℃时，无烟煤只用了短短的 160s 时间从 409℃升温至 1250℃。这说明在常温条件下，无烟煤属于能吸波的物质。当无烟煤的温度在 400~1100℃时，具有良好的吸波性能。

3.3.18　其他物料

畅永锋等[60]对不同含碳量红土镍矿的微波加热行为进行了研究，红土镍矿用微波加热 6.5min，其温度仍低于 350℃；加入 1.9%的碳后，微波加热 5min 样品温度即达 680℃；当添加碳量为 5.2%和 7.6%时，微波加热 5min 样品温度均超过 900℃。研究表明，加入高损耗介质的活性炭粉后可明显改善红土镍矿的微波升温性能。

毕先钧和谢小光[61]考察了部分金属氧化物在微波场中的升温行为。研究发现，氧化镧和氧化钇不能被微波加热；氧化锆和氧化铌在微波场中升温很小，几乎不会被加热；氧化钼和氧化钨在微波场中有较大的升温；氧化亚镍和四氧化三钴在微波场中升温较快。氧化亚镍和四氧化三钴升温很快主要因为二者金属元素具有变价态，在一定条件下可以造成不同价态的离子共存于同一晶体中，形成非计量比的缺陷结构，从而产生偶极子，有较大损耗，表现出较强的吸收微波的能力；而氧化锆和氧化铌尽管元素也可能形成变价态，但 Zr^{4+}和 Nb^{5+}均具有稳定的电子结构，二价态反而不稳定，两种价态共存的几率较小，产生晶格缺陷的偶极浓度也很小，所以氧化锆和氧化铌在微波场中升温很小，几乎不会被加热。

马国军等[62]考察了电炉炼钢厂粉尘在微波场中的升温行为，实验采用的样品为不锈钢厂电弧炉粉尘(EAFD1)、AOD 炉粉尘(AODD)和普碳钢厂电弧炉粉尘(EAFD2)。研究表明，EAFD1、AODD 和 EAFD2 在微波场中均有良好的吸波能力，在微波加热功率为 1200W 时，其表观升温速率分别为 35℃/min、29℃/min、31℃/min。EAFD1 吸收微波的能力最强，表观升温速率最大，在 28min 可达到 1130℃左右，而 AODD 吸收微波的能力最弱，且仅能升温至 1000℃左右。

参 考 文 献

[1] 金钦汉，戴树珊，黄卡玛.微波化学.北京：冶金工业出版社, 1999.

[2] Campbell C K. Free space permittivity measurements on dielectric materials at millimeter wavelengths. IEEE Transaction Instrument and Measurement, 1978, 7:54-62.

[3] Katsumi T, Fumiyasu K, Masashi K. Development of the microwave heated catalyst system. JSAE Review, 1999, 20 (3):431-434.

[4] Al-Harahsheh M, Kingman S W. Microwave-assisted leaching-a review. Hydrometallurgy, 2004, 3 (3-4):189-203.

[5] 黄铭.微波与颗粒物质相互作用的机理及应用研究.昆明：昆明理工大学博士学位论文, 2003.

[6] Ford J D, Pei D C T. High temperature chemical processing via microwave absorption. Journal of Microwave Power, 1967, 2 (2):61-64.

[7] 冯士明.陶瓷微波烧结技术及其进展.陶瓷研究, 1995, 10 (2): 80-83.

[8] 王翠平.复合铁氧体微波吸收材料吸波性能研究.合肥：安徽大学硕士学位论文, 2006.

[9] 支晓洁，彭金辉，郭胜惠，等.透波材料在微波冶金领域的应用进展.化工科技, 2010, 18 (1): 61-67.

[10] 李希峰.透波材料的透波原理及现状分析.山西建筑, 2010, 36 (029): 157-158.

[11] 陈津，赵晶，冯秀梅，等.微波冶金耐火材料研究.工业加热, 2006, 35 (3): 56-60.

[12] 王汝敏，郑水蓉，郑亚萍.聚合物基复合材料及工艺.北京：科学出版社, 2004.

[13] 彭金辉，郭胜惠，张世敏.用于微波加热的陶瓷基透波承载体及生产方法：中国, ZL200710066041.0.2008-01-09.

[14] 王晓红，刘俊能.碳纤维复合材料的微波反射特性研究.功能材料, 1999, 30 (4): 387-388.

[15] 张海丰，石宪明，崔虹云，等.平板抗电磁辐射材料反射性能的研究及设计.佳木斯大学学报，2011，29 (4): 596-598.

[16] 陈彦，童玲，张兆镗.微波频率下水的介电频率及温度特性的实验研究.实验技术与管理, 2009, 25 (12): 34-37.

[17] Liu C, Zhang L, Peng J, et al. Dielectric properties and microwave heating characteristics of sodium chloride at 2.45 GHz. High Temperature Materials and Processes, 2013, 32 (6):587-596.

[18] Alfaifi B, Wang S, Tang J, et al. Radio frequency disinfestation treatments for dried fruit:Dielectric properties. LWT-Food Science and Technology, 2013, 50 (2):746-754.

[19] 李雨.典型冶金物料的微波及组合干燥应用研究.昆明：昆明理工大学博士学位论文, 2011.

[20] 雷鹰.微波强化还原低品位钛精矿新工艺及理论研究.昆明：昆明理工大学博士学位论文, 2012.

[21] 华伟.复杂电磁媒质介电系数测量方法及实验研究.成都：四川大学博士学位论文, 2006.

[22] Hotta M, Hayashi M, Nishikata A, et al. Complex permittivity and permeability of SiO_2 and Fe_3O_4 powders in microwave frequency range between 0.2 and 13.5 GHz. ISIJ international, 2009, 49 (9):1443-1448.

[23] Hotta M, Hayashi M, Nagata K. High temperature measurement of complex permittivity and permeability of Fe_3O_4 powders in the frequency range of 0.2 to 13.5 GHz. ISIJ international, 2011, 51 (3):491-497.

[24] Agilent A. Agilent Technologies. Santa Rosa, 2008.

[25] Wei Y Z, Sridhar S. Radiation-corrected open-ended coax line technique for dielectric measurements of liquids up to 20 GHz. IEEE Transactions on Microwave Theory and Techniques, 1991, 39(3):526-531.
[26] Gershon D L, Calame J, Carmel Y, et al. Open-ended coaxial probe for high-temperature and broad-band dielectric measurements. Microwave Theory and Techniques, IEEE Transactions on, 1999, 47(9):1640-1648.
[27] Stuchly M A, Stuchly S S. Coaxial line reflection methods for measuring dielectric properties of biological substances at radio and microwave frequencies-A review. Instrumentation and Measurement, IEEE Transactions on, 1980, 29(3):176-183.
[28] Sheen N, Woodhead I. An open-ended coaxial probe for broad-band permittivity measurement of agricultural products. Journal of Agricultural Engineering Research, 1999, 74(2):193-202.
[29] Engelder D S, Buffler C R. Measuring dielectric properties of food products at microwave frequencies. Microwave World, 1991, 12(2):6-15.
[30] 吴俊军.开口同轴法测试岩石电性参数的方法研究.长春：吉林大学硕士学位论文, 2009.
[31] 陈倩.微波生物化学及生物组织中同轴探头的有限元分析.成都：四川大学硕士学位论文, 2002.
[32] Nicolson A, Ross G. Measurement of the intrinsic properties of materials by time-domain techniques. Instrumentation and Measurement, IEEE Transactions on, 1970, 19(4):377-382.
[33] Ni E. An uncertainty analysis for the measurement of intrinsic properties of materials by the combined transmission-reflection method. Instrumentation and Measurement, IEEE Transactions on, 1992, 41(4):495-499.
[34] 卢子焱，唐宗熙，张彪.用自由空间法测量材料复介电常数的研究.航空材料学报, 2006, 26(2): 62-66.
[35] Trabelsi S, Kraszewski A, Nelson S. Simultaneous determination of density and water content of particulate materials by microwave sensors. Electronics Letters, 1997, 33(10):874-876.
[36] Venkatesh M, Raghavan G. An overview of microwave processing and dielectric properties of agri-food materials. Biosystems Engineering, 2004, 88(1):1-18.
[37] Hutcheon R, de Jong M, Adams F, et al. RF and microwave dielectric measurements to 1400℃ and dielectric loss mechanisms//Proceedings of the Materials Research Society Symposium Proceedings.Cambridge:Cambridge University Press, 1993.
[38] Arai M, Binner J, Carr G, et al. High temperature dielectric property measurements of engineering ceramics. Ceram Trans, 1993, 36:483-492.
[39] Pickles C. Microwave heating behaviour of nickeliferous limonitic laterite ores. Minerals Engineering, 2004, 17(6):775-784.
[40] Venkatesh M, Raghavan G. An overview of dielectric properties measuring techniques.Canadian Biosystems Engineering, 2005, 47(7):15-17, 30.
[41] 刘全军，陈景河.微波助磨与微波助浸技术.北京：冶金工业出版社, 2005.
[42] 王晓辉.难选铁矿石微波磁化焙烧同步降磷的工艺研究.昆明：昆明理工大学硕士学位论文, 2011.
[43] 方启学，卢寿慈.微细拉嵌布弱磁性铁矿石分选工艺的进展.国外金属矿选矿, 1995, 8: 10-15.
[44] 柏少军，文书明，刘殿文，等.云南某高磷铁矿石工艺矿物学研究.矿冶, 2010, 19(2): 91-96.
[45] 陈津，刘浏，曾加庆，等.微波加热还原含碳铁矿粉实验研究.钢铁, 2004, 39(6): 1-5.
[46] 李军.攀枝花钛铁矿微波辅助磨细实验研究.昆明：昆明理工大学硕士学位论文, 2009.
[47] 黄孟阳.高钙镁钛精矿制备高品质富钛料新工艺及理论研究.昆明：昆明理工大学博士学位论文, 2008.
[48] 孙康.钛提取冶金物理化学.北京：冶金工业出版社, 2001.
[49] 彭金辉，杨显万.微波能技术新应用.昆明：云南科技出版社, 1997.

[50] 余延涛.微波煅烧钛白粉副产品绿矾制备铁精矿粉的研究.昆明：昆明理工大学硕士学位论文, 2010.
[51] 周越.微波干燥氢氧化锆及锰碳合金球的工艺研究.昆明：昆明理工大学硕士学位论文, 2011.
[52] 郭胜惠，彭金辉，陈菓，等.电熔氧化锆在微波场中的吸波特性和升温行为.中南大学学报(自然科学版)，2009, 40(4): 915-920.
[53] 郭磊.微波干燥白钨精矿工艺优化研究.昆明：昆明理工大学硕士学位论文, 2011.
[54] 王亚建.微波焙烧氧化锌烟尘脱除氟氯的工艺研究.昆明：昆明理工大学硕士学位论文, 2012.
[55] 彭金辉，刘秉国.微波煅烧技术及其应用.北京：科学出版社, 2013.
[56] 刘秉国.弱吸波物料的微波煅烧新工艺及理论研究.昆明：昆明理工大学博士学位论文, 2010
[57] 刘智，杨林，于传斌，等.微波混合加热中 SiC 预加热体工艺参数对升温特性的影响.大连轻工业学院学报, 2006, 25(2): 135-138.
[58] 周朝刚，艾立群，吕岩，等.微波加热对钢渣升温特性的影响.河北理工大学学报, 2011, 33(3): 25-30.
[59] 唐昭辉.微波加热制备直接还原铁工艺的研究.昆明：昆明理工大学硕士学位论文, 2010.
[60] 畅永锋，翟秀静，符岩，等.微波加热还原含碳红土矿的研究.矿冶工程, 2008, 28(5): 76-79.
[61] 毕先钧，谢小光.金属氧化物在微波场中升温行为的理论分析.1999, 19(1): 48-50.
[62] 马国军，苏伟厚，王炜，等.电炉炼钢厂粉尘在微波场中的升温特性.武汉科技大学学报：自然科学版，2010, 33(003): 244-247.

第4章　微波助磨

4.1　概　　述

磨矿是使矿石粒度变小，将有用矿物与脉石矿物进行单体解离，为选矿提供合适粒度的作业过程[1]。冶金、选矿、化工、建材、火电等国民经济的基础行业均以矿石作为原料。矿物利用过程中，大部分开采出来的矿石在选矿前需要经过碎矿和磨矿处理。磨矿工序的好坏直接影响后续选矿等过程的技术经济指标，提高磨矿效率对于提高选厂的生产能力和矿山的综合利用效率极其重要[2]。一般选矿厂碎矿和磨矿费用占选矿厂全部生产费用的40%，磨矿的生产费用及投资比碎矿更高[3]。

磨矿过程的影响因素主要包括矿物本身的性质、给矿粒度和产品细度、磨机性能、磨矿流程、磨机操作因素等[4]。热处理很早就被认为是提高矿石粉碎效率和解离性的有效方法，因为它可以降低岩石强度并诱导晶界断裂[5]。而热力磨细的一个重要特性就是产生应变不需要任何外力的物理接触，而通常机械磨细需要借助外力的作用。自20世纪以来，热力辅助磨细已经引起了许多研究者的关注，其过程首先将待磨细物料加热，然后将其骤冷，最后通过常规机械方法将物料磨细。该方法的主要目的是在矿石内部造成微细裂纹，矿石的磨细将由这些裂纹开始[6]。

采用传统的加热方式对矿石进行热处理时，矿石中各种矿物被加热的速度是大致相同的，矿物之间不会产生明显的温度梯度，加热时间较长，能耗较高。由于矿物介电特性不同，微波对矿物加热具有选择性，矿物的升温速率取决于对微波的吸收性能，其吸波性与矿物的各种性质(如介电常数、耗损因子、电导率、密度、热容、矿物组成和结构)有很大关系[7]，矿物中的氧化钙、碳酸钙和二氧化硅等成分是微波透射体，基本不能被微波加热；四氧化三铁、二硫化铁、二氧化锰和木炭等成分为微波吸收体[8]，在微波场中的升温速率非常快，不同成分的升温行为差异在矿石内部形成温度梯度，在矿物相界面上导致热应力[9]，产生微裂纹，使矿石更易磨碎，降低磨矿过程中的能耗[10,11]，具有广阔的应用前景。

微波助磨是利用微波的选择性加热作用，有针对性地对矿石中各矿物进行加热预处理，改变其原有的强度和应力分布，增加表面微裂纹和晶格缺陷等，提高随后的磨矿效率[12]。

4.2　微波助磨钛铁矿

我国铁矿资源很大部分以钛铁矿形式广泛存在于四川攀枝花-西昌地区[13]，这一矿带同时也是世界上此类矿床的重要产区之一，矿石中铁、钛、钒等多种有用组分都具有巨大的资源优势[13-15]。矿石中主要金属矿物包括钛磁铁矿和钛铁矿、磁铁矿、褐铁矿、针铁矿、次生黄铁矿、钴镍黄铁矿等，其中钛磁铁矿是矿石中最主要的含铁矿物，也是钛、钒等金属的载体矿物，脉石矿物以普通辉石和斜长石为主[16,17]。复杂矿物构成使矿石在粉碎过程中难以达到单体解离，其磨矿粒度与其分选效果紧密相关。

攀西地区的钛铁矿主要以复杂的嵌布粒状集合体形态存在，粒度多为0.2~1mm[17]，其中的有用元素在矿石中可以以独立的矿物形式出现，也可以进入矿物晶格的类质同象混入物，或以微细包裹体出现的机械混入物、固溶体分离物中[13]。矿物存在形式的复杂多样，就使得矿物回收和利用难度较大[18,19]。

李军和 Guo 等[20,21]以攀西地区高钙镁钛铁矿为对象，研究了微波作用对矿物磨矿的影响，以及对磁铁矿磁选回收精矿产率和精矿品位的影响。

4.2.1　矿物状态

1. 微波处理对矿物表面的影响

原矿的扫描电镜与能谱分析如图 4.1 所示，微波处理前后矿石内部有用矿物和脉石晶粒边界如图 4.2 所示。

(a) 原矿扫描电镜图

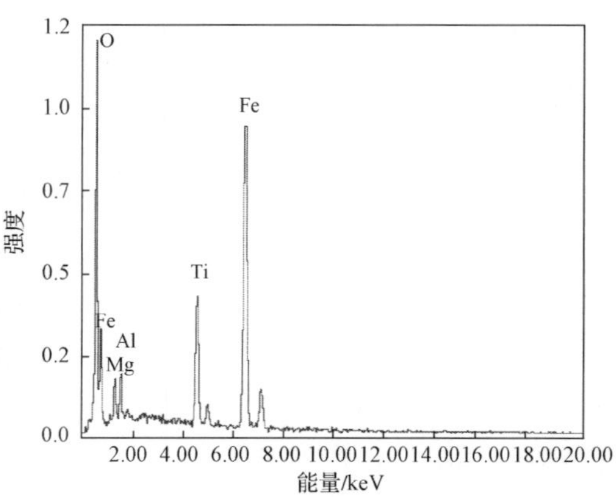

(b) 区域1能谱分析

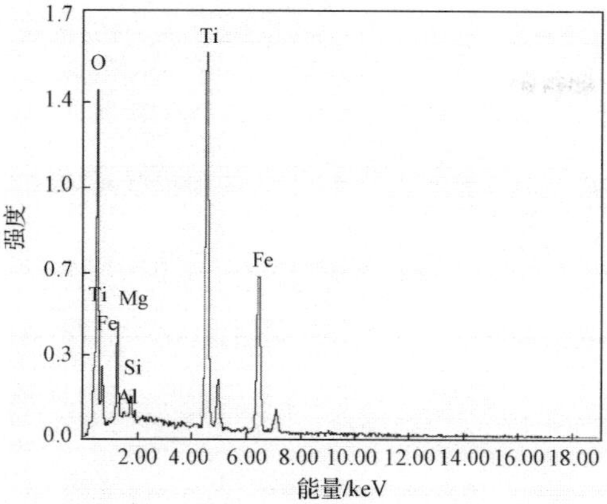

(c) 区域2能谱分析

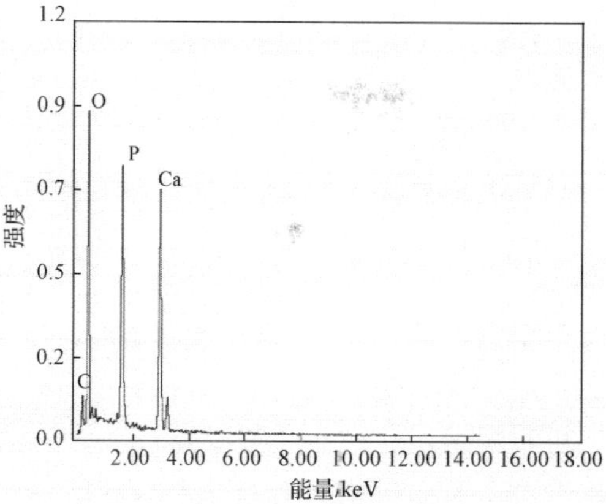

(d) 区域3能谱分析

图 4.1 原矿扫描电镜图及能谱分析

(a) 处理前(200倍)

(b) 处理后(300倍)

(c) 处理后(500倍)

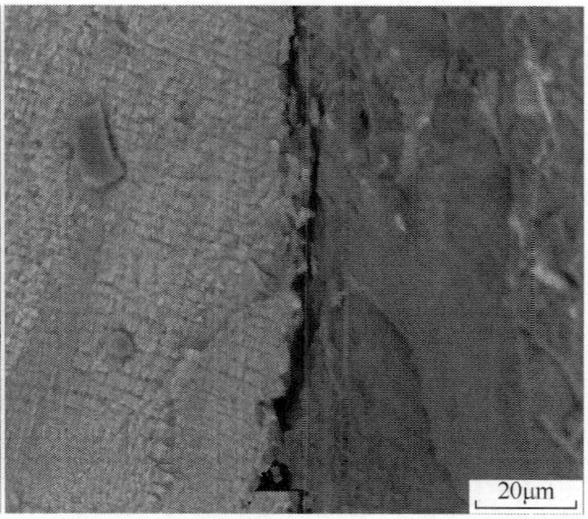

(d) 处理后(2000倍)

图 4.2 微波处理前后矿物界面扫描电镜图

由图 4.1 可看出，区域 1 和区域 2 所代表矿物为有用矿物，主要含钛、铁及氧元素，还有一定量的镁、铝等杂质元素，区域 3 所代表区域为脉石，主要是磷、钙和氧等元素。

从图 4.2 可以看出，矿物在微波功率 1kW 处理 30s 后水淬冷却可产生显著的微裂纹。在脉石(深灰色区域)和有用矿物(浅灰色区域)之间的晶粒边界上，由于不同组分间产生的温度梯度导致晶粒间产生热应力，随着热应力的增大，晶粒间产生了微裂纹，水淬处理后使得这些裂纹难以复原，最终使得矿石更容易磨碎。在不同放大倍数下，裂纹沿着有用矿物颗粒和脉石的边界上产生，有时脉石也在深灰色区域内产生细小裂纹，裂纹呈网状分布。微波加热可以显著降低矿石的显微硬度，有用矿物与脉石结合部位的硬度也会明显降低，矿物更易磨细，破裂沿着产生的微裂纹发生[22]。

2. *微波处理对矿物磨矿粒度的影响*

原矿和微波处理 30s 矿样，在相同条件磨细处理 30s，产品粒度分布如图 4.3 所示。

从图 4.3 可以看出，微波处理前后样品磨矿产品粒度分布发生了明显变化。未经微波处理矿样，其粒度分布曲线的峰值较高，曲线斜率也较大，矿样的粒度分布范围较窄；经微波处理矿样，粒度分布曲线的峰值明显降低，粒度分布范围也变宽，曲线整体左移，说明粒度分布更加均匀，矿样被磨得更细。

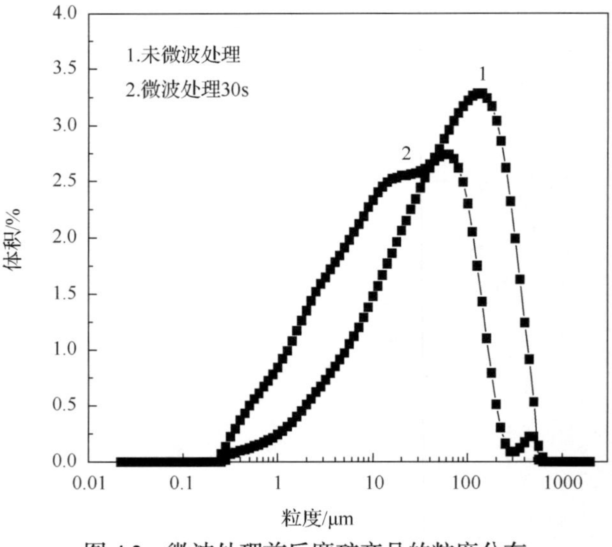

图 4.3　微波处理前后磨矿产品的粒度分布

从表 4.1 可以看出，原矿的 $D(10)$ 为 5.093μm，经微波处理 30s 后矿样的 $D(10)$

为 1.556μm，原矿 D(50)与 D(90)较微波处理过的矿样大，说明微波处理可使矿样被磨得更细。

表 4.1 累积粒度分布情况 （单位：μm）

样品	D(10)	D(50)	D(90)
原矿	5.093	54.755	236.54
处理 30s	1.556	16.758	96.186

微波处理时间对粒度分布的影响如图 4.4 所示。从图 4.4 可以看出，微波处理时间对矿样的粒度分布具有显著影响，处理时间延长，粒度分布曲线的峰值降低，在 30s 时粒度分布范围明显变宽，效果更好。

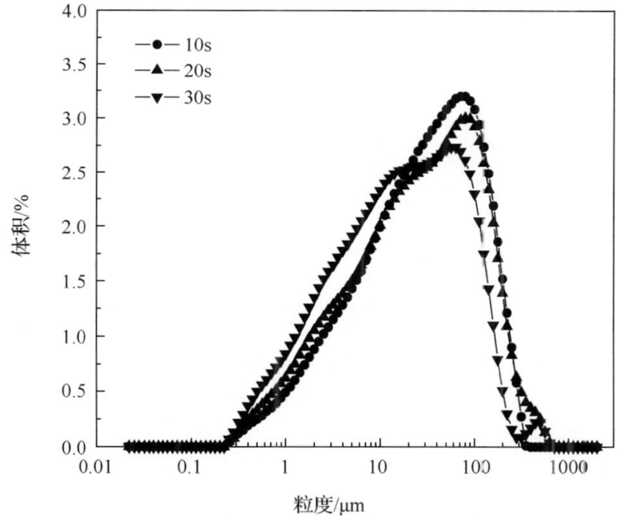

图 4.4 微波处理时间对粒度分布的影响

4.2.2 磨矿效果

1. 微波功率对磨矿效果的影响

在矿样粒度为 20~30mm，矿样质量为 50g，微波处理时间 30s，经水淬冷却、干燥、磨矿，微波功率对矿物磨细效果的影响见表 4.2。

表 4.2 微波功率对磨细效果的影响

参数	微波功率/kW					
	0	1.0	1.5	2.0	2.5	3.0
<200 目/%	66	94	94	95	96	96

由表 4.2 可以看出，微波处理使磨矿产品中小于 200 目的含量显著提高，微波处理可以使矿石变得更易于磨细。一定的物料粒度和质量，相匹配的微波功率密度效果较好。高功率密度对矿石内有用矿物与脉石晶粒间快速产生热应力至关重要，热应力产生将显著增加矿石的可磨度[23]。

2. 微波处理时间对磨矿效果的影响

在矿样粒度为 20~30mm，微波功率 1kW，微波处理时间对矿石磨细效果的影响如图 4.5 所示。

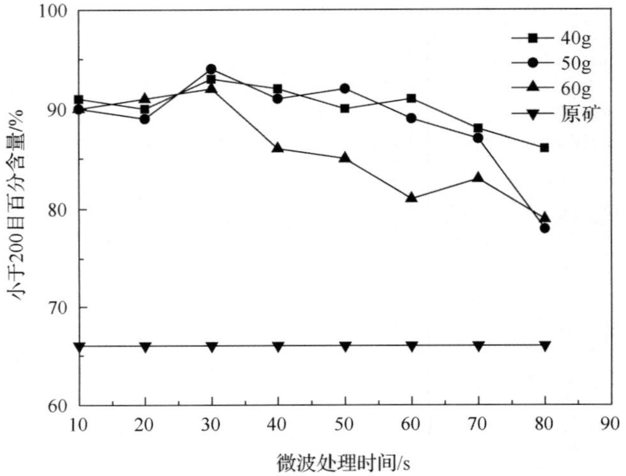

图 4.5　微波处理时间对矿石磨细的影响

从图 4.5 可以看出，微波处理可明显提高磨矿产品中 200 目以下的百分含量，微波处理 30s，矿样 200 目以下的含量均达到最大值，再延长微波处理时间，产品中 200 目以下的百分含量明显下降。微波处理可显著提高矿样磨矿效率，处理时间过长使矿石内部传热作用增强，温度梯度减小，热应力减小，助磨效果减弱。

3. 矿样粒度对磨矿效果的影响

矿样质量 50g，微波功率 1kW，微波处理时间 30s，矿样粒度对磨矿细度的影响如图 4.6 所示。

从图 4.6 可以看出，矿样粒度对微波助磨效果影响明显，粒度过细或过大均降低磨矿效果，最佳矿样粒度为 20~30mm。其原因主要是在粒度较小时，矿样整体的温度不如大颗粒物料高，其热应力效果减小，矿样粒度较小导致有用矿物烧结，影响磨细效果。

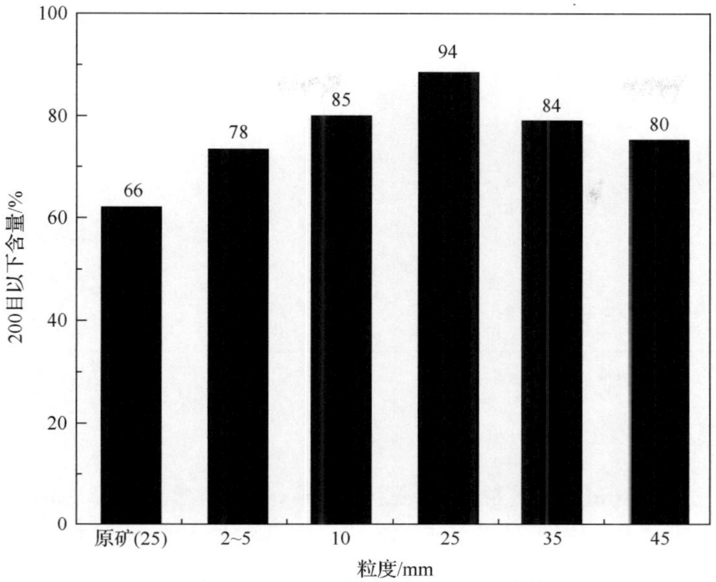

图 4.6 矿样粒度对微波处理后磨矿细度的影响

4. 水淬处理对磨矿效果的影响

矿样质量为 50g，粒度为 10~20mm 和 20~30mm，微波功率 1kW，处理时间 30s，磨矿 30s，水淬冷却和自然冷却对磨矿效果的对比见表 4.3。

表 4.3 微波处理 30s 后 200 目以下的含量

样品粒度/mm	水淬/%	无水淬/%
10~20	90	84
20~30	94	86

从表 4.3 可以看出，水淬对微波处理矿物的矿物磨细影响显著，微波处理后立即水冷能够使矿样更易于磨细，其磨矿产品中 200 目以下的百分含量能够较空气中自然冷却矿物提高 6%~8%。结果表明，微波处理矿石后立即水冷能够显著改善矿石的易磨性，且水冷后的磨矿效果优于自然冷。有用矿物和脉石间因为热应力而导致微裂纹产生，立即水冷能有效阻止微裂纹再愈合，突然降温使矿物边界进一步被破坏，使矿石更易于磨细。Tavares 和 King[24]得到了相似结论，结果见表 4.4。常规加热后空气冷却，氧化裂缝黏结，使材料损伤愈合，导致磁铁矿强度显著增加；微波加热时间较常规加热短，减少氧化程度及损伤愈合。加热后水冷能够中断愈合过程，收缩使物料进一步遭到破坏。

表 4.4　40~50mm 磁铁矿加热到 800℃时热处理对断裂性质的影响

加热方法	升温速度/(℃/min)	功率/W	冷却介质	平均断裂能/(J/kg)	平均刚度/GPa	断裂能降低/%	损伤参数 *D*/%
未处理				31.1	21.1		
常规	20		空气	55.1	37.9	(77.2)	(79.6)
常规	20		水	17.3	15.4	44.4	27.2
微波	400	500	空气	42.6	32.3	(37.0)	(53.1)
微波	400	500	水	17.9	10.9	42.4	48.3

注：括号中数据为负值。

4.2.3　磁选效果

矿样粒度 20~30mm、质量 50g，微波功率 1kW，微波处理 30s，矿物磨细至 200 目以下的颗粒 80%以上，磁选后 40 倍光学显微照片如图 4.7 所示。

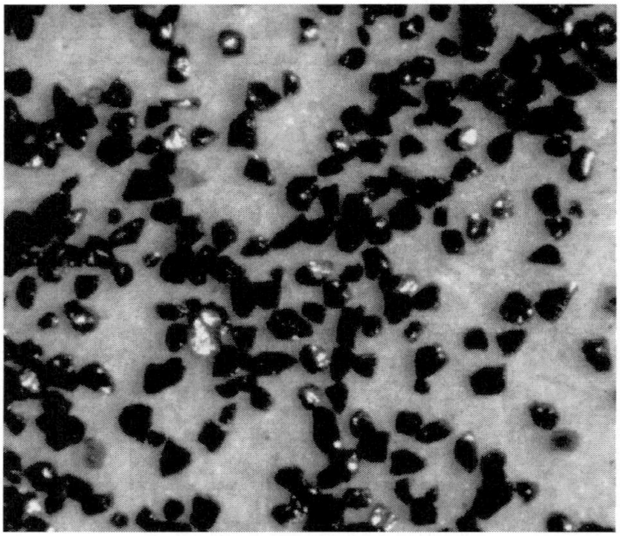

图 4.7　选矿产物的光学照片

微波处理矿石使矿物中的有用矿物从脉石基体中被有效解离，强化了矿物的选择性磨矿作用，其磁选产品中基本没有脉石与有用矿物连接的颗粒。

1. 微波功率对磁选回收率的影响

矿样粒度为 20~30mm、质量 50g，微波处理 30s，磨矿 30s，磨矿产品中 200 目以下的颗粒含量大于 80%，微波功率对磁选回收磁铁矿的影响如图 4.8 所示。

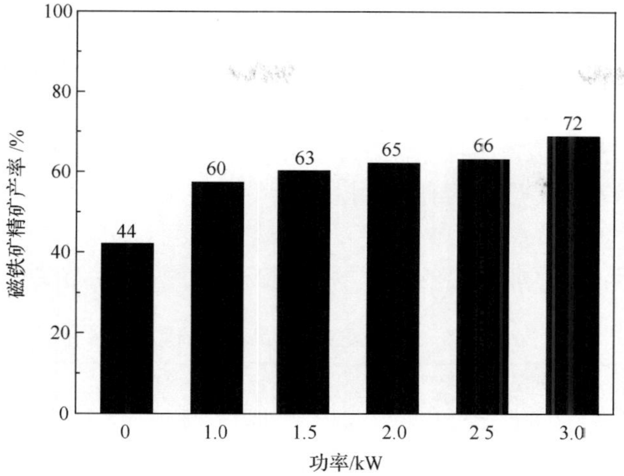

图 4.8 微波功率对磁铁矿精矿产率的影响

从图 4.8 可以看出，微波处理可有效提高磁铁矿的磁选精矿产率，微波功率越大，精矿产率也就越高。微波功率为 1kW 时，较原矿提高了 16%。研究表明，微波处理使磁铁矿单体更有效地被解离出来，提高了选矿中的磁选精矿产率，且功率影响明显。

2. 磁场强度对磁选回收率的影响

矿样粒度为 20~30mm、质量 50g，微波功率 1kW，处理 30s，经水冷、干燥后磨矿 30s，使磨矿产品中 200 目以下的颗粒含量大于 80%，磁选电流强度对磁选效果的影响如图 4.9 所示。

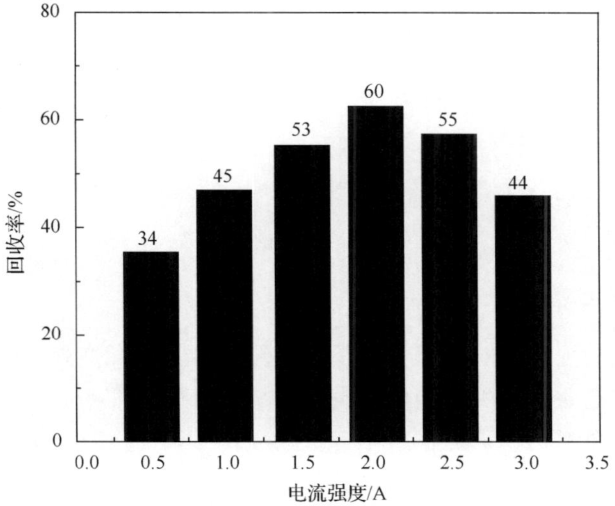

图 4.9 磁选电流强度对精矿产率的影响

从图 4.9 可以看出，磁选电流强度对磁铁矿的磁选精矿产率的影响显著。磁铁矿的磁选电流强度存在合适的范围，磁场较大或较小都将不利于磁铁矿的磁选回收。攀枝花矿区的磁铁矿属于强磁性矿物[25]，当磁选电流为 2.0A 时，磁选精矿产率达到 60%的最大值，磁选电流减小或增大时精矿产率均降低。适当降低精选磁场强度是提高铁精矿质量的有效手段之一[26]。

磁选强度对产品品位的影响见表 4.5。从表 4.5 可以看出，经过微波加热处理的矿石在磁选后，其回收产品的品位均较原矿的 50.2%提高了 6%~8%。

表 4.5 磁选强度对产品品位的影响

参数	电流/A						
	0	0.5	1.0	1.5	2.0	2.5	3.0
品位/%	50.2	58.28	57.02	57.3	56.35	57.84	56.1

研究表明，磁铁矿的精矿产率及产品品位均得到提高，主要是矿石内部的细粒嵌布磁铁矿石的单体被有效解离出来，使磁铁矿磁选精矿产率提高，而且磁选产品中脉石与磁铁矿连生的颗粒也减少，整体上提高了磁选产品品位。

4.2.4 响应曲面优化

响应曲面法(RSM)是一种综合实验设计和数学建模的优化方法，通过在具有代表性的局部进行实验，回归拟合整体范围内影响因素与结果间的函数关系。由于响应曲面法具有实验次数少、精密度高、预测性能好等优点，目前已经在众多领域得到广泛应用[27]。

响应曲面法通过局部实验回归实验因素与响应值之间的函数关系，用多项式回归分析对实验数据进行拟合，得到二次多项式，它是描述响应变量(因变量)与自变量(操作条件)关系的经验模型，综合考虑单因子实验结果，根据 Central composite 的中心组合设计原理，该方法适用于确定一个二次方表面，可以在尽量少的实验次数下优化各个影响因子，同时能够分析各个影响因子之间的相互作用关系。

1. 实验设计与结果

设计所采用的三个影响因子分别是：微波功率 χ_1，微波处理时间 χ_2，物料质量 χ_3；以磁铁矿的磁选精矿产率作为设计的响应值 Y_1。在中心组合法设计出的优化方案中，每一个影响因子都有 23 个充分阶乘，其中选取 8 个阶乘点，6 个轴向点及 6 个中心重复点。所需实验次数通过式(4.1)计算，需要共 20 组实验来完成优化设计，其中，方程中 N 表示所需总的实验次数，n 表示影响因子的个数。

$$N=2^n+2n+n_c=2^3+2\times3+6=20 \tag{4.1}$$

式中，n_c为重复实验的中心点。

微波加热后立即水冷，然后磨细处理30s，在磨矿产品中小于200目的含量大于80%时，利用磁选管对磨矿产品进行磁选回处理，研究各个因素对磁铁矿磁选回收精矿产率的影响，实验设计和结果见表4.6。

表4.6　响应曲面实验设计和结果

实验	χ_1/W	χ_2/s	χ_3/g	Y_1/%
1	1000.00	15.00	30.00	58
2	2400.00	15.00	30.00	66
3	1000.00	40.00	30.00	60
4	2400.00	40.00	30.00	66
5	1000.00	15.00	70.00	57
6	2400.00	15.00	70.00	62
7	1000.00	40.00	70.00	60
8	2400.00	40.00	70.00	65
9	522.75	27.50	50.00	61
10	2877.25	27.50	50.00	72
11	1700.00	6.48	50.00	60
12	1700.00	48.52	50.00	64
13	1700.00	27.50	16.36	62
14	1700.00	27.50	83.64	61
15	1700.00	27.50	50.00	66
16	1700.00	27.50	50.00	65
17	1700.00	27.50	50.00	66
18	1700.00	27.50	50.00	68
19	1700.00	27.50	50.00	65
20	1700.00	27.50	50.00	65

2. 模型精确性验证分析

通过CCD设计对各个影响因子相互之间的作用关系及各影响因子对回归模型的影响作用，选取二次方模型对磁铁矿磁选回收精矿产率进行分析，得到多项回归方程

$$\begin{aligned}Y_1=&65.88+3.11\chi_1+1.08\chi_2+0.56\chi_3-0.25\chi_1\chi_2-0.5\chi_1\chi_3\\&+0.5\chi_2\chi_3-0.066\chi_1^2-1.66\chi_2^2-1.83\chi_3^2\end{aligned} \tag{4.2}$$

模型的精确性取决于其相互作用系数 R^2，其值越接近于 1，表明所采用模型的预测值与实验值越接近。经过拟合计算，式(4.2)的 R^2 值为 0.9410，这表明在考察指标磁选精矿产率时，94.1%的实验数据都可以用该模型加以解释，具有较高的可信度。

通过采用方差分析(ANOVA)对模型的精确度进行深入分析，磁选精矿产率的分析如表 4.7 所示。在模型分析中，Prob>F 值小于 0.05 即说明所选模型可信度高。该模型的 F 值为 17.73，Prob>F 值小于 0.0001，表明该模型的精确度很高，模拟效果显著。在分析中，微波功率和微波处理时间对模型的影响作用较大，即对磁铁矿的磁选回收精矿产率具有明显的影响；相比之下，矿样质量对模型的影响小一些。

从已获得的模拟统计结果可以看出，在影响因子实验研究的范围内，上述模型可以对磁铁矿磁选回收精矿产率进行较准确的预测。图 4.10 为磁铁矿磁选精矿产率的设计预测值和实验值之间的关系。

表 4.7　磁铁矿磁选回收精矿产率的方差分析

方差项	平方和	自由度	均方值	F 值	Prob>F
模型	238.03	9	26.45	17.73	<0.0001
χ_1	132.26	1	132.26	88.65	<0.0001
χ_2	15.88	1	15.88	10.64	0.0085
χ_3	4.32	1	4.32	2.90	0.1196
$\chi_1\chi_2$	0.50	1	0.50	0.34	0.5755
$\chi_1\chi_3$	2.00	1	2.00	1.34	0.2738
$\chi_2\chi_3$	2.00	1	2.00	1.34	0.2738
χ_1^2	0.064	1	0.064	0.043	0.8406
χ_2^2	39.59	1	39.59	26.53	0.0004
χ_3^2	48.48	1	48.48	32.50	0.0002

从图 4.10 可以看出，预测值与实验结果比较接近，实验结果基本上平均分布于预测直线的周围，表明实验所选取的模型可以较好地反映钛铁矿微波助磨过程中的影响因子(自变量)与响应值(因变量)之间的关系。

3. 响应曲面分析

在三个影响因子当中，微波功率和微波处理时间对磁铁矿磁选精矿产率具有较大的影响，物料量的影响次之。各影响因子对响应值(即磁铁矿回收精矿产率)

的影响规律的 3D 响应曲面图见图 4.11。

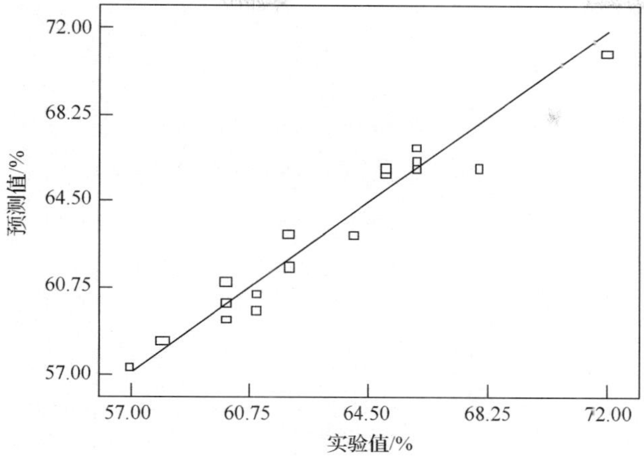

图 4.10 预测值和实验值之间的关系

从图 4.11 可以看出，三个影响因子对响应值的影响是显著的。由图 4.11(a)可以看出，物料量 50g 时，响应值的增大与微波功率的增大有同样的趋势，在微波功率最大处和微波处理时间为 27.5s 时达到响应值最大；由图 4.11(b)可看出，固定微波处理时间 27.5s，微波功率依然是最大的影响因子，物料量的影响相对较小；图 4.11(c)中，固定微波功率 1700W，微波处理时间的影响较物料量的影响要大。

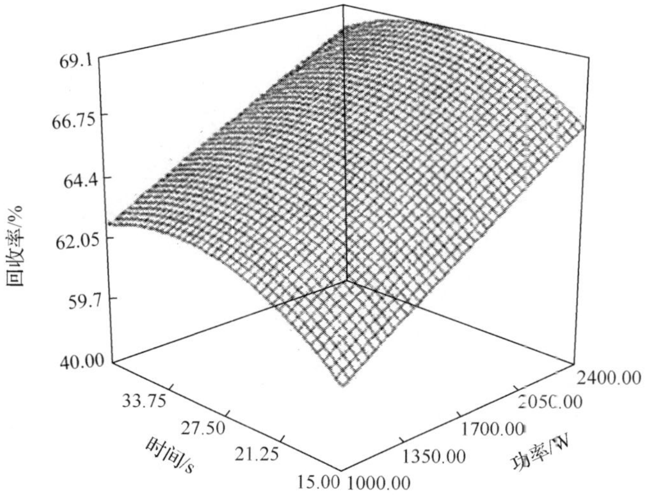

(a) 功率和时间的交互影响(物料量50g)

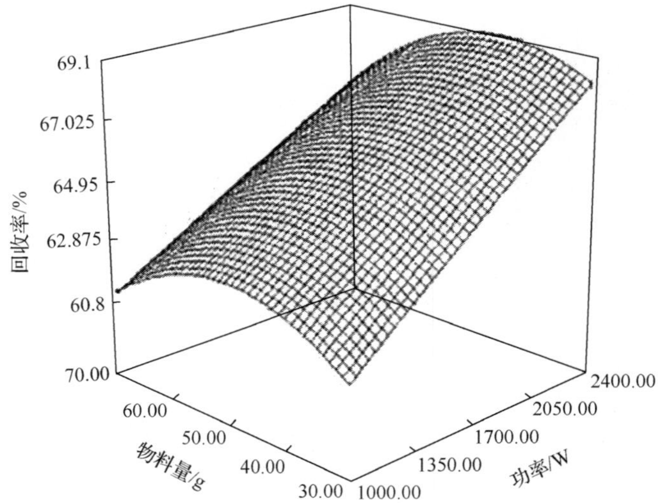

(b) 功率和物料的交互影响(加热时间27.5s)

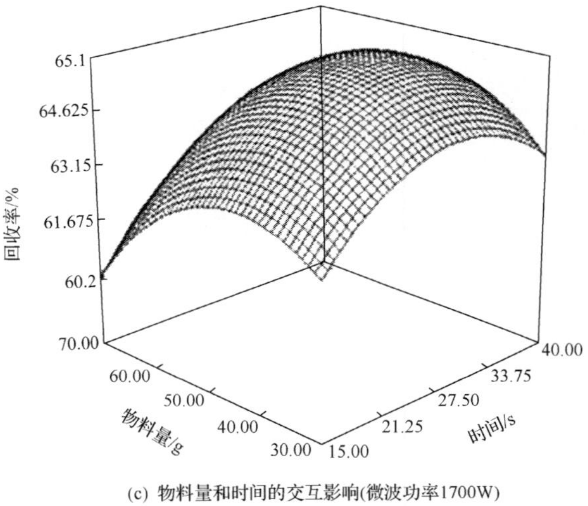

(c) 物料量和时间的交互影响(微波功率1700W)

图 4.11　各因素交互影响的响应曲面图

4. 优化验证

通过响应面设计实验，得到优化条件为微波功率 3kW，微波加热时间 29.08s，物料量 42.23g，在此条件下磁铁矿磁选精矿产率是 71.76%；为验证该设计方法的可靠性，采用优化后的最佳条件进行实验，考虑到实际生产的便利性，以微波功率 3kW，微波加热时间 30s，物料量为 45g 为条件进行实验，三次平行实验得到的实验结果为磁选精矿产率 71%、70%及 72%，与设计最优结果 71.76%相差不大，说明应用响应曲面法中的设计模型是可行的。

4.3 微波助磨铁矿

我国铁矿石资源成矿时代久、储量大、分布广、品味低、矿床类型齐全、次贫矿及多金属共生矿多、开采利用难度大，其中最突出的特点是贫、细、杂[28]。2006年，全国铁矿资源探明储量607×10^8t，遍布全国30多个省市及自治区，主要在辽宁、山西、湖北、河北、安徽、云南、山东等省[29,30]。近几年来探明一大批特大型矿床，其中新探明铁矿石资源超过 150×10^8t[31]，我国铁矿石资源储量位居世界前五位，属铁矿石资源大国。

我国铁矿石储量大，但品位低，开发利用率低。惠民铁矿位于云南澜沧江结合带西侧临沧-双江陆缘弧带西南缘[32]，东邻印支－燕山期临沧花岗岩基，西接澜沧俯冲增生杂岩带，工作面积为1700km^2。惠民铁矿区相对富集元素有As、Sb、B、Pb、Zr、Sn、W、Al、Ag、K、La，Fe 元素在区内总体不富集。惠民矿区矿石中菱铁矿往往与磁铁矿共生在一起[33]，两者占比为1∶1.64，其特有的菱铁矿与磁性铁矿呈互层产出，使不具磁性的菱铁矿可在寻找磁铁矿的同时间接确定。

付润泽等[34,35]以惠民铁矿为原料，研究了微波加热对矿石碎磨的辅助作用，探索了矿石块度、功率、物料量等因素对磨矿效果的影响，以200目以下的磨矿产品产率作为评价指标。

4.3.1 矿物状态

图4.12为铁矿的原矿的表面形貌图，图4.13、图4.14分别为图4.12中区域1、区域2的EDS图。

图4.12 原矿的扫描电镜背散射图

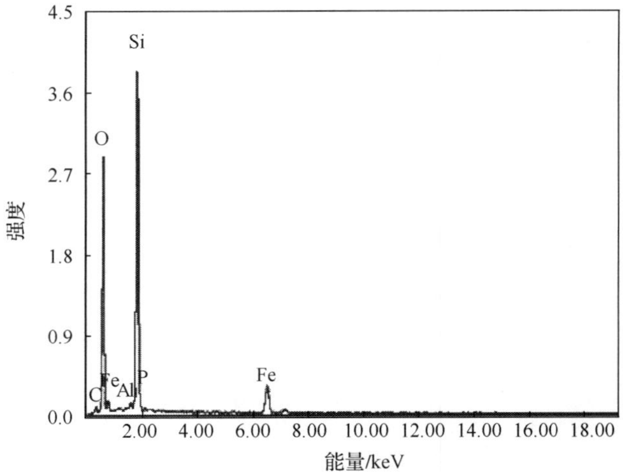

图 4.13　区域 1 元素 EDS

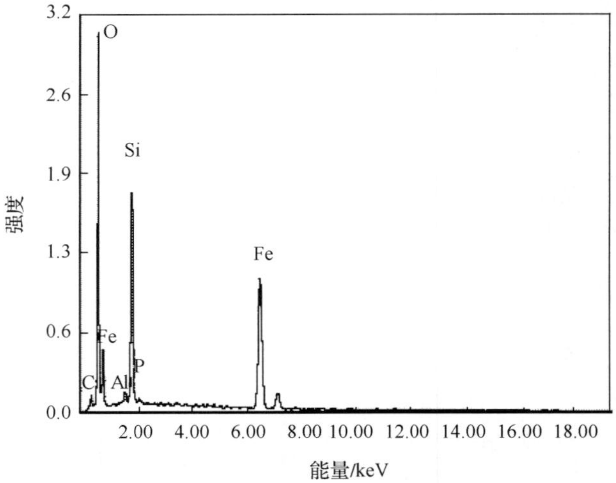

图 4.14　区域 2 元素 EDS

图 4.12 中区域 1 所代表的深色矿物为有用矿物，主要含铁、硅、氧元素，及少量的磷、铝、碳元素(图 4.13)，EDS 图像显示有用矿物中有大量的硅、氧元素杂质。区域 2 代表的浅灰色区域为脉石，主要为硅元素和氧元素，有少量的铁、磷、铝及碳元素存在(图 4.14)。

图 4.15 为原矿的扫描电镜图像，图 4.16 为微波处理后矿物的扫描电镜图。

从图 4.15、图 4.16 可以看出，原矿中深色的脉石矿物与浅色的有用矿物紧密相连，微波处理 20s 后有用矿物与脉石间产生微裂隙，微波处理 40s，可看到脉石与有用矿物间存在明显的晶界裂隙。在微波作用下，有用矿物与脉石间产生很大的温度梯度，产生不同程度的膨胀，从而在矿物晶界间产生热应力，随着加热的进行，应力不断增大，超过矿物所能承受的限度即产生微裂纹，引起岩矿破坏，产生的裂纹量是碎磨效果的重要因素。在微波的持续作用下，晶界间的微裂隙扩展，有利于磨矿进行。

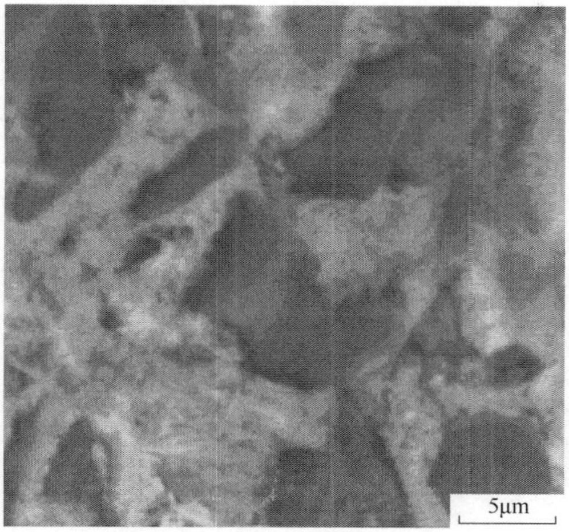

图 4.15 原矿的扫描电镜

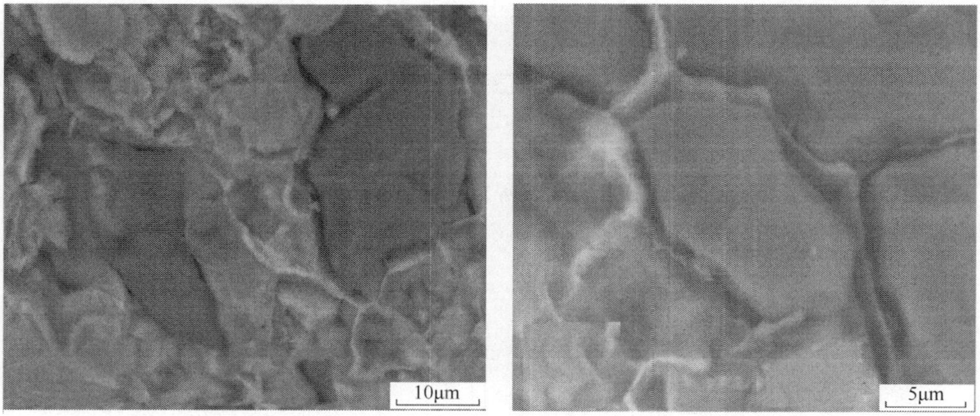

(a) 微波处理20s矿物 (b) 微波处理40s矿物

图 4.16 微波作用后矿物的扫描电镜

以 10~20mm 大小的矿块作为原料，微波作用前后矿物块度分布见表 4.8、矿块见图 4.17。

由表 4.8、图 4.17 可知，矿物经微波处理后块度大大降低，破碎率高达 46%。不同矿物的吸波性能不同，有用矿物吸波好、升温快，脉石矿物升温非常慢甚至不升温，从而在不同矿物间产生温度梯度，在热胀冷缩的作用下矿物晶界产生热应力，热应力不断扩展，导致矿物产生微裂纹，随着处理时间的延长，裂纹不断扩展，矿物缺陷不断增多，矿石的强度不断降低，最终导致矿物碎裂。

表 4.8　微波处理前后矿物块度分布

样品	10~20mm	3.2~10mm	1.6~3.2mm	< 1.6mm	合计
原矿/g	150	0	0	0	150
微波处理后/g	81.136	30.83	19.854	18.18	150

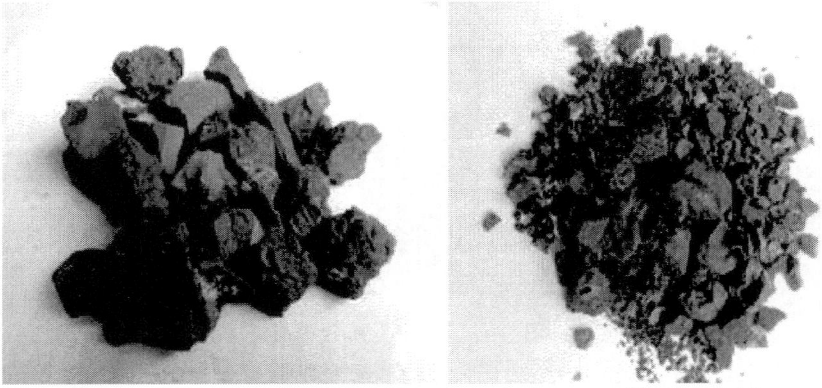

(a) 原矿　　(b) 微波处理后矿物

图 4.17　微波处理前后的矿物块度

微波作用前后矿物的单轴抗压强度，原矿最大载荷主要分布于 1000~2000N，微波处理后的矿物强度主要集中于 100~500N，去除两组最大值点和最小值点，剩余的 16 组分别取较大 8 组和较小的 8 组取平均值，求得矿物最大载荷 F 的平均范围，结果见表 4.9。

从表 4.9 及矿石强度计算式可知，矿物强度显著下降，下降程度超过 100%，说明微波处理对矿石强度的影响十分显著。

表 4.9　微波处理前后矿物的强度

指标	原矿	微波处理后矿物
F/kN	1.04219~1.94533	0.19873~0.53012
S/m^2	1×10^{-4}	1×10^{-4}

图 4.18 为原矿的典型强度测试曲线，图中横坐标行程为实验机施力点的下降距离，纵坐标为实验机向矿物施加的载荷，MAX 点为载荷最大点，即矿物产生断裂时所施加的载荷，载荷突然下降代表断裂产生。由图 4.18 可知，在载荷作用下，

矿物逐渐产生断裂，接触点不断下降，受力面积不断增大。最初的断裂是掉角和掉片，至MAX点产生较大的断裂(>1/3的矿块断开)，而后继续产生新的断裂。

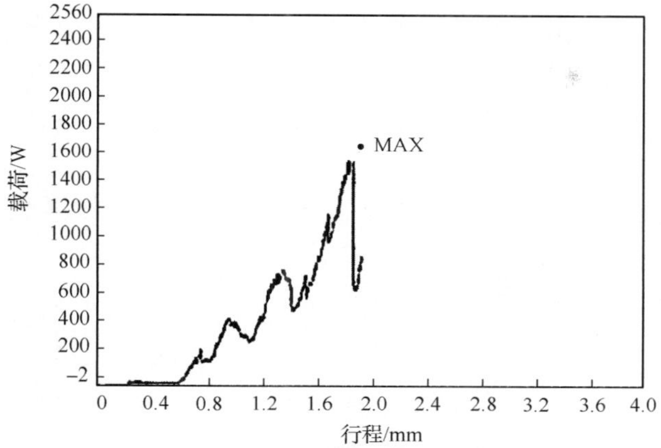

图4.18 原矿的强度测试曲线

4.3.2 磨矿效果

1. 微波处理对磨矿产率的影响

对原矿进行球磨，以标准分样筛对磨矿产品进行筛析，磨矿曲线如图4.19所示。

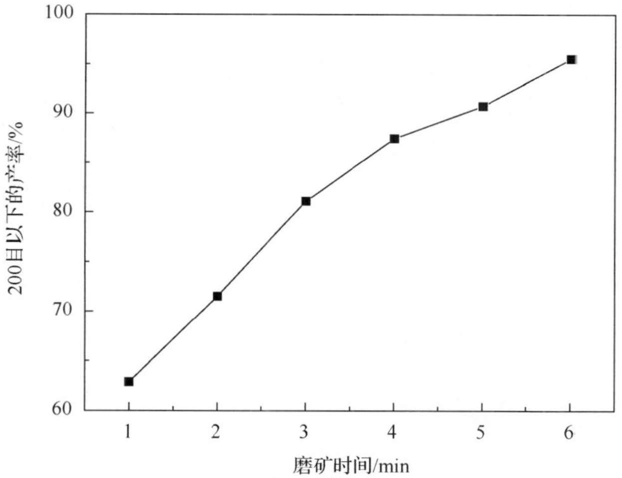

图4.19 原矿的磨矿曲线

由图 4.19 可知，磨矿初期，粗粒含量减少很快，随着磨矿时间延长，粗粒级减少变慢。磨矿开始时，强度低的优先选择性粉碎，强度高的粉碎慢；磨机中粗级别含量高，故粗级别磨碎的概率高，粗级别减少速度快；且粗级别矿粒存在较多裂纹，易于磨碎。在给矿粒度和其他条件相同时，磨矿产品愈细，磨矿机生产率愈低，单位磨矿能耗愈高。由于产品磨得愈细，所需的磨矿时间愈长，颗粒的裂缝及晶体间的脆弱点或面不断减少，磨细变得更困难，使磨碎速率下降，磨矿机的处理能力相对降低。

对矿物通过微波加热不同时间并球磨 4min，磨矿曲线如图 4.20 所示。

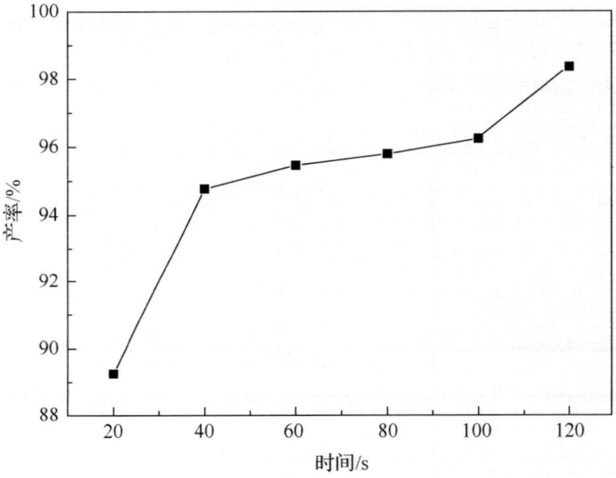

图 4.20　不同微波处理时间后球磨产品 200 目以下的产率

从图 4.20 可以看出，微波处理过的矿物 200 目以下的磨矿产品产率提高了 7.3%~11.3%，微波处理 40s 可使 200 目以下的磨矿产品产率提高 7.3%。因为磨矿速率的快慢与矿体中存在的缺陷直接相关，矿物越粗，待磨矿料中粗粒级比例越大，矿物内部缺陷越多，磨矿越容易发生。微波处理后，矿物内部产生大量的晶界断裂，内部缺陷明显增多，从而使磨矿工序较易发生。

原矿及微波处理 40s 的矿样的磨矿曲线如图 4.21 所示。从图 4.21 可以看出，随着微波处理时间的延长，矿物内部裂隙不断扩展，但并未产生新的、大量的微裂隙，微波对矿物磨细的辅助作用减缓，直至矿石炸裂产生新的表面，微波助磨作用再次呈现比较显著的状态，Kumara 等[36]微波助磨品位 62%赤铁矿得到相似结论。

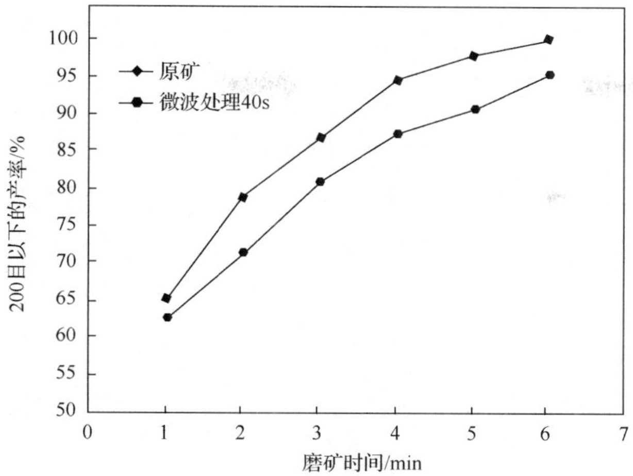

图 4.21　原矿及微波处理 40s 矿物的磨矿曲线

2. 微波处理对矿物可磨性的影响

矿石可磨性通常是在相同的磨矿条件下，将标准矿石和待测矿石磨到同一粒度时，两者生产率的比值即为待测矿石的可磨性。矿石可磨性的数据不是固定的，待测矿石与不同的标准矿石比较，则可得到不同的可磨性，但标准矿石的取得较困难，故采用比较法测定矿物的可磨性，以邦德功指数衡量。

以原矿作为基准矿石，功指数设为 1。微波处理矿物相对于原矿的可磨性为 1.1134，较原矿可磨性提高 11.34%。

3. 微波处理对矿物孔隙率的影响

微波处理前后矿物的孔隙率分别为 4.018%、4.984%，经微波处理后矿物孔隙率增加 24.04%，矿物内部缺陷明显增多，矿物强度降低，有利于磨矿工序的进行。

4. 微波处理对矿物磨矿粒度的影响

原矿及微波处理 40s 后的矿物进行粒度分析如图 4.22 所示，图中 x 为矿物的粒度大小，y_1 为某粒级矿物的含量，y_2 为矿物粒度累计曲线，A 为微波处理 40s 的曲线，B 为原矿的粒度分布曲线。

从图 4.22 可以看出，原矿粒度小于 72.84μm 矿量为 86.81%，微波处理 40s 后矿物的粒度小于 72.84μm 矿量为 93.93%，与标准套筛筛析的结果相近，表明粒度分析结果较为准确。粒度分布曲线可以看出，原矿粒度分布范围较宽，微波处理 40s 的矿物粒度分布较为集中，微波处理后的矿物球磨后在目标粒级（小于 200 目）分布较多，粗级别和过细级别的矿量较少，粒度分布较好。

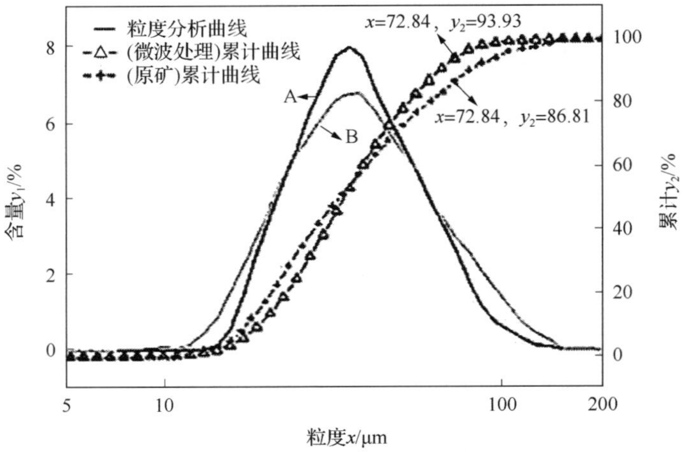

图 4.22　原矿及微波处理 40s 矿物的粒度分析

4.3.3　水淬处理

矿样粒度 10~20mm，矿样质量 150g，在微波功率 2000W 下处理 40s，五组微波处理后立即水冷，另外五组在空气中自然冷却，烘干后测定矿物的平均粒度分布；将两部分矿样在同样的磨矿条件下进行球磨 4min 并筛析，考察其产品中小于 200 目百分含量的变化，结果见表 4.10，矿物块度的形态如图 4.23 所示。

表 4.10　矿样的块度分布及小于 200 目含量

物料	矿样块度分布/g				小于 200 目百分含量/%
	10~20mm/g	3.2~10mm/g	1.6~3.2mm/g	< 1.6mm/g	
原矿	150	0	0	0	87.48
自然冷却	96.282	27.547	16.608	9.563	90.21
水淬处理	81.136	30.830	19.854	18.180	94.77

(a) 原矿　　(b) 自然冷却　　(c) 水淬处理

图 4.23　矿物的块度形态

由表 4.10、图 4.23 可以看出，矿物在微波处理后进行水淬对矿物的碎裂及磨细效果的影响显著，水冷后的磨矿效果优于空气中自然冷却。块度为 10~20mm 的矿物，微波处理 40s 后经过水淬处理的矿样在球磨 4min 后小于 200 目的产品百分含量为 94.77%，而在空气中自然冷却的矿样小于 200 目的产品百分含量为 90.21%；微波处理矿物经水淬处理的碎裂更多，破碎后细粒矿块比例更大。结果表明，微波处理后立即水冷能够使得矿样更易于磨细，可使磨矿产品中小于 200 目产率提高 4.56%。

矿物内部有用矿物和脉石间因巨大的温度梯度而产生热应力，在热应力的驱使下矿物在颗粒间隙产生微裂纹，微波加热后立即水冷可使应力增大而产生变形和开裂，使矿物边界产生进一步破坏，同时阻止已经产生的微裂纹愈合，更利于矿石磨细。

4.4　微波助磨铜矿

Kaya[37]研究了两种硫化铜矿的微波助磨效果，矿物在微波场中的加热性能如图 4.24 所示。从图 4.24 可以看出，两种硫化铜矿物在微波场中均有较好的加热升温性能，其中岩脉型铜矿优于斑岩型铜矿。研究表明，微波加热处理可将两种硫化铜矿矿物粒径减少 50%。硫化铜矿本身的矿物性质决定微波作用的效果，与不同矿石临界温度不同相关，而临界温度岩层及硫化铜矿种类相关，为 300~500℃。微波作用在矿石上，能增加矿石表面裂纹，在一定粒度范围内能耗能显著降低，但过热对铜矿磨碎不利。

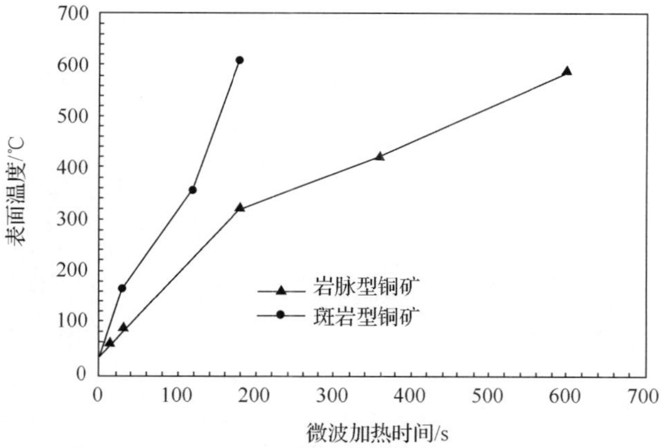

图 4.24　硫化铜矿的微波加热性能

Kingman 等[38]在研究了微波能量对碳酸铜矿物处理的影响，结果表明，高功率密度、短时间微波处理能明显降低矿石强度，可明显提高矿石可磨性及磨矿效率。

4.5　微波助磨金矿

随着金矿的大规模开采，易处理的金矿资源日渐枯竭，难处理金矿将成为今后黄金工业的主要资源。世界黄金总产量的 1/3 左右是产自于难处理金矿，这一比例今后必将进一步增高。在我国已探明的黄金储量中，有 30%为难处理金矿。难处理金矿富含砷、碳等杂质成分，目前难处理金矿石基本上分为三类:①被含非硫化脉石组分(硅石或碳酸盐)包裹的金矿石；②金被包裹在硫化矿物(黄铁矿和砷黄铁矿)中；③碳质金矿石。难处理金矿石难浸的主要原因为：①包括物理的机械包裹、化学的晶体固熔体和化学覆盖膜，从而造成氰化物不能与金矿物接触；②耗氰耗氧物质的存在砷、铜、锑、铁、锰、镍、钴等金属硫化物和氧化物在溶液中有较高的溶解度，并且大量消耗溶液中的氰化物和溶解氧；③劫金物的存在，如碳质物、黏土等劫金物在浸取金时可吸附金的络合物，金被劫持；④导电矿物的存在金与碲、铋、锑等导电矿物形成的某些化合物，使金的阴极溶解被钝化[39]。

Amankwah 等[40]采用微波处理金矿，从而改善了金矿的易磨性。金矿在微波加热过程中，矿物的升温速度与矿物量、加热时间及微波功率相关。矿石本身的吸波性能并不好，但由于矿石内部含有吸波性能良好的磁铁矿和赤铁矿，使矿物能在较短的时间内升温，同时矿石内吸波性能不好的成分如硅酸盐、石英等造成了温度梯度，导致了热应力裂缝，矿石表面产生明显裂缝。研究表明，微波处理可提高矿物易磨性，抗碎强度及黏合指数分别下降 31.2%和 18.5%，金的回收率提高 28%~40%。

Amankwah 和 Sarpong[41]研究了金矿的微波助磨。在矿石中有较强吸波性矿物，在微波作用下矿石中部分物质能很快地吸收微波并快速升温，也有吸波性较弱的二氧化硅等脉石成分，吸收微波很少并温升较少，温度梯度促使矿石形成裂纹，使矿石强度降低 31.2%，矿石微波处理前后的扫描电镜图如图 4.25 所示。

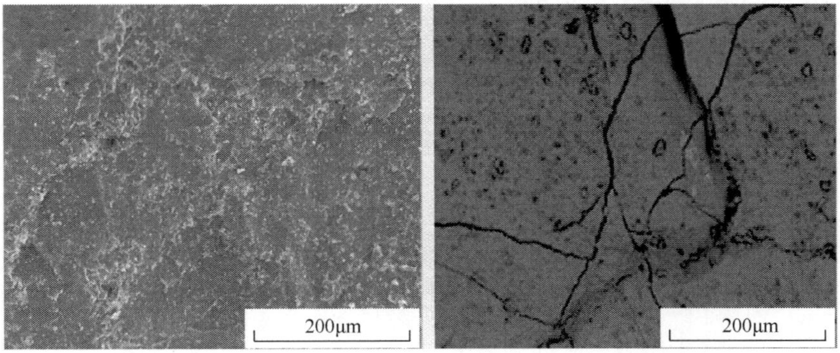

(a) 未处理矿石　　(b) 微波处理后

图 4.25　金矿微波处理前后的扫描电镜图

4.6　微波助磨其他矿物

Kingman 等[42]以矿物学上差异较大的挪威钛铁矿、葡萄牙硫化矿、巴布亚新几内亚难处理金矿及南非露天开采的碳酸盐矿石为研究对象，经过微波加热后分析其易磨性的变化情况。对四种矿物中的主要金属矿物和主要脉石矿物进行了微波场中升温特性研究，结果表明脉石矿物几乎不能吸波，在 2min 的处理时间内温度均低于 50℃，磁铁矿及方铅矿等有较好的吸波能力，在 2min 内温度可达 450℃。图 4.26 为钛铁矿微波处理后的 SEM 照片。

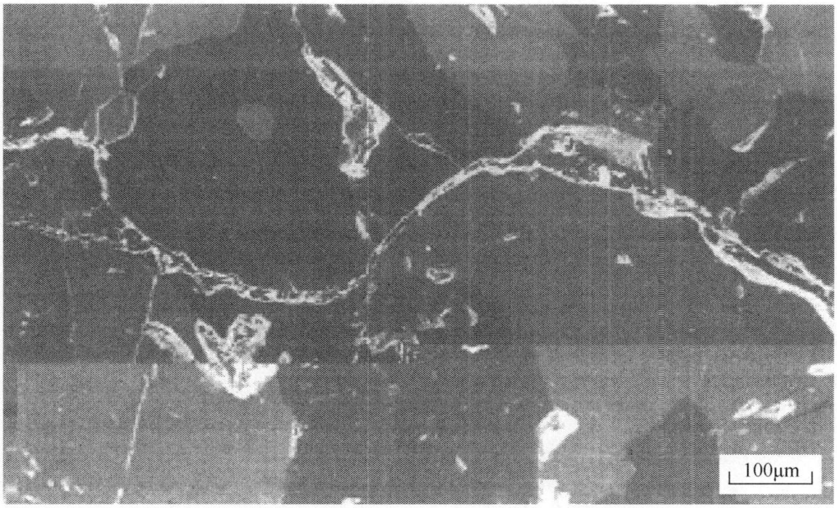

图 4.26　钛铁矿微波处理后产生的晶界间裂纹

从图 4.26 可以看出，微波处理后产生的晶界间裂纹，经 2.6kW 微波功率下处理 30s 后，钛铁矿矿石表面产生了明显的裂纹(浅灰色为钛铁矿、深灰色为磁铁矿)，证明经微波处理后的矿物，在晶粒间因热应力而产生较为明显的裂纹，这些裂纹强化了矿石的磨细性能。

Kingman 等[43]利用多模式谐振腔微波装置，研究了微波处理对铅锌矿助磨效果的影响。研究表明，微波处理可显著降低矿石的强度。对于粒度 14.53mm 的矿石，微波功率为 15kW 时，在 0.5s 时，矿石硬度降低 40%以上，在 1s 内其强度可下降 55%；微波功率 10kW、停留时间 0.1s，矿石硬度降低 50%。

Olubambi 等[44]对低品位硫化矿在微波处理过程进行了研究。研究表明，在复杂矿中微波加热功率及时间对矿物粒径的减小有积极作用，与矿物在微波场中热内应力相关，微波处理会改变矿物的形貌，使矿物产生裂纹。随着处理温度与处理时间的增加也将导致矿物裂纹的增加。微波功率、处理时间与矿物的升温关系如图 4.27 所示。

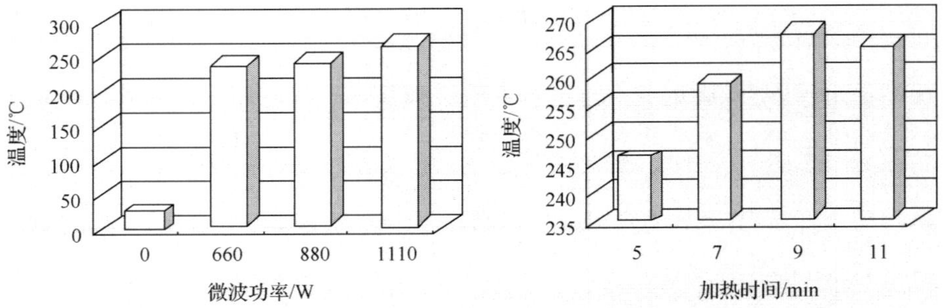

(a)　　(b)

图 4.27　微波作用下不同参数对矿物升温性能

参 考 文 献

[1] 段希祥.碎矿与磨矿.北京：冶金工业出版社, 2006.

[2] 段希祥.选择性磨矿及其应用.北京：冶金工业出版社, 1991.

[3] 王宇斌.微阶段化磨矿技术研究.西安：西安建筑科技大学硕士学位论文, 2005.

[4] 周祥辉.提高磨矿效率的途径综述.金川科技, 2005, (3)：11-13.

[5] 塔瓦列斯 L M, 金 R P.热力辅助粉碎的微观研究.国外金属矿选矿, 1997, 34(6):6-12.

[6] Fitzgibbon K E, Veasey T J. Thermally assisted liberation-a review. Minerals Engineering, 1990, 3(1-2):181-185.

[7] 彭金辉, 刘纯鹏.微波场中矿物及其化合物的升温特性.中国有色金属学报, 1997, 7(3)：50-51.

[8] Clark D E, Folz D C, West J K. Processing materials with microwave energy. Materials Science & Engineering A, 2000, 287(2):153-158.

[9] Hua Y X, Liu C P. Heating rate of minerals and compounds in microwave field. Transactions of Non-Ferrous Metals Society of China, 1996, 6(1):35-40.

[10] Vorster W. Rowson N A. Kingman S W. The effect of microwave radiation upon the processing of Neves Corvo copper ore. International Journal of Mineral Processing, 2001, 63(1):29-44.

[11] 范先锋, 罗森 N A.微波能在钛铁矿选矿中的应用.国外金属矿选矿, 1999, 36 (2)：2-7.

[12] 刘全军, 王喜良, 王文潜.微波助磨的研究现状及进展.粉体技术, 1998, 4(3)：31-36.

[13] 朱俊士.中国钛铁矿选矿.北京：冶金工业出版社, 1995.

[14] 秦震, 陆祖雄.攀枝花钛铁矿成矿特征//钛铁矿开发利用国际学术会议论文集. 攀枝花：攀枝花钢铁公司, 1989.

[15] 傅文章.攀西钛铁矿资源特征及综合利用问题的基本分析.矿产综合利用, 1996, (1):27-34.

[16] 杨保祥.攀枝花矿产资源特征及循环经济发展策略探讨.四川有色金属, 2006, 30(4)：1.

[17] 朱俊士.攀枝花-西昌地区钛铁矿的选矿特征.矿冶工程, 1997, 17(1):20-24.

[18] 周建国.攀枝花钛资源的赋存状态与在采选过程中的走向规律.四川有色金属, 1997, (1)：29.

[19] 林潮, 孙传尧.磁铁矿物的磁性及磁团聚对选矿过程的影响.矿冶, 1997, 6(3):25-31.

[20] 李军.攀枝花钛铁矿微波辅助磨细实验研究.昆明：昆明理工大学硕士学位论文, 2009.

[21] Guo S H, Chen G, Peng J H, et al. Microwave assisted grinding of ilmenite ore. Journal of Industrial and Engineering Chemistry, 2010, 21(9):2122-2126.

[22] 刘全军, 陈景河.微波助磨与微波助浸技术.北京：冶金工业出版社, 2005.

[23] Whittles D N, Kingman S W, Reddish D J. Application of numerical modeling for prediction of the influence of power density on microwave-assisted breakage. International Journal of Mineral Processing, 2003, 68(1-4):71-91.

[24] Tavares L M, King R P. Application of thermal treatment to improve comminution//SME Annual Meeting, Denver ,1995:95-238.

[25] 姚江城, 程希翱.攀枝花、白马矿区钛磁铁矿磁性研究.矿冶工程, 1991, 11(4): 37.

[26] 刘志雄.攀枝花钛铁矿的磁性特征及合理选别工艺的探讨.攀枝花科技, 1996, (1):29-32.

[27] Mason R L, Guns R F, Hess J J. Statistical design and analysis of experiments with application to engineering and science//An International Thomason Publishing,London: Second Edition,IV7AA,2003:783-786.

[28] 詹朝阳, 崔彬, 欧阳瑜华.论我国铁矿资源的进口依赖形势.中国国土资源经济, 2004, (1): 16-17.

[29] 侯宗林.中国铁矿资源现状与潜力.地址找矿论丛, 2005, 20(4): 242-247.

[30] 阴江宁, 肖克炎, 邹伟, 等.娄德波中国铁矿床品位-吨位模型.矿床地质, 2008, 27(6): 782-790.

[31] 李丹.中国新探明铁矿资源储量超过 150 亿吨.新农民: 下半月, 2010, (10):50.

[32] 许东, 尹光候.滇西惠民式铁矿找矿模型及预测.地质勘探, 2010, 46(5): 765-778.

[33] 姚巍, 李俊, 赵志芳.等.惠民铁矿遥感解译及矿产预测.科技论坛, 2010,(34): 22.

[34] 付润泽, 朱红波, 彭金辉, 等.采用微波助磨技术处理惠民铁矿的研究.矿产综合利用, 2012, 2: 24-27.

[35] 付润泽.微波辅助碎磨惠民铁矿实验研究.昆明: 昆明理工大学硕士学位论文, 2011.

[36] Kumara P, Sahoo B K, Dea S, et al. Iron ore grindability improvement by microwave pre-treatment. Journal of Industrial and Engineering Chemistry, 2010, 5:1-8.

[37] Kaya E. Comminution behavior of microwave heated two sulphide copper ores. Indian Journal of Chemical Technology, 2010, 17(6):455-461.

[38] Kingman S W, Jackson K, Cumbane A, et al. Recent developments in microwave-assisted comminution. International Journal of Mineral Processing, 2004, 74 (1-4):71-83.

[39] 李俊萌.难处理金矿石预处理方法研究现状及其研究趋势.稀有金属, 2003, 27 (4): 478-481.

[40] Amankwah R K, Khan A U, Pickles C A, et al. Improved grindability and gold liberation by microwave pretreatment of a free-milling gold ore. Mineral Processing and Extractive Metallurgy, 2003, 114(1):30-36.

[41] Amankwah R K, Sarpong G O. Microwave heating of gold ores for enhanced grindability and cyanide amenability. Minerals Engineering, 2011, 24(6):541-546.

[42] Kingman S W, Vorster W, Rowson N A. The influence of mineralogy on microwave assisted grinding. Minerals Engineering, 2000, 13(3):313-327.

[43] Kingman S W, Jackson K, Bradshwa S M, et al. An investigation into the influence of microwave treatment on mineral ore comminution. Powder Technology, 2004, 146(3):176-184.

[44] Olubambi P A, Potgieter J H, Hwang J Y, et al. Influence of microwave heating on the processing and dissolution behaviour of low-grade complex sulphide ores. Hydrometallurgy, 2007, 89(1):127-135.

第5章 微波干燥

5.1 概 述

干燥通常是指将热量加于湿物料并排除挥发湿分(大多数情况下是水)，而获得一定含湿量固体产品的过程。几乎所有工业领域都涉及热力干燥，物料干燥属于高能耗行业，据不完全统计，全球10%~25%的能源用于工业热力干燥，在我国干燥占国民经济总能耗的12%左右。干燥行业又普遍存在热效率低的状况，追求绿色干燥技术已势在必行[1]。

矿物干燥是冶金的重要工序，不同工艺对原料含水的要求各不相同。浮选铜精矿经浓缩、脱水后产品一般含水为7%~15%，在熔炼前须进行干燥。不同熔炼方法对入炉铜精矿含水量要求不同，反射炉熔炼要求铜精矿含水量6%~7%，诺兰达熔炼含水量为7%~10%，电炉熔炼含水量小于3%，而闪速炉熔炼要求铜精矿含水量小于0.3%[2]。矿物干燥有回转式干燥、流化床干燥、气流干燥等，近年来也出现了喷雾干燥、滚筒干燥、回转盘架式干燥等。随着环保要求和成本压力的提高，绿色干燥受到越来越多的关注。

微波干燥始于20世纪40年代，到60年代国外开始应用。含水物质或含有某些有机溶剂的物质，如粮食、茶叶、木材等可用微波进行干燥[3]。

微波加热由于其热特性，改变了常规加热干燥过程中某些迁移势和迁移势梯度方向，形成了独特的微波干燥机理[4]。由于水的介质损耗较大，能大量吸收微波能并转化为热能，物料升温和蒸发同时进行。在物料表面，由于蒸发冷却的缘故，使物料表面温度略低于里层温度，同时由于物料内部产生热量，以致内部蒸气迅速产生，形成压力梯度。如果物料的初始含水率很高，物料内部的压力增加很快，则水分可能在压力梯度的作用下从物料中排除。初始含水率越高，压力梯度对水排除的影响越大，驱使水分流向表面，加快干燥速度。微波干燥过程中，温度梯度、传热和蒸气压迁移方向均一致，明显改善干燥过程中水分迁移条件，优于常规干燥。同时，由于压力迁移动力的存在，使微波干燥具有由内向外的干燥特点，即对物料整体而言，将是物料内层首先干燥，克服了在常规干燥中因物料外层首先干燥而形成硬壳板结阻碍内部水分继续外移的缺点，因此已经成为一种新型的绿色干燥技术[5]。

5.2　微波干燥基础

5.2.1　干燥动力学概述

干燥过程包括多种物理、化学现象，是热量、质量和动量交互影响的复杂传递过程，其机理非常复杂。在干燥过程中水分脱除时发生了一系列变化，从内外的存在状态的角度来看，是一个从液态到气态的相变过程，可认为是蒸发反应和冷凝反应的动态竞争过程，也是水分子内能递增的过程。对干燥动力学进行研究，可以预测干燥速度及干燥的难易程度，并改善能量传递、干燥时间、干燥的均匀性及产品质量等，为合理调整条件提供参考。干燥设备的设计和干燥工艺参数控制，通过建立干燥过程的传热、传质模型，有助于对过程的放大和优化，进一步改善产品的品质，提高干燥效率。

干燥动力学是研究干燥过程中脱湿量与各种因素之间的关系，干燥速率是一个重要参数，影响因素较多[6]。物料的干燥过程机理较复杂，理论发展迄今还不够完善，国内外研究者通过大量的研究，获得了经验、半经验和理论模型。Kolmogorow(1873 年)、Johnson 和 Mehl(1939 年)、(1939~1941 年)、Yerofeev(1946 年)先后独立提出的相变动力学理论[7-11]，适用于液-固或固-固结晶、非晶材料或其他固体物质的相变转化等过程[7-11]。

5.2.2　干燥特性参数

干燥过程中，影响干燥速率的因素很多，主要影响因素有[12-14]：湿物料的性质及形状、湿物料的初始与最终的水含量、干燥介质的流动速度、干燥介质与湿物料的接触情况、湿物料的本身温度、干燥介质的湿度与温度等。

干燥过程中水汽化到空气中，致使物料质量不断减小，质量变化可用两种方法表示：一种是干基含水量随时间的变化；另一种是湿基含水量随时间的变化。

初始水含量：

$$M' = \frac{W_0 - W_\infty}{W_0} \times 100\% \tag{5.1}$$

式中，M' 为物料含水量；W_0 为物料原始质量；W_∞ 为物料恒干质量。

微波干燥物料脱水率的计算：

$$\phi = \frac{W_0 - W_t}{W_0 - W_\infty} \times 100\% \tag{5.2}$$

式中，ϕ为脱水率；W_t为 t 时刻物料质量。

脱水速率：

$$\upsilon = \frac{W_{t_1} - W_{t_2}}{t_2 - t_1} \times 100\% \tag{5.3}$$

式中，υ 为脱水速率；W_{t_1} 为 t_1 时刻物料质量；W_{t_2} 为 t_2 时刻物料质量。

干基水分含量 M_c 可以通过式(5.4)计算：

$$M_c = \frac{M_t}{M} \times 100\% \tag{5.4}$$

式中，M_t为 t 时刻样品中水的质量，g；m 为样品中干基的质量，g。

$$D_R = \frac{m_s}{m \cdot A \cdot t} \tag{5.5}$$

式中，D_R是干燥速率，g/(g·s·m^2)；m_s是水散失的质量，g；m 是样品总质量，g；A 是四钼酸铵样品的干燥表面积，m^2；t 是干燥时间，s。

$$MR = \frac{m_t - m_e}{m_0 - m_e} \tag{5.6}$$

式中，MR 是水分比，无量纲；m_t是 t 时刻样品的水含量，%；m_e是样品的平衡水含量，%；m_0是样品的初始的水含量，%。样品中平衡水含量可假设为 0。

对于干燥动力学，拟合数据一般采用水比随时间的变化，即 t 时刻物料中含有的水与开始时物料中含有的水的比值。其原理类似于固体热分解过程中反应物的质量变化。水分比定义为[15]

$$MR = \frac{X_t - X_e}{X_0 - X_e} \tag{5.7}$$

式中，MR 为水分比(其含义为某时刻物料中自由水分与初始物料中自由水分之比，为无量纲因子)；X_t为 t 时刻物料中水分含量，g/g；X_0为初始物料中水分含量，g/g；X_e为物料干燥平衡时物料中水分含量，g/g。

空气中含有水分，导致干燥后物料含水量不可能低于空气湿度(如果低于空气湿度，物料快速的吸收空气中的水分达到平衡)，因此在干燥过程中存在着平衡水分含量，但在实际的干燥过程中迅速的排走空气，使得 X_e与 X_t和 X_0相比，其值很小，可以忽略[16,17]，式(5.7)可简化为

$$MR = \frac{X_t}{X_0} \tag{5.8}$$

5.2.3 干燥过程及干燥特性

1. 外部条件控制的干燥过程

当对湿物料进行加热干燥时，热量从周围环境传递至物料表面，使表面的水分蒸发，液体以蒸气形式从物料表面排出，此过程为外部条件控制过程，也称为恒速干燥过程。

在干燥的过程中，基本的外部变量为温度、湿度、空气流速与方向、物料的物理形态、搅动状况。在外部干燥条件的初始阶段，表面水分的排除特别重要，因为物料表面的水分以蒸气形式通过物料表面的气膜向周围的空气中扩散，这种传质过程伴随着传热进行，故强化传热便可加速干燥。如果干燥速率过大，从湿物料内部到表面产生很大的湿度梯度，物料的表面将发生显著的收缩，即过度干燥和过度收缩，这种情况下应控制干燥速率。然而，若采用微波提供热源，将物料的内部的水分整体加热，传热过程迅速，物料内部温度高于物料表面温度，既加快了干燥速率，又控制了由内部到外部的湿度梯度。

2. 内部条件控制的干燥过程

湿物料内部的水分传递到物料表面，在表面发生蒸发。物料内部的水分的迁移是物料性质、温度和水分含量的函数，此过程成为内部条件控制的过程，也称之为降速干燥过程。

微波加热条件下，可使物料内部温度略高于表面，当物料表面没有充足的自由水分时，微波提供的能量可有效地使内部水分汽化，迫使水分从物料内部向表面迁移，此时如果采用对流或者真空辅助，则有利于水分的脱除。当在临界水分含量出现至物料干燥到很低的最终水分含量时，内部水分的迁移成为了控制因素。

3. 物料干燥的特性

工业干燥过程一般可分为加速、恒速和降速三个阶段。加速阶段又可成为加热或者预热阶段，物料开始吸收外界传递的热量，使自身温度逐渐升高，此时提供水分蒸发的热量也由不足达到充足。而当干燥速率升至最大时，如果物料中的水分含量充足，干燥将进入恒速干燥阶段。当表面自由水分完全汽化后，湿表面从物料表面退缩，此过程可能会发生收缩。在此阶段控制干燥速率的是水蒸气穿过空气水分界面(气膜)的扩散，此阶段的后期，水分界面可能内移，水分将从物料内部因毛细管力迁移到表面，而干燥速率仍可为常数。此过程并不是所有的物料干燥过程都会出现的阶段，根据物料本身的特性及含水量等因素的影响，可能在干燥过程中由加速阶段直接进入降速阶段。降速干燥又称为不饱和表面干燥阶段，此阶段由于物料表面已经不存在自由水分，但由于内部和表面的湿度梯度，水分通过物料扩散至表面然后排除，干燥速率受到限制。由于干燥界面的深度逐渐增加，如果干物料具有比较高的密度或小的空隙体积，则物料内部对水分扩散的阻力较大，此时干燥速率受水分从内部扩散到表面，然后被表面的传质控制。

5.2.4 固体内部水分迁移理论

常见湿固体大多属于多孔介质，由骨架和空隙构成。由于物质的原子和分子之间存在间隙，任何实际物质的物理量在空间上都是非连续的。同时，由于分子的随机运动，空间上一点的物理量对时间也不连续。在物料的水分迁移研究中，物体的宏观特性，如水分的迁移速度等大量分子的平均统计特性，涉及的特征时间也远大于分子之间发生的碰撞时间，因此有足够的理由将多孔介质看成由连续分布的点组成。多孔介质物体被视为连续介质的物理模型，表征物体性质和运动特性的物理量视为时间和空间的连续函数，可采用连续函数进行分析和解决其内部水分迁移问题。

假设湿物料为均匀的、各向同性的连续介质，人们已经提出了六种理论来描述干燥中的质量传递过程，广泛地应用于干燥过程研究。

1. 液态扩散理论

认为干燥时固体物质内的湿分以液态扩散形式进行，其推动力为内部的湿分含量，其过程的数学模型如下：

$$\frac{\partial X}{\partial t}=\nabla(D_1\nabla X) \tag{5.9}$$

式中，X 为干基湿含量，kg/kg；D_1 为基于浓度梯度的液相扩散系数，m^2/s；t 为时间，s。

2. 毛细理论

毛细现象是指由液体和固体之间的分子，吸引产生穿过缝隙或沿固体表面的液体流动，在毛细作用下，界面因为液体的表面张力作用呈弯月状，毛细液流通量为

$$j_1=-D_{\mathrm{H}}\nabla\varphi \tag{5.10}$$

式中，j_1 为毛细液流量，$kg/(m^2·s)$；D_H 为不饱和水力传导系数，m^2/s；φ 为毛细势，kg/m^4。

3. 蒸发冷凝理论

在热量、质量的同时扩散过程，假设物体内蒸气量与蒸气浓度和温度呈线性关系，水分只以气态形式扩散，扩散系数为常数，可导出以下方程。

质量平衡方程：

$$a\rho c_{\mathrm{s}}\frac{\partial T}{\partial t}=K\nabla^2 T-\Delta H_{\mathrm{s}}\frac{\partial X}{\partial t} \tag{5.11}$$

能量平衡方程：

$$a\varepsilon D_{\mathrm{v}}\nabla^2 C_{\mathrm{v}}=a\frac{\partial C_{\mathrm{v}}}{\partial t}+(1-a)\rho_{\mathrm{s}}\frac{\partial X}{\partial t} \tag{5.12}$$

式中，a 为孔道中孔隙气体体积分数；ρ 为密度；ε 为扩散路径曲度系数；K 为扩散系数；T 为温度，K；C_{v} 为空隙中的蒸气浓度，$\mathrm{kg/m^3}$；D_{v} 为蒸气扩散系数，$\mathrm{m^2/s}$；c_{s} 为固体骨架的比热容，$\mathrm{J/(kg\cdot K)}$；ρ_{s} 为固体的密度；ΔH_{s} 为固体吸附/解吸热，$\mathrm{J/m^3}$。

4. Luikov 理论

同时考虑温度、湿含量和压力的模型，蒸气、空气和水分分子质量传输同时发生，蒸气和空气以扩散、渗透及存在压力梯度时滤流等形式进行；而液体传递则以扩散、毛细吸附和滤流形式进行。

$$\frac{\partial T}{\partial t}=K_{11}\nabla^2 T+K_{12}\nabla^2 X+K_{13}\nabla^2 P \tag{5.13}$$

$$\frac{\partial X}{\partial t}=K_{21}\nabla^2 T+K_{22}\nabla^2 X+K_{23}\nabla^2 P \tag{5.14}$$

$$\frac{\partial P}{\partial t}=K_{31}\nabla^2 T+K_{32}\nabla^2 X+K_{33}\nabla^2 P \tag{5.15}$$

式中，T 为温度；K_{11}~K_{33} 均为耦合系数；X 为湿含量；P 为压力，Pa。

5. Philip 与 de Vries 理论

假设在水分的液态扩散同时，存在蒸气扩散和毛细作用迁移，其热传质方程如下：

$$\frac{\partial X}{\partial t}=\nabla(D_{\mathrm{T}}\nabla T)+\nabla(D_{\mathrm{w}}\nabla X)+\frac{\partial u}{\partial z} \tag{5.16}$$

$$\rho_a c_a \frac{\partial T}{\partial t} = \nabla(K\nabla T) + L_v \nabla(D_v \nabla X) \tag{5.17}$$

式中，D_T 为温度梯度导致的湿扩散系数，m^2/s^2；D_w 为湿扩散系数，m^2/s；D_v 为蒸气扩散系数，m^2/s；u 为液相的重力流率，m/s；L_v 为汽化的体积潜热，J/m^3；z 为平行于重力方向的坐标，m；ρ_a 为介质密度，kg/m^3；c_a 为介质比热容，J/(kg·K)。

6. Krischer 与 Berger 及 Pei 理论

该理论假设液态迁移由毛细流动和浓度梯度引起，蒸气扩散则由蒸气压力引起；内部热传递只要包括多孔介质骨架的热传导和相变潜热；物料内部任一点，液体含量、蒸气分压和温度达到平衡。在基础上可得质量平衡方程：

$$D_l \rho_l \nabla^2 C + D_{vp}[(c_a - C)\nabla^2 C_{\rho_v}] = (\rho_l - \rho_v)\frac{\partial C}{\partial t} + (C_a - C)\frac{\partial \rho_v}{\partial t} \tag{5.18}$$

式中，C_{ρ_v} 为蒸气的体积浓度。

热量平衡方程：

$$\frac{\partial T}{\partial t} = \alpha \nabla^2 T + \frac{L_v}{\rho_s c_s}\left\{D_{vp}\left[(C_a - C)\nabla^2 \rho_v - \nabla C_{\rho_l}\right] - (C_a - C)\frac{\partial \rho_v}{\partial t} + \rho_v \frac{\partial C}{\partial t}\right\} \tag{5.19}$$

式中，ρ_l 为液体密度，kg/m^3；ρ_v 为蒸气密度，kg/m^3；ρ_s 为固体密度，kg/m^3；D_l 为液体扩散系数，m^2/s；D_{vp} 为基于压力差的蒸气密度，s/m；C 为体积湿含量，kg/m^3；α 为扩散系数，m^2/s；C_{ρ_l} 为当密度是 ρ_l 时的体积湿含量；C_a 为空隙内空气的体积浓度，kg/m^3。

5.2.5 干燥方程

固体内部水分的迁移理论已经给出了各种假设条件的传热、传质方程，但方程解析较难。尤其是采用微波作为加热源，使解析传热、传质方程更加复杂。求解方程是为了建立模型，描述实际干燥过程的规律，因此人们对干燥过程做了大量研究，提出了许多干燥方程，可分为四类：理论方程、半理论方程、半经验方程及经验方程[18]。

1. 理论及半理论方程

理论方程是根据 Fick 定律推导出来的，所以又叫做扩散方程。根据式(5.11)，将所有的扩散动力的影响归结为扩散系数中，这个系数被称为“有效扩散系数”，

可用 D_{eff}表示，进而可得到扩散方程：

$$\frac{\partial M}{\partial t}=D_{\text{eff}}\frac{\partial^2 M}{\partial x} \tag{5.20}$$

式中，D_{eff}为有效扩散系数，m^2/s。

对于无限大平板的干燥，假设初始物料的水分含量分布均匀、一维等温扩散、水分迁移过程中物料体积不发生变化，同时忽略外部阻力，则其初始及边界条件为

$$t=0,\quad -L<x<L,\quad X=X_0 \tag{5.21}$$

$$t>0,\quad x=0,\quad \frac{\partial X}{\partial x}=0 \tag{5.22}$$

$$t>0,\quad x=\pm L,\quad X=X_{\text{e}} \tag{5.23}$$

式中，L 为无限大平板厚度的一半，m。

由上述初始条件及边界条件，可得到式(5.20)的解析解：

$$\begin{aligned}\text{MR}&=\frac{X_t-X_{\text{e}}}{X_0-X_{\text{e}}}\\&=\frac{8}{\pi^2}\sum_{n=0}^{\infty}\frac{1}{(2n+1)^2}\exp\left[\frac{-(2n+1)^2\pi^2D_{\text{eff}}t}{4L^2}\right]\end{aligned} \tag{5.24}$$

式(5.24)即为干燥的理论方程(扩散方程)。此方程为无穷级数的解，比较复杂。但如果干燥的时间足够长，采用式中的第一项就可足够精确地预测 MR[19,20]，即

$$\text{MR}=\frac{X_t-X_{\text{e}}}{X_0-X_{\text{e}}}=\frac{8}{\pi^2}\exp\left(\frac{-\pi^2D_{\text{eff}}t}{4L^2}\right) \tag{5.25}$$

由式(5.8)可将式(5.25)进一步简化为

$$\text{MR}=\frac{X_t}{X_0}=\frac{8}{\pi^2}\exp\left(\frac{-\pi^2D_{\text{eff}}t}{4L^2}\right) \tag{5.26}$$

由式(5.26)可知，采用 lnMR 对 t 作图，应该得到一条直线，而根据直线的斜率可以求出有效扩散系数 D_{eff}。有效扩散系数是温度与水分比含量的函数，在多孔的物料中，孔隙率、孔结构和分布也对其具有显著的影响。有效系数与温度的

关系通常可由 Arrhenius 方程描述：

$$D_{\text{eff}} = D_0 \exp\left(\frac{-E}{RT}\right) \tag{5.27}$$

式中，D_0 为 Arrhenius 指前因子，m^2/s；E 为水分扩散活化能，kJ/mol；R 为理想气体常数，J/(mol·K)；T 为干燥物料的绝对温度，K。

式(5.26)进一步化简得到式(5.28)[21]：

$$\text{MR} = a\exp(-kt) \tag{5.28}$$

式中，a 与 k 均为经验常数。

式(5.26)与式(5.28)即为半理论方程。

2. 半经验方程

根据对流传热过程中 Newton 冷却速率方程的形式，Lewis 提出一个类似物料干燥速率方程[22]：

$$-\frac{\mathrm{d}X}{\mathrm{d}t} = k(X - X_{\text{e}}) \tag{5.29}$$

式中，k 为干燥经验常数，s^{-1}。

同时，Lewis 还对此方程进行了积分，得到 Lewis 方程：

$$\text{MR} = \frac{X - X_{\text{e}}}{X_0 - X_{\text{e}}} = \exp(-kt) \tag{5.30}$$

Page 对式(5.30)进行了修改，得到了 Page 方程：

$$\text{MR} = \exp(-kt^n) \tag{5.31}$$

式中，n 为干燥介质有关的经验常数。

通过实验证明了此方程适用于薄层物料的干燥[23]。魏巍等[24]研究表明微波真空干燥动力学模型满足 Page 模型，能较好地描述含水率随干燥时间和功率变化关系。林向阳等[25]发现微波真空干燥物料采用 Page 模型能够较好地描述不同微波功率、真空度下时间与物料湿基含水率的关系。

对式(5.31)进行了修正，得到修正的 Page Ⅰ 方程与修正的 Page Ⅱ 方程[26]

$$\text{Page Ⅰ：}\quad \text{MR} = \exp[-(kt)^n] \tag{5.32}$$

$$\text{Page II：}\ \ \mathrm{MR} = a\exp(-kt^n) \tag{5.33}$$

Midilli 等[27]对式(5.33)进行了进一步的修改，得到了 Midilli-Kucuk 方程：

$$\mathrm{MR} = a\exp(-kt^n) + bt \tag{5.34}$$

式中，a 为干燥常数，无量纲因子；b 为模型参数，s^{-1}；k 为干燥速率常数，s^{-1}；n 为干燥常数，无量纲因子。a、b、k、n 皆为温度的函数。

3. 经验方程

根据实验数据直接得到水分比与干燥时间之间的关系表达式，即为经验方程[6]

$$t = a\ln\mathrm{MR} + b(\ln\mathrm{MR})^2 \tag{5.35}$$

Wang 等将式(5.35)转化得到了 Wang 方程：

$$\mathrm{MR} = 1 + at + bt^2 \tag{5.36}$$

式中，a、b 均为经验常数。

综上所述，理论方程的形式比较复杂，推导过程中仅考虑了水分在物料内部的扩散阻力，应用比较困难；半理论方程是在理论方程的基础上简化而来，应用简便，但与实际的误差较大；半经验方程是结合理论模型及实际实验结果得到的，因其拟合精度较高而被广泛应用；经验方程只与实验有关。经验方程及半经验方程只能对干燥条件不变的干燥过程进行较为准确描述，而扩散方程不仅能对干燥条件不变的干燥过程进行准确描述，还能对干燥条件不断变化的干燥过程进行准确描述[18]。

5.3　微波干燥闪锌矿

闪锌矿是自然界中常见的硫化矿，也是分布最广的锌矿物，为锌冶炼的主要原料[28]。冶炼过程中，无论是采用湿法还是火法炼锌，闪锌矿首先都要进行焙烧，含水量为 8%左右为宜，当闪锌矿含水量超过 8%时就需干燥[29]。

朱艳丽、彭金辉等[30-32]研究了湿基含水率为 10.59%的闪锌矿微波干燥及失水特性。微波干燥设备为多模腔微波炉，微波功率 700W，微波频率 2450MHz，示意图如图 5.1 所示。

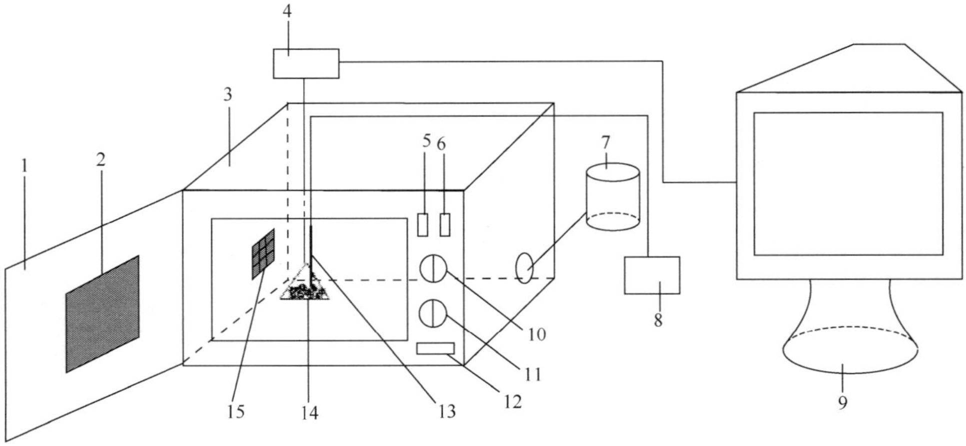

图 5.1　微波干燥闪锌矿实验装置

1. 炉门；2. 观察孔；3. 谐振腔体；4. 重量感应器；5. 连续输出转换开关；6. 风机开关；7. 调压器；8. 温度显示器；9. 计算机；10. 定时器；11. 功率调节器；12. 炉门开关；13. 温度感应器；14. 物料；15. 排气网孔

微波功率 700W，干燥时间 80s，物料质量对脱水率的影响如图 5.2 所示。

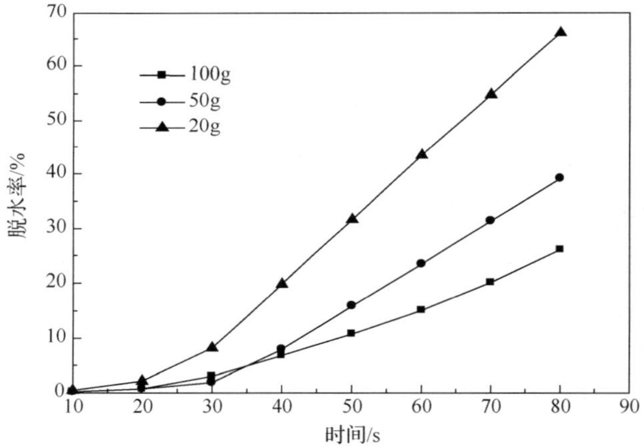

图 5.2　物料质量对闪锌矿脱水率的影响

从图 5.2 可以看出，干燥时间相同，物料脱水率随着物料质量的增加而降低。在一定的微波功率和干燥时间下，随着物料质量增加，其脱水率有所下降。随着质量的增加，料层厚度增加，内部水分向外层迁移过程延长。物料质量为 100g 时，物料所达到的脱水率与理论值最接近。

微波功率 700W，物料 100g，干燥时间对物料脱水率的影响如图 5.3 所示。从图 5.3 可以看出，随着干燥时间延长，物料吸收的微波能就越多，物料蒸发的水分也越多，物料脱水率升高。

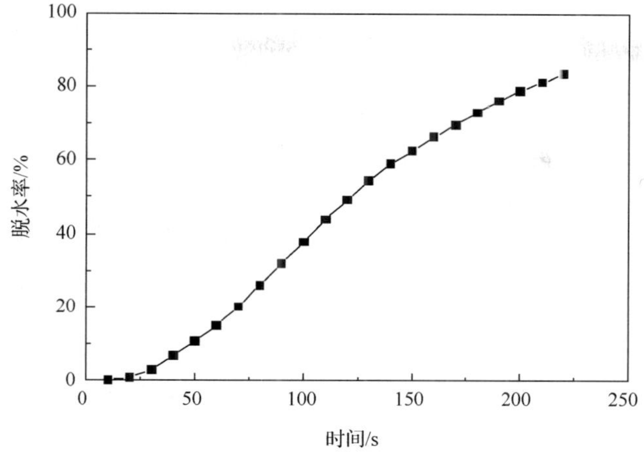

图 5.3 干燥时间对闪锌矿脱水率的影响

物料量 100g，微波功率对脱水率的影响见图 5.4。从图 5.4 可以看出，微波功率对脱水速率影响显著。微波功率越大，物料所产生的热量越大，水分的蒸发也就越快。在物料质量 100g、微波功率 700W、干燥时间 80s 的优化实验条件下，闪锌矿的脱水率为 26.06%，可满足干燥要求。

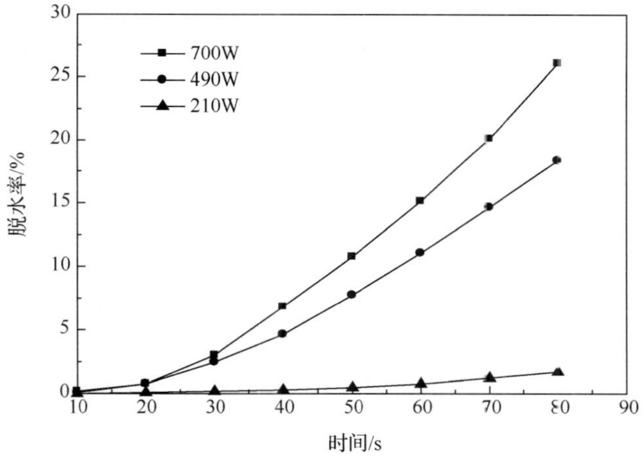

图 5.4 微波功率对闪锌矿脱水率的影响

图 5.5 为不同微波功率和物料质量下物料的干燥速率曲线。

从图 5.5 可以看出，微波干燥闪锌矿全过程分为加速、恒速和降速三个阶段。干燥初期呈加速阶段，此时由于闪锌矿水分含量多，以及微波加热干燥均匀性的特点，使物料表面和内部水分很快得到热量而迅速开始蒸发，干燥速率很快增加到最大值而进入恒速干燥阶段；恒速阶段其干燥速率最大，是主要脱水区；到干燥后期，水分不断蒸发减少，内部扩散阻力逐渐变大，跟不上表面蒸发，失水速度下降，干燥速率进入降速阶段。相同微波功率，随着闪锌矿质量的增加，物料达到最大脱水率所需要的时间增加，所达到的最大脱水率值会降低。物料质量越大，对应的料层就越厚，进入恒速阶段所需要时间越久。另外，料层越厚，内部水分向外层迁移的距离也更长，也增加了进入恒速干燥阶段的时间。

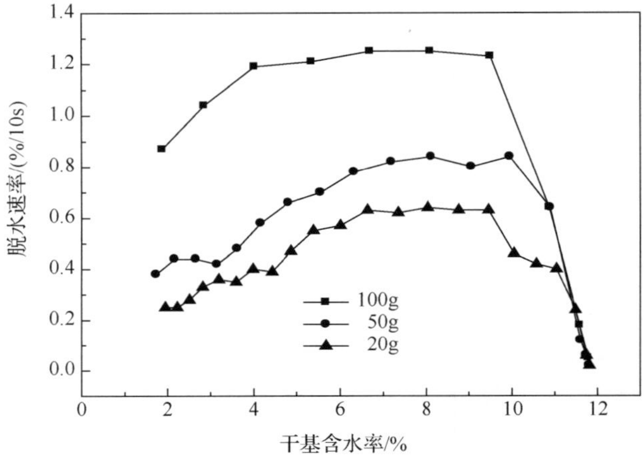

(a) 不同质量

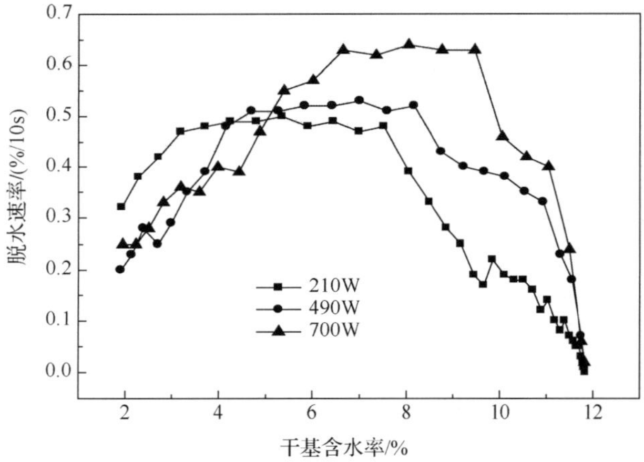

(b) 不同功率

图 5.5　闪锌矿的微波干燥速率曲线

在物料质量相同的条件下，微波功率越大，达到最大脱水率的时间越短，达到最大脱水率值越大。微波功率越大，微波腔体中的场强越大，单位时间和单位体积物料所产生的热量也就越大，则单位时间内所蒸发的水分就越多，那么产生的蒸气压力梯度，即水分迁移的主要推动力就越大，则闪锌矿所能达到的最大脱水率值也就越大，时间也就越短。

将 MR-t 之间的曲线关系作为微波干燥闪锌矿数学分析的研究对象，得出 MR-t 曲线关系散点图如图 5.6 所示。图 5.7 为 ΔMR-t 的一次差分折线图，$\Delta MR_t = MR_t - MR_{t-1}$。推测 MR-$t$ 之间的关系所蕴含着的模型为非线性模型。

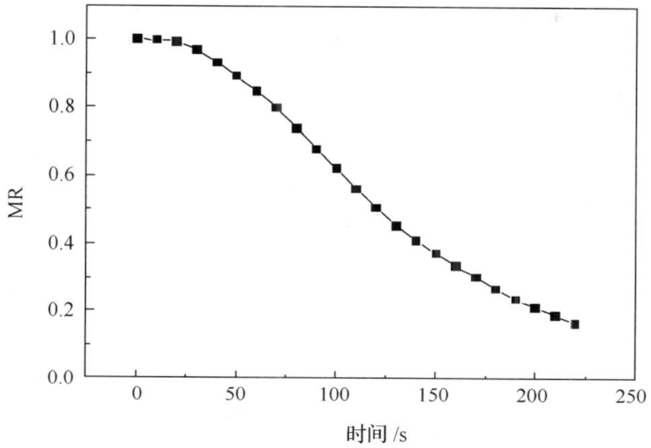

图 5.6　MR-t 散点图

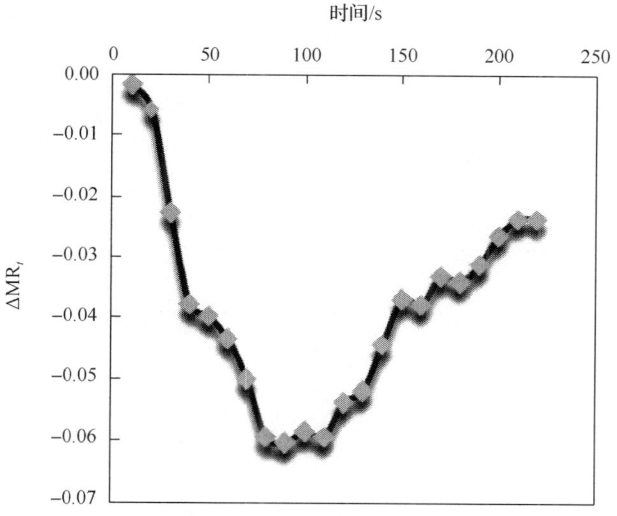

图 5.7　ΔMR_t-t 曲线图

微波干燥闪锌矿过程中，对图 5.6 中 MR 与时间 t 进行回归拟合(图 5.8)得出最适用于描述闪锌矿微波干燥的方程

$$MR = A_2 + \frac{A_1 - A_2}{1 + \exp\left(\frac{t - t_0}{dt}\right)} \tag{5.37}$$

式中，A_1、A_2、t_0和 dt 均为常数。

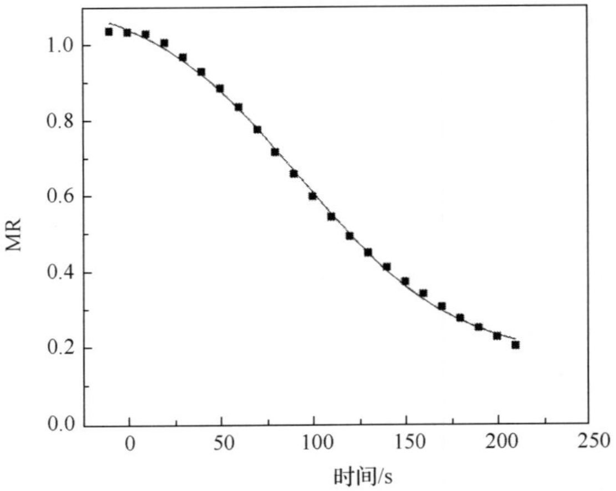

图 5.8　MR-t 曲线图

利用回归程序求得微波干燥闪锌矿方程中各待定系数，结果见表 5.1。

回归后 R^2 值为 0.99917，说明回归方程是显著的。闪锌矿微波干燥数学模型

$$\mathrm{MR} = A_2 + \frac{A_1 - A_2}{1 + \exp\left(\frac{t - t_0}{\mathrm{d}t}\right)} = 0.11032 + \frac{1.02748}{1 + \exp\left(\frac{t - 100.64}{44.944}\right)} \tag{5.38}$$

表 5.1　回归方程系数表

系数	数值	
自由度	8.24229×10^{-5}	
R^2	0.99917	
初始值 A_1	1.1478	0.0207
末值 A_2	0.11042	0.0147
Y 为 50 时的中间值	100.64	1.65
时间常数	44.944	2.11
Y 为 20 时的中间值	48.44904	
Y 为 80 时的中间值	162.94962	

图5.9为由闪锌矿微波干燥数学模型所计算的预测值与两组实验值比较曲线。

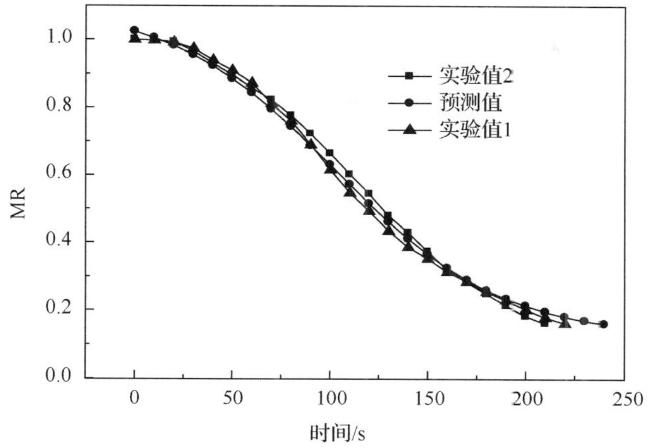

图5.9 预测值与实验值拟合比较

从图5.9可以看出，模型对MR-*t*曲线的拟合较为准确。研究表明，采用Boltzmann模型对不同微波功率下闪锌矿物料的干燥数据拟合效果最佳。

5.4 微波干燥钛精矿

钛精矿是生产钛白和金属钛的原料，其粒度为17~74μm，而且比重比较大，经过浮选加工后钛精矿含有8%~12%的水分。电炉熔炼生产富钛料要求钛精矿含水量不超过1%，钛精矿在熔炼之前必须进行干燥。目前，钛精矿主要采用的干燥工艺及设备为气流干燥、流态化干燥、回转窑干燥等常规干燥方法[33-35]。

李雨[36]开展了微波干燥钛精矿的研究，考察了微波功率及物料量对干燥特性的影响。钛精矿的二氧化钛品位38.36%，粒度主要集中在50~250μm，含水量为10.02%。

在微波功率为700W条件下，不同厚度物料对脱水率的影响如图5.10所示。

由图5.10可以看出，随着物料量的增加，实现相同脱水所需脱水时间增加。随着物料质量的增加导致料层厚度增加，内部水分向外层迁移过程延长，这与微波在渗透过程中衰减等原因有关。由于钛精矿的吸波性能较好，240s以内就能干燥完全。在一定的质量和厚度下，前40s脱水率较快，其后脱水率增加缓慢，是由于水的介电常数高于钛精矿，故干燥到后期随着水分的脱除，干燥速率变慢。

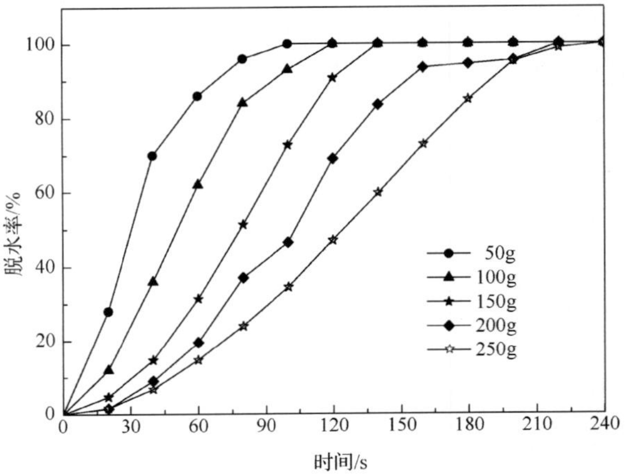

(a) 5mm

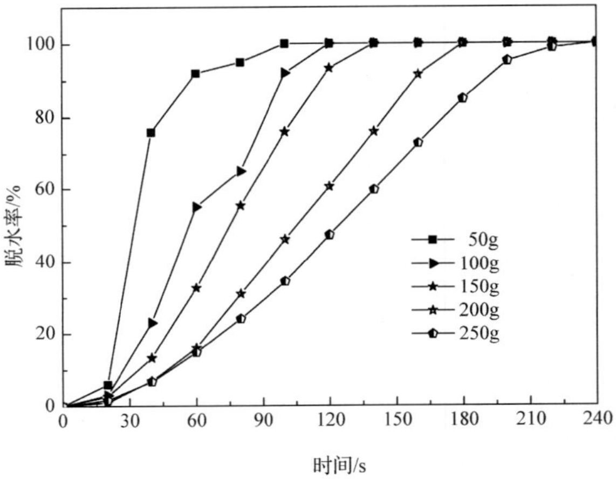

(b) 10mm

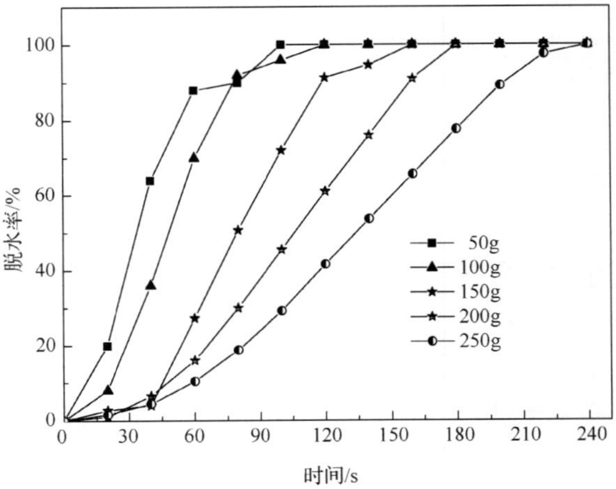

(c) 15mm

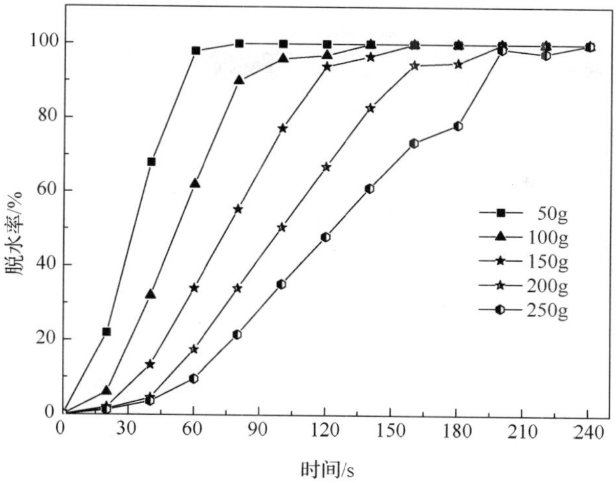

(d) 20mm

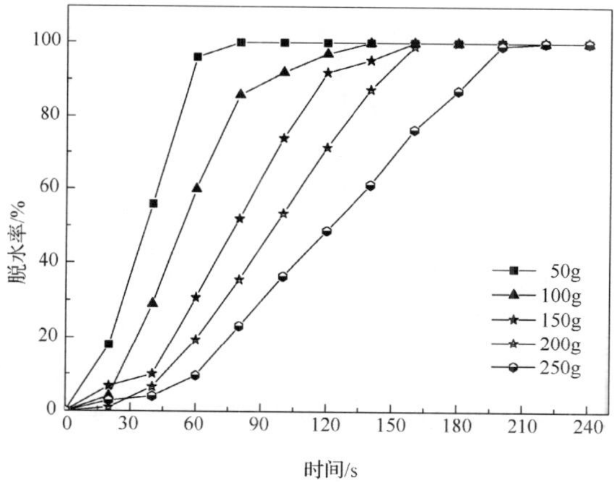

(e) 25mm

图 5.10 不同物料量及料层厚度钛精矿的脱水率曲线

5.4.1 实验设计与结果

选定对钛精矿脱水率(*Y*)影响较大的微波时间、料层厚度、物料量作为实验的三个影响因子，实验设计的因子和水平见表 5.2，实验结果见表 5.3。

表 5.2 响应面分析因子和水平表

主要影响因素	代号	水平				
		−1.682	−1	0	1	1.682
微波时间/s	χ_1	19.0924	60	120	180	220.098
料层厚度/mm	χ_2	6.59104	10	15	20	23.409
物料量/g	χ_3	65.9104	100	150	200	234.09

表 5.3 响应面分析结果

实验编号	微波时间/s	料层厚度/mm	物料量/g	脱水率/%
1	60.00	10.00	100.00	73
2	180.00	10.00	100.00	100
3	60.00	20.00	100.00	73
4	180.00	20.00	100.00	87
5	60.00	10.00	200.00	23
6	180.00	10.00	200.00	200
7	60.00	20.00	200.00	21
8	180.00	20.00	200.00	97
9	19.09	15.00	150.00	1
10	220.91	15.00	150.00	100
11	120.00	6.59	150.00	100
12	120.00	23.41	150.00	98
13	120.00	15.00	65.91	100
14	120.00	15.00	234.09	60
15	120.00	15.00	150.00	100
16	120.00	15.00	150.00	100
17	120.00	15.00	150.00	100
18	120.00	15.00	150.00	100
19	120.00	15.00	150.00	100
20	120.00	15.00	150.00	100

5.4.2 模型精确性分析

响应曲面优化设计中，对模型的精确性验证是数据分析的一个不可缺少的环节，模型的精确性将直接影响所获得的结果及结论准确性。以脱水率(Y)为因变量，微波时间(χ_1)，料层厚度(χ_2)，物料量(χ_3)为自变量，拟合得到钛精矿相对脱水率的二次多项回归方程方程见式(5.39)，其中 R^2=99.18%，说明方程的可靠性较高。方差分析见表 5.4。

$$\begin{aligned}Y=&100.11+26.40\chi_1-1.56\chi_2-11.66\chi_3-1.75\chi_1\chi_2+14.00\chi_1\chi_3\\&+1.00\chi_2\chi_3-18.20\chi_1^2-1.06\chi_2^2-7.77\chi_3^2\end{aligned} \tag{5.39}$$

表 5.4　回归方程的方差分析结果

方差来源	平方和 SS	自由度 DF	均方 MS	F 值	Prob > F	显著性
模型	18324.65	9	2036.07	134.04	< 0.0001	显著
微波时间 χ_1	9515.99	1	9515. 99	624.46	< 0.0001	显著
料层厚度 χ_2	33.42	1	33.42	2.20	0.1688	
物料量 χ_3	1857.49	1	1857.49	122.28	< 0.0001	显著
$\chi_1\chi_2$	24.50	1	24.50	1.61	0.2328	
$\chi_1\chi_3$	1568.00	1	1568.00	103.22	< 0.0001	显著
$\chi_2\chi_3$	8.00	1	8.00	0.53	0.4847	
χ_1^2	4774.88	1	4774.88	314.34	< 0.0001	显著
χ_2^2	16.04	1	16.04	1.06	0.3283	
χ_3^2	870.64	1	870.64	57.32	< 0.0001	显著
误差	151.90	10	15.19			
失拟项	151.90	5	30.38			
纯误差	0.000	5	0.000			
总离差	18476.55	19				

从表 5.4 中可以看出，Prob＞F 项表示大于 F 值的概率，χ_1、χ_3、$\chi_1\chi_3$ 对 Y 脱水率值的影响显著(Prob＞F 值小于 0.0001)，χ_1^2、χ_3^2 对脱水率的影响显著(Prob＞F 值小于 0.0001)，表明实验因子对响应值不是简单的线性关系，因子间的交互作用影响较小，和回归方程的结果一致。

图 5.11 为模型计算的预测值与实际测得的实验值对比。从图 5.11 可以看出，模型对各变量值对脱水率影响程度相关系数高，说明所选取模型可以准确反映微波干燥钛精矿的自变量与应变量之间的关系。

5.4.3　响应曲面分析

根据回归方程得到的响应曲面如图 5.12~图 5.14 所示。图 5.12 为脱水率对料层厚度和微波时间的响应面。

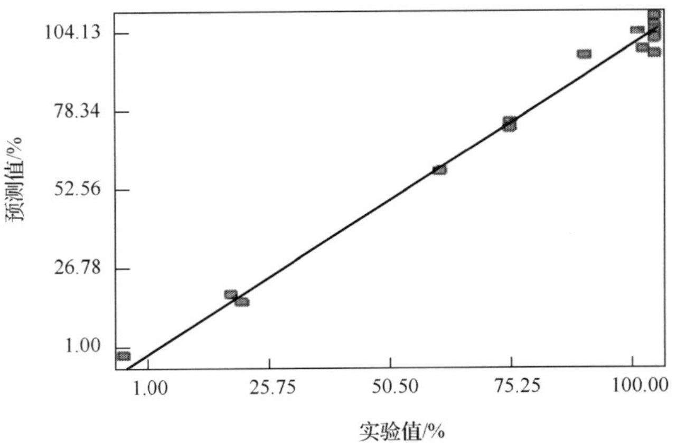

图 5.11　钛精矿微波干燥的实验值与预测值对比

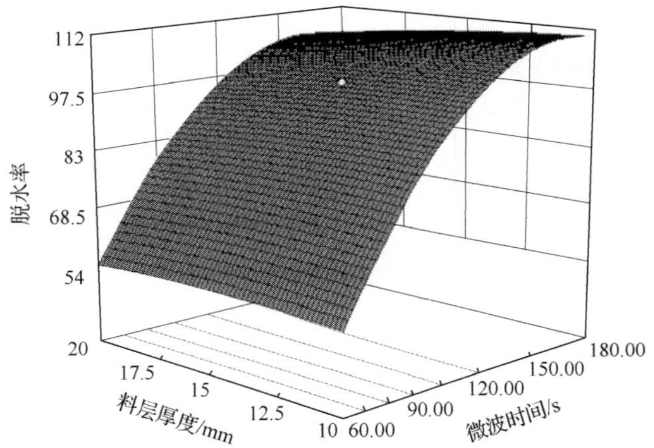

图 5.12　钛精矿脱水率对料层厚度和微波时间的响应曲面

从图 5.12 可以看出，响应面曲线较陡，说明微波时间和物料量对脱水率的影响较明显，和方差分析结果一致；脱水率随微波时间增加和物料料层厚度减少逐渐提高；料层厚度和微波时间的变化对脱水率影响不显著。

图 5.13、图 5.14 为脱水率对物料量和微波时间，以及脱水率对物料量和物料料层厚度的响应面，可见微波时间和物料量对脱水率的影响较物料厚度显著。

用回归模型优化工艺参数，得到钛精矿微波干燥的脱水率对三个独立变量的相应立方体如图 5.15 所示。

从图 5.15 可以看出，要获得高的脱水率，需要三个变量均处于较高水平。在微波时间 120s、物料量 150g 及料层厚度 20mm 的条件下，脱水率大于 90%。

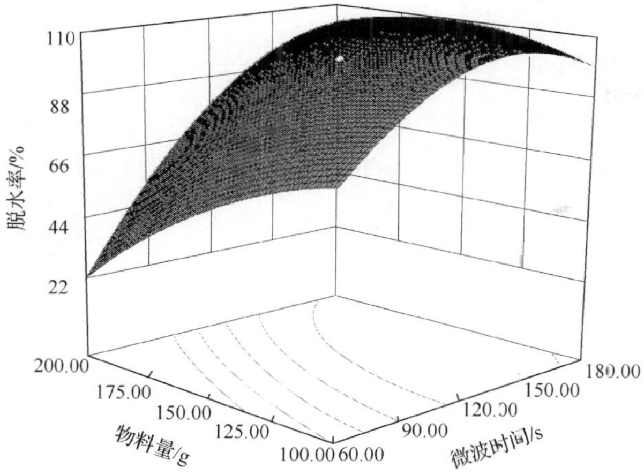

图 5.13　钛精矿脱水率对物料量和微波时间的响应面

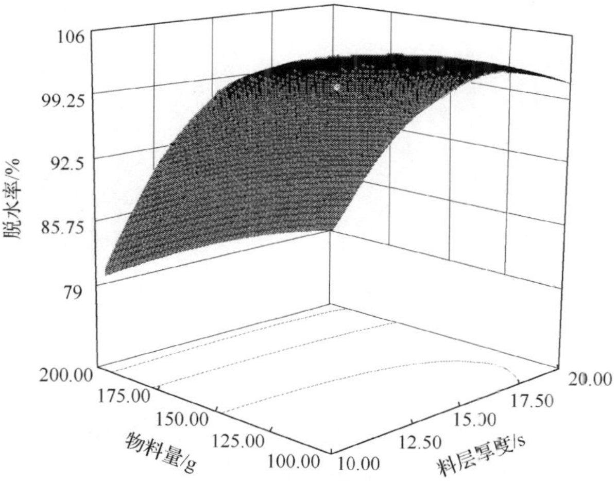

图 5.14　钛精矿脱水率对物料量和料层厚度的响应面

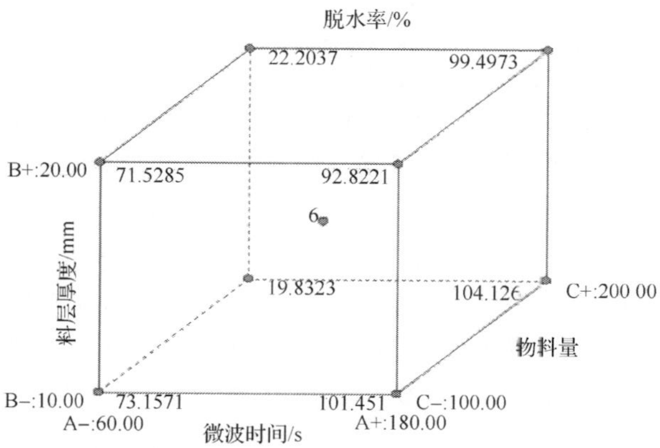

图 5.15　钛精矿脱水率对三个独立变量的相应立方体

5.4.4 响应曲面优化

根据回归模型优化工艺参数，得到最佳工艺条件为：微波时间 135.08s，料层厚度 20mm，物料量 163.67g，此时理论脱水率达到 100%，为了验证响应曲面法的可靠性，采用最佳工艺条件开展验证实验，同时考虑到实际生产操作的便利性，在微波时间为 135s、厚度为 20mm、质量为 164g 的条件下，最佳三次平行实验得到的脱水率平均值为 99.99%和理论值相差 0.01%，说明模型的可靠性好。

5.4.5 微波干燥动力学

1. 微波功率对干燥特性的影响

钛精矿物料量 25g，不同微波功率对钛精矿含水率及干燥速率的影响如图 5.16 和图 5.17 所示。

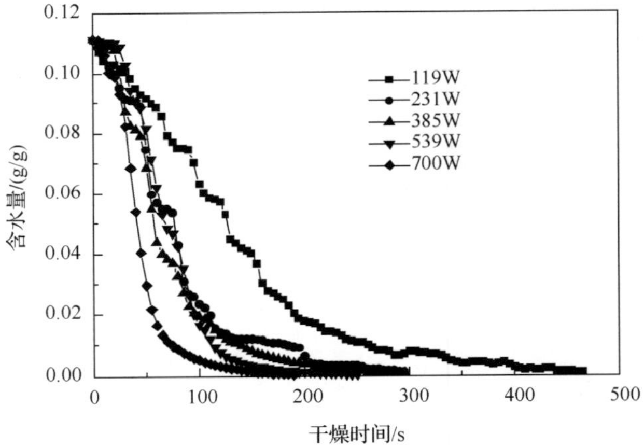

图 5.16　不同微波功率下钛精矿干燥曲线

从图 5.16 可以看出，随着微波功率提高，钛精矿的含水率变化较为显著，但当钛精矿含水率低于 2%时，干燥 100s 后，539W 的干燥曲线位于 385W 和 231W 之间，说明提高功率密度对钛精矿深度干燥有利。

从图 5.17 可以看出，微波功率对干燥速率的影响较为显著，700W 下总体干燥速率最高。各功率下干燥速率曲线有一个共同特点，含水率为 8%~11%时出现尖锐峰形。水分的吸波特性优于钛精矿，刚开始阶段水分吸收微波迅速升温脱水，700W 下干燥速率的水分吸收峰与加速阶段的上升趋势之间的落差最大，证明了在钛精矿微波干燥的初始阶段水分的优先吸波性。119W 的加速及减速阶段显著性较其他功率低，并且长时间处于恒速干燥阶段，原因是低功率密度下升温速率较低，

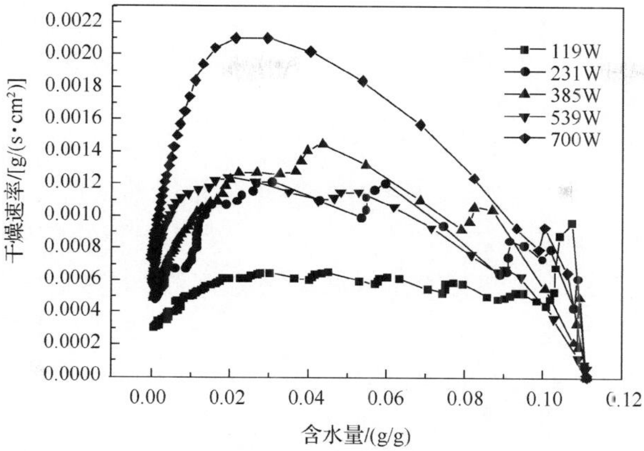

图 5.17　不同微波功率下钛精矿干燥速率曲线

使得其与外界的热平衡更平缓。700W 下干燥速率恒速阶段消失，其由加速阶段迅速进入减速阶段，因为高功率密度使钛精矿温度高，当失去大部分水分后，物料层与外界冷空气热交换剧烈，导致恒速干燥阶段消失。231W、385W、539W 功率下干燥速率变化较大，但总体上保持加速—恒速—减速三个阶段，各个功率下的干燥速率均在含水率 2%左右进入明显减速阶段，这是因为含水率由 2%降低到 0 主要是脱除吸附水(毛细水)和结合水，比自由水脱除更难，需要消耗微波能来破坏水分子与矿物分子间的结合力。

2. 物料量对干燥特性的影响

微波功率为 385W，不同物料量下钛精矿微波干燥曲线和干燥速率曲线如图 5.18 和图 5.19 所示。

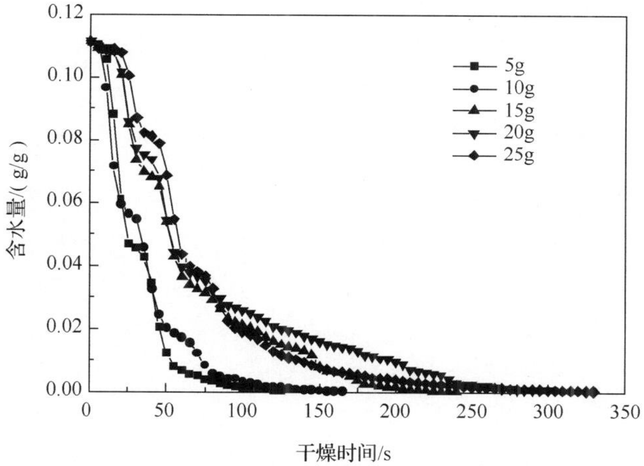

图 5.18　不同物料量下钛精矿微波干燥曲线

从图 5.18 可以看出，物料的变化对含水率的影响变化较大。随着物料量的增大，干燥时间延长。

从图 5.19 可以看出，物料量对干燥速率影响较显著，物料量越多干燥速率越低。15g、20g、25g 物料的干燥速率曲线在加速阶段结束前有一个水分吸波峰，物料量大则水分逸出较快。加速阶段结束后，没有明显恒速干燥阶段。15~25g 物料在含水率 4%左右进入减速阶段，可见较低功率密度对残余水分(包括自由水、结合及毛细水)挥发不利。5g、10g 物料在 385W 下干燥，水分吸波加速脱水的峰值高于其他质量物料的水分吸波脱水峰。加速段消失或与水分吸波加速段重合，干燥速率直接加速进入恒速阶段，这是因为 5g 物料在 385W 功率下具有较大升温速率，使干燥前期的干燥速率上升较快，当失去部分水分及温度升高后，由于热平衡导致干燥速率降低，进入恒速干燥阶段。

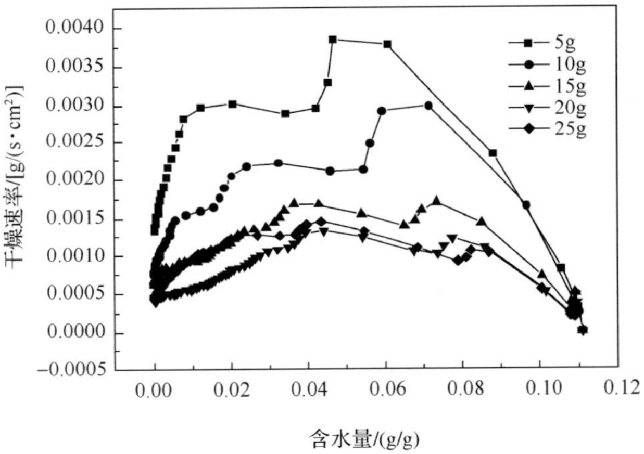

图 5.19　不同物料量下钛精矿微波干燥速率曲线

3. 微波干燥动力学

不同微波功率及物料量下钛精矿的水分比变化曲线如图 5.20 和图 5.21 所示。

从图 5.20、图 5.21 可以看出，水分比变化趋势与干燥曲线相似。对图 5.20、图 5.21 采用 Page 经验模型和 Henderson & Pabis 指数模型进行拟合，拟合曲线如图 5.22、图 5.23 所示，发现 Henderson & Pabis 指数模型拟合相关性高于 Page 经验模型，拟合相关系数见表 5.5；拟合速率常数 k 和指数前因子 A 见表 5.6。

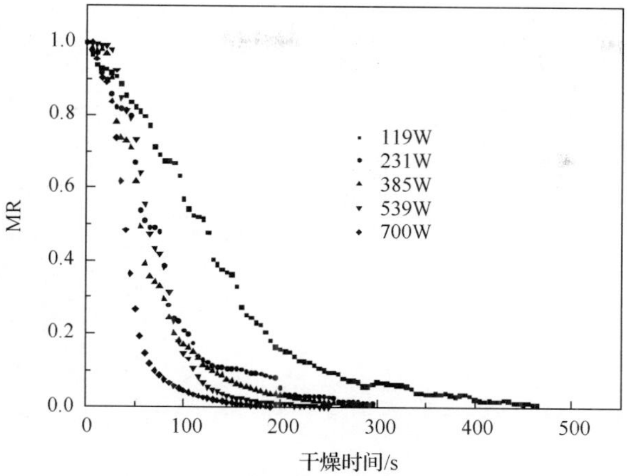

图 5.20 不同微波功率下钛精矿水分比变化

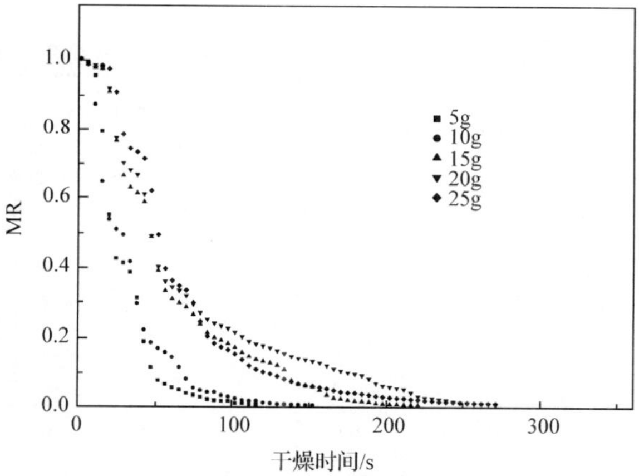

图 5.21 不同物料量下钛精矿水分比变化

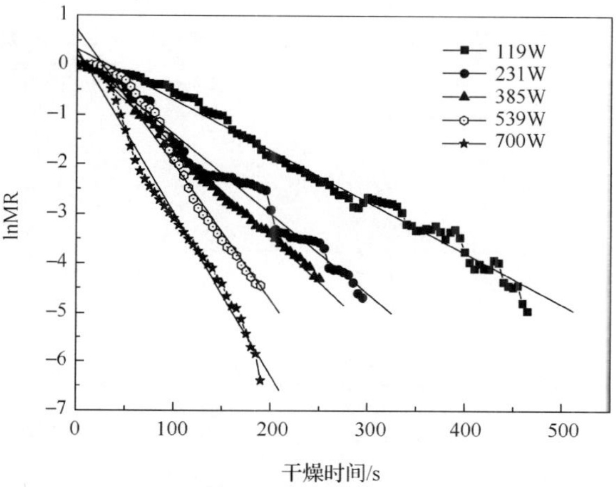

图 5.22 不同微波功率下钛精矿 lnMR-t 变化曲线

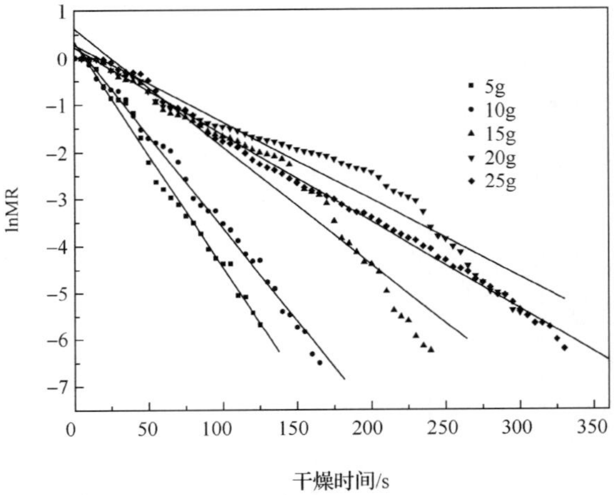

图 5.23　不同质量下钛精矿 lnMR-t 变化曲线

表 5.5　采用经验模型和指数模型拟合的相关系数

模型	不同微波功率的相关系数					
	119W	231W	385W	539W	700W	平均
Page's 模型	0.9879	0.98786	0.97319	0.98472	0.94281	0.975296
Henderson & Pabis's 模型	−0.99319	−0.99113	−0.99644	−0.98441	−0.99379	−0.991792
模型	不同物料量的相关系数					
	5g	10g	15g	20g	25g	平均
Page's 模型	0.9697	0.96488	0.98191	0.96996	0.97387	0.972064
Henderson & Pabis's 模型	−0.99461	−0.9964	−0.97213	−0.99789	−0.97259	−0.986724

表 5.6　采用 Henderson & Pabis's 指数模型拟合的参数

因素	模型参数				
功率/W	119	231	385	539	700
k/s^{-1}	0.0103	0.0160	0.0183	0.0273	0.0330
A/cm^2	1.3837	1.2210	1.2162	2.0596	1.3594
质量/g	5	10	15	20	25
k/s^{-1}	0.0480	0.0396	0.0251	0.0165	0.0185
A/cm^2	1.4052	1.3884	1.8560	1.3159	1.2473

以干燥速率常数为纵坐标，料功比 m/P 为横坐标进行多项式拟合，拟合曲线如图 5.24 所示。

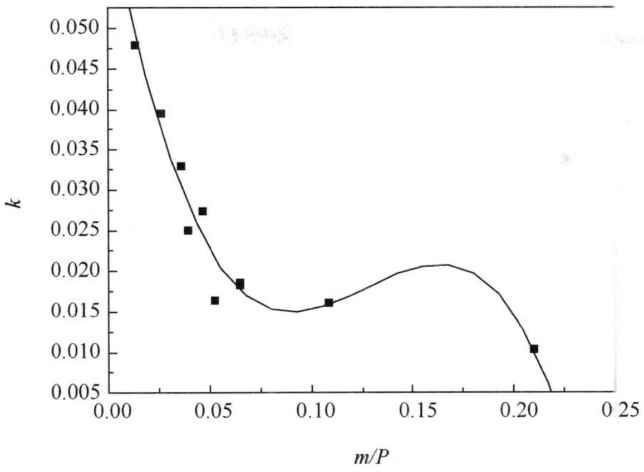

图 5.24 *k* 对 *m*/*P* 的多项拟合曲线

从图 5.24 可以看出，干燥速率常数与料功比为非线性关系，拟合表达式见下：

$$k = 0.0652 - 1.35849\frac{m}{P} + 11.64559\left(\frac{m}{P}\right)^2 - 30.57185\left(\frac{m}{P}\right)^3 \tag{5.40}$$

采用式(5.40)对 $\ln k$ 及 m/P 进行拟合，拟合结果如图 5.25 所示。得到钛精矿的微波干燥活化能为 6.9600 W/g，指数前因子 A_0 为 0.0362。

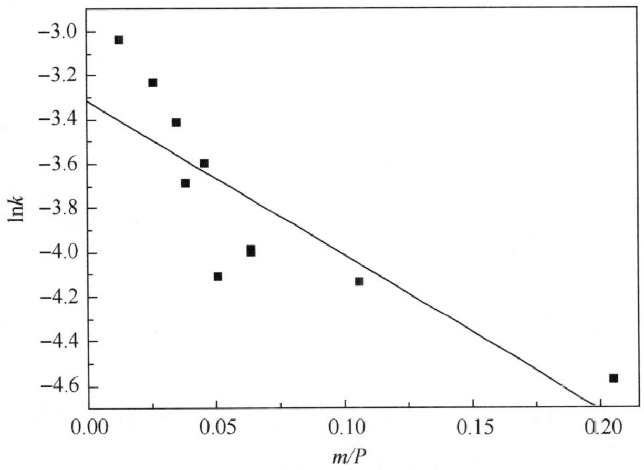

图 5.25 ln*k* 对 *m*/*P* 的线性拟合曲线

5.5 微波干燥球团铁矿

球团矿是现代大规模生产直接还原铁最重要的炉料，在钢铁工业中起到重要作用，已成为一种不可或缺的优质冶金炉料。铁矿球团干燥、预热和焙烧是球团矿生产工艺的重要环节，提高球团干燥效率和球团强度有利于提高球团矿的品质。

球团矿干燥的第一个阶段是在较低温度下(<400℃)脱除其中绝大部分水分，干燥对球团矿质量的影响极大[37,38]。如果球团矿未干燥好，强度低，在下降的料流和上升的气流冲击下容易粉碎[39]，造成球团成品率低，球团强度差，一定程度上限制了球团矿的发展，球团矿干燥成为球团生产的薄弱环节[40]。

朱艳丽[32]进行了微波干燥球团矿的研究，球团矿的初始含水量为10.22%，球团矿干燥过程一般脱出8%~10%的水分即可达到进炉要求[41]。因此，以物料水分80%脱除率作为干燥目标。

微波功率500W，容器直径70mm，球团矿质量对脱水率的影响如图5.26所示。

从图5.26可以看出，一定干燥条件下，物料干燥所需时间随着物料质量的增加而延长。在一定的干燥容器中，随着物料质量的增加和料层厚度的增加，内部水分向外迁移阻力增加，导致干燥时间延长。

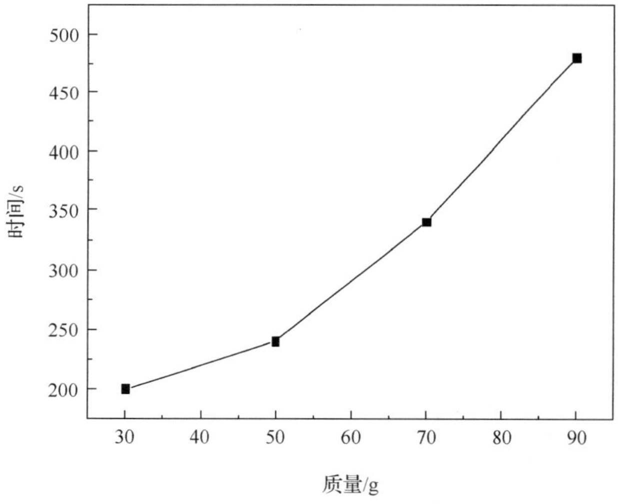

图5.26　物料质量对球团矿脱水率的影响

微波功率500W，球团矿50g，干燥容器直径对物料脱水率的影响如图5.27所示。从图5.27可以看出，随着干燥容器直径增加，所需干燥时间逐渐减少。

物料质量50g，干燥容器直径70mm，微波功率对脱水率的影响如图5.28所示。从图5.28可以看出，干燥时间随微波功率增加而减少。因为微波功率越大，微波腔体中的单位功率密度越大，单位时间内单位体积物料吸收微波产生的热量越大，水分的蒸发也就越快。当微波功率超过500W后，继续增加功率，球团矿脱水率达到要求时所需干燥时间的下降趋势变得相对缓慢。

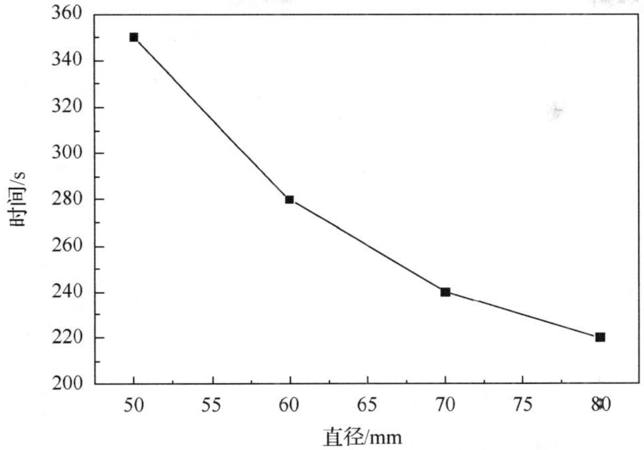

图 5.27　干燥容器直径对球团矿脱水率的影响

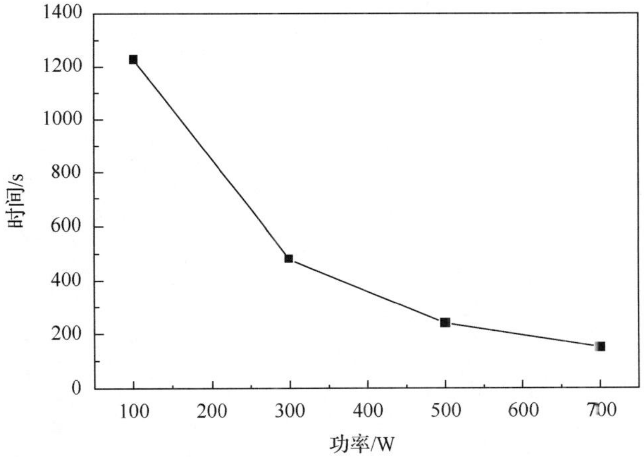

图 5.28　微波功率对球团矿脱水率的影响

研究结果表明，物料脱水率 80%为干燥目标，优化条件为：微波功率 500W，干燥容器直径 70mm，物料质量 50g 和干燥时间 240s，在此条件下物料脱水率为 80.16%，达到脱水目标。

物料质量 50g，干燥容器直径 70mm，微波干燥球团矿脱水速率曲线如图 5.29 所示。

从图 5.29 可以看出，不同微波功率下物料脱水过程均分为三个阶段：加速干燥阶段、恒速干燥阶段和降速干燥阶段。功率越大，最大脱水速率越大，所需要的时间越短。

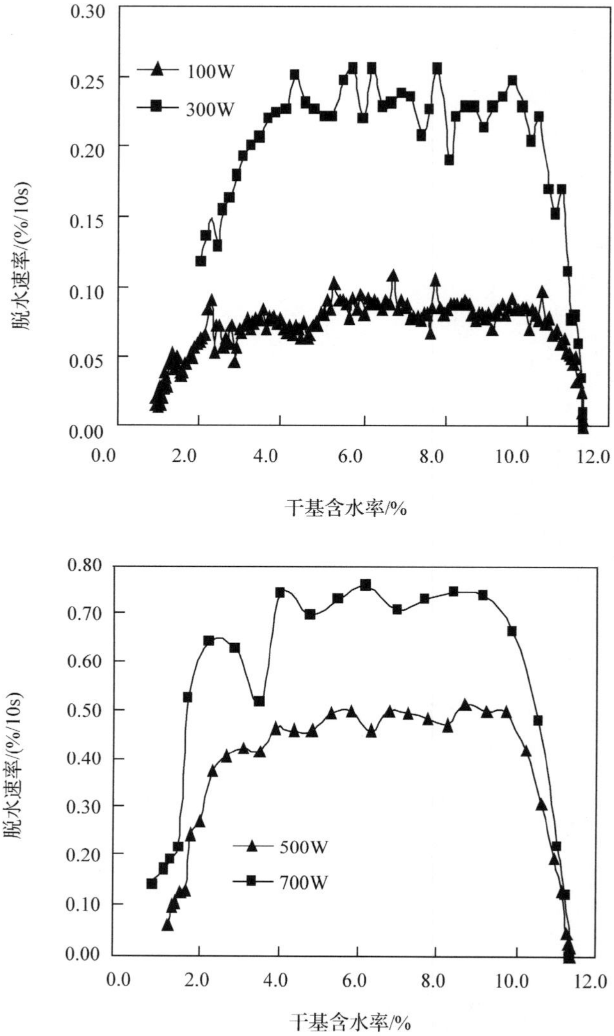

图 5.29　球团矿的微波干燥速率曲线

MR-t 曲线及数据拟合如图 5.30 所示，回归后 R^2 值为 0.99884，说明回归方程显著。得出模型方程式(5.41)，适用于描述球团矿微波干燥。

$$MR = A_2 + \frac{A_1 - A_2}{1 + \exp\left(\frac{t - t_0}{dt}\right)} \tag{5.41}$$

式中，A_1、A_2、t_0 和 dt 均为常数。

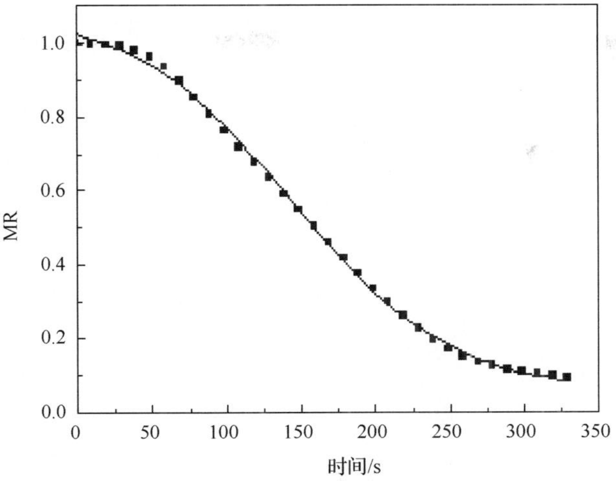

图 5.30　MR-t 曲线图

在实验范围内，球团矿微波干燥数学模型如下：

$$MR = A_2 + \frac{A_1 - A_2}{1+\exp\left(\dfrac{t-t_0}{\mathrm{d}t}\right)} = 0.11032 + \frac{1.02748}{1+\exp\left(\dfrac{t-100.64}{44.944}\right)} \tag{5.42}$$

罗勇[42]以磁铁精矿和赤铁精矿，配以有机黏结剂制成球团进行微波干燥，与常规加热方式进行对比，并分析干燥机理。生球所含磁铁矿与赤铁矿质量配比为8∶2，水分为8.6%，生球粒径为10~14mm。研究表明，采用微波干燥分三个阶段：加速干燥阶段、恒速干燥阶段和降速干燥阶段，表现为球团脱水速率很快达到最大值，并保持一段较长的时间，再逐渐降低；采用马弗炉干燥时，球团脱水速率提高缓慢，最大脱水速率明显低于微波干燥，且保持时间较短。对比发现，微波干燥速度最快，马弗炉干燥速度最低。当干燥温度高于200℃，有机黏结剂容易发生氧化分解，黏结剂与铁矿粒子连接桥断裂，球团强度大幅降低。在常规干燥条件下，干燥温度高于200℃时，导致干球抗压强度较低。由于水是强极性物质，吸波性能优于铁矿，干燥过程中，微波选择性加热水分子，球团温度在低于100℃即可达到同等干燥效果，有机黏结剂分子结构未遭到破坏，保证球团强度。

武文华等[43]将全铁含量63.1%磁铁精矿配加皂土制成直径为10~13mm球团矿，研究了微波干燥过程。研究表明，常规干燥过程分为如下三步：①由环境向生球内蒸发带的传热；②生球内蒸发带的水分蒸发；③水分由生球内部向外传递。常规干燥初始阶段，由于加热气流与球团的温差大，球团初始温度一般较低，所以蒸发速度是干燥过程的限制环节。随蒸发带温度不断升高，蒸发速度逐渐加快，于是干燥速度也加快。随着干燥的进行，球团与气流间温差逐渐变小，传热速度变小，加上蒸发逐渐迁移，传热速度渐渐变慢并成为干燥过程的限制环节，传热速度的变慢引起干燥速度下降。微波法为体内加热，球团的温度均匀且迅速升高，使球团内水分迅速蒸发。此时环境温度低，造成了球团内水蒸气压力远高于环境压力，促使蒸气向外喷发，因此，微波干燥球团的速度远大于常规加热方法时球团干燥速度。微波加热与常规加热干燥球团的热量传递和水分控制行为对比如图 5.31 所示。

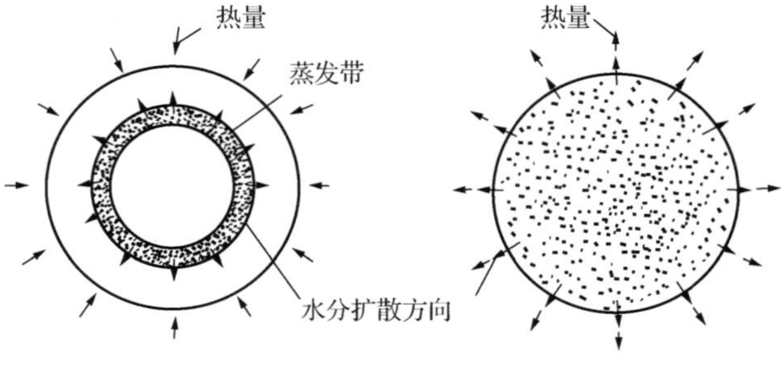

(a) 常规加热　　(b) 微波加热

图 5.31　常规加热和微波加热干燥球团矿示意图

5.6　微波干燥白钨精矿

钨是稀有资源，是优质钢材必不可少的冶炼原料之一。钨的应用十分广泛，可用于制造枪械、火箭推进器喷嘴、切削金属的刀片及钻头、超硬模具、拉丝模等，应用范围广泛涉及矿山、冶金、军工、航天科技等多个领域[44]。

我国钨资源量位居世界首位，钨的主要矿物多达十几种，我国的钨矿主要分为白钨矿和黑钨矿[45]。白钨矿，八面体或板状晶系晶面，有时可见斜条纹，其中插生双晶者较为常见。受荧光灯照射时，白钨矿可发出美丽的浅蓝色荧光。白钨矿产于我国江西大庚、湖南大顺窿、云南文山等地，多呈砂矿，可用淘重砂法得到白钨矿。黑钨矿主要颜色有暗灰色、淡红褐、淡褐黑、发褐及铁褐等，带有金属光泽或树脂光泽。通常为叶片状、弯曲片状、粒状和致密状；也有的呈厚板状、尖柱状等单斜晶系晶体，常与白色石英一起以脉络的形式充填在花岗岩及其附近的岩石中。黑钨矿是炼钨和制造钨酸盐类的主要原料。

郭磊[46]进行了微波干燥白钨精矿研究。原料为云南某企业白钨精矿，原料化学成分及初始含水率见表 5.7。

表 5.7　原料化学成分及初始含水率　　(单位：%)

参数	WO_3	CaO	SO_3	Fe_2O_3	SiO_2	MoO_3	P_2O_5	Al_2O_3	CuO	Na_2O	SrO	K_2O
含量	42.5	26.9	13.3	7.75	3.58	2.49	1.75	0.78	0.26	0.17	0.14	0.12
初始含水率	20~25											

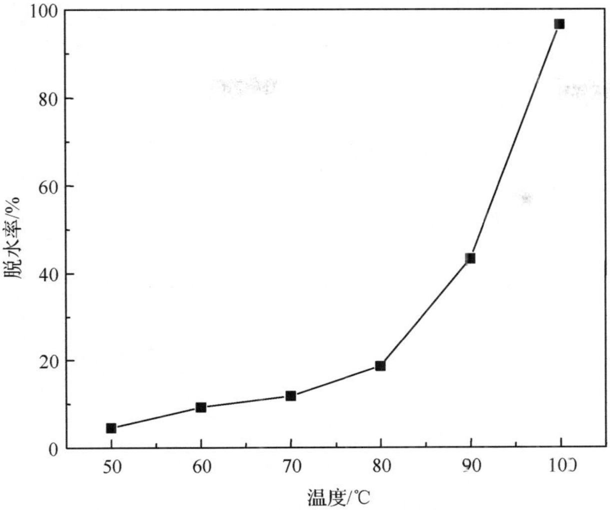

图 5.32 干燥温度对相对白钨精矿脱水率的影响

物料质量 100g，料层厚度约 20mm，干燥时间 180s，干燥温度对脱水率的影响如图 5.32 所示。由图 5.32 可以看出，温度对脱水率的影响显著。

物料 100g，料层厚度 20mm，干燥温度 95℃，干燥时间对脱水率的影响如图 5.33 所示。从图 5.33 可以看出，脱水率随微波干燥时间逐渐升高。干燥过程中，水吸收微波受热蒸发并向物料外部迁移，水分在物料中的迁移与时间关系密切，因此延长干燥时间对于提高脱水率效果显著。

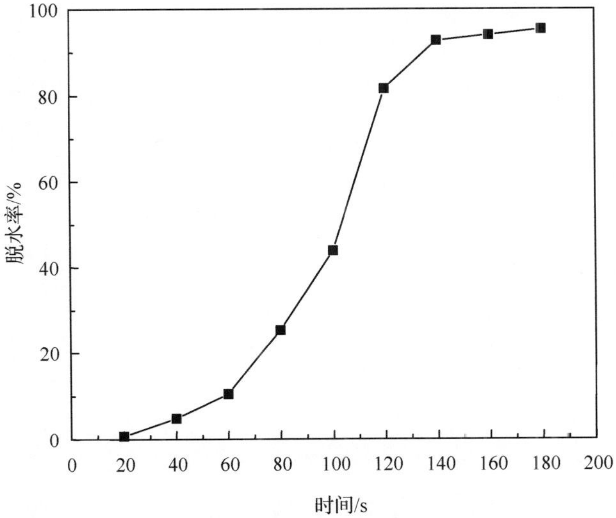

图 5.33 干燥时间对白钨精矿相对脱水率的影响

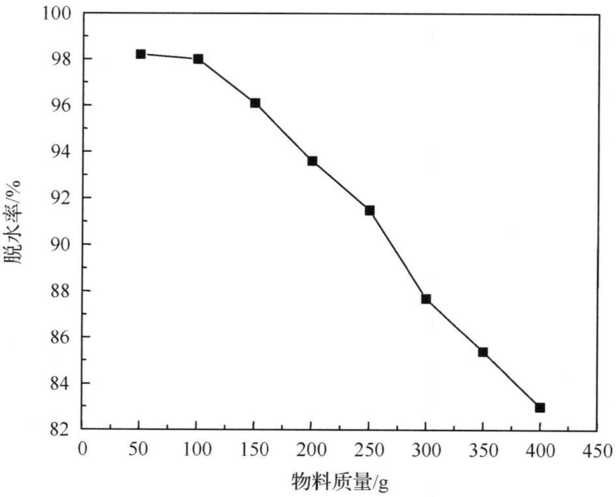

图 5.34　物料质量对白钨精矿相对脱水率的影响

从图 5.34 可以看出，脱水率随着物料量的增加呈下降趋势，物料量对微波干燥效果影响明显。其他条件一定的情况下，物料量增加则物料水分总量增加，单位水分获得的能量减少，脱水率下降。

物料量 100g，干燥温度 95℃，干燥时间 180s，料层厚度对脱水率的影响如图 5.35 所示。

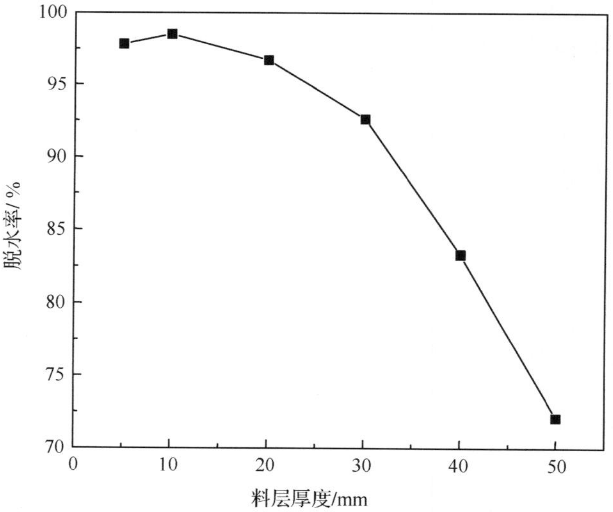

图 5.35　料层厚度对白钨精矿相对脱水率的影响

从图 5.35 可以看出，料层厚度对白钨精矿的脱水率有显著影响，随着料层厚度的增加，脱水率呈逐步降低的趋势。

5.6.1 实验设计与结果

选定物料量、干燥温度、干燥时间三个影响因素，响应曲面实验设计与实验结果见表5.8。

表5.8 响应曲面的实验设计与结果

序号	物料量/g	温度/℃	时间/s	脱水率/%
1	80	80	70	7.5
2	300	80	70	1.7
3	80	110	70	50.6
4	300	110	70	7.2
5	80	80	180	39.4
6	300	80	180	5.3
7	80	110	180	81.3
8	300	110	180	56.0
9	5	95	125	99.3
10	375	95	125	6.7
11	190	70	125	8.7
12	190	120	125	46.8
13	190	95	32	3.7
14	190	95	217	85.3
15	190	95	125	67.4
16	190	95	125	67.8
17	190	95	125	67.7
18	190	95	125	67.2
19	190	95	125	67.5
20	190	95	125	67.6

5.6.2 模型精确性分析

对实验数据进行多项式拟合，相对脱水率(Y)为因变量，物料量(χ_1)、控制温度(χ_2)、干燥时间(χ_3)为自变量建立二次回归方程见式(5.43)，方差分析结果见表5.9。

$$\begin{aligned}Y=&67.83-19.36\chi_1+15.03\chi_2+18.47\chi_3-3.6\chi_1\chi_2-1.28\chi_1\chi_3\\&+5.5\chi_2\chi_3-7.05\chi_1^2-15.98\chi_2^2-10.06\chi_3^2\end{aligned}\tag{5.43}$$

由表5.9可以看出，所采用模型显著(Prob>F值<0.0001)，回归方程的相关性

R^2=91.79%，精度为 11.698 大于 4，表明白钨精矿相对脱水率干燥模型可以用方程进行描述，模型拟合度和方程可信度较高。

表 5.9　相对脱水率方差分析结果

方差项	平方和	自由度	均方值	F 值	Prob > F
模型	18266.05	9	2029.562	12.42727	0.0002
χ_1	5116.293	1	5116.293	31.32774	0.0002
χ_2	3085.51	1	3085.51	18.89298	0.0015
χ_3	4658.623	1	4658.623	28.52536	0.0003
$\chi_1\chi_2$	103.68	1	103.68	0.634846	0.4441
$\chi_1\chi_3$	13.005	1	13.005	0.079631	0.7836
$\chi_2\chi_3$	242	1	242	1.481798	0.2514
χ_1^2	716.3572	1	716.3572	4.386349	0.0627
χ_2^2	3678.975	1	3678.975	22.52685	0.0008
χ_3^2	1457.198	1	1457.198	8.922617	0.0136
剩余	1633.151	10	163.3151		

图 5.36 为预测值与实验值的对比，图中方格点为实验结果数据，直线为模型预测结果。结果表明，预测值与实验结果比较接近，实际值均匀分布于预测值附近。

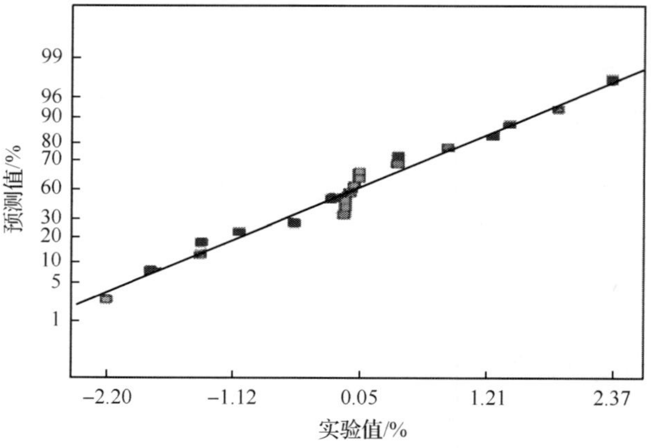

图 5.36　微波干燥白钨精矿相对脱水率的预测值与实验值比较

5.6.3　响应曲面分析

干燥温度与干燥时间交互作用对物料脱水率的影响最大，交互影响如图 5.37 所示。从图 5.37 可以看出，物料脱水率随干燥温度的升高而增大，随干燥时间的延长而增大。

物料质量与干燥温度对脱水率的交互影响如图 5.38 所示。从图 5.38 可以看出，物料脱水率随物料量增加而呈下降趋势，且在干燥较高温度时更为显著。

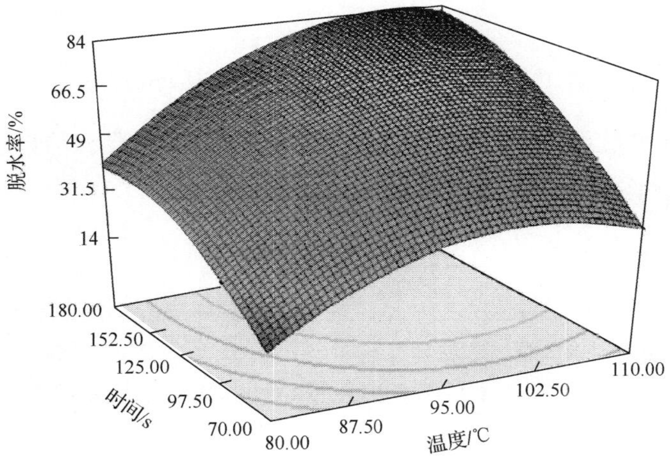

图 5.37　干燥温度与干燥时间交互作用对脱水率的影响

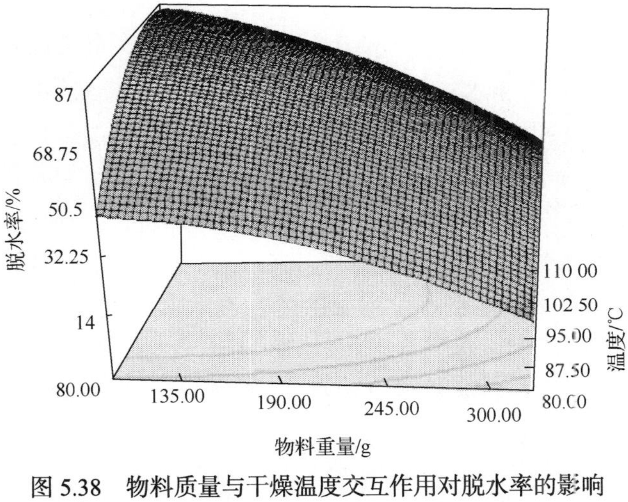

图 5.38　物料质量与干燥温度交互作用对脱水率的影响

物料质量与干燥时间对脱水率的交互影响如图 5.39 所示。

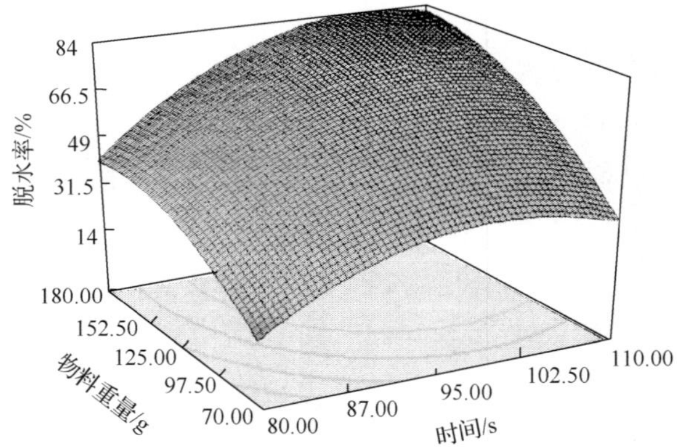

图 5.39　物料质量与时间交互作用对脱水率的影响

从图 5.39 可以看出，随着干燥时间的增加，脱水率的上升趋势明显，随着物料量增加上升趋势则减缓。

5.6.4　响应曲面优化

以产品含水率低于 5%为目标，初始含水率 25%，要求相对脱水率大于 80%。得到优化工艺参数：干燥温度 92℃、物料量 135g、干燥时间 174s，此时相对脱水率预测值为 80%，实测结果 82.4%，偏差很小，优化结果达到预期要求。

5.7　微波干燥锰碳合金

锰碳合金球是一种新型高效增碳材料，是冶金、铸造、机械等行业理想的增碳剂，具有收得率高、增碳稳定、不污染钢水等优点[47]，并能够代替部分高价的 Fe-Mn 合金。在碳素钢中加入 0.70%以上锰时为“锰钢”，较一般钢不但有足够的韧性，且有较高的强度和硬度，提高钢的淬性，改善钢的热加工性能，降低生产成本[48]。增碳剂固结后，其内部保持的水分对强度影响较大，导致黏结剂脱水硬化不完全，强度将下降[49]。

锰碳合金球所含水分主要有表面吸附水分，只存在于锰碳合金球表面，形成一层水膜；内部吸附水分，存在于颗粒的微孔及微毛细管中；内部颗粒间水分，主要存在内部颗粒间空隙中及微孔中。

周跃[50]进行了微波干燥锰碳合金的研究。

5.7.1　物料质量的影响

干燥温度 90℃，干燥时间 230s，物料质量对相对脱水率的影响如图 5.40 所示。

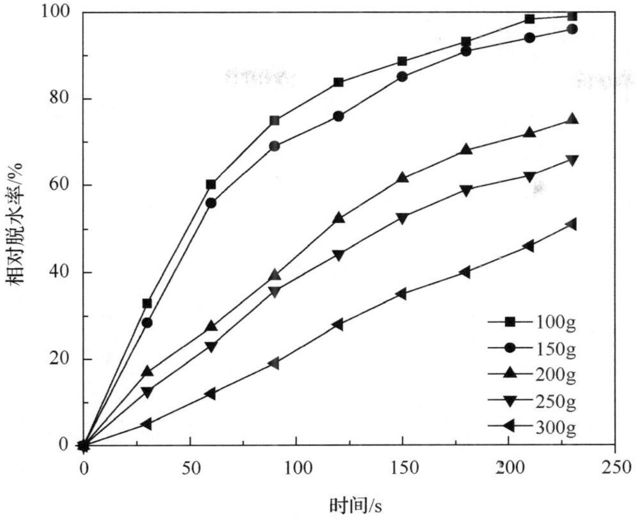

图 5.40　不同质量下锰碳合金球相对脱水率随时间的变化

由图 5.40 可知，物料质量越少，相对脱水率越高，达到相同脱水率所用时间越少，干燥 120s 后，相对脱水率增加缓慢。

图 5.41 为干燥时间为 180s 时，锰碳合金球相对脱水率随质量的变化。

研究表明，相对脱水率随着质量增加而减少，而质量低于 150g 时，相对脱水率增加缓慢。在保证干燥效率及能源有效利用的前提下，锰碳合金球选择物料质量范围为 120~200g。

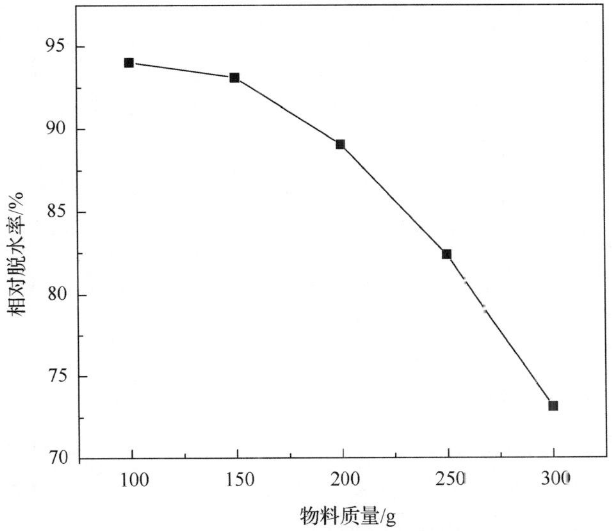

图 5.41　干燥时间 180s 时锰碳合金球相对脱水率随质量的变化

5.7.2　干燥温度的影响

锰碳合金球为 150g，物料相对脱水率在不同干燥时间下随温度的变化如图 5.42 所示。

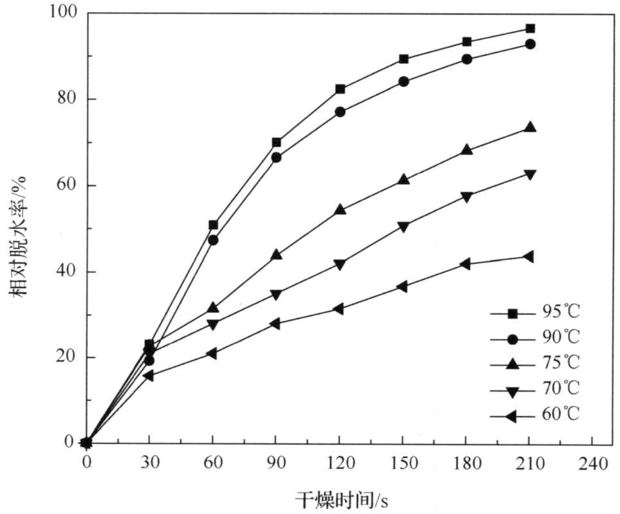

图 5.42　干燥温度对锰碳合金球相对脱水率的影响

由图 5.42 可知，干燥初始，相对脱水率几乎一致，因为在物料达到干燥温度前，微波作用时间与物料温度相同所致。相对脱水率随着干燥温度的升高而升高，由于物料内部温度高于外部环境温度，形成的温度梯度的方向与水分梯度方向一致，物料温度越高，温度梯度越大，产生的蒸气压越大，越有利于水分的迁移。在干燥后期，相对脱水率增加减缓则是由水分逐渐减少，蒸气压降低引起的。

物料质量为 150g、干燥时间 180s，干燥温度对脱水率的影响如图 5.43 所示。在同一时刻，温度越高，相对脱水率越大。原因可能是：①升温曲线比较平缓，干燥温度越高，作用时间越长；②温度越高，温度梯度越大，蒸气压越大。由图 5.43 可知，温度在 80~90℃时，相对脱水率增大最为显著。

5.7.3　干燥时间的影响

图 5.44 为微波干燥时间对锰碳合金球相对脱水率的影响。由图 5.44 可知，随着干燥时间增加，相对脱水率逐渐增加。相对脱水率在前 180s 增加显著，此后增加减缓，含水量为 0.46%已达到炼钢要求。

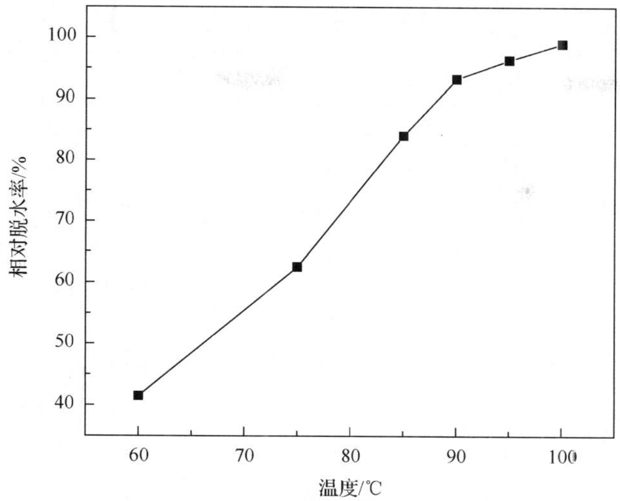

图 5.43　干燥 180s 时锰碳合金球相对脱水率随温度变化

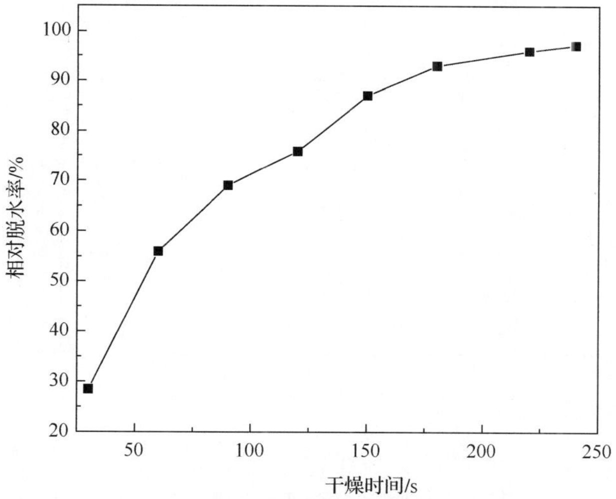

图 5.44　微波干燥时间对锰碳合金球相对脱水率的影响

5.7.4　响应曲面优化

1. 实验设计与结果

以初始含水率3.80%的锰碳合金为原料，选定干燥温度、干燥时间及物料量为影响因素，以相对脱水率为响应值进行中心组合设计，实验设计方案与实验结果见表 5.10。

表 5.10　响应曲面的实验设计与实验结果

序号	温度/℃	时间/s	物料量/g	相对脱水率 Y/%
1	76	150	170.00	67.19
2	85	200	170.00	87
3	90	180	140.00	93.98
4	80	180	200.00	80.76
5	90	120	140.00	78.01
6	90	120	200.00	67.24
7	85	150	170.00	85.57
8	85	150	170.00	83.89
9	85	150	170.00	86.24
10	85	150	170.00	82.67
11	90	180	200.00	81.87
12	85	150	170.00	84.23
13	85	150	170.00	82.78
14	80	120	140.00	70.01
15	85	150	220.45	72.19
16	85	150	119.55	81.2
17	85	99	170.00	62.98
18	80	120	200.00	59.89
19	80	180	140.00	76.01
20	93	150	170.00	92.19

2. 模型拟合及精确性分析

以干燥温度(χ_a)、干燥时间(χ_b)及物料量(χ_c)为自变量，以锰碳合金的相对脱水率(Y)为应变量，得到二次多项回归方程式

$$
\begin{aligned}
Y=&-944.28+17.36\chi_a+0.86\chi_b+1.99\chi_c+0.003\chi_a\chi_b-0.0145\chi_a\chi_c \\
&+1.74\times10^{-3}\chi_b\chi_c-0.085\chi_a^2-4.21\times10^{-3}\chi_b^2-3.54\times10^{-3}\chi_c^2
\end{aligned}
\tag{5.44}
$$

经拟合计算，拟合相关系数 R^2=0.9673，接近于 1，说明与实验数据拟合度高，精确度为 19.12，大于 4，说明精度高。

回归模型的方差分析见表 5.11，模型的 F 值为 32.85，只有 0.01%的概率会使信噪比发生错误，模型的 Prob > F 值小于 0.0001，表明建立的回归模型极显著，可信度高。在单因素中，χ_a、χ_b 和 χ_c 对相对脱水率影响显著；在交互作用因素中，$\chi_a\chi_c$

对脱水率的影响显著，$\chi_a\chi_b$、$\chi_b\chi_c$对脱水率的影响不显著；二次项因素中，χ_a^2、χ_b^2和χ_c^2对相对脱水率的影响都显著，其中χ_b^2最显著。方差分析表明，此模型与数据的拟合度良好，能够对锰碳合金球微波干燥的脱水率进行较精确预测。

表 5.11 回归方程方差分析

方差来源	平方和	自由度	均方	F值	Prob > F
模型	1689.81	9	187.75	32.85	<0.0001
χ_a	462.49	1	462.49	80.93	<0.0001
χ_b	658.98	1	658.98	115.31	<0.0001
χ_c	157.66	1	157.66	27.58	0.0004
$\chi_a\chi_b$	2.79	1	2.79	0.489	0.5002
$\chi_a\chi_c$	34.07	1	34.07	5.96	0.0347
$\chi_b\chi_c$	19.62	1	19.62	3.43	0.0936
χ_a^2	65.06	1	65.06	11.38	0.0071
χ_b^2	206.62	1	206.62	36.15	0.0001
χ_c^2	146.07	1	146.07	25.56	0.0005

图 5.45 为锰碳合金球相对脱水率预测值与实际值对比图，图 5.46 为相对脱水率的残差正态概率图。

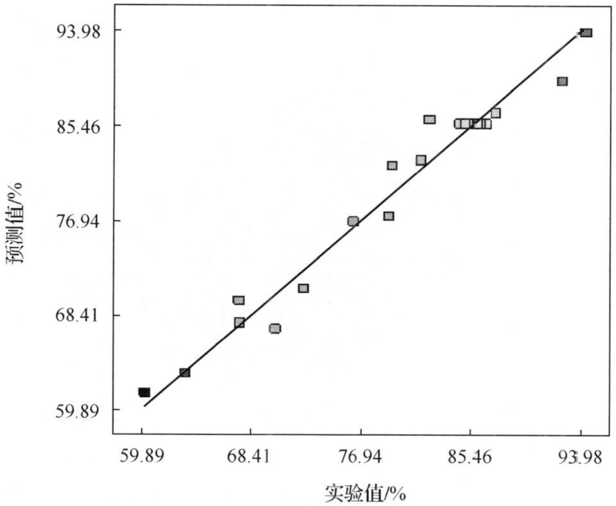

图 5.45 微波干燥锰碳合金球相对脱水率的预测值与实验值对比

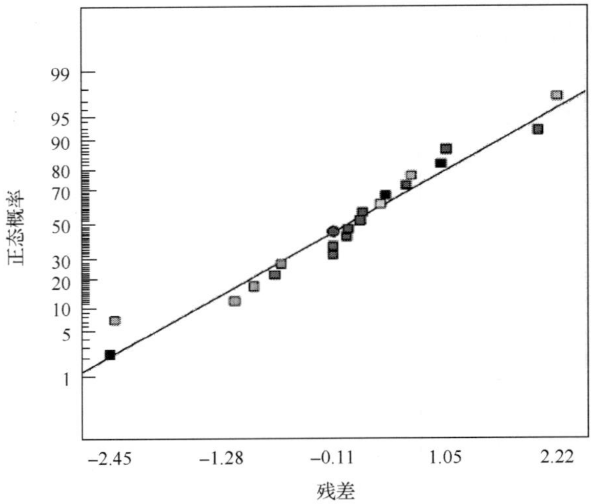

图 5.46 锰碳合金球相对脱水率残差正态概率图

由图 5.45 可知，实验数据点基本分布于由模型所得预测值周围，说明基于实验结果所选取的模型能够反应影响锰碳合金球微波干燥的自变量与应变量间的关系。由图 5.46 可知，实验点近似直线分布，而不是“S”形，表明实验残差分布在常态范围内，所建立的数学模型可以代替实验，准确描述实际工艺过程。

3. 响应曲面分析

图 5.47、图 5.48 为各因素及交互作用对微波干燥锰碳合金球的相对脱水率的影响规律。

图 5.47 为干燥温度、干燥时间及其交互作用对物料脱水率的影响。从图 5.47

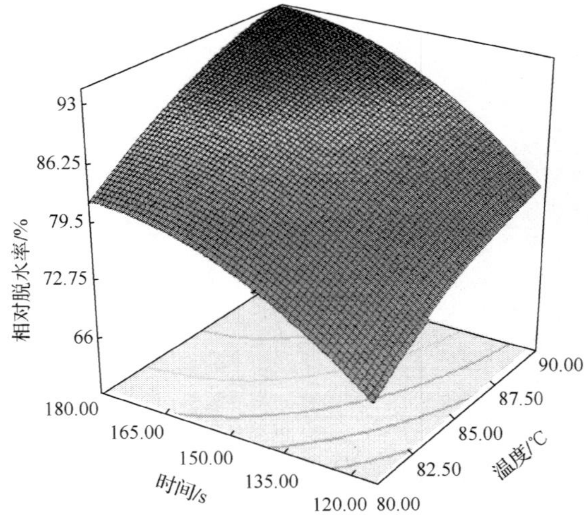

图 5.47 干燥温度、干燥时间及其交互作用对锰碳合金球相对脱水率的响应曲面

可以看出，随着干燥时间的延长，相对脱水率增大，主要是随着时间的增加，物料吸收更多微波能，脱除更多水分；随着干燥温度的升高，相对脱水率增大。在相同干燥时间内，干燥温度越高，温度梯度越大，越有利于水分蒸发，温度与时间与相对脱水率呈正相关关系。锰碳合金球相对脱水率在两因子的最高点达到最大值。

图 5.48 为干燥时间与物料量及其相互作用对锰碳合金球相对脱水率的影响。由

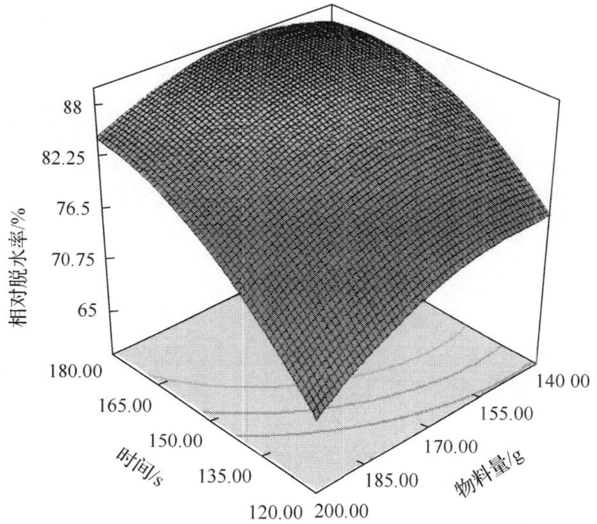

图 5.48 干燥时间、物料量及其交互作用对锰碳合金球相对脱水率的响应曲面

图 5.48 可以看出，随着物料量增加，相对脱水率降低，主要是随着物料量增加，微波功率密度降低，即单位质量的物料在相同时间内吸收的微波能减少；时间对相对脱水率有较大的影响，延长干燥时间有利于相对脱水率提高。

4. 响应曲面优化及验证

根据锰碳合金球的水分理化指标要求，以相对脱水率达到 85%以上为标准，通过响应曲面法优化得到锰碳合金球微波干燥的工艺参数见表 5.12。

表 5.12 微波干燥锰碳合金球回归模型优化工艺参数

干燥温度/℃	干燥时间/s	物料量/g	相对脱水率/%	
			预测值	实际值
90	176	150.61	93.96	93.25

为了检验响应曲面法优化的可靠性，采用优化后最佳工艺条件进行实验，采

用温度 90℃、时间 176s、物料量 150.61g 为条件，进行三组平行实验，取平均值为 93.25%，与预测值相差 0.71%，说明响应曲面法优化得出的工艺条件有效。

5.7.5　常规干燥与微波干燥对比

采用微波干燥锰碳合金球优化工艺参数进行实验，与常规干燥情况对比。设定干燥温度 90℃、物料质量 150.61g，分别采用微波干燥及烘箱干燥，相对脱水率随时间的变化如图 5.49 所示。由图 5.49 可知，微波干燥锰碳合金球可以在 200s 内能够完成干燥，而常规干燥则需要 120min 才能完成干燥，微波干燥能够有效地缩短干燥周期。

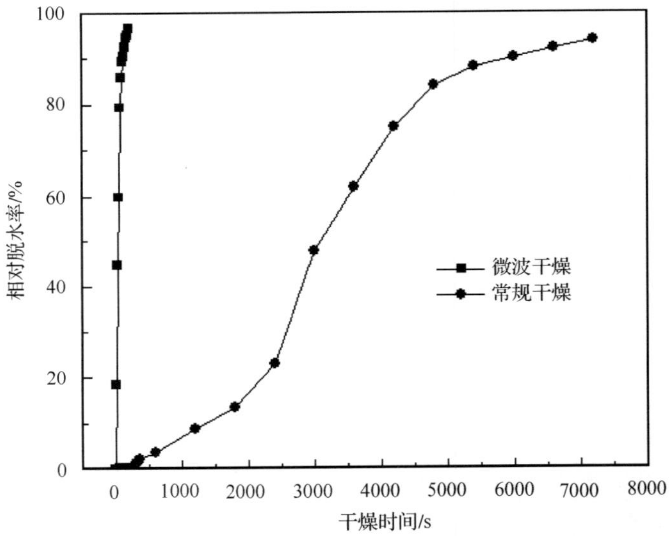

图 5.49　微波干燥与烘箱干燥相对脱水率变化对比

5.7.6　微波干燥动力学

1. 微波干燥特性

在干燥温度不超过 90℃的条件下，物料质量对锰碳合金球干燥特性的影响如图 5.50、图 5.51 所示。

由图 5.50 可知，含水率随着干燥时间的延长不断减少；在其他条件相同的情况下，质量越轻，经相同时间干燥后物料含水量越少。由图 5.51 可知，质量小于 100g 时，其干燥过程有两个阶段：升速阶段与减速阶段，升速阶段相对较短，质量为 100g 时，干燥过程有三个阶段：升速阶段、恒速阶段与降速阶段。

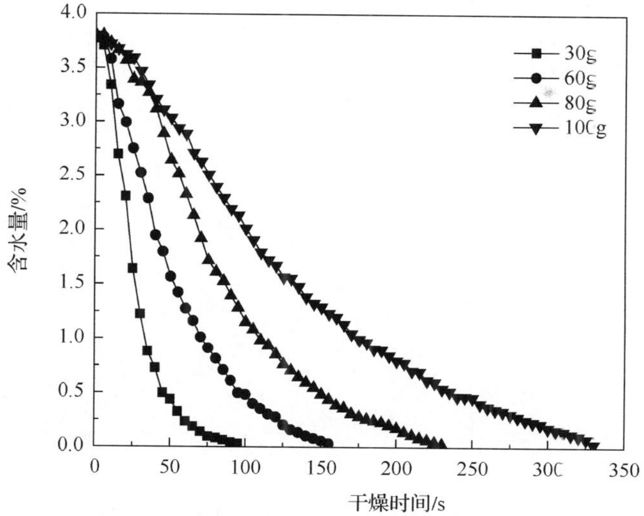

图 5.50 不同物料质量下锰碳合金球含水量随时间的变化

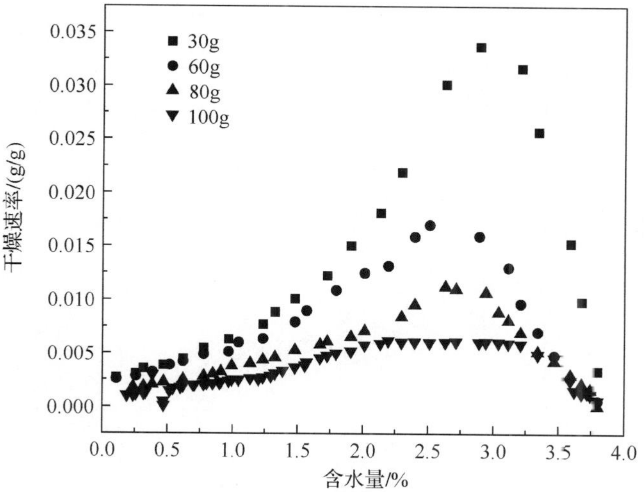

图 5.51 不同物料质量下锰碳合金球干燥速率变化

锰碳合金球 100g，干燥温度对锰碳合金球干燥特性的影响如图 5.52、图 5.53 所示。

从图 5.52、图 5.53 可知，干燥温度越高，干燥速率越高。锰碳合金球干燥过程分为升速阶段与减速阶段，从升速阶段直接进入降速阶段，水蒸气气压降低，水迁移阻力增大，致使蒸发量减少。

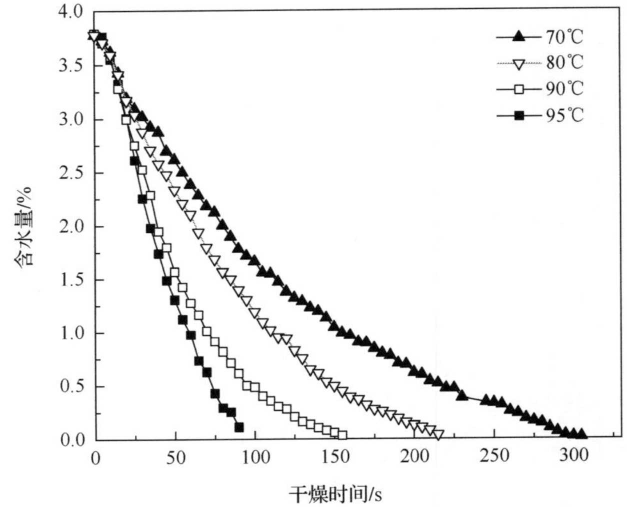

图 5.52　温度对锰碳合金球含水量变化的影响

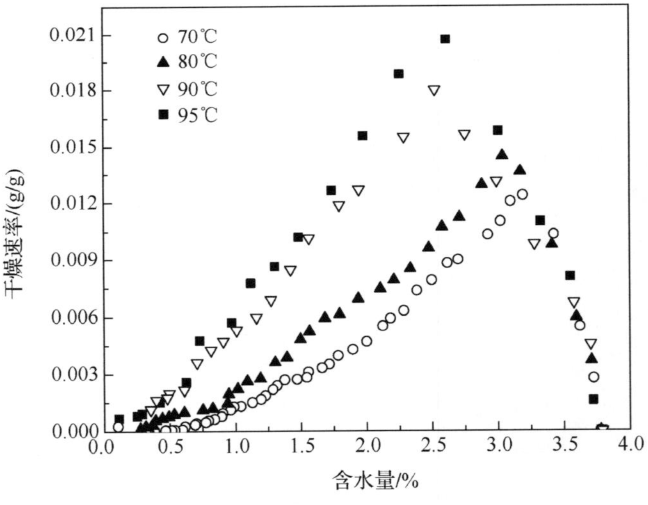

图 5.53　不同温度下锰碳合金球干燥速率变化

2. 动力学模型分析

不同干燥条件下物料水分比随时间的变化如图 5.54、图 5.55 所示。由图 5.54、图 5.55 可知，水分比变化趋势与含水率相似。物料量及温度对水分比的变化都有明显影响。

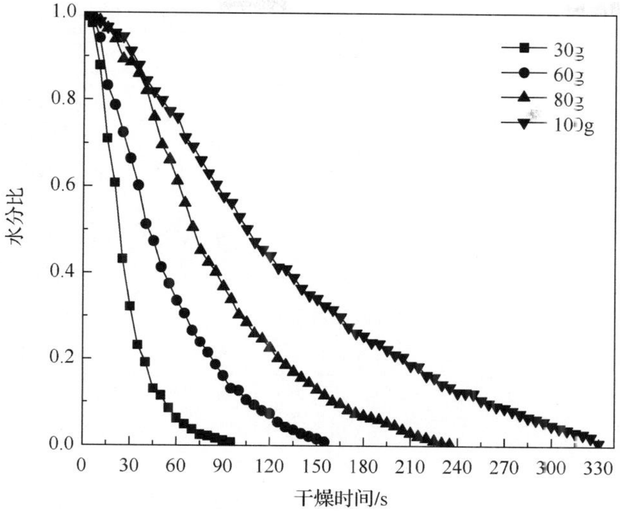

图 5.54　不同装载量下锰碳合金球水分比随时间的变化曲线

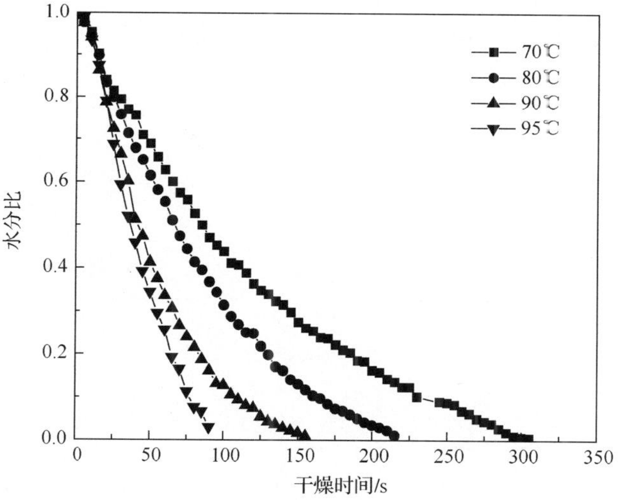

图 5.55　不同温度下锰碳合金球物料水分比变化曲线

采用 Newton 模型、Page 模型及 Wang 模型进行拟合，模型参数及相关系数见表 5.13 和表 5.14。从表 5.13、表 5.14 可知，在不同的干燥条件下，Page 模型对所有数据拟合后的相关系数均在 0.99 以上，且方差 χ^2 最小。在研究范围内，能很好地解释微波干燥锰碳合金球的动力学特征。

表 5.13 锰碳合金球不同装载量下的模型参数及数据分析

模型名称	装载量/g	模型参数	R^2	χ^2
Newton 模型	100	k=7.08×10^{-3}	0.96449	5.84×10^{-3}
	80	k=1.625×10^{-2}	0.93905	6.94×10^{-3}
	60	k=1.825×10^{-2}	0.97288	2.76×10^{-3}
	30	k=5.278×10^{-3}	0.95099	3.22×10^{-3}
Page 模型	100	k=9.70501×10^{-4}，n=1.40075	0.99862	1.3343×10^{-4}
	80	k=6.38694×10^{-4}，n=1.62263	0.99707	3.33574×10^{-4}
	60	k=4.22×10^{-3}，n=1.3535	0.99851	1.5115×10^{-4}
	30	k=4.13×10^{-3}，n=1.62687	0.99566	5.17481×10^{-4}
Wang 模型	100	a=–2.578×10^{-2}，b=1.65654×10^{-4}	0.97745	2.69×10^{-3}
	80	a=–1.348×10^{-2}，b=4.65779×10^{-5}	0.99396	6.13496×10^{-4}
	60	a=–8.16×10^{-3}，b=1.65302×10^{-5}	0.97877	2.42×10^{-3}
	30	a=–5.37×10^{-3}，b=7.27085×10^{-6}	0.99315	6.62118×10^{-4}

3. 有效扩散系数

有效扩散系数可通过 lnMR-t 斜率确定。假设锰碳合金球为球体，基于 Fick 扩散方程，有效扩散系数可通过式(5.45)解得

$$\frac{\partial M}{\partial t}=D_{\text{eff}}\frac{1}{r^2}\frac{\partial}{\partial r}\left(r^2\frac{\partial M}{\partial r}\right) \tag{5.45}$$

式中，r 为物料半径，m。

表 5.14 不同温度下锰碳合金球模型参数及数据分析

模型名称	温度/℃	模型参数	R^2	χ^2
Newton 模型	70	k=8.66×10^{-3}	0.98854	9.43375×10^{-4}
	80	k=1.179×10^{-2}	0.97743	2.07×10^{-3}
	90	k=1.822×10^{-2}	0.97218	2.83×10^{-3}
	95	k=2.123×10^{-2}	0.93355	7.4×10^{-3}
Page 模型	70	k=3.9×10^{-3}，n=1.15955	0.99605	3.24754×10^{-4}
	80	k=3.1×10^{-3}，n=1.29243	0.99791	1.919×10^{-4}
	90	k=4.0×10^{-3}，n=1.36215	0.99882	1.20406×10^{-4}
	95	k=1.91×10^{-3}，n=1.62489	0.99743	2.86266×10^{-4}
Wang 模型	70	a=–6.5×10^{-3}，b=1.10266×10^{-5}	0.99471	4.3552×10^{-4}
	80	a=–8.76×10^{-3}，b=1.96318×10^{-5}	0.99105	8.73372×10^{-4}
	90	a=–1.347×10^{-2}，b=4.64327×10^{-5}	0.99387	6.23769×10^{-4}
	95	a=–1.449×10^{-2}，b=3.74644×10^{-5}	0.98569	1.59×10^{-3}

假设物料水分分布均匀且各向同性，扩散系数为常数，初始条件：t=0，$R \leqslant r$，

M=M_0，边界条件：$t \geqslant 0$，R=r，M=M_e，$t>0$，R=0，$\dfrac{\partial M}{\partial R}=0$，其中 R 为物料径向距离。

基于 Fick 定律，Crank[51]解出如下方程以研究球形物料的干燥动力学

$$\mathrm{MR}=\frac{6}{\pi^2}\sum_{n=1}^{\infty}\frac{1}{n^2}\exp\left(-\frac{n^2 D_{\mathrm{eff}}\pi^2}{r^2}t\right) \tag{5.46}$$

式中，n 为傅里叶级数项数；MR 为水分比；t 为干燥时间，s；D_{eff}为有效扩散系数，$\mathrm{m^2/s}$。

在干燥过程中，认为级数的第一项是显著的，平衡水分与初始水分相比很小，近似为 0，即 $M_e \approx 0$，则式(5.46)可变为

$$\mathrm{MR}=\frac{M_t}{M_0}=\frac{6}{\pi^2}\exp\left(-\frac{D_{\mathrm{eff}}\pi^2}{r^2}t\right) \tag{5.47}$$

式中，M_t为 t 时刻物料含水率。

将式(5.47)两边取对数，则得到 lnMR 与 t 的直线性方程：

$$\ln\mathrm{MR}=\ln\frac{6}{\pi^2}-D_{\mathrm{eff}}\frac{\pi^2}{r^2}t \tag{5.48}$$

有效扩散系数通过 lnMR-t 斜率计算，lnMR 与干燥时间 t 的关系如图 5.56~图 5.59 所示。

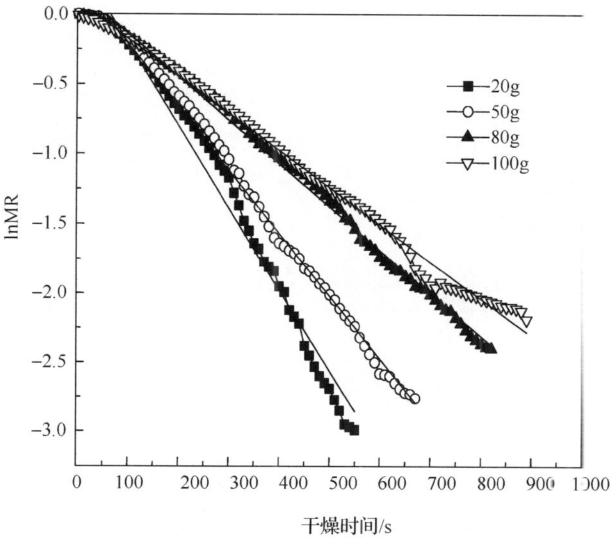

图 5.56　不同物料量下锰碳合金 lnMR 与时间的关系(20g、50g、80g、100g)

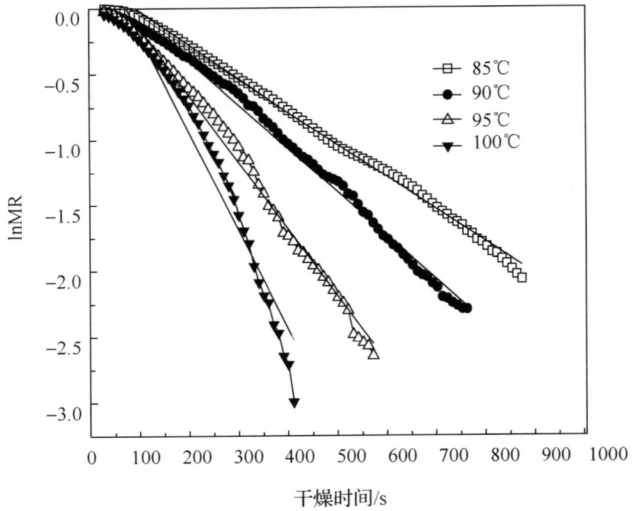

图 5.57　不同温度下锰碳合金 lnMR 与时间的关系(85℃、90℃、95℃、100℃)

干燥温度低于 95℃，物料 20~100g，lnMR 与干燥时间的线性拟合结果如图 5.56 所示。在物料量 80g，干燥温度 85~100℃，lnMR 与干燥时间的线性拟合如图 5.57 所示，有效扩散系数及分析见表 5.15、表 5.16。

表 5.15　不同装载量下锰碳合金有效扩散系数及数据分析

物料量/g	斜率	D_{eff}/(m²/s)	R^2
100	0.00266	1.079×10^{-7}	0.9964
80	0.0031	1.256×10^{-7}	0.9914
50	0.0045	1.826×10^{-7}	0.9892
20	0.00587	2.381×10^{-7}	0.9495

由表 5.15、表 5.16 可知，物料的有效扩散系数随着物料量的增加而减少，该物料无恒速干燥过程，温度梯度、蒸气压与功率密度呈正相关系。随着干燥温度的升高，有效扩散系数增加。

表 5.16　不同温度下锰碳合金有效扩散系数及数据分析

温度/℃	斜率	D_{eff}/(m²/s)	R^2
85	0.00249	1.010×10^{-7}	0.9964
90	0.0031	1.256×10^{-7}	0.9914
95	0.0051	2.069×10^{-7}	0.9892
100	0.00752	3.051×10^{-7}	0.9495

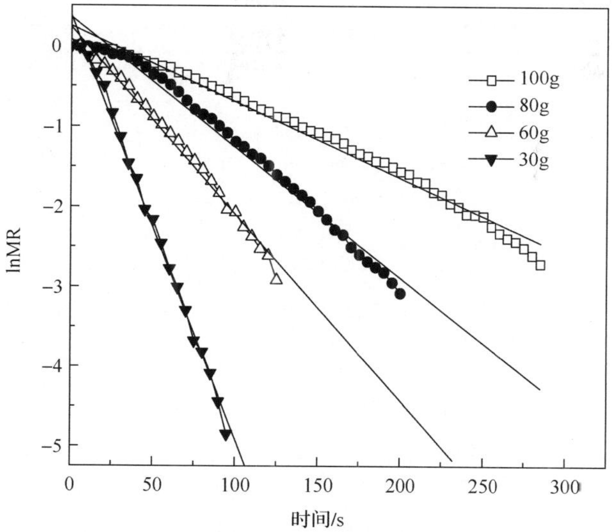

图 5.58 不同物料量下锰碳合金球 lnMR 与时间的关系(100g、80g、60g、30g)

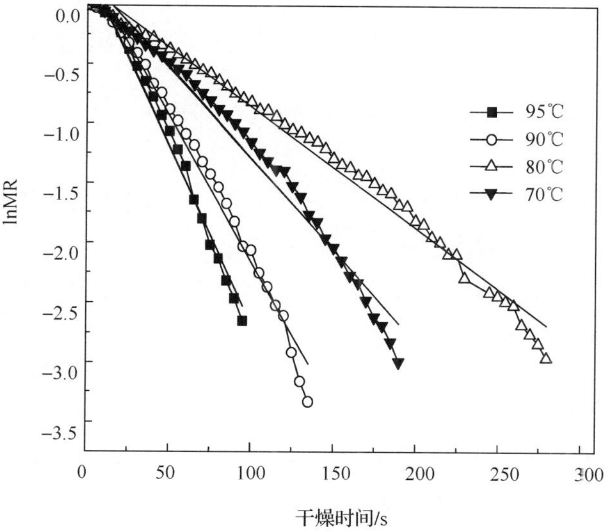

图 5.59 不同温度下锰碳合金球 lnMR 与时间的关系(95℃、90℃、80℃、70℃)

干燥温度低于 90℃、物料 30~100g，lnMR 与干燥时间的拟合如图 5.58 所示。物料 60g、干燥温度 70~95℃，lnMR 与干燥时间的拟合如图 5.59 所示。有效扩散系数及相关系数见表 5.17、表 5.18。

表 5.17　不同物料质量的锰碳合金球有效扩散系数及数据分析

物料量/g	斜率	D_{eff}/(m²/s)	R^2
100	0.00944	0.77×10^{-7}	0.98484
80	0.01625	1.37×10^{-7}	0.9911
60	0.02341	2.01×10^{-7}	0.9893
30	0.05278	4.33×10^{-7}	0.9934

表 5.18　不同温度下锰碳合金球有效扩散系数及数据分析

温度/℃	斜率	D_{eff}/(m²/s)	R^2
70	0.01013	0.83×10^{-7}	0.98735
80	0.01537	1.26×10^{-7}	0.97733
90	0.02442	2.01×10^{-7}	0.98342
95	0.02968	2.44×10^{-7}	0.98219

由表 5.17、表 5.18 可知，物料有效扩散系数随着物料量的增加而减少，该物料在高功率密度下恒速干燥过程很短，高功率密度下升温速度快，温度梯度、蒸气压与功率密度呈正相关关系。

5.8　微波干燥氢氧化锆

氢氧化锆，或称水合氧化锆，是一种不溶于水、碱性稍强的两性氧化物，高活性的氢氧化锆可作为 SO_4^{2-}吸附剂，解决 SO_4^{2-}给化工带来的巨大危害。氢氧化锆还可用于制备颜料、玻璃、染料等，也是制备其他锆化合物的重要中间体，氢氧化锆的性能是影响锆制品质量的关键。

由于目前氢氧化锆的工业生产大多采用湿化学法，在液相中完成反应，产物经洗涤过滤后，含水量仍很高，干燥需消除或减少团聚，干燥技术和工艺条件对颗粒的大小、聚集状态等会产生显著的影响。目前干燥工艺主要是直接高温煅烧、冷冻燥法喷雾干燥、旋转闪蒸干燥[52]。

周跃[50]进行了微波加热干燥氢氧化锆的研究。氢氧化锆原料采用中和沉淀法制备，产品平均含水率为 76.6%，含有部分结合水。氢氧化锆热重分析表明，当温度超过 100℃后，失重速率迅速增加，当温度达到 122.1℃时，失重速率最快，温度 122.1℃时，对应一吸热峰，主要是氢氧化锆脱水分解为 ZrO_2 所致。当温度高于 300℃后，达到恒重，总失重率 24.01%，与理论值(22.1%)相近。温度在 450.9℃处有一放热峰，是由无定形氧化锆发生晶型转化形成单斜氧化锆晶化放热形成。氢氧化锆干燥过程中，50s 内升温速率为 1.8℃/s，能够快速达到沸点，是由于物料含水率高达 76.6%，水具有很高的相对介电常数，吸波性好，使物料迅速升温，到达90℃左右时，物料保持恒温，是由于微波转化的热能主要用于水分的汽化及迁移，干燥过程水分的散失主要在恒温阶段。

5.8.1 物料质量的影响

干燥温度95℃，干燥时间12min，物料质量对相对脱水率的影响如图5.60、图5.61所示。

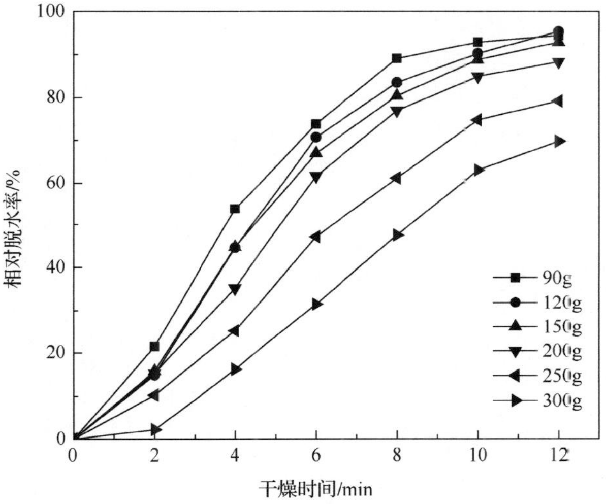

图5.60 不同物料质量下氢氧化锆相对脱水率随时间的变化

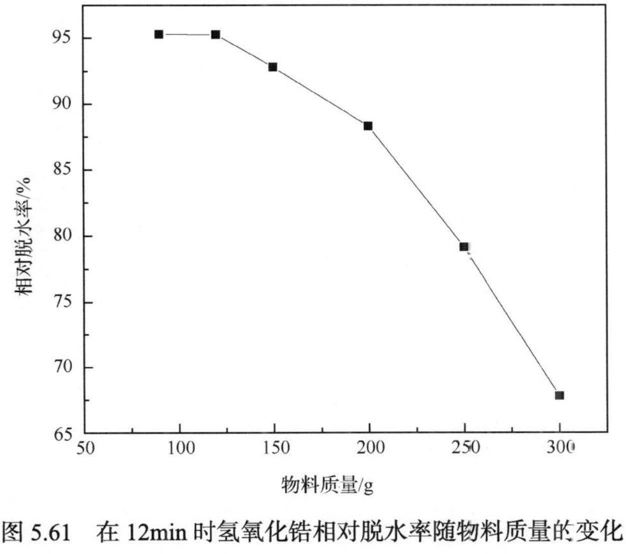

图5.61 在12min时氢氧化锆相对脱水率随物料质量的变化

图 5.60 表明，干燥前期脱水率增加缓慢，随后相对脱水率迅速增加、快速失水，不同质量的脱水率差距逐渐增大，在干燥后期相对脱水率增加减缓，物料质量与相对脱水率并非线性关系。

图 5.61 为干燥时间 12min 时，氢氧化锆的相对脱水率随质量变化，说明微波干燥需特别注意微波功率与物料量的关系。

5.8.2　干燥温度的影响

氢氧化锆 150g，物料温度对相对脱水率的影响如图 5.62 所示。

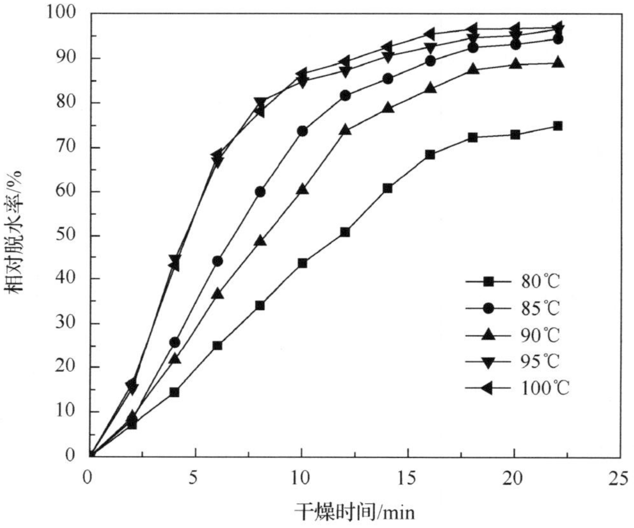

图 5.62　温度对氢氧化锆相对脱水率的影响

从图 5.62 可以看出，干燥过程中，物料表面容易散热，使内部温度高于外部温度，形成的温度梯度的方向与水分梯度方向一致，物料温度越高，温度梯度越大，产生的蒸气压越大，越有利于水分迁移。物料温度保持恒定，干燥进入恒温阶段，此阶段水分大量迁移，随着水分减少，物料继续升温。当恒温干燥结束后，含水显著减少，物料介电常数降低，可降低微波功率。

图 5.63 为干燥时间为 12min 时，温度对物料的相对脱水率影响。分析表明，温度越高，含水量就越低，因为温度越高，传热推动力(温度差)就越大，干燥速度也就越快，物料相对脱水率增加显著。

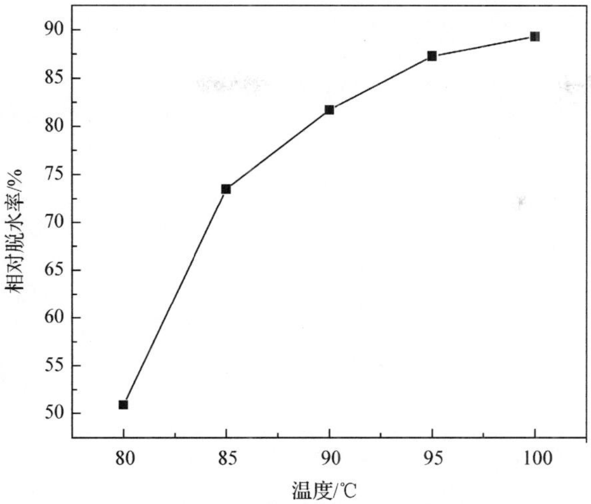

图 5.63 干燥 12min 时氢氧化锆相对脱水率随温度变化

5.8.3 干燥时间的影响

氢氧化锆 150g，干燥温度 95℃，干燥时间对相对脱水率的影响如图 5.64 所示。

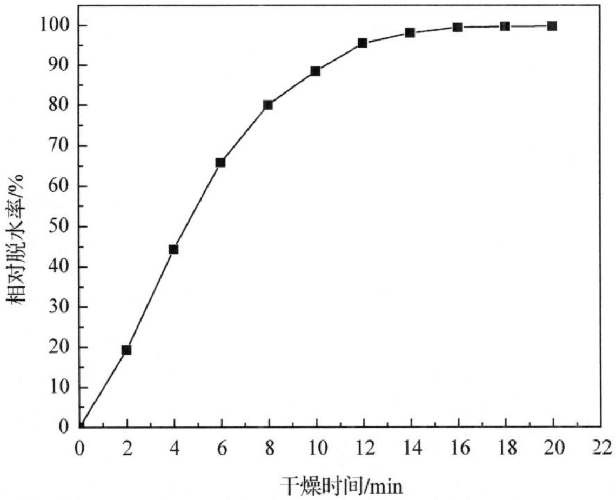

图 5.64 微波干燥时间对氢氧化锆相对脱水率的影响

从图 5.64 可以看出，干燥时间对相对脱水率有显著的影响，相对脱水率随干燥时间的增加而快速升高，20min 可将物料中的水分脱出。

5.8.4 响应曲面优化

1. 实验设计与结果

选定干燥温度(℃)、干燥时间(min)及物料量(g)为独立因素，以相对脱水率为响应值进行中心组合设计，采用响应曲面法进行优化，实验设计与结果见表 5.19。

表 5.19　微波干燥氢氧化锆实验设计与结果

编号	温度/℃	时间/min	物料量/g	相对脱水率 *Y*/%
1	95	10.5	175.00	82.9
2	95	10.5	175.00	82.33
3	95	10.5	175.00	83.2
4	95	10.5	175.00	83.2
5	95	10.5	175.00	82.67
6	95	10.5	175.00	83.26
7	90	8.0	110.00	57.22
8	90	8.0	240.00	41.66
9	100	8.0	110.00	81.87
10	100	8.0	240.00	70.23
11	90	13.0	110.00	76.1
12	90	13.0	240.00	64.32
13	100	13.0	110.00	90.9
14	100	13.0	240.00	81.32
15	95	10.5	65.68	85.91
16	95	10.5	284.31	64.95
17	87	10.5	175.00	55.21
18	103	10.5	175.00	82.21
19	95	6.3	175.00	61.5
20	95	14.7	175.00	94.34

2. 模型拟合及精确性分析

基于实验数据得到的响应值与所考察的参数变量关系式，响应曲面分析得到的二次多项回归方程式见式(5.49)，χ_a、χ_b 及 χ_c 分别代表干燥温度、干燥时间、物料量，Y 为相对脱水率

$$\begin{aligned}Y=&-2395.59-0.09\chi_a+46.80\chi_b+31.08\chi_c+2.35\times10^{-3}\chi_a\chi_b+4.49\times10^{-3}\chi_a\chi_c\\&-0.21\chi_b\chi_c-7.79\times10^{-4}\chi_a^2-0.23\chi_b^2-0.38\chi_c^2\end{aligned}\tag{5.49}$$

经拟合计算，相关系数 R^2=0.9809，校正相关系数 $R^2{}_{adj}$=0.9637，均接近于 1，说明该模型与实验数据的拟合度高，回归方程的方差分析见表 5.20。

表 5.20 回归方程方差分析

方差来源	平方和	自由度	均方	F 值	Prob > F
模型	3435.05	9	381.67	57.12	<0.0001
χ_a	514.33	1	514.33	76.97	<0.0001
χ_b	1245.64	1	1245.64	186.42	<0.0001
χ_c	1000.47	1	1000.47	149.73	<0.0001
$\chi_a\chi_b$	4.68	1	4.68	0.70	0.4221
$\chi_a\chi_c$	4.26	1	4.26	0.64	0.4430
$\chi_b\chi_c$	57.35	1	57.3	8.58	0.0150
χ_a^2	155.92	1	155.92	23.33	0.0001
χ_b^2	462.52	1	462.52	69.22	< 0.0001
χ_c^2	83.63	1	83.63	12.52	0.0054

由表 5.20 可知，建立的回归模型极显著，可信度高。在单因素中，χ_a、χ_b 和 χ_c 是相对脱水率影响显著；在交互作用因素中，$\chi_b\chi_c$ 对脱水率的影响显著，$\chi_a\chi_b$、$\chi_a\chi_c$ 对脱水率的影响不显著；二次项因素中，χ_a^2、χ_b^2 和 χ_c^2 对相对脱水率的影响都显著，其中 χ_b^2 的影响最显著。

图 5.65 为氢氧化锆微波干燥相对脱水率预测值与实际值的对比图，实验数据基本分布于由模型所得预测值周围，说明所选取模型能反映影响氢氧化锆微波干燥的自变量与应变量之间的关系。图 5.66 为氢氧化锆微波干燥脱水率的残差正态

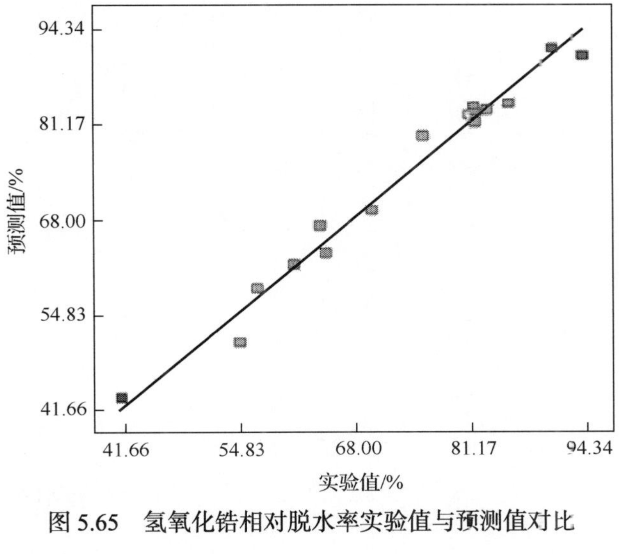

图 5.65 氢氧化锆相对脱水率实验值与预测值对比

概率图，残差沿直线分布，表明实验残差分布在常态范围内；残差代表实际响应值与模型的预测值之间的差值，残差集中分布中间，表明模型的精确性良好。

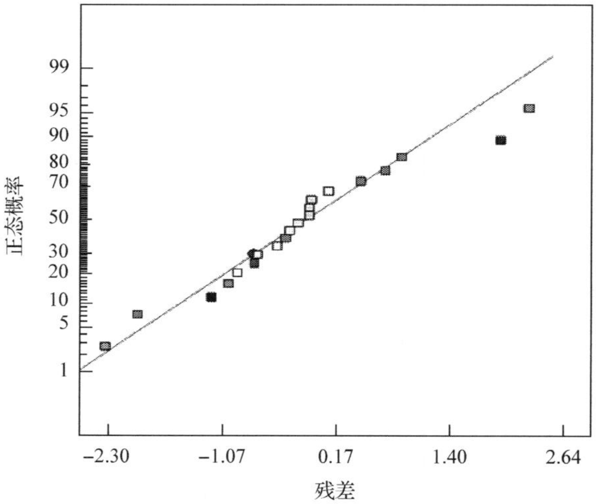

图 5.66　氢氧化锆相对脱水率残差正态概率

3. 响应曲面分析

图 5.67~图 5.69 为物料量、干燥温度、干燥时间及其相互作用，对相对脱水率影响的响应面。由图 5.67 可知，随着干燥温度的升高，相对脱水率升高；随着物料量的增大，相对脱水率降低，降低趋势随着物料量的增加逐渐显著。

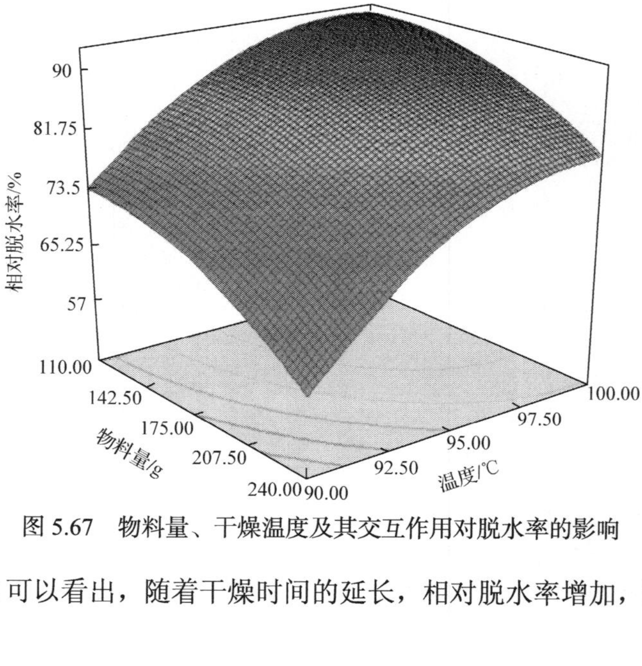

图 5.67　物料量、干燥温度及其交互作用对脱水率的影响

由图 5.68 可以看出，随着干燥时间的延长，相对脱水率增加，随着物料量的

增大，相对脱水率降低，与图 5.67 相符。从图 5.69 可以看出，随着干燥温度的升高及时间的延长，相对脱水率明显升高。当干燥时间固定时，随着温度的增加，氢氧化锆的相对脱水的升高趋势逐渐缓慢；当干燥温度固定时，随着干燥时间的延长，相对脱水率升高趋势同样逐渐减缓。分析表明，相对脱水率与物料量呈负相关关系，与干燥温度、干燥时间呈正相关关系，当自变量达到一定数值，相对脱水率的变化趋势缓慢。

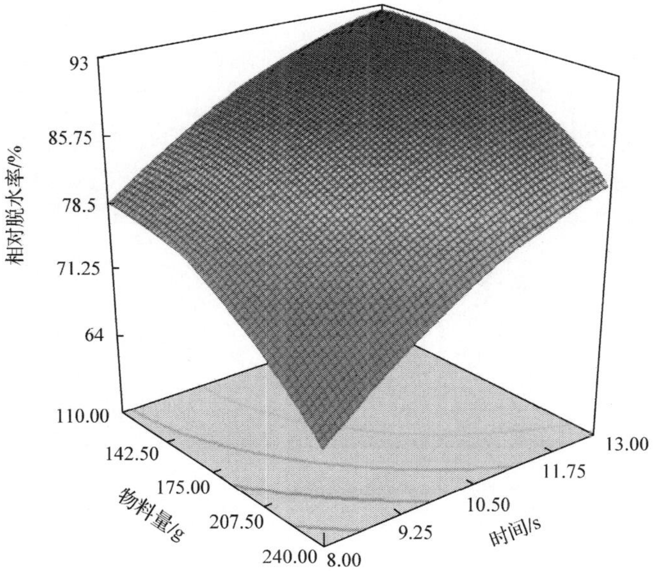

图 5.68 物料量、干燥时间及其交互作用对脱水率的影响

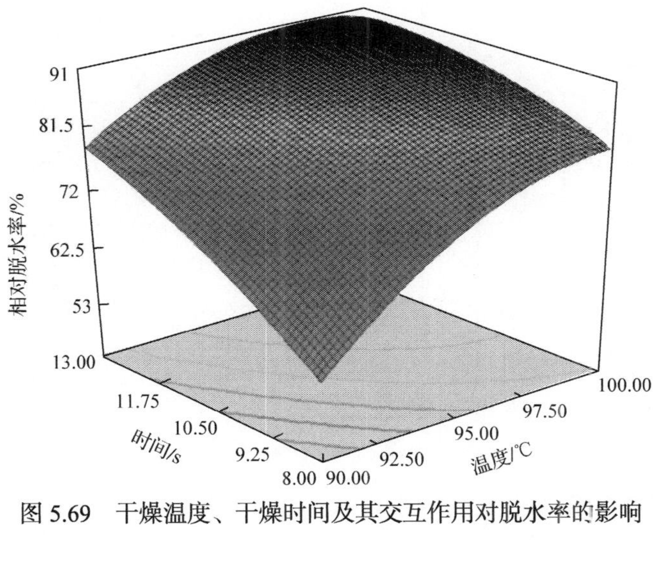

图 5.69 干燥温度、干燥时间及其交互作用对脱水率的影响

4. 条件优化及验证

通过响应曲面优化，以相对脱水率达到 90%以上为标准得到优化工艺参数如表 5.21 所示。

表 5.21　回归模型优化工艺参数

干燥温度/℃	干燥时间/min	物料量/g	相对脱水率/%	
			预测值	实际值
95	12.8	149.7	90.32	90.76

为了检验响应曲面法优化的可靠性，采用优化后的最佳条件进行实验，进行三组平行实验，取实验结果平均值为 90.76%，与预测值相差 0.44%。由此说明响应曲面法优化得出的最佳工艺条件有效。

5.8.5　常规干燥与微波干燥对比

干燥温度 95℃，物料质量 149.7g，采用微波干燥及烘箱干燥，相对脱水率随时间的变化如图 5.70 所示。

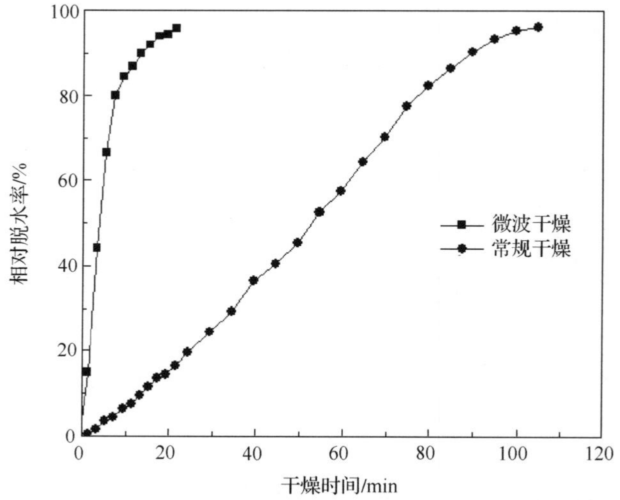

图 5.70　微波干燥氢氧化锆与烘箱干燥相对脱水率对比

由图 5.70 可知，微波干燥可在 20min 内完成，而常规干燥则需要 110min，微波干燥能够有效地缩短干燥周期。

将微波干燥及烘箱干燥后的氢氧化锆经球磨，获得的粉末的扫描电镜图及粒度分析如图 5.71~图 5.74 所示。

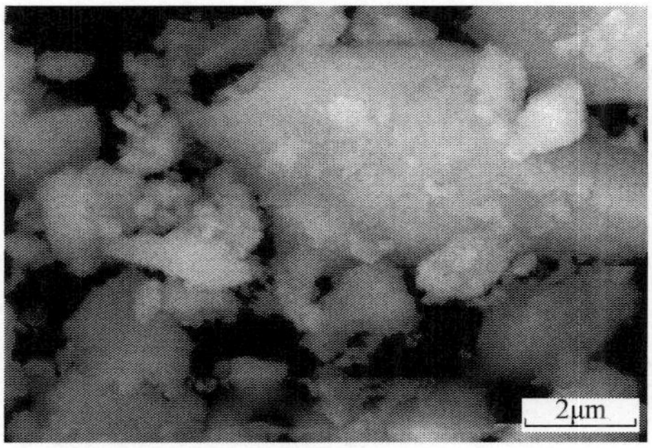

图 5.71 烘箱干燥氢氧化锆的扫描电镜图

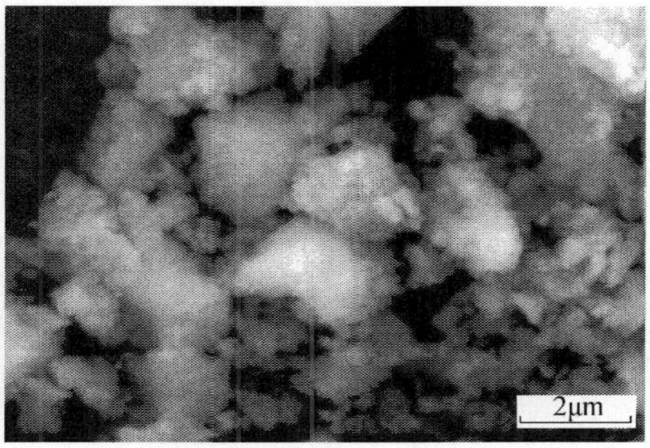

图 5.72 微波干燥氢氧化锆的扫描电镜图

由图 5.71 可知，烘干颗粒产生了严重的团聚，透气性差。由于氢氧化锆含有大量的游离水及吸附水，在粒子间存在表面张力很高的水分子，干燥过程中，由于毛细管作用使粒子间产生较强的结合力。从图 5.73 可看出，常规干燥的氢氧化锆的粒度分布是一条双峰曲线，D_{50} 为 1.38μm，部分颗粒粒度为 5~10μm，说明常规干燥引起了颗粒的局部团聚。

由图 5.72 可知，微波干燥所得氢氧化锆粉末的分散性比常规干燥的好，团聚程度明显减弱，颗粒接触不是很紧密。由图 5.74 可知，微波干燥所得氢氧化锆粉末粒度分布是一条单峰曲线，D_{50} 为 0.81μm，微波干燥技术处理的氢氧化锆粉末相比常规处理方式可以明显减少粉末颗粒的团聚现象，能够细化粉末颗粒，提高粉末分布的均匀性，增大粉末的比表面积。

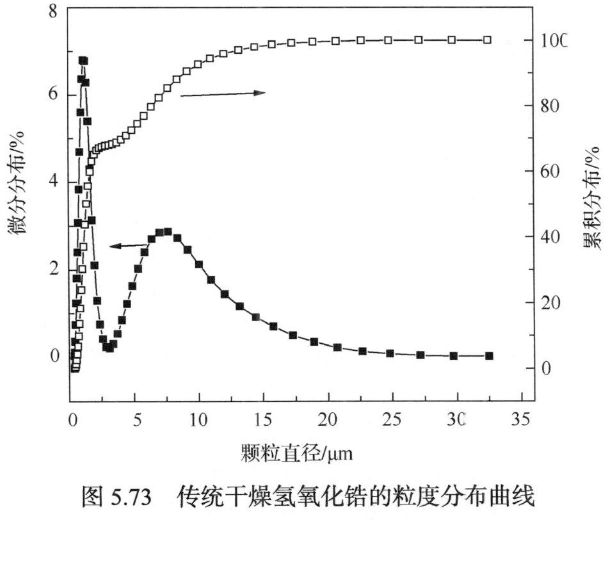

图 5.73 传统干燥氢氧化锆的粒度分布曲线

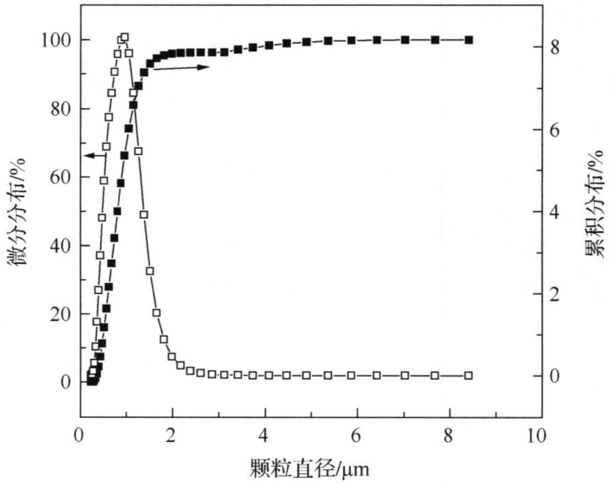

图 5.74　微波干燥氢氧化锆的粒度分布曲线

5.8.6　微波干燥动力学

1. 物料量对微波干燥特性的影响

在干燥温度不超过 95℃的条件下，物料量对氢氧化锆干燥特性的影响如图 5.75、图 5.76 所示。

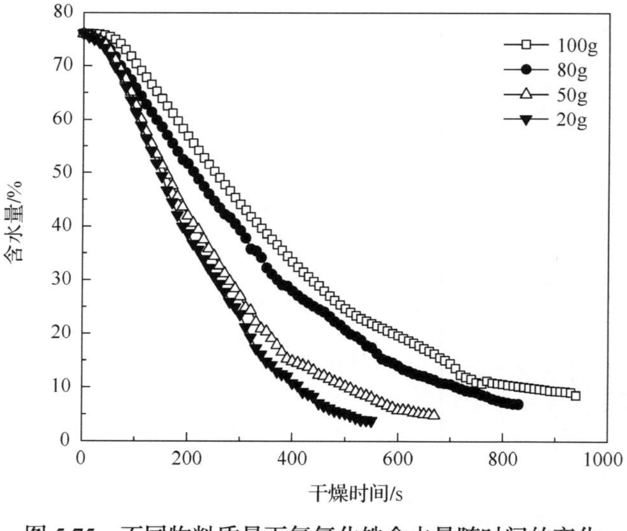

图 5.75　不同物料质量下氢氧化锆含水量随时间的变化

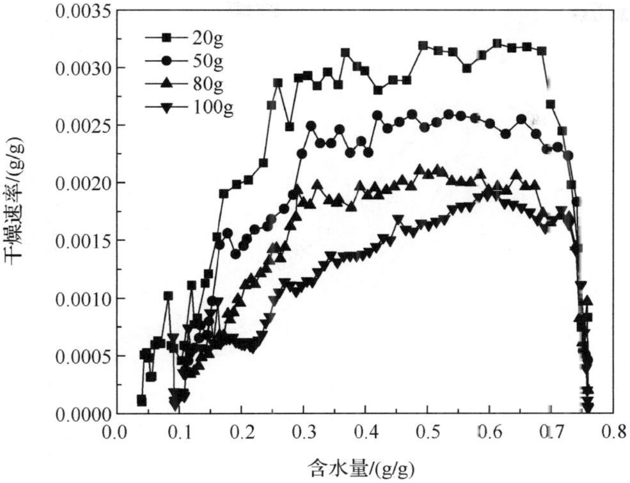

图 5.76　不同物料质量下氢氧化锆干燥速率曲线

由图 5.75 可知，物料量越少，经相同时间干燥后物料的含水量越少。由图 5.76 可知，氢氧化锆在研究范围内干燥过程有三个阶段：升速阶段、恒速阶段及降速阶段。在升速阶段，物料表面和内部同时升温，表面水分首先受热蒸发，由于外部环境温度低，产生内外温度梯度，推动水分向外表迁移。随着物料温度迅速升温，表面水分蒸发，蒸气压逐渐增大，使得水分迁移速率大于水分散失速率，而由于氢氧化锆水分含量高，蒸气压迅速升高，升速阶段很短暂。在恒温阶段，物料表面水分散失速率等于内部水分向外迁移速率。降速阶段的出现主要是随着水分不断迁移，物料表面水分不断蒸发，造成物料表面较完整的水层逐渐缺失，最终导致物料内部传质与传热的阻力不断增加，随着水分的减少，物料吸波能力下降。干燥速率随着物料量的减少而增加。在干燥最后阶段，装载量对干燥速率的影响不明显。传统干燥工艺在减速阶段的效率最低，微波能把水分驱至表面并迅速排除，使干燥速率迅速提高。

2. 温度对微波干燥特性的影响

氢氧化锆 100g，干燥温度对氢氧化锆干燥特性的影响如图 5.77、图 5.78 所示。分析表明，干燥温度越高，物料与外界形成温度梯度越高，水分迁移越快，干燥速率越高，达到相同含水率所需的时间越少。

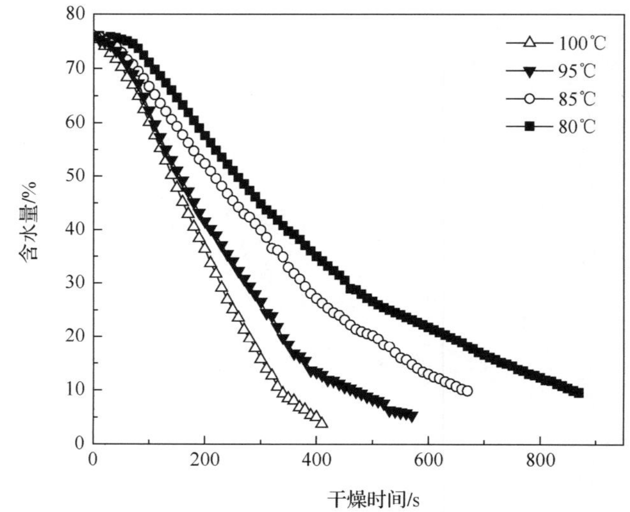

图 5.77　温度对氢氧化锆含水量变化的影响

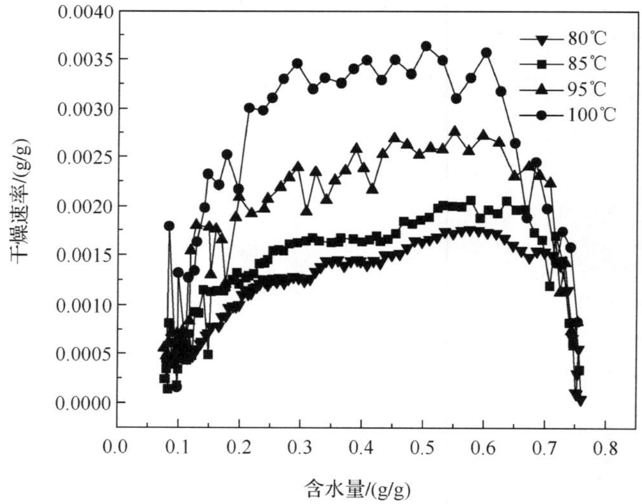

图 5.78　不同温度下的氢氧化锆干燥速率曲线

3. 动力学模型分析

不同干燥条件下物料水分比随时间的变化如图 5.79、图 5.80 所示。

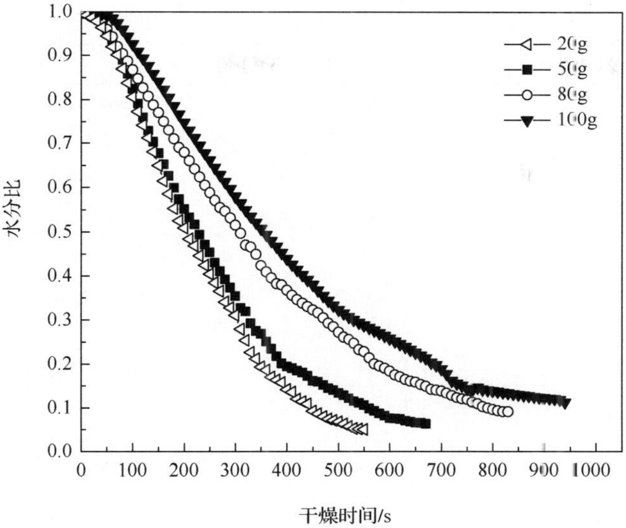

图 5.79 氢氧化锆不同物料量下水分比随干燥时间的变化曲线

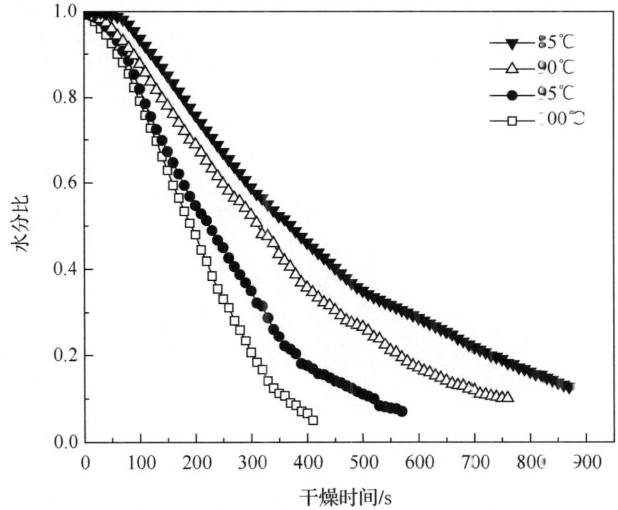

图 5.80 不同温度下氢氧化锆水分比随时间的变化曲线

由图 5.79、图 5.80 可以看出，水分比变化趋势与含水率相似。物料量及温度对水分比的变化都有明显的影响。对图 5.79、图 5.80 采用 Newton 模型、Page 模型及 Wang 模型进行拟合，结果见表 5.22、表 5.23。

由表 5.22、表 5.23 可知，在不同的干燥条件下，Page 模型对所有数据拟合后的决定相关系数均在 0.99 以上，且 χ^2 最小，能很好地解释微波干燥氢氧化锆的动力学特征。

表 5.22　氢氧化锆不同装载量下动力学模型拟合结果

模型名称	装载量/g	模型参数	R^2	χ^2
Newton 模型	100	k=2.08 × 10^{-3}	0.96154	3.39 × 10^{-3}
	80	k=2.46 × 10^{-3}	0.97306	2.28 × 10^{-3}
	50	k=3.44 × 10^{-3}	0.96038	3.84 × 10^{-3}
	20	k=3.87 × 10^{-3}	0.94224	5.97 × 10^{-3}
Page 模型	100	k=2.01194 × 10^{-4},n=1.37988	0.99573	3.7566 × 10^{-4}
	80	k=3.57339 × 10^{-4},n=1.32067	0.99909	7.74553 × 10^{-5}
	50	k=3.0987 × 10^{-4},n=1.42059	0.99739	2.52448 × 10^{-4}
	20	k=1.6385 × 10^{-4},n=1.56551	0.99772	1.02739 × 10^{-4}
Wang 模型	100	a=−1.63 × 10^{-3},b=6.97645 × 10^{-7}	0.98465	1.35 × 10^{-3}
	80	a=−1.92 × 10^{-3},b=9.71888 × 10^{-7}	0.99371	5.33015 × 10^{-4}
	50	a=−2.64 × 10^{-3},b= 1.82132 × 10^{-6}	0.98678	1.28 × 10^{-3}
	20	a=−2.8 × 10^{-3},b= 1.79332 × 10^{-6}	0.98534	1.51 × 10^{-3}

表 5.23　氢氧化锆不同温度下动力学模型拟合结果

模型名称	温度/℃	模型参数	R^2	χ^2
Newton 模型	85	k=1.95 × 10^{-3}	0.96152	3.11 × 10^{-3}
	90	k=2.46 × 10^{-3}	0.99946	3.35 × 10^{-3}
	95	k=3.51 × 10^{-3}	0.99858	4.93 × 10^{-3}
	100	k=4.2 × 10^{-3}	0.91185	9.06 × 10^{-3}
Page 模型	85	k=1.93172 × 10^{-4}, n= 1.37597	0.99549	3.7566 × 10^{-4}
	90	k=2.11799 × 10^{-4}, n =1.41056	0.99574	7.74553 × 10^{-5}
	95	k=2.04056 × 10^{-4}, n = 1.50316	0.99435	2.52448 × 10^{-4}
	100	k=6.41918 × 10^{-5}, n = 1.77172	0.99903	1.02739 × 10^{-4}
Wang 模型	85	a =−1.51 × 10^{-3}, b= 5.60161 × 10^{-7}	0.98473	1.23 × 10^{-3}
	90	a =−1.86 × 10^{-3}, b = 8.2366 × 10^{-7}	0.99132	7.5201 × 10^{-4}
	95	a =−2.59 × 10^{-3}, b = 1.56894 × 10^{-6}	0.98594	1.36 × 10^{-3}
	100	a =−2.64 × 10^{-3}, b = 3.91581 × 10^{-7}	0.98665	1.37 × 10^{-3}

4. 有效扩散系数

受物料的成分、干燥温度及含水量等因素影响，将式(5.26)两边取对数，得到 lnMR 与 t 线性方程：

$$\ln \mathrm{MR} = \ln \frac{8}{\pi^2} - D_{\mathrm{eff}} \frac{\pi^2}{4L^2} t \tag{5.50}$$

氢氧化锆在不同物料质量及不同干燥温度下 lnMR 与干燥时间的关系如图 5.81、图 5.82 所示。

图 5.81 为氢氧化锆在干燥温度低于 95℃、物料量 20~100g，lnMR 与干燥时间的线性拟合结果，图 5.82 为氢氧化锆在装载量 80g 条件下，干燥温度范围为 85~100℃的 lnMR 与干燥时间的线性拟合结果。氢氧化锆不同微波干燥条件下的有效扩散系数及数据分析结果如表 5.24、表 5.25 所示。

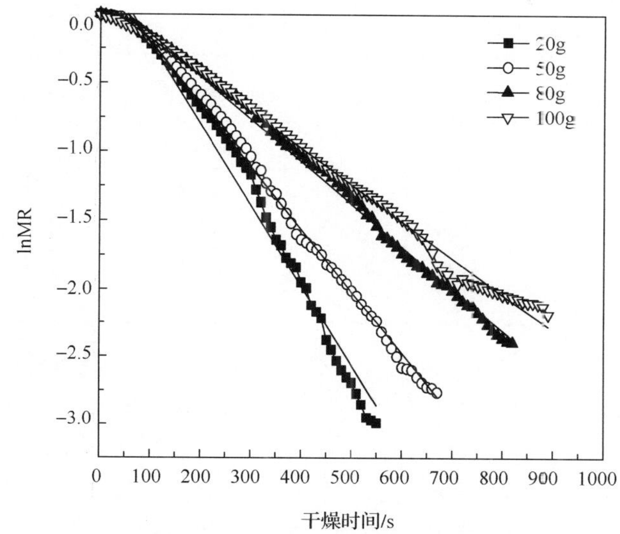

图 5.81　不同物料质量下氢氧化锆 lnMR 与时间的关系

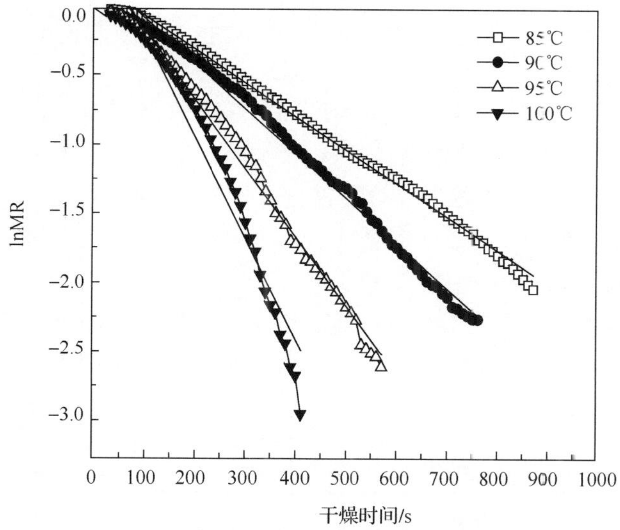

图 5.82　不同温度下氢氧化锆 lnMR 与时间的关系

表 5.24　不同物料量下氢氧化锆有效扩散系数及数据分析

物料量/g	斜率	D_{eff}/(m²/s)	R^2
100	0.00266	1.079×10^{-7}	0.9964
80	0.0031	1.256×10^{-7}	0.9914
50	0.0045	1.826×10^{-7}	0.9892
20	0.00587	2.381×10^{-7}	0.9495

表 5.25　不同温度下氢氧化锆有效扩散系数及数据分析

温度/℃	斜率	D_{eff}/(m²/s)	R^2
85	0.00249	1.010×10^{-7}	0.9964
90	0.0031	1.256×10^{-7}	0.9914
95	0.0051	2.069×10^{-7}	0.9892
100	0.00752	3.051×10^{-7}	0.9495

由表 5.24、表 5.25 可知，物料的有效扩散系数随着装载量的增加而减少，该物料在缺失恒速干燥过程，温度梯度、蒸气压与功率密度呈正相关关系。随着干燥温度的升高，有效扩散系数增加。

相关技术已在中国核工业集团公司某厂建立微波干燥水合氧化锆产业化生产线，有效提高了脱水效率，降低了能耗，提高了产品质量。

5.9　微波干燥钼酸铵

钼酸铵是钼冶金过程中重要的中间产品，它是生产钼粉、钼丝及钼基制品的主要原料，并用于催化剂、阻燃剂、颜料及微量元素肥料。工业生产钼酸铵通过蒸发结晶或者中和结晶的方法获得，通常含有 13%~18%的水分，传统作业先进行离心分离，再采用真空双圆锥干燥器或者真空烘箱干燥器进行烘干，有时会产生局部过热，引起结块，影响钼酸铵的质量。

秦文峰[53]采用微波干燥钼酸铵，通过正交实验优化实验工艺参数，选取微波功率(P)、干燥时间(t)、物料质量(G)作为实验因素，因素与水平设计见表 5.26，结果见表 5.27，极差分析见表 5.28。

表 5.26　正交实验因素、水平

序号	微波功率/W	干燥时间/s	物料质量/g
1	350	30	5
2	525	60	10
3	700	90	15

表 5.27 正交实验结果

序号	微波功率/W	干燥时间/s	物料质量/g	脱水率/%
1	700	90	10	98.68
2	700	60	5	99.76
3	700	30	15	90.85
4	525	90	5	99.98
5	525	60	15	87.17
6	525	30	10	89.19
7	350	90	15	84.32
8	350	60	10	85.48
9	350	30	5	88.68

表 5.28 干燥实验极差分析结果

水平	因素		
	$A(P)$	$B(T)$	$C(G)$
Ⅰ	258.48	268.71	288.42
Ⅱ	276.33	272.41	273.34
Ⅲ	289.29	282.98	262.34
M_t	824.1	824.1	824.1
$K_{平Ⅰ}$	86.16	89.57	96.14
$K_{平Ⅱ}$	92.11	90.80	91.11
$K_{平Ⅲ}$	96.43	94.33	87.45
R	10.27	4.76	8.69

分析表明，微波干燥钼酸铵，微波功率对失水率的影响最大，物料质量次之，干燥时间对失水率的影响最小。最佳条件为：微波功率 700W、干燥时间 90s、物料质量 5g、钼酸铵的失水率为 100%。5g 物料在 120℃干燥箱干燥，失水率为 100%需要 50min，微波干燥时间仅占常规干燥时间的 3%。

秦文峰等[54]也对含水 15%的仲钼酸铵进行微波干燥研究，正交实验研究表明，对仲钼酸铵干燥过程的主要因素是干燥时间，其次是物料质量，微波功率的影响较小，在微波功率 525W，干燥时间 90s，物料重量 15g，仲钼酸铵脱水率达到 99.98%。

四钼酸铵有水合型、无水 α 型、无水 β 型和微粉型几种晶形。中和结晶法生产的四钼酸铵晶体在干燥前基本上都是以水合四钼酸铵形态存在，它是一种亚稳态晶体，在结晶过程、过滤洗涤与干燥过程失去结晶水，转变成 α 型和 β 型四钼酸铵。α 型四钼酸铵加工性能差，其生产出的钼粉易勾挂，不利于过筛。β 型四钼酸铵生产出来的钼粉呈藕片状，易筛分，加工性能优越[55,56]。

李健[57]以湿基含水 17.23%的四钼酸铵开展了微波恒温干燥研究，探索了物料厚度、干燥温度、干燥时间等四钼酸铵干燥效果的影响，并以响应曲面法对工艺参数进行了优化。

5.9.1　物料厚度的影响

水由液态变成气态向空气扩散的过程中，必然要经过物料厚度的层层阻隔，而同时阻隔层物料中的水也在蒸发。保温干燥 12min，相对脱水率与物料厚度的关系如图 5.83 所示。

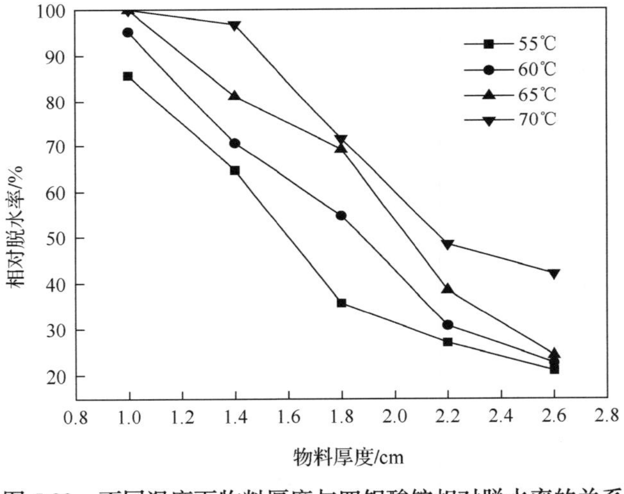

图 5.83　不同温度下物料厚度与四钼酸铵相对脱水率的关系

由图 5.83 可以看出，同一温度下随着物料厚度的增加，相对脱水率明显下降。厚度增加，质量增加，单位时间内脱除水量也就增加。厚度增加量大于单位时间内脱水量的增加量，致使相同时间内物料厚度增加相对脱水率下降。也可看出每一个厚度条件下，温度越高，相对脱水率越大。

5.9.2　干燥温度的影响

干燥温度与相对脱水率的关系如图 5.84 所示。由图 5.84 可知，相对脱水率随干燥温度升高而增加，升高温度，水分子热运动越剧烈，相对脱水率升高。水分快速蒸发需要足够能量，使其越过能垒的水分子增加，而温度是物料吸收能量的表观体现。但是，温度过高会使物料本身结构改变，甚至发生化学反应，并使干燥终点难以控制，造成过度干燥。

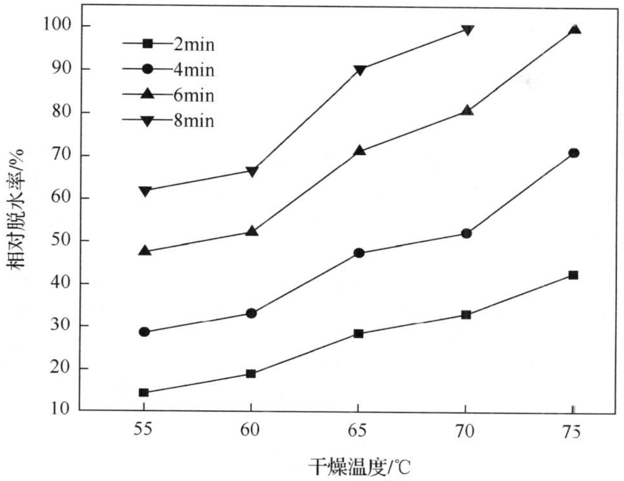

图 5.84 不同干燥时间下干燥温度与四钼酸铵相对脱水率的关系

5.9.3 干燥时间的影响

干燥温度为 75℃，干燥时间与相对脱水率的关系如图 5.85 所示。由图 5.85 可知，相同厚度下，相对脱水率随着时间增加不断的提高。干燥 2min，2.6cm 厚度下相对脱水率只有 4.84%，而 1.0cm 厚度条件下相对脱水率达到了 42.86%，当

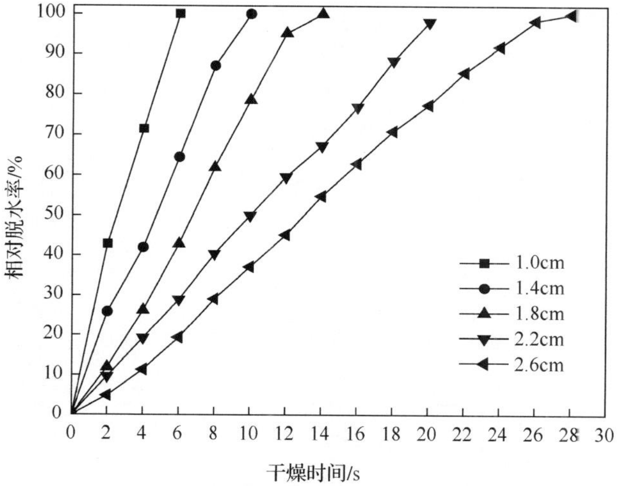

图 5.85 不同厚度下干燥时间与四钼酸铵相对脱水率的关系

干燥 4~5min 后，1.0cm 厚度下相对脱水率已经达到 72.23%，钼含量达到国家标准要求。而随着厚度增加，相同时间的相对脱水率下降。

5.9.4 响应曲面优化

1. 实验设计与结果

综合干燥工艺条件对相对脱水率的影响，确定恒温温度(56~74℃)、恒温时间(6~18min)、物料厚度(10~20mm)进行响应曲面优化微波干燥四钼酸铵，实验设计与结果见表 5.29。

表 5.29　实验设计与实验结果

序号	恒温时间/min	物料厚度/mm	恒温温度/℃	相对脱水率/%
1	6.00	10.00	56.00	40.48
2	12.00	10.00	56.00	95.58
3	6.00	20.00	56.00	7.16
4	12.00	20.00	56.00	62.32
5	6.00	10.00	74.00	97.96
6	12.00	10.00	74.00	100
7	6.00	20.00	74.00	43.86
8	12.00	20.00	74.00	88.89
9	3.95	15.00	65.00	20.51
10	14.05	15.00	65.00	98.43
11	9.00	6.59	65.00	100
12	9.00	23.41	65.00	35.6
13	9.00	15.00	49.86	40.77
14	9.00	15.00	80.14	100
15	9.00	15.00	65.00	73.73
16	9.00	15.00	65.00	74.34
17	9.00	15.00	65.00	72.89
18	9.00	15.00	65.00	75.01
19	9.00	15.00	65.00	74.82
20	9.00	15.00	65.00	72.65

2. 模型拟合及精确分析

对数据进行回归分析，不同模型的拟合结果对比表明，采用二次方(quadratic)模型较为合适。通过数据回归分析得到二次方模型模拟出的方程式(5.51)，回归方程的方差分析见表5.30。

$$Y=-280.76+30.19\chi_a-4.81\chi_b+5.85\chi_c+0.36\chi_a\chi_b -0.29\chi_a\chi_c-0.53\chi_a^2-0.07\chi_b^2-0.01\chi_c^2 \tag{5.51}$$

由表5.30可知，模型的 F 值为52.29，Prob > F 值小于0.0001，表明回归模型非常显著。若变量的 Prob > F 小于0.05，说明此变量对响应值有显著影响。该过程中 χ_a、χ_b、χ_c、$\chi_a\chi_b$、$\chi_a\chi_c$、χ_a^2对脱水率影响显著。失拟项为0.0002，表明失拟项也非常显著。对二次方模型拟合进一步分析如表5.31所示。

表5.30 回归方程方差分析

方差来源	平方和	自由度	均方	F 值	Prob > F
模型	15095.20	9	1677.24	52.29	< 0.0001（显著）
χ_a	6089.27	1	6089.27	189.82	< 0.0001
χ_b	4221.09	1	4221.09	131.58	< 0.0001
χ_c	3699.77	1	3699.77	115.33	< 0.0001
$\chi_a\chi_b$	231.66	1	231.66	7.22	0.0228
$\chi_a\chi_c$	499.12	1	499.12	15.56	0.0028
$\chi_b\chi_c$	0.23	1	0.23	7.314×10^{-3}	0.9335
χ_a^2	326.47	1	326.47	10.18	0.0097
χ_b^2	47.45	1	47.45	1.48	0.2519
χ_c^2	11.69	1	11.69	0.36	0.5596
残差	320.79	10	32.08		
失拟项	315.90	5	63.18	64.69	0.0002（显著）
纯误差	4.88	5	0.98		
总计	15415.99	19			

表5.31 模型的可信度分析

标准差	均值	变异系数/%	预测残差平方和
5.66	68.75	8.24	2768.85
R^2	校正后的 R^2	预测的 R^2	测量信噪比
0.9792	0.9605	0.8204	27.544

由表5.31可知，拟合相关系数 R^2=0.9792，接近于1，说明该模型拟合度高，

能够对 97.92%的实验数据解释。方差分析表明，此模型能够说明相对脱水率与考察参数的实际关系，可以进行较精确的预测。响应值的变异系数值越低，显示实验稳定性越好，变异系数为 8.24%，较低，说明实验操作可信。模型的信噪比(可信与不可信数据之比)为 27.544，大于 4，表明二次模型的适用性高。

图 5.86 为相对脱水率预测值与实验值的对比图。图 5.87 为相对脱水率残差正态分布概率图。

由图 5.86 可知，实验点基本分布于预测值(45° 的斜线)周围，说明所选模型可以成功地反映影响微波干燥四钼酸铵的自变量与应变量的实际关系。由图 5.87 可知，相对脱水率的残差正态分布呈一条直线，说明采用响应曲面法拟合分析合理。

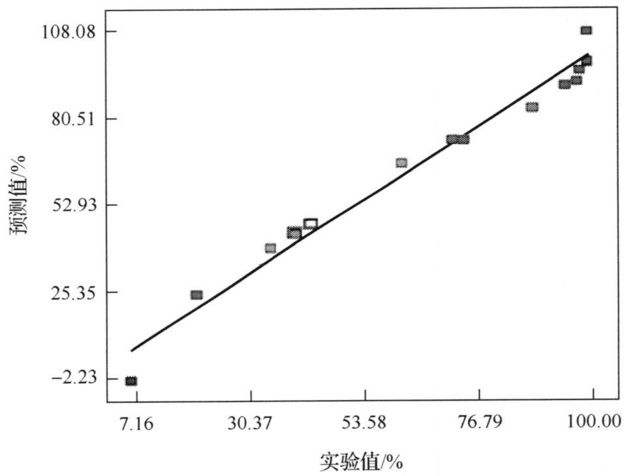

图 5.86　相对脱水率预测值与实验值对比

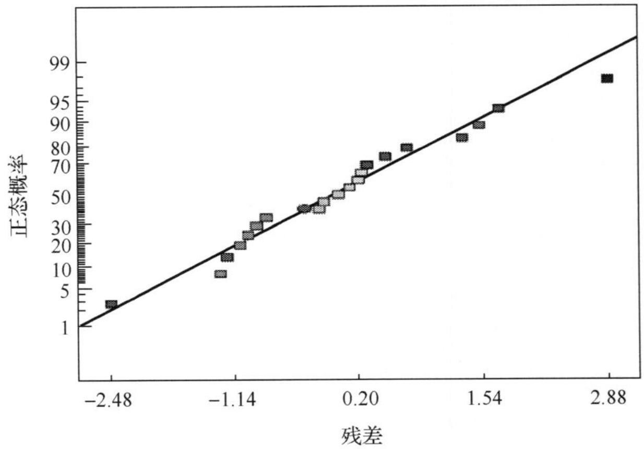

图 5.87　相对脱水率的残差正态分布图

3. 响应曲面分析

对实验结果进行三维数学模型分析，各因素交互作用对相对脱水率的影响如图 5.88~图 5.90 所示。

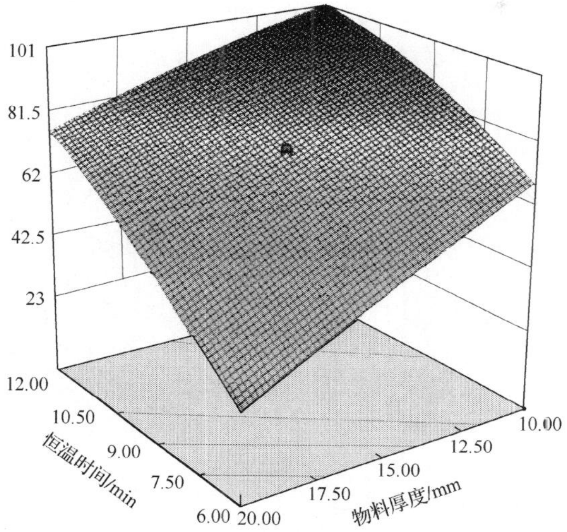

图 5.88 恒温时间、物料厚度及其交互作用对相对脱水率的影响

从图 5.88 可以看出，时间越长，厚度越薄，相对脱水率越大，但相对脱水率的增长趋势是逐渐变缓的。随着物料厚度的增大，恒温时间的影响越来越明显。由于随着物料厚度的增加，内部水分向表面迁移困难，迁移速率小于表面汽化速率，导致水分蒸发越来越难。

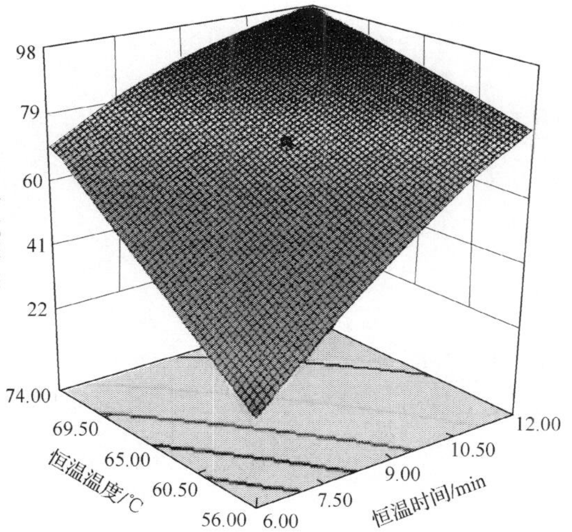

图 5.89 恒温温度、时间及其交互作用对相对脱水率的影响

由图 5.89 可以看出，恒温温度与恒温时间交互作用对相对脱水率的影响比较显著。两者对相对脱水率的影响程度接近。在恒温温度 56℃和恒温时间 6min，相对脱水率不到 20%。时间增加一倍后，相对脱水率达到 80%。可见延长时间有助于相对脱水率的提高。恒温温度由 56℃上升至 74℃时，在 6min 的条件下，相对脱水率由19%提高到73%；而在12min的条件下，相对脱水率仅由80%提高到98%。由此可见，短时间内提高温度可快速除去大部分水，但要想深度脱水，必须延长恒温时间。

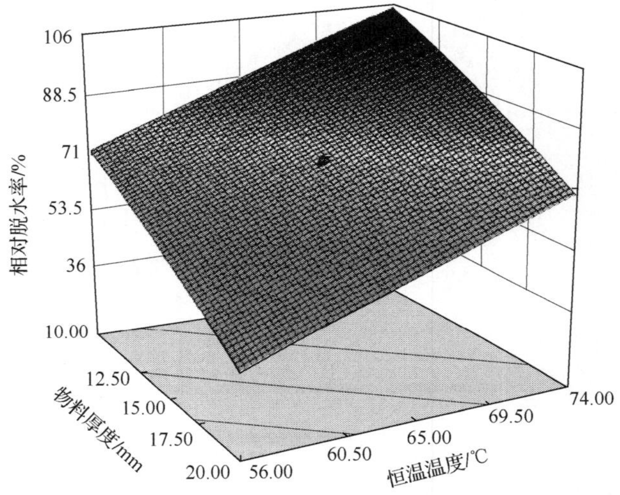

图 5.90　恒温温度、物料厚度及其交互作用对相对脱水率的影响

图 5.90 为物料厚度与恒温温度的交互作用对相对脱水率的影响。随着物料厚度的减小，恒温温度的提高，相对脱水率逐渐在提高。在物料厚度 10mm、恒温温度 74℃的条件下，相对脱水率可达到 100%。这是由于水分的脱除需要外界提供水分汽化潜热的能量，温度越高，说明提供的能量越快，水分汽化的速度越快，进而脱水越快；而厚度增加，增加了欲脱除的水分总量，同时也增加了水分脱除的阻力。

4. 条件优化及验证

四钼酸铵干燥的最终结果为钼含量不小于 56%(湿基)，以含水率 17.23%计算，相对脱水率达到 77.42%即可。通过响应曲面法分析得到优化工艺参数见表 5.32。

表 5.32　优化工艺参数

项目	恒温时间/min	物料厚度/mm	恒温温度/℃	相对脱水率/%
模型预测	9.45	14.81	66.36	79.82
实际验证	9.50	15.00	67.00	79.18

为了检验响应曲面法优化的可靠性，取恒温时间 9.5min、物料厚度 15mm、恒温温度 67℃。进行三组平行实验，得到相对脱水率取平均值为 79.18%，与预测值相差 0.64%，说明响应曲面法优化得出的工艺条件有效。此时钼含量为 56.3%，达到了四钼酸铵国家标准(GB/T 3460—2007)的要求。

微波干燥后的四钼酸铵进行粒度分析表明，四钼酸铵的颗粒粒径集中在 0.737~1.266μm，平均粒径为 0.90μm，而且粒度分布均匀。

5.9.5　微波干燥动力学

1. 干燥特性分析

1）温度的影响

物料厚度为 14mm，物料水分含量变化与时间的关系如图 5.91 所示。从图 5.91 中可以看出，干燥温度升高，四钼酸铵中的水分含量明显下降，不但缩短了干燥时间，而且有利于样品的深度干燥。

根据图 5.91 可计算得到不同温度下干燥速率与水分含量的关系图(图 5.92)。图 5.92 表明，温度越高，相同含水量下的干燥速率也越大。温度较高时，可以及

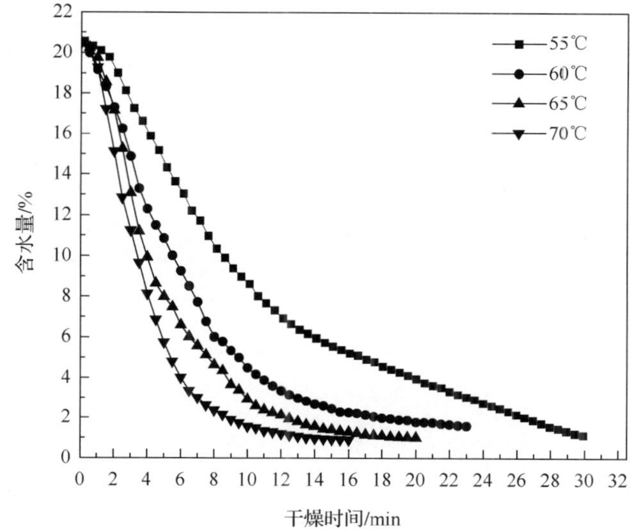

图 5.91　不同温度下水分含量与干燥时间的关系

时补充水汽化时所需能量，可使水及时汽化，因而出现尖点，而此时水分的扩散是控速环节；温度较低时水分的汽化不足以供应水分扩散，出现了较平缓区间，此时的水分汽化是控制环节。

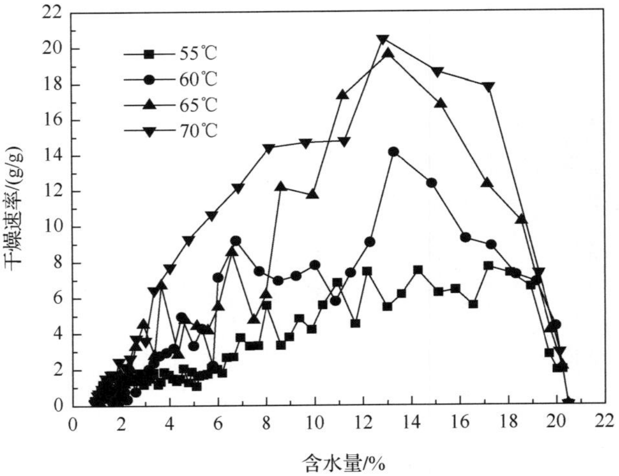

图 5.92　不同微波温度下干燥速率与水分之间的关系

2）厚度的影响

物料温度为 60℃，物料厚度为 10mm、14mm 和 18mm，物料水分含量与干燥时间的关系如图 5.93 所示。

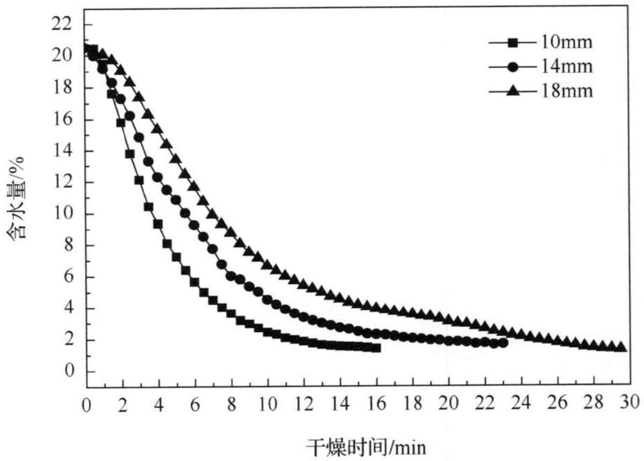

图 5.93　不同物料厚度下水分含量与干燥时间的关系

从图 5.93 可知，物料厚度越薄，干燥时间越短。微波干燥能够将四钼酸铵干燥到干基含水量控制在 2%以下。不同厚度条件下干燥速率与水分含量的关系如图 5.94 所示。

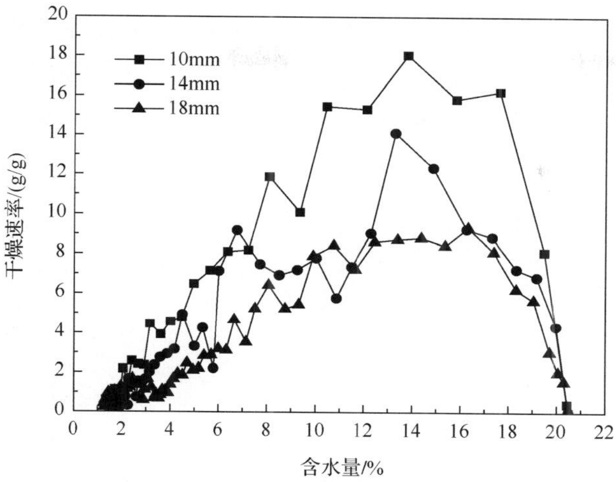

图 5.94 不同物料厚度下干燥速率与水分含量的关系

图 5.94 表明，10mm 与 14mm 条件下含水量在 11%到 18%之间出现了尖点，而 18mm 的曲线却显示得比较平缓。可能是随着厚度的增加，水分的总质量也有所增加，水分供应充足。

2. 有效扩散系数

将式(5.25)变形可得

$$\ln \mathrm{MR} = \ln \frac{8}{\pi^2} - \frac{\pi^2 D_{\mathrm{eff}} t}{4L^2} \tag{5.52}$$

对实验数据拟合，得到 lnMR 与 t 线性关系的斜率，求出有效扩散系数 D_{eff}，结果见表 5.33。

表 5.33 不同温度下的有效扩散系数

干燥温度 T/K	物料厚度 L/mm	有效扩散系数 D_{eff}/ $(\mathrm{m^2/s})$	R^2
328	14	1.0113×10^{-7}	0.9587
333	14	1.5315×10^{-7}	0.9567
338	14	2.0843×10^{-7}	0.9682
342	14	2.7763×10^{-7}	0.9516

将式(5.27)变形可得到

$$\ln D_{\mathrm{eff}} = \ln D_0 - \frac{E}{RT} \tag{5.53}$$

由表 5.33 可知，温度与有效扩散系数相对应的数据，并通过 $\ln D_{eff}$对 $1/T$ 作图，可得到直线，根据斜率计算出干燥的扩散活化能 E，根据截距计算出 Arrhenius 因子 D_0，其拟合曲线如图 5.95 所示。

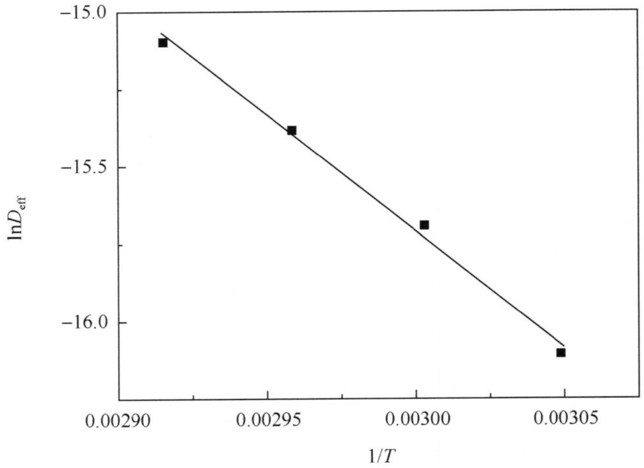

图 5.95　扩散活化能的线性回归拟合

图 5.95 拟合可得斜率为−7517.90，截距为 6.84。由此可计算出干燥扩散活化能 E 为 62.504kJ/mol，Arrhenius 因子 D_0 为 938.61m²/s，拟合线性相关系数 R^2 为 0.99119。因此得到有效扩散系数与温度的关系如下：

$$D_{eff}=938.61\exp\left(\frac{-7517.90}{T}\right) \tag{5.54}$$

式(5.54)是在物料厚度为 14mm 时拟合。随着物料厚度改变，有效扩散系数变化。将有效扩散系数随物料厚度的规律进行拟合，得到不同物料厚度下对应的有效扩散系数，结果如表 5.34 所示。

表 5.34　不同物料厚度下有效扩散系数

物料厚度 L/mm	干燥温度 T/K	有效扩散系数 D_{eff}/(m^2/s)	R^2
10	333	1.0792×10^{-7}	0.9621
14	333	1.5315×10^{-7}	0.9567
18	333	1.8999×10^{-7}	0.9753

从表 5.34 中可以看出，物料厚度与有效系数的关系，可发现随着物料厚度的增加，有效扩散系数也在增加，而且两者似乎呈线性关系，直线拟合见图 5.96，图 5.96 拟合的相关系数为 0.9997，在相同的温度下有效扩散系数与物料厚度呈

线性关系。

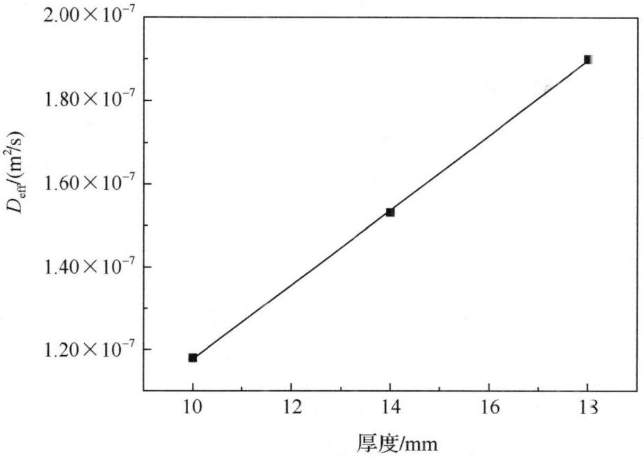

图 5.96 有效扩散系数与物料厚度的关系拟合图

已拟合出在物料厚度为 14mm 条件下有效扩散系数与温度的关系。根据式(5.54)，可计算出单位厚度下有效扩散系数与温度的关系：

$$D'_{\text{eff}} = 67.044\exp\left(\frac{-7517.90}{T}\right) \tag{5.55}$$

得到有效扩散系数与物料厚度及温度的关系：

$$D_{\text{eff}} = 67.044L \times \exp\left(\frac{-7517.90}{T}\right) \tag{5.56}$$

式(5.56)是根据式(5.54)及图5.96的结论推导而来，为了证明其准确性，可将表 5.34 的数据带入式(5.56)中进行对比，结果见表 5.35。

表 5.35 有效扩散系数的理论值与实际值对比

物料厚度 L/mm	干燥温度 T/K	有效扩散系数 D_{eff}/(m²/s)	
		理论值	实验值
10	333	1.0510×10^{-7}	1.0792×10^{-7}
14	333	1.4714×10^{-7}	1.5315×10^{-7}
18	333	1.8918×10^{-7}	1.8999×10^{-7}

由表 5.35 的对比可知，理论值与实验值非常接近，更加证明了式(5.56)的准确性。

3. 动力学模型拟合

动力学模型拟合的目的是根据前面推导出的半理论模型、半经验模型及经验模型，对实验得到的数据进行拟合，从中找出能够比较精确描述四钼酸铵的干燥过程。本书主要采用了 Henderson 方程、Page 方程、Page Ⅰ方程、Midilli-Kucuk 方程及 Wang 方程，对温度的影响及物料厚度的影响进行拟合对比，找出拟合度较高的方程，并确定方程中参数。

1）温度影响拟合

以每个方程模拟后得到相关系数 R^2 及残差平方和 RSS 为其选取的标准，如果 R^2 越接近 1，RSS 越小，则其拟合的精确度越高。采用五个方程对温度影响的拟合，结果见表 5.36。

表 5.36　温度影响的拟合结果

模型方程	物料温度/℃	R^2	平均 R^2	RSS(残差平方和)	平均 RSS
Henderson 方程	55	0.9955	0.9896	3.579×10^{-4}	9.28×10^{-4}
	60	0.9907		7.536×10^{-4}	
	65	0.9880		1.1×10^{-3}	
	70	0.9840		1.5×10^{-3}	
Page 方程	55	0.9937	0.9897	4.990×10^{-4}	8.97×10^{-4}
	60	0.9891		8.880×10^{-4}	
	65	0.9866		1.2×10^{-3}	
	70	0.9892		1.0×10^{-3}	
Page Ⅰ方程	55	0.9937	0.9897	4.990×10^{-4}	8.97×10^{-4}
	60	0.9891		8.880×10^{-4}	
	65	0.9867		1.2×10^{-3}	
	70	0.9892		1.0×10^{-3}	
Midilli-Kucuk 方程	55	0.9960	0.9969	3.1458×10^{-4}	4.57×10^{-4}
	60	0.9990		8.263×10^{-4}	
	65	0.9944		5.052×10^{-4}	
	70	0.9981		1.800×10^{-4}	
Wang 方程	55	0.9937	0.9834	9.375×10^{-4}	1.60×10^{-3}
	60	0.9882		9.554×10^{-4}	
	65	0.9756		2.2×10^{-3}	
	70	0.9760		2.3×10^{-3}	

通过表 5.36 对比五个模型方程的平均 R^2，发现只有 Midilli-Kucuk 方程的平均 R^2 大于 0.99，而且每个温度条件下拟合的 R^2 也均大于 0.99，同时其 RSS 也是五个方程中最小的一个。说明 Midilli-Kucuk 方程能够更好地描述四钼酸铵在不同温度条件的微波干燥过程。对于 Midilli-Kucuk 方程中的各个参数还需要进一步的拟合确定，其拟合图为图 5.97。

根据图 5.97 的拟合结果进行计算，可计算出不同温度条件下 Midilli-Kucuk 方程中参数 a、b、k 及 n 的值，结果如图 5.98 所示。

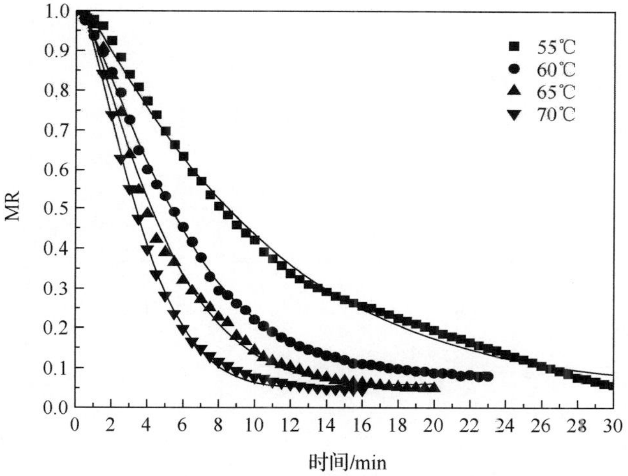

图 5.97　不同温度下 Midilli-Kucuk 方程拟合图

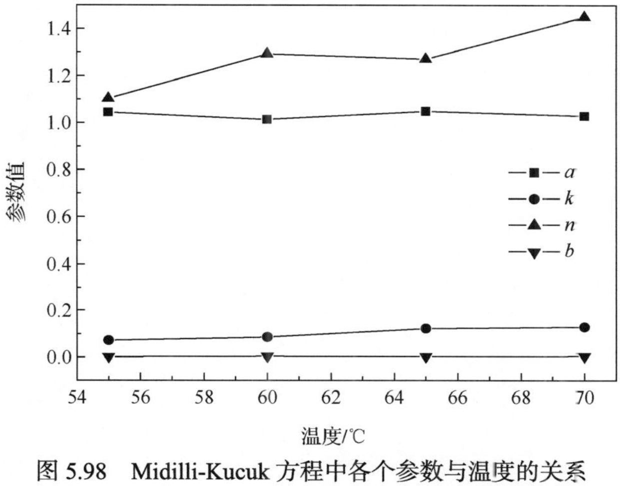

图 5.98　Midilli-Kucuk 方程中各个参数与温度的关系

由图 5.98 可知，参数 a、b 和 k 随着温度的升高变化不大。而参数 n 随着温度的升高而增加。

2）物料厚度影响拟合

物料厚度的拟合结果见表 5.37。由表 5.37 可知，只有 Midilli-Kucuk 方程拟合的平均 R^2 值超过 0.99，其 RSS 值为五个方程中最小。不同厚度时所拟合的 R^2 均超过 0.99，说明不同物料厚度条件下 Midilli-Kucuk 方程能够较好地描述四钼酸铵的微波干燥过程，这恰好与温度影响的拟合结果一致。采用 Midilli-Kucuk 方程对不同物料厚度的拟合结果如图 5.99 所示。

根据图 5.99 拟合结果计算，得到不同物料厚度时 Midilli-Kucuk 方程中参数 a、b、k 及 n 值(图 5.100)。分析发现，四个参数随着物料厚度增加，其值略有变化。其中参数 b、k 及 n 随着物料厚度的增加而逐渐的减小；而参数 a 的变化规律不明显。Midilli-Kucuk 方程可较好地描述微波干燥四钼酸铵过程。

表 5.37 不同厚度下的拟合结果

模型方程	物料厚度/mm	R^2	平均 R^2	RSS	平均 RSS
Henderson 方程	10	0.9886	0.9892	1.1×10^{-3}	9.44×10^{-4}
	14	0.9907		7.536×10^{-4}	
	18	0.9882		9.784×10^{-4}	
Page 方程	10	0.9875	0.9868	1.2×10^{-3}	1.13×10^{-3}
	14	0.9891		8.880×10^{-4}	
	18	0.9839		1.3×10^{-3}	
Page I 方程	10	0.9875	0.9868	1.2×10^{-3}	1.13×10^{-3}
	14	0.9891		8.880×10^{-4}	
	18	0.9839		1.3×10^{-3}	
Midilli-Kucuk 方程	10	0.9973	0.9966	2.186×10^{-4}	5.28×10^{-4}
	14	0.9990		8.263×10^{-4}	
	18	0.9935		5.387×10^{-4}	
Wang 方程	10	0.9838	0.9830	1.5×10^{-3}	1.43×10^{-3}
	14	0.9882		8.880×10^{-4}	
	18	0.9770		1.9×10^{-3}	

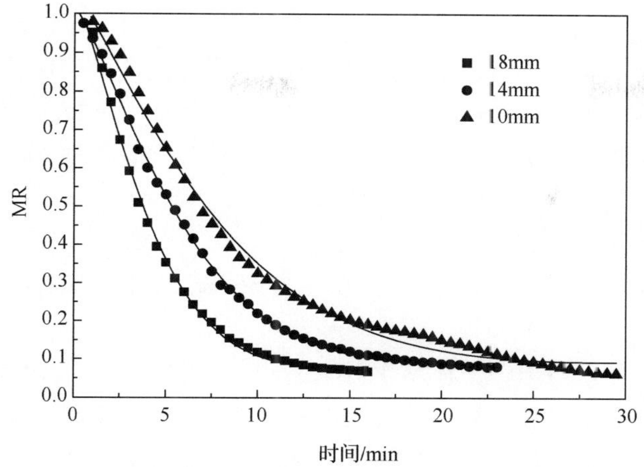

图 5.99 不同物料厚度下 Midilli-Kucuk 方程拟合图

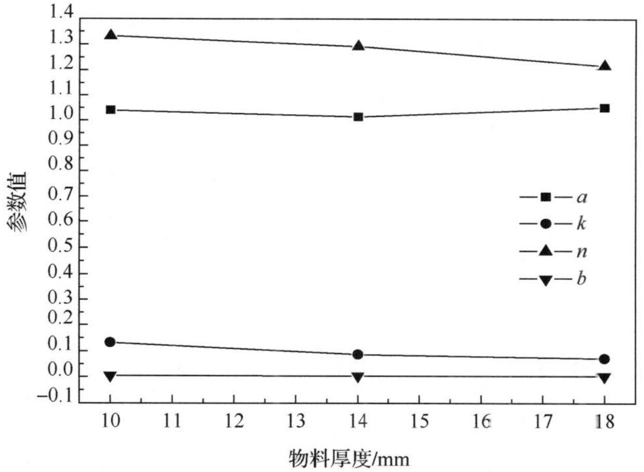

图 5.100 Midilli-Kucuk 方程中各个参数与物料厚度的关系

5.10 微波干燥无烟煤

无烟煤在冶金工业中有着广泛的用途，可在冶炼过程中作为热源和还原剂。而且 20 世纪 60 年代初期我国就成功地实现了炼铁高炉喷吹无烟煤粉新工艺，用无烟煤粉代替焦炭作为炼铁的热源和还原剂，改善了高炉冶炼状况和高炉操作指标。无烟煤是腐殖煤中变质程度最高的煤种，俗称白煤或红煤，煤化程度最高，在各种煤中，它的挥发分最低、真密度最大、硬度最高、燃点高达 360~410℃。我国无烟煤预测储量为 4740×10^{8}t，占我国煤炭总资源量的 10%，

年产 2×10^8t[58-60]。

李雨[36]开展了微波干燥无烟煤的研究，无烟煤主要成分为固定碳 63.11%，水分及挥发分达 24.25%，灰分为 12.56%，物料含水率平均值为 20.90%。他研究了微波功率及物料量对无烟煤的含水率、脱水速率、水分比等干燥特性的影响。

5.10.1　微波功率的影响

物料 20g，料层厚度 10mm，微波功率与无烟煤的脱水率变化关系如图 5.101 所示。

由图 5.101 可以看出，微波功率对物料脱水率的影响很大，随着微波功率的增加，物料的脱水率明显变大。随着微波功率增大，单位体积、单位时间的物料吸收微波所产生的热量越多，相应的水分蒸发越快。不同微波功率下脱水率达到 90%后，均呈缓慢增加趋势。

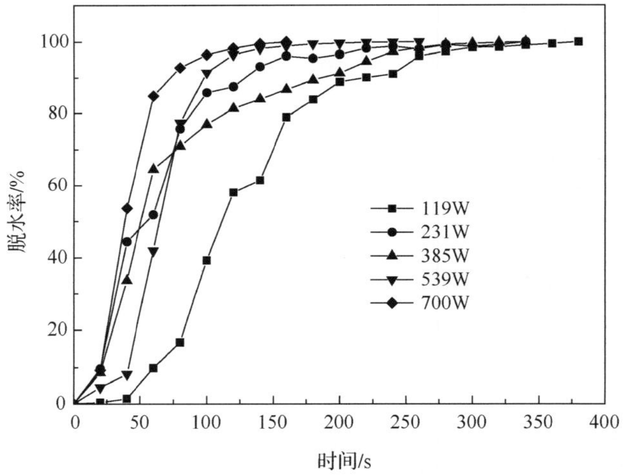

图 5.101　不同微波功率条件下无烟煤的脱水率曲线

5.10.2　物料量的影响

微波功率 700W，料层厚度 10mm，物料量与无烟煤的脱水率变化关系如图 5.102 所示。

由图 5.102 可以看出，物料量对脱水率变化影响显著，物料量为 5g 和 10g 脱水率曲线明显区别于其他三条曲线。由于随着物料量的增加，所需干燥的水分就越多，在一定的功率密度下就越难脱除。

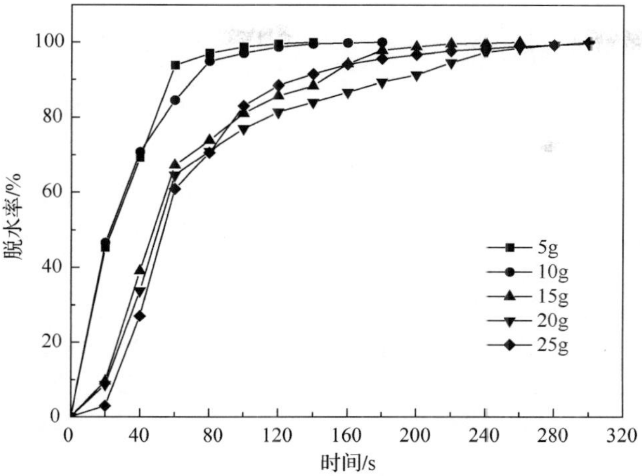

图 5.102　物料量对无烟煤脱水率的影响

5.10.3　物料厚度的影响

微波功率 700W，物料量 5g，物料厚度与无烟煤脱水率的关系如图 5.103 所示。

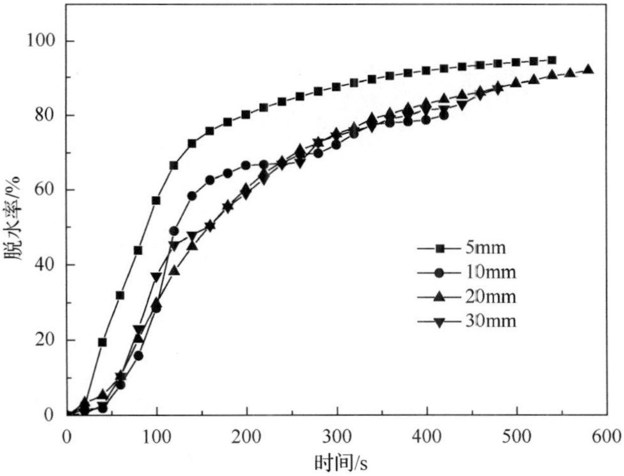

图 5.103　物料厚度对无烟煤脱水率的影响

由图 5.103 可以看出，物料厚度的变化对干燥脱水率的影响不显著，微波在渗透过程中存在衰减现象，相对而言，物料厚度越厚，干燥所需要的时间就相对增加。料层越厚，内部水分向外层的迁移距离也增加，因此会增加干燥时间，对物料的最大脱水率值也产生了显著影响。

5.10.4 响应曲面优化

1. 实验设计与结果

选定微波功率、物料量、处理时间作为主要影响因素，响应曲面的实验设计与结果见表 5.38。

表 5.38 响应曲面实验设计与结果

序号	微波功率 χ_1 /W	微波时间 χ_2 /min	物料量 χ_3 /g	脱水率 Y /%
1	420	1	20	22.96
2	700	1	20	17.65
3	420	3	20	48.82
4	700	3	20	63.38
5	420	1	50	6.59
6	700	1	50	12.59
7	420	3	50	29.65
8	700	3	50	59.29
9	324.55	2	35	12.77
10	795.45	2	35	37.80
11	560	0.32	35	3.03
12	560	3.68	35	66.72
13	560	2	9.77	62.08
14	560	2	60.23	35.45
15	560	2	35	24.20
16	560	2	35	24.03
17	560	2	35	24.71
18	560	2	35	24.20
19	560	2	35	24.54
20	560	2	35	24.54

从表 5.38 可以看出，脱水率变化范围为 3.03%~66.72%。脱水率最低值 3.03%的条件为：微波功率 560W，微波时间 0.32min，物料量 35g，微波时间为设计最低水平；脱水率最高值 66.72%的实验条件为：微波功率 560W，微波时间 3.68min，物料量 35g，微波时间为设计最高水平。15~20 号中心点重复实验表明，实验设计具有好的稳定性。

2. 模型精确性分析

脱水率Y对独立变量的响应回归方程：

$$
\begin{aligned}
Y=&24.51+6.37\chi_1+18.19\chi_2-6.55\chi_3+5.44\chi_1\chi_2+3.30\chi_1\chi_3\\
&-0.23\chi_2\chi_3-0.61\chi_1^2+2.78\chi_2^2+7.69\chi_3^2
\end{aligned}
\tag{5.57}
$$

采用二次模型并采用方差分析对一次项、二次项及高次项的显著性进行分析，结果见表5.39。

从表5.39可以看出，模型的适用显著值为77.94，采用二次项模型分析实验数据是合理的。通过评估一次项及二次项的显著性概率，可以确定一次项及二次项的显著性。对预测模型影响显著的项有χ_1、χ_2、χ_3、$\chi_1\chi_2$、$\chi_1\chi_3$、χ_2^2及χ_3^2，其中微波时间对无烟煤脱水率的影响最显著，其F值达457.39。选取的二次项模型信噪比为21.34，大于4，证明二次模型的适用性非常充分。

表5.39 二次项模型方差分析

程序	平方和	自由度	均方差	F 显著值	F显著概率值	显著性
模型	6932.393	9	770.2659	77.9385	<0.0001	显著
χ_1	554.0396	1	554.0396	56.05988	<0.0001	显著
χ_2	4520.371	1	4520.371	457.3888	<0.0001	显著
χ_3	586.2243	1	586.2243	59.31646	<0.0001	显著
$\chi_1\chi_2$	236.64	1	236.64	23.94416	0.0006	
$\chi_1\chi_3$	87.05401	1	87.05401	8.808464	0.0141	
$\chi_2\chi_3$	0.418613	1	0.418613	0.042357	0.8411	
χ_1^2	5.334992	1	5.334992	0.539815	0.4794	
χ_2^2	111.5478	1	111.5478	11.28684	0.0072	
χ_3^2	852.8919	1	852.8919	86.29892	<0.0001	显著
残差	98.82996	10	9.882996			

注：R^2=0.99；R^2_{adj}=0.97；模型信噪比=29.7(>4)。

图5.104为模型计算的预测值与实际测得的实验值。实验值与预测值很接近，说明模型对各变量值对脱水率的影响程度相关系数分析精确。

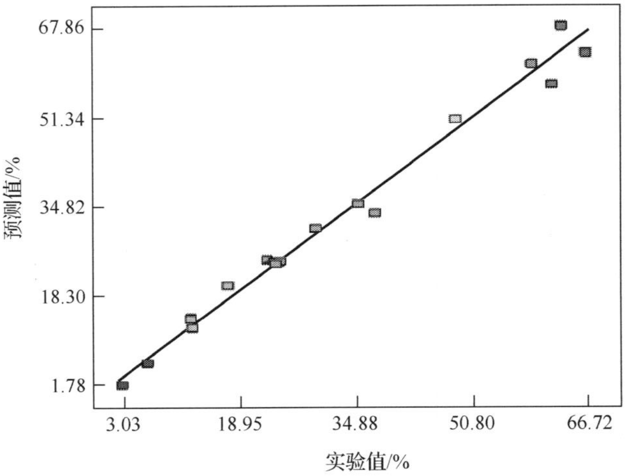

图 5.104　微波干燥无烟煤脱水率的实验值与预测值对比

3. 响应曲面分析

脱水率对独立变量的响应面如图 5.105~图 5.107 所示。

图 5.105 为脱水率对物料量和微波功率的响应面(微波时间固定为 2min)。从图 5.105 可以看出，脱水率随微波功率增加和物料量减少逐渐提高。微波时间和微波功率、微波时间和物料量对脱水率影响的响应曲面如图 5.106、图 5.107 所示。从图 5.106 和图 5.107 可以看出，微波时间对脱水率的影响较微波功率及物料量显著。

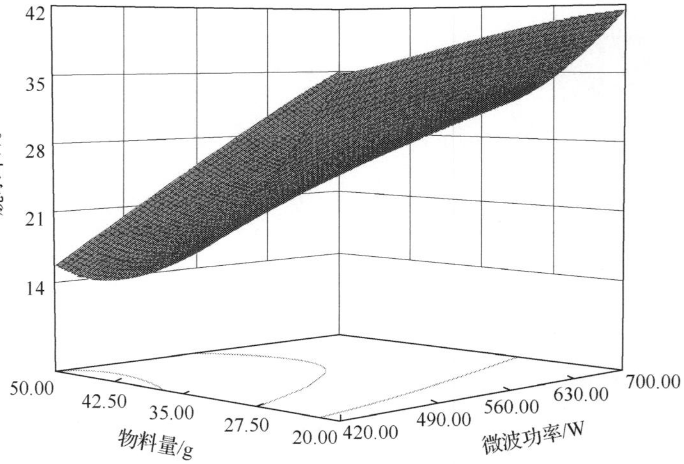

图 5.105　脱水率对物料量和微波功率的响应面

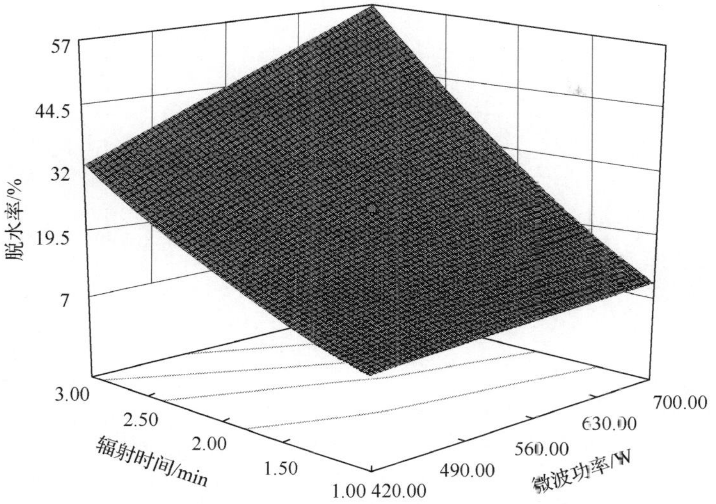

图 5.106 脱水率对微波时间和微波功率的响应面

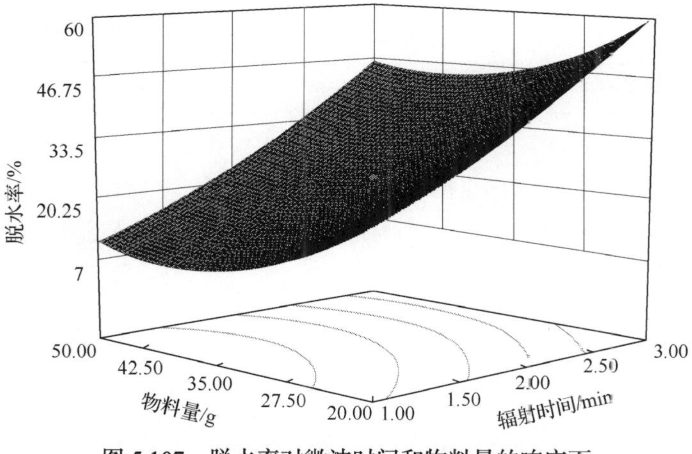

图 5.107 脱水率对微波时间和物料量的响应面

4. 条件优化及验证

图 5.108 为脱水率对三个独立变量的相应立方体。从图 5.108 可以看出，要获得高的脱水率，如大于 60%，需要三个变量均处于较高水平，如微波功率 700W、物料量 20g 及微波时间 3min。

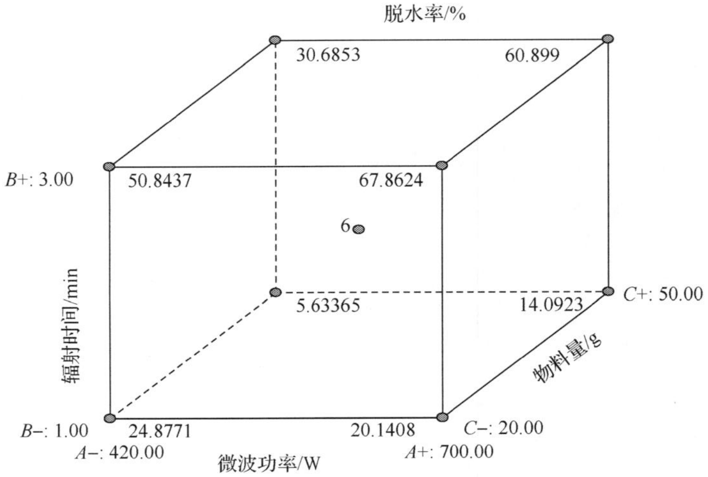

图 5.108　脱水率对三个独立变量的相应立方体

无烟煤的最终含水率要求低于 10%，以 20.9%的初始含水率计算所需脱水率大于57.9%。由于微波时间显著性最强，对微波时间参数的优化范围很窄，在设计变量水平内对参数进行优化，结果见表 5.40。

表 5.40　优化参数

编号	微波功率/W	微波时间/min	物料量/g	η	可信度	预测脱水率/%
1	533.65(最小值)	3.00	20.17	0.756	1.000	58.04
2	698.98	2.69(最小值)	20.32	0.648	1.000	58.49
3	700.00	3.00	50(最大值)	1.429	1.000	60.90
4	688.00	2.93	20.75	0.618	1.000	64.26(最大值)

$$\eta = \frac{\text{物料量}}{\text{功率} \times \text{时间}} \tag{5.58}$$

式中，物料量单位 kg；功率单位 kW；时间单位 h；η 为功率指数，单位为 kg/(kW·h)。

从表 5.40 可以看出各独立变量优化后的优化参数为：微波功率 533.65W、微波时间 2.69min、物料量 50g，响应值脱水率的最大值为 64.26%。单位功率物料处理量最大为最佳参数，参照表 5.40 及式(5.58)对无烟煤的干燥工艺参数进行二次优化，结果见表 5.41。两次优化后参数为：微波功率 682.07W、微波时间 2.98min、物料量 49.19g，此时 η 值最高为 1.452。该工艺条件下软件的脱水率预测值为 57.90%。采用该参数进行验证实验，测得脱水率为 58.23%，实验值与预测值偏差为+0.57%，表明该工艺条件下的实验值与预测值接近。

表 5.41　参数优化后脱水率的预测值与实验值偏差

独立变量			η_{max}	可信度	脱水率及偏差/%		
微波功率/W	微波时间/min	物料量/g			预测值	实验值	偏差
682.07	2.98	49.19	1.452	1.000	57.90	58.23	+0.57%

由响应面分析表明，微波功率、微波时间及物料量对无烟煤干燥影响的显著性顺序为微波时间≫物料量＞微波功率；微波干燥参数优化表明：在脱水率达到要求时，以获得较高干燥效率为目标，其最佳工艺参数为微波功率 682.07W，微波时间 2.98min，物料量 49.19g。此时的处理效率最高为 1.452kg/(kW·h)。此时实验值与预测的偏差为+0.57%。

5.10.5　微波干燥动力学

无烟煤微波干燥过程中，就外部条件而言，微波功率、物料量及温度同时存在；就内部条件而言，动量、热量、质量传递同时存在且相互影响。多孔物料的微波干燥是物料内部热湿迁移和外部质热传递相结合的过程，而干燥效率主要受制于内部的湿分传递过程。

1. 微波功率对干燥特性的影响

无烟煤物料量为 5g，微波干燥功率对无烟煤含水率及干燥速率的影响如图 5.109、图 5.110 所示。

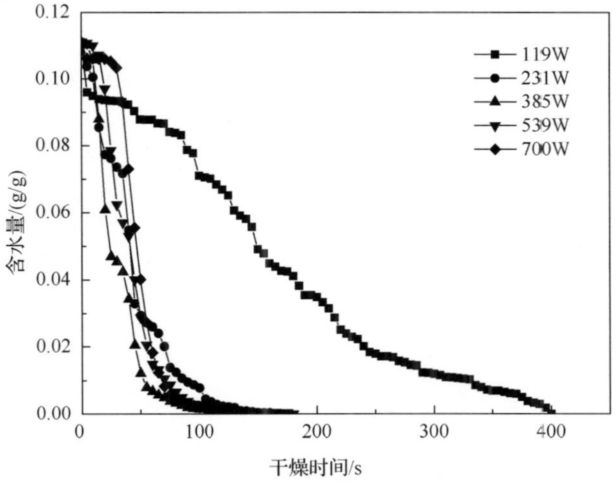

图 5.109　不同微波功率下无烟煤的干燥曲线

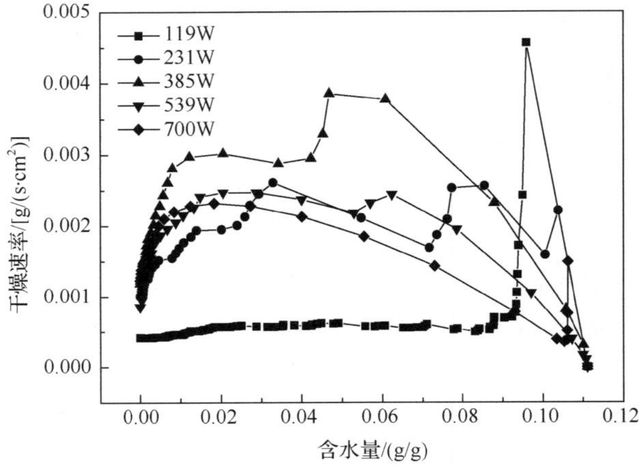

图 5.110　不同微波功率下无烟煤的干燥速率曲线

从图 5.109 可以看出，随着微波功率提高，无烟煤含水率变化较为显著，119W 功率下所需干燥时间最长。从图 5.110 可以看出，微波功率对干燥速率的影响较为显著。从干燥阶段划分可以看出，除了119W 功率外其余各功率下干燥速率曲线有一个共同特点，一般性的加速到减速阶段，在刚开始阶段水吸收微波迅速升温脱水，无烟煤吸收微波及热传导平衡后，进入减速阶段。119W 下干燥速率水分吸收峰与加速阶段上升趋势之间落差最大，说明在无烟煤微波干燥的初始阶段水分的优先吸波性。

2. 物料量对干燥特性的影响

微波功率为 700W，物料量对无烟煤含水率及干燥速率的影响如图 5.111、图 5.112 所示。

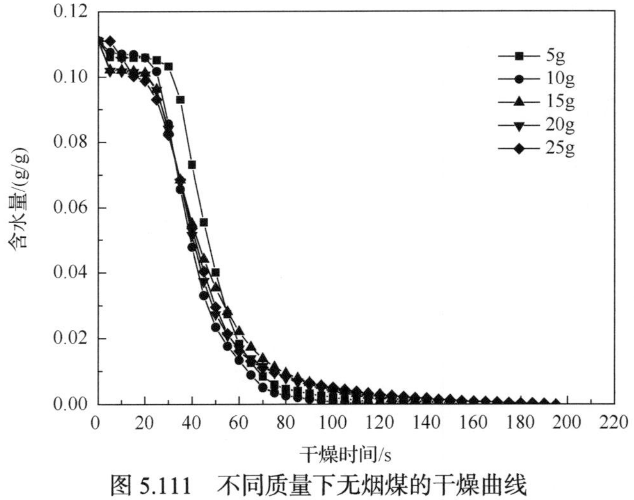

图 5.111　不同质量下无烟煤的干燥曲线

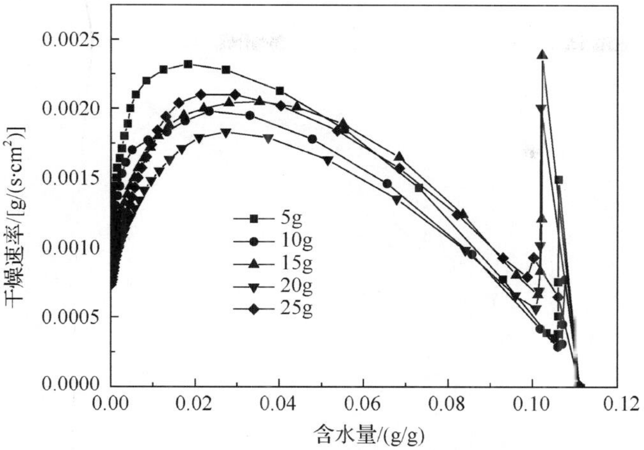

图 5.112　不同质量下无烟煤的干燥速率曲线

从图 5.111 可以看出，随着物料量的增大所需干燥时间延长。从图 5.112 可以看出物料量对干燥速率影响较显著。物料越多干燥速率越低。物料的干燥速率曲线与图 5.110 相似，先是升速干燥阶段，后进入降速阶段直至干燥完毕。

3. 微波干燥动力学

不同微波功率及物料量下无烟煤的水分比变化曲线如图 5.111、图 5.112 所示。

从图 5.111 和图 5.112 可以看出，水分比变化趋势与干燥曲线相似。对图 5.111 和图 5.112 采用 Page 经验模型和 Henderson & Pabis 指数模型进行拟合，拟合曲线如图 5.113~图 5.116 所示，发现 Henderson & Pabis 指数模型拟合相关性 R 超过 0.98，高于 Page 经验模型。两种模型拟合的相关系数见表 5.42；拟合的速率常数 k 和指数前因子 A 见表 5.43。

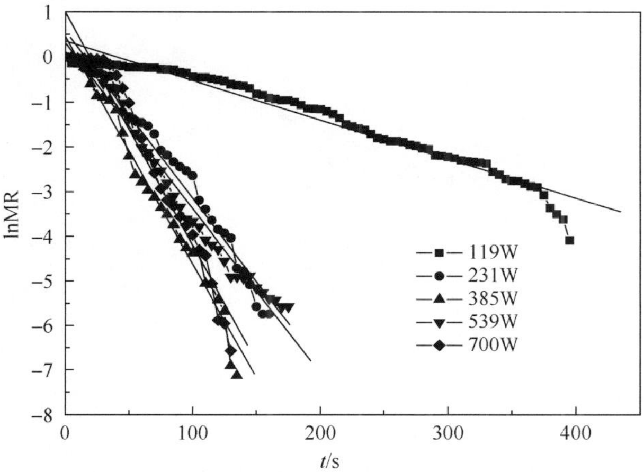

图 5.113　不同功率下无烟煤 lnMR-t 变化及拟合曲线

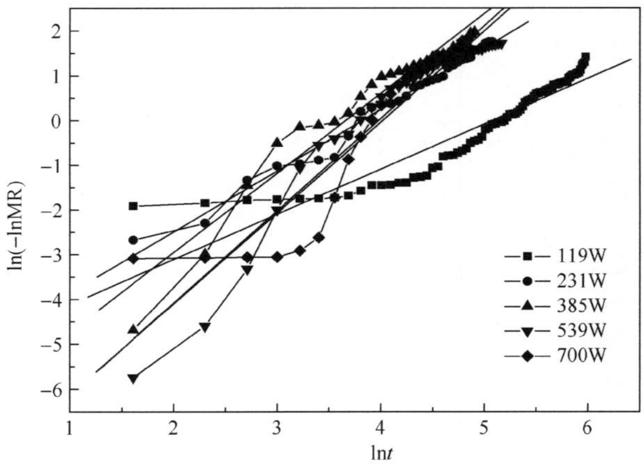

图 5.114　不同功率下无烟煤 ln(–lnMR)-ln$t$ 变化及拟合曲线

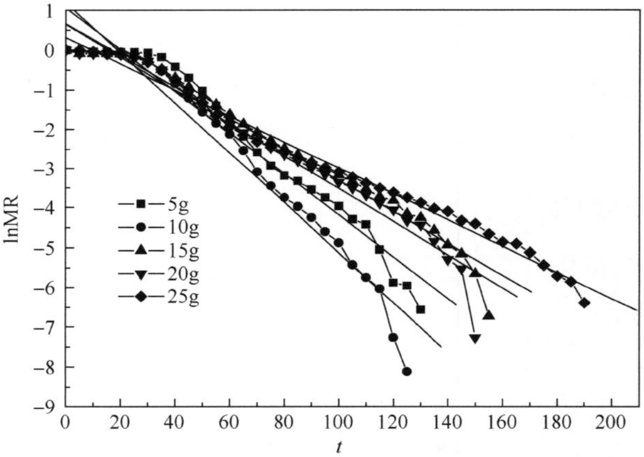

图 5.115　不同质量下无烟煤 lnMR-t 变化及拟合曲线

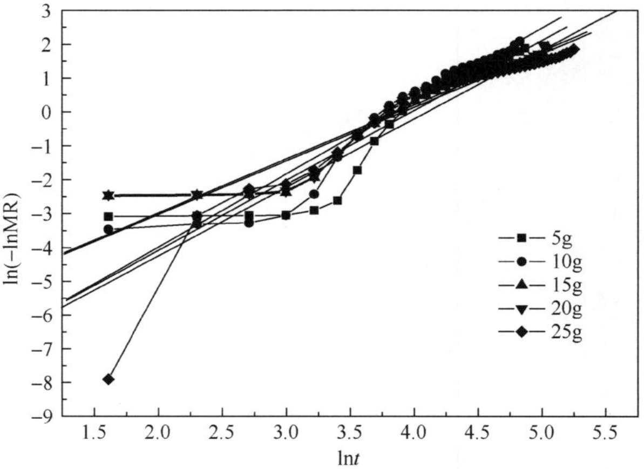

图 5.116　不同质量下无烟煤 ln(–lnMR)-ln$t$ 变化及拟合曲线

表 5.42 两种模型拟合的相关系数

模型	不同微波功率的相关系数					
	119W	231W	385W	539W	700W	平均值
Page 模型	–0.97727	–0.98653	–0.98995	–0.99061	–0.97559	–0.98399
Henderson & Pabis 模型	0.93665	0.99171	0.97081	0.96716	0.9379	0.960846
模型	不同物料量的相关系数					
	5g	10g	15g	20g	25g	平均值
Page 模型	–0.97559	–0.9757	–0.98573	–0.97983	–0.99379	–0.982128
Henderson & Pabis 模型	0.9379	0.96406	0.9677	0.96321	0.94281	0.955136

表 5.43 采用 Henderson & Pabis 指数模型拟合的参数

参数	不同功率的参数值				
	119 W	231W	385 W	539 W	700 W
K/s^{-1}	0.00973	0.03727	0.05083	0.03695	0.05239
A/cm^2	1.420573	1.785181	1.585722	1.37303	2.869105
参数	不同物料量的参数值				
	5/g	10/g	15/g	20/g	25/g
K/s^{-1}	0.05239	0.06317	0.03973	0.04164	0.03297
A/cm^2	2.869105	3.28626	1.942392	1.913952	1.359436

为了描述微波对无烟煤微波干燥速率常数的影响，以各功率下干燥速率常数为纵坐标，以料功比 m/P (单位：g/W) 为横坐标进行多项式拟合(图 5.117)。

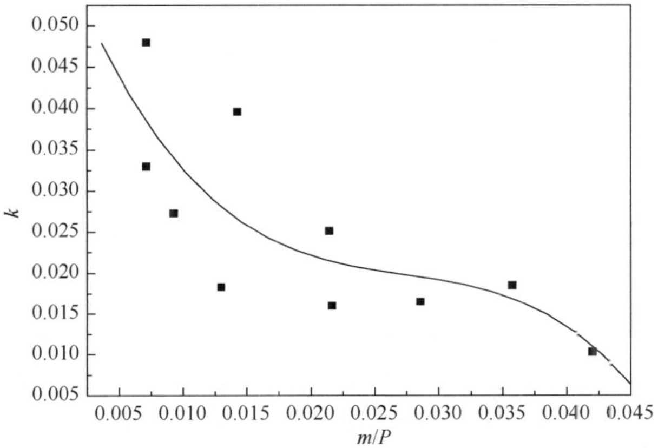

图 5.117 k 对 m/P 的多项拟合曲线

从图 5.117 可以看出，干燥速率常数与物料功比为非线性关系

$$k = 0.06102 - 4.09204\frac{m}{P} + 140.05833\left(\frac{m}{P}\right)^2 - 1691.86413\left(\frac{m}{P}\right)^3 \tag{5.59}$$

为了计算无烟煤的微波干燥活化能 E_a，采用式(5.59)对 $\ln k$ 及 m/P 进行拟合，拟合结果如图 5.118 所示。得到无烟煤的微波干燥活化能为 31.30629W/g，指数前因子 A_0 为 0.04285。

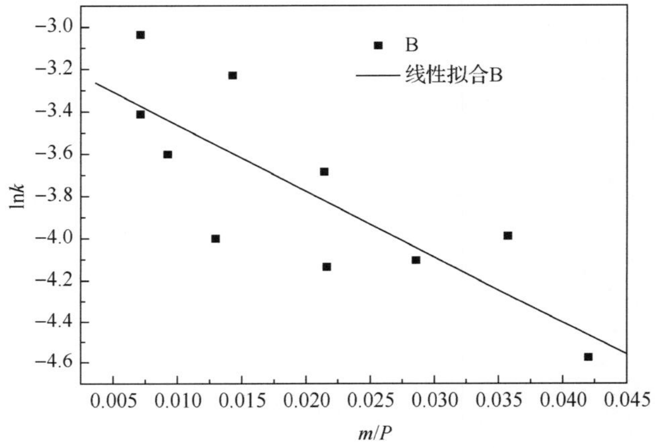

图 5.118　ln*k* 对 *m*/*P* 的多项拟合曲线

5.11　微波干燥富硒渣

富硒渣是铜电解副产品，先经过水洗池水洗三次，每次 40min，再放入压滤机中压滤 20min，得到初始含水率为 38%左右的富硒渣。经预处理的富硒渣属于高含水易黏结物料，其烘干温度高，渣中金属难以回收，需进行干燥，得到富硒渣的含水率小于 1%。

李英伟[61]研究了微波干燥富硒渣的工业化实验，采用多层旋转式微波快速干燥设备，设备主体含微波干燥炉、微波高压柜、微波控制柜、微波操作台、冷却循环水系统、抽风排湿系统、动力输电线路、配电柜、传动系统、聚四氟乙烯料盘、料盘支架系统。富硒渣初始含水率为 38%，物料质量为 12kg，放入不同的微波干燥设备旋转层，采用三个输入变量即微波作用时间、物料转速和微波功率，微波输入功率为 10.0~54.0kW，微波作用时间为 30~150min，物料转速为 8~18Hz。两个输出变量为不同时间时物料脱水率和物料温度。

5.11.1　实验设计与结果

利用 RSM 中的 CCD 对工业化实验进行设计，其结果见表 5.44。

表 5.44　响应曲面的实验设计与结果

序号	时间 χ_1 /min	转速 χ_2 /Hz	微波功率 χ_3 /kW	物料温度 T/℃	相对脱水率 Y/%
1	40.00	8.00	10.00	103	23.2
2	120.00	8.00	10.00	123	76.1
3	40.00	15.00	10.00	102	21.6
4	120.00	15.00	10.00	124	69.7
5	40.00	8.00	19.00	111	43.8
6	120.00	8.00	19.00	134	93.8
7	40.00	15.00	19.00	109	45.7
8	120.00	15.00	19.00	132	93.4
9	12.73	11.50	14.50	100	5.5
10	147.27	11.50	14.50	137	88.6
11	80.00	5.61	14.50	115	70.1
12	80.00	17.39	14.50	112	68.3
13	80.00	11.50	6.93	105	26.6
14	80.00	11.50	22.07	124	79.2
15	80.00	11.50	14.50	122	78.5
16	80.00	11.50	14.50	121	78.4
17	80.00	11.50	14.50	122	78.5
18	80.00	11.50	14.50	121	78.5
19	80.00	11.50	14.50	122	78.6
20	80.00	11.50	14.50	123	78.6

5.11.2　模型精确性分析

对表 5.44 中的数据进行分析，得出温度和相对脱水率对时间、转速、微波功率之间的多元二次回归方程：

$$T = 32.58521 + 0.29268\chi_1 + 4.92106\chi_2 + 4.36546\chi_3 + 0.00178571\chi_1\chi_2 + 0.00277778\chi_1\chi_3 - 0.031746\chi_2\chi_3 - 0.000490587\chi_1^2 - 0.20838\chi_2^2 - 0.1086\chi_3^2 \tag{5.60}$$

$$Y = -162.02537 + 1.7665\chi_1 + 4.05252\chi_2 + 14.09993\chi_3 - 0.00633929\chi_1\chi_2 - 0.00229167\chi_1\chi_3 + 0.075397\chi_2\chi_3 - 0.00650496\chi_1^2 - 0.21035\chi_2^2 - 0.41183\chi_3^2 \tag{5.61}$$

温度的二次模型方差分析见表 5.45。相对脱水率的二次模型方差分析见表 5.46。

对模型进行方差分析，温度的二次回归方程的相关系数为 R^2=0.9897，表明模型可以对 98.97%的实际数据进行解释；F 值为 106.84，表明模型是有效的。表 5.46 中，微波作用时间 χ_1 和微波功率 χ_3 的 Prob>F 值小于 0.0001，表明微波作用时间和微波功率对温度的影响较为显著。

表 5.45　温度的二次模型方差分析

因素	平方和	自由度	均方差	F 值	Prob>F
模型	2132.37	9	236.93	106.84	<0.0001
时间 χ_1	1652.50	1	1652.50	745.15	<0.0001
转速 χ_2	5.99	1	5.99	2.70	0.1313
功率 χ_3	318.52	1	318.52	143.63	<0.0001
$\chi_1\chi_2$	0.50	1	0.50	0.23	0.6451
$\chi_1\chi_3$	2.00	1	2.00	0.90	0.3647
$\chi_2\chi_3$	2.00	1	2.00	0.90	0.3647
χ_1^2	8.88	1	8.88	4.00	0.0733
χ_2^2	93.91	1	93.91	42.35	<0.0001
χ_3^2	69.70	1	69.70	31.43	0.0002
残差	22.18	10	2.22		

对模型进行方差分析，相对脱水率的二次回归方程的相关系数 R^2=0.9911，表明模型对实际情况拟合得很好；F 值为 124.30，表明模型是有效的。表 5.46 中，微波作用时间 χ_1 和微波功率 χ_3 的 Prob>F 值小于 0.0001，表明微波作用时间和微波功率对相对脱水率的影响较为显著。

表 5.46 相对脱水率的二次模型方差分析

因素	平方和	自由度	均方差	F 值	Prob>F
模型	12994.31	9	1443.81	124.30	<0.0001
时间 χ_1	8387.96	1	8387.96	722.15	<0.0001
转速 χ_2	6.65	1	6.65	0.57	0.4668
功率 χ_3	2231.26	1	2231.26	192.10	<0.0001
$\chi_1\chi_2$	6.30	1	6.30	0.54	0.4783
$\chi_1\chi_3$	1.36	1	1.36	0.12	0.7392
$\chi_2\chi_3$	11.28	1	11.28	0.97	0.3476
χ_1^2	1561.11	1	1561.11	134.40	<0.0001
χ_2^2	95.68	1	95.68	8.24	0.0167
χ_3^2	1002.30	1	1002.30	86.29	<0.0001
残差	116.15	10	11.62		

5.11.3 响应曲面分析

图 5.119 为时间、转速、微波功率分别对温度和相对脱水率影响的三维响应面图。图5.119(a)表示时间和转速对温度的影响(功率为 16.00kW)；图 5.119(b)表示时间和功率对温度的影响(转速为 11.00Hz)；图5.119(c)表示转速和功率对温度的影响(时间为 100min)；图 5.119(d)表示时间和转速对相对脱水率的影响(功率为 16.00kW)；图 5.119(e)表示时间和功率对相对脱水率的影响(转速为 11.00Hz)；图 5.119(f)表示转速和功率对相对脱水率的影响(时间为 100min)。

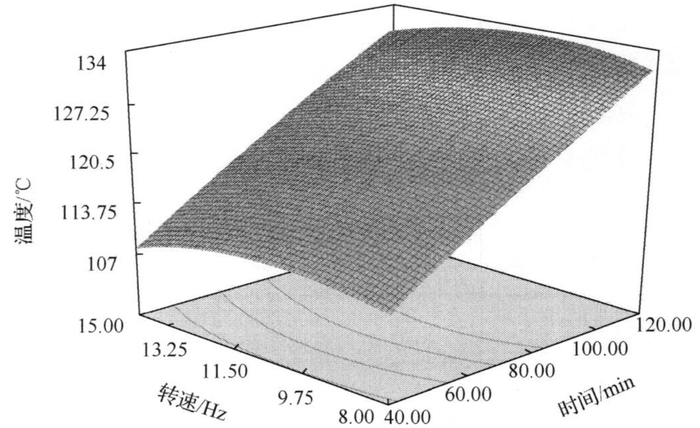

(a) 时间、转速与温度的三维响应面图

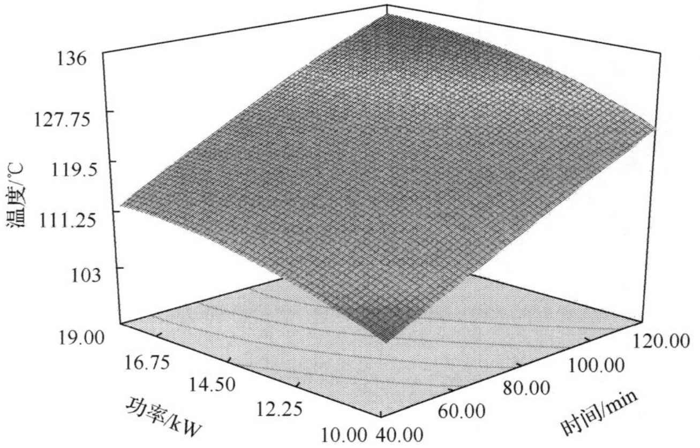

(b) 时间、微波功率与温度的三维响应面图

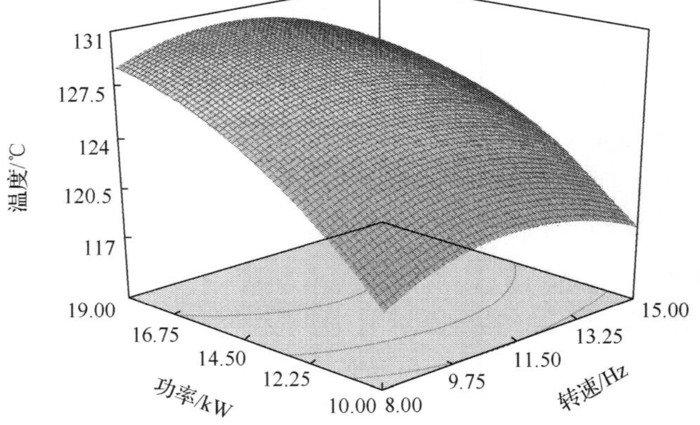

(c) 转速、微波功率与温度的三维响应面图

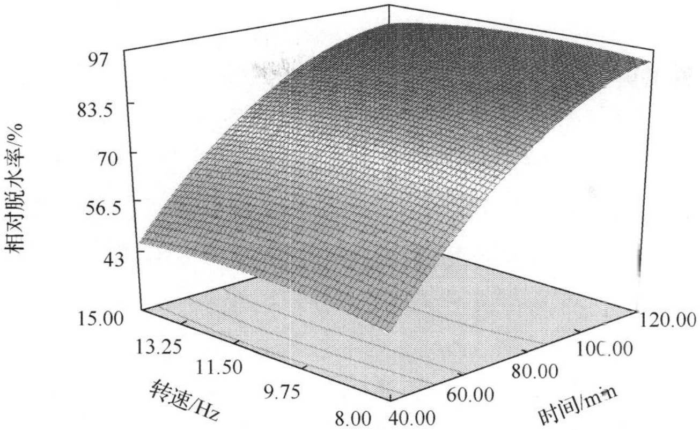

(d) 时间、转速与相对脱水率的三维响应面图

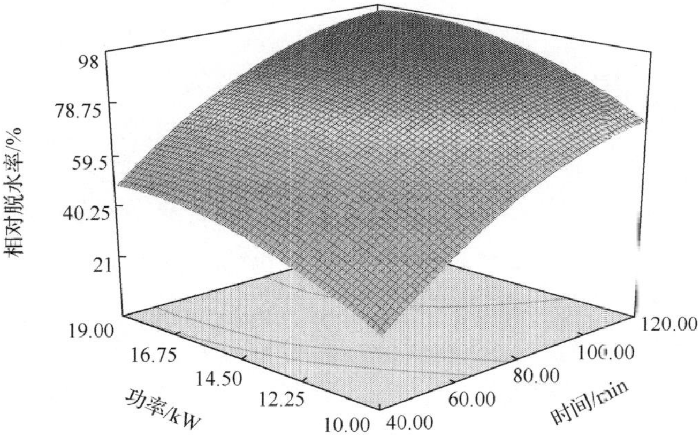

(e) 时间、微波功率与相对脱水率的三维响应面图

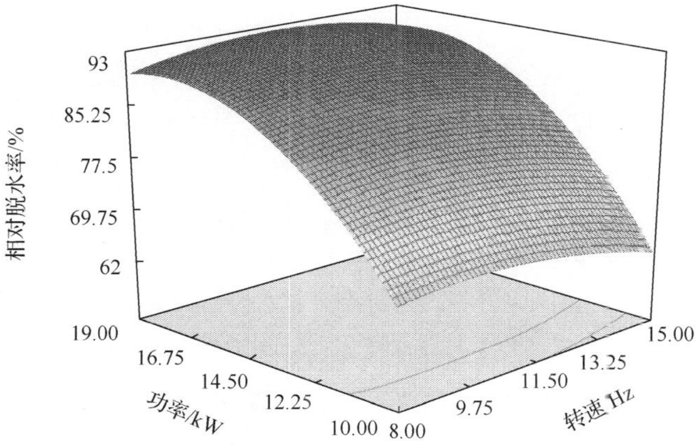

(f) 转速、微波功率与相对脱水率的三维响应面图

图 5.119　微波干燥富硒渣工业实验的三维响应曲面

由图 5.119(a)可知，随着微波作用时间的增大，温度升高；物料转速对温度的影响相对不明显。由图 5.119(b)可知，随着微波作用时间增大，温度升高。由图 5.119(c)可知，随着微波功率的增大，温度升高；物料转速对温度的影响相对不明显。由图 5.119(d)可知，随着微波作用时间的增大，相对脱水率增大；物料转速对相对脱水率的影响不明显。由图 5.119(e)可知，随着微波作用时间的增大，相对脱水率增大；随着微波功率的增大，相对脱水率也增大。由图 5.119(f)可知，随着微波功率的增大，相对脱水率增大；物料转速对相对脱水率的影响不明显。

图 5.119(a)~(c)表明，富硒渣的温度随着微波功率的增大而增大，随着微波作用时间的延长而增大，转速对温度的影响不明显。原因分析表明，微波对极性分子水有选择性加热的作用，微波功率越大，加热的效果越明显，随着水分的蒸发，物料的温度开始增大。随着微波作用时间延长，水分不断蒸发，微波开始加热物料，物料的温度在 100℃左右维持一段时间，逐渐升到 130℃左右。转速是指物料托盘在微波加热器中的旋转速度，在 8~15Hz 的转速频率下，物料的温度不受太大的影响，这是由于微波加热的均匀性，且微波加热装置的分布也是均匀的，因此，在一定的转速下，物料受热也是均匀的。

图 5.119(d)~(f)表明，富硒渣的相对脱水率随着微波功率的增大而增大，随着微波作用时间的增长而增大，但是转速对相对脱水率的影响不明显。其原因是随着微波功率的增大，微波对极性分子水的加热效果逐渐明显，水分蒸发的速率增大，相对脱水率也随之增大。随着微波作用时间的增长，水分蒸发量也增大，相对脱水率也随之增大。转速在 8~15Hz 下，物料受热均匀，水分的蒸发量也相对稳定，在此情况下，物料的相对脱水率变化不明显。

5.11.4 工艺条件优化

根据实际生产情况，设定物料温度不超过 138℃，物料的最终含水率不超过 1%，相对脱水率超过 92%，用响应曲面优化的工艺参数见表 5.47。为验证响应面优化模型，根据优化的工艺参数进行实验，验证实验结果见表 5.48。

表 5.47 响应面优化工艺参数

时间/min	转速/Hz	微波功率/kW	物料温度/℃	相对脱水率/%
120.00	10.87	19.00	135.358	96.7847

表 5.48 响应面优化验证工艺实验

时间/min	转速/Hz	微波功率/kW	物料温度/℃	相对脱水率/%
120	10.5	18.5	132	94.68
120	11	18.9	133	94.778
120	11.5	19.2	135	95.95

验证实验表明，响应面优化模型的预测值与实际值接近，偏差较小，此优化工艺可行，响应面优化模型是准确的。在工业化实验基础上对微波干燥富硒渣的能耗进行研究与评估，与常规加热干燥相比具有显著的优势。已在云南某公司建立了产业化生产线，不仅满足了粗硒生产的要求，改善了干燥作业的操作环境，极大地降低了劳动强度，还提高了粗硒的直收率1%以上。

5.12 微波干燥硫酸铜

硫酸铜在自然界中以五水硫酸铜($CuSO_4·5H_2O$)的形式存在，呈蓝色透明物的结晶体或粉末，在干燥空气中逐渐风化。加热至45℃，失去二分子水；加热至110℃失去四分子水；加热至250℃，失去全部结晶水而成为绿白色无水物粉末。

硫酸铜在纺织、颜料、防腐剂、电镀、催化剂及化工原料生产等方面有着广泛的应用，随着工业发展和技术进步，许多领域对硫酸铜质量提出更高的要求。工业生产的硫酸铜成品外观为蓝色或蓝绿色晶体(或呈绿白色粉末，仍有效)，没有可见杂质，其经济技术指标见表5.49[62]。

表5.49 硫酸铜主要技术经济指标 (单位：%)

指标名称	颁布标准	
	一级品	二级品
$CuSO_4·5H_2O$ 含量	≥96	≥93
水不溶物	≤0.45	≤0.45
游离 H_2O	≤0.25	≤0.25
铁	≤0.40	≤1.0

云南某厂生产的硫酸铜经离心分离后五水硫酸铜含量为95%左右，仅达到二级品标准，而一级品的标准为不小于96%，两者五水硫酸铜含量仅相差1%。二级品中尚含一定量的吸附水，通过干燥可提高产品的等级。实验中所采用的原料为云南某厂生产的硫酸铜，样品成分见表5.50。

表5.50 硫酸铜的成分分析

参数	$CuSO_4·5H_2O$	吸附水	H_2SO_4	SO_4^{2-}	Cu	水不溶物	酸不溶物	K	Na	Fe	Zn
含量/%	95.67	3.078	0.955	39.385	24.273	0.005	0.001	0.0015	0.0026	0.16	0.066

黄善富[62]针对此原料，通过正交实验开展了微波干燥的研究，实验室阶段的实验装置微波频率为 2450MHz，功率为 750W。采用的工艺流程如图 5.120 所示。

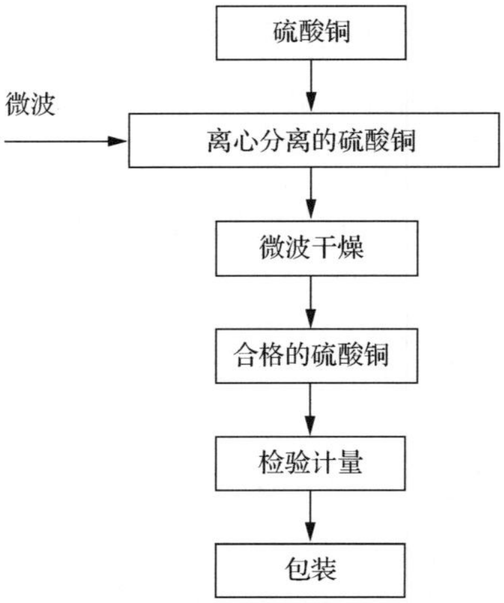

图 5.120　微波干燥硫酸铜工艺路线

实验表明，影响硫酸铜脱水率相对值因素主要有微波功率(*A*)、微波干燥时间(*B*)、样品的质量(*C*)，重点考察硫酸铜的脱水率的相对值，其数值越小越好。脱水率与硫酸铜之间的关系可表示为(*X* 表示脱水率)：

$$CuSO_4 \cdot 5H_2O\% = 95.67\%/(100\%-X) \tag{5.62}$$

实验结果见表 5.51，样品中的五水硫酸铜的含量见表 5.52。

表 5.51　实验设计与结果

实验号	微波功率/W	微波干燥时间/s	样品质量/g	失重/g	脱水率/%	相对值
1	375	30	100	0.2	0.20	0.63
2	375	60	200	1.2	0.60	0.23
3	375	100	300	3.3	1.10	0.29
4	525	30	200	0.5	0.25	0.58
5	525	60	300	2.6	0.87	0.04
6	525	100	100	1.9	1.90	1.07
7	750	30	300	1.0	0.33	0.50
8	750	60	100	1.4	1.40	0.57
9	750	100	200	1.4	2.20	1.37

表 5.52 小试条件下脱水率与 $CuSO_4·5H_2O$ 含量的关系 （单位：%）

参数	结果								
脱水率	0.20	0.60	1.10	0.25	0.87	1.90	0.33	1.40	2.20
$CuSO_4·5H_2O$ 含量	95.9	96.3	96.8	95.9	96.5	97.6	96.0	97.1	97.9

极差计算结果如表 5.53 所示。

表 5.53 实验方差分析

水平分析	因素		
	微波功率 P/W	干燥时间 T/min	物料质量 W/g
Ⅰ	1.13	1.71	2.27
Ⅱ	1.69	0.84	2.18
Ⅲ	2.44	2.71	0.81
Ⅰ平	0.37	0.57	0.76
Ⅱ平	0.56	0.28	0.73
Ⅲ平	0.81	0.93	0.27
R	1.31	1.87	1.46
主次顺序	3	1	2
最佳条件	1	2	3

表 5.53 分析表明，微波干燥时间对指标(脱水率相对值)的影响最大，物料质量的影响次之，微波功率对指标影响最小；以优质、高产、低耗和符合生产实际要求来选取实验条件，得到优化条件：微波功率 375W，干燥时间 60s，样品重 300g。

在小试实验基础上，张世敏等[63]开展了中试研究。微波加热中试装置主体设备为内设转动系统的多模谐振腔，微波电源的工作频率为 915MHz，微波功率为 0~20kW 连续可调。在微波腔体中的料盘上放上 50kg 硫酸铜，料盘直径为 800mm，料层的直径为 700mm。为定量测定硫酸铜的脱水率，在硫酸铜物料中放入 7 个物料容器，容器中硫酸铜的厚度与料层厚度一致，考查微波加热的均匀性，容器位置如图 5.121 所示。

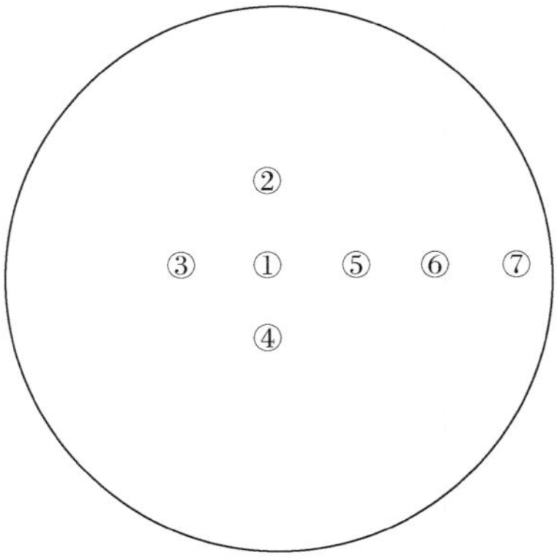

图 5.121　烧杯在料盘上的位置

转盘的转速为 0.1r/min。在料盘上布满料样并放置好容器后，关闭进出料系统。微波输入功率为 10kW，微波加热时间为 10min。微波加热干燥后，硫酸铜温度升至 50℃。在干燥过程中，定时启动排气系统以保证及时排除微波腔体中的水蒸气，脱水率与硫酸铜含量的关系见表 5.54。

表 5.54　中试条件下脱水率与硫酸铜含量的关系　（单位：%）

参数	结果						
脱水率	0.85	0.85	0.84	0.86	0.84	0.85	0.85
$CuSO_4 \cdot 5H_2O$ 含量	96.49	96.49	96.48	96.50	96.48	96.49	96.49

当微波功率为 10kW，干燥时间为 10min，干燥硫酸铜 50kg，原样品中硫酸铜的含量为 95.67%，平均脱水率为 0.85%，样品中的硫酸铜含量达到 96.48%以上，达到了国家一级标准。

对水而言，硫酸铜属于弱吸波物质，实现选择性加热，能耗较低。与传统干燥设备相比，微波中试装置具有体积小、占地少、易自动控制、操作简便的特点，可显著降低生产成本、提高产品质量。

5.13　微波干燥单宁锗

锗是一种不可或缺的战略资源，我国具有十分丰富的低品位含锗氧化铅锌矿资源，通过火法炼锌工艺得到大量的锗烟尘，富集的锗在烟尘中的含量非常高，是目前提取锗的重要原料。工业上常采用硫酸浸出工艺，沉淀得到单宁锗的方法富集锗。

单宁锗是生产二氧化锗和锗的重要中间产物，属于黏结性物料。目前采用的加热干燥方式：以电能为热源，将单宁锗直接置于烤炕上进行干燥，此过程物料中的水分主要是通过热传导来加热排除，整个干燥过程的时间长、劳动强度大、能耗高、操作环境极为恶劣，因此迫切需要寻求一种高效、节能的干燥新工艺[64]。

苏斌[64]以云南某公司生产的单宁锗为原料，原料初始含水率为67.74%，进行了微波干燥研究，同时也进行了常规干燥、微波加热与自然风干相结合的组合干燥。微波干燥实验中采用的设备为由非常规冶金省部共建教育部重点实验室研制的微波反应器，频率为2450MHz(图5.122)。称取一定质量的物料置于微波反应器中，加热到预先设定好的温度，保温一定的时间，待加热停止后取出称量，通过计算得到物料在微波作用下的相对脱水率。

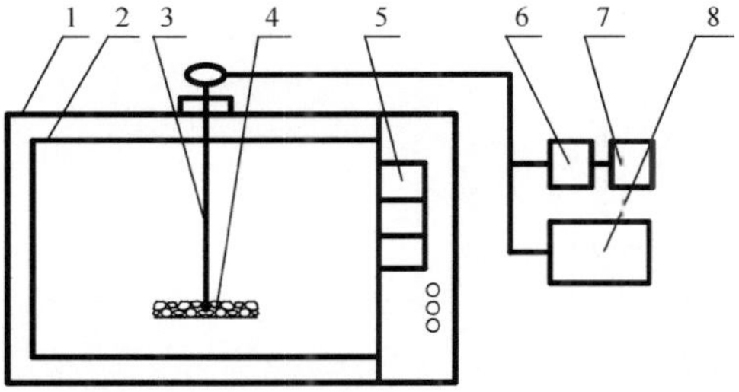

图5.122　单宁锗干燥装置示意图

1.微波源；2.微波防护层；3.热电偶；4.物料；5.微波控制开关；6.温度显示器；7.电压表；8.电流表

在物料10g、保温时间为8min，干燥温度与相对脱水率的关系如图5.123所示。从图5.123中可以看出，在70~90℃的温度区间内，单宁锗相对脱水率随温度的增加而增大。在70℃时，相对脱水率仅为70.63%。当温度达到90℃，相对脱水率为97.33%。

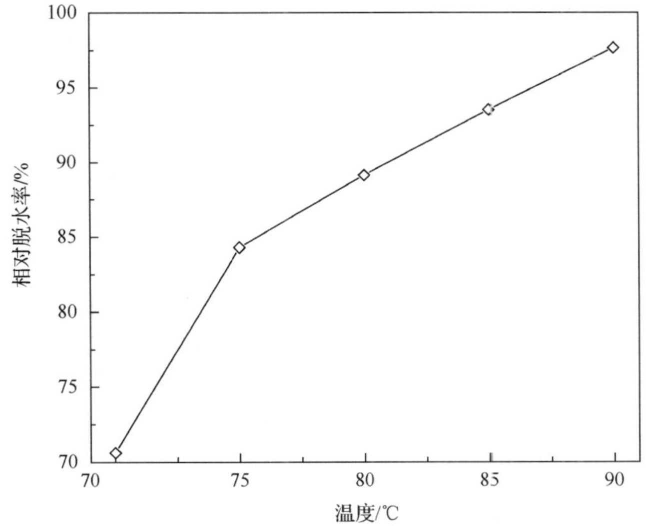

图5.123　干燥温度与相对脱水率的变化关系

在物料 10g、干燥温度为 90℃，保温时间对相对脱水率的影响如图 5.124 所示。由图 5.124 中可知，相对脱水率随保温时间的延长而增大。

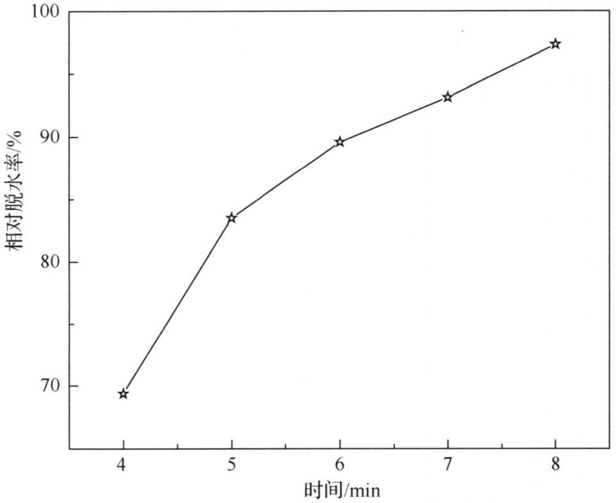

图 5.124　保温时间与相对脱水率的变化关系

蒸发的表面积保持不变，干燥温度为 90℃，保温时间为 8min，不同物料质量与相对脱水率的关系如图 5.125 所示。从图 5.125 中可以看出，相对脱水率随物料质量(物料厚度)的增加而呈现下降趋势，下降趋势越来越小，表明适当减少物料质量(降低物料厚度)可以大幅度地提高相对脱水率。

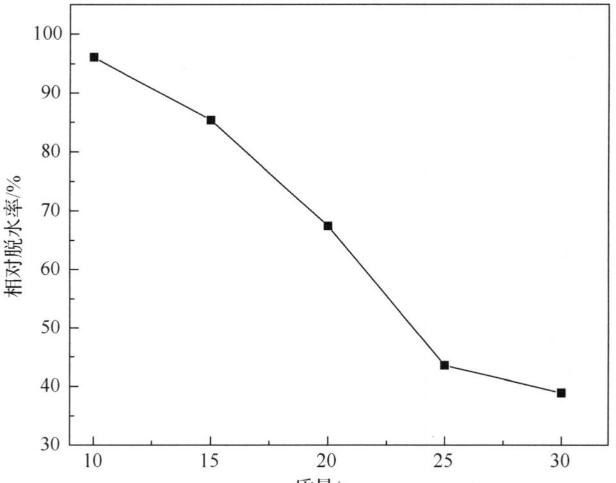

图 5.125　物料质量与相对脱水率的变化关系

根据微波干燥物料的特点，选出对相对脱水率影响较大的三个因子进行实验并加以验证。这三个因子分别是：物料质量χ_1 (g)、保温时间χ_2 (min)、干燥温度χ_3 (℃)，得到不同条件下的相对脱水率 Y%，实验设计方案与结果见表 5.55。

对回归模型的影响作用进行分析，单宁锗的相对脱水率实验符合二次方模型，得到多项回归方程：

$$Y\% = -574.83910 - 3.43668\chi_1 + 33.51789\chi_2 + 12.06429\chi_3 - 0.052422\chi_1\chi_2 + 0.044641\chi_1\chi_3 - 0.10426\chi_2\chi_3 - 0.027751\chi_1^2 - 1.75839\chi_2^2 - 0.061052\chi_3^2 \quad (5.63)$$

表 5.55 响应曲面分析结果

序号	χ_1/g	χ_2/min	χ_3/℃	Y/%
1	10.0063	4.00	75.00	48.5533
2	25.0040	4.00	75.00	37.2424
3	10.0099	7.00	75.00	72.5864
4	25.0042	7.00	75.00	49.4361
5	10.0004	4.00	90.00	87.6144
6	25.0045	4.00	90.00	76.8674
7	10.0005	7.00	90.00	97.4756
8	25.0025	7.00	90.00	93.85
9	4.9844	5.50	82.50	91.674
10	30.1122	5.50	82.50	58.9932
11	17.5036	2.98	82.50	58.946
12	17.5027	8.02	82.50	78.1708
13	17.5016	5.50	69.89	47.083
14	17.5049	5.50	95.11	92.9879
15	17.5397	5.50	82.50	79.4125
16	17.5049	5.50	82.50	79.3386
17	17.5045	5.50	82.50	77.1095
18	17.5053	5.50	82.50	81.3623
19	17.5053	5.50	82.50	78.6301
20	17.5060	5.50	82.50	81.3611

响应曲面法拟合计算的 R^2=0.9663，R^2 与 1 越接近，说明所选模型的预测值

与实际值越接近。图 5.126 为相对脱水率的预测值与实验值的对比图。

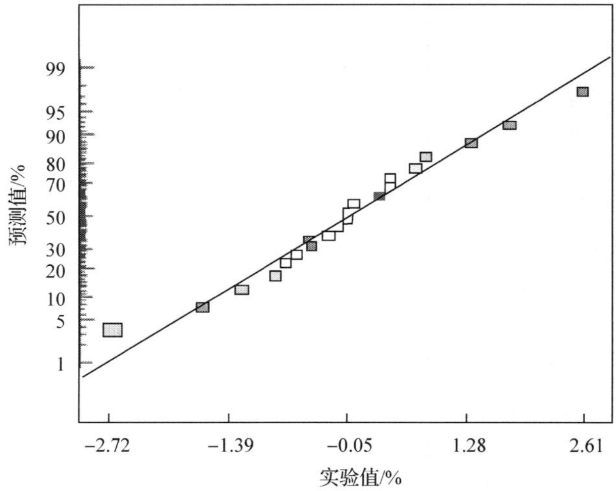

图 5.126　相对脱水率的预测值与实验值的对比图

相对脱水率的方差分析结果见表 5.56。模型的 F 值为 31.84，说明此模型具有重要的参考价值，仅有 0.01%的可能使信噪比出现错误。Prob>F 值小于 0.0001，(Prob>F 值小于 0.05 说明所选模型可信度高，模拟精确)表明模型的精确度很好。

表 5.56　相对脱水率的方差分析结果

方差来源	平方和	自由度	均方差	F 值	Prob>F
模型	5604.74	9	622.75	31.84	< 0.0001
χ_1	788.88	1	788.88	40.34	< 0.0001
χ_2	666.46	1	666.46	34.08	0.0002
χ_3	3713.25	1	3713.25	189.88	< 0.0001
$\chi_1\chi_2$	2.78	1	2.78	0.14	0.7139
$\chi_1\chi_3$	50.44	1	50.44	2.58	0.1393
$\chi_2\chi_3$	11.01	1	11.01	0.56	0.4704
χ_1^2	35.12	1	35.12	1.80	0.2099
χ_2^2	225.58	1	225.58	11.53	0.0068
χ_3^2	169.96	1	169.96	8.69	0.0146

方差分析表明，在三个影响因子当中，χ_1 与 χ_3，即物料质量和干燥温度对相对脱水率有更大的影响，保温时间 χ_2 的影响较小(Prob>F 值大于 0.1000 时，说明此因素不显著)。由图 5.127 中可知，相对脱水率随着物料质量的增加而减少，随着保温时间的延长而增加。

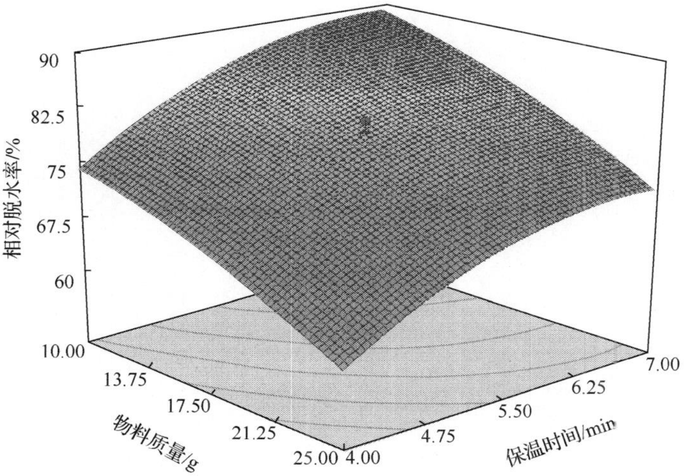

图 5.127　相对脱水率的响应曲面图

得到优化条件为：物料质量 12.05g，保温时间 7min，干燥温度 89.88℃，得到的相对脱水率为 97.65%。为验证响应曲面法的可靠性，采用优化后的最佳条件进行实验，同时考虑到实际生产的便利性，选取物料质量 12.00g，保温时间 7min，干燥温度 90℃为条件进行实验，两次平行实验取平均值，得到其相对脱水率为 96.42%，与理论值相差 1.23%(表 5.57)，实验值与理论值基本吻合。

表 5.57　理论预测值与实验值的对比

参数	χ_1/g	χ_2/min	χ_3/℃	相对脱水率/%
预测值	12.05	7	89.88	97.65
实验值	12.00	7	90.00	96.42

微波干燥、自然蒸发是针对该实验而采取的一种新的干燥方法，称取一定量的物料，放入微波高温反应器中加热到预定温度，并保温一定的时间，待微波停止后称重，得到该时刻的相对脱水率。然后将物料置于平均温度为 23℃、平均湿度为 45%的环境中，利用热空气或其他气体经过物料表面时，能够穿过物料层并向其提供热量，带走需要蒸发的水分，计算得到自然蒸发相对脱水率，比起单独的微波干燥，可以进一步提高生产效率，降低能耗。

单宁锗 10g，保温时间 6min，干燥温度 70~90℃，干燥温度间隔 5℃。微波干燥后，将其置于自然蒸发干燥环境中持续 24h。相对脱水率随干燥温度的变化关系如图 5.128 所示。

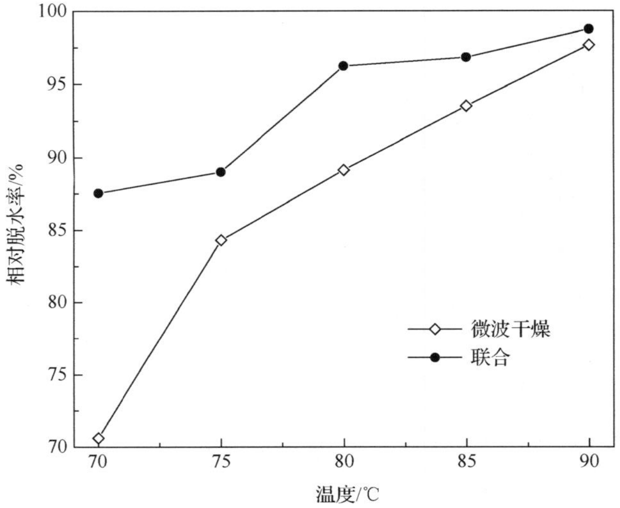

图 5.128　干燥温度与相对脱水率的变化关系

由图 5.128 可知，相对脱水率随温度的增加而增大，85℃和 90℃条件下，微波干燥的相对脱水率随温度的增加而增大，但自然蒸发后，其增长的幅度不大。

单宁锗 10g，微波干燥温度 80℃，自然蒸发干燥环境 24h。相对脱水率随时间的变化如图 5.129 所示。

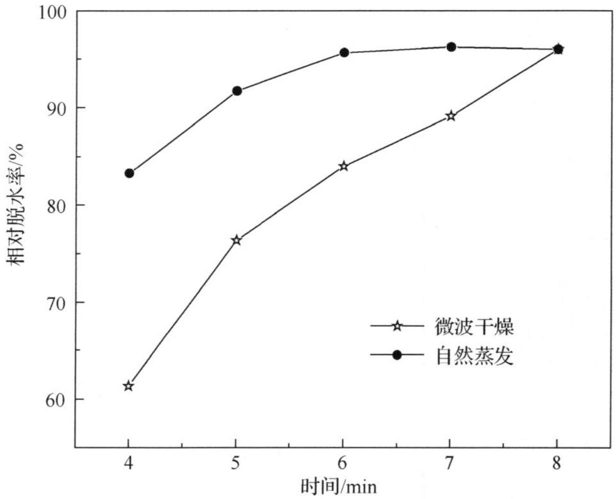

图 5.129　保温时间与相对脱水率的变化关系

由图 5.129 可知，在一定时间内，相对脱水率随保温时间的延长而增大，保温时间 8min 时，微波干燥的相对脱水率为 95.99%，结合自然蒸发，相对脱水率的变化不大，仅为 96.00%，说明物料在自然蒸发环境中，内外部的压力差已基本达到平衡。

蒸发的表面积不变，微波干燥温度 80℃，保温时间 6min，然后自然蒸发干燥环境中 24h。相对脱水率随物料质量的变化如图 5.130 所示。由图 5.130 可知，相对脱水率随物料质量的增加而减小，适当地减少物料质量可以大幅度提高相对脱水率。

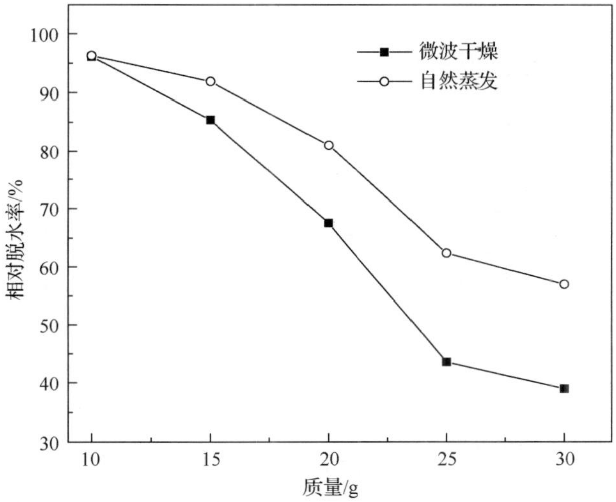

图 5.130　物料质量与相对脱水率的变化关系

选定对脱水率影响较大的三个因子，物料质量 χ_1 (g)、保温时间 χ_2 (min)、干燥温度 χ_3 (℃)，以相对脱水率 *Y*%为考察目标，通过使用 CCD 设计，实验设计方案与实验结果见表 5.58。

表 5.58　实验设计方案与实验结果

序号	χ_1/g	χ_2/min	χ_3/℃	*Y*/%
1	10.0063	4.00	75.00	93.2093
2	25.0040	4.00	75.00	64.1423
3	10.0099	7.00	75.00	93.726
4	25.0042	7.00	75.00	75.2141
5	10.0004	4.00	90.00	94.7003

续表

序号	χ_1/g	χ_2/min	χ_3/℃	Y/%
6	25.0045	4.00	90.00	92.1169
7	10.0005	7.00	90.00	95.9551
8	25.0025	7.00	90.00	93.3865
9	4.9844	5.50	82.50	95.5565
10	30.1122	5.50	82.50	61.1013
11	17.5036	2.98	82.50	89.7992
12	17.5027	8.02	82.50	93.5489
13	17.5016	5.50	69.89	83.5548
14	17.5049	5.50	95.11	95.0694
15	17.5397	5.50	82.50	90.995
16	17.5049	5.50	82.50	91.1721
17	17.5045	5.50	82.50	91.615
18	17.5053	5.50	82.50	93.5193
19	17.5053	5.50	82.50	84.9129
20	17.5060	5.50	82.50	90.124

通过响应曲面法对模型分析，得到最优影响因子，建立单宁锗相对脱水率实验模型，从结果可得到其符合二次方模型

$$
\begin{aligned}
Y\% = &133.97347 - 7.06261\chi_1 + 3.37175\chi_2 - 0.29765\chi_3 \\
&+ 0.11744\chi_1\chi_2 + 0.094282\chi_1\chi_3 - 0.10071\chi_2\chi_3 \\
&- 0.069776\chi_1^2 + 0.35259\chi_2^2 - 7.42072\times10^{-4}\chi_3^2
\end{aligned}
\tag{5.64}
$$

经过响应曲面法拟合，得出 R^2=0.9286，拟合度较好。相对脱水率的方差分析结果见表 5.59。模型的 F 值为 14.44，说明此模型拟合较好。Prob>F 值小于 0.0001，表明模型的精确度很好。在该分析中，物料质量 χ_1、保温时间 χ_2、干燥温度 χ_3，都是影响相对脱水率的关键性因素。图 5.131 为单宁锗相对脱水率的预测值与实验值对比图。

表 5.59　相对脱水率的方差分析结果

方差来源	平方和	自由度	均方差	F值	Prob>F
模型	1770.912	9	196.768	14.44205	0.0001
χ_1	896.948	1	896.948	65.83271	< 0.0001
χ_2	30.52975	1	30.52975	2.240772	0.1653
χ_3	350.9672	1	350.9672	25.75971	0.0005
$\chi_1\chi_2$	13.96535	1	13.96535	1.025005	0.3352
$\chi_1\chi_3$	225.0052	1	225.0052	16.51456	0.0023
$\chi_2\chi_3$	10.26974	1	10.26974	0.753761	0.4056
χ_1^2	222.0024	1	222.0024	16.29416	0.0024
χ_2^2	9.070159	1	9.070159	0.665716	0.4336
χ_3^2	0.02511	1	0.02511	0.001843	0.9666

在三个影响因子当中，物料质量和干燥温度对相对脱水率影响更大，保温时间的影响较小，同时通过建立三维响应曲面来表示对相对脱水率影响较大的两个因素的关系(图 5.132，干燥温度 82.50℃)。相对脱水率随着物料质量的增加而减少，随着保温时间的延长而提高。

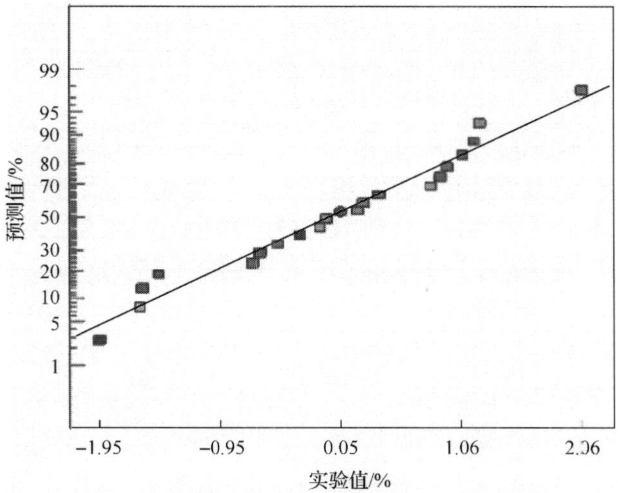

图 5.131　单宁锗相对脱水率的预测值与实验值对比

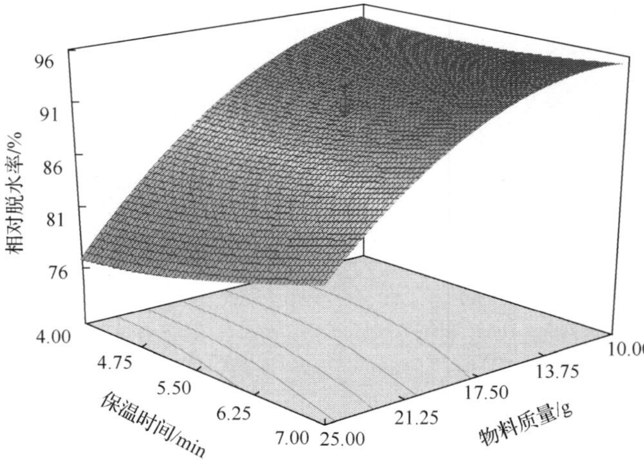

图 5.132　微波干燥、自然蒸发组合干燥单宁锗相对脱水率的响应曲面

通过优化，得到优化条件：当物料质量 10.02g、保温时间 6.99min、干燥温度 79.68℃时，得到的相对脱水率为 95.97%。考虑到实际操作，以物料质量 10g、保温时间 7min、干燥温度 80℃进行验证实验，两次平行实验取平均值，其相对脱水率为 94.21%，与理论值相差 1.76%(表 5.60)。实验值与理论值基本吻合，说明响应曲面法的预测结果较准确，选择的模型可信度高。

表 5.60　理论值预测值与实验值的对比

参数	χ_1/g	χ_2/min	χ_3/℃	相对脱水率/%
预测值	10.02	6.99	79.68	95.97
实验值	10.00	7	80.00	94.21

常规干燥研究表明，相对脱水率随干燥温度的增加而增大，随保温时间的延长而增大，随物料质量的增加而下降，优化工艺参数为：干燥温度120℃、保温时间 170min、干燥物料质量 10g、相对脱水率为 98.69%。

单宁锗常规电加热干燥后的物料的扫描电镜分析如图 5.133 所示。常规电加热干燥过的单宁锗表面有少许裂纹，结构比较致密，硬度较大，可导致其后续的煅烧不完全，影响锗的回收率。

微波干燥的单宁锗扫描电镜图分析如图 5.134 所示。通过和常规干燥对比发现，微波干燥后单宁锗表面的裂纹较大，空隙比较多比较大，结构较疏松，有利于后续煅烧工艺完全，可提高锗回收率。说明微波干燥、自然蒸发组合干燥能够有效地利用微波干燥后的余热，有可能提高相对脱水率，节约能耗。

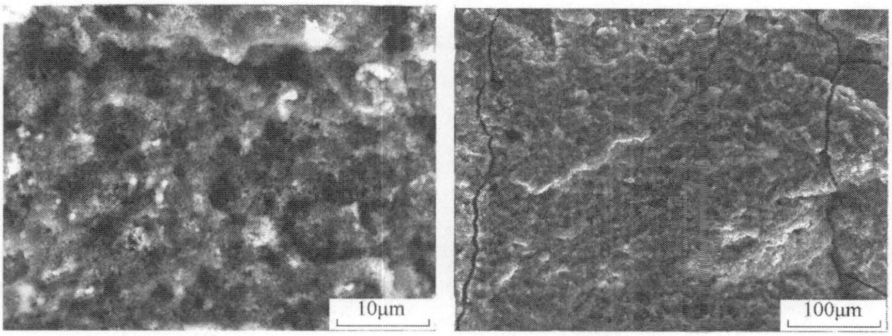

图 5.133 常规干燥扫描电镜图

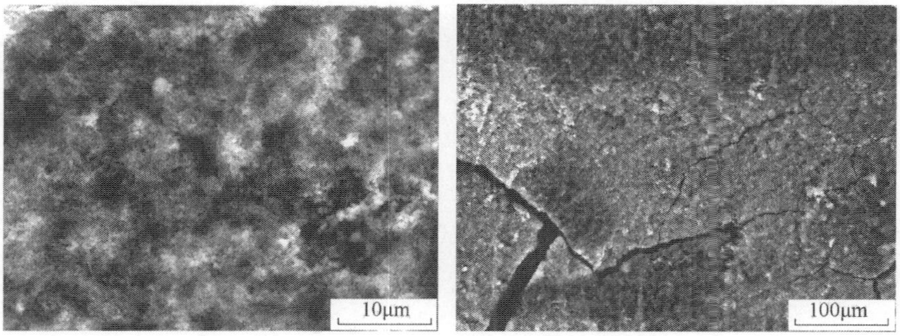

图 5.134 微波干燥后扫描电镜图

5.14 微波干燥其他物料

5.14.1 微波干燥红土镍矿

红土镍矿是由含镍的岩石风化、浸淋、蚀变、富集而成的，是由镁、铝、硅等含水氧化物组成的疏松黏土状矿石，现已探明的红土镍矿资源多分布在南回归线和北回归线一带，如澳大利亚、巴布亚新几内亚、印度尼西亚、菲律宾和古巴等国[65]。

红土镍矿分为两种类型：一种是褐铁矿型，位于矿床的上层，铁高、镍低，硅、镁较低，但钴含量较高，宜采用湿法冶金工艺处理；另一种为硅镁镍矿，位于矿床的下部，硅、镁含量较高，铁、钴含量较低，镍含量较高，宜采用火法冶金工艺处理[66]。

Pickles[67]对红土镍矿石的微波干燥进行了研究，其含水分量大，且含有结合水。在 2450 MHz 下开展含镍褐铁红土矿矿石的微波干燥研究。研究了物料质量、微波功率、纵横比、比表面积和分压对微波干燥速率的影响，结果表明，微波干燥红土镍矿过程可分为四个阶段：①1min 以内，物料快速升温到 100℃左右；②1~14min，保持在 100℃左右；③14~24min，快速升温到 177℃；④温度继续上升，升温速率降低。

5.14.2 微波干燥褐铁矿

褐铁矿是主要的铁矿物之一，是以含水氧化铁为主要成分、褐色的天然多矿物混合物。褐铁矿属于含铁矿物的风化产物，成分不纯，水含量变化大。硬度随矿物形态而异，无磁性，是氧化条件下的次生物质[68]。褐铁矿含铁量低于磁铁矿和赤铁矿，但因较疏松、易于冶炼，是重要的铁矿石。褐铁矿除了能提炼铁外，还可用作颜料。

李新冬和赵玲[69]研究了微波干燥褐铁矿，样品 20g，微波功率 700W，干燥时间对矿样失重率的影响及常规干燥的结果如图 5.135 所示。由图 5.135 可知，微波干燥脱水速率明显快于常规加热。

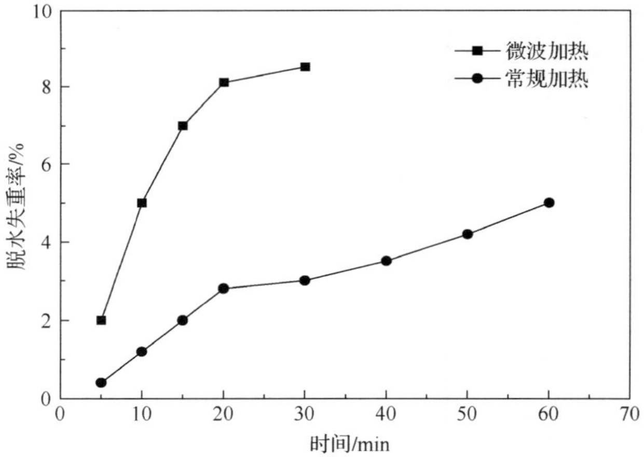

图 5.135 干燥时间对褐铁矿脱水率的影响

样品重 20g，微波功率 700W，微波干燥中的物料温度变化如图 5.136 所示。由图 5.136 可知，随着微波干燥时间的延长，物料温度升高，而前 6min 物料温度上升较快，其后温度增加速度变缓。

微波干燥 10min 后，失重率达到 5.0%以上，不但脱去了游离水，而且样品中结晶水也被脱去，褐铁矿中总铁量达到 60%。因此，利用微波干燥可制得低含水量褐铁矿。

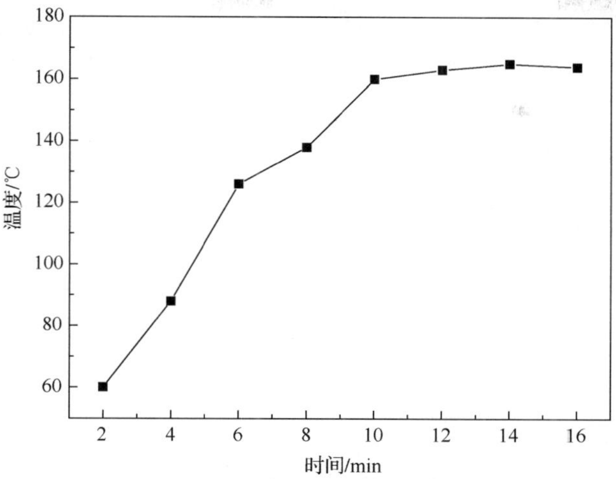

图 5.136 微波干燥脱水过程物料的温度变化

5.14.3 微波干燥膨润土

膨润土又名膨土岩、斑脱石、白泥等，俗名称“观音土”，是一种非常重要的非金属矿产资源，主要成分为蒙脱石，密度 2.4~2.8g/cm^3，硬度 1~2，土状或蜡状光泽[70]。蒙脱石又名蒙脱土，由二层硅氧四面体晶片与其间的铝氧八面体晶片相结合形成晶层，构成 2∶1 型含结晶水的硅酸盐矿物，是黏土类矿物中晶体结构变异最强的矿物之一，属于典型的层状硅酸盐矿物，其不同之处是层间空隙特别大，可在层与层中含有不定数量的水分子及交换性阳离子[71]。根据蒙脱石层间可交换阳离子种类和含量将膨润土划分为钠基膨润土、钙基膨润土和天然漂白土三种。

在冶金工业中膨润土用作铁矿球团的黏结剂，使球团粒度均匀，还原性能好，是膨润土的最大用途，以钠基膨润土为主，不同的应用领域对膨润土的水分要求也不同[72,73]。

朱艳丽[32]进行了微波加热干燥膨润土研究。膨润土原始水分为 17.36%，脱至水分不大于 6%。研究结果表明，在微波功率 400W，干燥容器直径 70mm，物料质量 45g 和干燥时间 150s，物料脱水率为 66.15%，达到各主要行业使用膨润土的水分标准。在不同微波功率下，微波干燥膨润土脱水过程同样分为加速干燥阶段、恒速干燥阶段和降速干燥阶段三个阶段，从三个阶段看，微波功率越大，物料所能达到的最大脱水速率也越大，达到最大脱水率所需要的时间越短，膨润土微波干燥数学模型如下：

$$\mathrm{MR}=0.11032+\frac{1.02748}{1+\exp\left(\frac{t-100.64}{44.944}\right)} \tag{5.65}$$

陈津等[74]进行了膨润土微波干燥研究，并与常规干燥进行对比。发现常规干燥钠基复合膨润土球体内部有湿心现象，微波干燥效果更好。随物料质量减少，微波加热温度会迅速提高，脱水率也随之提高。并进行了初步经济核算，干燥 1t 物料的耗电量为 100kW·h。

5.14.4 微波干燥氯化钙

无水氯化钙为白色粒状物，有很强的吸湿性，极易潮解。它是无机工业用作制造金属钙、氯化钡、各种钙盐(如磷酸钙等)的原料，也可用作建筑工业防冻剂，同时无水氯化钙是常用的干燥剂之一，但不能用于干燥乙醇和氨。氯化钙作为干燥剂使用后含有水分，为了使氯化钙再生，工业上采用加热方式脱除氯化钙中的水分，使之变为无水氯化钙。由于常规加热方式需很长的加热时间，很高的温度和大量的能耗，况且温度场不均匀，致使影响氯化钙的质量。

范兴祥等[75]研究了氯化钙的微波干燥。充分利用氯化钙是弱吸波物质，微波主要对物料中的水分进行加热，可有效降低干燥过程的能耗。实验内容为对含水量为 12%的氯化钙进行干燥，探索物料质量、物料厚度、干燥时间、微波功率等对干燥效果的影响。

在微波功率为 750W、干燥时间为 5min、物料厚度为 1cm 条件下，物料质量对脱水率的影响如图 5.137 所示。从图 5.137 可以看出，物料的脱水率随着物料质量的增加而降低。

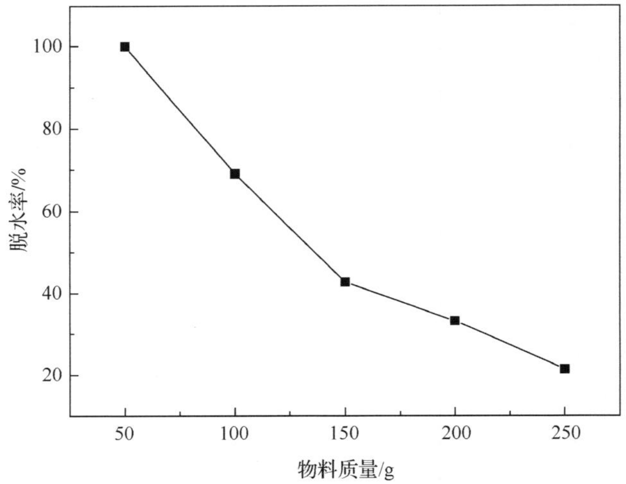

图 5.137 物料质量对氯化钙脱水率的影响

在微波功率为 750W、物料质量为 50g、物料厚度为 1cm 的条件下，干燥时间对物料的脱水率的影响如图 5.138 所示。

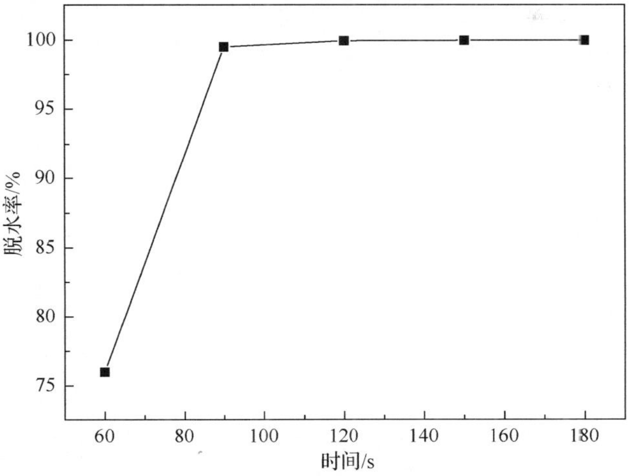

图 5.138 干燥时间对氯化钙脱水率的影响

从图 5.138 可以看出，用微波干燥 60s，脱水率只达 76.00%；微波干燥 120s，脱水率达 99.94%。在此条件下，干燥时间少于 120s，不能满足氯化钙的质量指标。

微波干燥 2min、物料质量 50g、物料厚度 1cm，微波功率对物料脱水率影响如图 5.139 所示。从图 5.139 可以看出，物料脱水率随着微波功率升高而增大，微波功率低于 700W，干氯化钙含水量高于指标值。

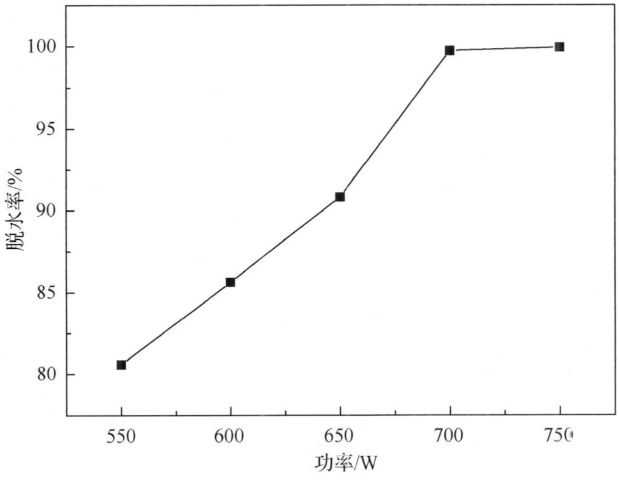

图 5.139 微波功率对脱水率的影响

在微波干燥 2min、物料质量 50g、微波功率 750W 的条件下，物料厚度对脱水率影响如图 5.140 所示。从图 5.140 可以看出，物料的脱水率随着物料厚度的增加而明显地降低。当物料厚度超过 3.0cm 后，物料脱水率有明显下降，干燥后的氯化钙含水量超过指标值，原因是料层厚度超过微波的穿透范围；物料厚度过厚，会影响水汽的蒸发速度，以致在短时间内，水汽还没有蒸发完。

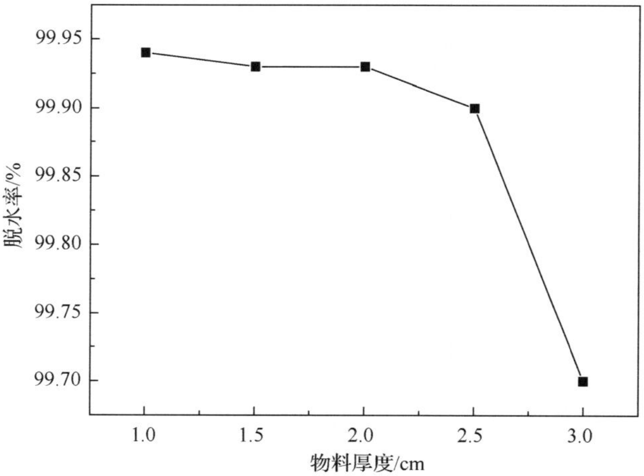

图 5.140　物料厚度对脱水率的影响

5.14.5　微波干燥氢氧化锶

氧化锶因其制品具有可改进玻璃折射系数、介电损耗低、绝缘电阻高、热稳定性好等优点，在彩色显像管、磁性材料、电子陶瓷、制药、焰火、颜料等行业的应用发展迅速。其中高纯度氧化锶是高新技术新型材料，主要应用于航空、国防工业、核工业、电子产品等领域。高纯度氧化锶是世界上重要的战略性资源，随着我国经济的发展，其在国民经济中的地位日益上升、作用日趋重要[76]。

高纯度氧化锶的生产过程是首先将八水氢氧化锶干燥为氢氧化锶，而传统的热风干燥或过热蒸气干燥会因热气中含有灰尘而造成原料和产品的污染，因此生产高纯度氧化锶必须采用无污染的干燥方法。

王万坤等[76,77]研究了八水氢氧化锶的微波干燥，并进行了常规干燥对比，实验原料主要成分见表 5.61。实验装置为非常规冶金省部共建教育部重点实验设计制备的微波箱式设备，微波功率连续可调，频率为 2450MHz，最大功率为 3000W。

表 5.61　八水氢氧化锶原料的主要成分　　（单位：%）

$Si(OH)_2·8H_2O$	Ba	Cl	Ca	Na	SO_4	Pb
> 99.02	< 0.004	< 0.004	< 0.0045	< 0.004	< 0.005	< 0.0005

物料质量为 10g、干燥时间为 3min、物料厚度为 5mm 时，微波功率对干燥效果的影响如图 5.141 所示。从图 5.141 可以看出，物料的相对脱水率随微波功率的升高而增大。当微波功率为 750W 时，相对脱水率已达到 99.98%，基本实现八水氢氧化锶完全脱水。

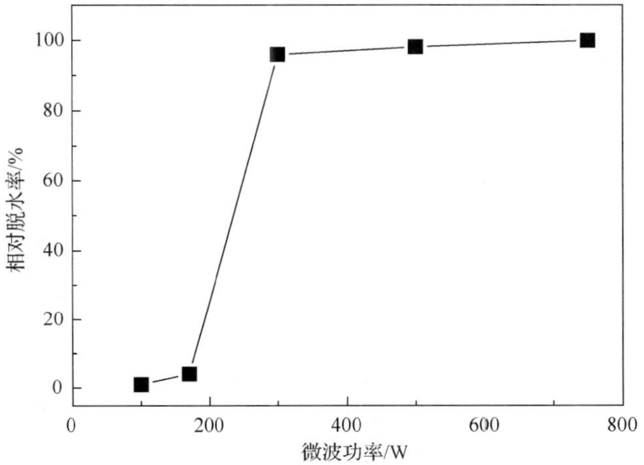

图 5.141　微波功率对八水氢氧化锶相对脱水率的影响

物料质量为 10g、微波功率为 300W、加热时间为 1min 时，物料厚度对脱水效果的影响如图 5.142 所示。从图 5.142 可以看出，八水氢氧化锶的相对脱水率随着物料厚度的增加而显著降低。

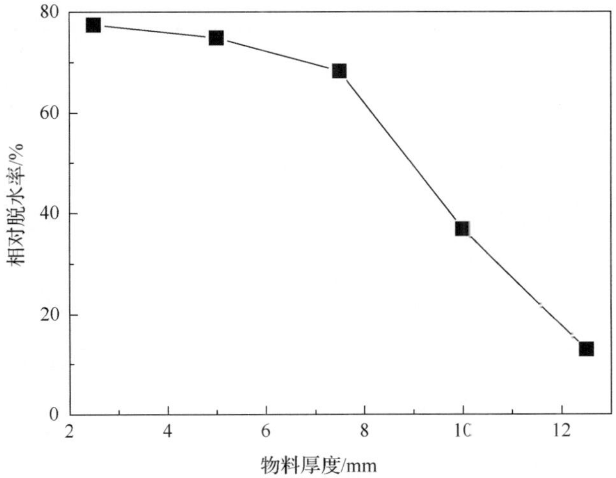

图 5.142　物料质量对八水氢氧化锶相对脱水率的影响

在微波功率为 300W、物料厚度为 5mm 和八水氢氧化锶物料质量为 10g 的条件下，微波干燥时间对干燥效果的影响如图 5.143 所示。从图 5.143 可以看出，相对脱水率随着微波加热时间的增加而增大，微波加热时间 5min 时，相对脱水率达 99.98%。

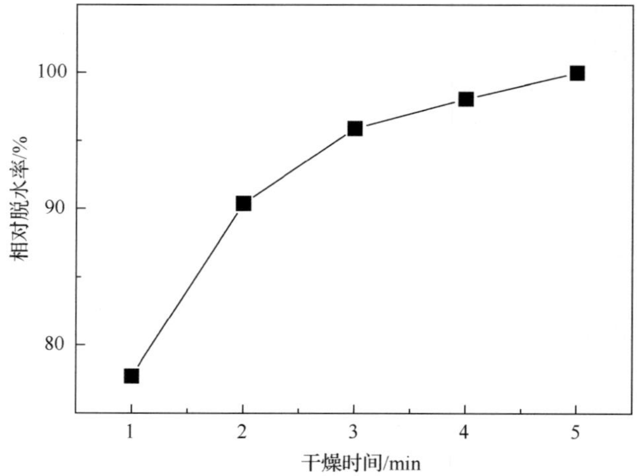

图 5.143　干燥时间对八水氢氧化锶相对脱水率的影响

微波功率为 300W、加热时间为 1min、物料厚度为 5mm，物料质量对脱水效果的影响如图 5.144 所示。从图 5.144 可以看出，八水氢氧化锶的相对脱水率随着物料质量的增加而降低，是由于在相同大小的干燥容器中，容器的体积有限，随着物料质量的增加，使干燥出的水蒸气向外部扩散阻力增加。可以对设备增加抽气辅助设备，以增加水蒸气的蒸发速度，改善干燥效果。

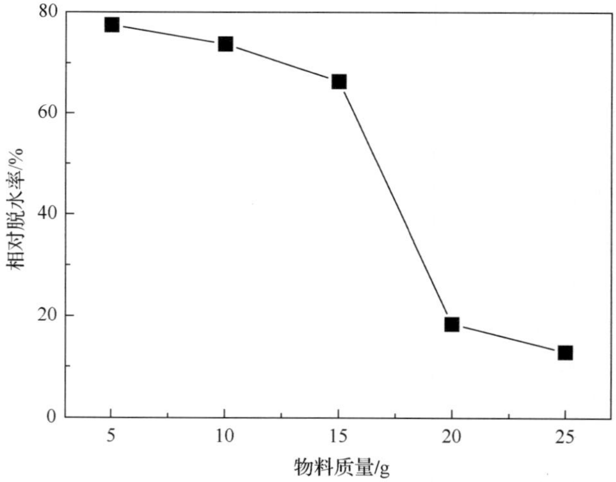

图 5.144　物料质量对八水氢氧化锶相对脱水率的影响

对比常规电加热干燥和微波加热干燥八水氢氧化锶。对于相同质量的八水氢氧化锶，微波加热干燥时间较短。当干燥温度为180℃，物料厚度为5mm时，用常规电加热干燥120min时，八水氢氧化锶的相对脱水率为98.12%；而相同物料厚度下，在微波功率为950W，微波加热时间仅为3min，八水氢氧化锶的相对脱水率就已达到 99.98%，微波加热干燥所用时间仅为常规电加热干燥所用时间的1/40。微波加热干燥八水氢氧化锶的程度更深。

对八水氢氧化锶原料，在常规干燥、微波干燥优化条件干燥后的物料进行物相分析，测试条件为：温度 22℃；扫描速度 0.1°/s；范围(2θ) 10°~70°，所得图谱如图5.145~图5.147所示。从图谱中可看出，确定干燥产品为氢氧化锶。

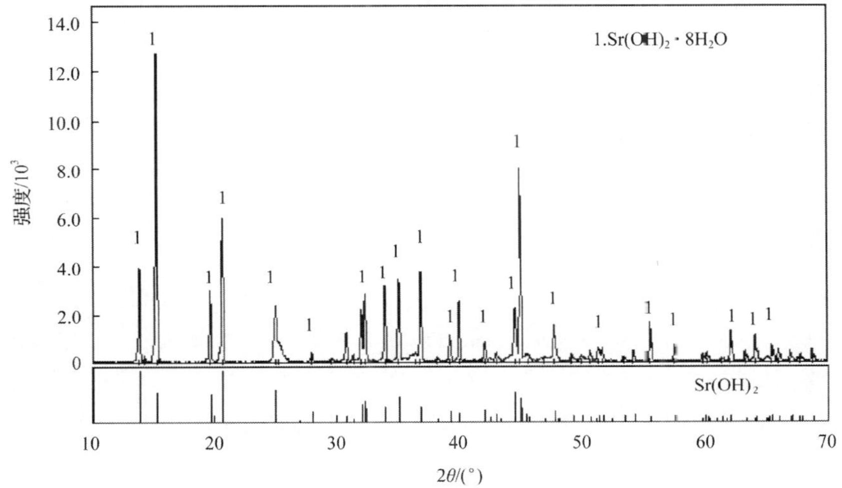

图5.145　八水氢氧化锶原料的X射线图谱

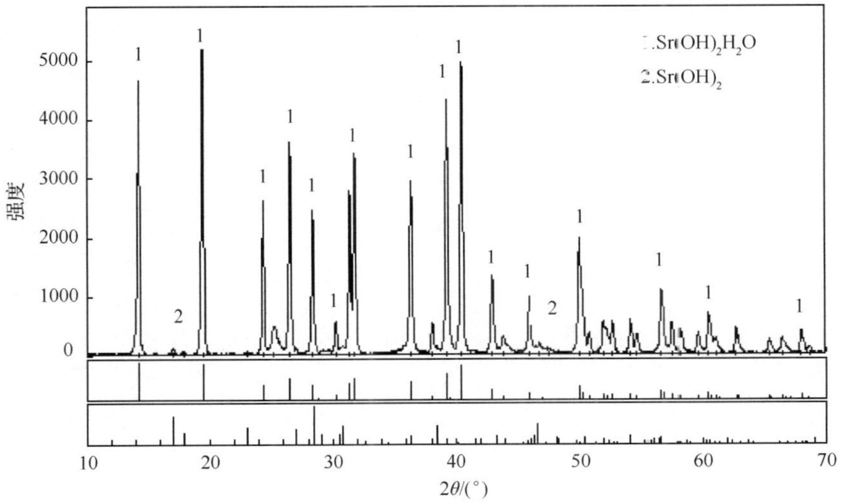

图5.146　常规干燥八水氢氧化锶后的X射线图谱

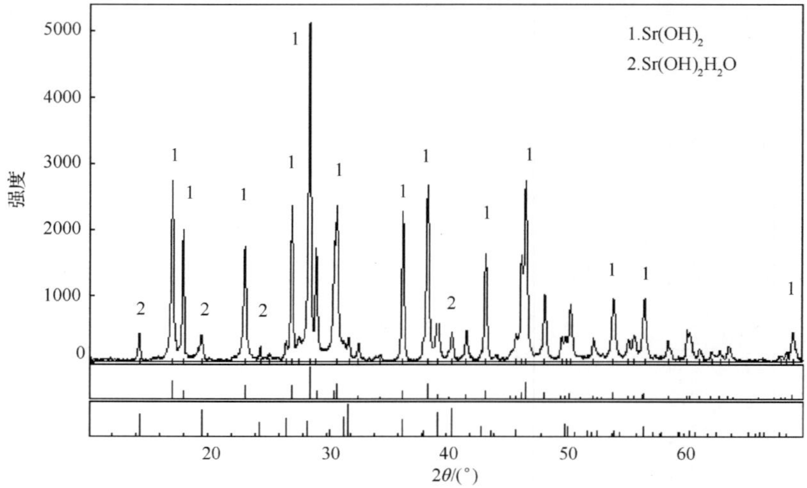

图 5.147　微波加热干燥八水氢氧化锶后的 X 射线图谱

5.14.6　微波干燥锡酸钠

锡酸钠常带有三个结晶水，加热至 114℃失去结晶水，遇酸发生分解，空气中易吸收水分和二氧化碳而变成碳酸钠和氢氧化锡。锡酸钠主要用于电镀锡及其合金，较大温度范围内具有均匀介质常数陶瓷电容器的基体、颜料和催化剂。经过浓缩结晶的锡酸钠用离心机甩干后仍含 11%~13%的游离水分。

张世敏等[78]研究了微波干燥锡酸钠，实验原料为来自云南某公司的工业锡酸钠，其含水量为 11.8%~12.0%。实验采用多模微波炉，微波功率为 750W，频率为 2450MHz。

当微波功率为 750W、干燥时间为 3min、物料厚度为 10mm 时，物料质量对

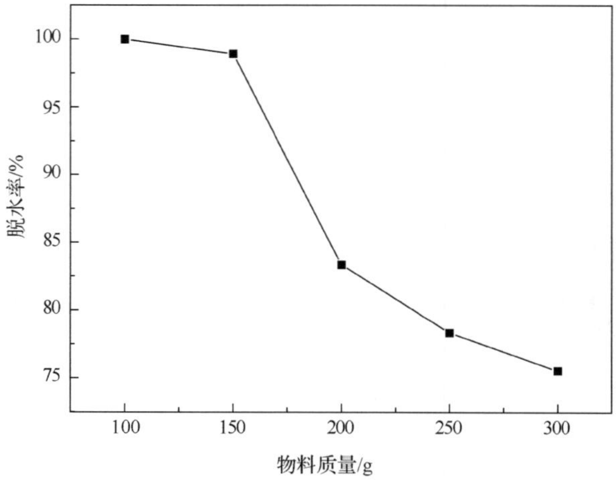

图 5.148　物料质量对锡酸钠脱水率的影响

脱水率的影响如图5.148所示。从图5.148可以看出，物料的脱水率随着物质量增加而降低。

当微波功率为750W、物料质量为100g、物料厚度为10mm时，微波干燥时间对物料脱水率的影响如图5.149所示。从图5.149可以看出，干燥时间少于120s，锡酸钠达不到国家标准的指标要求。

当微波干燥2.5min、物料质量为200g、物料厚度为20mm时，微波功率对物料脱水率影响如图5.150所示。从图5.150可以看出，物料的脱水率随着微波功率的升高而升高。微波功率过低，锡酸钠含水量就低于国家标准，微波功率为700~750W较为合适。

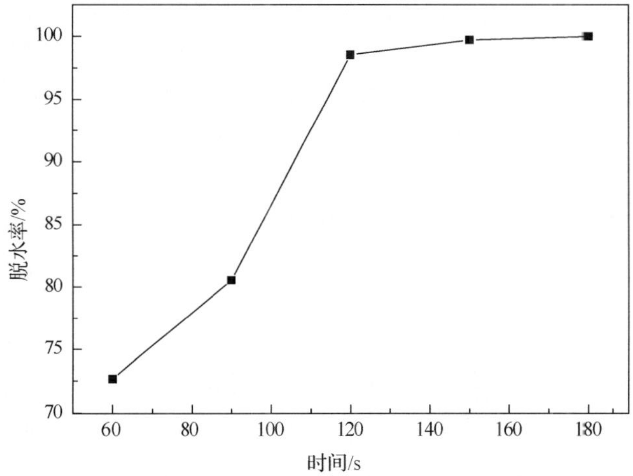

图5.149　微波干燥时间对锡酸钠脱水率的影响

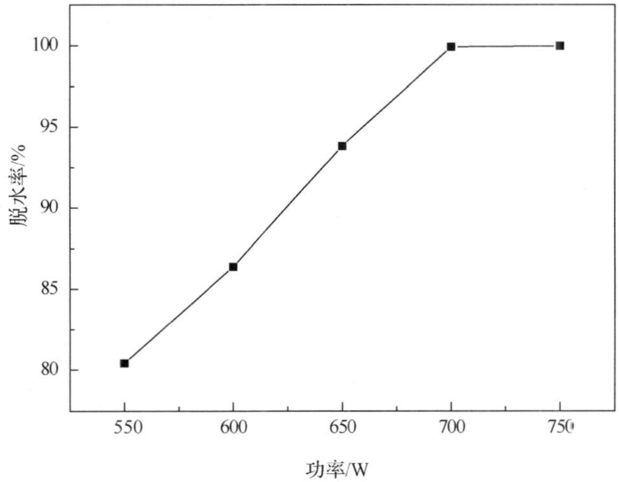

图5.150　微波功率对锡酸钠脱水率的影响

5.14.7　微波干燥硫酸钠

硫酸钠用于制造硫化钠等化工产品，造纸工业中用于制造硫酸盐纸浆，玻璃工业中代替纯碱，染料工业中作填充剂，在医药工业、合成纤维、有色冶金、日用化工等领域也有大量应用，产品需符合 HG1-520-80 规格要求，对水分含量有着严格要求，一级品：$w(H_2O)\leqslant 0.2\%$，二级品：$w(H_2O)\leqslant 0.5\%$。常规干燥容需 3~6h 才能完成[79]。

范兴祥等[80]研究了硫酸钠的微波干燥工艺，原料为四川省某厂的工业硫酸钠，含水量为 9%~10%。研究了物料质量、干燥时间、微波功率、物料厚度对物料脱水率的影响。研究表明，物料的脱水率随着物料质量的增加而降低；微波加热时间过长，硫酸钠的脱水率无明显升高，反而会增加能耗；物料的脱水率随着微波功率的升高而升高；当物料厚度超过 3.0cm 后，物料脱水率明显降低，原因是微波的穿透能力有一定范围。当物料厚度过厚，微波在物料内部传播时，由于能量不断被吸收并转化为热能，其所携带的能量就随着深入物料表面的距离呈指数衰减[81]，所以物料厚度过厚，会影响硫酸钠干燥质量，选择合适的物料厚度是十分重要的。

5.14.8　微波干燥氢氧化锂

氢氧化锂($LiOH\cdot H_2O$)易溶水，加热分解，873K 失去结晶水。氢氧化锂是用途广泛的最重要的锂化合物，用它可制得其他锂盐。工业生产的一水合氢氧化锂含 2%~3%的游离水分。工业上，为了脱出 2%~3%的水分，通常采用气流进行干燥含水的氢氧化锂。

范兴祥等[82]以四川省某厂含水量为2.6%的氢氧化锂为原料，进行了微波干燥的工艺研究。研究表明，氢氧化锂的脱水率与物料质量、干燥时间、微波功率和物料厚度有关。物料的脱水率超过100%，说明氢氧化锂有一部分失去结晶水。物料的脱水率随着物料质量的增加而降低。当物料厚度超过 3.0cm 后，物料脱水率有明显的降低，但脱水不完全。物料厚度会影响氢氧化锂的干燥质量，选择合适的物料厚度是十分重要，增加抽气装置使水蒸气蒸发速度加快，减少残留在物料中的水分。

5.14.9　微波干燥氟化铝

氟化铝湿料含水质量分数约 50%(结晶水 39%)，通常采用气流干燥和回转煅烧处理含水的氟化铝[83]。而国外铝厂的氟化铝含水质量分数多在 0.5%以下。高含水的氟化铝加入铝电解槽后，水分在电解槽中产生水解反应，消耗氟化铝，排出氟化氢，既增加消耗又污染环境[84]。

童孟良[85]开展了含水 50%氟化铝的微波干燥，微波干燥设备为多膜微波炉，频率为 2450MHz。研究了干燥时间、物料质量、微波功率和物料厚度对脱水率的影响。微波干燥下，物料厚度对脱水率有一定影响，当物料厚度超过 2.0cm，物料脱水率明显降低。物料厚度过大，底部物料还含有少量水分，而表面物料水分已经被完全脱除，导致产品质量不均匀，底部水分未蒸发完全主要是与物料的厚度和水蒸气的蒸发速度有关。因此，物料厚度过厚，会影响氟化铝的干燥效果。

研究得到优化工艺条件为：微波功率 2.0kW、干燥时间 80s、物料质量 400g、物料厚度 2.0cm，氟化铝的脱水率达到 99%，表明微波干燥氟化铝可显著缩短干燥时间、简化操作手续并减少粉尘污染。

5.14.10　微波干燥硫酸铝

硫酸铝是一种具有广泛用途的化工产品，生产常用方法是硫酸法。所得产品水合硫酸铝中结晶水含量较高，干燥脱水非常困难。

朱福良等[86]进行了水合硫酸铝的微波干燥，并与常规干燥进行对比，微波干燥脱水明显快于常规干燥。当物料量为 50g，微波功率为 650W，干燥时间为 10min 时，干燥所得硫酸铝的分析结果见表 5.62。

表 5.62　微波干燥硫酸铝产品

$w(Al_2O_3)$/%	w(水不溶物)/%	pH	$w(H_2O)$/%
>19.98	<0.1	3.0	23.3

从表 5.62 可知，微波干燥 10min，产品中水含量降为 23.3%，约为 6 个结晶水，即微波干燥 10min 可使水合硫酸铝中 66.7%以上的水脱去，相当于常规干燥 250℃加热 60min，而 105℃常规加热 60min 所得产品含水质量分数为 40%以上，因而利用微波干燥可制得低含水量硫酸铝，微波干燥 10min 的硫酸铝产品氧化铝质量分数约为 20.0%，高于优等品标准的 17.0% [87]。该工艺与常规热风干燥方法进行比较的结果见表 5.63。

表 5.63　用不同方法干燥水合硫酸铝的技术指标

项目	微波干燥	105℃热风干燥	250℃热风干燥
干燥时间/min	10	120	60
温度/℃	24~114	105	250
脱水率/%	66.7	25.1	65.8
$w(Al_2O_3)$/%	19.98	15.0	18.9
$w(H_2O)$/%	23.3	42.3	24.7

5.14.11 微波干燥二氧化钛

二氧化钛，化学式为 TiO_2，俗称钛白粉，多用于光触媒、化妆品。二氧化钛性质稳定，大量用作油漆中的白色颜料，具有良好的遮盖能力，和铅白相似，但不像铅白会变黑，又具有锌白一样的持久性。二氧化钛还用作搪瓷的消光剂，可以产生一种很光亮、硬而耐酸的搪瓷釉罩面。

Yu 等[88]利用溶胶凝胶技术，以水热法为前驱体制备了高催化活性二氧化钛粉末双峰纳米介孔，产品采用微波干燥。微波干燥对微观结构和二氧化钛光催化活性的影响如图 5.151 所示。

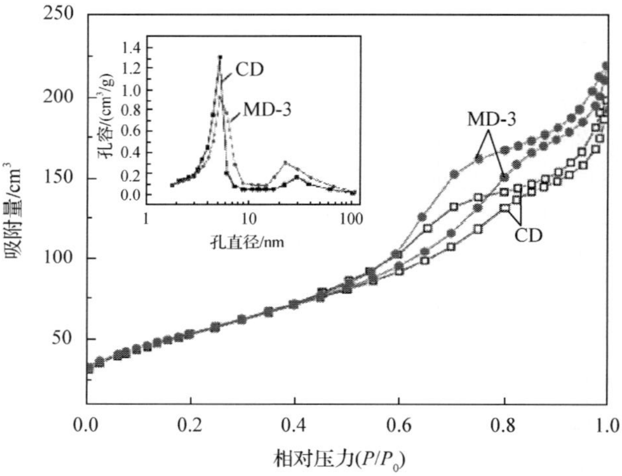

图 5.151 二氧化钛粉末常规(CD)和微波干燥(MD-3)氮吸附脱附等温线和相应的孔径大小

图 5.151 表明，微波干燥不仅促进了毛孔增长，还大大降低了粉末内集聚状态。所有的微波干燥的二氧化钛粉末表现出较高的光催化活性。与传统干燥相比，微波干燥不仅缩短了干燥时间，还对微观结构和二氧化钛光催化活性产生明显影响，微波干燥促进毛孔的增长和增强光催化活性。

金振兴、孙啸虎等[89,90]对制备的二氧化钛采用常规烘箱 80℃干燥 24h 和微波干燥 5min，并与马弗炉中 400℃下煅烧 2h 得到的二氧化钛粉体进行对比。微波干燥法制备的纳米二氧化钛光催化剂比表面积为 $132m^2/g$，烘箱干燥法制备的纳米二氧化钛比表面积为 $107m^2/g$，采用微波干燥法比采用烘箱干燥法制备的纳米二氧化钛光催化剂比表面积大。

欧阳志强和刘桂华[91]在传统加热和微波加热条件下制备了二氧化钛，利用传统的加热和干燥条件下四氯化钛水解法制备的二氧化钛粉体粒子较大，粒径大小不均，形态较不规则，团聚严重。而微波加热和干燥四氯化钛水解法可制备出粒度分布窄、球形且形态均一的粒子，且团聚较少。

5.14.12 微波干燥二氧化硅

SiO_2 又称硅石。根据分子结构，分为晶体硅和非晶体硅。晶体硅在自然界分布很广，如石英、石英砂等，白色或无色，含铁量较高，呈淡黄色，微溶于一般的酸，但溶于氢氟酸及热浓磷酸，能和熔融碱类起作用，用于制玻璃、水玻璃、陶器、搪瓷、耐火材料、气凝胶毡、硅铁、型砂、单质硅等。

Sharad 等[92]研究了高比表面积介孔二氧化硅粉体凝胶的微波干燥。微波干燥对比表面积、孔径分布和累积孔体积的影响见表 5.64 和表 5.65。

表 5.64 不同微波条件下 SiO_2 样品识别表

样品	微波加热时间/min	间隔时间/min	总干燥时间/min	表面改性
AP_1	30	5	60	未改性
AP_2	120	5	15	改性
AP_3	30	2	60	改性
AP_4	30	5	105	改性
AP_5	30	10	210	改性

表 5.65 不同微波条件下 SiO_2 的结构特性

样品	筛粒密度/(g/cm³)	比表面积/(m²/g)	微孔比表面积/(mL/g)	体积孔/(mL/g)	微孔体积/(mL/g)	平均孔径/nm
AP_1	0.87	787	173	0.18	0.1	2.53
AP_2	0.60	640	111	0.64	0.06	3.78
AP_3	0.69	589	24	0.94	0.015	6.11
AP_4	0.68	582	55	0.80	0.03	5.15
AP_5	0.68	630	68	0.85	0.03	5.26

从表 5.64 和表 5.65 可以看出，微波干燥快速实现水凝胶干燥，从而对介孔二氧化硅总加工时间可缩短到几个小时。

Idris 等[93]开展了微波干燥二氧化硅污泥的研究，探索了微波干燥硅胶污泥的干燥特性，并分析了不同微波功率和样品质量的影响。微波干燥污泥沙，其体积减小和质量降低干燥是一个重要方面，尤其是处理费用降低。设备为多模微波干燥器，微波功率为 1kW，功率可调频率为 2.45GHz，干燥结果见表 5.66。

表 5.66 微波干燥二氧化硅污泥结果

硅胶污泥量/g	不同微波功率下的干燥时间/min			
	1000W	800W	600W	400W
10	7	8	10	11
30	9	9.5	11.5	13
50	9.5	10	12	15
100	10	10.5	14	17
300	21	22.5	28	35
500	32	34	37	42
500	48	50	56.5	67
1000	61	64	72.5	83

研究表明，合适的条件可能缩短干燥时间和产生较高的干燥速率。材料的用量和功率分别为 1000g 和 800W，可实现在较短干燥时间和较高的干燥速率，微波干燥硅污泥是一种好的选择。

5.14.13 微波干燥硼酸

硼酸的理论组成是氧化硼和水，为白色粉末状结晶或三斜轴面的鳞片状带光泽结晶。在水中的溶解度随温度升高而增大，并能随水蒸气挥发，在无机酸中的溶解度要比在水中的溶解度小。加热至 70~100℃时逐渐脱水生成偏硼酸，150~160℃时生成焦硼酸，300℃时生成硼酸酐。硼酸可以制成颗粒或粉末，一般条件下都是稳定的，溶液呈微酸性。国内硼酸主要有工业Ⅰ级和Ⅱ级(区别在于杂质含量)，而国外硼酸制定了多种产品标准和规格。硼酸是一种多功能的重要无机化工基本原料，在国民经济及工农业生产发展中占有重要的地位[94]。

Kocakusak 等[95]对硼酸的微波干燥进行了探讨。微波功率为 100~700W，频率为 2450MHZ 的微波装置，物料容器为聚四氟乙烯，对湿含量为 5%~10%的硼酸进行干燥，干燥温度控制在 60~100℃。不同微波功率下的加热速率和干燥速率如图 5.152、图 5.153 所示。

从图 5.152 和图 5.153 可以看出，随着微波功率的增加，升温速率和干燥速率增加。研究表明，样品温度能很快上升到 90~100℃，但随即开始下降。温度下降是由于水分脱除，这对工业上的干燥操作具有一定的指导意义。在整个微波干燥过程中，硼酸中结晶水没有发生分解，干燥后物料没有被污染，平均粒径和分布保持不变。微波干燥时间短，干燥温度较低。

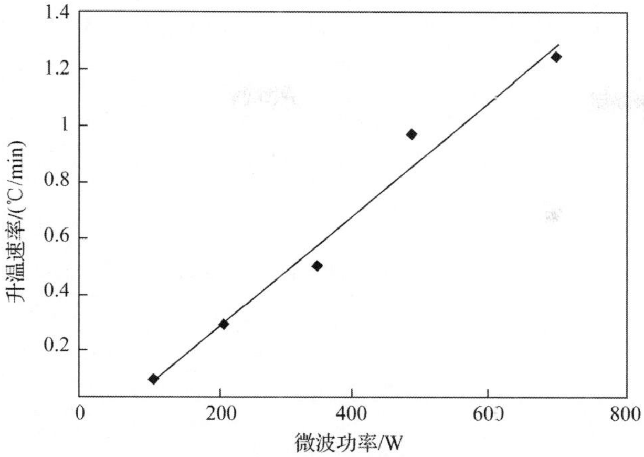

图 5.152　不同微波功率下的加热速率

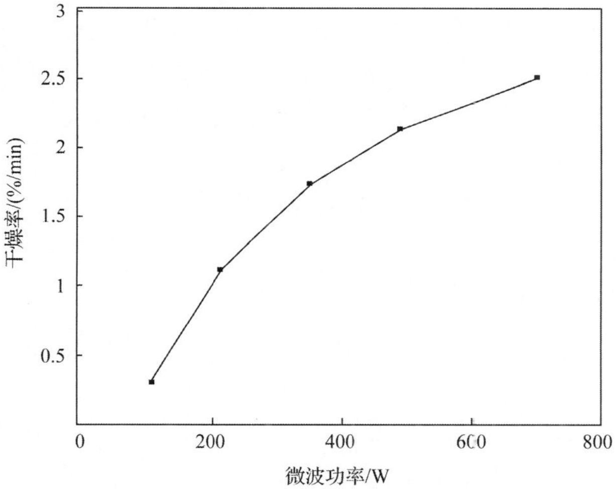

图 5.153　不同微波功率下的干燥速率

5.14.14　微波干燥陶瓷

在冶金行业中，陶瓷是一种重要的材料。陶瓷的干燥是陶瓷生产工艺中重要工序，陶瓷产品的质量缺陷大多数是由干燥不当而引起的[96]。将微波技术引入陶瓷领域最早是由美国的 Tings 和 Yoss 于 1968 年完成[97]。其后，在 20 世纪 70 年代由于天然气的短缺而得到较快发展。美国的 Sutton[98]在 70 年代就将其用于氧化铝浇注料的干燥和烧成。德国的 Suhm[99]研究了微波干燥陶瓷，认为物料干燥过程因能量吸入不同而各异。

桂明玺和王守权[100]介绍了铝镁质不定型耐火材料的微波干燥。用微波干燥200mm 厚的料块时，在试样内部几乎不产生温度差。试样中心 100mm 部位仍保持微波内部加热特征，其温度比表面和底面略高。当微波功率低时，在超过 100℃时，升温速度因水的蒸发潜热而变得缓慢，但随着微波功率增加，升温趋于加快，干燥情况如表 5.67 所示。

表 5.67 加入水分为 5.6%和 6.3%的铝镁质浇注料的干燥时间 （单位：h）

干燥时间	微波输出功率		
	6kW·h	2 kW·h	4 kW·h
加入 5.6%水分的干燥时间	32	28	22
加入 6.3%水分的干燥时间	23	23	17

采用微波干燥，能够将浇注料内的温度分布变得非常小，若进一步减少施工水分，则透气率减小，在不定形耐火材料内部产生的蒸气压力增大，需要增加干燥时间；能够提高耐蚀性，其显著的结果是能减少渣渗透量。

5.15 微波组合干燥

5.15.1 微波组合干燥技术

当微波与其他先进技术集成时，往往都能发挥各自独特的优势，体现不同特点和优势。红外干燥具有表面加热特性，热泵能回收水蒸气及其热量，太阳能具有无污染、无外加能源消耗等优势，将微波与热泵、太阳能、红外等不同能源体系的先进技术集成，充分发挥出各自独特的优势，优化组合干燥系统，形成快速、高效、低耗的绿色干燥技术，可拓展微波干燥的应用领域。

微波组合干燥的优势在于各能量系统相对独立，可单独运行，也可组合运行，可实现不同的气候、物料的特性、干燥工艺条件下的能量消耗最小化系统组合，能量管理系统的优化为研究重点。

在与微波组合的干燥方法中，微波热风组合干燥是研究较多的一种。由于热风干燥时间长、质量差，故不适合干燥热敏性物料，采用热风微波组合干燥可以克服上述缺点。热风干燥对物料来说是从表面向内干燥，温度梯度与水分转移的方向相反，而微波干燥是从内部加热，温度梯度与水分转移的方向相同，二者结合，可以达到既缩短干燥时间又降低成本的目的。

采用真空可以降低水的蒸发温度，使物料在较低的温度下快速蒸发，同时还可避免氧化，因而改善了干燥品质。在医药、食品和化工领域有很多热敏性物料需要低温快速干燥，因此，将微波技术与真空技术相结合就成为一项极具发展前景和实用价值的新技术。从国内外有关微波干燥的研究现状来看，微波真空组合干燥也是目前发展较快的一种组合干燥技术。

Wu 等[101]研究了具有电解质核心的多孔介质微波冷冻干燥过程中结合热和质量的传递过程，研究了微波介质共轭传热传质模型内冻结核多孔介质干燥。

Glouannec 等[102]研究了微波和红外联合干燥多孔材料，装置为一个对流及红外和微波干燥组合实验装置。结果表明，红外在早期干燥阶段表面温度迅速上升，产生饱和蒸气压力增加，激活蒸发，表面快速干涸。微波促进水从物料中心转移到材料表面的诱导物质。因此，微波与红外组合干燥可实现快速和均匀干燥的目的，提高能源效率。

5.15.2 微波-热泵组合干燥硫酸铵

硫酸铵是白色斜方晶系结晶，作肥料带有一些杂质而呈淡绿、灰色，工业品是白色或带微黄色小晶粒。硫酸铵熔点为 513℃±2℃，在敞口管中加热至 100℃开始分解成酸式硫酸铵[103]。硫酸铵主要在农业上作为氮肥，具有可与各种氮、磷、钾肥匹配生产复合肥等优点[104]。在医药上用作制酶的发酵氮源，精制的硫酸铵可用于啤酒酿造[105]。我国并没有单独生产，只是当成副产品生产，产量远低于国内需求[106,107]。

李长龙[108]研究了微波热泵组合干燥硫酸铵的研究，实验原料主要成分见表 5.68。

表 5.68 硫酸铵主要成分分析 （单位：%）

N 含量(干基)	水分(H_2O)	游离酸(H_2SO_4)含量
21.42%	2.40%	0.026%

不同微波功率和物料质量条件下，微波干燥能效比随相对脱水率的变化如图 5.154、图 5.155 所示。

从图 5.154 可以看出，不同微波功率条件下，硫酸铵的能效比随相对脱水率呈先增加后减少趋势。从图 5.155 可以看出，不同物料质量条件下，硫酸铵的能效比随相对脱水率的变化呈相同趋势。相对脱水率相同，500g 物料的能效比最大，能效比小于 0.25kg/(kW·h)；干燥后期单位时间间隔能效比大于 0.10 kg/(kW·h)。

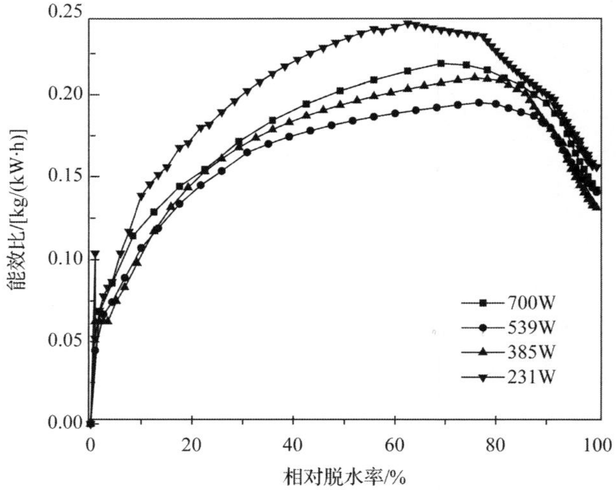

图 5.154　不同微波功率条件下硫酸铵能效比随相对脱水率的变化

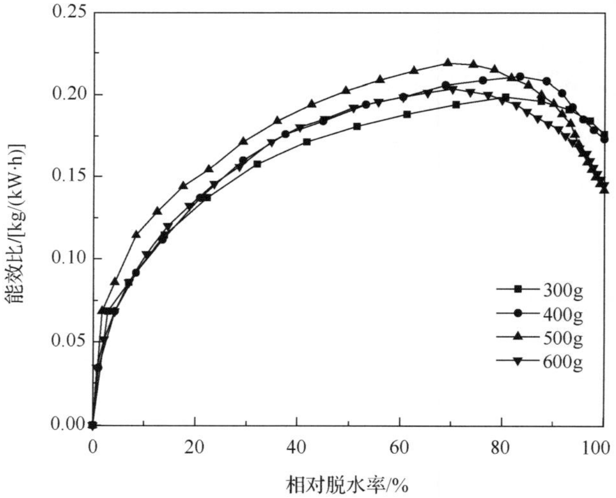

图 5.155　不同物料质量条件下硫酸铵能效比随相对脱水率的变化

热泵干燥不同物料质量条件下硫酸铵能效比随相对脱水率的变化如图 5.156 所示。从图 5.156 可以看出，硫酸铵的能效比都随着相对脱水率的增大而减小。在干燥前期(相对脱水率小于 70%)，400g 物料质量的能效比较之其他物料量高，干燥的后期能效比相当。在干燥前期，热泵干燥的能效比高于微波干燥。由此，热泵与微波组合干燥可在一定程度上实现硫酸铵干燥的节能降耗。

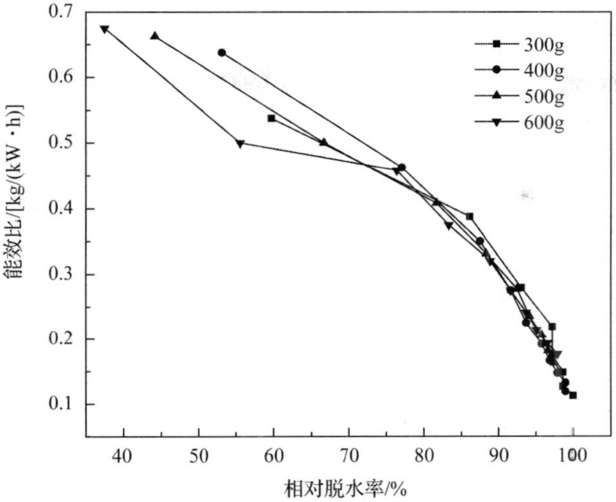

图 5.156　不同物料质量条件下硫酸铵能效比随相对脱水率的变化曲线

研究了物料质量 400g、600g 条件下，热泵干燥的相邻时间间隔的能效比曲线及热泵干燥 20min、40min 后微波干燥的能效比曲线，结果如图 5.157、图 5.158 所示。

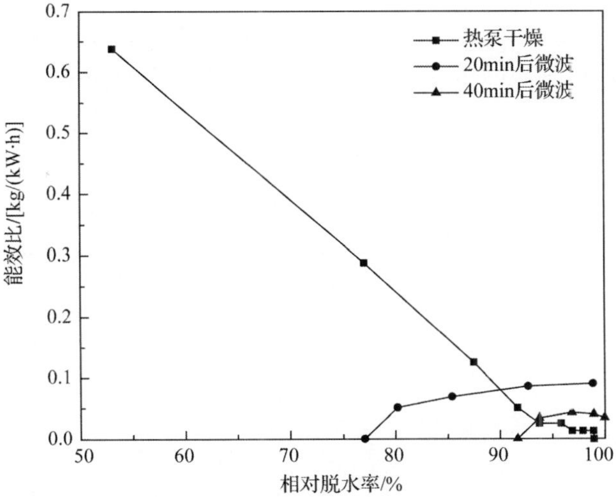

图 5.157　热泵干燥相邻时间间隔的硫酸铵能效比曲线及微波干燥能效比(物料质量 400g)

由图 5.157 可以看出，热泵干燥后期相邻时间间隔能效比明显处于一个较低的水平。热泵干燥 20min 后进行微波干燥，微波干燥的能效比开始高于热泵干燥。热泵干燥 40min 后进行微波干燥，微波干燥能效比已高于热泵干燥。

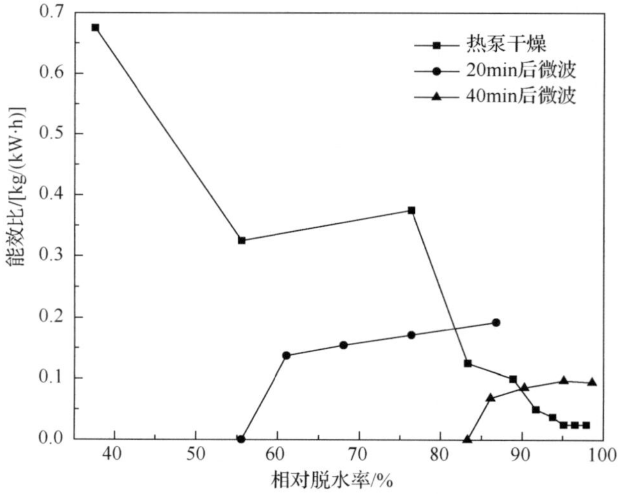

图 5.158　热泵干燥相邻时间间隔能效比曲线及微波干燥的能效比(物料质量 600g)

由图 5.158 可以看出，600g 物料质量热泵干燥后期相邻时间间隔能效比也明显处于一个较低的水平。热泵干燥 20min 后进行微波干燥，1.5~2min 时微波干燥的能效比开始高于热泵干燥。热泵干燥 40min 后进行微波干燥，1min 后微波干燥能效比已高于热泵干燥。

结合图 5.157 和图 5.158，在物料质量为 400~600g 时，热泵干燥 20~40min，之后微波干燥 1~2min 可以实现硫酸铵干燥脱水能效比的提高。

以物料质量 χ_1 、热泵时间 χ_2 、及微波时间 χ_3 为独立变量进行设计，水平编码见表 5.69。表 5.70 为响应曲面实验结果。

表 5.69　响应面分析的因素水平

因素	符号	水平				
		−1.682	−1	0	+1	+1.682
物料质量/g	χ_1	331.82	400	500	600	668.18
热泵时间/min	χ_2	13.18	20	30	40	46.82
微波时间/min	χ_3	0.66	1	1.5	2	2.34

通过中心组合旋转法原理(CCD)对数据进行处理，研究各个影响因子之间的相互作用及各影响因子对回归模型的影响作用。根据模型适用的显著性，设计软件建议对硫酸铵的相对脱水率及能效比均采用二次模型。以物料质量 χ_1 、热泵时间 χ_2 、微波时间 χ_3 为自变量。Y_1 (硫酸铵的相对脱水率)和 Y_2 (能效比)为因变量，得到两个多项回归方程如式(5.66)和式(5.67)所示：

$$Y_1 = 91.72 - 4.3\chi_1 + 6.66\chi_2 + 4.57\chi_3 + 3.6\chi_1\chi_2 - 0.65\chi_1\chi_3 - 2.39\chi_2\chi_3 - 0.28\chi_1^2 - 1.52\chi_2^2 + 0.099\chi_3^2 \tag{5.66}$$

$$Y_2 = 0.27 + 0.039\chi_1 - 0.032\chi_2 - 0.025\chi_3 + 7.5\times10^{-3}\chi_1\chi_2 - 4.5\times10^{-3}\chi_1\chi_3 + 2\times10^{-3}\chi_2\chi_3 - 3.542\times10^{-3}\chi_1^2 + 2.291\times10^{-3}\chi_2^2 + 3.529\times10^{-3}\chi_3^2 \tag{5.67}$$

表 5.70　响应曲面实验结果

序号	物料质量 χ_1 /g	热泵时间 χ_2 /min	微波时间 χ_3 /min	相对脱水率 Y_1/%	能效比 Y_2/[kg/(kW·h)]
1	400	20	1	81.25	0.282
2	600	20	1	68.06	0.354
3	400	40	1	95.83	0.211
4	600	40	1	93.06	0.307
5	400	20	2	98.96	0.242
6	600	20	2	79.17	0.29
7	400	40	2	100	0.173
8	600	40	2	98.61	0.257
9	331.82	30	1.5	98.24	0.189
10	668.18	30	1.5	85.43	0.33
11	500	13.18	1.5	79.17	0.339
12	500	46.82	1.5	97.5	0.213
13	500	30	0.66	85.83	0.325
14	500	30	2.34	100	0.234
15	500	30	1.5	91.67	0.265
16	500	30	1.5	90.83	0.263
17	500	30	1.5	92.5	0.267
18	500	30	1.5	91.67	0.265
19	500	30	1.5	90.83	0.263
20	500	30	1.5	92.5	0.267

对上述两个二次回归方程进行可信度分析，式(5.66)和式(5.67)的相关性平方值 R^2 分别为 0.9731 和 0.9858。这表明在考察指标相对脱水率及能效比方面，分别有 97.31%和 98.58%的实验数据可以用该模型加以解释，可信度较高。

图 5.159 为模型计算的预测值与实验值的对比图。从图 5.159 可以看出，由回归方程所获得的预测值与实验结果比较接近，所得实验结果点基本上平均分布于预测直线的周围，模型对通过各变量值对相对脱水率和能效比影响程度相关系数的分析非常精确。同时式(5.66)和式(5.67)的信噪比(可信与不可信数据之比)分别为 22.912 和 33.981，大于 4，表明二次模型的适用性非常充分。说明上述两个回归方程为优化热泵微波联合干燥硫酸铵的工艺条件提供了一个良好的模型。

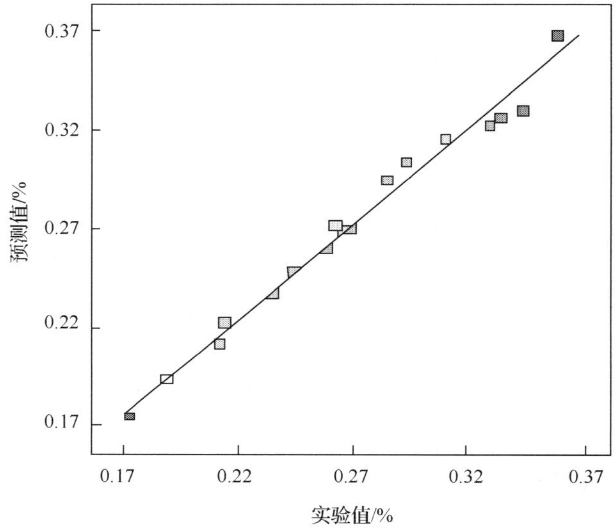

图 5.159　模型的预测值与实验值对比

通过采用方差分析(ANOVA)对模型的精确度进行深入分析，分析结果见表 5.71 和表 5.72。上述两个模型的 F 值分别为 40.24 和 77.30，F 显著概率值(Prob>F)均小于 0.0001，这表明两个模型均显著，精确度都很高(Prob>F 值小于 0.05，即说明所选模型可信度高，模拟精确)。

表 5.71　相对脱水率方差分析结果

方差来源	平方和	自由度	均方差	F 显著值	Prob>F 值
模型	1329.27	9	147.70	40.24	< 0.0001
χ_1	252.17	1	252.17	68.70	< 0.0001
χ_2	604.86	1	604.86	164.80	< 0.0001
χ_3	284.85	1	284.85	77.61	< 0.0001
$\chi_1\chi_2$	103.82	1	103.82	28.29	0.0003

续表

方差来源	平方和	自由度	均方差	F 显著值	Prob>F 值
$\chi_1\chi_3$	3.41	1	3.41	0.93	0.3581
$\chi_2\chi_3$	45.60	1	45.60	12.42	0.0055
χ_1^2	1.15	1	1.15	0.31	0.5876
χ_2^2	33.31	1	33.31	9.07	0.0131
χ_3^2	0.14	1	0.14	0.039	0.8483

从硫酸铵相对脱水率方差分析中可以看出，χ_1、χ_2、χ_3、$\chi_1\chi_2$、$\chi_2\chi_3$ 为模型的显著项，对模型的影响作用较大。通过建立 3D 响应曲面来表示交互作用中对相对脱水率具有显著影响的两个因子。

表 5.72 能效比方差分析结果

方差来源	平方和	自由度	均方差	F 显著值	Prob>F 值
模型	0.045	9	4.958×10^{3}	77.30	< 0.0001
χ_1	0.021	1	0.021	329.35	< 0.0001
χ_2	0.014	1	0.014	212.95	< 0.0001
χ_3	8.718×10^{3}	1	8.718×10^{3}	135.91	< 0.0001
$\chi_1\chi_2$	4.500×10^{4}	1	4.500×10^{4}	7.02	0.0244
$\chi_1\chi_3$	1.620×10^{4}	1	1.620×10^{4}	2.53	0.1431
$\chi_2\chi_3$	3.200×10^{5}	1	3.200×10^{5}	0.50	0.4961
χ_1^2	1.808×10^{4}	1	1.808×10^{4}	2.82	0.1241
χ_2^2	7.567×10^{5}	1	7.567×10^{5}	1.18	0.3029
χ_3^2	1.795×10^{4}	1	1.795×10^{4}	2.80	0.1253

图 5.160 为 χ_1（物料质量）与 χ_2（热泵时间）交互作用的响应曲面图。从图 5.160 可以看出，随着热泵时间的延长相对脱水率逐渐增大，而随着物料质量的增

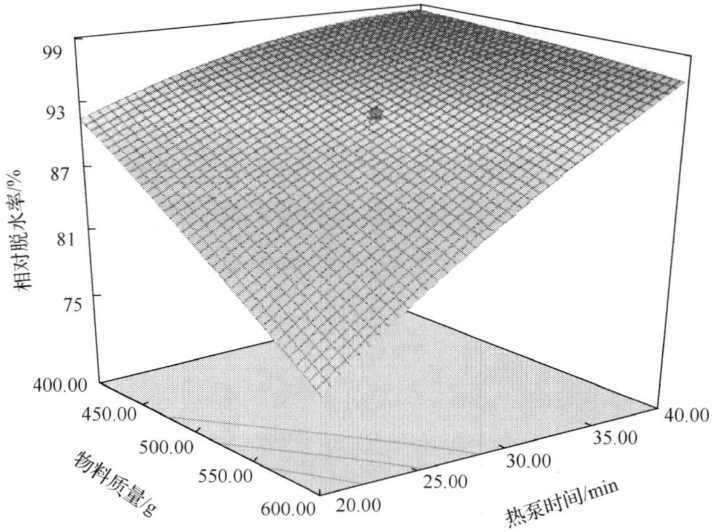

图 5.160　物料质量与热泵时间交互作用对硫酸铵相对脱水率的影响

大相对脱水率逐渐减小。在物料质量、热泵工作温度、物料厚度都相同的情况下，热泵工作时间越长，温度由表及里传递得更充分，在热泵干燥阶段脱除的水分更多。而对于不同热泵干燥时间的个体，之后微波干燥 1.5min 脱除的水分不大于热泵干燥时间间隔内脱除的水分，这可能是由于在该时间内微波能更多的是用于物料的升温，从而使不同初始含水率的物料在微波场下脱除的水分差别不大；而在热泵工作温度、物料厚度、热泵时间、微波时间相同的前提下，由于定制设备的热泵系统除湿有个最大限值，物料质量越小，脱水速率也就越快，在热泵干燥阶段脱水率也就越大。在之后微波干燥 1.5min 阶段，由于微波整体性加热的特点，物料质量越小，单位质量物料吸收的微波能越多，脱水速率更快。从而使物料质量越小，其相对脱水率越大。

图5.161 为 χ_2（热泵时间）和 χ_3（微波时间）交互作用的响应曲面图。从图 5.161 中可以看出随着热泵时间和微波时间的延长相对脱水率逐渐增大，并在两者的最高点达到最大值。

图5.162 为 χ_1（物料质量）与 χ_2（热泵时间）交互作用的响应曲面图。从图 5.162 中可以看出，随着物料质量的增加和热泵时间的减少能效比逐渐增大。物料质量越大，水分质量越多，由热风带走的水分也越大，能效比也就越大。而在微波时间、物料质量一定，微波消耗的能量相同时，随着热泵时间延长，热泵消耗的能量越大，

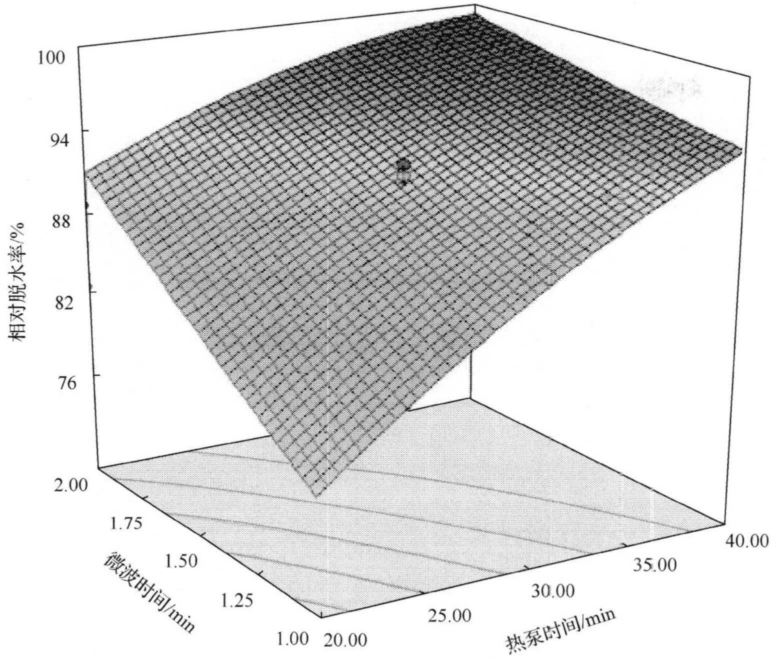

图 5.161 热泵时间与微波时间交互作用对硫酸铵相对脱水率的影响

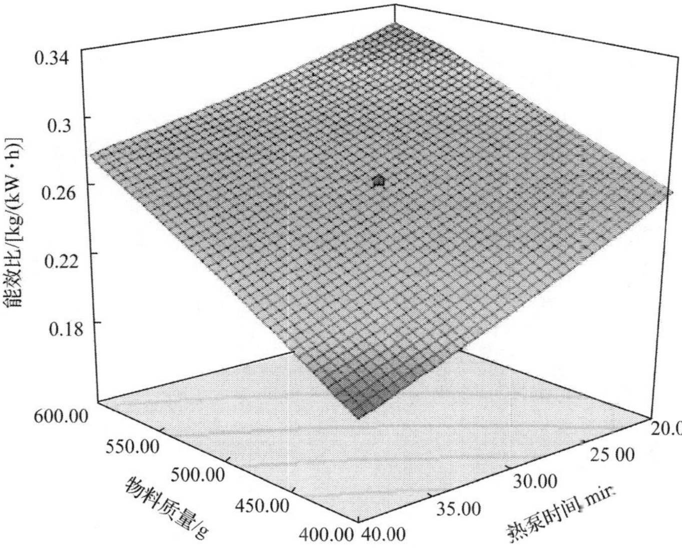

图 5.162 物料质量与热泵时间交互作用对硫酸铵能效比的影响

但热泵干燥时间越长，其脱水速率减慢。之后微波干燥 1.5min 阶段，随着初始含水率的降低，在 1.5min 内脱除的水分也越少，从而使能效比越小。

国标中硫酸铵优等品含水率 $w(H_2O)\leqslant 0.2\%$，以 2.4%的初始含水率计算与其相对应的相对脱水率不小于 91.7%。由于在工业生产中经济性是一重要的指标，即能效比越大，该干燥方式越具有工业价值。因此在设计的变量水平内同时保证相对脱水率 Y_1 为 91.7%、能效比 Y_2 最大的条件下对参数进行优化，由此得到的最佳优化参数为：物料质量 600g、热泵时间 37.26min、微波时间 1min，此时物料的相对脱水率为 91.7%，能效比为 0.316kg/(kW·h)。采用该参数进行验证实验，测得相对脱水率为 92.4%，能效比为 0.321kg/(kW·h)。实验值与预测值偏差分别为+0.76%和+1.58%，偏差较小，说明优化条件有效。

物料质量 600g，厚度 2cm 的硫酸铵中进行微波干燥，相对脱水率和能效比随时间的变化如图 5.163 所示。

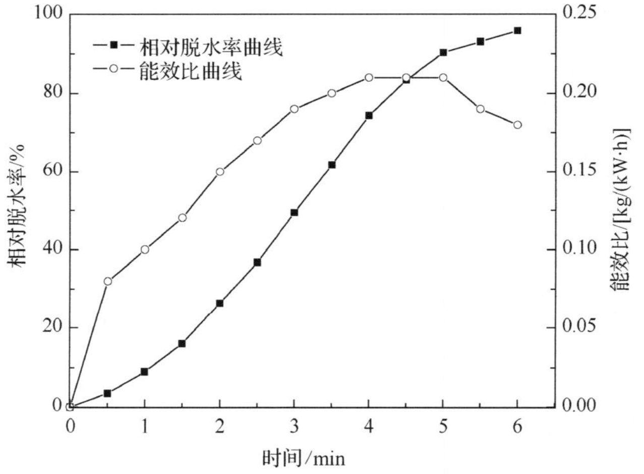

图 5.163　微波干燥变化趋势

从图 5.163 可以看出，单独微波干燥到脱水率 91.7%需要 5.1min，能效比为 0.22kg/(kW·h)。组合干燥能效比提高 45.91%。与热泵干燥最佳工艺相比，组合干燥节时 32.58%，能效比提高 9.93%。

5.15.3　微波-热泵组合干燥石英砂

李雨[36]研究了石英砂的组合干燥。微波空气源热泵组合干燥系统主要由相对独立的微波干燥子系统、空气源热泵热风子系统构成，如图 5.164 所示。

微波空气源热泵组合干燥系统主要由相对独立的空气源热泵热风子系统Ⅰ、微波干燥子系统Ⅱ构成。空气源热泵热风子系统Ⅰ由蒸发器、节流阀、冷凝器、

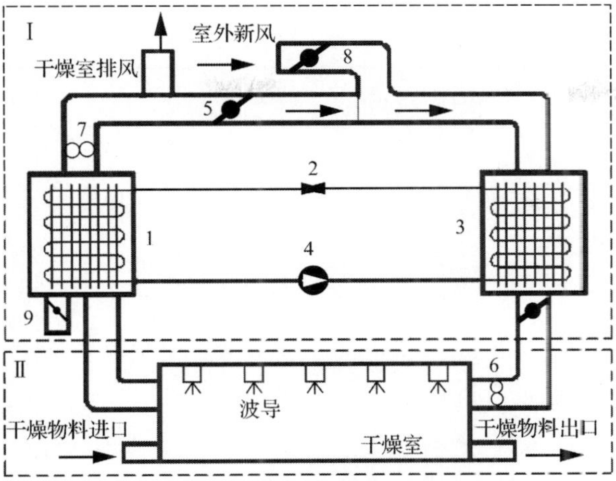

图 5.164　微波空气源热泵组合干燥系统示意图

Ⅰ.空气源热泵热风子系统；Ⅱ.微波干燥子系统；1.蒸发器；2.节流阀；3.冷凝器；4.压缩机；5.排风调节阀；6.送风风机；7.排风风机；8.新风调节阀；9.蒸发器新风调节阀

压缩机、排风调节阀、送风风机、排风风机、冷凝器新风调节阀、蒸发器新风调节阀等构成。微波干燥子系统Ⅱ由磁控管(微波发生器)、波导、干燥室(微波谐振腔)、干燥物料进出口、微波抑制器等构成。

1. 实验设计与结果

根据中心组合设计原理，采用响应面法在三因素四水平上对微波热风组合干燥高纯石英砂工艺条件进行了优化，响应面分析的实验合计与结果见表 5.73。

表 5.73　响应面分析结果

编号	微波处理时间/min	热风处理时间/min	物料量/g	Y_1(含水率)/%	Y_2(能效比)/[kg/(kW·h)]
1	2	8	250	2.34	0.49
2	6	8	250	0.00	0.26
3	2	22	250	0.82	0.44
4	6	22	250	0.00	0.23
5	2	8	750	3.66	1.14
6	6	8	750	1.22	0.67
7	2	22	750	1.95	1.13
8	6	22	750	0.68	0.63

续表

编号	微波处理时间/min	热风处理时间/min	物料量/g	Y_1(含水率)/%	Y_2(能效比)/[kg/(kW·h)]
9	0.64	15	500	3.33	1.24
10	7.36	15	500	0.00	0.41
11	4	3.23	500	1.37	0.68
12	4	26.77	500	0.00	0.59
13	4	15	79.55	0.00	0.11
14	4	15	920.4	3.03	0.80
15	4	15	500	0.17	0.67
16	4	15	500	0.56	0.64
17	4	15	500	0.26	0.66
18	4	15	500	0.50	0.64
19	4	15	500	0.42	0.65
20	4	15	500	0.41	0.65

2. 模型精确性分析

对实验数据进行拟合回归，以 Y_1(含水率单位：%)为因变量，微波时间(χ_1)、热风处理时间(χ_2)、物料量(χ_3)为自变量建立回归方程为

$$\begin{aligned}Y_1=&0.39-0.91\chi_1-0.44\chi_2+0.69\chi_3+0.34\chi_1\chi_2-0.069\chi_1\chi_3\\&-0.091\chi_2\chi_3+0.45\chi_1^2+0.10\chi_2^2+0.40\chi_3^2\end{aligned}\tag{5.68}$$

对实验数据进行拟合回归，Y_2[能效比单位：kg/(kW·h)]为因变量，微波处理时间(χ_1)，热风处理时间(χ_2)，物料量(χ_3)，建立回归方程为

$$\begin{aligned}Y_2=&0.65-0.21\chi_1-0.021\chi_2+0.24\chi_3-0.002\chi_1\chi_2-0.065\chi_1\chi_3\\&+0.003\chi_2\chi_3+0.059\chi_1^2-0.009\chi_2^2-0.072\chi_3^2\end{aligned}\tag{5.69}$$

对实验数据进行拟合回归，以 Y_1(含水率/%)为因变量，微波处理时间(χ_1)、热风处理时间(χ_2)、物料量(χ_3)为自变量建立回归方程的方差分析结果见表5.74。

表 5.74 中 Prob＞F 项表示大于 F 值的概率，从中可以看出物料量，热风处理

时间对湿基含水率值的影响显著(Prob＞F 值小于 0.0001)，实验因子对响应值不是简单的线性关系，因子间的交互作用影响较小。这和回归方程中一次项影响显著与二次项影响高度显著相一致。

表 5.74　回归方程的方差分析结果

方差来源	平方和 SS	自由度 DF	均方 MS	F 值	Prob > F	显著性
模型	26.37	9	2.93	47.54	< 0.0001	显著
χ_1	11.39	1	11.39	184.77	< 0.0001	显著
χ_2	2.7	1	2.7	43.84	< 0.0001	显著
χ_3	6.53	1	6.53	106.01	< 0.0001	显著
$\chi_1\chi_2$	0.9	1	0.9	14.68	0.0033	
$\chi_1\chi_3$	0.038	1	0.038	0.61	0.4516	
$\chi_2\chi_3$	0.067	1	0.067	1.08	0.323	
χ_1^2	2.92	1	2.92	47.35	< 0.0001	
χ_2^2	0.15	1	0.15	2.51	0.1445	
χ_3^2	2.27	1	2.27	36.85	0.0001	显著
残差	0.62	10	0.062			

对实验数据进行拟合回归，Y_2[能效比单位：kg/(kW·h)]为因变量，物料量(χ_1)、微波时间(χ_2)、热风处理时间(χ_3)为自变量建立回归方程的方差分析结果见表 5.75。

表 5.75　回归方程的方差分析结果

方差来源	平方和 SS	自由度 DF	均方 MS	F 值	Prob > F	显著性
模型	1.57	9	0.17	53.40	< 0.0001	显著
χ_1	0.58	1	0.58	177.44	< 0.0001	显著
χ_2	0.006	1	0.006	1.76	0.2135	

续表

方差来源	平方和 SS	自由度 DF	均方 MS	F 值	Prob > F	显著性
χ_3	0.813	1	0.813	248.48	< 0.0001	显著
$\chi_1\chi_2$	4.51×10^{-5}	1	4.51×10^{-5}	0.014	0.9088	
$\chi_1\chi_3$	0.033	1	0.033	10.22	0.0096	
$\chi_2\chi_3$	7.81×10^{-5}	1	7.81×10^{-5}	0.024	0.8802	
χ_1^2	0.050	1	0.050	15.23	0.0029	
χ_2^2	0.001	1	0.001	0.36	0.5597	
χ_3^2	0.075	1	0.075	22.97	0.0007	
残差	0.033	10	0.0033			

表 5.75 中 Prob＞F 项表示大于 F 值的概率，从中可以看出物料量与热风处理时间对 Y 脱水率值的影响显著(Prob＞F 值小于 0.0001)，表明实验因子对响应值不是简单的线性关系，因子间的交互作用影响较小。这和回归方程中一次项影响与二次项影响高度显著相一致。

图 5.165、图 5.166 为模型计算的预测值与实际测得的实验值。从实验值与预

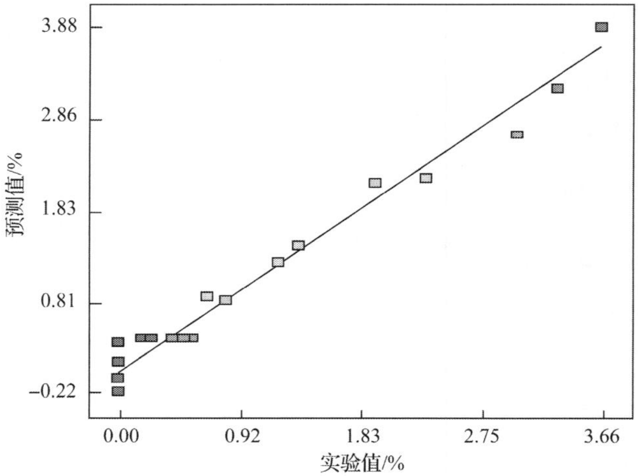

图 5.165　高纯石英石含水率变化的实验值与预测值对比

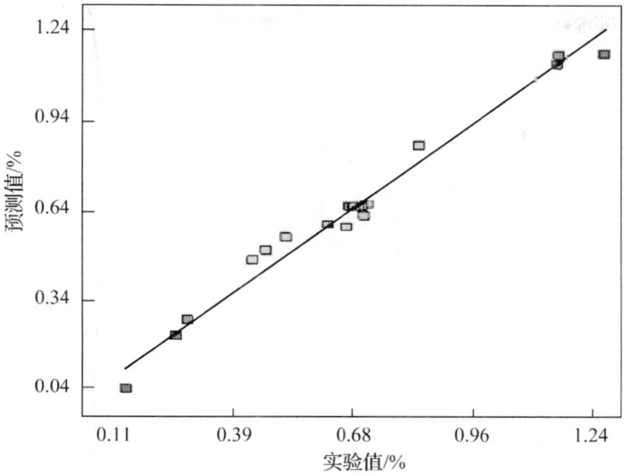

图 5.166　高纯石英石能效比变化的实验值与预测值对比

测值的接近程度可以看出，模型对各变量值对脱水率影响程度相关系数的分析是正确的。

3. 响应曲面分析

根据回归方程绘制的响应曲面如图 5.167~图 5.169 所示。

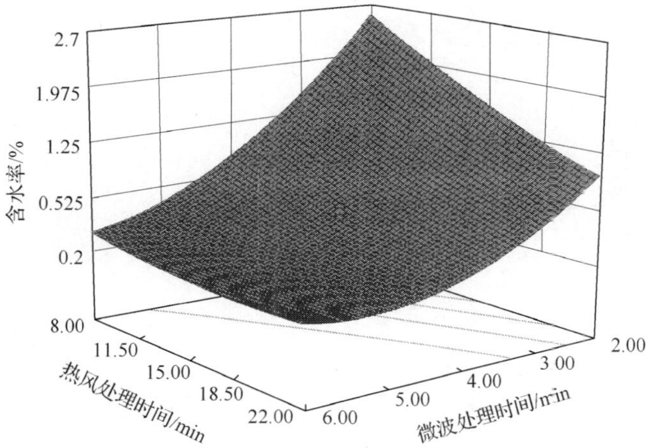

图 5.167　石英砂湿基含水率对热风处理时间和微波处理时间的响应面

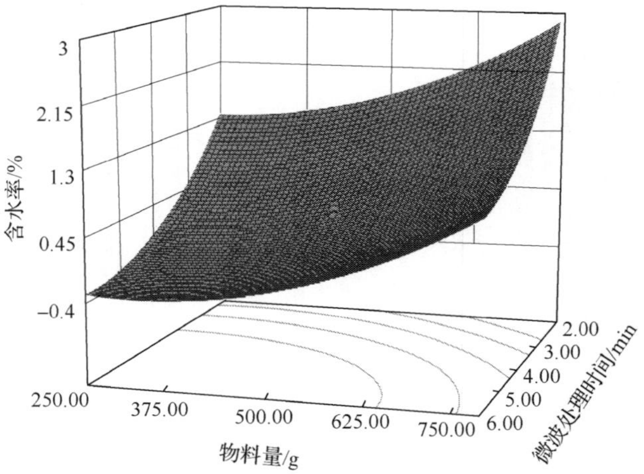

图 5.168　石英砂湿基含水率对物料量和微波处理时间的响应面及等高线

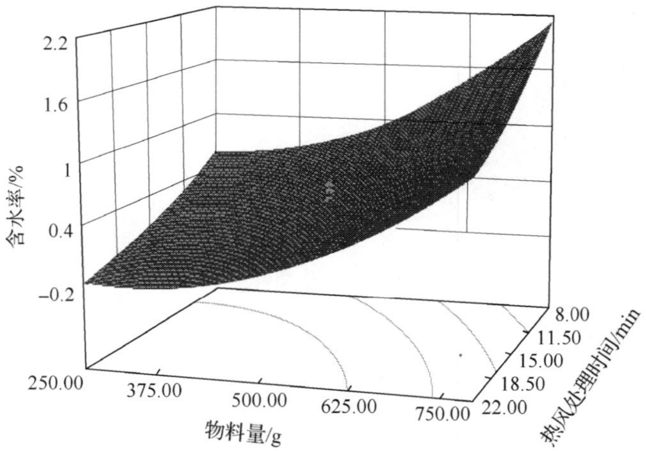

图 5.169　石英砂湿基含水率对物料量和热风处理时间的响应面

从图 5.167~图 5.169 可以看出，随着各因子编码值及组合编码值的升高，*Y* 值下降。响应面分析结果表明，在高纯石英砂干燥过程效率的各影响因素中，物料量、热风处理时间对湿基含水率有极显著的影响，各因素对湿基含水率的影响由大到小顺序为：物料量、热风处理时间、微波时间。

根据回归方程绘制的响应曲面如图 5.170~图 5.172 所示。

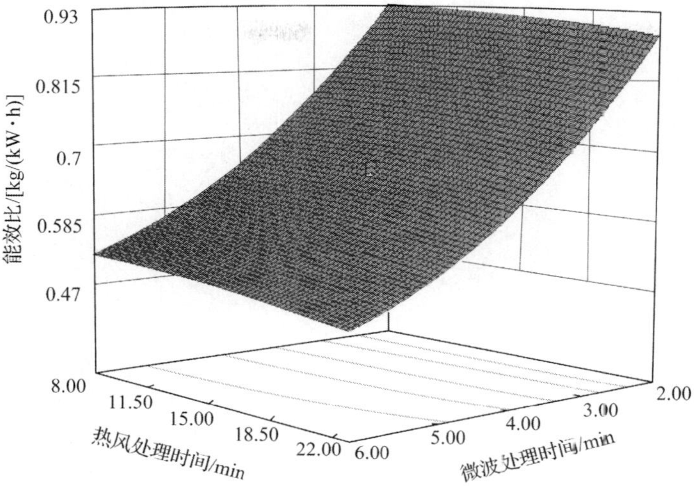

图 5.170 石英砂能效比对微波处理时间和热风处理时间的响应面

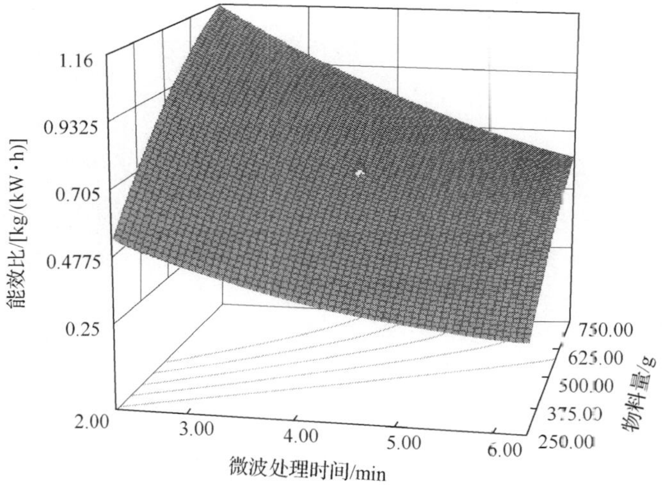

图 5.171 石英砂能效比对物料量和热风处理时间的响应面

响应面分析结果表明，在石英砂干燥过程效率的各影响因素中，物料量和微波处理时间对能效比有极显著的影响。各因素对能效比的影响顺序为：物料量、微波时间、热风处理时间。

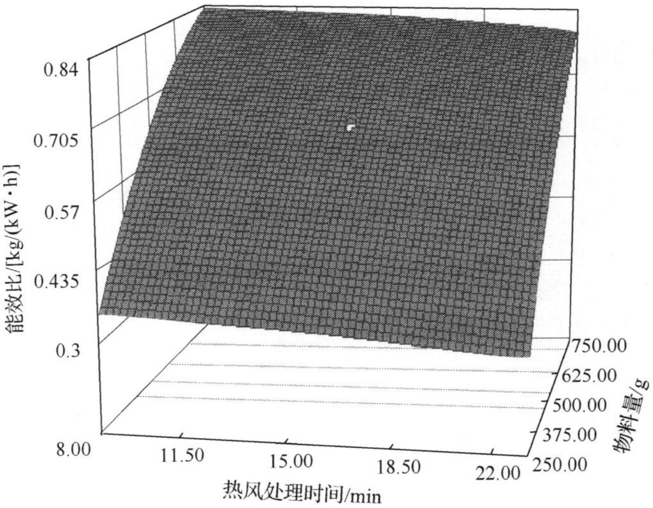

图 5.172 石英砂能效比对物料量和热风处理时间的响应面

4. 响应曲面优化及验证

图 5.173 为含水率对三个独立变量的相应立方体，图 5.174 为能效比对三个独立变量的相应立方体。

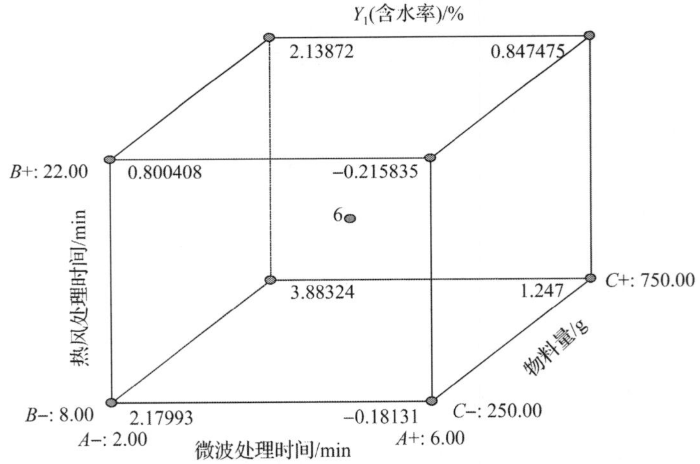

图 5.173 含水率对三个独立变量的相应立方体

分析表明，各影响因子对湿基含水率与能效比的影响是复杂的非线性关系，为了得到含水率在 0.1%以下，能效比在 0.7kg/(kW·h)的处理效果，得到最佳工艺条件为物料量 620g，微波处理时间为 4.6min，热风处理时间为 9min，此时理论湿基含水率达到了0.1%，理论能效比达到 0.70kg/(kW·h)，为了验证响应曲面法的可靠性，采用最佳工艺条件进行验证实验，三次实验得到平均值为99.99%和理论相差0.01%。

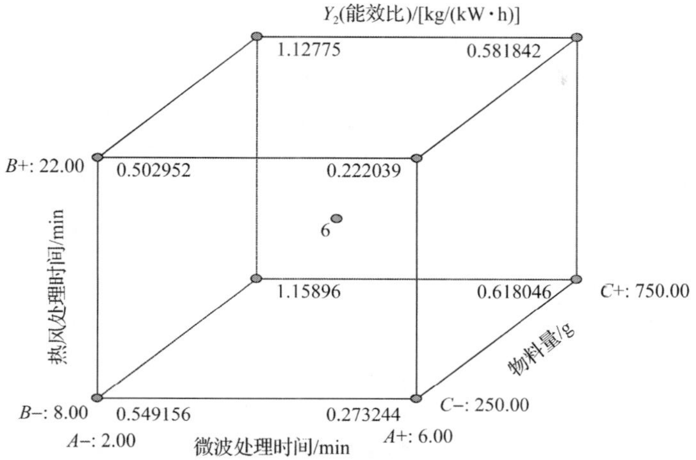

图 5.174 能效比对三个独立变量的相应立方体

5. 扩大实验研究

1）微波热泵联合干燥连续式扩大系统

在微波热泵联合干燥连续式扩大干燥线的设计过程中，从实际的冶金工艺对微波干燥的性能要求出发，根据多模谐振腔的特点和电磁场理论，计算出多模谐振腔的三维尺寸，推导出谐振腔内的模式数，并对多模谐振腔进行优化；依据微波传输系统中矩形波导传输微波功率的理论，计算出矩形波导的内截面尺寸，对矩形波导建模和分析，以确保微波能以最佳的传输效率进入谐振腔；合理选择功率馈口，使微波能够在谐振腔内形成多种模式分布，以获得场强均匀的微波场。具有如下特点：①在自动控制方面，有两种控制模式：一是微波功率连续可调，二是比例-积分-微分控制器(PID)控制温度。②选用冷却水套对磁控管进行水冷降温，有效保证磁控管连续稳定工作，延长磁控管的使用寿命。③微波场分布均匀、场强密度可调节。

结合微波干燥及热泵干燥的特点，在实验室现有微波带式干燥剂的基础上，初步设计高纯石英砂微波空气源热泵联合干燥连续式扩大干燥线系统。该高纯石英砂微波热泵联合干燥连续式扩大干燥线系统主要由带式微波干燥器、空气源热泵主机、逆流式多流程热风干燥器、带式进料器、振动给料器等主要部件构成，系统结构示意图如图5.175所示。

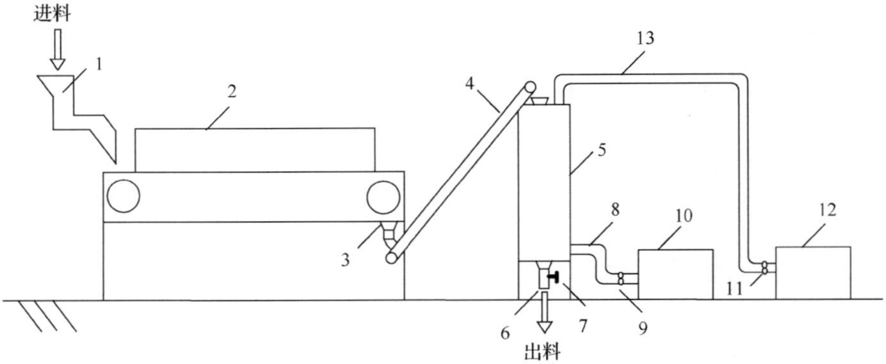

图 5.175　高纯石英砂微波热泵联合干燥系统组成

1. 振动给料器；2. 带式微波干燥器；3. 微波干燥器出料口；4. 带式进料器；5. 逆流式多流程热风干燥器；6. 出料口；7. 出料调节阀；8. 热风送风管；9. 送风风机；10. 空气源热泵主机；11. 回风风机；12. 热泵冷凝器；13. 排湿回风管

在该连续式扩大干燥设备中，微波干燥子系统采用带式微波干燥器。热泵干燥子系统由空气源热泵主机、逆流式多流程热风干燥器、送风风机等构成。逆流式多流程热风干燥器自行设计，其构造如图 5.176 所示。逆流式多流程热风干燥

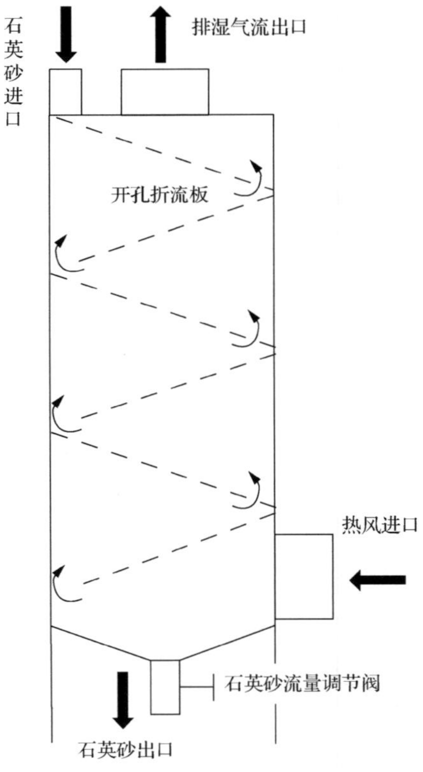

图 5.176　逆流式多流程热风干燥器结构示意图

器中，物料与热风呈逆流运动，并且采用多流程结构，热湿交换充分，热量利用效率高，因而干燥能效比相应提高。

2）系统初始设计参数

高纯石英砂进料初始含水率：8%~10%；高纯石英砂出料含水率：<1%；处理能力(湿料)：200kg/h；干燥能耗：不小于 0.7kgH_2O/(kW·h)。

3）系统各主要部件设计与组成

微波干燥设备采用功率为 18kW 带式微波干燥器，空气源热泵干燥子系统的设计参数见表 5.76。

表 5.76 空气源热泵干燥子系统设计参数

部件名称	型号及规格	数量/台
空气源热泵主机	容量：2P①；供热系数 COP：≥3.1；送风温度：50~65℃	2
冷凝器	结构形式：管翅式换热器；换热面积：1.5m^2；管排数：2；换热系数：≥90W/(m^2·℃)	2
送风风机	风机形式：离心风机；风量：200~320m^3；全压：220~310Pa	1

①1P=735W。

由表 5.76 可知，相对于热风干燥时间，微波处理时间对干燥后物料的含水的影响更为显著，当微波加热的时间不大于 5min 时，高纯石英砂不能被微波和热风有效干燥，并且干燥结束时高纯石英砂的含水率均大于 2%，不能满足高纯石英砂的干燥要求。

4）高纯石英砂微波热泵组合干燥连续扩大实验

在带式微波干燥器的基础上，空气源热泵干燥子系统试制、安装、调试成功。扩大实验时，经微波加热及初步干燥后的高纯石英砂经带式进料器加入逆流式多流程热风干燥器。

根据前面相应曲面法优化的结果，高纯石英砂的初始含水率控制在 8%左右。

表 5.77 高纯石英砂微波空气源热泵组合干燥连续实验结果

实验序号	初始含水率/%	微波干燥时间/s	微波干燥后含水率/%	热风干燥时间/s	最终含水率/%
1	7.73	600	4.05	360	0.13
2	8.37	540	4.65	370	0.09
3	7.65	480	4.84	380	0.09
4	8.15	420	6.3	380	0.11
5	8.01	360	5.07	420	0.12
6	7.97	360	5.26	420	0.13
7	7.99	360	6.0	360	0.10
8	8.02	300	6.94	420	2.95

在满足干燥后高纯石英砂含水率在1%以下，改变微波加热干燥时间，分析微波-空气源热泵组合干燥的能效比。微波-热泵组合干燥连续扩大实验结果见表5.77、表5.78。

结合表5.77和表5.78可知，当微波加热6min以上，随微波加热时间减少，组合干燥能效比逐渐增加，最高可达0.822kg/(kW·h)，干燥结束时高纯石英砂含水率均在1%以下，满足高纯石英砂干燥要求。

表5.78　组合连续实验的干燥能效结果

实验序号	初始含水率/%	微波干燥时间/s	热风干燥时间/s	总脱水量/kg	总电耗/(kW·h)	能效比/[kg/(kW·h)]
1	7.73	600	360	0.38	0.686	0.554
2	8.37	540	370	0.414	0.639	0.648
3	7.65	480	380	0.378	0.539	0.701
4	8.15	420	380	0.402	0.556	0.723
5	8.01	360	420	0.395	0.523	0.754
6	7.97	360	420	0.392	0.554	0.708
7	7.99	360	360	0.395	0.480	0.822
8	8.02	300	420	0.251	0.473	0.531

常规石英砂干燥的能效比均在0.6 kg/(kW·h)以下，对于高纯石英砂微波热泵组合干燥，通过合理地优化运行参数，不仅能够满足高纯石英砂的干燥要求，还具有较高的能效比。

昆明理工大学非常规冶金教育部重点实验室的微波干燥技术与装备已在冶金、化工、核工业等相关领域的企业建立产业化生产线，微波干燥物料涉及高钛渣、石油焦、氯化钠、浮选钛精矿、富硒渣、磷酸盐产品、水合氧化锆等众多物料，具有节能、环境友好、效率高等优点，应用前景广阔。

参 考 文 献

[1] 潘永康. 现代干燥技术. 北京: 化学工业出版社, 1998.

[2] 史有高摘译. 铜精矿干燥清洁工艺. 有色冶炼, 2002, 31(5): 50-53.

[3] 上海科学技术情报研究所. 国外微波干燥技术进展, 1975.

[4] 彭金辉, 杨显万. 微波能技术新应用. 昆明: 云南科技出版社, 1997.

[5] 祝圣远, 王国恒. 微波干燥原理及其应用. 工业炉, 2003, 25(3): 42-45.

[6] 王宝和. 干燥动力学研究综述. 干燥技术与设备, 2009, 7(1): 51-56.

[7] 伍飚, 邱燕虹, 徐志刚, 等. 二醋酸纤维干燥动力学模型. 合成纤维, 2006, 3(13): 13-16.

[8] Cumbrera F L, Sanchez-Bajo F. The use of JMAYK kinetic equation for the analysis of solid-state reactions: Critical considerations and recent interpretations. Thermochimica Acta, 1995, 266(15):315-330.

[9] Farjas J, Roura P. Modification of the Kolmogorov-Johnson-Mehl-Avrami rate equations for non-isothermal experiments and its analytical solution. Acta Materialia, 2006, 54(20):5573-5579.

[10] Zhao H Z, Liu X H, Wang G D. Progress in modeling of phase transformation kinetics. Journal of Iron and Steel Research, International, 2006, 13(3):68-73.

[11] Ruitenberg G, Woldt E, Pefford-Long A K. Comparing the Johnson-Mehl-Avrami-Kolmogorov equations for isothermal and linear heating conditions. Thermochimica Acta, 2001, 378(1-2):97-105.

[12] 王宝和, 王秀兰. 氢氧化镁纳米棒的干燥速率曲线. 干燥技术与设备, 2010, 8(1): 20-24.

[13] 杨俊红. 植物性含湿多孔介质在干燥过程中优化传热传质机理的研究. 天津: 天津大学博士学位论文, 2007.

[14] 张洪沅, 丁绪淮, 顾毓珍. 化工过程及设备. 北京:高等教育出版社, 1957.

[15] 邹积琴, 王宝和. 碱式碳酸镁纳米化的干燥动力学研究. 干燥技术与设备, 2008, 6(4): 194-198.

[16] Jain D, Pathare P B. Study the drying kinetics of open sun drying of fish. Journal of Food Engineering, 2007, 78(4):1315-1319.

[17] 林玉红, 闫亚明, 罗登山, 等. 烤烟叶丝微波干燥特性研究. 烟草工艺, 2000, (4): 5-8.

[18] 赵学伟. 稻谷薄层干燥及吸湿性研究进展. 粮食流通技术, 2001, (1): 24-28.

[19] Esmaiili M, Sotudeh-Gharebagh R, Cronin K, et al. Grape drying a review. Food Reviews International, 2007, 23(3):257-280.

[20] Lertworasirikul S. Drying kinetics of semi-finished cassava crackers: A comparative study. LWT-food Science and Technology, 2008, 41(8):1360-1371.

[21] Akpınar E K, Bicer Y, Cetinkaya F. Modeling of thin layer drying of parsley leaves in a convective dryer and under open sun. Journal of Food Engineering, 2006, 75(3):308-315.

[22] Lewis W K. The rate of drying of solid materials. Journal of Industrial and Engineering Chemistry, 1921, 13(5):427-432.

[23] Babalis S J, Papanicolaou E, Kyriakis N, et al. Evaluation of thin-layer drying models for describing drying kinetics of figs(Ficus carica). Journal of Food Engineering, 2006, 75(2):205-214.

[24] 魏巍, 李维新, 何志刚, 等. 绿茶微波真空干燥特性及动力学模型. 农业工程学报, 2010, 26(10): 367-371.

[25] 林向阳, 张丽晶, Roger R, 等. 茶叶真空微波干燥特性及动力学模型. 中国农学通报, 2010, 26(22): 65-70.

[26] 王薇. 加速微波技术在食品工业中的应用推广. 食品与发酵工业, 1996, (2): 59-62.

[27] Midilli A, Kucuk H, Yapar Z. A new model for single-layer drying. Drying Technology, 2002, 20(7):1503-1513.

[28] 翟玉春, 刘喜海, 徐家振. 现代冶金学. 北京:电子工业出版社, 2000.

[29] 魏昶, 王吉昆. 湿法炼锌理论与应用. 昆明: 云南科技出版社, 2003.

[30] 朱艳丽, 彭金辉, 张世敏, 等. 微波干燥闪锌矿实验研究. 有色金属(冶炼部分), 2005, (5): 21-24.

[31] 朱艳丽, 彭金辉, 张世敏, 等. 闪锌矿的微波干燥规律研究. 昆明理工大学学报(理工版), 2006, 31(2): 29-33.

[32] 朱艳丽. 微波干燥矿物的研究. 昆明: 昆明理工大学硕士学位论文, 2003.

[33] 邓国珠, 王铁明. 承德钛精矿的利用途径探讨. 河北工业科技, 2004, 21(4): 6-9.

[34] 蔡宁, 陈朝春, 王亚夫, 等. 微细粒级钛精矿振动流化床的传热特性. 钢铁钒钛, 2001, 22(2): 33-36.

[35] 熊红荣, 王海艳, 周建国, 等. 粉碎气流干燥机在钛精矿上的应用及给矿装置的改进. 广东有色金属学报, 2001, 11(2): 96-98.

[36] 李雨. 典型冶金物料的微波及组合干燥应用研究. 昆明: 昆明理工大学博士学位论文, 2011.

[37] Koit M. Pelletizing of Iron Ores. Berlin: Springer-Verlag ,1980.

[38] 黄典冰, 孔令坛, 林宗彩. 生球干燥过程及其数学模型. 金属学报, 1992, 28(12): 544-549.

[39] 秦洪来, 李兴凯. 球团竖炉的改进与高产. 烧结球团, 2000, 25(1): 47-48.

[40] 田发超, 张克诚, 胡友明, 等. 干燥制度对生球干燥强度的影响研究. 球团技术, 2005, 1: 12-15.

[41] 陈津, 刘浏, 曾加庆, 等. 微波干燥钠基复合膨润土的实验研究. 烧结球团, 2002, 27(1): 17-19.

[42] 罗勇. 有机粘结剂铁矿球团微波干燥和预热研究. 长沙: 中南大学硕士学位论文, 2008.

[43] 武文华, 唐惠庆, 黄务涤. 微波干燥和焙烧球团矿. 北京科技大学学报, 1994, 16(2): 118-121.

[44] 张启修, 赵秦生. 钨钼冶金. 北京: 冶金工业出版社, 2005.

[45] 张涛. 浅析我国钨矿开发利用过程存在的问题与对策. 中国金属通报, 2010(04).

[46] 郭磊. 微波干燥白钨精矿工艺优化研究. 昆明: 昆明理工大学硕士学位论文, 2011.

[47] Li B A, Ren Y Z, Fan Q X, et al. Preparation and characterization of spherical nickel-doped carbonaceous resin as hydrogenation catalysis I.Carbonization procedures. Carbon, 2004, 42(12-13):2669-2676.

[48] 张朝晖, 驰焱, 巨建涛. 炼钢增碳用锰碳合金球: 中国, CN 1876853A. 2006-12-13.

[49] 王玉棉, 韩春辉, 王峰. 类石墨炼钢增碳剂的成型工艺研究. 甘肃冶金, 2005, 27(1): 9-10.

[50] 周跃. 微波干燥氢氧化锆及锰碳合金球的工艺研究. 昆明: 昆明理工大学硕士学位论文, 2012.

[51] Crank J. 1975. The Mathematics of Diffusion. 2nd Edition .Oxford: Claredon Press.

[52] 黄岳祥, 郭存济, 谢贻芬. 不同工艺制备的水合氧化锆凝胶之特性. 硅酸盐通报, 1993, 12(5): 32-37.

[53] 秦文峰. 微波能在钼化学品中的应用研究. 昆明: 昆明理工大学硕士学位论文, 2003.

[54] 秦文峰, 彭金辉, 樊希安, 等. 微波辐射法干燥仲钼酸铵新工艺. 中国钼业, 2002, 26(6): 28-31.

[55] 宋光涛, 高立新, 朱恩科. 四钼酸铵的晶体结构对钼加工性能的影响. 中国钼业, 2002, 26(4): 28-31.

[56] 刘戊生. β 型四钼酸铵的应用. 中国钼业, 2001, 25(4): 58-61.

[57] 李健. 微波干燥与煅烧四钼酸铵的新工艺研究. 昆明: 昆明理工大学硕士学位论文, 2012.

[58] 张林仙, 吴晋沪, 王洋. 无烟煤焦气化过程中孔结构的变化及对气化反应性影响的研究. 燃料化学学报, 2008, 36(5): 530-533.

[59] 李涛, 周志强, 彭灵芝. 小颗粒无烟煤代替部分焦炭生产高碳铬铁的应用. 铁合金, 2009, 40(6): 11-14.

[60] 顾小愚, 钟心. 无烟煤的物理性质对其型煤抗压强度的影响. 煤炭转化, 2009, 32(2): 71-74.

[61] 李英伟. 基于增量改进 BP 神经网络微波深度干燥模型及应用研究. 昆明: 昆明理工大学博士学位论文, 2011.

[62] 黄善富. 微波干燥硫酸铜和微波煅烧碱式碳酸锌新技术. 昆明: 昆明理工大学硕士学位论文, 2002.

[63] 张世敏, 彭金辉, 张利波, 等. 微波加热中试装置及硫酸铜的干燥. 有色金属, 2003, 55(3): 40-42.

[64] 苏斌. 微波干燥单宁锗的工艺研究. 昆明: 昆明理工大学硕士学位论文, 2009.

[65] 李建华, 程威, 肖志梅. 红土镍矿工艺综述. 湿法冶金, 2004(4): 191-194.

[66] 李小明, 唐琳, 刘仕良. 红土镍矿处理工艺研究. 铁合金, 2007, 4: 24-28.

[67] Pickles C A. Microwave drying of nickeliferous limonitic laterite ores. Canadian Metallurgical Quarterly, 2005, 44(3):397-408.

[68] 刘卫强, 张宗华. 云南某褐铁矿的选矿工艺研究. 云南冶金, 2008, 6: 18-20.

[69] 李新冬, 赵玲. 微波技术应用于褐铁矿干燥脱水的实验研究. 中国资源综合利用, 2006, 24(6): 9-10.

[70] 范存善, 王福枫. 膨润土的性质及应用. 化工之友, 1999, 4: 11-12.

[71] 韩秀山. 膨润土的综合开发利用. 硅铝化合物, 2004, 4: 1-11.

[72] 王贵领, 赵经贵, 赵杰. 膨润土应用开发研究现状. 硅铝化舍物, 2004, 2: 2-4.

[73] 华董, 刘元祚, 毕玉莲, 等. 钠基膨润土干燥机理及动力学模型的研究. 化学工程, 1990, 18(1): 45-50.

[74] 陈津, 刘浏, 曾加庆, 等. 微波干燥钠基复合膨润土的实验研究. 烧结球团, 2002, 27(1): 17-19.

[75] 范兴祥, 彭金辉, 张世敏, 等. 微波辐射氯化钙再生新工艺研究. 中国资源综合利用, 2002, (9): 10-11.

[76] 王万坤, 彭金辉, 张泽彪, 等. 微波干燥八水氢氧化锶的研究. 化学工业与工程技术, 2009, 30(4): 1-3.

[77] 王万坤. 八水氢氧化锶的干燥研究. 昆明: 昆明理工大学硕士学位论文, 2009.

[78] 张世敏, 彭金辉, 范兴祥, 等. 微波辐射法干燥锡酸钠新工艺. 有色矿冶, 2004, 20(2): 34-36.

[79] Abdullah S, Barıs O. Dehydration of sodium carbonate monohydrate with indirect microwave heating. Thermochimica Acta, 2006, 448(1):31-36.
[80] 范兴祥, 彭金辉, 张利波, 等. 微波辐射干燥硫酸钠的研究. 云南化工, 2002, 9(6): 5-7.
[81] 朱受之. 微波能推广应用站简介. 电子管技术, 1984: 29.
[82] 范兴祥, 彭金辉, 张世敏, 等. 微波辐射干燥单水氢氧化锂的研究. 轻金属, 2003, (6): 19-21.
[83] 鲍联芳, 王邵东. 用氟硅酸生产氟化铝的四种流程. 硫磷设计, 1996, (6): 38-39.
[84] 胡忠. 中国氟化盐工业存在的主要问题与对策. 有色金属工业, 1995, (5): 40-41.
[85] 童孟良. 微波辐射干燥氟化铝的工艺研究. 无机盐工业, 2006, 38(8): 53-55.
[86] 朱福良, 高云涛, 华一新. 水合硫酸铝的微波脱水研究. 无机盐工业, 2004, 36(5): 24-25.
[87] 潘长华. 实用小化工生产大全(第一册无机化工新产品). 北京: 化学工业出版社, 1996.
[88] Yu J G, Wang G H, Cheng B. Effects of microwave drying on the microstructure and photocatalytic activity of bimodal mesoporous TiO_2 powders. Journal of Physics and Chemistry of Solids, 2010, (71): 523-526.
[89] 金振兴, 曲蛟, 蔡艳荣, 等. 用微波干燥法制备纳米级 TiO_2 进行光催化降解甲基橙的研究. 精细石油化工, 2004, (6): 18-20.
[90] 孙啸虎, 金振兴. 微波干燥制备纳米 TiO_2 的光催化降解活性研究. 渤海大学学报(自然科学版), 2006, 27(1): 6-9.
[91] 欧阳志强, 刘桂华. 利用微波介电加热和微波干燥水解法制备 TiO_2 微粒. 江西化工, 2003, (4): 133-137.
[92] Sharad D B, Kim Y H, Yi G. A Mesoporous SiO_2 powders with high specific surface area by microwave drying of hydrogels: A facile synthesis. Microporous and Mesoporous Materials, 2008, 105(1-3):333-339.
[93] Idris A, Khalid K, Omar W. Dring of silica sludge using microwave heating. Applied thermal engineering, 2004, 24(5): 905-918.
[94] 龚殿婷, 李凤华, 刘素兰, 等. 硼酸的生产应用状况及生产前景. 化学工业与工程技术, 2007, 12: 50-53.
[95] Kocakusak S, Koroglu H J, Tolun R. Drying of boric acid by microwave heating. Chemical Engineering and Processing, 1998, 37:197-201.
[96] 曾令可, 王慧, 程小苏, 等, 陶瓷工业干燥技术和设备. 山东陶瓷, 2003, 26(1): 14-18.
[97] Tings W R, Yoss W A G. Microwave Power Engineering. New York: Academic Press, 1968.
[98] Sutton W H. Microwave of firing high aluminum ceramic// Microwave Processing of Material Research Society Pittsburgh, 1988, 124: 287-295.
[99] Suhm J. Rapid wave microwave technology for drying sensitive products. American Ceramic Society Bulletin, 2000, (5):69-71.
[100] 桂明玺, 王守权. 不定形耐火材料的微波干燥. 国外耐火材料, 2004, 29(3): 57-58.
[101] Wu H W, Tao Z, Chen G H, et al. Conjugate heat and mass transfer process within porous media with dielectric cores in microwave freeze drying. Chemical Engineering Science, 2004, 59:2921-2928.
[102] Glouannec P, Lecharpentier D, Noel H, et al. Experimental survey on the combination of radiating infrared and microwave sources for the drying of porous material. Applied Thermal Engineering, 2002, 22: 1689-1703.
[103] 王箴. 化工词典(第四版). 北京: 化学工业出版社, 2000.
[104] 韦飞. 氨-硫酸铵法烟气脱硫实验研究. 南京: 南京理工大学硕士学位论文, 2008.
[105] 殷萍, 卫宏远. pH 值对硫酸铵溶解度及结晶介稳区的影响. 化学工业与工程, 2009, 26(2): 137-140.
[106] 谢良商. 标记硫酸铵和元素硫在稻田土壤中的转化. 中国农业科学, 1995, 28(5): 58-67.
[107] 胡为工. 硫酸铵市场相对稳定. 国际化工信息, 2003, 9: 34.
[108] 李长龙. 微波热泵联合干燥硫酸铵特性及新工艺研究. 昆明: 昆明理工大学硕士学位论文, 2010.

第 6 章 微 波 煅 烧

6.1 概　　述

煅烧是通过加热方式使化合物热离解为一种组分更简单的化合物或发生晶形转变的过程，是为了产物满足后续要求或产品标准而设置的一道关键工序，如氢氧化物、碳酸盐、硫酸盐等加热脱去化学结合水和释放出气体。在现代有色冶金和新材料产业中，煅烧已经从通常认为的水泥、石灰等低附加值产品生产发展到氧化钴、氧化镍、五氧化二钒等金属氧化物粉体材料及中间产品的制备，逐渐拓展到纳米粉体材料、先进电子材料、功能材料及结构材料制备等领域。

目前常规煅烧工艺中，无论是箱式炉、管式炉，还是回转窑；无论采用燃料加热，还是电加热，热量均是由表及里地进行传递，且存在温度分布不均匀的现象，为保证产品的均匀性和合格率，通常不得不采用延长煅烧时间、提高煅烧温度等方式，从而导致常规生产方法存在周期长、能耗高等缺陷。因此，探索一种新型的煅烧新技术和新工艺就显得尤为重要。

微波煅烧是利用物料自身吸收微波的性能加热分解物质，克服了常规加热方式存在的温度梯度而导致的受热不均、煅烧时间长等问题，具有加热均匀、效率高、煅烧时间短等优点，在化合物分解、材料制备及废弃物的处理等方面显示出了极大的优越性[1]。

6.2 微波煅烧草酸钴

草酸钴是一种重要的钴盐，它是钴与草酸化合而成，其分子表达式为 CoC_2O_4，分子量为 146.93。二价钴的草酸盐外观呈浅粉红色的结晶粉末，并含有两个结晶水，理论含钴量为 32.21%，但也有含四水和无水状态的，几乎不溶于水而溶于浓氨中。不稳定的三价钴草酸盐仅存在于水溶液中，加热草酸钴时，温度高于 120℃，草酸钴中的结晶水开始脱除；当温度达到 400℃以上时，草酸根开始分解，并在空气中燃烧(自燃)而最终生成黑色氧化钴粉末；在 480~520℃的温度下，草酸钴可用氢气直接还原成金属钴粉。草酸钴主要用于制造硬质合金[2]。

6.2.1　草酸钴的微波煅烧

彭金辉、刘秉国[1,3]研究了草酸钴的微波煅烧。

1. 实验设计与结果

选定对草酸钴分解率(y)影响较大的煅烧温度(x_1)、煅烧时间(x_2)和物料量(x_3)作为实验的三个影响因素开展系统实验。微波煅烧实验设计方案与实验结果见表 6.1 所示。

表 6.1　草酸钴微波煅烧响应曲面实验设计与结果

序号	温度 x_1/K	时间 x_2/min	物料量 x_3/g	分解率 y/%
1	623	4	4	73.3
2	903	4	4	90.8
3	623	10	4	82.95
4	903	10	4	96.62
5	623	4	10	68.8
6	903	4	10	89.2
7	623	10	10	80.06
8	903	10	10	94.41
9	527.55	7	7	60.72
10	998.45	7	7	99.35
11	763	1.95	7	80.9
12	763	12.05	7	92.56
13	763	7	1.955	89.2
14	763	7	12.06	84.94
15	763	7	7	85.06
16	763	7	7	85.96
17	763	7	7	86.26
18	763	7	7	85.68
19	763	7	7	85.86
20	763	7	7	86.17

2. 模型精确性分析

以煅烧温度、煅烧时间和物料量为自变量，草酸钴煅烧分解率 y 为应变量，通过 CCD 优化设计分析各影响因素及各影响因素之间对回归模型的影响，选取二次方模型为草酸钴煅烧分解率回归模型，通过最小二倍法拟合得到草酸钴煅烧分解的二次多项回归方程：

$$y=19.78+0.18x_1+2.11x_2-1.74x_3-2.94x_1x_2+1.07x_1x_3+0.0134x_2x_3-1.05x_1^2+0.035x_2^2+0.048x_3^2 \quad (6.1)$$

依据回归方程的方差分析，得到草酸钴的方差分析结果如表 6.2 所示。

由表 6.2 可以看出，草酸钴模型 Prob>F 值<0.0001<0.01，表明建立的回归模型极显著；失拟项 Prob>F 值=0.0005<0.05，表明失拟也极显著。模型的决定系数 R^2=0.976，校正决定系数 R_{adj}^2=0.955，均接近于 1，说明该模型仅有总变异的 2.4%不能用此模型来解释，模型拟合程度良好，实验误差小，可以用此模型对草酸钴煅烧分解进行分析和预测。

表 6.2　草酸钴煅烧分解回归方程方差分析

方差来源	平方和	自由度	均方	F 值	Prob > F
模型	1557.43	9	173.05	46.25	<0.0001
残差	37.42	10	3.73		
失拟项	36.48	5	7.3	39.07	0.0005
纯误差	0.93	5	0.19		
总和	1594.85	19			

注：R^2=0.976，$R_{adj}^2=0.955$;信噪比=24.504>4。

依据方差分析结果，在实验研究范围内，草酸钴分解率残差正态概率图和分解率预测值与实验值的对比图如图 6.1 和图 6.2 所示。

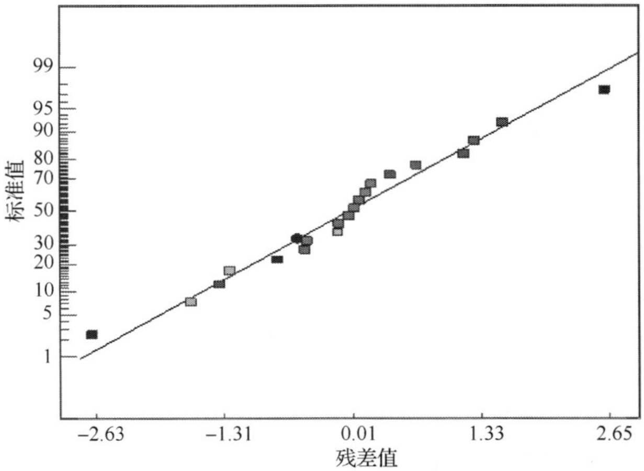

图 6.1　草酸钴煅烧分解率残差正态概率图

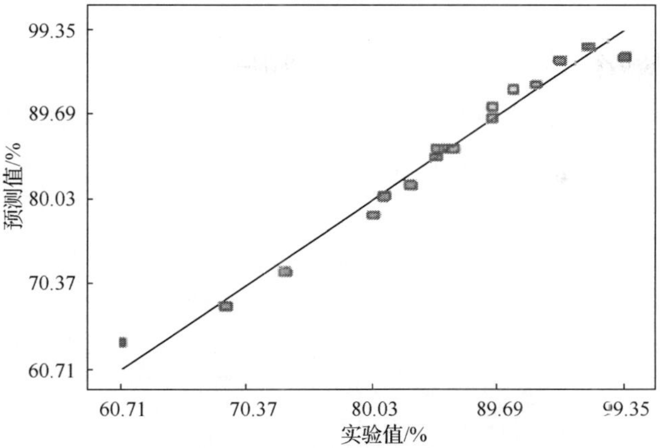

图 6.2 草酸钴煅烧分解率预测值与实验值对比

从图 6.1 和图 6.2 可以看出，实验残差分布在常态范围内，实验选取的模型合适；所获得的预测值与实验值比较接近，实验值基本上平均分布于预测直线的周围，说明所选取模型可以成功反映影响草酸钴煅烧自变量与应变量之间的关系。

依据显著性理论分析，得到草酸钴的显著性检验结果见表 6.3。从表 6.3 可以看出，草酸钴模型一次项 x_1、x_2 和 x_3，二次项 x_1^2 的 Prob>F 值均小于 0.05，影响显著，说明煅烧温度、煅烧时间和物料量对草酸钴分解率均有显著的影响。可以利用该回归模型来确定并优化草酸钴微波煅烧分解工艺参数。优化的草酸钴回归模型为

$$y=19.78+0.18x_1+2.11x_2-1.74x_3-1.05x_1^2 \tag{6.2}$$

表 6.3 草酸钴微波煅烧分解回归方程系数显著性检验

系数项	回归系数	Prob>F
模型	85.83	<0.0001
x_1	9.58	<0.0001
x_2	3.77	<0.0001
x_3	−1.34	0.0279
x_1x_2	−1.23	0.1011
x_1x_3	0.45	0.5276
x_2x_3	0.13	0.8586
x_1^2	−2.05	0.0024
x_2^2	0.31	0.5523
x_3^2	0.43	0.4147

3. 响应曲面分析

在方差分析和模型显著性检验的基础上，建立影响草酸钴微波煅烧分解的三维响应曲面，各因素及其之间的交互作用对草酸钴微波煅烧分解率的影响如图 6.3 和图 6.4 所示。

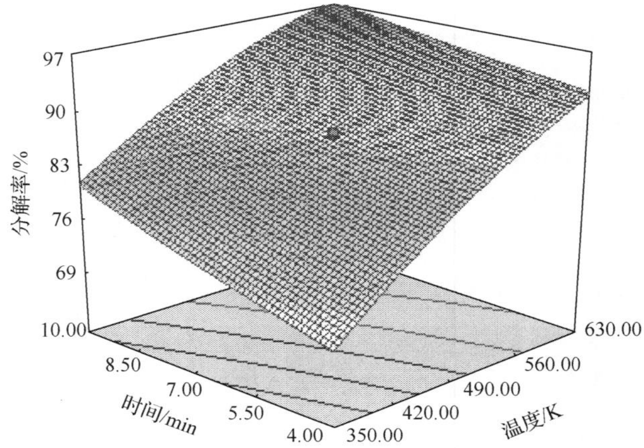

图 6.3　煅烧温度和煅烧时间及其交互作用对草酸钴分解率影响的响应曲面

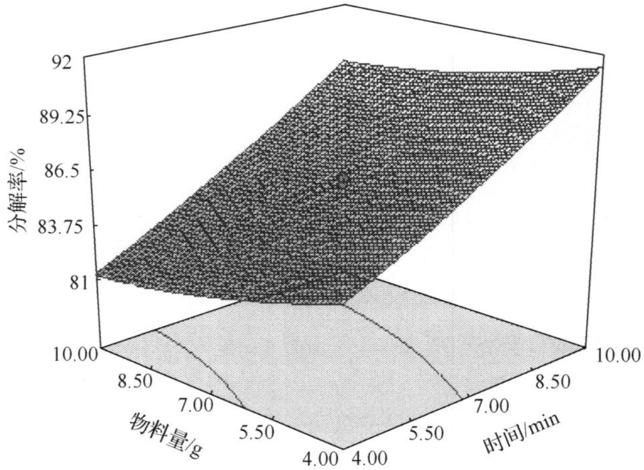

图 6.4　煅烧时间和物料量及其交互作用对草酸钴分解率影响的响应曲面

由图 6.3 和图 6.4 可知，随着煅烧温度的升高和煅烧时间的延长，草酸钴的分解率急剧增大。草酸钴分解反应无论是脱水过程还是无水盐分解过程均为吸热反应，提高温度有利于草酸钴分解，所以煅烧温度越高，草酸钴的分解率越大；随着煅烧时间延长，分解反应进行就越充分，分解率递增。相反，随着物料量的增加，微波功率密度相对不足，导致草酸钴升温速率减慢，草酸钴的分解率也明显降低。

4. 响应曲面优化及验证

以草酸钴分解率大于99.5%为标准，用上述回归模型优化工艺参数，结果见表6.4。

表6.4　草酸钴微波煅烧分解回归模型优化工艺参数

自变量			响应值	
煅烧温度/K	煅烧时间/min	物料量/g	预测值/%	实测值/%
625.43	9.8	4.11	97.03	97.25

为验证草酸钴微波煅烧响应曲面法的可靠性，采用优化后的最佳条件进行实验，同时考虑到实际生产的便利性，以煅烧温度643K、煅烧时间9min、物料量4.4g进行验证实验，两次平行实验得到的实验结果为99.62%。对最佳条件下的煅烧产物进行X射线衍射分析，所得煅烧产物X射线衍射图谱如图6.5所示。

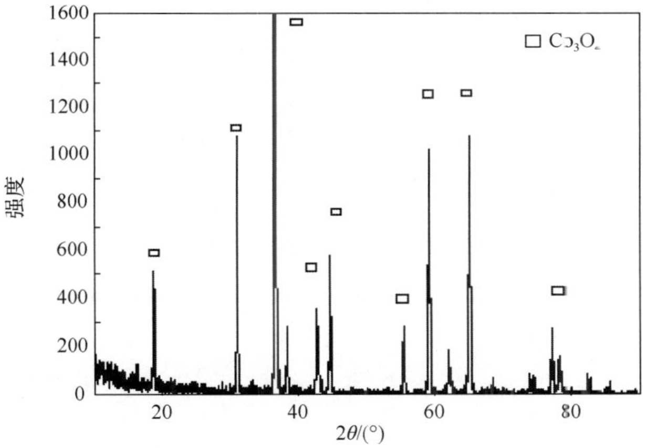

图6.5　草酸钴煅烧分解产物的X射线衍射图谱

从图6.5分析表明，煅烧产物的X射线衍射图谱分别与四氧化三钴的标准图谱相吻合，无任何杂质峰，确定煅烧产物为四氧化三钴。

6.2.2　常规煅烧与微波煅烧对比

对于草酸钴，在产品满足质量要求的前提下，常规煅烧和微波煅烧的优化工艺参数见表6.5。

由表6.5可以看出，与常规煅烧方法相比，微波煅烧草酸钴的最佳工艺参数煅烧温度更低，煅烧时间缩短约3/4。

表 6.5 草酸钴常规与微波煅烧优化工艺参数比较

物料	煅烧温度/K		煅烧时间/min	
	常规煅烧	微波煅烧	常规煅烧	微波煅烧
草酸钴	680	625	44	9.8

6.3 微波煅烧钼酸铵

我国钼矿资源十分丰富，是世界上主要产钼国家之一。钼主要来源于两种矿石：一种是以钼为主的原生钼矿石，另一种是含钼的硫化铜矿石，从铜钼矿石中回收钼是钼的重要来源，占 60%以上。钼酸铵是钼冶金过程中重要的中间产品，是生产钼粉、钼丝及钼基制品的主要原料，也广泛用于催化剂、阻燃剂、颜料及微量元素肥料等。四钼酸铵有水合型、无水 α 型、无水 β 型和微粉型几种晶形[4,5]。三氧化钼作为重要的钼氧化物，可由钼酸铵煅烧得到[6]。魏勇[7]认为钼酸铵煅烧时，在 300～400℃形成不稳定的三氧化钼相，当煅烧温度高于 400℃时，不稳定的三氧化钼相发生晶型转变，形成稳定的三氧化钼相。

秦文峰等[8]开展了微波煅烧钼酸铵制取高纯三氧化钼的研究，正交实验结果见表 6.6。分析表明，物料量对钼酸铵分解率的影响最大，微波功率次之，煅烧时间对分解率的影响最小。实验确定的最佳工艺参数为微波功率 700W、煅烧时间 6min、物料量 6g，此时钼酸铵分解率为 99.67%。

表 6.6 微波煅烧钼酸铵正交实验结果

实验号	微波功率 P/W	焙烧时间 t/min	物料质量 W/g	分解率/%
1	350	4	2	91.43
2	350	6	4	97.14
3	350	8	6	97.14
4	525	4	4	88.57
5	525	6	6	98.67
6	525	8	2	91.43
7	700	4	6	99.58
8	700	6	2	91.43
9	700	8	4	98.57

图 6.6 及图 6.7 为钼酸铵在微波和常规煅烧条件下的分解率。从图 6.6、图 6.7 可以看出，在相同物料条件，采用微波煅烧钼酸铵仅用 6min，传统方法需 60min，微波煅烧时间仅为传统方法的 1/10。

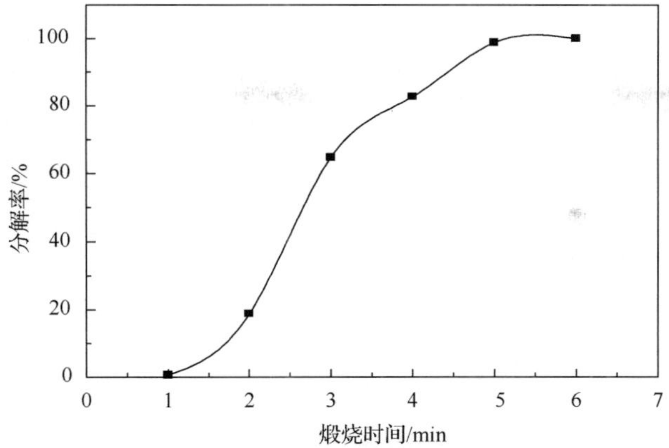

图 6.6 微波煅烧时间对钼酸铵分解率的影响

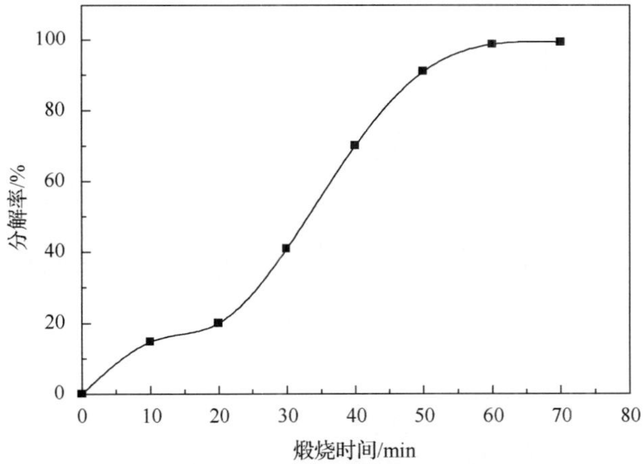

图 6.7 常规煅烧时间对钼酸铵分解率的影响

李健[9]开展了微波煅烧四钼酸铵制取三氧化钼的研究，考察了升温速率、物料厚度、保温时间以及温度对四钼酸铵煅烧效果的影响，并采用响应曲面法对工艺参数进行了优化。

6.3.1 升温速率的影响

四钼酸铵在分解过程中，升温过快会导致某种低熔点共晶物的形成[10]，同时生成黑色粉末状物质。四钼酸铵 280℃开始分解，考虑升温滞后性，在煅烧温度 360℃，保温时间 2min，物料厚度 20mm，在 0~180℃，升温速度为 30℃/min，180~330℃升温速率对四钼酸铵分解结果的影响见表 6.7。

表 6.7 升温速率对四钼酸铵分解结果的影响

物料	升温速度/(℃/min)				
	10	12	14	16	18
共熔物	无	无	无	无	有
黑色物	无	无	有	有	有

从表 6.7 可以看出，升温速率超过 14℃/min 时会有黑色物质产生，而超过 18℃/min 时同时还会产生共熔物，黑色粉末物相如图 6.8 所示。

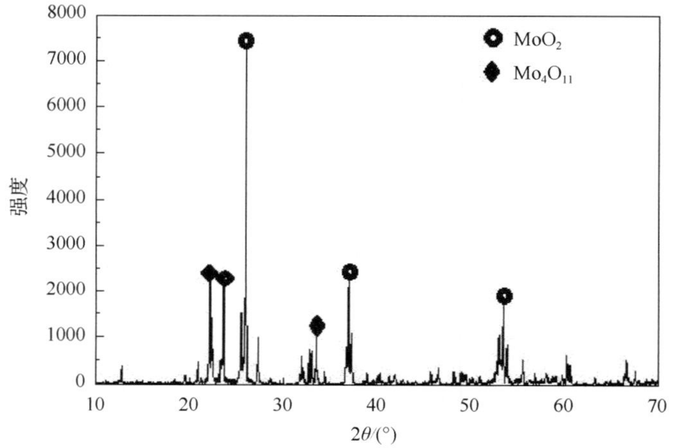

图 6.8 黑色粉末 X 射线衍射图谱

从图 6.8 可以看出，黑色物质主要由 MoO_2 和 Mo_4O_{11} 组成。其产生的原因是升温速度过快，四钼酸铵分解产生的氨气不能及时排除，而氨气具有还原性，将已经分解生成的部分三氧化钼还原，因此升温速率控制在 12℃/min 以下。

6.3.2 物料厚度的影响

当煅烧温度为 330℃、保温时间为 4min、升温速率为 12℃/min 时，物料厚度对四钼酸铵分解率的影响如图 6.9 所示。

从图 6.9 可以看出，分解率随厚度的增加逐渐下降。物料厚度 12mm 时，分解率达到 91.24%；厚度为 14~18mm 时，分解率下降趋势较大；物料厚度增加到 20mm 时，分解率只有 75.87%。这是因为物料厚度增加，使短时间内产生的氨气量增加，阻碍氨气的及时排出，致使分解反应的逆向速度增加，降低分解反应速率。综合考虑后确定物料厚度为 12mm。

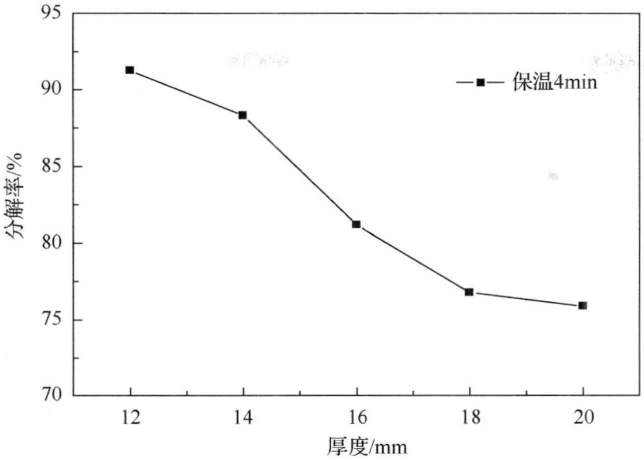

图 6.9 物料厚度对四钼酸铵分解率的影响

6.3.3 保温时间的影响

当煅烧温度为 330℃、物料厚度为 12mm、升温速率为 12℃/min 时，保温时间对四钼酸铵分解率的影响如图 6.10 所示。

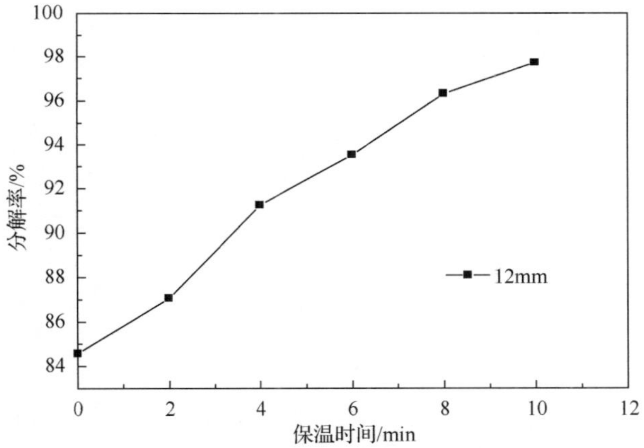

图 6.10 保温时间对四钼酸铵分解率的影响

从图 6.10 可以看出，随着保温时间延长，分解率逐步提高。当保温时间为 10min 时，分解率达到 97.71%。

6.3.4 煅烧温度的影响

当物料厚度为 12mm、升温速率为 12℃/min、保温时间为 4min 时，煅烧温度对四钼酸铵分解率的影响如图 6.11 所示，煅烧产品 XRD 图谱如图 6.12 所示。

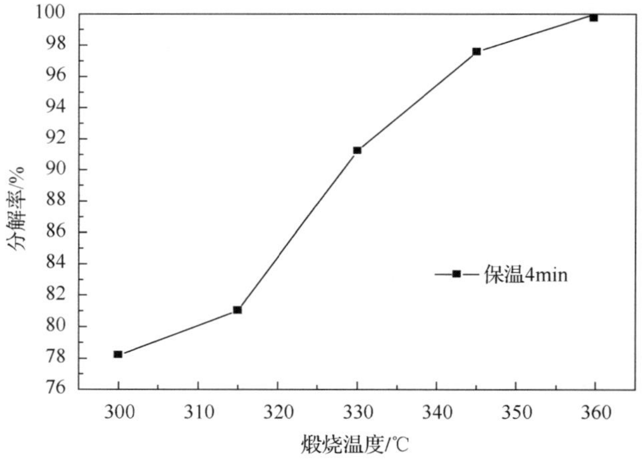

图 6.11　煅烧温度对四钼酸铵分解率的影响

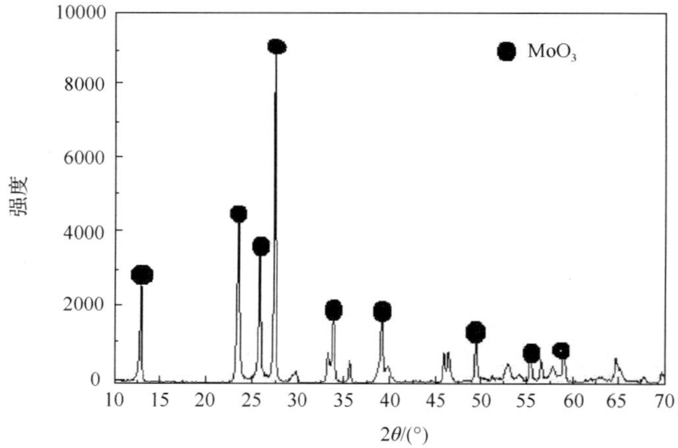

图 6.12　煅烧产物 X 射线衍射图谱

从图 6.11 可以看出，温度为 300~315℃时分解率较低，315~345℃时分解率变大。因为四钼酸铵的热分解是吸热反应，起始反应温度为 280~300℃，300~315℃接近起始反应温度，不能提供足够反应能量；随着温度提高，能量逐渐充足，使 315~345℃时的分解率变大。当温度达到 360℃，四钼酸铵已经完全分解。图 6.12 显示，煅烧产物的物相分析表明三氧化钼比较纯净，并没有钼的其他氧化物。

6.3.5　响应曲面优化

1. 实验设计及结果

综合煅烧条件对分解率的影响，选定保温时间(χ_a)、物料厚度(χ_b)和煅烧温度(χ_c)作为微波煅烧响应曲面实验三个影响因素，实验设计方案与实验结果见表 6.8。

表 6.8 实验设计与结果

序号	保温时间/min	物料厚度/mm	煅烧温度/℃	分解率/%
1	4.00	10.00	300.00	76.52
2	12.00	10.00	300.00	88.23
3	4.00	15.00	300.00	45.78
4	12.00	15.00	300.00	67.67
5	4.00	10.00	360.00	81.41
6	12.00	10.00	360.00	94.42
7	4.00	15.00	360.00	76.35
8	12.00	15	360.00	99.54
9	1.27	12.50	330.00	78.11
10	14.73	12.50	330.00	100.00
11	8.00	8.30	330.00	87.36
12	8.00	16.70	330.00	65.81
13	8.00	12.50	279.55	52.83
14	8.00	12.50	380.45	83.74
15	8.00	12.50	330.00	87.12
16	8.00	12.50	330.00	87.18
17	8.00	12.50	330.00	87.14
18	8.00	12.50	330.00	87.21
19	8.00	12.50	330.00	87.17
20	8.00	12.500	330.00	87.22

2. 模型精确性分析

对数据进行回归分析，模型的拟合方程见式(6.3)，为了验证模型方程的可靠性，对模型方程进行了方差分析，分析结果如表 6.9 所示。

$$y = -488.40+0.48\chi_a-13.16\chi_b+3.73\chi_c+0.33\chi_a\chi_b-0.01\chi_a\chi_c+0.07\chi_b\chi_c+0.11\chi_a^2 -0.57\chi_b^2-6.25\times10^{-3}\chi_c^2 \tag{6.3}$$

从表 6.9 可以看出，模型的 F 值为 32.74，Prob>F 值小于 0.0001，表明回归模型非常显著。同时变量 χ_a、χ_b 和 χ_c 的 Prob>F 值均小于 0.0001，说明对分解率 (y) 影响非常显著；交互相 $\chi_b\chi_c$、χ_b^2 和 χ_c^2 的影响也非常显著；而 $\chi_a\chi_b$ 的影响也显著，其他的影响却不显著。对于模型的可信度，表 6.10 做了进一步分析。

从表 6.10 可以看出，相关系数值 R^2 为 0.9672，这表示样本变化有 96.72%的比例归因于自变量的变化，只有 3.28%的变化不能由该模型解释[11]。校正系数值 R_{adj}^2 为 0.9376，说明自变量之间具有线性相关[12]。变异系数的值为 4.27%，表明设计的条件实验具有较好的精度和较高的可靠性。测量信噪比为 23.313，大于 4，说明此模型能够得到很好的模拟。

表 6.9　回归方程方差分析

方差来源	平方和	自由度	均方	F 值	Prob > F
模型	3791.98	9	421.33	32.74	< 0.0001（显著）
χ_a	710.76	1	710.76	55.23	< 0.0001
χ_b	845.71	1	845.71	65.71	< 0.0001
χ_c	1242.84	1	1242.84	96.57	< 0.0001
$\chi_a\chi_b$	86.86	1	86.86	6.76	0.0265
$\chi_a\chi_c$	22.43	1	22.43	1.74	0.2162
$\chi_b\chi_c$	193.84	1	193.84	15.06	0.0031
χ_a^2	46.85	1	46.85	3.64	0.0855
χ_b^2	183.82	1	183.82	14.28	0.0036
χ_c^2	455.50	1	455.50	35.39	0.0001
残差	128.70	10	12.87		
失拟项	127.22	5	25.44	86.16	<0.0001（显著）
纯误差	1.48	5	0.30		
总计	3920.68	19			

表 6.10　模型的可信度分析

标准差	均值	变异系数/%	预测残差平方和	R^2	校正后的 R^2	预测的 R^2	测量信噪比
3.59	82.05	4.37	997.10	0.9672	0.9376	0.7457	23.313

图 6.13 为相对脱水率预测值与实际值的对比图。由图 6.13 可知，实验值基本分布于预测值周围，说明所选模型能够准确的反映自变量与应变量的实际关系。

3. 响应曲面分析

将回归系数进行统计学计算，建立回归模型的三维响应曲面如图 6.14~图 6.16 所示，考察各因素及其交互作用对分解率的影响。

图 6.14 为保温时间与物料厚度的交互作用对四钼酸铵分解率的影响。从图 6.14 可以看出，保温时间越长，厚度越薄，分解率越高。物料厚度比较薄，反应物能够及时的排出，使反应顺利进行。

图 6.15 为保温时间与煅烧温度的交互作用对四钼酸铵分解率的影响。由图 6.15 可以看出，保温时间与煅烧温度及其交互作用对分解率影响显著。在 360℃、12min 条件下，分解率几乎达到 100%。然而在 300℃条件下，随着保温时间的增加，分解率也仅从 46%到 67%。其原因是温度较低，供给的分解能量不能使大量的分子同时跨越能垒，降低了反应速率，只能通过延长保温时间来提高分解率。

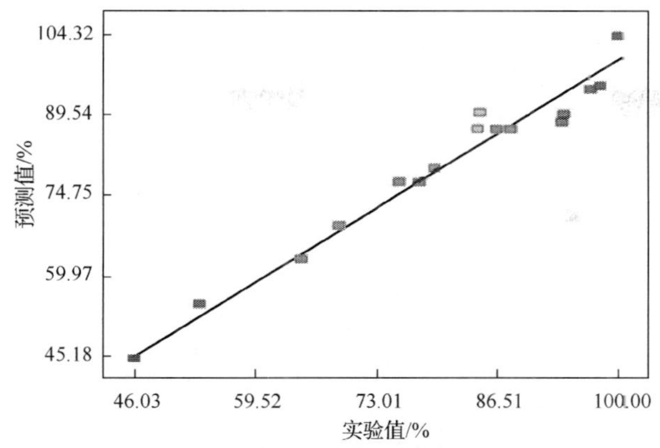

图 6.13 分解率预测值与实际值对比

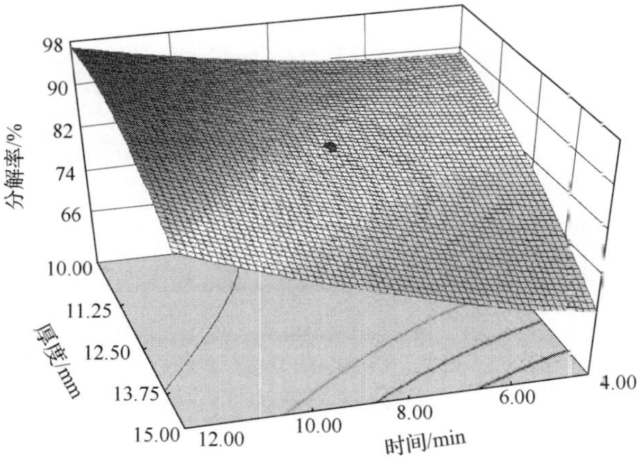

图 6.14 保温时间、物料厚度及其交互作用对分解率的影响

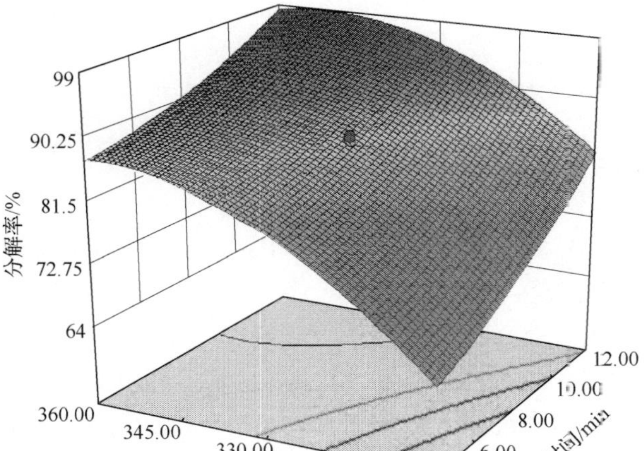

图 6.15 保温时间、煅烧温度及其交互作用对分解率的影响

图 6.16 显示了煅烧温度、物料厚度及其交互作用对分解率的影响。由图 6.16 可以看出，高温条件下物料厚度对分解率影响不大，而随着煅烧温度的降低，物料厚度的影响越来越明显。

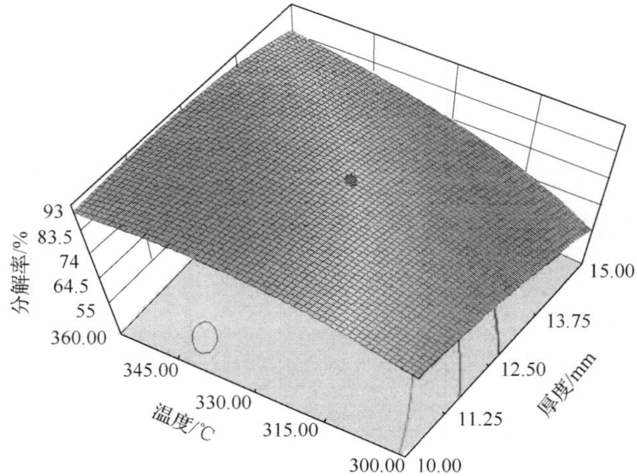

图 6.16　煅烧温度、物料厚度及其交互作用对分解率的影响

4. 响应曲面优化及验证

为了验证响应曲面法优化的可靠性，在保温时间 12min、物料厚度 13mm、煅烧温度 356℃条件下，进行三组平行实验，分解率取平均值为 99.81%，与预测值相差 0.31%，说明响应曲面法优化得出的工艺条件有效，结果见表 6.11。

表 6.11　优化工艺参数

参数	保温时间/min	物料厚度/mm	煅烧温度/℃	分解率/%
模型预测	12	13	356	99.50
实际验证	12	13	356	99.81

6.4　微波煅烧绿矾

七水硫酸亚铁又称绿矾，分子式 $FeSO_4 \cdot 7H_2O$。天然绿矾主要存在于干旱地区，黄铁矿和磁铁矿的风化带，多为多金属矿伴生，成分复杂，杂质含量高。工业绿矾主要来自于钛白粉工业、钢铁工业等[13]。

硫酸法生产钛白粉的工艺简单来说就是把钛铁矿经过酸解、水解、水洗处理后得到偏钛酸在回转窑内进行煅烧，烧成的熟料再进行粉磨，形成钛白粉初级品或经过后处理生产钛白粉成品。同时，每生产 1t 钛白粉，副产 3t 七水硫酸亚铁[14,15]。其工艺过程的主要反应如下：

$$FeTiO_3 + H_2SO_4 = H_2TiO_3 + FeSO_4 \quad (6.4)$$

$$FeTiO_3+2H_2SO_4=TiOSO_4+FeSO_4+2H_2O \quad (6.5)$$

$$FeTiO_3+3H_2SO_4=Ti(SO_4)_2+ FeSO_4 + 3H_2O \quad (6.6)$$

钢铁浸洗工艺中也产生大量硫酸亚铁。钢铁厂生产的各种钢材，尤其是各种规格的钢板，表面积很大，与空气接触生成一层氧化铁。钢材在大气中放置时间越长，生成的氧化铁层越厚。当钢材进行加工，需要将钢材在稀酸槽中清洗。清洗液中的硫酸亚铁达到一定浓度(20%～25%)，即可回收[16]。

2011 年，我国钛白粉行业产生的副产品绿矾就可高达 350×10^4t[17,18]。钛白粉产量增长的同时，绿矾产量也大幅增加，另一方面绿矾资源的集中度也明显改善。

余延涛[19]研究了微波煅烧钛白粉副产品绿矾制取铁精矿粉。原料化学成分分析见表 6.12。

表 6.12 绿矾化学成分

参数	化学成分						
	TS	TFe	MgO	MnO	TiO_2	Al_2O_3	SiO_2
含量/%	11.3	18.20	1.61	0.091	0.088	< 0.5	< 0.10

绿矾及煅烧分解产物的加热特性研究表明，铁精矿添加比例控制为 15%，并在此铁精矿-绿矾配比下研究其他因素对物料升温及煅烧产品质量的影响。

6.4.1 物料配比的影响

图 6.17 为不同质量配比对物料煅烧产物中全硫含量和全铁与物料配比的影响。

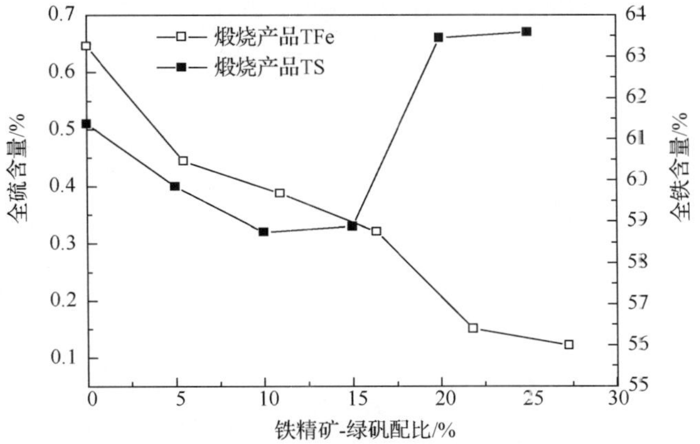

图 6.17 不同铁精矿配比对产品全硫和全铁含量的影响

从图 6.17 可以看出，煅烧产物中全硫含量随着铁精矿配比的增加先降低然后升高，在配比为10%～15%时取得最小值。配比小于15%时，产物中全硫含量随着铁精矿配比升高而降低，是因为强吸波铁精矿能快速吸收微波能，转化为热量后迅速传递给吸波性能较差的绿矾，促使绿矾较快分解，并且被铁精矿完全包围的绿矾颗粒分解更完全，从而样品中全硫含量降低。然而当铁精矿配比高于15%后，产物全硫含量显著升高，因为铁精矿有机硫含量占比例增大，这部分硫在该实验中不能除去。

产物的全铁含量随着物料铁精矿配比的增加而降低。因为绿矾分解完全时全铁含量可达到65.56%，而铁精矿的全铁含量只有53.63%。铁精矿添加会降低产物全铁含量。铁精矿配比在5%~15%，产物全硫含量小于0.5%，全铁含量高于58.5%。考虑物料吸波性能，该实验铁精矿添加比例为15%。

6.4.2 煅烧温度的影响

温度是对产品质量影响最大的因素之一，根据绿矾热分解行为研究和SWAMY 等[20–22]的研究可知七水硫酸亚铁的分解过程。

45~75℃时：

$$FeSO_4·7H_2O = FeSO_4·4H_2O+3H_2O \tag{6.7}$$

100~200℃时：

$$FeSO_4·4H_2O = FeSO_4·H_2O+3H_2O \tag{6.8}$$

230~330℃时：

$$FeSO_4·H_2O + O_2 \longrightarrow Fe_2(SO_4)_3+2H_2O \tag{6.9}$$

600~650℃时，有氧条件：

$$Fe_2(SO_4)_3 = Fe_2O_3+3SO_3 \tag{6.10}$$

600~650℃时，无氧条件：

$$3FeSO_4 = Fe_3O_4 + SO_2 +2SO_3 \tag{6.11}$$

810~850℃时：

$$Fe_2O(SO_4)_2 = Fe_2O_3+2SO_3 \tag{6.12}$$

物料 40g，微波功率 650W，煅烧温度对产物全铁含量和全硫含量的影响如图 6.18 所示。

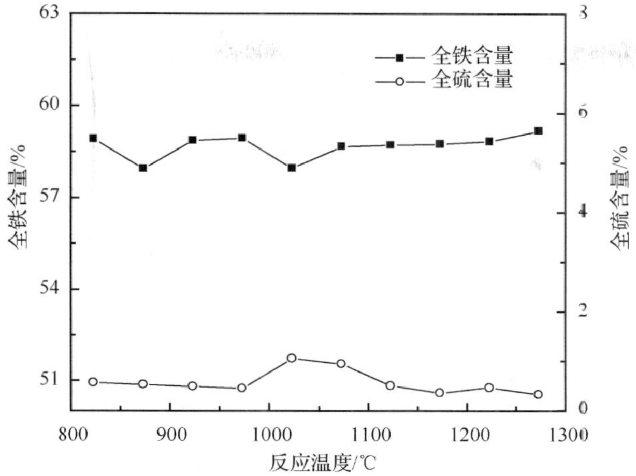

图 6.18　反应温度对煅烧产物全硫和全铁含量的影响

从图 6.18 可知，反应温度为 823~1073K 时，全铁含量在 58.5%左右；反应温度为 1073~1273K 时，全铁含量逐渐提高到 59.17%。当反应生成的四氧化三铁比例增加时，产物全铁含量增加；当反应产物中三氧化二铁比例增加时，产物全铁含量下降。所以实验温度在 923~973K 或高于 1073K 时，能得到较高品位的铁矿石。温度在 800~1300K 时，产物全硫含量在 0.1%~1%。温度在 1123~1300K，产物全硫含量可控制在 0.5%以下。因此，煅烧温度高于 1123K 时，全铁含量高于 58%，全硫含量低于 0.5%。

煅烧温度对产物中杂质含量的影响如图 6.19~图 6.21 所示。

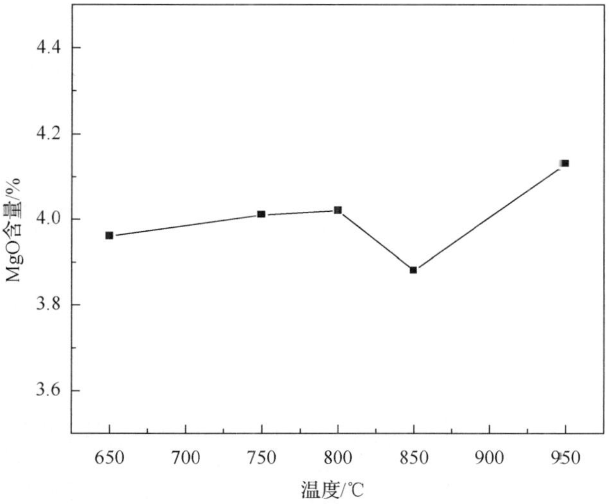

图 6.19　煅烧温度对产物中氧化镁含量的影响

从图 6.19 中可以看出，产物中氧化镁含量随着煅烧温度的上升略有上升，850℃处出现下降，900℃后含量又升高。这是由于样品中镁以硫酸镁形式存在，镁盐是耐高温材料，在低温下不分解。在 650～800℃温度范围内，样品分解为三氧化二铁，物料总体质量下降，所以样品中氧化镁会出现上升趋势；在850℃温度附近，镁盐少量分解，同时铁盐分解速率下降，分解基本完成，所以镁含量有所下降；900℃以后，由于温度的升高，分解加速，物料总体质量下降，样品中镁含量会出现上升趋势。整体上氧化镁含量约 4.0%，浮动不大。

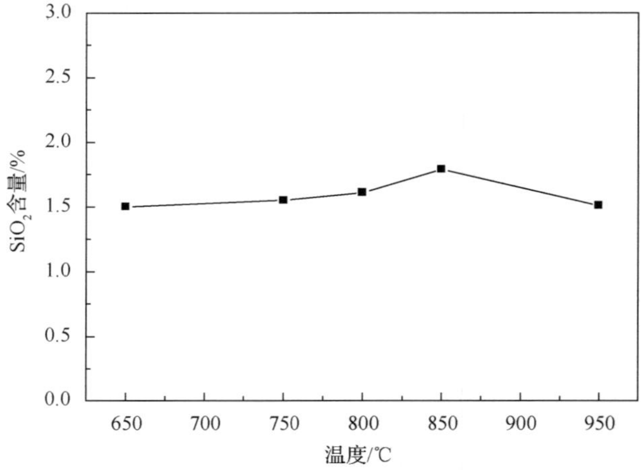

图 6.20　煅烧温度对产物中酸性杂质二氧化硅含量的影响

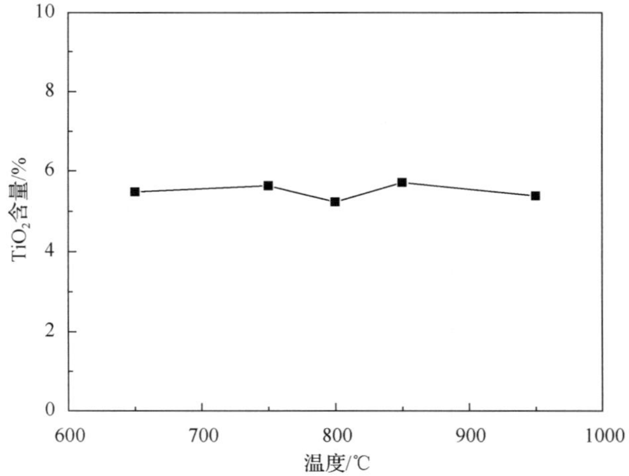

图 6.21　煅烧温度对样品中酸性杂质二氧化钛含量的影响

从图 6.20 中可以看出，产品氧化硅含量随着煅烧温度的升高逐渐提高，煅烧温度升高至950℃，含量回落至1.51%。二氧化硅含量升高，主要是原料硫酸亚铁的分解造成，在850℃左右出现峰值，此时原料失重最多，所以硅含量最高。随着温度继续升高，二氧化硅杂质可能同氧化铁形成硅铁氧固溶体，二氧化硅并非以单一相形式存在。产物中酸性杂质二氧化硅含量随温度变化整体较小，在 1.6%上下波动，对产品质量影响不大。其主要是由于铁精矿引起，减少铁精矿的比例可显著降低二氧化硅含量。

从图 6.21 可知，煅烧温度对酸性杂质二氧化钛含量影响较弱。在 650~1050℃温度内，杂质二氧化钛含量约为 5.50%，基本上保持不变。

6.4.3　反应时间的影响

煅烧温度 1123K 条件下，保温时间对煅烧样品全硫含量的影响如图 6.22 所示。

从图 6.22 可以看出，保温时间15min，产物中全硫含量高达5.31%；18min 以后，产物中全硫含量在 0.5%以下。反应时间15min 时，产物中含硫量较高，说明物料此时并未分解完全。反应时间18min 时，产物中全硫含量为0.35%，表明物料在微波作用下快速分解。此外，微波对绿矾的快速分解作用有利于提高分解反应烟气中的硫氧化物浓度，对回收 SO_2 气体制硫酸有利。

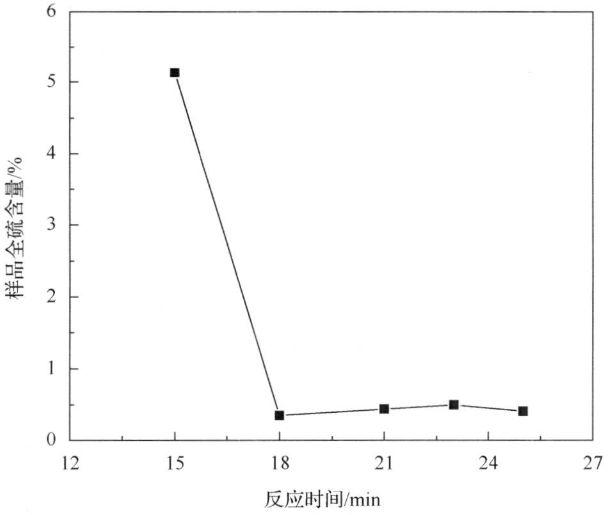

图 6.22　反应时间对产物全硫含量的影响

6.4.4　煅烧产物物相分析

图 6.23~图 6.25 为 650℃、850℃和 950℃煅烧产品的 X 射线分析图谱。

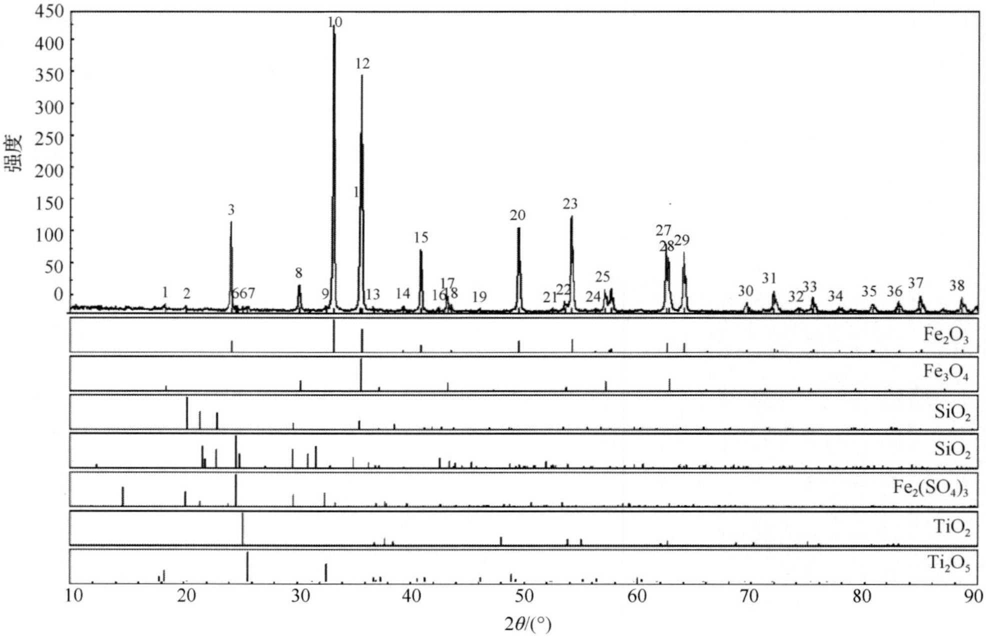

图 6.23　650℃微波煅烧产物 X 射线衍射图谱

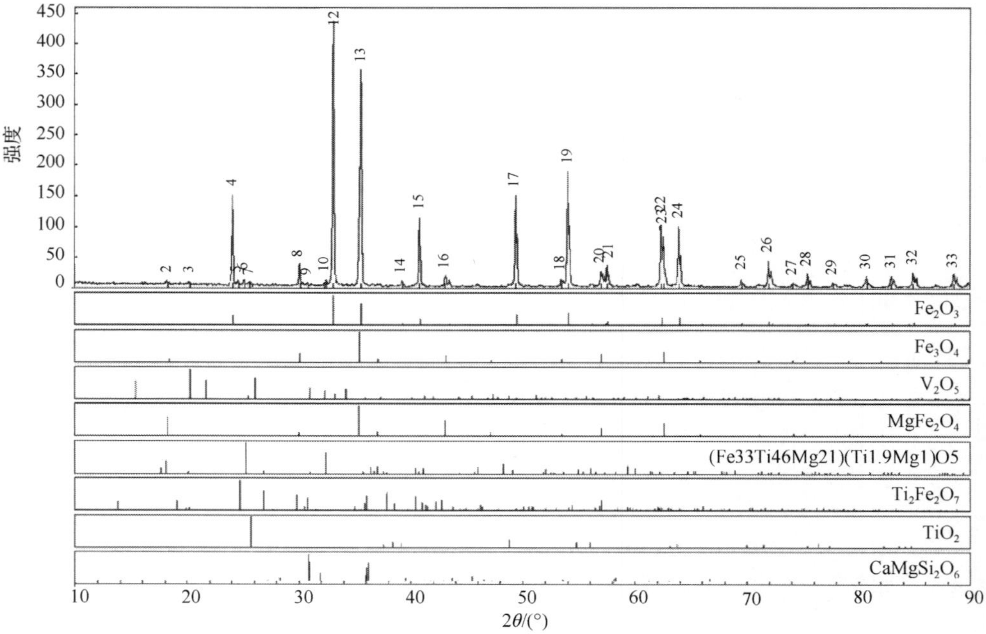

图 6.24　850℃微波煅烧产物 X 射线衍射图谱

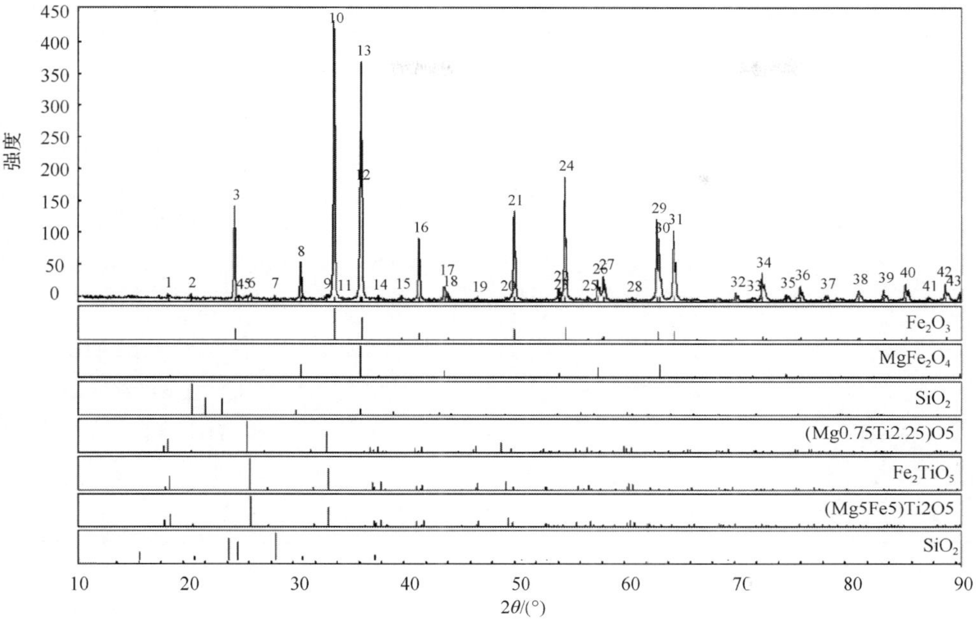

图 6.25 950℃微波煅烧产物 X 射线衍射图谱

从图 6.23 可以看出，煅烧温度 650℃，保温时间 25min，煅烧产物中主要为三氧化二铁，还有极少量的四氧化三铁、硫酸铁和杂质氧化硅、二氧化钛等。三氧化二铁峰强度最大，说明三氧化二铁含量很高。四氧化三铁出现说明反应很快，氧气大量消耗，缺氧条件产生磁铁矿相，如果样品迅速冷却，则磁铁矿相将会被保存下来。

图 6.24 表明，在 850℃，煅烧产物主要为三氧化二铁，还有极少量的磁铁矿、铁镁氧固溶体、钛铁氧固溶体、五氧化二钒和氧化硅。同 650℃对比，硫酸铁衍射峰消失，说明 850℃样品中硫酸铁已经分解完全。存在磁铁矿衍射峰，且晶相组成和强度未发生变化，说明微波作用下分解反应很迅速，如果不通入空气必然造成缺氧条件而生成少量的磁铁矿 (Fe_3O_4)。反应中可以通过调整空气通入量控制磁铁矿氧化程度，再通过磁选分离磁铁矿和赤铁矿。图中出现了铁镁固溶体的衍射峰，以及较弱的钛铁固溶体的衍射峰，少量的五氧化二钒、二氧化钛是铁精矿原料带入的。煅烧温度 850℃，中间产物已经完全分解。

由图 6.25 可以看出，微波煅烧温度 950℃，保温时间 25min，煅烧产物中主相是氧化铁，同时有极少量的四氧化三铁、铁氧镁固溶体及杂质二氧化钛、氧化硅等。铁氧镁固溶体高温下比较稳定，高温下不易分解，少量的二氧化硅、二氧化钛是铁精矿原料引入。同 850℃煅烧产物相比，在 2θ=30.23°处磁铁矿和铁氧镁固溶体的(220)晶面特征峰均有所增强，表明铁镁固溶体含量有所增加。产物 XRD 分析表明其他组分没有发生明显变化。

综合考虑，煅烧温度选择 850℃以上。

6.4.5 参数优化

通过单因素实验确定最佳煅烧实验条件为：铁精矿与绿矾的配料量为40g，铁精矿配比为 15%，输入功率为 650W，煅烧温度 850℃，保温时间 25min。所得煅烧产物化学组成见表 6.13。

由表 6.13 可知，此工艺条件下微波加热制备铁精矿粉，获得产品的全铁含量可以达到 58.5%以上，氧化硅含量小于 1.5%，全硫含量小于 0.5%，全磷含量小于 0.2%，达到高炉炼铁用一级品铁矿石要求，可以用作炼铁高炉用原料，实现绿矾的资源化利用。

表 6.13 优化条件下所得样品中各化学组分含量

参数	物料	化学组分							
		TFe	TS	P	MgO	TiO_2	SiO_2	V_2O_5	Al_2O_3
含量/%	一级品	≥58	≤0.5	≤0.2					
	样品	58.66	0.50	≤0.2	4.02	5.23	1.61	0.29	2.14

6.4.6 微波煅烧和常规煅烧对比

1. 产品质量对比

原料中不添加铁精矿粉，采用微波炉和马弗炉煅烧。产品全硫含量和全铁含量分别见表 6.14。

表 6.14 不同温度下样品全铁和全硫含量

含量	煅烧方式	分解温度/℃				
		550	650	750	850	950
全铁含量/%	微波煅烧	62.8	63.6	64.64	64.73	65.3
	常规煅烧	32.30	34.99	41.79	56.42	59.65
全硫含量/%	微波煅烧	1.22	1.18	0.83	0.15	0.13
	常规煅烧	18.69	18.46	7.71	4.90	3.86

从表 6.14 可知，常规煅烧中样品全铁含量随着温度升高而增加，550℃时全铁含量为 32.30%，在 750℃时增加约 10%，温度升高至 850℃又增加约 15%，温度再继续升高至 950℃全铁含量只增加 3%左右，说明此时绿矾已经大量分解，未

分解物质的分解反应开始变得困难。

微波煅烧中全铁含量随着温度升高而逐渐增大，由550℃时的62.8%增加至950℃的65.3%，同完全分解时样品中全铁含量理论值65.56%一致［按式(6.13)以Fe_3O_4计算］，高于按式(6.14)计算得到的理论值63.3%。

$$3FeSO_4 \cdot 7H_2O = Fe_3O_4 + 2SO_3 + SO_2 + 21H_2O \tag{6.13}$$

$$4FeSO_4 \cdot 7H_2O + O_2 = 2Fe_2O_3 + 4SO_3 + 28H_2O \tag{6.14}$$

微波煅烧温度在550℃时样品全铁含量62.8%约为常规煅烧条件下的两倍，此数据接近理论值63.3%，说明绿矾已经大量分解。随着温度继续升高至650℃，全铁含量约增加1%，温度从750℃升高至950℃，全铁增加不到1%。所以煅烧温度750℃或高于此温度可以达到较好的煅烧效果。

综上所述，微波煅烧绿矾优势明显，550℃时有大量分解，650℃时基本分解完全，所以微波煅烧工艺温度控制在650℃以上即可满足对全铁含量的要求，得到全铁高于60%的铁精矿。

由表6.14可知，常规绿矾煅烧样品中全硫含量随着温度升高显著下降，由550℃时的18.69%降低至950℃时的3.86%，但样品中仍含有较高的硫；在反应温度为750℃和850℃时，样品中全硫含量显著下降，因为这两个温度点处绿矾有大量分解。

同等条件下微波煅烧对于样品中硫的脱除明显优于常规煅烧，可能得益于微波的选择加热性和体加热特点。因为绿矾分解反应后生成氧化铁，尤其是生成磁铁矿，而微波对其具有强烈的选择加热性，明显改善了样品的传热条件，使得分解反应能够迅速进行。

2. 产品XRD对比

图6.26~图6.28为产物XRD对比图谱。

从图6.26可知，当温度650℃时，产物中主相为硫酸铁；赤铁矿特征峰较弱，含量很少；并出现了三水亚硫酸镁($MgSO_3 \cdot 2H_2O$)衍射峰，硫酸峰的出现表明绿矾脱水后，硫酸亚铁先被氧化成了硫酸铁，硫酸铁在高温下继续分解得到氧化铁，此时样品中硫含量会比较高，其与样品全硫含量的化学分析结果见表6.15。由表6.15可知，650℃样品全硫含量约为18%，均高于原料中11.3%的全硫含量，是因为结晶水的脱除导致原料失重，而形成的硫酸铁还没有开始大量分解。图6.26(a)中少量赤铁矿出现，表明硫酸铁已经开始分解。图6.26(b)中亚硫酸镁可能是由氧化镁和硫酸铁分解生成的二氧化硫反应而来。

由图6.27(a)和图6.27(b)可知，两种加热方式下，煅烧温度750℃，保温时间 25min 得到的样品中主相为 α-Fe_2O_3，其特征峰与标准 α-Fe_2O_3 特征峰一致。同 650℃条件下的 XRD 图谱对比，硫酸铁的特征峰消失，α-Fe_2O_3 特征峰强度显著增大，说明 α-Fe_2O_3 含量显著增加。如表 6.15 所示，常规煅烧产物中全硫含量高达 7.71%，远高于微波煅烧产物中全硫含量。相比而言，微波煅烧产物中硫酸镁不含结晶水。同表 6.15 中数据趋势相一致，微波煅烧产物中全硫含量为 2.44%。

由图 6.28(a)和图 6.28(b)可知，温度 850℃，保温 25min 得到的 XRD 图谱中主相为 α-Fe_2O_3，其特征峰与标准 α-Fe_2O_3 特征峰一致。图 6.28(b)中赤铁矿峰强度高于图 6.28(a)中的峰。微波煅烧产物中出现了磁铁矿相，硫酸镁相消失，而常规煅烧产物中形成了硫酸镁，未出现磁铁矿相。

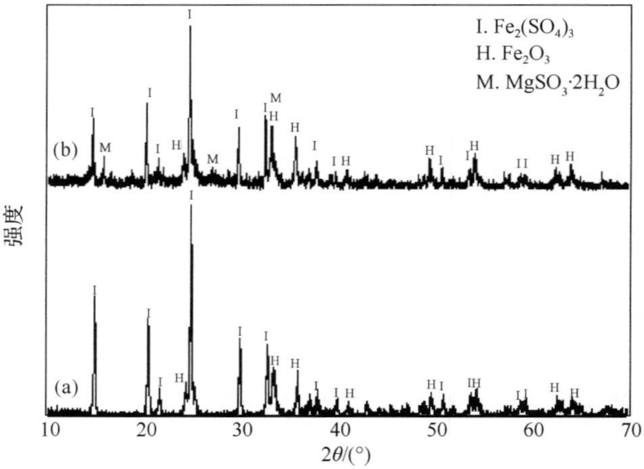

图 6.26　650℃常规煅烧(a)和微波煅烧(b)产物 X 射线衍射图谱

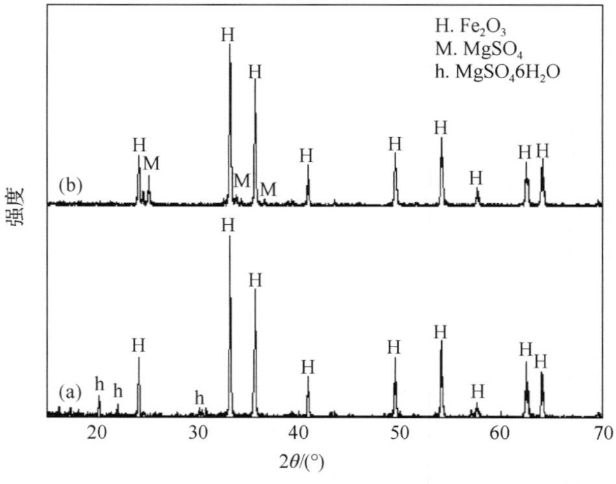

图 6.27　750℃常规煅烧(a)和微波煅烧(b)产物 X 射线衍射图谱

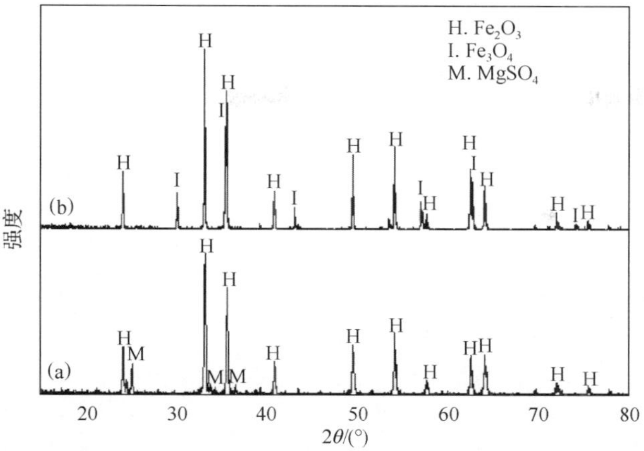

图 6.28 850℃常规煅烧(a)和微波煅烧(b)产物 X 射线衍射图谱

表 6.15 不同温度下常规煅烧和微波煅烧产物中全硫含量

参数	煅烧方式	分解温度/℃			
		650	750	850	950
全硫含量/%	微波煅烧	18.23	2.44	0.12	0.12
	常规煅烧	18.46	7.71	4.90	3.86

3. 微观形貌对比分析

图 6.29(a)和图 6.29(b)为 750℃条件下常规煅烧和微波煅烧所得产物的扫描电镜图。

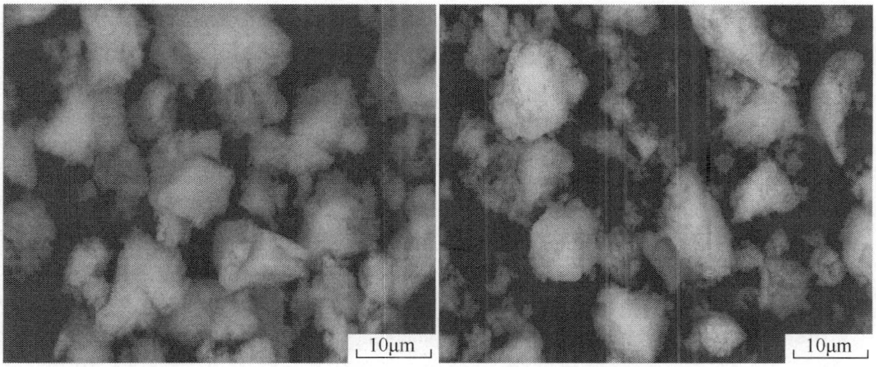

(a) 常规煅烧 (b) 微波煅烧

图 6.29 750℃常规和微波煅烧产物的扫描电镜图

从图 6.29(a)中可以看出，常规煅烧 750℃条件下得到的样品呈松散的不规则块状，内部有松散的大孔和氧化铁球形骨架组成，硫酸铁未分解完全。从图 6.29(b)

中可以看出，微波条件下的煅烧样品同样呈不规则的块状，内部松散有空洞，但同常规相比，其更加致密。因为此条件下硫酸铁分解比较充分，早期形成的骨架坍塌重新组合成致密的块状体。

图 6.30(a)和图 6.30(b)为 850℃条件下，常规煅烧和微波煅烧所得样品的扫描电镜图。

(a) 常规煅烧　　(b) 微波煅烧

图 6.30　850℃常规和微波煅烧产物的扫描电镜图

由图 6.30(a)可知，常规条件下煅烧得到的样品微观结构呈多孔状结构，其骨架由球状氧化铁团聚组成，氧化铁球平均大小约 0.37μm，松散孔结构的形成是由于硫酸铁的分解导致的，同样的结构在碳酸亚铁($FeCO_3$)分解产物也能观察到。由图 6.30(b)可知，微波煅烧条件下得到的样品微观结构呈不规则的块状，这些块由氧化铁小球团聚而成，在块体表面观察到不规则的小球，没有明显的松散孔状结构，这可能是由于微波条件下，氧化铁团聚比较严重，导致孔闭合形成块状结构。

1) 微区分析

选定对煅烧温度 750℃、保温 25min 条件的微波煅烧和常规煅烧产物进行 EDAX 能谱分析，分析样品微观形貌的差异和元素组成，并进行面扫描以分析铁、镁和硫元素的分布情况。常规条件产物的扫描电镜图和微区分析结果分别如图 6.31、图 6.32 和表 6.16 所示。

由图 6.31 可知，常规煅烧产物呈不规则块状，形状略有差异，有少量灰色团状物，利用 EDAX 对这些不同形态的颗粒进行微区分析，由表 6.16 和图 6.32 可以看出，较大的松散块主要是铁的氧化物，结合物相分析可知，其为 α-Fe_2O_3。灰色团状物含铁量非常高，而且比其他形态的颗粒的硫含量低得多。

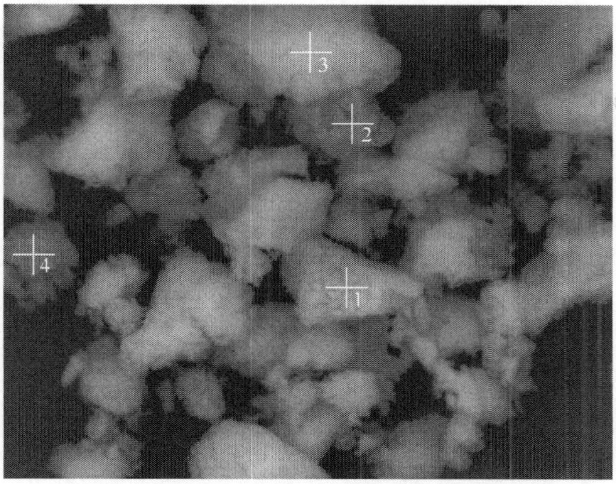

图 6.31 常规加热 750℃条件下产物扫描电镜图

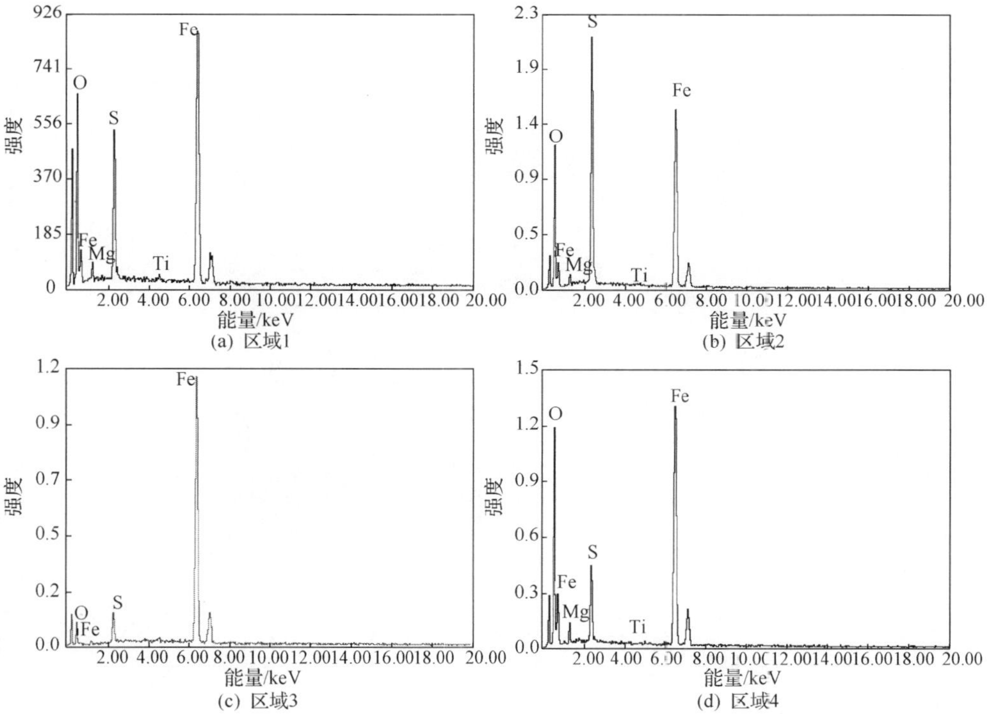

图 6.32 常规煅烧产物的 EDAX 分析

另外，对比微区 1 和微区 3 的分析结果发现，两者形态基本一致，微区 3 分析结果铁含量较高，硫含量较低，镁含量较高，氧含量升高。说明分解过程中硫原子可能主要与空气中氧结合。没有出现明显的含有硫酸镁的颗粒，说明原子铁、镁、硫和氧之间可能紧密结合成固熔化合物。

表 6.16　常规煅烧产物 EDAX 分析结果　(单位：%)

微区	元素				
	O	Fe	Mg	S	Ti
1	37.54	37.58	2.21	22.43	0.24
2	37.92	45.33	3.97	12.35	0.43
3	39.42	48.96	4.53	6.85	0.24
4	7.76	86.75		5.49	

微波煅烧产物的扫描电镜图和微区分析分别如图 6.33、图 6.34 和表 6.17 所示。

由图 6.33 可以看出，微波煅烧产物呈白色块状结构、灰色块状物和暗灰色表面光滑的块状物。由图 6.34 和表 6.17 可知，白色块状物(微区 4)主要是铁的氧化物，并含有大量的镁的硫化物；灰色块状物(微区 1)为铁镁氧固溶体，其中硫元素可能以硫酸镁形式存在；暗灰色光滑的块状物(微区 3)主要含有元素硅、铁和氧，应该为杂质二氧化硅和少量硅铁固溶体。

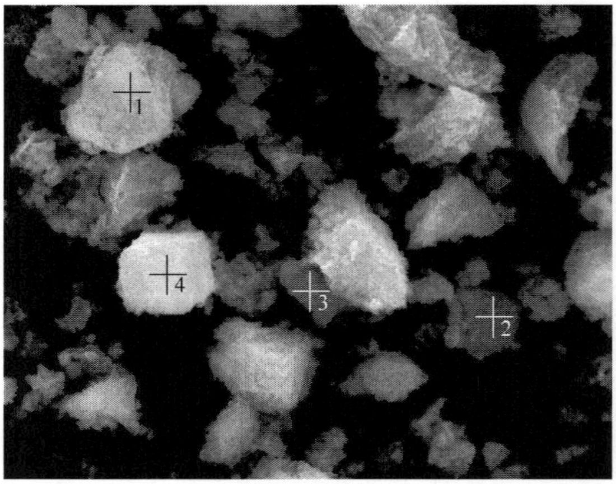

图 6.33　750℃微波煅烧产物的扫描电镜图

表 6.17　微波煅烧产物 EDAX 分析结果　(单位：%)

微区	元素							
	C	O	Fe	Mg	S	Si	Al	Ti
1	12.23	30.54	53.25	3.13	0.85			
2	40.70	34.91	20.31	2.31	1.76			
3	38.22	28.54	16.04	1.21	1.67	13.8	0.51	0.24
4	10.06	40.47	33.65	8.18	6.70			0.95

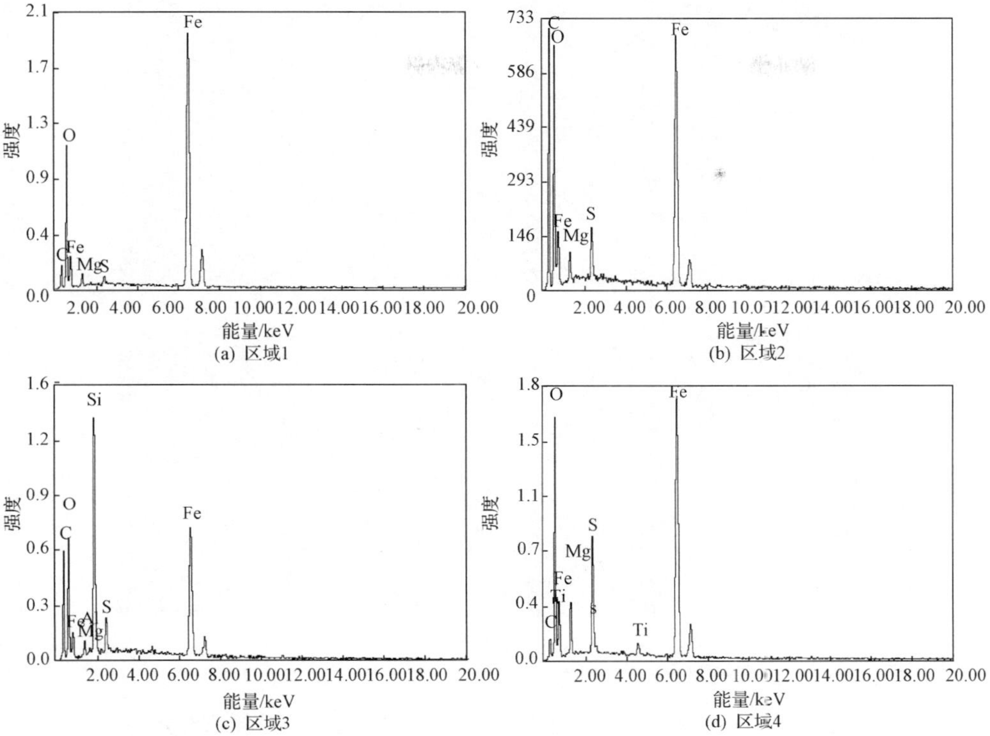

图 6.34 750℃微波煅烧产物的 EDAX 分析

灰白色块状含铁量较高，为铁的氧化物，比其他形态的颗粒硫含量低得多，因为铁的氧化物是强吸波物质，微波加热中，铁氧化物吸收较多的微波能使硫化物分解十分充分；同时发现亮白色立方状颗粒中杂质含量较高，镁元素含量约为 8.18%，钛元素含量为 0.95%，硫含量约为 6.70%，可能是硫元素以硫酸镁形式存在，低于 950℃时不发生分解造成的，所以镁的存在对硫的脱除影响较大。

2）面扫描分析

为进一步研究样品中铁、硫和镁元素的分布情况，对 750℃条件下产物进行 EDAX 分析和面扫描分析。分析结果如图 6.35~图 6.37 和表 6.18 所示。

由图 6.35 可知，常规条件下样品中三种元素分布趋势基本一致，可能是因为形成铁镁硫的固溶化合物。从面扫描中不能看出硫元素的结合形态，镁元素分布也没有明显特征。

由图 6.36 和图 6.37 可知，微波煅烧条件下产物中铁元素含量较高，硫元素和镁元素同铁元素分布趋势一致，说明铁、镁和硫三者有可能结合在一起。从表 6.18 可知，同等条件下，微波煅烧产物中铁含量较高，硫含量较低。微波在硫酸铁的分解中有明显优势。

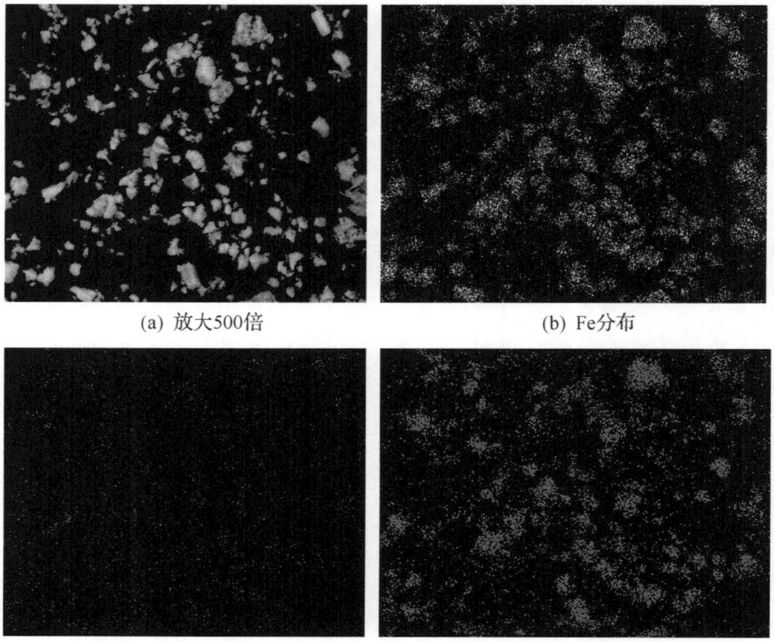

(a) 放大500倍　(b) Fe分布

(c) Mg分布　(d) S分布

图 6.35　750℃常规煅烧产物扫描电镜图和面扫描分析

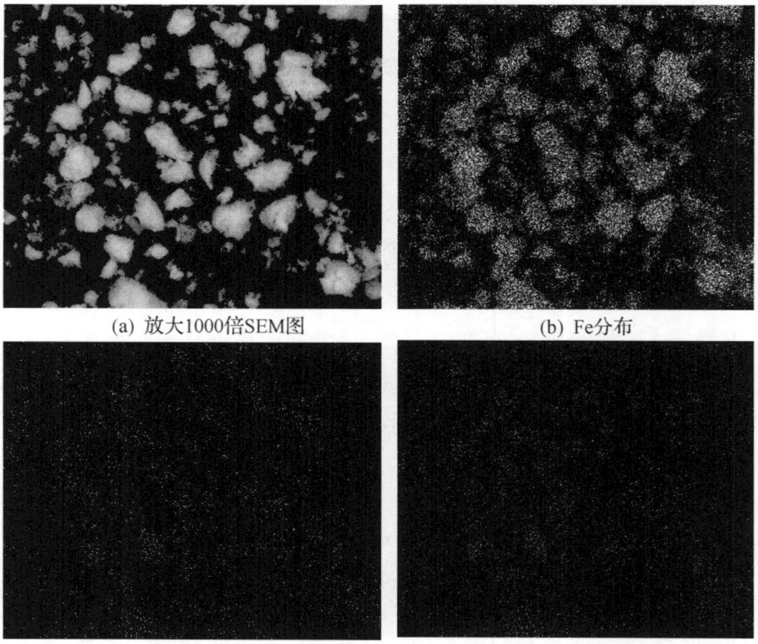

(a) 放大1000倍SEM图　(b) Fe分布

(c) Mg分布　(d) S分布

图 6.36　750℃微波煅烧产物扫描电镜图和面扫描分析

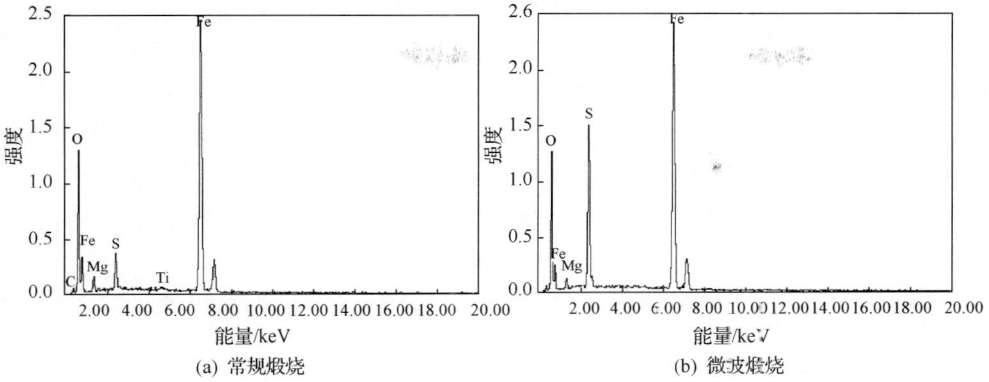

图 6.37 750℃条件下产物 EDAX 分析

表 6.18 750℃条件下煅烧产物 EDAX 分析结果 (单位：%)

煅烧方式	元素			
	O	Mg	S	Fe
常规煅烧	31.76	2.27	15.21	50.34
微波煅烧	31.51	4.28	3.78	57.14

3）粒度对比

为研究微波对物料宏观粒度的影响，对850℃条件下微波箱式炉煅烧产物、CEM 煅烧样品和常规马弗炉煅烧样品进行比较，如图 6.38 所示。

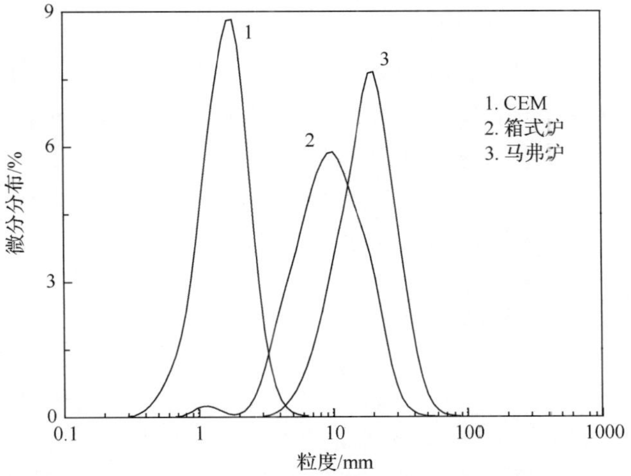

图 6.38 微波作用下和常规条件下产物粒度分布对比分析

从图 6.38 可知，常规条件下煅烧产物平均粒度约为 19.00μm，分布较为集中(8.61～31.29μm)；箱式微波高温反应器煅烧产物平均粒度约为 10.45μm，分布范围较广(4.0～18.9μm)，且呈现出两个峰值；CEM 炉煅烧产物粒度平均值为 1.60μm，分布较窄，主要分布在 0.84～2.46μm。比较来看，微波煅烧产物平均粒度要小于常规煅烧，这是因为微波加热直接穿透物料，体积加热使物料能在同一时刻达到分解温度，同时形成大量新核，同时微波加 z 热的物料降温也较快，在反应完成后温度迅速降低，使生成物相继续长大的可能性降低。

对 850℃常规煅烧和微波煅烧产物进行比表面积测试，结果见表 6.19。

表 6.19 850℃煅烧产物的比表面积

参数	常规煅烧	微波煅烧
比表面积/(m^2/g)	4.218	10.97

从表 6.19 中可以看出，微波煅烧产物氧化铁的比表面积为 10.97m^2/g，常规煅烧产物氧化铁比表面积为 4.218m^2/g。微波煅烧产物的比表面积高于常规煅烧产物，这一结果同宏观粒度测试结果一致。

6.5 微波煅烧碱式碳酸钴

碱式碳酸钴化学式为 $2CoCO_3 \cdot 3Co(OH)_2 \cdot H_2O$，紫红色棱柱状结晶粉末，溶于稀酸和氨水，不溶于冷水，热水中分解。可用作化学试剂，是制钴盐的原料；用作瓷器色料，在温度较低时，常用钴着色；也用作电子材料、磁性材料的添加剂；制钴系催化剂时用作 pH 调整剂。

四氧化三钴是一种黑色或灰黑色粉末，单位晶胞中含有 8 个四氧化三钴分子，Co^{2+}占据 8 个四面体位置，Co^{3+}占据 16 个八面体位置，属于尖晶石结构，广泛应用于锂离子电池、气体传感器、催化剂和磁性材料等领域，工业上多采用碱式碳酸钴煅烧制备得到。

彭金辉、刘秉国[1,3]研究了碱式碳酸钴的微波煅烧。

6.5.1 碱式碳酸钴的微波煅烧

1. 实验设计与结果

选定对碱式碳酸钴分解率(y)影响较大的煅烧温度(x_1)、煅烧时间(x_2)和物料量(x_3)作为实验的三个影响因素开展系统微波煅烧实验，实验设计方案与实验结果见表 6.20。

表 6.20　碱式碳酸钴微波煅烧响应曲面实验设计与结果

序号	温度 x_1 /K	时间 x_2 /min	物料量 x_3 /g	分解率 y /%
1	523	3.00	4.00	82.07
2	673	3.00	4.00	98.19
3	523	10.00	4.00	85.10
4	673	10.00	4.00	99.77
5	523	3.00	10.00	79.55
6	673	3.00	10.00	98.04
7	523	10.00	10.00	83.82
8	673	10.00	10.00	99.43
9	472	6.50	7.00	74.77
10	724	6.50	7.00	99.87
11	598	1.00	7.00	82.05
12	598	12.00	7.00	97.62
13	598	6.50	2.00	95.89
14	598	6.50	12.00	92.4
15	598	6.50	7.00	94.83
16	598	6.50	7.00	94.92
17	598	6.50	7.00	94.80
18	598	6.50	7.00	94.54
19	598	6.50	7.00	94.03
20	598	6.50	7.00	94.13

2. 模型精确性分析

以煅烧温度、煅烧时间和物料量为自变量，碱式碳酸钴煅烧分解率 y 为应变量，通过 CCD 优化设计分析各影响因素及各影响因素之间对回归模型的作用，选取二次方模型为碱式碳酸钴微波煅烧分解率回归模型，通过最小二倍法拟合分别得到碱式碳酸钴微波煅烧分解的二次多项回归方程：

$$y=-131.2+0.623x_1+3.548x_2-1.395x_3-2.062x_1x_2+1.839x_1x_3+0.013x_2x_3 -4.328x_1^2-0.126x_2^2-2.402x_3^2 \quad (6.15)$$

依据回归方程方差分析，得到碱式碳酸钴回归方程的方差分析结果见表 6.21。

表 6.21　碱式碳酸钴回归方程方差分析

方差来源	平方和	自由度	均方	*F* 值	Prob > *F*
模型	1060.51	9	117.83	28.53	<0.0001
残差	41.30	10	4.13		
失拟项	40.58	5	8.12	56.02	0.0002
纯误差	0.72	5	0.14		
总和	1101.81	19			

注：R^2=0.963, R^2_{adj}=0.929;信噪比=18.36>4。

由表 6.21 可以看出，碱式碳酸钴回归模型 Prob>*F* 值<0.0001<0.01，表明建立的回归模型极显著；失拟项 Prob>*F* 值=0.0002<0.05，表明失拟也极显著。模型的决定系数 R^2=0.963，校正决定系数 R^2_{adj} =0.929 均接近 1，说明该模型能解释 96.3%响应值的变化，仅有总变异的 3.7%不能用此模型来解释，该模型拟合程度良好，实验误差小，可以用此模型对碱式碳酸钴微波煅烧分解进行分析和预测。方差分析结果表明，在实验研究范围内，上述模型可以对碱式碳酸钴分解率进行较精确的预测。

图 6.39 为碱式碳酸钴分解率残差正态概率图，图 6.40 为碱式碳酸钴分解率预测值与实验值对比图。

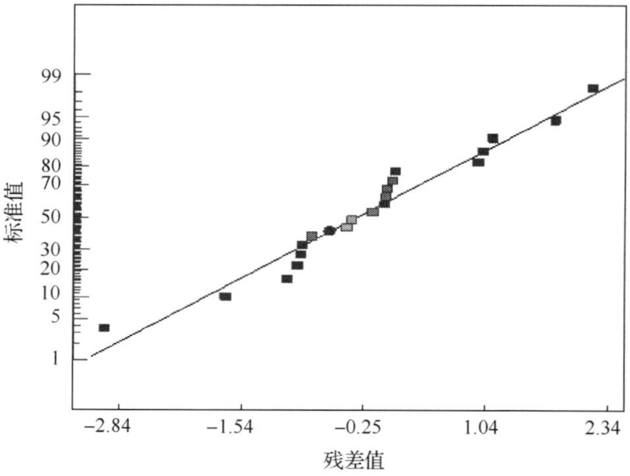

图 6.39　碱式碳酸钴煅烧分解率残差正态概率图

由图 6.39 及图 6.40 可以看出，实验残差分布在常态范围内，实验选取的模型合适；所获得的预测值与实验结果比较接近且实验结果点基本上平均分布于预测直线的周围，这说明实验所选取的模型可以成功地反映影响碱式碳酸钴煅烧的自变量与应变量之间的关系。

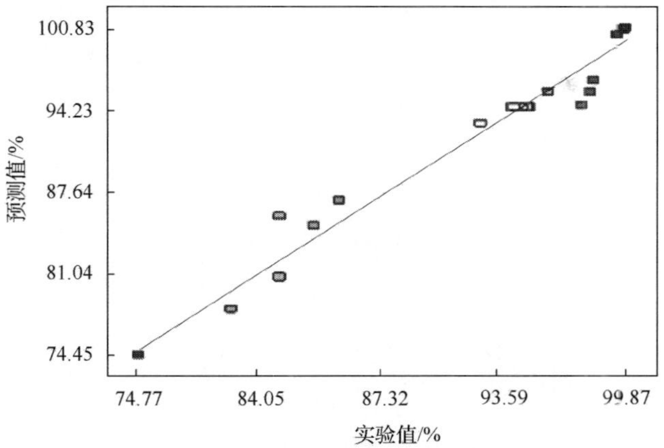

图 6.40　碱式碳酸钴分解率预测值与实验值对比

依据显著性理论分析，得到碱式碳酸钴回归模型的显著性检验结果见表 6.22。

表 6.22　碱式碳酸钴回归方程系数显著性检验

系数项	回归系数	自由度	标准误差	置信下限	置信上限	Prob > F
模型	94.52	1	0.83	92.68	96.37	< 0.0001
x_1	7.84	1	0.55	6.62	9.07	< 0.0001
x_2	2.67	1	0.55	1.44	3.89	0.0007
x_3	−0.74	1	0.55	−1.97	0.48	0.2059
x_1x_2	−0.54	1	0.72	−2.14	1.06	0.4686
x_1x_3	0.41	1	0.72	−1.19	2.01	0.5774
x_2x_3	0.13	1	0.72	−1.47	1.73	0.8587
x_1^2	−2.43	1	0.54	−3.63	1.24	0.0011
x_2^2	−1.55	1	0.54	−2.74	0.35	0.0162
x_3^2	−0.022	1	0.54	−1.21	1.17	0.9686

从表 6.22 可知，一次项 x_1 和 x_2，二次项 x_1^2 和 x_2^2 的 Prob＞F 值均小于 0.05，也极显著。说明煅烧温度和煅烧时间对碱式碳酸钴分解率均有显著的影响，而物料量影响不显著。总体来说，可以利用该回归模型来确定并优化碱式碳酸钴微波煅烧分解工艺参数。优化的碱式碳酸钴回归模型为

$$y=-131.2+0.623x_1+3.548x_2-4.328x_1^2-0.126x_2^2 \tag{6.16}$$

3. 响应曲面分析

在方差分析和模型显著性检验的基础上，通过建立影响碱式碳酸钴微波煅烧分解的三维响应曲面，考察各因素及其之间的交互作用对碱式碳酸钴微波煅烧分解率的影响规律。碱式碳酸钴煅烧温度、煅烧时间和物料量及其交互作用对碱式碳酸钴分解率的影响如图 6.41 及图 6.42 所示。

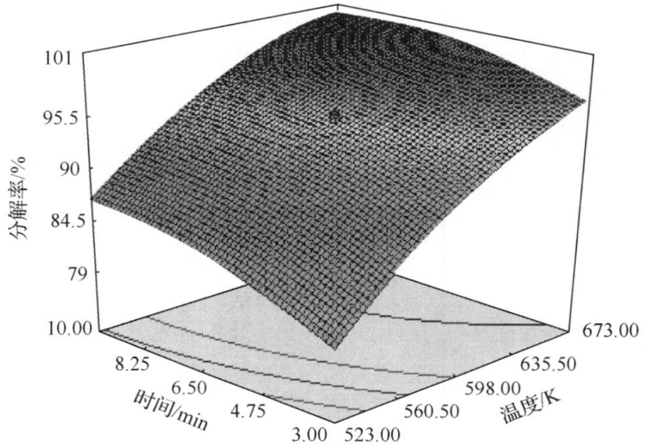

图 6.41　煅烧温度、煅烧时间及其交互作用对碱式碳酸钴分解率影响的响应曲面

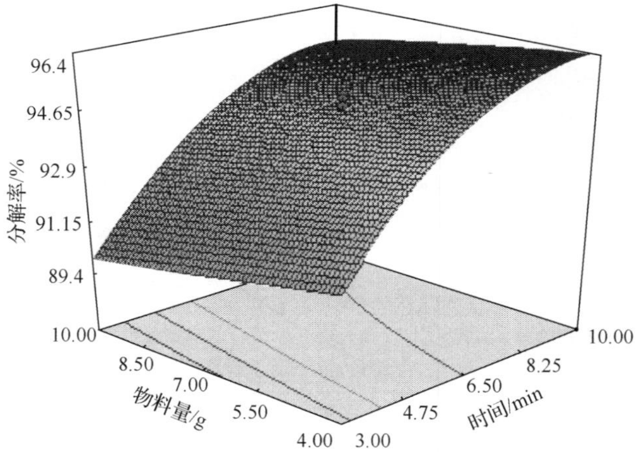

图 6.42　煅烧时间和物料量及其交互作用对碱式碳酸钴分解率影响的响应曲面

由图 6.41 和图 6.42 可知，随着煅烧温度的升高和煅烧时间的延长，碱式碳酸钴的分解率急剧增加。根据碱式碳酸钴热分解差方扫描量热法(DSC)曲线可知，碱式碳酸钴分解反应无论是脱水过程还是无水盐分解过程均系吸热反应，提高温度有利于碱式碳酸钴分解而生成四氧化三钴，所以煅烧温度越高，碱式碳酸钴的

分解率越大；同样的，随着煅烧时间的延长，碱式碳酸钴分解反应进行得越充分，所以分解率也呈单调递增趋势。这与常规煅烧碱式碳酸钴变化趋势相似。

4. 响应曲面优化及验证

以碱式碳酸钴分解率大于 99.5%为标准，用上述回归模型优化工艺参数，结果如表 6.23 所示。

表 6.23　碱式碳酸钴回归模型优化工艺参数

自变量		响应值	
煅烧温度/ K	煅烧时间/ min	物料量/ g	预测值/ %
642.65	8.89	4.34	99.56

为验证碱式碳酸钴微波煅烧响应曲面法的可靠性，采用优化后的最佳条件进行实验，同时考虑到实际生产的便利性，以煅烧温度 643K、煅烧时间 9min、物料量 4.4g 为条件进行验证实验，两次平行实验得到的实验结果为 99.62%。此外，对最佳条件下的煅烧产物进行 X 射线衍射分析，所得煅烧产物 X 射线衍射图谱如图 6.43 所示。

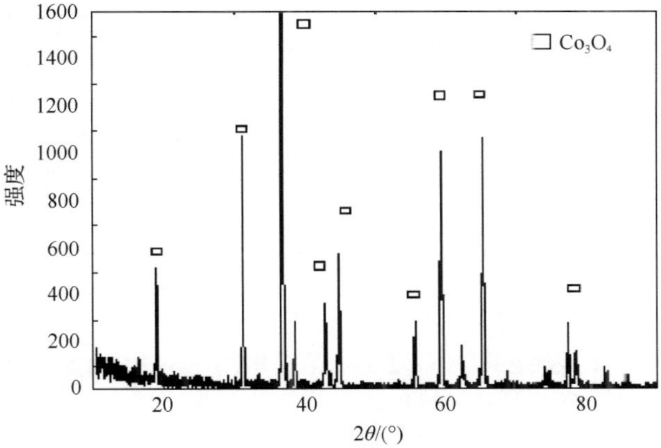

图 6.43　碱式碳酸钴煅烧分解产物的 X 射线衍射图谱

从图 6.43 分析表明，最佳条件下的煅烧产物的 X 射线衍射图谱分别与四氧化三钴的标准图谱相吻合，无任何杂质峰，确定煅烧产物为四氧化三钴。

6.5.2　常规煅烧与微波煅烧对比

对于碱式碳酸钴，在产品满足质量要求的前提下，常规煅烧和微波煅烧的优化工艺参数如表 6.24 所示。由表 6.24 可以看出，与常规煅烧方法相比，微波煅烧碱式碳酸钴的最佳工艺参数煅烧温度更低，煅烧时间缩短约 2/3。

表 6.24　碱式碳酸钴常规与微波煅烧优化工艺参数比较

物料	煅烧温度 /K		煅烧时间 /min	
	常规煅烧	微波煅烧	常规煅烧	微波煅烧
碱式碳酸钴	666	643	32	9.0

6.6　微波煅烧碱式碳酸镍

陶东平和刘纯鹏[23]研究了微波加热碱式碳酸镍的热分解。由于碱式碳酸镍属于弱吸波物质，在微波加热下温度只能升至 400K，但煅烧产品氧化镍属于强吸波物质，添加氧化镍配入碱式碳酸镍能加热升温，实现碱式碳酸镍的煅烧。氧化镍的比例对碱式碳酸镍的煅烧分解影响相当显著，添加 5%氧化镍样品的煅烧分解较慢，添加 15%氧化镍样品则煅烧分解相对较快。添加 10%氧化镍的样品较适宜，能较明确地呈现出碱式碳酸镍热分解的反应过程(图 6.44)。

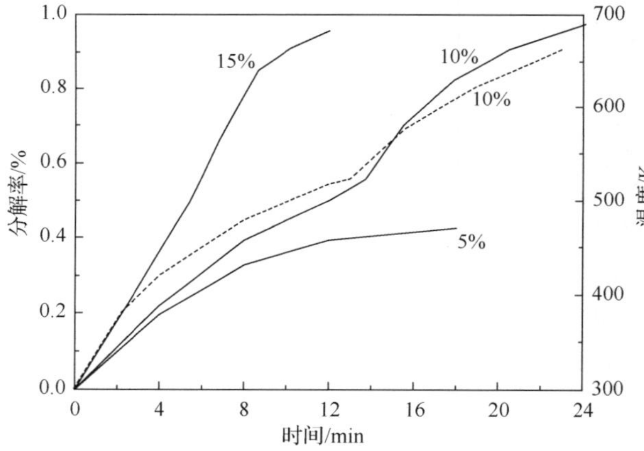

图 6.44　碱式碳酸镍热分解的反应过程(图中百分数为氧化镍的添加量)

由热解分析可知，碱式碳酸镍煅烧分解反应过程为

$$NiCO_3 \cdot Ni(OH)_2 \cdot H_2O = NiCO_3 \cdot NiO + 2H_2O \tag{6.17}$$

$$NiCO_3 \cdot NiO = 2NiO + CO_2 \tag{6.18}$$

根据碱式碳酸镍升温速率曲线，碱式碳酸镍的升温速率为 $\phi = \mathrm{d}T/\mathrm{d}t$ ，经数值微分、拟合得

$$\ln\phi = \frac{a}{T} + b \tag{6.19}$$

式中，a和b为常数，对于反应式(6.17)，$a=2074$，$b=-5.935$；对于反应式(6.18)，$a=4272$，$b=-8.565$。

假设试样的温度分布均匀，煅烧分解反应气体产物的扩散阻力很小，则微波加热下碱式碳酸镍非线性升温的煅烧分解动力学方程为

$$\ln\left[\frac{-\ln(1-x)}{T^2}\right]=\ln\left\{\left[\frac{AR}{\phi_0(E+a\mathrm{R})}\right]\left(1-\frac{2RT}{E+aR}\right)\right\}-\frac{E+aR}{T} \tag{6.20}$$

以$\ln\left[-\ln(1-x)/T^2\right]$对$1/T$作图，得到碱式碳酸镍煅烧分解反应的动力学参数见表6.25。

表6.25　碱式碳酸镍热分解反应的表现动力学数据

反应	E/(kJ/mol)	A/s^{-1}	相关系数	温度/K
6.15	3.080	1.113×10^{-2}	0.9963	373~489
6.16	15.094	9.043×10^{-2}	0.9970	567~669

朱祖泽等[24]探索了微波煅烧碳酸镍制备氧化镍新工艺。考察了不同处理湿料量时阳极电流对脱水过程电耗的影响(图6.45)。从图6.45可知，加大阳极电流，即增加电场强度，脱水电耗下降。最佳交流电耗为2kW/kg。

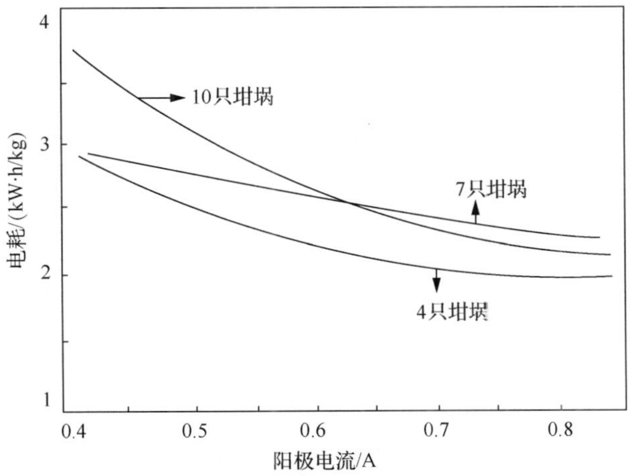

图6.45　阳极电流与电耗的关系

6.6.1　物料量的影响

1kW微波功率的物料量的影响结果如图6.46所示。

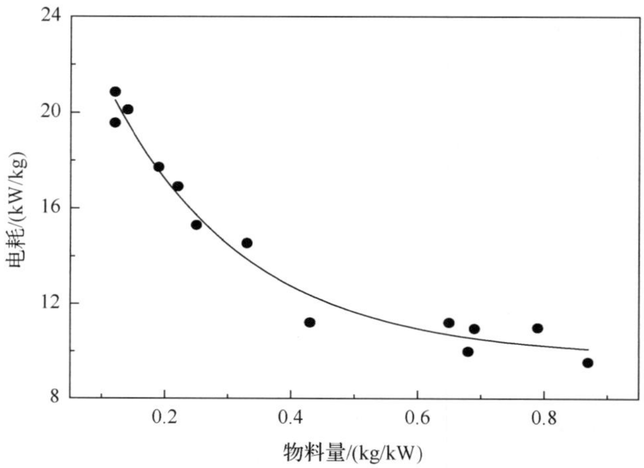

图 6.46　物料量与烧成品氧化镍的电耗关系

6.6.2　物料水分含量的影响

将 4~5kg 碳酸镍装入 9~10 只坩埚内，控制阳极电流为 0.75~0.85A，水分对电耗的影响如图 6.47 所示。

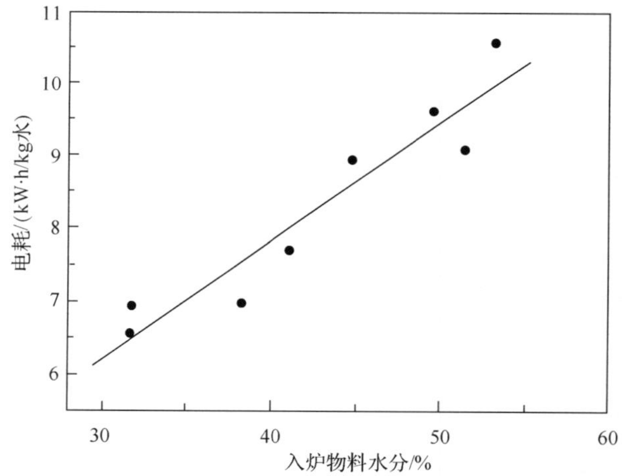

图 6.47　物料水分对电耗关系

6.6.3　物料表观密度的影响

物料的密度与升温速率有密切的关系，也会影响电耗。不同装料方式下对电耗的影响见表 6.26。从表 6.26 可以看出，在微波煅烧时，物料的装料方式对电耗有很大的影响。

表 6.26　表观密度对电耗的影响

装料方式	体积密度 /(g/cm^3)	装料量/kg	坩埚数	原料含水/%	氧化镍电耗 /(kW·h/kg)
压紧捣实	1.22	1.0	2	24.73	13.43
自然堆积	0.94	1.0	2	24.73	10.59

6.7　微波煅烧偏钒酸铵

偏钒酸铵，白色或略带淡黄色结晶粉末，分子式 NH_4VO_3、分子量为 116.98，相对密度为 2.326；熔点为 200℃，微溶于冷水、热乙醇和乙醚，溶于热水及稀氢氧化铵；空气中灼烧时变成五氧化二钒，有毒，主要用作化学试剂、催化剂、催干剂、媒染剂等，陶瓷工业广泛用作釉料，也可用于制取五氧化二钒。

五氧化二钒作为重要的战略资源，既是一种可用作普通离子吸收基质材料、湿敏传感器、微电池、电致变色的新型功能材料，也是一种被广泛应用于硫酸工业的经典催化剂，还是合成氨工业中的脱碳、脱硫剂和石化工业中设备防腐的缓蚀剂。

彭金辉、刘秉国[1,3]研究了偏钒酸铵的微波煅烧。

6.7.1　偏钒酸铵的微波煅烧

1. 实验设计与结果

选定对偏钒酸铵分解率(y)影响较大的煅烧温度(x_1)、煅烧时间(x_2)和物料量(x_3)作为实验的三个影响因素开展系统微波煅烧实验，实验设计方案与结果见表 6.27 所示。

表 6.27　偏钒酸铵微波煅烧响应曲面实验设计与结果

序号	温度 x_1 /K	时间 x_2 /min	物料量 x_3 /g	分解率 y /%
1	523	4.00	4.00	72.89
2	703	4.00	4.00	89.41
3	523	10.00	4.00	79.89
4	703	10.00	4.00	99.12
5	523	4.00	10.00	71.44
6	703	4.00	10.00	87.70
7	523	10.00	10.00	76.03
8	703	10.00	10.00	97.11
9	462	7.00	7.00	65.43
10	764	7.00	7.00	99.84

续表

序号	温度 x_1 /K	时间 x_2 /min	物料量 x_3 /g	分解率 y /%
11	613	2.00	7.00	79.22
12	613	12.00	7.00	98.49
13	613	7.00	2.00	95.78
14	613	7.00	12.00	92.35
15	613	7.00	7.00	92.26
16	613	7.00	7.00	92.41
17	613	7.00	7.00	92.67
18	613	7.00	7.00	92.19
19	613	7.00	7.00	92.21
20	613	7.00	7.00	92.82

2. 模型精确性分析

以煅烧温度、煅烧时间和物料量为自变量，偏钒酸铵煅烧分解率 y 为应变量，通过 CCD 优化设计分析各影响因素及各影响因素之间对回归模型的影响作用，选取二次方模型为偏钒酸铵煅烧分解率回归模型，通过最小二乘法拟合得到偏钒酸铵煅烧分解的二次多项回归方程为

$$y = -178.4+0.0.731x_1+2.972x_2-0.109x_3+3.486x_1x_2+7.361x_1x_3-0.038x_2x_3 \\ -5.338\,x_1^2-0.236\,x_2^2-0.031\,x_3^2 \qquad (6.21)$$

依据回归方程方差分析，得到偏钒酸铵的方差分析结果见表 6.28。

表 6.28 偏钒酸铵回归方程方差分析

方差来源	平方和	自由度	均方	F 值	Prob > F
模型	1884.41	9	209.38	29.92	< 0.0001
残差	69.98	10	7.00		
失拟项	69.63	5	13.93	201.87	< 0.0001
纯误差	0.34	5	0.07		
总和	1954.38	19			

注：R^2=0.964，R^2_{adj}=0.932；信噪比=20.316＞4。

由表 6.28 可以看出，偏钒酸铵煅烧分解模型 Prob＞F 值＜0.0001＜0.01，表明建立的回归模型极显著；失拟项 Prob＞F 值＜0.0001＜0.01，表明失拟也极显著；模型的决定系数 R^2=0.964，校正决定系数 R^2_{adj}=0.932，均接近 1，说明该模型能解释 96.4%响应值的变化，仅有总变异的 3.6%不能用此模型来解释，模型拟合程度

良好，实验误差小，该回归模型可以较好地描述各因素与响应值之间的真实关系。

方差分析结果表明，在实验研究范围内，上述模型可以对偏钒酸铵分解率进行较精确的预测。图 6.48 为偏钒酸铵分解率残差正态概率图。图 6.49 为偏钒酸铵分解率预测值与实验值的对比。

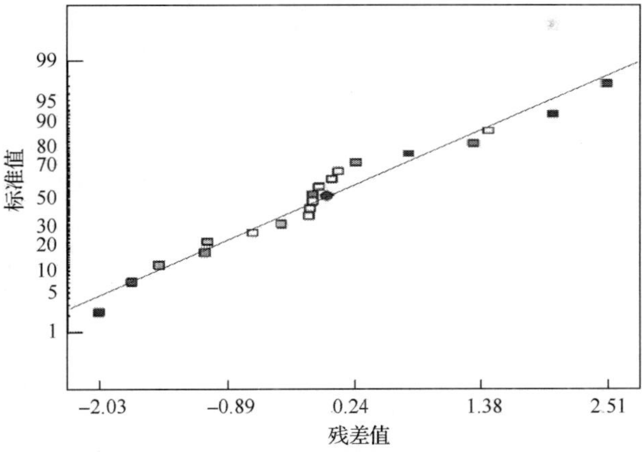

图 6.48 偏钒酸铵煅烧分解率残差正态概率图

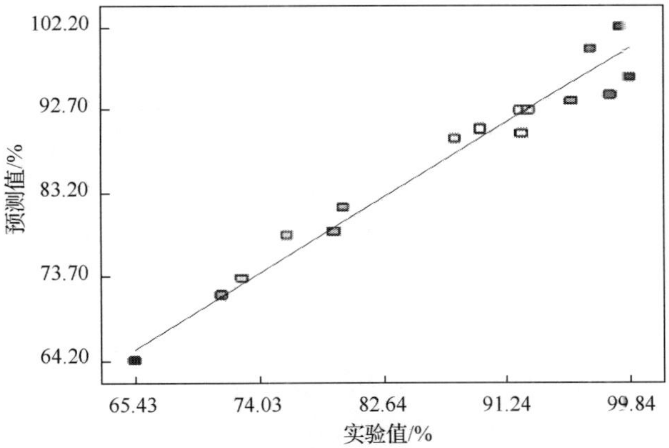

图 6.49 偏钒酸铵分解率预测值与实验值对比

从图 6.48 及图 6.49 可以看出，实验残差分布在常态范围内，实验选取的模型合适；所获得的预测值与实验值比较接近且实验值基本平均分布于预测直线的周围，这说明实验所选取的模型可以成功地反映影响碱式碳酸钴和偏钒酸铵煅烧的自变量与应变量之间的关系。

依据显著性理论分析，得到偏钒酸铵的显著性检验结果见表 6.29。

从表 6.29 可知，偏钒酸铵模型一次项 x_1 和 x_2，二次项 x_1^2 和 x_2^2 的 Prob＞F 值均小于 0.05，也极显著。说明煅烧温度和煅烧时间对偏钒酸铵分解率均有显著的影响，而物料量的影响不显著。总体来说，可以利用该回归模型来确定并优化偏钒酸铵微波煅烧分解工艺参数。优化的偏钒酸铵回归模型为

$$y = -178.4+0.0.731x_1+2.972x_2-5.338\,x_1^2-0.236\,x_2^2 \tag{6.22}$$

表 6.29　偏钒酸铵回归方程系数显著性检验

系数项	回归系数	Prob > F
模型	92.56	<0.0001
x_1	9.59	<0.0001
x_2	4.62	<0.0001
x_3	–1.08	0.1610
x_1x_2	0.94	0.3379
x_1x_3	0.20	0.8360
x_2x_3	–0.34	0.7247
x_1^2	–4.32	0.0001
x_2^2	–2.12	0.0123
x_3^2	–0.28	0.6939

3. 响应曲面分析

在方差分析和模型显著性检验的基础上，通过建立影响偏钒酸铵微波煅烧分解的三维响应曲面，考察各因素及其之间的交互作用对偏钒酸铵微波煅烧分解率的影响规律。煅烧温度、煅烧时间和物料量及其交互作用对偏钒酸铵分解率的影响如图 6.50 及图 6.51 所示。

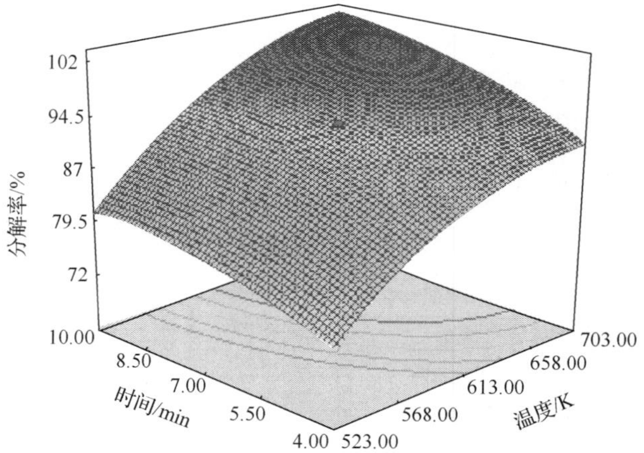

图 6.50　煅烧温度和煅烧时间及其交互作用对偏钒酸铵分解率影响的响应曲面

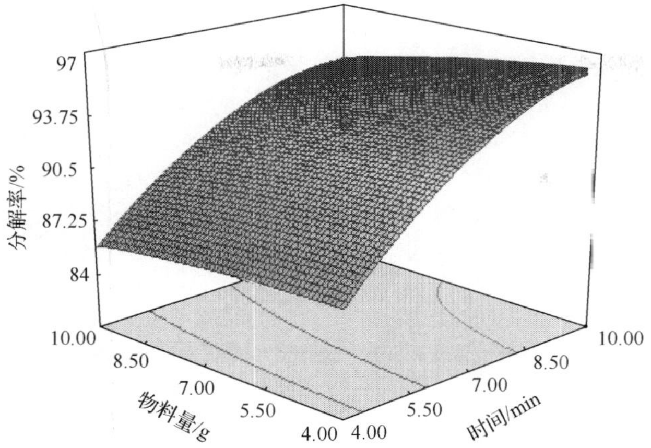

图 6.51 煅烧时间和物料量及其交互作用对偏钒酸铵分解率影响的响应曲面

由图 6.50 和图 6.51 可知，随着煅烧温度升高和煅烧时间越长，偏钒酸铵的分解率都急剧增大。与煅烧温度相比，煅烧时间延长对偏钒酸铵分解率增加幅度略小。另外，与常规煅烧相比，微波煅烧物料量对分解率的影响也很小，这主要是因为微波煅烧过程中，物料在整个堆积空间依靠自身吸收微波能发热分解，避免了常规煅烧过程中存在温度梯度而导致的受热不均匀。同时产品五氧化二钒又是一种很好的吸波材料，短时间内能被加热到高温，因此更加促进了偏钒酸铵的分解。

4. 响应曲面优化及验证

以偏钒酸铵的分解率大于 99%为标准，用上述回归模型优化工艺参数，结果见表 6.30。

表 6.30 偏钒酸铵回归模型优化工艺参数

自变量			
煅烧温度/K	煅烧时间/min	物料量/g	预测值/%
645.35	9.66	4.3	99.13

为验证偏钒酸铵微波煅烧响应曲面法的可靠性，采用优化后的最佳条件进行实验，同时考虑到实际生产的便利性，以煅烧温度 645K、煅烧时间 9.5min、物料量 4.3g 进行验证，两次平行实验的平均值为 99.33%。最佳条件下的煅烧产物进行 X 射线衍射分析图谱如图 6.52 所示。

从图 6.52 分析表明，最佳条件下煅烧产物的 X 射线衍射图谱分别与五氧化二钒的标准图谱相吻合，无任何杂质峰，所以可以确定煅烧产物为五氧化二钒。

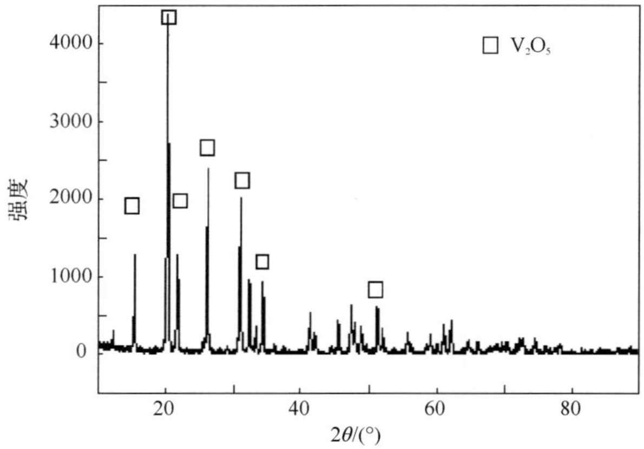

图 6.52 偏钒酸铵煅烧产物的 X 射线衍射图谱

验证实验和最佳条件下煅烧产物的 X 射线衍射分析结果表明，微波煅烧偏钒酸铵响应曲面预测值与验证值相接近，偏差较小，该预测模型是合适的，优化工艺是可行的。

6.7.2 常规煅烧与微波煅烧对比

对于偏钒酸铵，在产品满足质量要求的前提下，常规煅烧和微波煅烧的优化工艺参数见表 6.31。由表 6.31 可以看出，与常规煅烧方法相比，微波煅烧碱式偏钒酸铵的优化工艺参数煅烧温度更低，煅烧时间缩短约 2/3。

表 6.31 偏钒酸铵常规与微波煅烧优化工艺参数比较

物料	煅烧温度/K		煅烧时间/min	
	常规煅烧	微波煅烧	常规煅烧	微波煅烧
偏钒酸铵	669	645	35	9.5

6.8 微波煅烧三碳酸铀酰铵

合理利用资源和保护环境是推动核电发展的主要动力，地球上的裂变核燃料即铀和钍资源所含能量是化石燃料的 20 倍，保护大气环境，减少二氧化碳排放，更是全球当务之急。因此，核能作为清洁、高效的能源，在国家能源战略中占有重要的地位。用核能替代部分化石燃料发电，不但可以节约化石燃料的消费，有利于二氧化碳减排和保护环境，也可减少大量的燃料运输。目前，不少发达国家和一些发展中国家和地区，已把发展核电放在优先的地位。2005 年，国际原子能署提出加快发展核能的倡议[25,26]。我国是较早拥有核技术的大国，但与世界核电发展现状相比，我国核能发展规模小、产业能力弱的问题依然存在[27]。据世界核协会报道，至2009年8月，全世界共有436座核电站投入运营，装机容量为3.72×10^8kW，其中我国仅有11个核电站，装机容量仅为860×10^4kW。目前我国核电仅占总装机容量的2%，远低于世界16%的比重。因此，发展高效的核能工业，提升我国综合经济实力，对缓解我国能源紧张的现状显得极为迫切。《国家核电中长期发展规划(2005~2020年)》要求到2020年我国核电发展总量将达到4000×10^4kW，占我国总电力的4%。铀是核能工业发展的物质基础，是核电发展的“粮食”，对保障国家安全、能源安全、环境安全具有重大的战略意义。在铀核燃料的生产过程中，U_3O_8是铀产品产量的计量基准，具有非常重要的地位，U_3O_8在工业上是通过煅烧铀化学浓缩物——重铀酸铵(ADU)或三碳酸铀酰铵(AUC)获得。

刘秉国、彭金辉等[1,3]研究了三碳酸铀酰铵的微波煅烧。

6.8.1 三碳酸铀酰铵的微波煅烧

1. 实验设计与结果

选定对八氧化三铀产品中总U (y_1)和U^{4+} (y_2)含量影响较大的煅烧温度(x_1)、煅烧时间(x_2)和物料量(x_3)作为实验的三个影响因素，采用三因素二水平的响应曲面分析方法对工艺参数进行设计优化。三碳酸铀酰铵微波煅烧实验设计方案与实验结果见表6.32。

表6.32 三碳酸铀酰铵微波煅烧响应曲面法实验设计与结果

序号	温度x_1/K	时间x_2/min	物料量x_3/g	总铀含量y_1/%	U^{4+}含量y_2/%
1	673.00	4.00	30.00	61.78	15.42
2	1073.00	4.00	30.00	78.79	24.72
3	673.00	12.00	30.00	75.52	24.91
4	1073.00	12.00	30.00	80.56	39.24
5	673.00	4.00	50.00	60.92	15.21
6	1073.00	4.00	50.00	78.43	32.02
7	673.00	12.00	50.00	74.20	24.73
8	1073.00	12.00	50.00	80.18	39.09
9	536.64*	8.00	40.00	56.50	13.40
10	1209.36*	8.00	40.00	80.73	41.31
11	873.00	1.27*	40.00	66.20	11.30
12	873.00	14.73	40.00	79.25	29.09
13	873.00	8.00	23.18	78.17	27.06

续表

序号	温度 x_1/K	时间 x_2/min	物料量 x_3/g	总铀含量 y_1/%	U^{4+} 含量 y_2 /%
14	873.00	8.00	56.82	79.35	30.71
15	873.00	8.00	40.00	80.15	28.29
16	873.00	8.00	40.00	80.20	28.34
17	873.00	8.00	40.00	80.09	28.16
18	873.00	8.00	40.00	80.19	28.37
19	873.00	8.00	40.00	80.17	28.32
20	873.00	8.00	40.00	80.12	29.13

* 表示实际煅烧实验中，数据作近似处理，余同。

2. 模型精确性分析

以煅烧温度、煅烧时间和物料量为自变量，八氧化三铀产品总铀和 U^{4+} 含量为应变量，拟合得到三碳酸铀酰铵微波煅烧产物八氧化三铀中总铀和 U^{4+} 含量的二次多项回归方程

$$y_1=80.13+6.32x_1+3.84x_2-0.068x_3-2.94x_1x_2+0.18x_1x_3-0.06x_2x_3 \\ -3.90x_1^2-2.45x_2^2-0.31x_3^2 \tag{6.23}$$

$$y_2=28.38+7.45x_1+5.16x_2+0.94x_3+0.32x_1x_2+0.94x_1x_3-0.93x_2x_3 \\ -0.04x_1^2-2.57x_2^2+0.05x_3^2 \tag{6.24}$$

依据回归方程方差公式，分析得到三碳酸铀酰铵微波煅烧的方差分析结果(表 6.33)。

表 6.33 三碳酸铀酰铵煅烧产物八氧化三铀中总铀和 U^{4+} 的模型方差分析结果

方差来源	自由度	平方和		均方		F 值		Prob > F	
		$\sum U$	U^{4+}	$\sum U$	U^{4+}	$\sum U$	U^{4+}	$\sum U$	U^{4+}
模型	9	1098.52	1253.01	122.06	139.22	105.42	59.87	<0.0001	<0.0001
残差	10	11.58	23.25	1.16	2.33				
失拟项	5	11.57	22.65	2.31	4.53	1295.02	37.36	<0.0001	0.0006
纯误差	5	8.933×10^{-6}	0.61	51.79×10^{-6}	0.12				
总和	19	1110.09	1276.26						

注：$\sum U$：R^2=0.990, R^2_{adj}=0.980, 信噪比=29.27 > 4；U^{4+}：R^2=0.982, R^2_{adj}=0.965, 信噪比=26.31 > 4。

由表 6.33 方差分析可以看出，对于响应值总铀，三碳酸铀酰铵煅烧模型 Prob

>F 值<0.0001<0.05，表明建立的回归模型极显著；失拟项 Prob>F 值<0.0001，表明失拟也极显著。三碳酸铀酰铵煅烧模型的决定系数为 0.990，校正决定系数为 0.980，说明仅有总变异的 1.0%不能用此模型来解释，模型拟合程度良好，实验误差小，可以用此模型对三碳酸铀酰微波煅烧产物八氧化三铀中总铀含量进行分析和预测。对于响应值 U^{4+}，三碳酸铀酰铵煅烧模型 Prob>F 值均小于 0.001，失拟项 Prob>F 值也小于 0.0001，表明建立的回归模型显著。模型的决定系数与校正决定系数均大于 0.96，说明该模型拟合程度良好，实验误差小，可以用此模型对三碳酸铀酰铵微波煅烧产物八氧化三铀中 U^{4+} 含量进行分析和预测。

方差分析结果表明，在实验研究范围内，上述模型可以对三碳酸铀酰铵微波煅烧产物八氧化三铀中总铀和 U^{4+} 含量进行较精确的预测。图 6.53 为三碳酸铀酰铵煅烧产物八氧化三铀中总铀残差正态概率图。图 6.54 为三碳酸铀酰铵微波煅烧产物八氧化三铀中 U^{4+} 残差正态概率图。

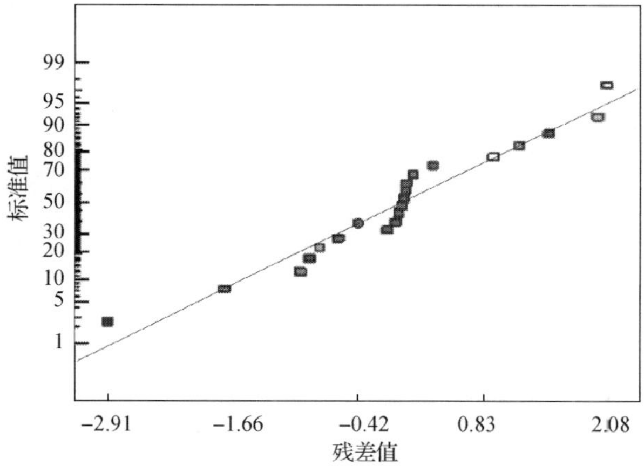

图 6.53　三碳酸铀酰铵煅烧产物八氧化三铀中总铀残差正态概率图

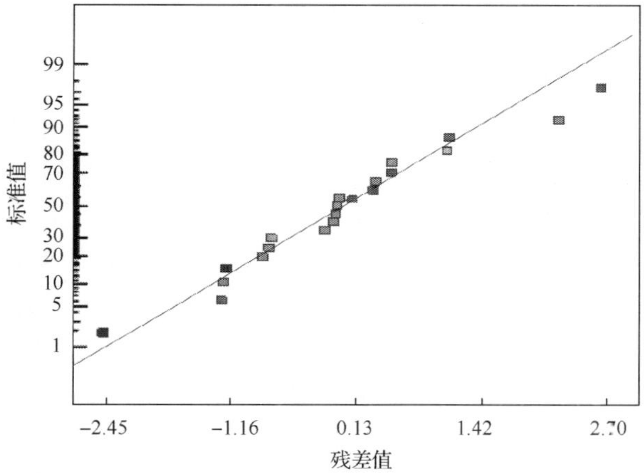

图 6.54　三碳酸铀酰铵煅烧产物八氧化三铀中 U^{4+} 残差正态概率图

由图 6.53 及图 6.54 可知，三碳酸铀酰铵微波煅烧产物八氧化三铀中总铀和 U^{4+} 含量实验点近似为一条直线，表明实验残差分布在常态范围内，实验选取模型可以用来预测实验过程。

图 6.55、图 6.56 为微波煅烧产物八氧化三铀中总铀和 U^{4+} 含量预测值与实验值对比图。

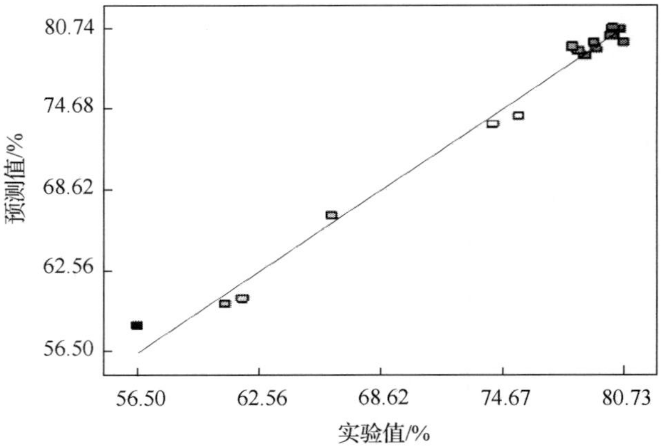

图 6.55　三碳酸铀酰铵煅烧产物八氧化三铀中总铀预测值与实验值关系

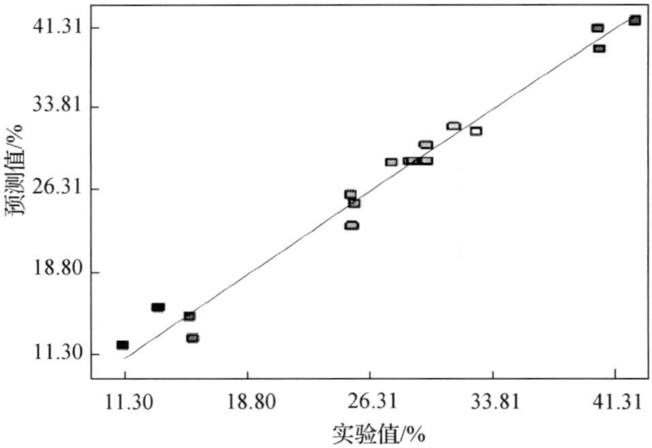

图 6.56　三碳酸铀酰铵煅烧产物八氧化三铀中 U^{4+} 预测值与实验值关系

由图 6.55 及图 6.56 分析发现，实验所获得的预测值与实验结果比较接近，实验结果点平均分布于预测直线的周围，这说明实验所选取的模型反映了影响三碳酸铀酰铵微波煅烧产物八氧化三铀中总铀和 U^{4+} 含量的自变量与应变量之间的关系。

依据显著性理论，分析得到三碳酸铀酰铵的显著性检验结果见表 6.34。

表 6.34 三碳酸铀酰铵煅烧产物总铀和 U^{4+} 回归方程系数显著性检验

系数项	自由度	回归系数		标准误差		置信下限		置信上限		Prob > *F*	
		$\sum U$	U^{4+}	$\sum U$	U^{4+}	$\sum U$	U^{4+}	$\sum U$	U^{4+}	$\sum U$	U^{4+}
模型	1	80.13	28.38	0.44	0.62	79.15	27.00	81.10	29.77	<0.0001	<0.0001
x_1	1	6.32	7.45	0.29	0.41	5.67	6.53	6.97	8.37	<0.0001	<0.0001
x_2	1	3.84	5.16	0.29	0.41	3.19	4.24	4.49	6.08	<0.0001	<0.0001
x_3	1	–0.068	0.94	0.29	0.41	–0.72	0.025	0.58	1.86	0.8188	0.0451
$x_1 x_2$	1	–2.94	0.32	0.38	0.54	–3.79	–0.88	–2.09	1.52	<0.0001	0.5630
$x_1 x_3$	1	0.18	0.94	0.38	0.54	–0.67	–0.26	1.03	2.14	0.6463	0.1110
$x_2 x_3$	1	–0.060	–0.93	0.38	0.54	–0.91	–2.13	0.79	0.27	0.8778	0.9221
x_1^2	1	–3.90	–0.04	0.28	0.4	–4.53	–0.94	–3.27	0.85	<0.0001	0.9221
x_2^2	1	–2.45	–2.57	0.28	0.4	–3.08	–3.47	–1.82	–1.68	<0.0001	<0.0001
x_3^2	1	–0.31	0.5	0.28	0.4	–0.95	–0.39	0.32	1.4	0.2927	0.2410

从表 6.34 回归方程系数显著性检验可知，三碳酸铀酰铵煅烧模型总铀和 U^{4+} 含量一次项 x_1、x_2 和二次项 x_1^2、x_2^2 的 Prob＞F 值均小于 0.05，说明煅烧温度和煅烧时间对八氧化三铀产品中总铀和 U^{4+} 含量有显著的影响。交互项 $x_1 x_2$ 对八氧化三铀产品中总铀含量也有显著的影响；因此，可以利用该回归模型来确定三碳酸铀酰铵微波煅烧分解制备八氧化三铀的工艺条件。优化的回归模型

$$y_1 = 80.13+6.32x_1+3.84x_2-2.94\,x_1x_2-3.90\,x_1^2-2.45\,x_2^2 \tag{6.25}$$

$$y_2 = 28.38+7.45x_1+5.16x_2+0.94x_3-2.57\,x_2^2 \tag{6.26}$$

3. 响应曲面分析

依据微波煅烧三碳酸铀酰铵优化二次模型，煅烧温度、煅烧时间和物料量及其交互作用对八氧化三铀中总铀和 U^{4+} 含量的影响如图 6.57~图 6.60 所示。

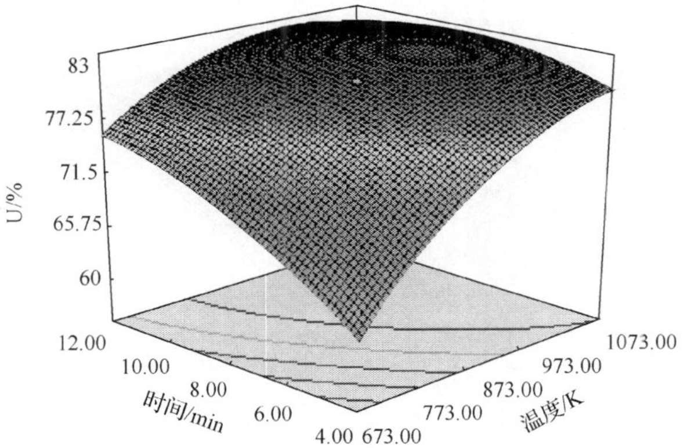

图 6.57 煅烧温度和煅烧时间及其交互作用对三碳酸铀酰铵煅烧产物八氧化三铀中总铀含量影响的响应曲面

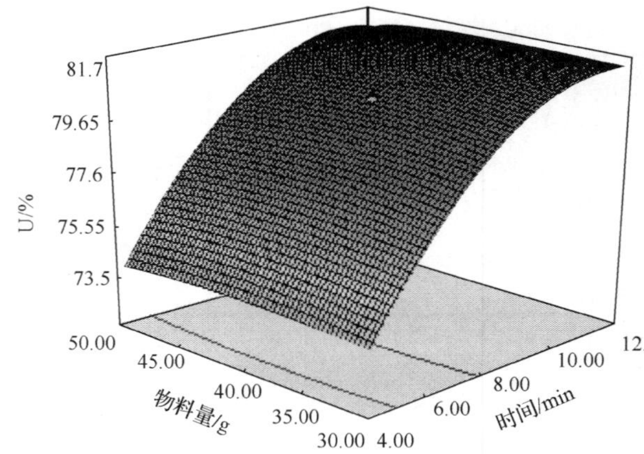

图 6.58　煅烧时间和物料量及其交互作用对三碳酸铀酰铵煅烧产物八氧化三铀中总铀含量影响的响应曲面

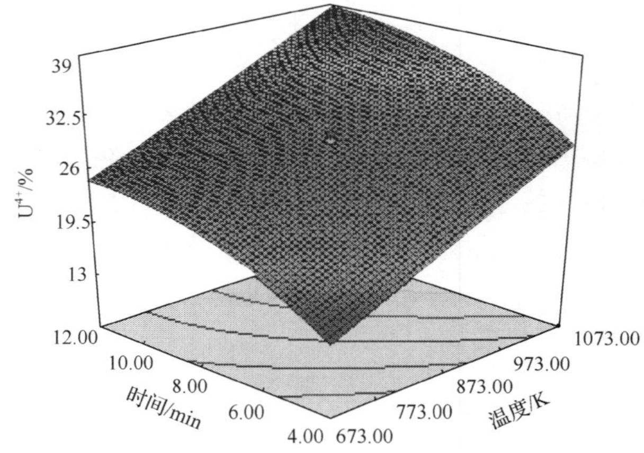

图 6.59　煅烧温度和煅烧时间及其交互作用对三碳酸铀酰铵煅烧产物八氧化三铀中 U^{4+} 含量影响的响应曲面

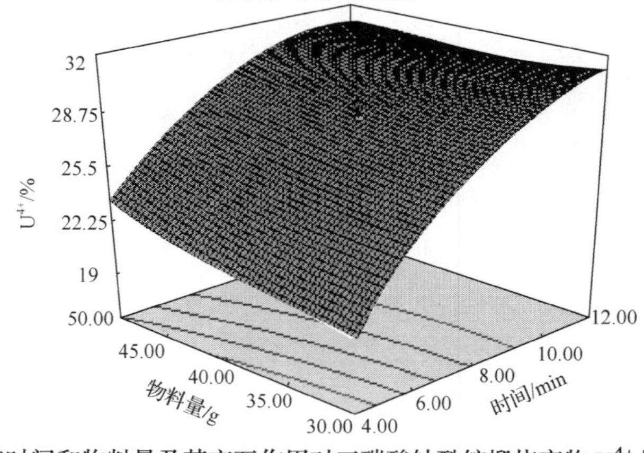

图 6.60　煅烧时间和物料量及其交互作用对三碳酸铀酰铵煅烧产物 U^{4+} 影响的响应面

由图 6.57~图 6.60 可知，三碳酸铀酰铵微波煅烧产物八氧化三铀产品中总铀和 U^{4+} 含量随煅烧温度和煅烧时间呈递增趋势。综合图 6.57~图 6.60 可以看出，该实验条件下，煅烧温度和煅烧时间为影响三碳酸铀酰铵微波煅烧产物八氧化三铀中总铀和 U^{4+} 含量的主要因素，物料量为次要因素。这与回归模型显著性分析结果一致。

4. 响应曲面优化及验证

根据 GB 10268—88 质量标准，以产品中总铀和 U^{4+} 含量分别满足 75%~84.79%和 28%~45%为标准，用回归模型优化工艺参数，得到三碳酸铀酰铵微波煅烧产物同时满足上述指标的响应曲面如图 6.61 所示。

以八氧化三铀产品中总铀和 U^{4+} 含量分别以 75%~84.79%和 28%~45%为标准，优化得到三碳酸铀酰铵微波煅烧的最优工艺参数见表 6.35。

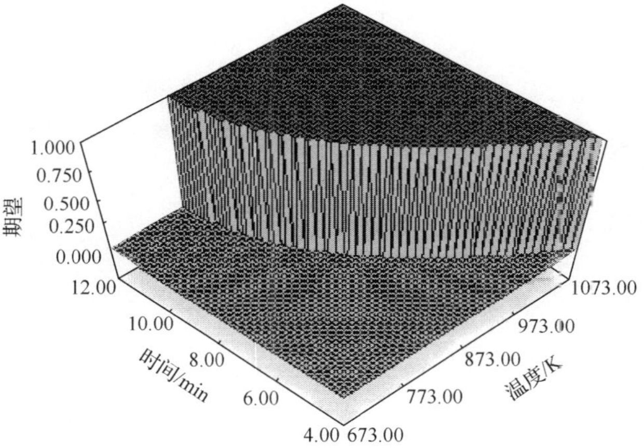

图 6.61　三碳酸铀酰铵煅烧产物八氧化三铀中总铀和 U^{4+} 优化响应曲面

表 6.35　三碳酸铀酰铵回归模型优化工艺参数

自变量			响应值	
煅烧温度/K	煅烧时间/min	物料量/g	$\sum U$ 预测值/%	U^{4+} 预测值/%
942.75	8.78	30.98	82.07	31.33

为验证三碳酸铀酰铵微波煅烧响应曲面法的可靠性，采用优化后条件进行实验，同时考虑到实际生产的便利性，以煅烧温度 943K、煅烧时间 9min、物料量 31g 为条件进行验证实验，两次平行实验得到三碳酸铀酰铵微波煅烧产物八氧化三铀中总铀和 U^{4+} 含量分别为 83.17%和 83.26%，八氧化三铀产品质量达到了 GB 10268—88 标准要求。该验证值与预测值相接近，偏差较小，表明该预测模型是合适的，优化工艺可行。

6.8.2 常规煅烧与微波煅烧对比

对于三碳酸铀酰铵，在产品满足质量要求的前提下，常规煅烧和微波煅烧的优化工艺见表 6.36。

表 6.36 三碳酸铀酰铵常规与微波煅烧优化工艺参数比较

物料	煅烧温度 /K		煅烧时间/min	
	常规煅烧	微波煅烧	常规煅烧	微波煅烧
三碳酸铀酸铵	962	943	28	9

由表 6.36 可知，微波煅烧三碳酸铀酰铵的优化工艺参数中煅烧温度比常规煅烧方法降低约 20K，煅烧时间仅为常规煅烧方法的 1/3。

6.9 微波煅烧重铀酸铵

重铀酸铵分子式为 $(NH_4)_2U_2O_7$，是铀生产中的一种重要的中间产品。重铀酸铵具有放射性，它又有“黄饼”之称，以它的黄色外观得名。重铀酸铵加热至 260℃时会分解成三氧化铀。

彭金辉、刘秉国[1,3]研究了重铀酸铵的微波煅烧。

6.9.1 重铀酸铵的微波煅烧

1. 实验设计与结果

选定对八氧化三铀产品中总 U 含量 (y_1) 和 U^{4+} 含量 (y_2) 影响较大的煅烧温度 (x_1)、煅烧时间 (x_2) 和物料量 (x_3) 作为实验的三个影响因素，采用三因素二水平的响应曲面分析方法对工艺参数进行设计优化。重铀酸铵微波煅烧实验设计方案与实验结果见表 6.37。

表 6.37 重铀酸铵微波煅烧响应曲面法实验设计与结果

序号	温度 x_1 /K	时间 x_2 /min	物料量 x_3/g	总铀含量 y_1 /%	U^{4+} 含量 y_2 /%
1	673.00	4.00	30.00	63.76	18.43
2	1073.00	4.00	30.00	80.79	27.72
3	673.00	12.00	30.00	77.52	27.91
4	1073.00	12.00	30.00	82.59	42.25
5	673.00	4.00	60.00	62.92	18.21

续表

序号	温度 x_1 /K	时间 x_2 /min	物料量 x_3/g	总铀含量 y_1 /%	U^{4+} 含量 y_2 /%
6	1073.00	4.00	60.00	80.43	35.02
7	673.00	12.00	60.00	76.23	27.73
8	1073.00	12.00	60.00	82.18	42.09
9	536.64	8.00	45.00	58.5	16.40
10	1209.36	8.00	45.00	82.77	44.31
11	873.00	1.27	45.00	68.2	14.3
12	873.00	14.73	45.00	81.25	32.11
13	873.00	8.00	19.77	80.2	30.06
14	873.00	8.00	70.23	81.35	33.71
15	873.00	8.00	45.00	82.16	31.30
16	873.00	8.00	45.00	82.21	31.34
17	873.00	8.00	45.00	82.1	31.16
18	873.00	8.00	45.00	82.19	31.37
19	873.00	8.00	45.00	82.19	31.33
20	873.00	8.00	45.00	82.12	31.25

2. 模型精确性分析

以煅烧温度、煅烧时间和物料量为自变量，八氧化三铀产品总铀和 U^{4+} 含量为应变量，拟合得到重铀酸铵微波煅烧产物八氧化三铀中总铀和 U^{4+} 含量的二次多项回归方程

$$y_1=82.13+6.32x_1+3.85x_2-0.071x_3-2.94x_1x_2+0.17x_1x_3 \\ -0.062x_2x_3-3.9x_1^2-2.45x_2^2-0.31x_3^2 \tag{6.27}$$

$$y_2=31.24+7.45x_1+5.17x_2+0.94x_3+0.33x_1x_2+0.94x_1x_3 \\ -0.93x_2x_3+8.33x_1^2-2.52x_2^2+0.55x_3^2 \tag{6.28}$$

依据回归方程方差公式，分析得到重铀酸铵微波煅烧的方差分析结果见表 6.38。

由表 6.38 方差分析可以看出，对于响应值总铀，重铀酸铵煅烧模型 Prob $>F$ 值 $<0.0001<0.05$，表明建立的回归模型极显著；失拟项 Prob $>F$ 值 <0.0001，表明失拟也极显著。重铀酸铵煅烧模型的决定系数为 $R^2=0.989$，校正决定系数为 $R^2_{adj}=0.980$，说明该模型拟合程度良好，实验误差小，该回归模型可以较好地描述各因素与响应值之间的真实关系，可以用此模型对重铀酸铵微波煅烧产物八氧化

表 6.38　重铀酸铵微波煅烧产物八氧化三铀中总铀和 U^{4+} 的模型方差分析结果

方差来源	自由度	平方和		均方		F 值		Prob > F	
		$\sum U$	U^{4+}	$\sum U$	U^{4+}	$\sum U$	U^{4+}	$\sum U$	U^{4+}
模型	9	1100.32	1250.63	122.26	138.96	105.63	61.42	<0.0001	<0.0001
残差	10	11.57	22.63	1.16	2.26				
失拟项	5	22.60	124.25	2.31	4.52	1219.4	776.99	<0.0001	<0.0001
纯误差	5	9.48×10^{-6}	0.029	51.89×10^{-6}	5.82×10^{-6}				
总和	19	1111.8	1273.3						

注：$\sum U$ ：R^2=0.989, R^2_{adj}=0.980; 信噪比=29.28＞4； U^{4+} ：R^2=0.982, R^2_{adj}=0.966;信噪比=26.67＞4。

三铀中总铀含量进行分析和预测。对于响应值 U^{4+}，重铀酸铵煅烧模型 Prob＞F 值小于 0.0001，失拟项 Prob＞F 值也小于 0.0001，表明建立的回归模型显著。模型的决定系数与校正决定系数均大于 0.96，说明该模型拟合程度良好，实验误差小，可以用此模型对重铀酸铵微波煅烧产物八氧化三铀中 U^{4+} 含量进行分析和预测。

方差分析结果表明，在实验范围内，模型可以对重铀酸铵微波煅烧产物八氧化三铀中总铀和 U^{4+} 含量进行较精确的预测。图 6.62 和图 6.63 为重铀酸铵煅烧产物八氧化三铀中总铀和 U^{4+} 残差正态概率图。

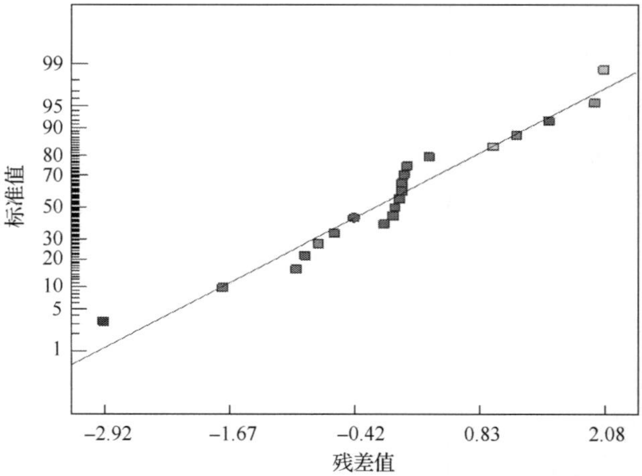

图 6.62　重铀酸铵煅烧产物八氧化三铀中总铀残差正态概率图

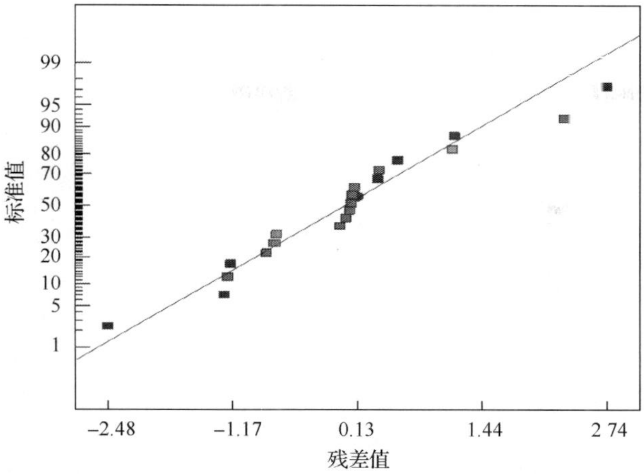

图 6.63 重铀酸铵煅烧产物八氧化三铀中 U^{4+} 残差正态概率图

由图 6.62 及图 6.63 可见，重铀酸铵微波煅烧产物八氧化三铀中总铀和 U^{4+} 含量实验点近似为一条直线，表明实验残差分布在常态范围内，实验选取模型可以用来预测实验过程。

图 6.64 和图 6.65 为三重铀酸铵微波煅烧产物八氧化三铀中总铀和 U^{4+} 含量预测值与实验值对比。

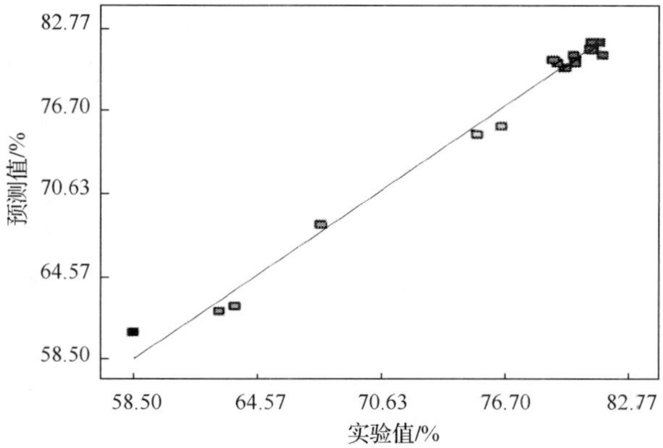

图 6.64 重铀酸铵煅烧产物八氧化三铀中总铀预测值与实验值关系

由图 6.64 和图 6.65 分析发现，预测值与实验结果比较接近，实验值平均分布于预测直线的周围，说明实验所选取的模型反映了重铀酸铵微波煅烧产物八氧化三铀中总铀和 U^{4+} 含量的自变量与应变量之间的关系。

依据显著性理论，分析得到重铀酸铵的显著性检验结果见表 6.39。

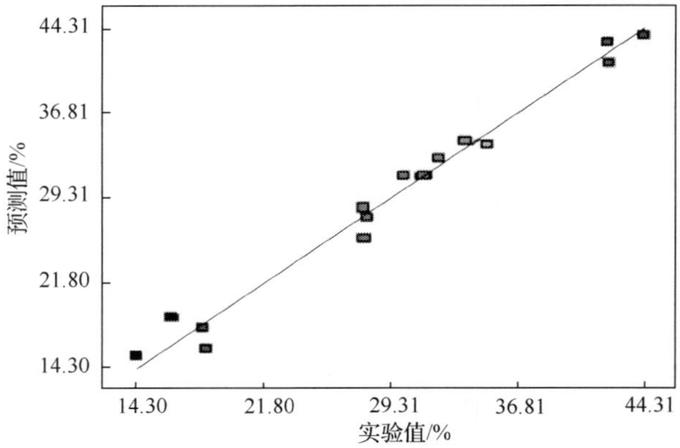

图 6.65 重铀酸铵煅烧产物八氧化三铀中 U^{4+} 预测值与实验值关系

表 6.39 重铀酸铵微波煅烧产物中总铀和 U^{4+} 回归方程系数显著性检验

系数项	自由度	回归系数		标准误差		置信下限		置信上限		Prob >*F*	
		$\sum U$	U^{4+}	$\sum U$	U^{4+}	$\sum U$	U^{4+}	$\sum U$	U^{4+}	$\sum U$	U^{4+}
模型	1	82.13	31.24	0.44	0.61	81.16	29.87	83.11	32.61		
x_1	1	6.32	7.45	0.29	0.41	5.68	6.54	6.97	8.36	<0.0001	<0.0001
x_2	1	3.85	5.17	0.29	0.41	3.20	4.26	4.50	6.07	<0.0001	<0.0001
x_3	1	−0.071	0.940	0.29	0.41	−0.72	0.036	0.58	1.85	0.8129	0.043
x_1x_2	1	−2.94	0.330	0.38	0.53	−3.79	−0.86	−2.09	1.51	<0.0001	0.5548
x_1x_3	1	0.17	0.940	0.38	0.53	−0.68	−0.24	1.02	2.13	0.6644	0.107
x_2x_3	1	−0.062	−0.930	0.38	0.53	−0.91	−2.11	0.79	0.26	0.8728	0.112
x_1^2	1	−3.90	8.330	0.28	0.40	−4.53	−0.87	−3.27	0.89	<0.0001	0.984
x_2^2	1	−2.45	−2.520	0.28	0.40	−3.08	−3.40	−1.82	−1.64	<0.0001	<0.0001
x_3^2	1	−0.31	0.55	0.28	0.40	−0.95	−0.33	0.32	1.43	0.2939	0.196

从表 6.39 回归方程系数显著性检验可知，重铀酸铵煅烧模型总铀和 U^{4+} 含量一次项 x_1、x_2 和二次项 x_2^2 的 Prob >*F* 值均小于 0.05，说明煅烧温度和煅烧时间对八氧化三铀产品中的总铀和 U^{4+} 含量有显著的影响。因此，可以利用该回归模型来确定重铀酸铵微波煅烧分解制备八氧化三铀的工艺条件，优化的回归模型见式(6.29)及式(6.30)

$$y_1=82.13+6.32x_1+3.85x_2-2.94x_1x_2-3.9x_1^2-2.45x_2^2 \tag{6.29}$$

$$y_2=31.24+7.45x_1+5.17x_2+0.94x_3-2.52x_2^2 \tag{6.30}$$

3. 响应曲面分析

依据微波煅烧重铀酸铵优化二次模型，煅烧温度、煅烧时间和物料量及其交互作用对八氧化三铀中总铀和 U^{4+} 含量的影响如图 6.66～图 6.69 所示。

由图 6.66～图 6.69 可知，固定物料量，随着煅烧温度的升高，八氧化三铀产品中总铀和 U^{4+} 含量急剧增大，当煅烧温度和煅烧时间达到一定值时，八氧化三铀产品中总铀和 U^{4+} 含量变化逐渐变缓。

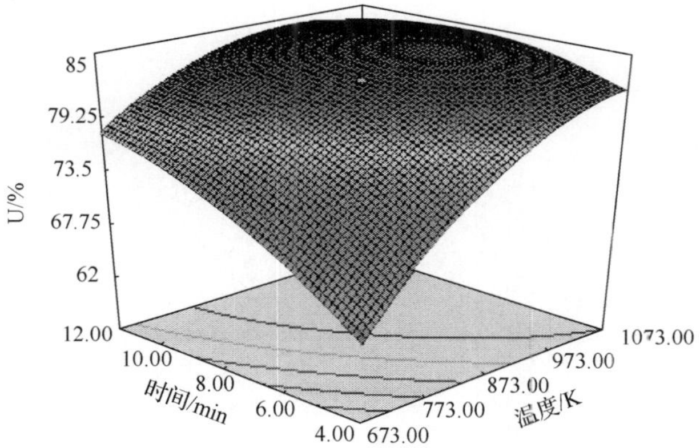

图 6.66 煅烧温度和煅烧时间及其交互作用对重铀酸铵煅烧产物八氧化三铀中总铀含量影响的响应曲面

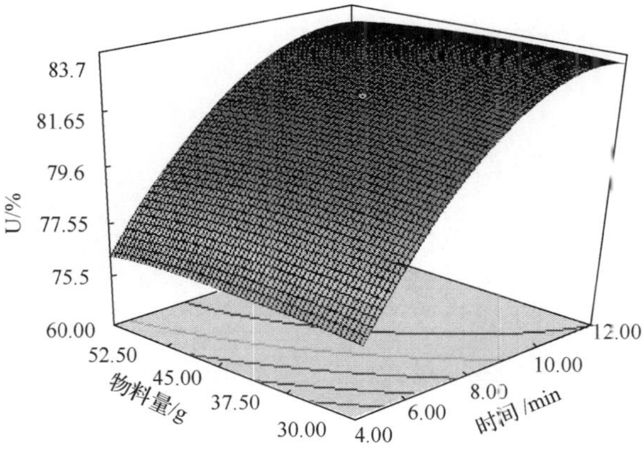

图 6.67 煅烧时间和物料量及其交互作用对重铀酸铵煅烧产物八氧化三铀中总铀含量影响的响应曲面

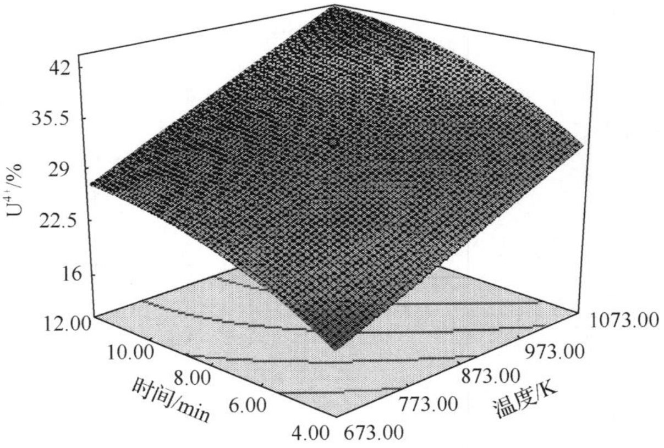

图 6.68　煅烧温度和煅烧时间及其交互作用对重铀酸铵煅烧产物八氧化三铀中 U^{4+} 含量影响的响应曲面

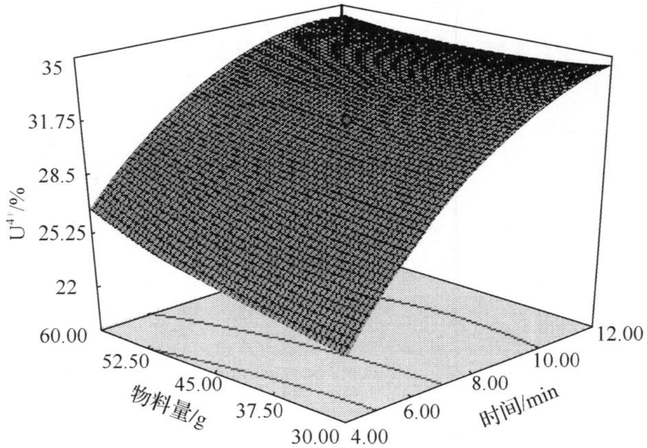

图 6.69　煅烧时间和物料量及其交互作用对重铀酸铵煅烧产物八氧化三铀中 U^{4+} 含量影响的响应曲面

4. 响应曲面优化及验证

根据 GB10268—88 标准，以八氧化三铀产品中总铀和 U^{4+} 含量分别满足 75%～84.79%和 28%～45%为标准，用回归模型优化工艺参数，得到重铀酸铵产物同时满足上述指标的响应曲面(图 6.70)。

图 6.70 中，柱状部分顶部为八氧化三铀产品总铀和 U^{4+} 含量同时满足 75%~84.79%和 28%~45%标准的区域。

以八氧化三铀产品中总铀和 U^{4+} 含量分别以75%~84.79%和28%~45%为标准，优化得到重铀酸铵微波煅烧的最优工艺参数见表 6.40。

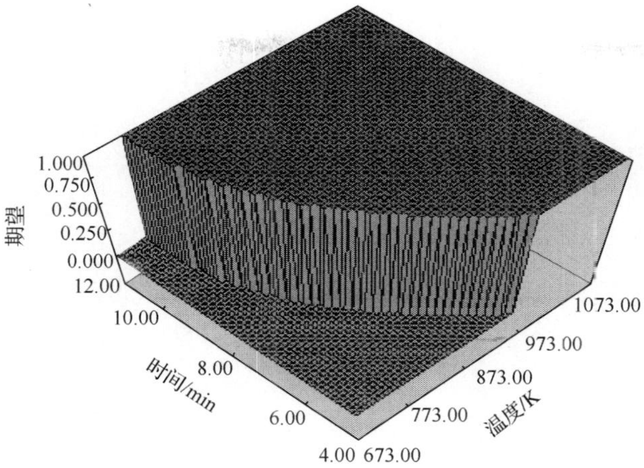

图 6.70 重铀酸铵煅烧产物八氧化三铀中总铀和 U^{4+} 优化响应曲面

表 6.40 重铀酸铵回归模型优化工艺参数

自变量			响应值	
煅烧温度/K	煅烧时间/min	物料量/g	∑U 预测值/%	U^{4+} 预测值/%
911.04	8.34	38.55	83.42	32.74

在优化工艺参数煅烧温度 911K、煅烧时间 8min、物料量 39g 下开展验证实验，两次平行实验得到重铀酸铵微波煅烧产物八氧化三铀中总铀和 U^{4+} 含量分别为 83.26%和 31.96%，八氧化三铀产品质量达到 GB 10268—88 标准要求。验证值与预测值相接近，偏差较小，表明该预测模型合适，优化工艺可行。

6.9.2 常规煅烧与微波煅烧对比

对于重铀酸铵，在产品满足质量要求的前提下，常规煅烧和微波煅烧的优化工艺见表 6.41。

表 6.41 重铀酸铵常规与微波煅烧优化工艺参数比较

物料	煅烧温度/K		煅烧时间/min	
	常规煅烧	微波煅烧	常规煅烧	微波煅烧
重铀酸铵	932	911	24	8

由表 6.41 可以看出，微波煅烧重铀酸铵的优化工艺参数中煅烧温度比常规煅烧方法降低约 20K，煅烧时间仅为常规煅烧方法的 1/3。

相关技术在核工业某厂建立微波煅烧铀化学浓缩物生产线，与常规煅烧相比，降低了煅烧温度，缩短了煅烧时间，并提高了产品质量，效果显著。

6.10　微波煅烧钒催化剂

硫酸工业用钒催化剂是20世纪50年代诞生的一种低温度液相负载型催化剂，在生产过程中其干燥和煅烧二段工艺反应时间长、能耗大、扬尘点多，致使产品的机械强度低，磨耗大。

孙德坤等[28]探索了微波煅烧工业钒催化剂，图 6.71 为钒催化剂微波煅烧过程的温度变化情况。由图 6.71 可以看出，钒催化剂煅烧过程中温度上升呈先迅速上升然后缓慢上升的趋势，表明此时造孔反应基本完成。微波法煅烧制得产品催化活性达到国家标准，机械强度比常规法增加三倍，磨耗下降 1/3，产品性能见表 6.42。

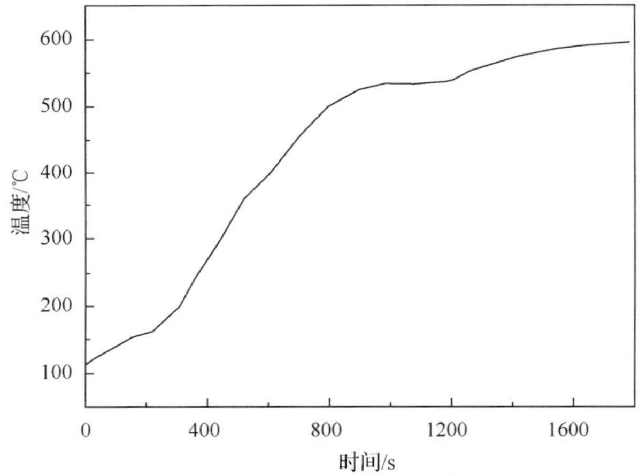

图 6.71　钒催化剂在微波场中的升温曲线

表 6.42　微波煅烧与常规煅烧催化剂的性能比较

方法	SO_2转化率/%	径向抗碎强度/(N/cm)	磨耗率/%	扬尘点/次	干燥和煅烧时间/h
传统方法	>86	>35	<10	4	5
微波方法	86.73	89	3.8	1	0.5

李东波等[29]研究了微波煅烧硫酸工业用钒催化剂。在 600℃下煅烧 30min，钒催化剂耐热活性大于 85.5%，径向抗压为 119N/cm，磨耗率为 6.07%，堆密度为 0.63g/mL，各项指标均达到国家标准。表 6.43 为不同煅烧工艺得到的钒催化剂性能指标。图 6.72 为钒催化剂微波煅烧前后钒催化剂 SEM 图。

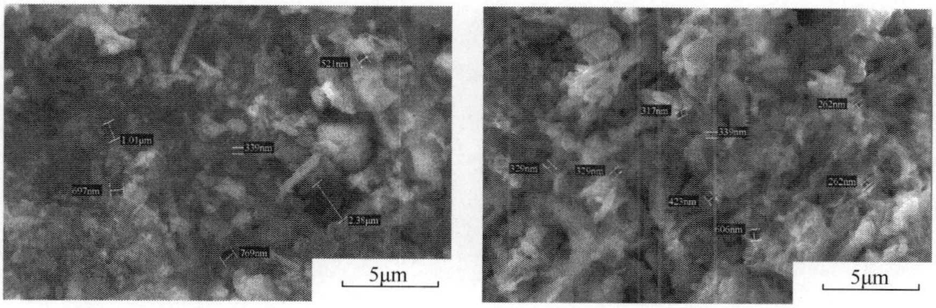

(a) 煅烧前　(b) 煅烧后

图 6.72　钒催化剂微波煅烧前后的扫描电镜图

表 6.43　微波与传统煅烧钒催化剂性能比较

方法	活性(耐热后 SO_2 转化率)/%	径向抗压/(N/cm)	磨耗率/%	堆密度/(g/mL)	$w(V_2O_5)$/%
微波 1	85.75	110	5.5	0.64	7.92
微波 2	85.75	117	5.8	0.62	7.99
传统	>83	>35	<10	<0.7	

6.11　微波煅烧草酸锌

杨卜等[30]研究了微波煅烧草酸锌制备氧化锌。在微波功率 490W、物料量 10g 条件下，煅烧时间对草酸锌分解率的影响如图 6.73 所示。由图 6.73 可知，草酸锌在 4~7min 内相对分解率最大，当煅烧时间为 9min 时，草酸锌的相对分解率达到 99.95%。

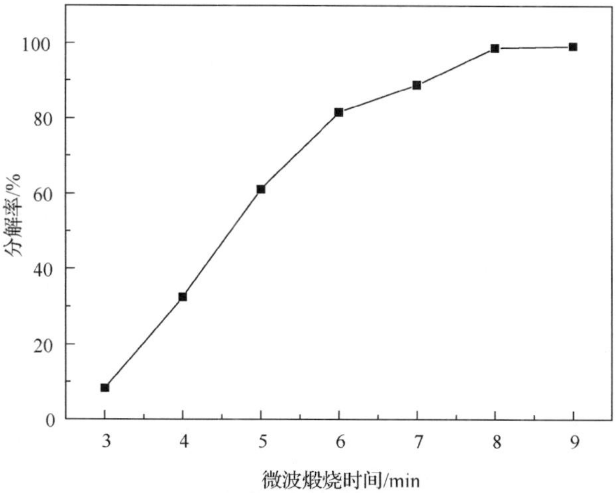

图 6.73　微波煅烧时间与草酸锌分解率的关系

以微波功率、煅烧时间、物料质量为主要影响因素，每个因素选取三个水平，正交实验结果见表 6.44，各因素对分解率影响的极差分析如图 6.74 所示。

从表 6.44、图 6.74 可以看出，影响微波煅烧草酸锌的主要因素是微波功率，其次是煅烧时间，物料质量影响最小。微波煅烧草酸锌的优化工艺条件为微波功率 490W、煅烧时间 8min 和物料量 12g。

表 6.44 草酸锌分解正交实验结果

实验号	微波功率 P/W	煅烧时间 t/min	物料量 W/g	分解率/%
1	490	4	8	24.81
2	490	6	10	98.89
3	490	8	12	99.47
4	350	4	10	9.46
5	350	6	12	24.73
6	350	8	8	97.17
7	210	4	12	10.43
8	210	6	8	14.07
9	210	8	10	20.57

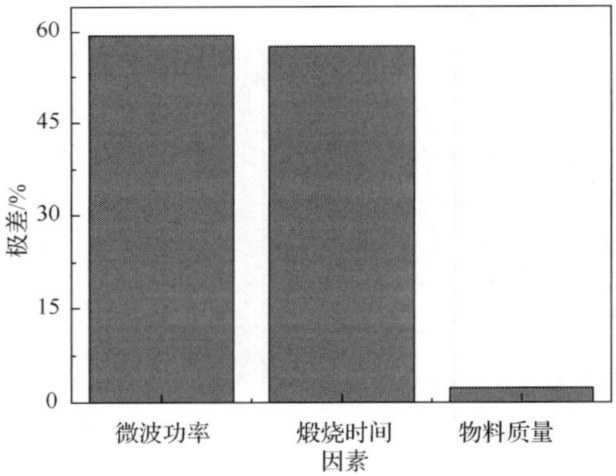

图 6.74 各因素对草酸锌煅烧分解率影响的极差分析

6.12 微波煅烧氢氧化镁

氢氧化镁是一种新型填充型阻燃剂，与氢氧化铝一样，氢氧化镁阻燃剂是依靠受热时化学分解吸热和释放出水而起到阻燃作用的，因此具有无毒、低烟及分解后生成的氧化镁化学性质稳定，不产生二次污染等优点。通过受热分解时释放出结合水，吸收大量的潜热来降低它所填充的合成材料在火焰中的表面温度，具有抑制聚合物分解和对所产生的可燃气体进行冷却的作用。$Mg(OH)_2$ 分解生成的氧化镁是良好的耐火材料。Goodman[31]模型认为，晶体内的水都是以同样的方式

由 OH^-与邻近层的 OH^-作用结合而成，动力学与光学研究显示，分解反应是从界面间开始到晶体中心的收缩(缩壳过程)，但这一过程中仅涉及 Mg^{2+}和 O^{2-}的重排，而不包括离子的长距离扩散。

樊希安等[32]研究了微波加热氢氧化镁制备轻质活性氧化镁的可行性，分别考察了微波功率、加热时间、物料质量对氢氧化镁分解率的影响，结果见如图 6.75～图 6.77 所示。

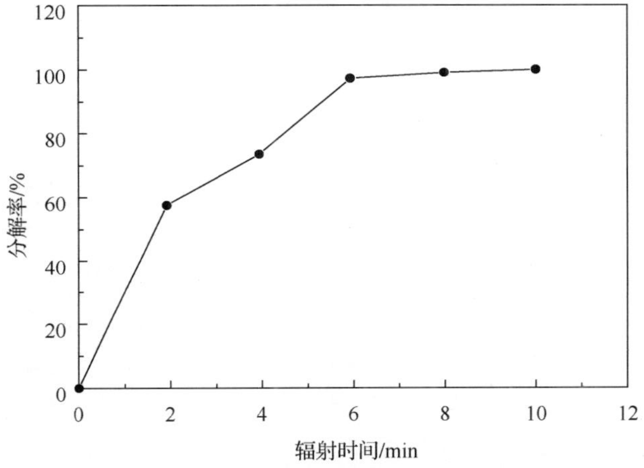

图 6.75　加热时间对氢氧化镁分解率的影响

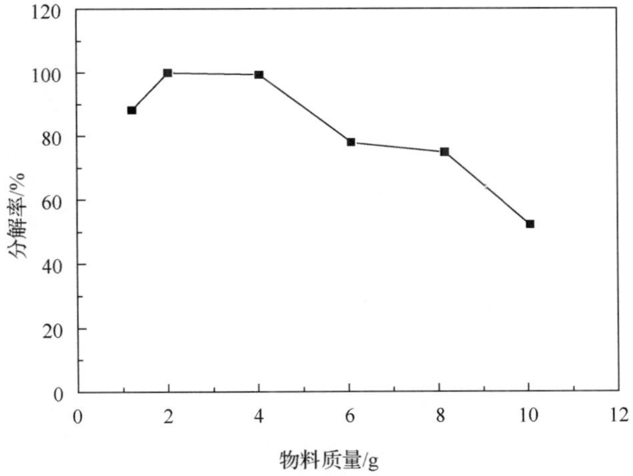

图 6.76　物料量对氢氧化镁分解率的影响

图 6.75 为加热时间对氢氧化镁分解率的影响。从图 6.75 可以看出，随着加热时间的延长，氢氧化镁的分解率增大。这是因为在微波功率一定的情况下，根据 Goodman 模型[31]，晶体内的水都是以同样的方式由 OH^-与邻近层的 OH^-作用结合而成，所以随着加热时间的加长，氢氧化镁晶体中的 OH^-与邻近层的 OH^-不断结

合，至 6~8min 时分解反应进行完毕。

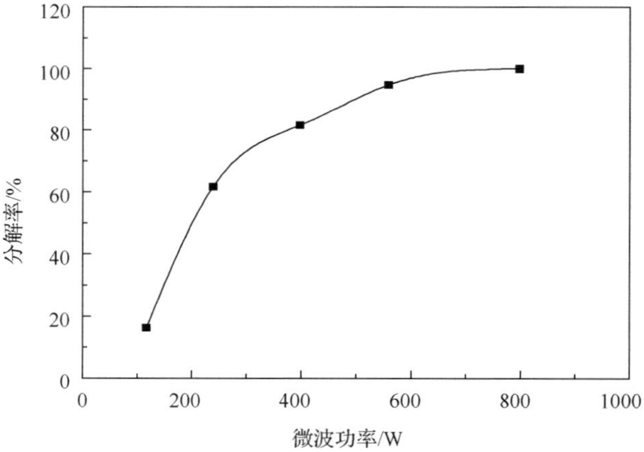

图 6.77　微波功率对氢氧化镁分解率的影响

图 6.76 为物料量对氢氧化镁分解率的影响。随着物料量的增加，氢氧化镁的分解率减小，当物料量增至 6g，分解率只有 78.45%；而物料量为 4g 时，分解率可以达 99.91%，主要是由于物料量增加时，一方面料层加厚，水蒸发的时间延长；另一方面，单位质量物料所吸收的微波减少。

图 6.77 为微波功率对氢氧化镁分解率的影响。从图 6.75 可以看出，随着微波功率增大，氢氧化镁的分解率增大，是由于微波功率直接决定煅烧温度，微波功率越大，物料单位时间吸收的微波越多，物料的煅烧温度越高。

微波煅烧氢氧化镁制备轻质活性氧化镁的最佳工艺为微波功率 800W、加热时间 8min、物料质量 4g，在此条件下氢氧化镁的分解率为 99.62%，氧化镁含量 95.09%，碘吸附值为 76.68mg/g，产品指标达到了沪 Q/HGll-238-82 一级标准。与常规煅烧方式相比，微波煅烧时间仅为传统方法的 1/10。

6.13　微波煅烧仲钨酸铵

三氧化钨系淡黄色斜方晶粉末，密度为 7.16g/cm^3，熔点为 1473℃，850℃时显著升华，熔融时呈绿色。在空气中稳定，不溶于水和除氢氟酸外的无机酸，缓慢溶于氨水和浓热氢氧化钠溶液中。

三氧化钨由钨精矿与氢氧化钠或苏打高温熔融、或高温压煮制成钨酸钠溶液，经离子交换或萃取提纯、蒸发工艺制得仲钨酸铵晶体，再经 700℃煅烧制得。如果是以白钨精矿为原料，也可用盐酸分解制成钨酸，经氨溶、蒸发工艺制得仲钨酸铵晶体，然后经700℃煅烧制得三氧化钨。三氧化钨可用作制金属钨的原料，制造硬质合金、刀具、模具和拉钨丝，也可用于粉末冶金，还可用于 X 射线屏及防火织物，以及用作陶瓷器的着色剂和分析试剂等。仲钨酸铵热分解机理分为四个单独的阶段[33]，见表 6.45。

表 6.45 仲钨酸铵热离解阶段

气氛	温度					
	室温	180℃	225℃	325℃	500℃	>500℃
空气	APT	单水 APT	偏钨酸铵	ATB	WO_3	WO_3

郭胜惠等[34]开展了微波煅烧仲钨酸铵制备三氧化钨的研究。在微波功率550W、物料质量 8g 条件下，仲钨酸铵分解率随煅烧时间变化的曲线如图 6.78 所示。根据仲钨酸铵热分解的理论失重率 14.13%，仲钨酸铵的最大失重率为 13.50%；由图 6.78 可知，仲钨酸铵的分解主要集中在第 3~5min，而在煅烧初期和末期，分解率都不大，最大分解率为 95.58%，分解得到黄色的三氧化钨粉末。通过正交实验考察了微波功率、煅烧时间、物料质量对分解率的影响，得到优化工艺条件如下：微波功率 650W、煅烧时间 4min、物料质量 10g。

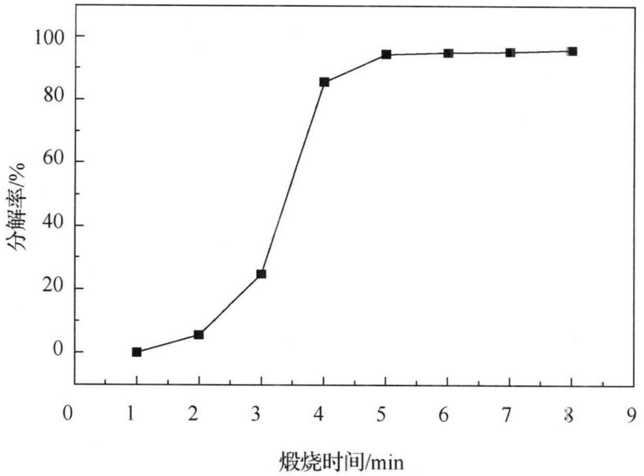

图 6.78 煅烧时间对仲钨酸铵分解率的影响

6.14 微波煅烧碱式碳酸镁

碱式碳酸镁［$MgCO_3 \cdot Mg(OH)_2 \cdot 5H_2O$］的化学组成因制造方法不同而略有差异，其分子式大致为：$(3\sim5)MgCO_3 \cdot Mg(OH)_2 \cdot (3\sim7)H_2O$，以 $xMgCO_3 \cdot yMg(OH)_2 \cdot zH_2O$ 表示。加热至 300℃以上即分解，碱式碳酸镁分解生成水、二氧化碳和氧化镁。

活性氧化镁是具有水化能力的氧化镁。一般是由菱镁矿石在反射窑炉中400~600℃条件下煅烧制备得到，由于其内部结构疏松，晶体间孔隙高，所以该氧化镁呈现很高的活性。活性氧化镁化学组成、物理形态等指标与普通氧化镁没有太大的区别，但活性氧化镁的平均粒径小于 22000nm，微观形态为不规则颗粒或近球形颗粒或片状晶体，用柠檬酸(CAA 值)标示的活性为 12~25s(数值越小活性越高)；用吸碘值表示的活性为 80~120mgI_2/(100gMgO)，比表面通常为 5~20m^3/g，视比容为 6~8.5mL/g。活性氧化镁是制备高功能精细无机材料、电子元件、油墨、有害气体吸附剂的重要原料，也是油漆、纸张及化妆品的填料，塑料、橡胶的填充剂和补强剂，以及各种电子材料的辅助材料等[35-37]。

杨卜等[38]研究了微波煅烧碱式碳酸镁制备轻质活性氧化镁，图 6.79 为微波煅烧时间对碱式碳酸镁分解率的影响曲线。

从图 6.79 可以看出，碱式碳酸镁在 8~12min 内相对分解率最大，当煅烧时间为 12min 时，碱式碳酸镁的相对分解率达到 96.92%。以微波功率、煅烧时间和物料量为实验因素，每个因素选取三个水平，正交实验设计与实验结果见表 6.46，各因素对分解率影响的极差分析如图 6.80 所示。

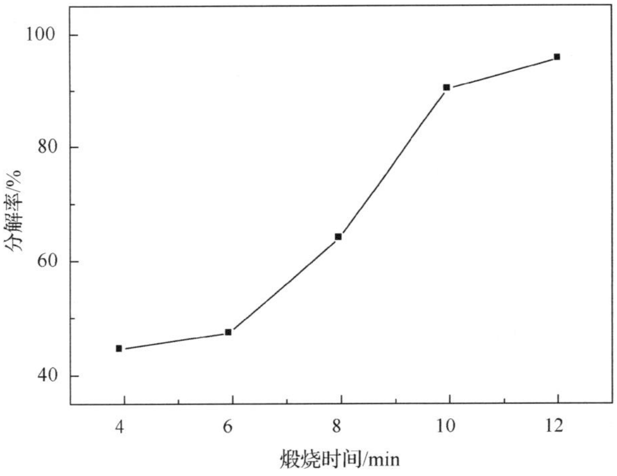

图 6.79　微波煅烧时间对碱式碳酸镁分解率的影响

表 6.46　微波煅烧碱式碳酸镁正交实验结果

实验号	微波功率/W	煅烧时间/min	物料质量/g	分解率/%
1	700	8	2	66.26
2	700	10	3	90.91
3	700	12	4	80.48
4	490	8	3	59.23
5	490	10	4	61.69
6	490	12	2	91.94
7	350	8	4	37.95
8	350	10	2	59.38
9	350	12	3	51.36

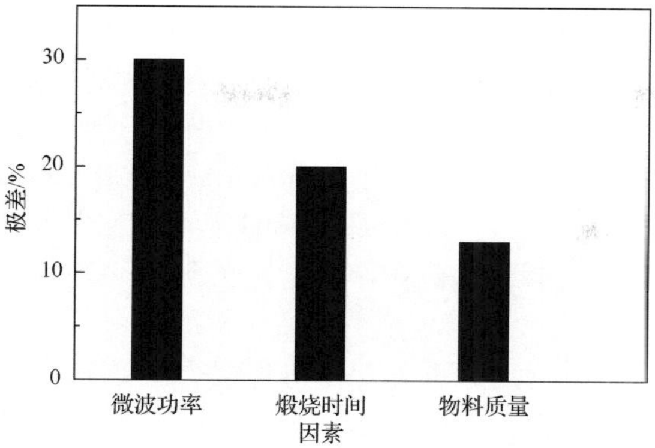

图 6.80　各因素对分解率影响的极差

6.15　微波煅烧碱式碳酸锌

碱式碳酸锌为白色细微无定形粉末，无臭、无味，相对密度为 4.42～4.45，不溶于水和醇，微溶于氨，能溶于稀酸和氢氧化钠中。碱式碳酸锌经加热可分解为氧化锌。氧化锌为白色六方晶体或粉末，俗称锌白，可溶于酸和强碱，难溶于水，在空气中能吸收二氧化碳，在高温时呈黄色，冷却后恢复白色。氧化锌是一种常用的化学添加剂，广泛应用于塑料、硅酸盐制品、合成橡胶、润滑油、油漆涂料、药膏、黏合剂、食品、电池、阻燃剂等产品中，在液晶显示器、薄膜晶体管、发光二极管等产品中也有应用[39]。

郭胜惠等[40]开展了微波煅烧碱式碳酸锌制备氧化锌的研究。

图 6.81 为煅烧时间对碱式碳酸锌分解率的影响。从图 6.81 可以看出，在功率 430W 的微波加热下，碱式碳酸锌的分解主要集中在 5~7min，而在煅烧初期和后期分解率均不高。

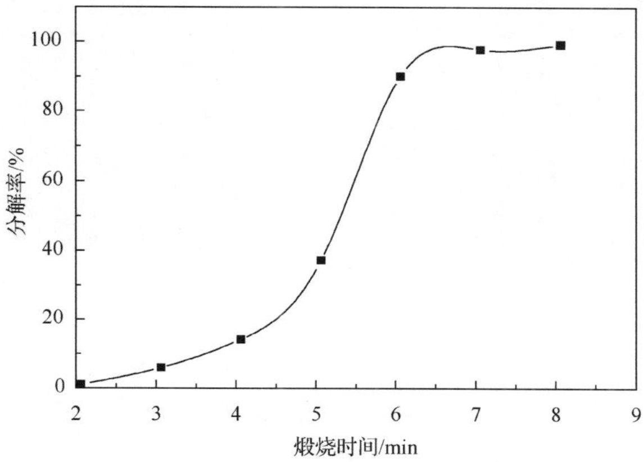

图 6.81　碱式碳酸锌分解率与煅烧时间的关系

以微波功率、煅烧时间和物料量为实验因素，每个因素选取三个水平，正交实验结果见表 6.47。通过正交实验分析表明，煅烧时间对碱式碳酸锌分解率影响最大，其次为物料质量，微波功率对碱式碳酸锌煅烧分解率影响最小。得到最佳工艺条件为：微波功率 350W、煅烧时间 10min、物料量 6g，此条件下碱式碳酸锌的分解率为 98.95%。与常规回转窑煅烧时间 3~4h 相比[41]，微波煅烧时间仅为常规的 1/20。同时，还可以细化晶粒，降低生产成本，提高产品质量，又可避免环境污染。

范兴祥[42]从锌浮渣中通过碳酸盐沉淀得到碱式碳酸锌前驱体，经微波煅烧制备超细活性氧化锌。微波煅烧 10min 与常规煅烧 5h 产物相比，微波煅烧产物分散性好、团聚少、颗粒细、粒度均匀。常规煅烧产物分散性差，存在团聚，颗粒较粗、粒度不均匀，煅烧产物扫描电镜如图 6.82 和图 6.83 所示。

表 6.47　微波煅烧碱式碳酸锌正交实验结果

实验号	微波功率 P/W	煅烧时间 t/min	物料量 W/g	分解率/%
1	430	8	4	97.58
2	430	10	6	98.92
3	430	12	8	95.89
4	350	8	6	97.70
5	350	10	8	98.88
6	350	12	4	97.14
7	280	8	8	95.20
8	280	10	4	98.36
9	280	12	6	98.54

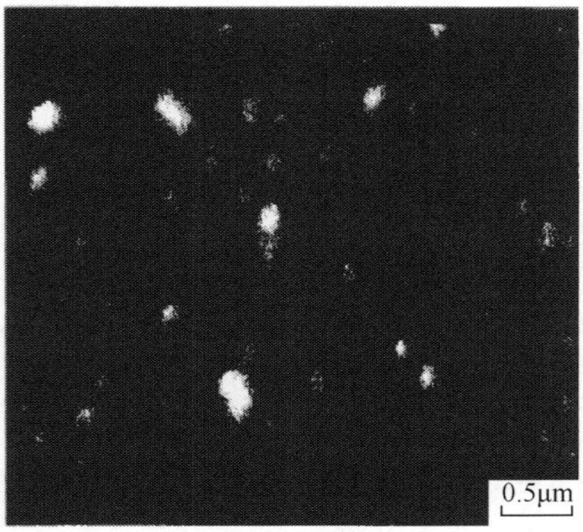

图 6.82　微波煅烧产物扫描电镜图

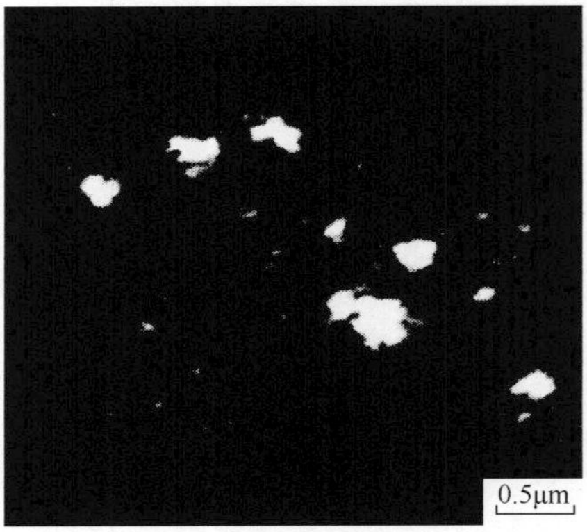

图 6.83　常规煅烧产物扫描电镜图

6.16　微波煅烧其他物料

污泥作为污水处理的产物，传统的处置方式如填埋、焚烧、填海和土地利用等均不符合可持续发展的要求，也无法做到资源化利用；传统煅烧分解污泥制取吸附剂方法尽管显示出了良好的前景，但其工艺复杂、成本高、效率低；近年发展起来的污泥堆肥化土地利用，污泥制沼气等资源化利用技术则有投资大的局限，因此，寻找一种经济、高效、环境友好的新工艺显得日益紧迫和必要[43]。

污泥含有丰富的有机物，微波诱导煅烧污泥可制取合成气体和油[44-46]。研究表明，当在污泥中添加少量石墨或焦粉等吸波物质后，污泥在很短的时间内即可达到1273K；在流速为60cm^3/min氮气保护条件下，污泥在1273K煅烧20min产生的含氢合成气体浓度高达94%，同时还产生含烷烃、烯烃、芳香族化合物、苯衍生物等多种有机物的热解油。与常规煅烧方法相比，微波诱导煅烧产生更多的一氧化碳气体，且达到煅烧温度的时间大大缩短，能耗仅为常规方法的50%。

万立国[47]探讨了分别以活性炭、氧化铁、碳化硅和炭化污泥作添加剂条件下的微波诱导热分解污泥的研究，考察了微波加热功率和辅助添加剂量等因素对微波热分解污泥的影响，确定了最佳工艺条件。研究表明，微波热分解污泥可有效使其减量和减容。

废电路板作为一种固体废弃物，不仅含有多氯联苯、铅、铬、汞等有害物质，还含有大量的贵金属金、银、钯和有色金属铜、铝、锌、镍等。无论从环境保护的角度还是从资源再利用的角度来看，废电路板的综合利用具有一定的社会意义。

谭瑞淀等[48]开展了微波煅烧分解废电路板回收利用研究。研究表明，微波煅烧处理废电路板在技术上可行；分解的气体产物是可燃性气体占70%(体积分数)左右的高热值燃料气；热分解得到的酚类化合物中苯酚、甲基苯酚和邻甲基苯酚高达70%以上，经简单加工处理可作为化工原料使用；同时可以回收利用固体产物中的金属元素。

张宁等[49]报道了微波煅烧硅酸盐水泥的研究。研究指出，微波煅烧比电炉煅烧的温度至少降低323K，煅烧时间缩短约70%，微波煅烧水化活性优于电炉煅烧。同时由于微波煅烧的体积加热效应，致使硅酸盐水泥熟料的形成过程不同于电炉煅烧，从而使微波煅烧的熟料中硅酸盐矿物(C_3S+C_2S)总含量提高了约10%，中间相(C_3A+C_4AF)的含量降低了约10%。

钟声亮等[50]开展了微波煅烧高岭土的研究。微波煅烧高岭土其相变过程与常规煅烧方法相变过程相同，但微波煅烧相变速度加快4～12倍，相变转变温度降低了近473K。此外，与常规煅烧方法相比较，微波煅烧产物的平均粒径更小，粒度更均匀。

华一新等[51]研究了微波煅烧分解二氧化锰。研究表明，二氧化锰吸波性能很好，而四氧化三锰则几乎不吸收微波；二氧化锰热分解按$MnO_2 \rightarrow Mn_2O_3 \rightarrow Mn_3O_4$分步进行。

Ounaies[52]开展了微波煅烧溶胶-凝胶法制备钛酸锆铅(PZT)粉末的研究。结果表明，微波煅烧钛酸锆铅可显著降低煅烧温度、缩短煅烧时间，与常规煅烧相比，微波煅烧时间仅占其 1/8。

古映莹等[53]分别将水热、醇热产物在 550℃下煅烧 2h 得到粒径为 50～60nm、结晶良好、结构不同的铟锡复合氧化物晶体。以水作溶剂得到的 ITO 粉体吸波性能很差，以 1,4-丁二醇为溶剂得到的 ITO 粉体吸波性能较好。

李鑫金和赵景联[54]对微波煅烧活化赤泥处理含铬废水进行了研究。经微波功率 800W、煅烧活化 30min 的赤泥对 Cr^{3+}有相当好的去除能力，当 Cr^{3+}浓度小于 300mg/L 时，按活化赤泥与铬质量之比为 1∶200 加入赤泥，Cr^{3+}除去率可以达 99%以上，符合国家排放标准。对于 Cr^{6+}，采用加入硫酸亚铁还原后再用活化赤泥处理工艺，去除效果与 Cr^{3+}完全相同。

参 考 文 献

[1] 彭金辉, 刘秉国. 微波煅烧技术及其应用. 北京：科学出版社, 2013.

[2] 文德容. 草酸钴与氧化钴. 江西冶金, 1997, 17(5)：55-56.

[3] 刘秉国. 弱吸波物料的微波煅烧新工艺及理论研究. 昆明: 昆明理工大学博士学位论文, 2010.

[4] 宋光涛, 高立新, 朱恩科. 四钼酸铵的晶体结构对钼加工性能的影响. 中国钼业, 2002, 26(4): 28-31.

[5] 刘戊生. β 型四钼酸铵的应用. 中国钼业, 2001, 25(4): 58-61.

[6] 尹周澜. 钼酸铵热分解过程动力学研究. 物理化学学报, 1996, 12(2): 181-184.

[7] 魏勇. 钼还原过程相变化研究. 稀有金属与硬质合金, 1996, (3): 14-15.

[8] 秦文峰, 彭金辉, 樊希安, 等. 微波煅烧钼酸铵制取高纯三氧化钼新工艺. 新技术新工艺, 2004, (4): 42-44.

[9] 李健. 微波干燥与煅烧四钼酸铵的新工艺研究. 昆明: 昆明理工大学硕士学位论文, 2012.

[10] 蒋丽娟, 刘燕, 张文钲. 2011 年钼业年评. 中国钼业, 2011, 36(1):1-9.

[11] Lim P. Optimization of the rough cutting factors of impeller with five-axis machine using response surface methodology. International Journal of Advanced Manufacturing Technology, 2009, 45(7-8):821-829.

[12] Habib S S. Study of the parameters in electrical discharge machining through using response surface methodology approach. Applied Mathematical Modelling, 2009, 33(12):4397-4407.

[13] 商连弟. 硫酸亚铁的应用. 无机盐工业, 1983, (8): 25-27.

[14] 裴润. 硫酸法钛白生产. 北京: 化学工业出版, 1987.

[15] 田犀, 蒲灵, 潘成武. 攀枝花地区钒钛磁铁矿用氯化法和硫酸法生产钛白粉的环境负荷比较. 有色金属, 2010, 62(1): 113-116.

[16] 万金保, 陶琨, 王嵘. 钢铁厂盐(硫)酸酸洗废液综合治理研究. 水资源保护, 2006, 22(2): 62-64.

[17] 龚家竹, 江秀英, 袁丰波. 硫酸法钛白粉废酸浓缩技术研究现状及发展方向. 无机盐工业, 2008, 40(8): 1-3.

[18] 中国发展与改革委员会. 2011 年钛白粉行业经济运行概况分析. 中国无机盐工业协会钛白分会, 2012.

[19] 余延涛. 微波煅烧钛白粉副产品绿矾制备铁精矿粉的研究. 昆明: 昆明理工大学硕士学位论文, 2012.

[20] Swamy M S R, Prasad T P. Kinetics of the thermal decomposition of iron（II）sulphate heptahydrate in air. Thermochimica Acta, 1983, 62 (2):229-233.

[21] 熊杰明, 曩焱, 吴新民, 等. 七水硫酸亚铁的热分解动力学研究. 北京石油化工学院学报, 2007, 15(4): 15-18.

[22] 穆平, 杨正字, 赵良, 等. 七水合硫酸亚铁热分解及脱水非等温动力学研究. 河北师范大学学报(自然科学版), 1997, 21(2): 164-167.

[23] 陶东平, 刘纯鹏. 碱式碳酸镍在微波辐射下的热分解动力学. 有色金属, 1992, 44(4): 49-51.

[24] 朱祖泽, 王志英, 黄洋, 等. 在5kVA微波炉中焙解碳酸镍. 有色金属(冶炼部分), 1993, 5: 27-30.
[25] IEA. World energy outlook. Paris: OECD, 2006.
[26] IEA. Nuclear power and sustainable development. Vienna: IAEA, 2006.
[27] 刘学刚, 徐景明. 我国核电发展与核燃料循环情景研究. 科技导报, 2006, 24(6): 22-25.
[28] 孙德坤, 郑福萍, 娄维鸿, 等. 微波热法煅烧硫酸工业钒催化剂. 江苏化工, 2003, 31(3): 38-40.
[29] 李东波, 彭金辉, 郭胜惠, 等. 微波煅烧钒催化剂实验及性能研究. 现代化工, 2011, 31(5): 63-65.
[30] 杨卜, 彭金辉, 汪云华, 等. 微波辐射煅烧法制取氧化锌新工艺. 新技术新工艺, 2005, (12): 47-48.
[31] Goodman J F.The decomposition of magnesium hydroxide in an electron microscope.Proceeding of the Royal Society A,1958,247(150):346-352.
[32] 樊希安, 彭金辉, 郭胜惠. 微波辐射 $Mg(OH)_2$ 制备轻质活性 MgO 新工艺. 轻金属, 2003, (7): 42-44.
[33] French G J, Sale F R. A re-investigation of the thermal decomposition of ammonium paratungstate. Journal of Materials Science, 1981, 16(12):3427-3436.
[34] 郭胜惠, 彭金辉, 范兴祥, 等. 微波煅烧仲钨酸铵制取三氧化钨. 稀有金属, 2002, 26(4): 314-316.
[35] 吴万伯. 谈菱镁矿的综合开发与应用. 矿产保护与利用, 1994, (1): 5-18.
[36] 吴万伯. 谈菱镁矿生产轻质碳酸镁和氧化镁. 非金属矿, 1997, 4(118): 22-25.
[37] 徐玲玲, 杨南如. 氧化镁活性对氯镁石材料开裂和耐水性的影响. 硅酸盐学报, 2003, 31(8): 759-762.
[38] 杨卜, 彭金辉, 范兴祥, 等. 微波辐射煅烧碱式碳酸镁制备轻质活性氧化镁. 无机盐工业, 2005, 37(1): 26-28.
[39] 戴兴征. 活性氧化锌的制备、应用技术发展. 有色金属设计, 2003, 30: 26-34.
[40] 郭胜惠, 彭金辉, 范兴祥, 等. 微波煅烧碱式碳酸锌制取氧化锌. 有色金属, 2002, 54(4): 53-55.
[41] 徐鑫坤, 魏昶. 锌冶金学. 昆明: 云南科技出版社, 1996.
[42] 范兴祥. 从锌浮渣中制备超细活性氧化锌新工艺研究. 昆明: 昆明理工大学硕士学位论文, 2003.
[43] Houillon G, Jolliet O J. Life cycle assessment of processes for the treatment of wastewater urban sludge: Energy and global warming analysis. Journal Cleaner Production, 2005, (13): 287-299.
[44] Domı'nguez A, Ferna'ndez Y, Fidalgo B. Bio-syngas production with low concentrations of CO_2 and CH_4 from microwave-induced pyrolysis of wet and dried sewage sludge. Chemosphere, 2007, 75(6):1-7.
[45] Dom´ınguez A, Men´endez J A, Inguanzo M. Investigations into the characteristics of oils produced from microwave pyrolysis of sewage sludge. Fuel Processing Technology, 2005, 86: 1007-1020.
[46] Menendez J A, Inguanzo M, Pis J J. Microwave-induced pyrolysis of sewage sludge. Water Research, 2002, 36: 3261-3264.
[47] 万立国. 添加物辅助微波高温热解污水污泥反应条件的优化研究. 哈尔滨: 哈尔滨工业大学硕士学位论文, 2006.
[48] 谭瑞淀, 王同华, 檀素霞, 等. 微波辐照热解废印刷电路板产物的分析研究. 环境污染与防治, 2007, 29(8): 599-601.
[49] 张宁, 胡佳山, 刘飚, 等. 微波煅烧硅酸盐水泥的研究. 硅酸盐通报, 2000, 5: 14-18.
[50] 钟声亮, 张迈生, 苏铿. 微波热法煅烧高岭土的机理研究. 中山大学学报, 2005, 44(3): 71-74.
[51] 华一新, 刘纯鹏, 乐莉. 微波促进 MnO_2 分解的动力学. 中国有色金属学报, 1998, 8(3): 497-501.
[52] Ounaies Z, Selmi F, Varadan V K, et al. Microwave calcination of conventionally and sol-gel prepared lead zirconate titanate. Materials Letters, 1993, 17(1-2): 13-20.
[53] 古映莹, 秦利平, 吴会永, 等. 溶剂热一煅烧法合成纳米 ITO 粉体. 化工新型材料, 2006, 34(6): 36-38.
[54] 李鑫金, 赵景联. 微波煅烧活化赤泥处理含铬废水的研究. 轻金属, 2006, (9): 16-19.

第 7 章 微 波 还 原

7.1 概 述

还原是火法冶金的重要冶炼过程，是指金属氧化物在高温下还原为金属的过程，广泛应用于黑色金属、有色金属及稀有金属冶炼[1]。在还原反应过程中，可采用气体(氢气、一氧化碳)、碳或某些金属作为还原剂，这些还原可称为气体还原、碳热还原和金属热还原。

碳是一种非常好的微波吸收物质，当把微波能用于金属氧化物的碳热还原时，使碳的还原能力明显提高，加速还原反应进行。由于快速加热和选择性加热的特点，碳也能起到微波加热促进剂的作用[2-4]，在矿物强吸波组元及还原剂内部可产生微区温度极高的“热点”，这些“热点”成为化学反应中心，从而在很大程度上加速还原过程的进行。微波这种体热源加热的特点消除了反应过程物料的“冷中心”问题，为化学反应进程创造更有利的动力学条件。与此同时，微波选择性加热的特点使不同组分间因热膨胀系数不同而在晶格间产生热应力，导致颗粒间边界断裂或产生裂缝，因而在复杂金属矿物颗粒表面出现大量微裂纹，对加速包裹体中金属矿物的还原、提高金属化率、促进有价金属的选择性反应有明显作用。

7.2 微波还原钛精矿

钛是重要的战略物资，是运载火箭、导弹、卫星、战机、核潜艇等的支撑材料，对国防建设和国民经济发展有着重要影响。我国蕴藏着极为丰富的钒钛磁铁矿资源，钛铁矿是主要钛资源。攀枝花钛铁矿属岩矿型钛铁矿，风化程度低，经选矿得到的钛精矿属于典型的多金属复杂包裹矿石体系，主要金属矿物为片状、微粒状钛铁矿，次生金属矿物为赤铁矿和磁赤铁矿，主要脉石矿物为钛辉石、斜长石、绿泥石、橄榄石，主要杂质元素有 Ca、Si、Mg、Al、Mn 等。由于结构致密、品位低、钙镁含量高并与钛铁紧密共生，难以通过常规物理方法分离，致使大量的钛进入二次尾矿，导致资源浪费严重，是我国钛资源利用率低的主要原因之一。

黄孟阳、彭金辉等以攀枝花钛精矿为原料，开展了微波碳热还原的研究，研究了还原剂种类、添加剂种类、还原温度、还原时间、复合添加剂用量和黏结剂用量对还原产物中二氧化钛品位的影响，采用正交实验优化工艺参数，并进行微波碳热还原钛精矿的扩大实验和选矿分离研究[5-9]。钛精矿主要化学成分见表 7.1，X 射线图谱见图 7.1。

表 7.1　钛精矿的主要化学成分　(单位：%)

样品	TFe	TiO_2	CaO	MgO	SiO_2	Al_2O_3
攀枝花钛精矿	32.18	47.85	1.56	6.56	5.6	3.16

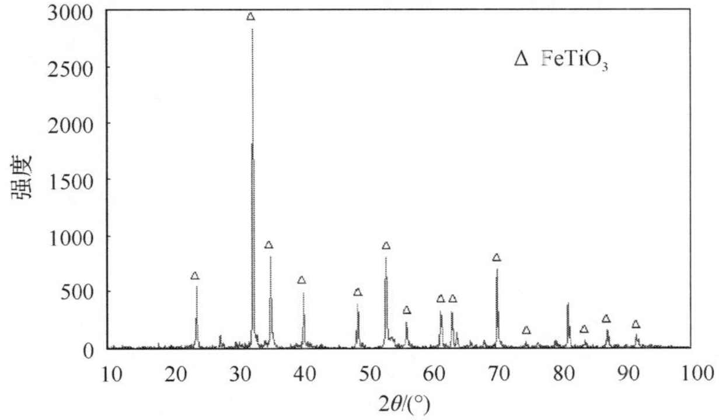

图 7.1　钛精矿的 X 射线衍射图谱

由表 7.1 可以看到，攀枝花钛精矿中钙镁含量偏高，在还原时，钙镁容易形成一层“屏障”[10]，阻碍反应进行，属难处理矿物；该矿中钙镁化合物吸波性能比较弱，硅酸盐属于基本不吸波物质，氧化铝属于弱吸波物质，$FeO·TiO_2$ 属于吸波物质[11]。从图 7.1 中可以看出，原矿主要物相为钛铁矿 $FeTiO_3$。

7.2.1　还原剂种类的影响

钛精矿 200g，钛精矿粒度为 200 目以下占 75%~80%，焦炭等还原剂内配量为 14%，外配碳为球团的 65%，还原温度为 1100℃，还原时间为 1.5h，复合添加剂用量为 5%(氯化钠、硼酸和硅酸钠的内部质量百分比为 1∶1∶1)，焦炭、无烟煤、石墨和椰壳炭等还原剂对还原产物中二氧化钛品位的影响如图 7.2 所示。

从图 7.2 可以看出，按照焦炭→无烟煤→椰壳炭→石墨的顺序，还原产物中二氧化钛品位逐渐升高，焦炭为还原剂的还原产物二氧化钛品位达到 52.55%，石墨则达到 54.15%，从来源和市场价格角度考虑，还原剂选择焦炭。还原效果与还原剂固定碳含量相关，固定碳含量越高，还原产物二氧化钛品位越高，当固定碳含量越高，灰分越少，矿与碳接触面越大，反应接触越充分，相应产物二氧化钛品位越高。

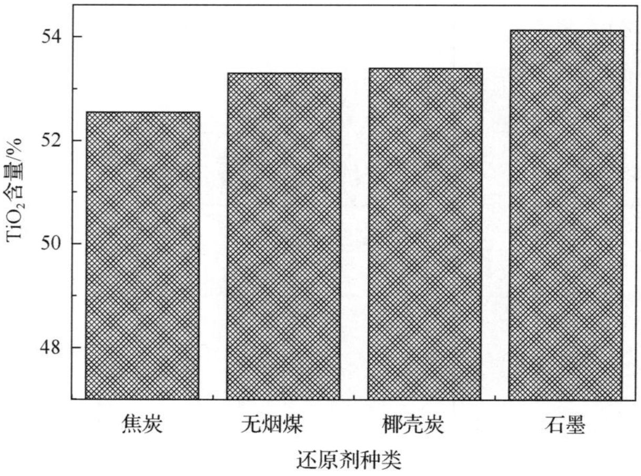

图 7.2　还原剂种类对还原产物二氧化钛品位的影响

7.2.2　添加剂组合方式的影响

复合添加剂用量为 5%，组合方式见表 7.2，各添加剂内部质量百分比为等比例分配，钛精矿 200g，钛精矿粒度为 200 目以下的占 75%~80%，焦炭加入量为 14%，还原温度为 1100℃，还原时间为 1.5h，添加剂组合方式对产物中二氧化钛品位的影响如图 7.3 所示。

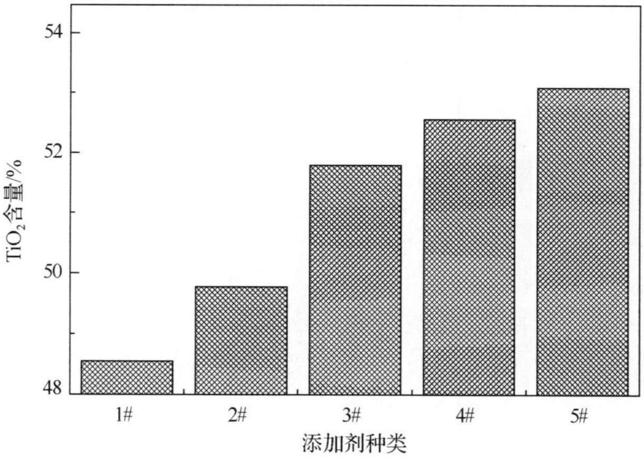

图 7.3　添加剂种类对还原产物二氧化钛品位影响

表 7.2　添加剂组合方式

参 数	添加剂				
	1#	2#	3#	4#	5#
组合方式	无添加剂	硅酸钠	氯化钠和硅酸钠	氯化钠、硅酸钠和硼酸钠	氯化钠、硅酸钠、硼酸钠和铁

从图 7.3 可以看出，还原产物二氧化钛品位逐渐提高，和常规加热还原时间为 3.5h、还原温度为 1150℃时，还原产物二氧化钛品位为 52%左右[12]相比，采用微波还原时间缩短50%以上，二氧化钛品位也有所提高[6]，复合添加剂的组合方式选择为 5#。硅酸钠加入，还原产物二氧化钛品位提高，表明硅酸钠对钛精矿还原有催化作用[13,14]；氯化钠加入，还原产物二氧化钛品位提高1.02%，表明碱金属氯化物对钛精矿还原也有催化作用[15]，组合方式3#和 4#相比，硼酸钠也有催化作用，且能增加球团强度，组合方式4#和5#相比，还原产物二氧化钛品位达到 0.53%，添加剂铁加入，提供了铁晶粒形核的有利条件，说明钛精矿还原过程受铁晶粒成核、生长和粗化控制。加入铁，有利于加速铁晶粒成核这个控制环节[16]。

7.2.3 还原温度的影响

焦炭加入量为14%，复合添加剂用量为5%，钛精矿 200g，钛精矿粒度为 200 目以下的占 75%~80%，还原温度为 1100℃，还原时间为 1.5h，还原温度对还原产物二氧化钛品位的影响如图 7.4 所示。

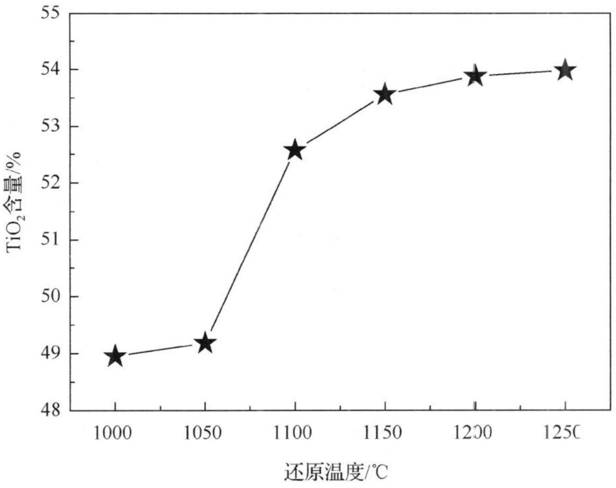

图 7.4 还原温度对还原产物二氧化钛品位的影响

从图 7.4 可以看出，随着还原温度升高，还原产物二氧化钛品位逐渐提高。还原温度提高到 1100℃，还原产物二氧化钛品位显著提高。继续提高温度时，二氧化钛品位提高不大；在 1200℃或 1250℃回转窑高温还原工艺，受还原剂中灰分低熔点物质影响，温度越高，结圈越严重[17-20]；此外，钛精矿还原在 1180℃有大量固溶体生成[10]。兼顾 Fe 和 Ti 分离效果，选择还原温度为 1100~1150℃。

7.2.4 还原时间的影响

焦炭加入量为 14%，复合添加剂用量为 5%，还原温度为 1150℃，钛精矿 200g，粒度为 200 目以下的占 75%~80%，外配碳为球团的 65%，还原时间对还原产物二氧化钛品位的影响如图 7.5 所示。

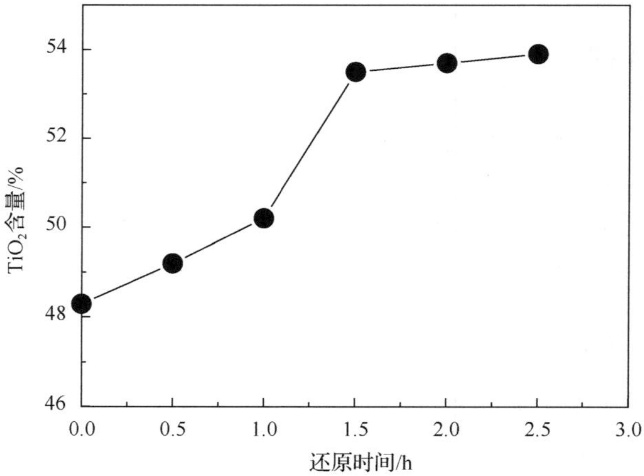

图 7.5　还原时间对还原产物二氧化钛品位的影响

从图 7.5 可以看出，在反应前期(≤1.5h)，产物二氧化钛品位随还原时间延长而升高；在反应后期(≥1.5h)，二氧化钛品位提高幅度减缓。在反应前期，添加剂的催化效果不断提升，改善了还原反应条件和加快了反应速率；在反应后期，添加剂的催化作用达到了饱和状态，二氧化钛品位提高缓慢。延长时间，有利于铁晶粒长大，可提高选矿工序铁和钛分离的程度，但时间过长，铁晶粒过分粗大，增加了铁、钛互包程度和铁破碎的磨矿成本。

7.2.5　复合添加剂用量的影响

焦炭加入量为 14%，还原温度为 1150℃，钛精矿为 200g，粒度为 200 目以下的占 75%~80%，还原时间为 1.5h，复合添加剂配比为 1∶1∶1，复合添加剂用量对还原产物二氧化钛品位的影响如图 7.6 所示。

从图 7.6 可以看出，添加剂用量不大于 5%时，复合添加剂用量对二氧化钛品位有明显影响，硼酸钠的使用可引起钛精矿晶格畸变，起到催化作用[21]，促进钛铁矿的还原。含量越多，钛精矿和添加剂接触充分，催化效果越好；当加入量大于 1.25%，催化效果趋于平衡。氯化钠和硅酸钠在还原球团内部产生碱金属蒸气[22,23]，促进钛精矿还原时布多尔反应，提高布多尔反应速率，改善钛精矿还原时的控制步骤，当加入量大于 2.5%，催化效果趋于平衡。

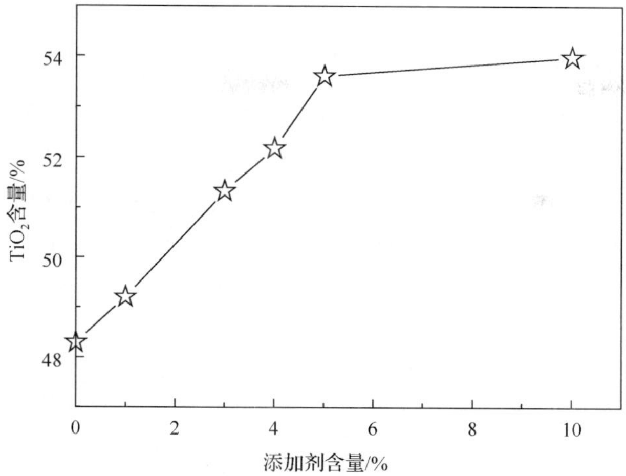

图 7.6 添加剂用量对二氧化钛品位的影响

7.2.6 黏结剂用量的影响

焦炭加入量为 14%，还原温度为 1150℃，钛精矿为 200g，粒度为 200 目以下的占 75%~80%，还原时间为 1.5h，复合添加剂用量为 5%，黏结剂硅酸钠用量对二氧化钛品位的影响如图 7.7 所示。

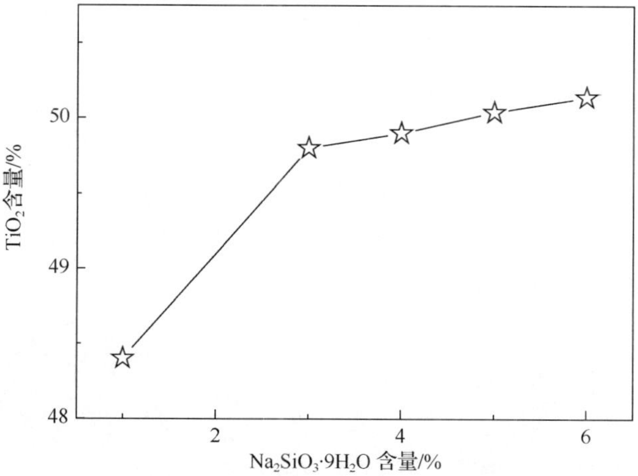

图 7.7 硅酸钠用量对二氧化钛品位的影响

从图 7.7 可以看出，随着黏结剂硅酸钠用量增多，还原产物的二氧化钛品位也提高，当配入量为 3%时，二氧化钛品位提高显著，大于 3%，提高幅度不大。硅酸钠起催化作用的是热分解生成的氧化钠，当加入量为 3%，氧化钠含量为 2.6%，则含碳球团中有 0.078%，可见硅酸钠催化作用较为显著。

7.2.7 还原产物分析

钛精矿 200g，钛精矿 200 目以下的占 75%~80%，还原剂为焦炭，焦炭内配量为 14%，外配碳为球团的 65%，复合添加剂用量为 5%(氯化钠、硼酸钠和硅酸钠，内部质量比为 1∶1∶1)，还原温度为 1150℃，还原时间为 1.5h。图 7.8、图 7.9 分别为还原产品的物相、微观形貌。

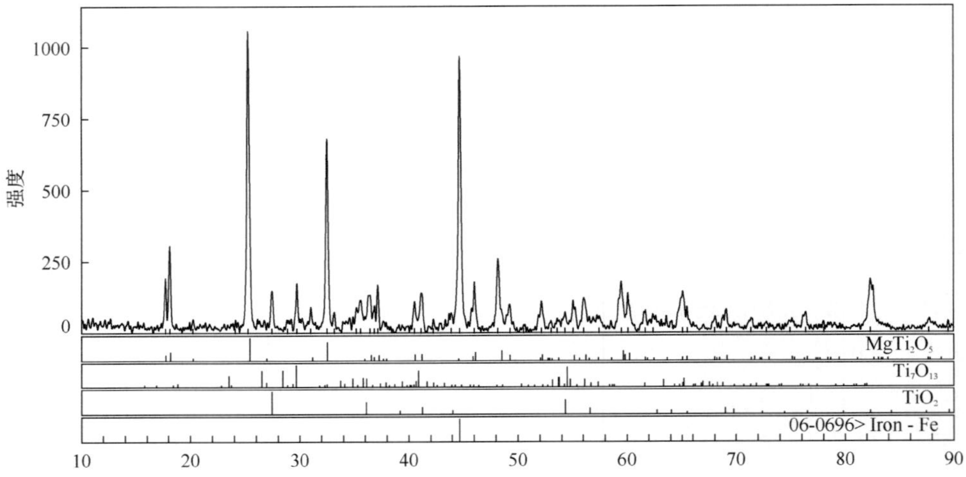

图 7.8　还原产物 X 射线衍射谱图

从图 7.8 可以看出，还原产物主要含有金属铁(α-Fe)、亚铁板钛相(与 $MgTi_2O_5$ 类质同相，具有相同的衍射峰型)和金红石型的二氧化钛，还存在少量钛的聚合物 Ti_7O_{13}($TiO·6TiO_2$)。未发现其他低价钛的氧化物，钛的聚合物 Ti_7O_{13} 是高温下产物，和微波加热的方式相符合，还原过程中生成的粉末状金属铁属于强吸波物质，产生局部高温促使钛的聚合物 Ti_7O_{13} 生成。

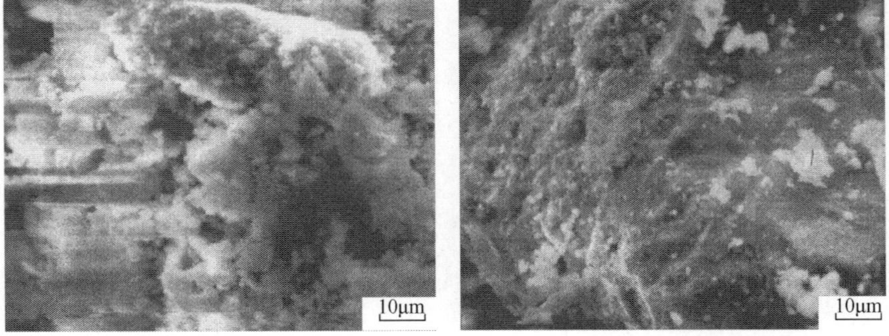

(a) 钛精矿微观形貌图　　(b) 还原产品微观形貌图

图 7.9　钛精矿与还原产品的扫描电镜照片

从图 7.9 可以看出，图 7.9(a)表明钛精矿颗粒表面结构致密；图 7.9(b)表明还原后产品颗粒表面细孔较多，结构疏松，验证了复合添加剂在微波加热还原过程中有催化作用。

7.2.8 复合添加剂配比优化

还原温度为 1100℃，还原时间为 1.5h，焦炭为 14%，钛精矿为 200g，钛精矿 200 目以下的占 75%~80%，外配碳为 65%，选定对还原产物中二氧化钛品位影响较大的氯化钠、硅酸钠、硼酸钠和铁作为正交实验的四个因素，每个因素选定四个水平，采用 $L_{16}(4^5)$ 正交设计表，优化复合添加剂内部配比，实验因子水平设计见表 7.3，实验结果见表 7.4，极差分析结果见表 7.5。

表 7.3 正交实验因子水平表 (单位：%)

水平	添加剂 a $NaCl$	添加剂 b $Na_2SiO_3 \cdot 9H_2O$	添加剂 c $Na_2B_4O_7 \cdot 10H_2O$	添加剂 d Fe
1	3	2	3	1
2	5	3	5	1.5
3	7	4	7	2
4	10	5	10	2.5

表 7.4 正交实验设计和结果表 (单位：%)

实验号	添加剂 a	添加剂 b	添加剂 c	添加剂 d	实验结果
1	3	1	3	1	50.44
2	3	3	5	1.5	49.15
3	3	4	7	2	48.11
4	3	5	10	2.5	45.54
5	5	1	5	2	48.17
6	5	3	3	2.5	48.24
7	5	4	10	1	45.77
8	5	5	7	1.5	47.55
9	7	1	7	2.5	47.89
10	7	3	10	2	46.69
11	7	4	3	1.5	48.42
12	7	5	5	1	47.82
13	10	1	10	1.5	47.16
14	10	3	7	1	46.10
15	10	4	5	2.5	46.19
16	10	5	3	2	46.55

从表 7.5 可以得到，通过比较极差 R：$R_c > R_a > R_b > R_d > R_e$，以还原产物中二氧化钛品位作为考察指标，得到优化工艺条件为：$a_1b_1c_1d_2$，即氯化钠加入量为 3%、硅酸钠加入量为 2%、硼酸钠加入量为 3%和铁加入量为 1.5%。在此条件下微波还原得到的还原产物中二氧化钛品位为 51.24%。

表 7.5 极差分析结果

结果	添加剂 a	添加剂 b	添加剂 c	添加剂 d	空白实验 e
Ⅰ	193.24	193.66	193.65	192.28	190.87
Ⅱ	189.73	190.18	191.33	189.52	189.36
Ⅲ	191.22	188.49	189.65	174.59	191.33
Ⅳ	186.00	187.46	185.16	187.86	188.23
Ⅰ平	48.310	48.415	48.413	47.532	47.718
Ⅱ平	47.433	47.545	47.832	48.070	47.340
Ⅲ平	47.805	47.123	47.413	47.380	47.832
Ⅳ平	46.500	46.865	46.290	46.965	47.057
R	1.810	1.550	2.123	1.105	0.775
主次顺序	2	3	1	4	5
最佳条件	1	1	1	2	3

7.2.9 扩大实验

1. 还原剂种类

微波功率 20kW，还原时间 1.5h，复合添加剂占矿比 5%(氯化钠、硅酸钠、硼酸钠和铁内部比为 3∶2∶3∶1.5)，黏结剂占矿比 3%，还原温度 1000℃，物料 5kg，无烟煤、椰壳碳、焦炭分别占矿的 20%、20%、14%，还原剂种类对金属化率和初级富钛料品位的影响见表 7.6。

表 7.6 还原产物和分选指标结果 （单位：%）

还原剂种类	金属化球团二氧化钛品位	初级富钛料		
		二氧化钛品位	产率	回收率
无烟煤	50.55	69.57	66.4	89.98
椰壳炭	51.99	69.15	66.8	90.08
焦炭	50.20	66.97	66.1	88.18

从表 7.6 可以看到，采用无烟煤和椰壳炭做还原剂时，椰壳炭还原的金属化球团料二氧化钛品位较好，两者初级富钛料品位相近，在回收率方面，采用椰壳炭较高；对于焦炭，其金属化球团料二氧化钛品位、初级富钛料品位、回收率略有降低。从还原剂成本角度评价，按焦炭—无烟煤—椰壳炭的顺序依次升高，焦炭还原的工艺指标略有降低，但能达到钛铁分离和后段浸出工序对原料的要求。

2. 还原温度

微波功率 20kW，还原剂焦炭占矿比 14%，还原时间为 1.5h，复合添加剂占矿比 5%(氯化钠、硅酸钠、硼酸钠和铁内部比为 3∶2∶3∶1.5)，黏结剂为 3%，物料 5kg。还原温度对还原效果及分选指标的影响见表 7.7。

表 7.7　还原温度对还原和分选指标结果的影响

温度/℃	球团料物料重/kg	金属化球团二氧化钛品位/%	初级富钛料			外配碳损失率/%
			品位/%	产率/%	回收率/%	
950～1000	5	49.95	67.05	61.3	82.28	36.8
1000～1100	5	50.02	70.90	64.0	90.85	40.5
1100～1150	5	53.24	72.36	66.7	89.29	41.6
1150～1200	5	54.07	73.62	66.5	89.18	42.3

从表 7.7 可以看出，在还原温度为 950~1000℃，金属化球团、初级富钛料二氧化钛品位都较低；还原温度为 1000~1100℃，金属化球团、初级富钛料二氧化钛品位有所提高；还原温度为 1100~1150℃，金属化球团、初级富钛料二氧化钛品位大幅度提高；还原温度为 1150~1200℃，金属化球团、初级富钛料二氧化钛品位提高幅度不大。扩大实验和小试实验相吻合，验证了工艺条件的稳定性。

3. 添加剂组合方式

在还原剂采用焦炭、还原温度为 1130℃条件下，研究了复合添加剂种类的影响。复合添加剂 A 为氯化钠、硅酸钠、硼酸钠和铁(内部比为 3∶2∶3∶1.5)；复合添加剂 B 为氯化钠、硅酸钠和铁(内部比为 3∶2∶1.5)；复合添加剂 C 为硅酸钠和铁(内部比为 2∶1.5)；添加剂 D 为铁(5%)，结果见表 7.8。

从表 7.8 可知，使用添加剂 A，其金属化球团、初级富钛料的品位均为最好，与正交实验结果一致。

表 7.8 添加剂种类对还原实验和分选指标结果的影响

添加剂	占球团料物料比例/%	金属化球团二氧化钛品位/%	初级富钛料		
			品位/%	产率/%	回收率/%
A	5	53.35	71.81	66.8	88.57
B	5	51.56	71.69	64.5	89.68
C	5	50.55	71.33	63.6	89.74
D	5	50.34	68.57	66.0	89.90

4. 物料量

根据波长与频率的关系，微波场中物料的厚度取决于微波的穿透深度，若物料厚度过高，可影响物料还原效果。开展不同球团质量还原效果对比，实验条件为微波功率 20kW，焦炭占矿比为 14%，还原时间为 1.5h，还原温度 1130℃。升温时间和物料厚度的关系见表 7.9，还原效果见表 7.10。

表 7.9 物料厚度对升温的影响

物料重/kg	物料厚度/cm	物料长度/cm	升温时间/min	物料测定温度/℃
5	11.9	67.7	200	1150 ~ 1170
10	16.9	74.5	220	1150 ~ 1170
20	21.5	80.5	250	1150 ~ 1165

从表 7.9 可以看到，不同物料量都能升温到还原温度，但随着物料厚度增加，其升温时间增加，选择物料厚度 21.5cm。

表 7.10 物料量对还原和分选指标结果的影响

物料量/kg	金属化球团二氧化钛品位/%	初级富钛料			外配碳损失率/%
		品位/%	产率/%	回收率/%	
5	53.61	72.47	66.8	90.30	41.0
10	53.38	71.28	67.2	89.70	33.5
20	51.16	70.19	63.3	88.68	31.0
30	50.10	69.50	66.4	90.2	34.8
40	50.86	69.20	67.5	91.8	34.0
60	49.91	67.39	66.2	88.03	28.8

表 7.10 表明，5~40kg 物料金属化球团的品位较高，大于 50%，初级富钛料品位也较高，大于 69%，60kg 物料金属化球团的品位略有降低，但可达到钛铁分离和浸出要求，处理量可达 960kg/d。

5. 验证实验

扩大实验表明，微波还原的适宜工艺条件为：还原剂焦炭 14%，还原温度为 1100~1150℃，添加剂 A 占矿比 5%(氯化钠、硅酸钠、硼酸钠和铁内部比为 3∶2∶3∶1.5)，还原时间 1.5h，结果见表 7.11。

表 7.11 验证实验产物结果和分选指标 (单位：%)

还原球团二氧化钛品位	初级富钛料			外配碳损失率
	品位	产率	回收率	
53.92	72.01	67.5	90.14	30.5

7.3 微波还原钒钛磁铁矿

杨卜、汪云华等[24,25]以攀枝花钒钛磁铁精矿为原料，采用微波还原制备天然微合金铁粉。矿物物相分析如图 7.10 所示，Fe 主要以 Fe_3O_4 和 $FeTiO_3$ 两种形式存在。研究还原过程主要因素的影响，还原后进行球磨、重选、磁选得到初级铁粉，考察摇床重选后铁粉的品位、产率和回收率。

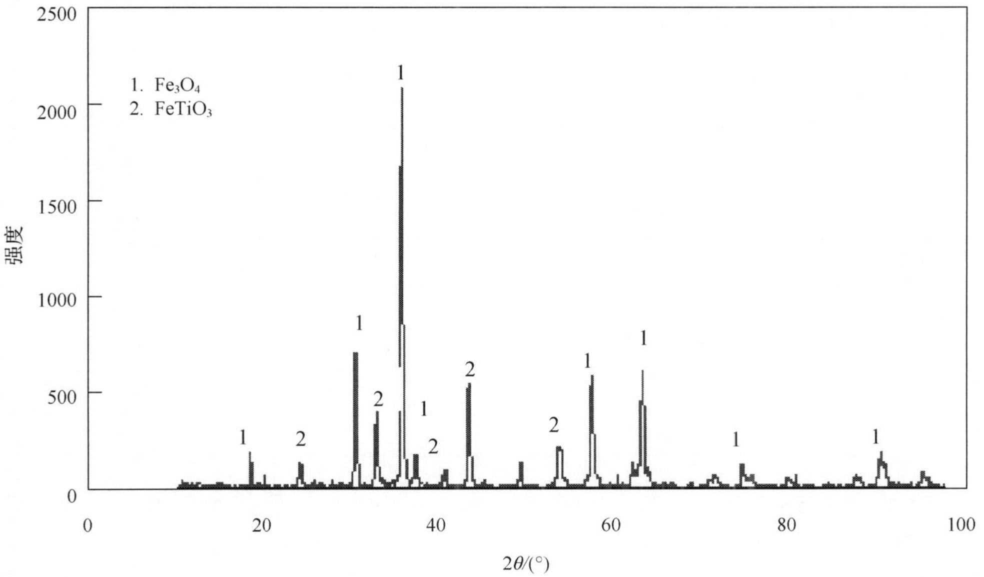

图 7.10 钒钛磁铁精矿 X 射线衍射图谱

黏结剂水玻璃占钒钛磁铁精矿 8%，复合球团直径为 15mm 左右，球团在 150℃

干燥 35min。复合球团冷态落下强度大于 4 次/0.5m，抗压强度大于 10N/个，干球落下强度大于 4 次/m，抗压强度大于 600N/个，且复合球团耐磨性较好，复合球团的强度符合回转窑还原要求。

7.3.1 物料粒度的影响

还原温度 1200~1250℃，还原时间 120min，椰壳炭为还原剂，内配碳为铁精矿的 15%，外配碳为铁精矿的 40%，添加剂为 A、B、C、D 混合物，原料粒度对铁粉品位及铁粉回收率的影响见表 7.12。

表 7.12 不同原料粒度实验结果 (单位：%)

原料粒度(74μm 以下)	原料品位	铁粉品位	铁粉产率	铁粉回收率
60	64.57	90.55	35.50	49.78
70	65.78	88.44	50.00	67.22
80	66.38	91.10	48.70	66.84
90	64.21	88.57	49.12	67.75

从表 7.12 可以看出，当钒钛磁铁精矿粒度为 74μm 以下的占 80%时，还原铁粉品位达到 91.10%，铁粉回收率为 66.84%。

7.3.2 还原剂种类的影响

还原温度为 1200~1250℃，还原时间为 120min，内配碳质量为铁精矿的 15%，外配碳质量为铁精矿的 40%，添加剂为 A、B、C、D 混合物，原料粒度小于 74μm 的颗粒占 80%和 90%，还原剂种类对铁粉品位及铁粉回收率的影响见表 7.13。

表 7.13 不同还原剂实验结果 (单位：%)

还原剂	原料品位	铁粉品位	铁粉产率	铁粉回收率	粒度(74μm 以下)
椰壳炭	66.38	91.10	48.70	66.84	80
	64.21	88.57	49.12	67.75	90
焦炭	68.62	89.56	51.82	67.63	80
	66.86	89.25	49.12	68.20	90

从表 7.13 可以看出，当还原剂为椰壳炭，74μm 以下的占 80%时，铁粉品位为 91.10%，铁粉回收率为 66.84%；当还原剂为焦炭，74μm 以下的占 80%时，铁粉品位为 89.56%，铁粉回收率为 67.63%。还原剂为焦炭效果略优于椰壳炭，另外焦炭易于大规模获得，且成本低，综合考虑选定还原剂为焦炭。

7.3.3 还原温度的影响

还原时间为 120min，还原剂为焦炭，内配碳为 15%，外配碳为 40%，添加剂为 A、B、C、D 混合物，还原温度对铁粉品位及铁粉回收率的影响见表 7.14。

表 7.14 不同还原温度的实验结果

还原温度/℃	原料品位/%	铁粉品位/%	铁粉产率/%	铁粉回收率/%	粒度(74μm 以下)/%
1080~1120	58.83	86.53	26.60	39.12	80
1130~1170	65.18	86.28	50.65	67.07	
1200~1250	68.62	89.56	51.82	67.63	
1080~1120	57.71	85.90	25.00	37.21	90
1130~1170	62.64	86.58	46.47	64.25	
1200~1250	66.86	89.25	51.00	68.20	

从表 7.14 可以看出，当还原温度为 1200～1250℃，铁粉各项指标较好，精矿粒度为 74μm 以下的占 80%，铁粉品位达到 89.56%，回收率达到 67.63%；精矿粒度为 74μm 以下的占 90%，还原温度为 1200～1250℃，铁粉品位达到 89.25%，回收率达到 68.20%。还原温度选择 1200～1250℃。

7.3.4 还原时间的影响

还原温度为 1200~1250℃，钒钛磁铁精矿的粒度为小于 75μm 的颗粒占 80%，还原剂为焦炭、内配碳为 15%、外配碳为 40%，添加剂为 A、B、C、D 混合物，还原时间对铁粉品位及铁粉回收率的影响见表 7.15。

表 7.15 不同还原时间的实验结果

还原时间/min	原料品位/%	铁粉品位/%	铁粉产率/%	铁粉回收率/%
60	59.88	91.27	36.70	55.90
90	62.18	90.10	48.82	70.71
120	68.62	89.56	51.82	67.63

从表 7.15 可以看出，还原时间为 60~120min 时，重选以后铁粉品位均能达到 90%左右，但在还原时间为 90min 时，品位和回收率都达到较好指标。

7.3.5 添加剂的影响

还原温度为 1200~1250℃，还原时间为 90min，原料粒度为 74μm 以下的占 80%、还原剂种类为焦炭、内配碳质量为钒钛磁铁精矿的 15%、外配碳质量为钒钛磁铁精矿的 40%，研究了添加剂种类(A、B、C、D、E)和用量对铁粉品位及铁粉回收率的影响，研究结果表明，添加剂由 5%D 和 3%E 组成的复合添加剂效果较好。

7.3.6 内配碳用量的影响

还原剂种类为焦炭，还原时间为 90min，原料粒度为 74μm 以下的占 80%，外配碳为钒钛磁铁精矿的 40%，添加剂 D 用量为钒钛磁铁精矿的 5%、添加剂 E 用量为钒钛磁铁精矿的 3%，内配碳用量对铁粉品位及铁粉回收率的影响见表 7.16。

表 7.16 内配碳用量实验结果 (单位：%)

内配碳用量	原料品位	铁粉品位	铁粉产率	铁粉回收率
0	68.38	88.26	50.87	65.65
8	69.06	88.80	51.84	66.66
15	68.91	91.78	54.79	72.97

从表 7.16 可以看出，增加内配碳用量可提高还原效果，确定内配碳用量为 15%。

优化工艺条件：还原剂为焦炭，内配碳为钒钛磁铁精矿的 15%，外配碳为钒钛磁铁精矿的 40%，还原温度为 1200~1250℃，还原时间为 90min，原料粒度为 74μm 以下的占 80%，添加剂为 D 和 E 组成的复合添加剂，添加量为钒钛磁铁精矿的 5%和 3%。

7.3.7 常规还原与微波还原对比

与微波加热还原优化工艺相同条件，常规加热还原结果见表 7.17。

表 7.17 常规加热还原实验结果

还原时间/min	原料品位/%	铁粉品位/%	铁粉产率/%	铁粉回收率/%
90	62.37	87.71	48.87	68.73
135	67.30	91.14	51.23	69.37
180	69.52	92.87	55.67	74.37

从表 7.17 可以看出，在常规加热还原中，随着还原时间增加，还原效果提高，当还原时间为 180min 时，其还原效果较好，与微波加热还原 90min 的效果相当，说明微波加热可将还原时间缩短 50%。

7.3.8　扩大实验

在微波还原优化工艺条件下，开展了 2kg 级(复合球团)扩大实验，还原后再进行磨选：一段球磨工艺操作参数为 75μm 以下的占 65%；二段球磨工艺操作参数为 75μm 以下的占 55%；一段摇床重选的尾矿和二段摇床重选的尾矿进行磁选，磁选工艺操作参数为 2000Oe。微波一次还原后的分选结果见表 7.18。

表 7.18　扩大实验的分选结果　(单位：%)

名称	品位		产率	回收率	
	TFe	TiO_2		TFe	TiO_2
一次还原球团	67.59	11.39	100	100	100
初级铁粉	94.81	1.89	51.07	71.63	8.47
中矿	77.74	5.36	10.47	12.04	4.93
尾矿	26.03	26.60	36.97	14.24	86.35

从表 7.18 可以看出，确定的还原制度下所获得的复合球团，通过磨选工艺可达到预期要求，为二次还原获取粉末冶金天然微合金铁粉提供了合格的初级铁粉。

7.3.9　二次还原实验

为了获得高纯度铁粉，对初级铁粉用氢气进行二次还原。氢气还原可使初级铁粉中的碳、氧、硫和氮等杂质含量降低，而且能软化铁粉和减少气体在粉末中的饱和度、消除铁粉颗粒在球磨过程中所产生的畸变，提高产品还原铁粉的压缩性。在合适的还原条件下，氢气流量为 6L/min、还原温度为 820℃、还原时间为 180min 进行二次还原，还原结果见表 7.19。

从表 7.19 看出，通过二次还原所得还原铁粉 Tfe 平均含量为 98.01%，符合还原铁粉的指标要求。

表 7.19　二次还原实验结果表　(单位：%)

编号	TFe	TiO_2
1	98.15	1.2
2	97.87	1.05
平均	98.01	1.13

磁选尾矿中钛含量在 26%左右，采用 20%硫酸浸取，温度为 90℃，时间为 120min，然后通过洗涤过滤，其渣为产品，所获得产品钛的品位为 50.05%，可作为产品使用。

夏锋[26]以含铁 52%、钛 12.87%钒钛磁铁精矿为原料，分析微波碳热还原的机理，微波效应主要表现为：微波的热效应，宏观上表现为体加热，微波强吸收物质快速升温；微波加热含碳铁矿粉，减弱了颗粒之间扩散边界层厚度的影响，有利于提高钒钛磁铁矿金属化率，与磁铁矿一样同属微波强吸收物质。研究结果与陈津所得一致[27]。微波加热与常规加热还原过程如图 7.11 所示。

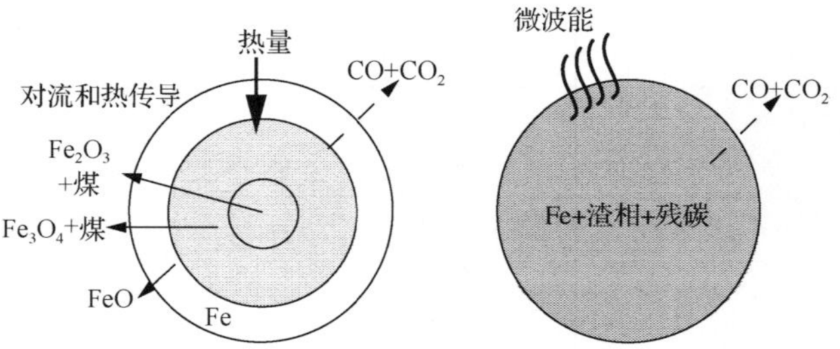

图 7.11　常规加热还原与微波加热还原对比图

7.4　微波还原低品位铁矿

王晓辉[28]以惠民氧化铁矿为原料，开展了微波碳热还原的研究，提升铁矿的磁选性能。原料的 XRD 分析如图 7.12 所示，主要成分见表 7.20。

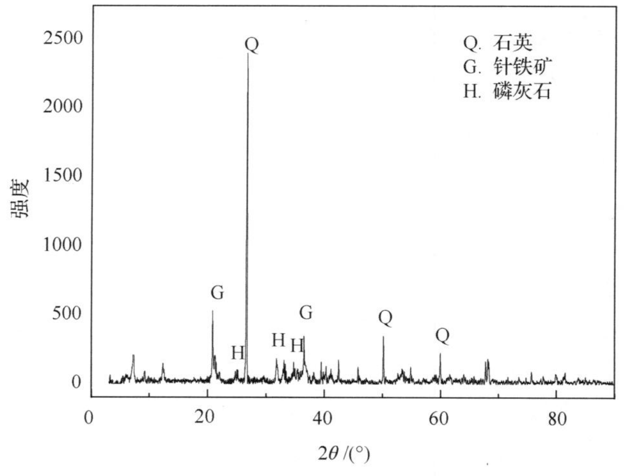

图 7.12　惠民氧化原矿的 X 射线衍射谱

表 7.20　惠民氧化铁矿的主要化学成分　(单位：%)

参数	TFe	FeO	P	S	As	SiO_2	Al_2O_3	CaO	MgO	MnO
含量	37.27	<0.10	1.05	0.084	0.036	18.01	4.06	1.59	0.14	8.85

从图 7.12 可以看出，铁矿物的主要物相为针铁矿，是构成褐铁矿的主要矿物成分之一，构成脉石的主要矿物是石英。从表 7.20 原矿可以看出，矿石中石英含量达 18.01%，有害元素磷含量高达 1.05%。铁物相分析表明，铁的主要物相为褐铁矿，并含有少量磁铁矿(表 7.21)。

表 7.21　惠民氧化铁矿石铁物相分析结果　(单位：%)

参数	磁铁矿中铁	赤褐铁矿中铁	黄铁矿中铁	菱铁矿中铁	硅酸铁中铁	总量
在整个矿物中的占比	4.31	33.69	0.17	0.20	0.35	38.72
铁矿物中各组成占比	11.13	87.01	0.44	0.52	0.90	100

图 7.13 为矿物微观结构图。从图 7.13(a)可以看出，构成脉石的灰黑色硅酸盐矿物，单体粒径大部分集中在 20~30μm，铁矿物和脉石多为他形晶，结合面十分不平整，相互浸染；从图 7.13(b)可以看出，铁矿物由细小针状的结晶聚合而成，粒径约为 5μm 的片状硅酸盐脉石嵌布其中。矿石嵌布粒度细，结构复杂，属于典型难选铁矿石。

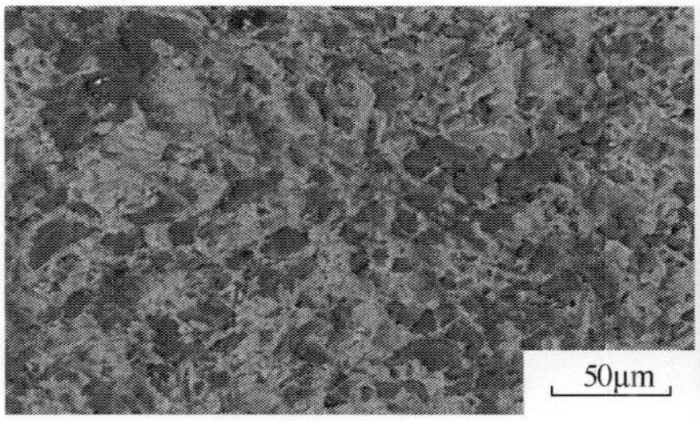

(a) 矿样剖光面

(b) 针铁矿与脉石的嵌布

图 7.13　惠民氧化铁矿扫描电镜图

强磁选和反浮选探索研究表明，矿物磁性很弱，且在分选过程中，矿浆泥化严重。矿石中黏土含量高，分选过程中矿浆易泥化，使矿浆的机械阻力增加；铁矿物的比磁化系数低[29]，很难用磁选的方法回收铁矿物；矿石嵌布粒度细，通过磨矿很难使矿物单体解离完全[30]。加入还原剂进行微波还原，并进行磁选分离，工艺流程见图 7.14。实验设备为非常规冶金教育部重点实验室研制的箱式微波反应炉，微波功率为 3kW，频率为 2.45GHz，微波功率连续可调。

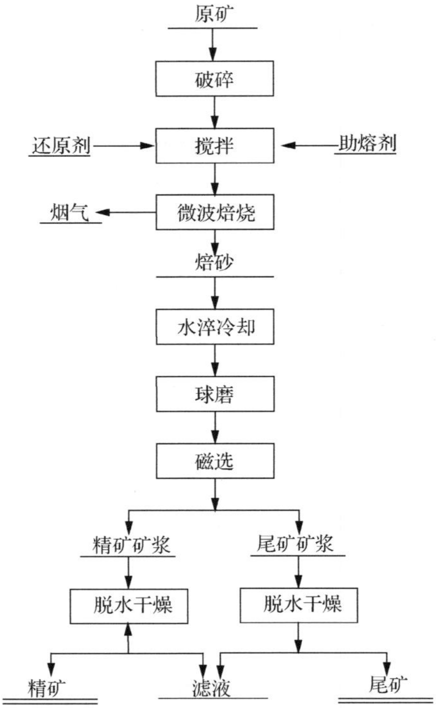

图 7.14　微波还原工艺流程

在冶金的工艺流程中，“——”表示原料及中间产物，“══”代表最终产物

7.4.1　铁矿石的热失重

测定了微波还原过程中物料随温度变化产生的失重情况(图 7.15)。

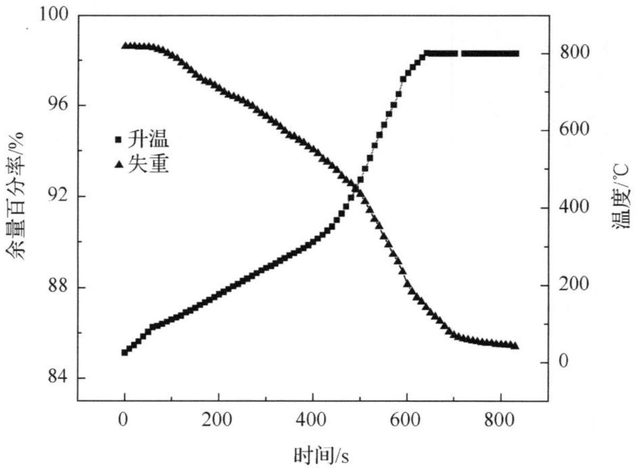

图 7.15　物料在微波场中随温度变化的失重曲线

从图 7.15 可以看出，物料的失重和温度的变化有直接关系，其失重和升温具

有一定对称性，说明当物料升温速率发生改变时，物料失重率也发生改变。物料升温速率发生变化，表明物料的介电特性发生变化，可通过物料失重率的变化分析铁矿石在微波场中的还原过程。

对失重曲线进行拟合，再微分变换得到失重速率与时间的关系(图 7.16)。

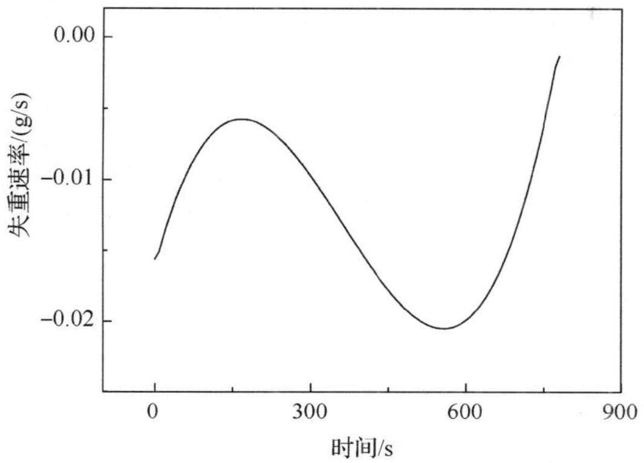

图 7.16　微波场中物料失重速率与时间的关系

从图 7.16 中可以看出，微波还原铁矿过程中物料的失重率出现了两个拐点，分别在 200℃和 550℃左右。图 7.17 铁矿石的磁化焙烧图。

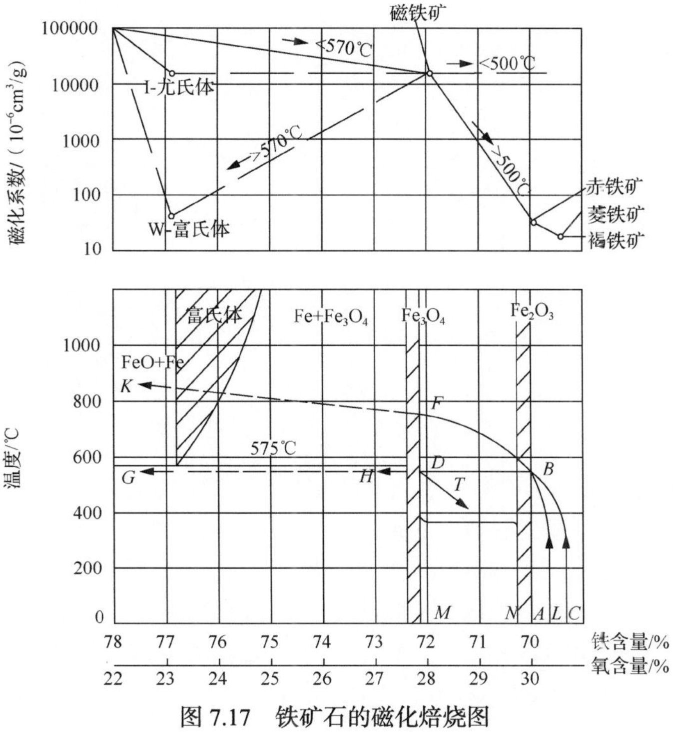

图 7.17　铁矿石的磁化焙烧图

图 7.17 中横坐标中表示铁氧化物中铁和氧的含量，纵坐标表示矿石加热温度，*L* 点表示褐铁矿，在线 *LB* 段褐铁矿主要脱水，向赤铁矿转变，矿石的比磁化系数略有增强，线 *BD* 与 *BF* 段，是赤铁矿还原过程，此阶段矿物的磁化系数显著提高，赤铁矿转变成磁铁矿，反应至此完成磁化焙烧过程。大于 400℃的焙烧矿，在空气中冷却，又会被重新氧化成弱磁性的 α-Fe_2O_3，即线 *DT* 段。

褐铁矿含有自由水和结合水，自由水脱除温度为 100℃，结合水脱除温度在 270℃左右，物料小于 200℃时失重速率逐渐降低，此阶段主要是褐铁矿脱除结合水，伴随脱水过程结束，物料趋于恒重。在 200～550℃范围内，物料失重率逐渐提高，在 550℃时达到最大，此阶段为铁矿石碳热还原，即磁化过程，化学反应如下：

$$6Fe_2O_3 + C \longrightarrow 4Fe_3O_4 + CO_2 \tag{7.1}$$

由于碳热还原反应生成的磁铁矿是强吸波物质，物料在 550℃时升温迅速。

7.4.2 还原温度的影响

原矿质量 150g，配无烟煤 12%，微波功率 800W，焙烧时间 12min，焙烧温度对铁精矿品位及回收率的影响如图 7.18 所示。

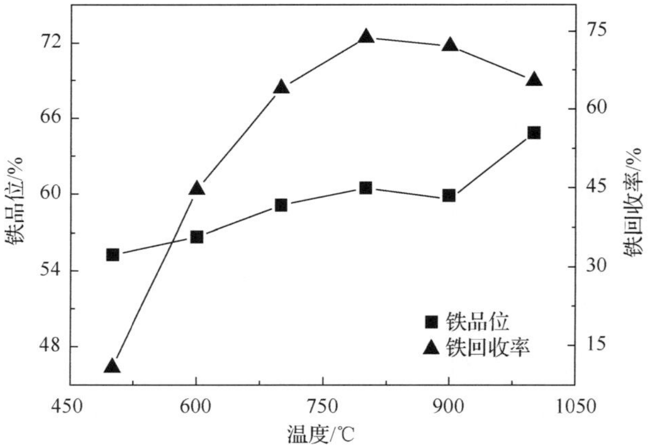

图 7.18 还原温度对产品指标的影响

从图 7.18 可以看出，还原温度对矿物磁选效果的影响显著。在 500℃和 600℃时，矿物还原基本没有发生；700~800℃时，还原磁化过程主要生成磁铁矿(Fe_3O_4)及磁赤铁矿(γ-Fe_2O_3)，矿物还原效果显著增强，其中温度为 800℃左右时效果最佳，矿石磁性最好；随着还原温度继续升高，铁品位和回收率逐渐下降，当温度达到 1000℃时，铁的回收率较 800℃时明显下降。可见，矿物的还原温度不宜过高，温度过高一方面将导致弱磁性富氏体(FeO 溶于 Fe_3O_4 中的一种低熔点混合物)

生成；另一方面长时间在高温下会使矿石中石英和氧化亚铁生成弱磁性的硅酸铁，温度愈高，生成量愈多。

7.4.3　微波功率的影响

原矿质量 150g，配碳 12%，焙烧时间 12min，焙烧温度 800℃，微波功率对精矿品位及回收率的影响如图 7.19 所示。

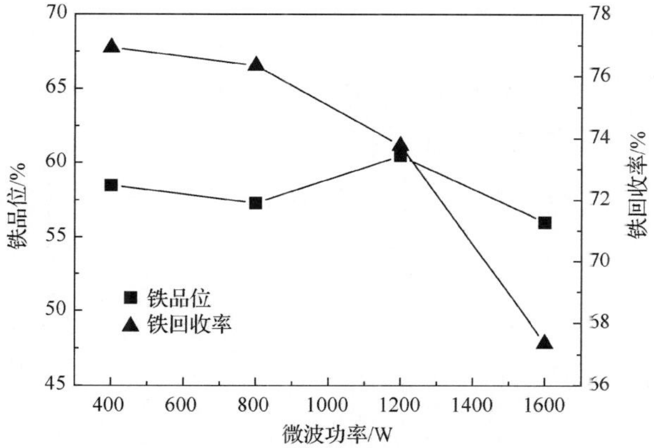

图 7.19　微波功率对产品指标的影响

从图 7.19 可以看出，随着微波功率增加，铁回收率由 76.92%到 67.35%逐渐降低。铁品位则变化不大。微波功率较小，还原时间较长。

7.4.4　配碳量的影响

原矿质量 150g，微波功率 800W，焙烧时间 12min，焙烧温度 800℃，无烟煤为还原剂，配碳比对精矿品位及回收率的影响如图 7.20 所示。

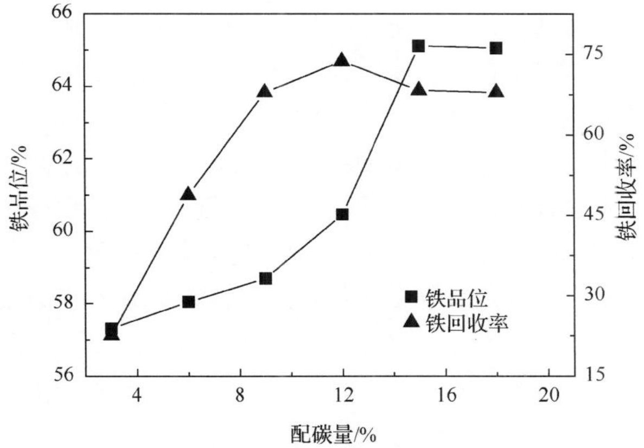

图 7.20　配碳量对产品指标的影响

从图 7.20 可以看出，配碳量对矿物磁选效果的影响显著。配碳量较低时，矿物品位和回收率都很低，是因为还原剂用量较少，矿物还原不彻底，仅生成少量磁铁矿，磁选效果差，造成铁大量流失。随着配碳量增加，还原效果明显增强，大量弱磁性铁矿物被还原为磁铁矿，矿物磁性显著增强，铁品位和回收率提高。当配碳量为 12%时，铁品位达到 60.47%，回收率为 73.76%，磁选效果较好。配碳量继续增加，可能使矿物过还原，导致铁品位提高较少，铁回收率却明显降低。

7.4.5 还原时间的影响

原矿质量 150g，配碳比 12%，微波功率 800W，焙烧温度 800℃，还原时间对铁精矿品位及回收率的影响如图 7.21 所示。

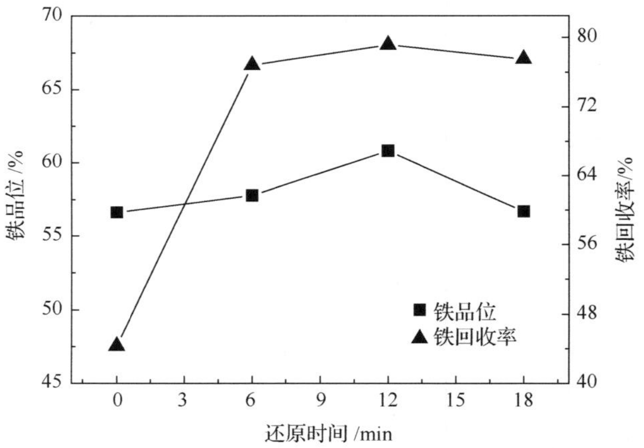

图 7.21 还原时间对产品指标的影响

从图 7.21 可以看出，还原时间对矿物磁选效果的影响显著。当还原时间在 0~12min 时，随着时间增加，铁品位和回收率逐渐提高。随着还原时间增加，大量矿物发生还原，时间越长，还原越充分，矿物中大量赤铁矿（Fe_2O_3）被还原剂还原为磁铁矿（Fe_3O_4），矿物磁性显著增强，铁品位和回收率明显提高。还原时间 12min，铁品位达到 60.82%，回收率为 79.15%，达到最佳效果。继续增加还原时间，铁回收率变化不大，铁品位由 60.82%降为 56.67%。一方面，延长还原时间，有利于促进四氧化三铁晶粒长大，时间过长，四氧化三铁晶粒过分粗大，增加四氧化三铁和脉石及其他杂质成分互包程度和破碎成本；另一方面，还原时间过长，将会导致矿石过还原，使矿物中少量强磁性四氧化三铁转化为弱磁性氧化亚铁（FeO）。

7.4.6 还原产物的磨选分离

原矿质量 150g，配碳比 12%，微波功率 800W，焙烧温度 800℃，焙烧时间 12min，磨矿细度对精矿品位及回收率的影响如图 7.22 所示。

从图 7.22 可以看出，磨矿细度对铁品位和回收率的影响明显，磁选后铁品位与磨矿细度在一定范围内成正比关系。因为随着矿物粒度逐渐减小，铁精矿中有效成分与脉石及其他杂质能够有效分离，在磁选工艺中，得到高品位铁精矿。磁选后铁回收率随磨矿细度的增大而降低。因为随着矿物颗粒变细，能够使脉石等杂质成分有效去除，但在杂质去除过程中，一些杂质颗粒包裹了有效成分，其磁性较弱，在磁选工艺中不能有效收集，会导致铁矿石中铁部分流失，降低铁回收率。

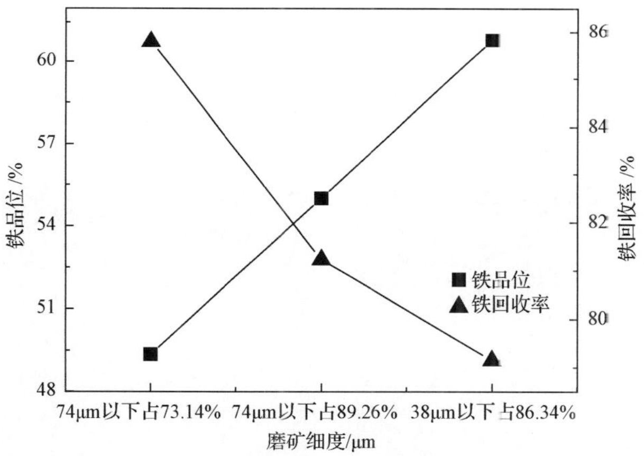

图 7.22 磨矿细度对产品指标的影响

磨矿细度比较粗时，铁回收率高，铁品位较低，满足不了工业生产需要；磨矿细度较细时，铁品位较高，铁回收率较低，造成了矿石浪费，另外，磨矿细度减小，磨矿时间则更长，增加矿物处理成本。综合各因素，选择磨矿细度为 200 目以下的占 85%以上。

磁场强度对磁选铁精矿铁品位和回收率的影响如图 7.23 所示。由图 7.23 可知，磁场强度对铁回收率影响不大，对铁品位的影响比较显著。当磁场强度在 79.58kA/cm 到 159.16kA/cm 范围增加，铁精矿品位逐渐降低。当磁场强度较小时，磁选机只能选出磁性较强物质，即含脉石等杂质成分较少矿物。当磁场强度比较大时，矿物颗粒之间会产生磁团聚现象，不可避免地机械夹杂一部分弱磁性颗粒和非磁性颗粒。综合分析，选定磁场强度为 119.37kA/cm 左右。

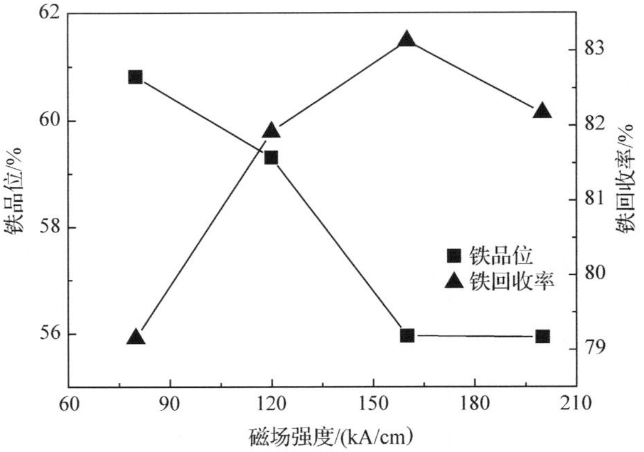

图 7.23　磁选磁场强度对产品指标的影响

7.4.7　还原产物物相分析

矿物在焙烧前与焙烧后，矿石结构如图 7.24 所示，物相分析如图 7.25、图 7.26 所示，扫描电镜图谱如图 7.27 所示。

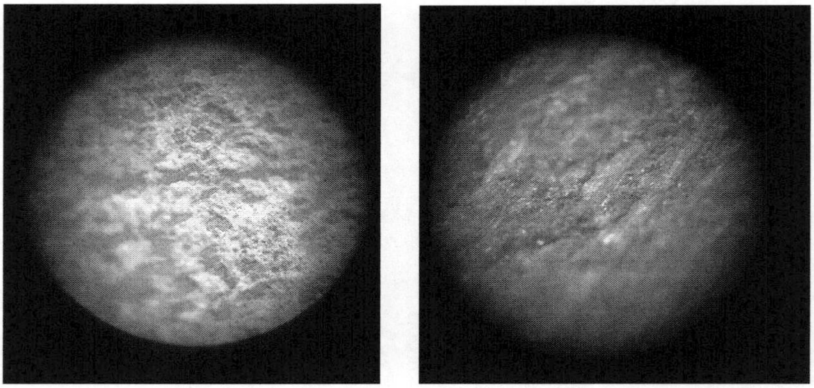

(a) 原矿　　(b) 焙烧后矿石

图 7.24　原矿焙烧前后对照图

从图 7.24 可以看出，原矿还原前后结构发生改变。从图 7.25、图 7.26 可以看出，原矿的铁矿物主要成分为褐铁矿，但经微波还原后，矿物中大量弱磁性铁矿被还原为磁铁矿，矿物磁性显著增强。从图 7.27 可以看出，微波还原后铁矿物的有效成分和脉石等其他杂质成分发生部分有效解离，显著降低磨矿成本。经过磨矿和磁选，铁精矿铁品位和回收率显著增大。

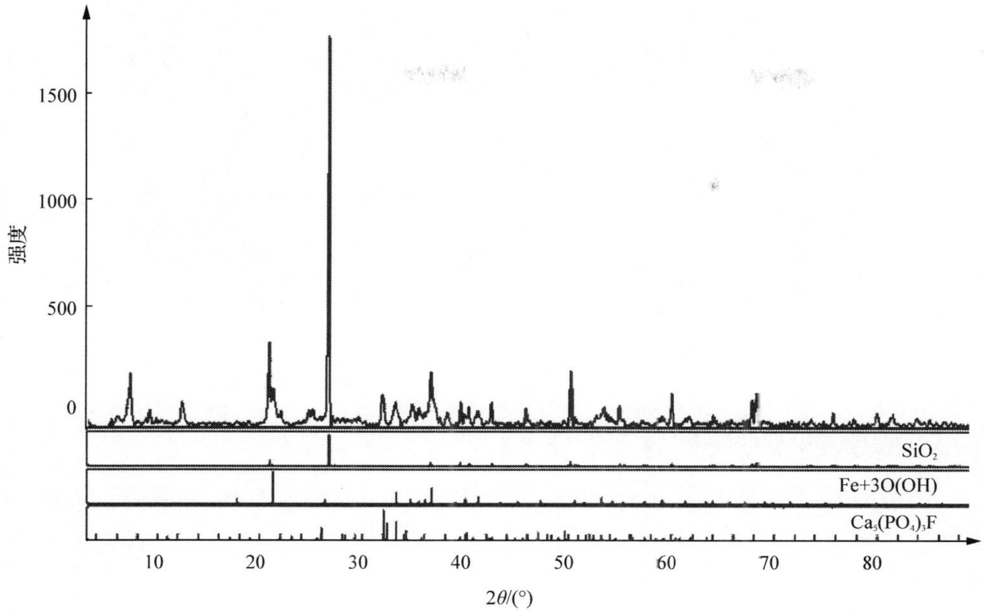

图 7.25　原矿 X 射线衍射图谱

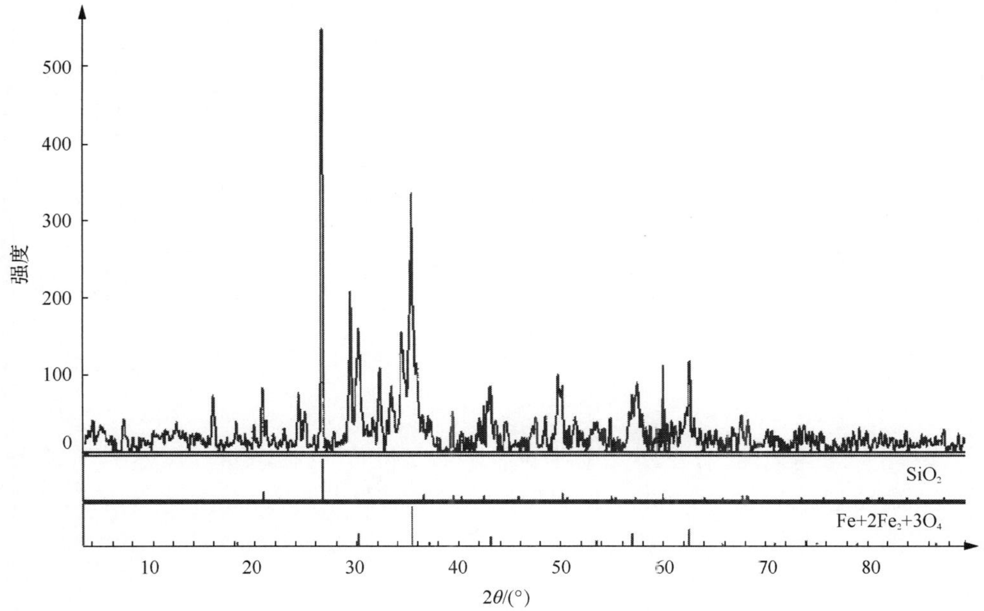

图 7.26　微波磁化焙烧后 X 射线衍射图谱

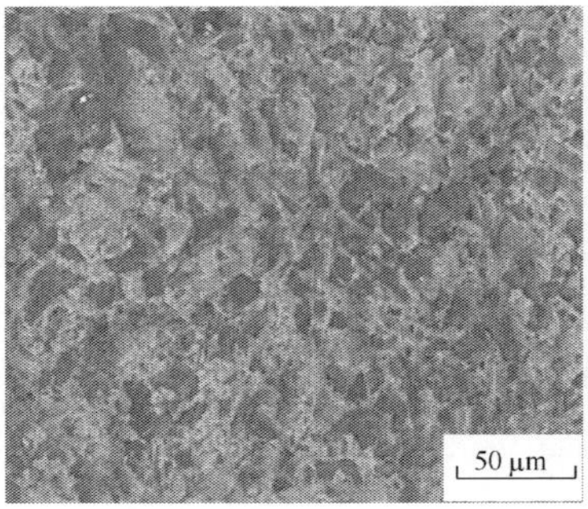

(a) 原矿

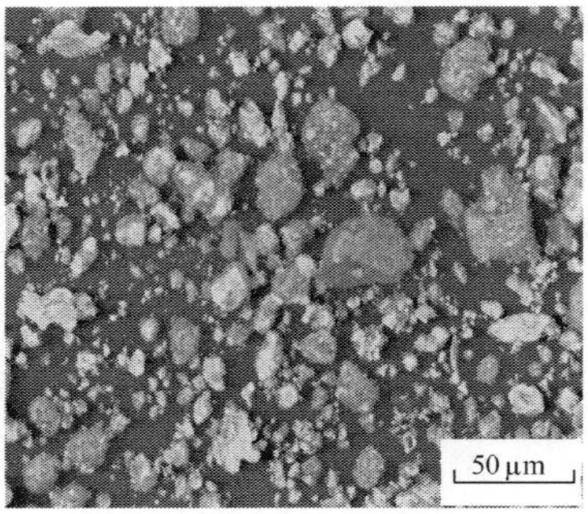

(b) 焙烧后的矿物

图 7.27 矿物焙烧前后扫描电镜图

7.4.8 常规还原与微波还原对比

原矿 100g，还原剂用量 12%，还原时间 1h，物料粒度小于 2mm 时，进行电阻炉加热还原，经球磨机磨至小于 74μm 占 90%，在 79.58kA/cm 的磁场强度下磁选，常规加热还原温度的影响如图 7.28 所示。

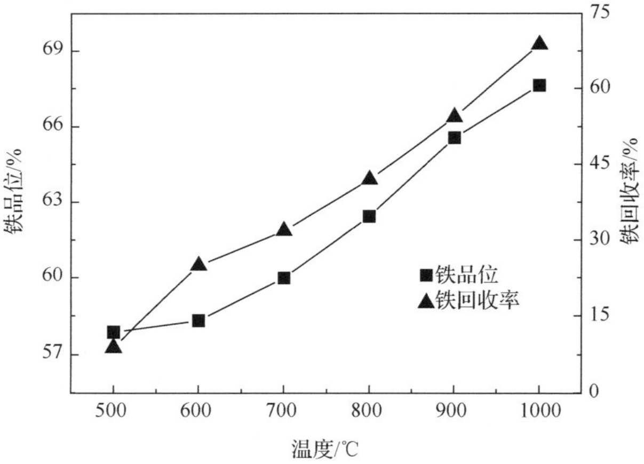

图 7.28 常规加热还原温度对产品指标的影响

从图 7.28 可以看出，常规还原所得铁精矿品位和回收率随着焙烧温度升高而增大，微波还原温度大于 800℃时，矿石出现部分烧结现象，铁回收率下降，微波还原铁矿石的回收率整体高于常规加热还原，且还原时间短，还原温度 800℃，比常规还原低 200℃。

7.4.9 响应曲面优化

1. 实验设计与结果

选定反应温度、还原剂用量、反应时间三个因素，采用响应曲面法进行微波焙烧铁矿石实验设计，响应曲面实验设计见表 7.22。

表 7.22　微波还原铁矿石响应曲面实验设计

因素	低值	高值	低值编码	高值编码	平均值
反应温度(*A*)	700	900	–1.00	1.00	800
配碳量(*B*)	0.09	0.15	–1.00	1.00	0.12
反应时间(*C*)	1.92	22	–1.00	1.00	11.99

对磁选铁精矿的考察指标分别为：铁精矿含铁品位 Y_1，铁精矿回收率 Y_2，基于中心组合设计的实验方案和结果见表 7.23。

表 7.23　响应曲面实验方案和结果

编号	反应温度 *A* /℃	还原剂用量 *B* /%	反应时间 *C* /min	全铁品位 Y_1 /%	回收率 Y_2 /%
1	631	12	12	55.48	47.34
2	968	12	12	57.22	65.28
3	800	12	12	61.47	79.15
4	800	17	12	60.14	68.94
5	800	6.9	12	58.51	54.34
6	900	9	18	56.54	71.42
7	900	15	6	57.13	66.25
8	700	9	6	56.56	48.31
9	800	12	12	61.31	79.21
10	800	12	1.92	56.46	47.51
11	800	12	12	61.28	79.16
12	700	15	18	55.77	69.36
13	800	12	12	61.35	79.31
14	700	9	18	55.41	54.73
15	800	12	12	61.41	79.01
16	800	12	12	61.26	79.32
17	900	15	18	56.39	78.43
18	700	15	6	56.89	56.14
19	800	12	21.9	55.73	73.1
20	900	9	6	57.26	55.51

2. 模型精确性验证分析

铁品位是磁选所得铁精矿的重要指标，其含量高低体现了微波还原磁化焙烧低品位铁矿石反应进行程度。根据实验数据对此响应值的方差进行分析，结果见表 7.24。

对各影响因子之间交互作用和各个影响因子对回归模型的影响作用进行分析，铁品位模拟选取线性模型，得到多项回归方程

$$Y_1=61.34+0.39A+0.23B+1.17C-0.12AB+0.19AC-0.03BC \\ -1.87A^2-0.81B^2-7.35C^2 \tag{7.2}$$

表 7.24　铁品位方差分析表

方差来源	平方和	自由度	均方	F 值	Prob > F
模型	105.34	9	11.70	73.46	< 0.0001
A	1.84	1	1.84	11.54	0.0068
B	0.66	1	0.66	4.11	0.0700
C	4.12	1	4.12	25.83	0.0005
AB	0.12	1	0.12	0.74	0.4104
AC	0.082	1	0.082	0.51	0.4895
BC	1.250×10^{-5}	1	1.250×10^{-5}	7.845×10^{-5}	0.9931
A^2	50.26	1	50.26	315.45	< 0.0001
B^2	9.58	1	9.58	60.12	< 0.0001
C^2	55.96	1	55.96	351.23	< 0.0001

从表 7.24 可见，选用模型精确度高，模拟效果好 Prob > F 值<0.05。相关系数 R^2 为 0.9851，表明式(7.2)适用于描述铁品位模型。另外，在三个影响因素中，反应时间对铁品位的影响十分显著。同时，反应温度(A)与反应时间(C)交互作用显著。图 7.29 为样品铁品位预测值与实验值的关系，可以看出预测值与实验值接近，表明两因子交互效应模型适合描述实验因素和样品铁品位的相关性。

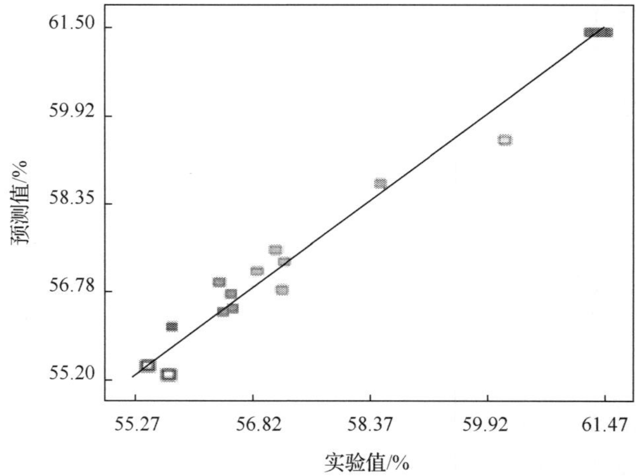

图 7.29　还原产物铁品位预测值与实验值的对比

回收率也是磁选所得铁精矿的重要产品指标，其含量高低体现了在矿物处理过程中铁矿物中有效成分的损失。根据实验数据对此响应值的方差进行分析，所得结果见表 7.25。对各影响因子之间交互作用和各影响因子对回归模型的影响作用分析，对铁品位模拟选取了线性模型，多项回归方程如下：

$$Y_2=77.03+5.10A+4.65B+18.24C-0.59AB+2.02AC+0.74BC-7.17A^2-5.28B^2-21.40C^2 \quad (7.3)$$

从表 7.25 可见，选用模型精确度高，模拟效果好 Prob>F 值<0.05。相关系数 R^2 为 0.9694，表明式(7.3)可用于描述回收率模型。另外，在三个影响因素中，反应时间对铁品位的影响十分显著。反应温度(A)与反应时间(C)交互作用显著。

图 7.30 为样品铁回收率预测值与实验值的关系，可以看出预测值与实验值接近，表明两因子交互效应模型适合描述实验因素和样品回收率的相关性。

表 7.25　回收率方差分析表

方差来源	平方和	自由度	均方	F 值	Prob > F
模型	2680.94	9	297.88	35.22	< 0.0001
A	320.83	1	320.83	37.93	0.0001
B	266.40	1	266.40	31.50	0.0002
C	1000.02	1	1000.02	118.24	< 0.0001
AB	2.77	1	2.77	0.33	0.5796
AC	8.93	1	8.93	1.06	0.3285
BC	1.18	1	1.18	0.14	0.7168
A^2	740.50	1	740.50	87.56	< 0.0001
B^2	402.22	1	402.22	47.56	< 0.0001
C^2	473.93	1	473.93	56.04	< 0.0001

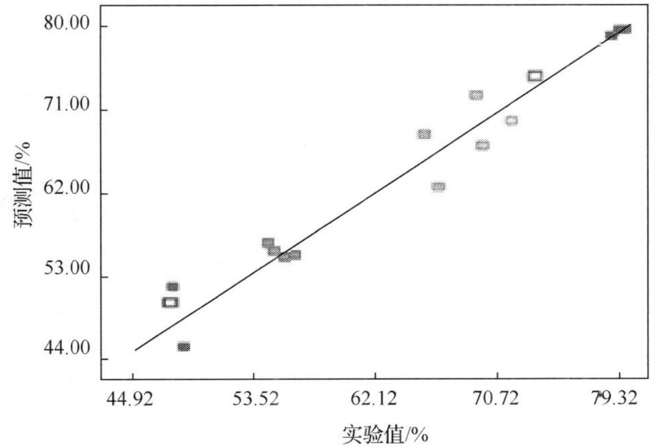

图 7.30　样品回收率预测值与实验值的关系

3. 响应曲面分析

图 7.31 和图 7.32 为反应温度与还原剂用量对铁品位的交互作用关系图。

从图 7.31 可以看出，随着反应温度增加，铁品位先增加后减少。由图 7.32 可知，铁品位达到 58.99%~60.74%，调整反应温度能有效减少还原剂用量。

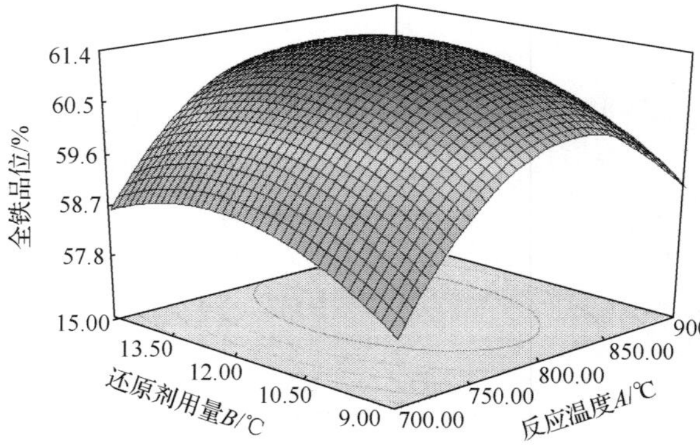

图 7.31　反应温度与还原剂用量对铁品位的交互作用

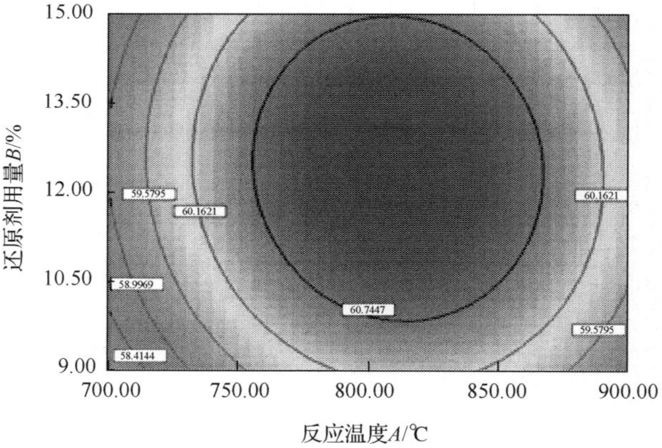

图 7.32　反应温度与还原剂用量对铁品位的交互作用等高线图

图 7.33 和图 7.34 为反应温度与反应时间对铁品位的交互作用图。

由图 7.33 可以看出，随着反应时间的增加，铁品位先增加后减少。由图 7.34 可知，要使铁品位达到 57.12%～59.98%，调整反应时间能有效降低反应温度。

图 7.35 和图 7.36 为还原剂用量与反应时间对铁品位的交互作用关系及其等高线图。

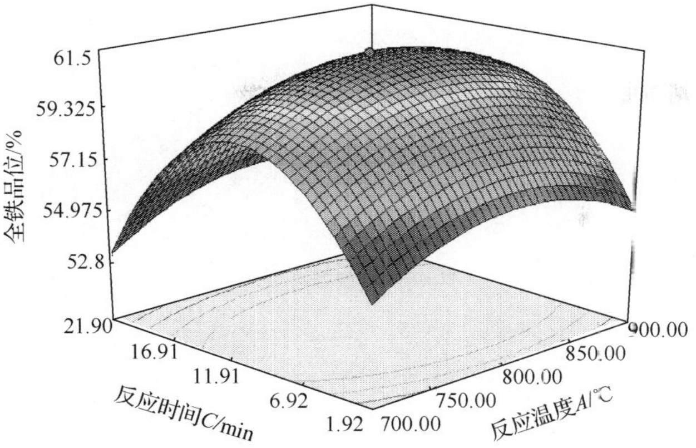

图 7.33　反应温度与反应时间对铁品位的交互作用

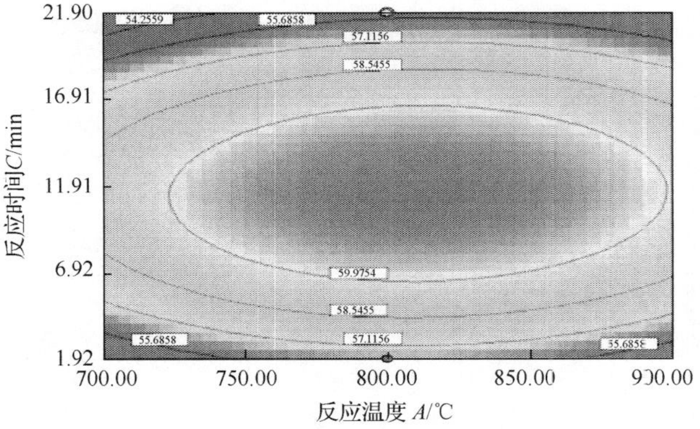

图 7.34　反应温度与反应时间对铁品位交互作用等高线图

从图 7.35 可以看出，随着反应时间增加，铁品位先增加后减少。由图 7.36 可知，要使铁品位达到 56.62%～60.20%，调整反应时间能有效减少还原剂用量。

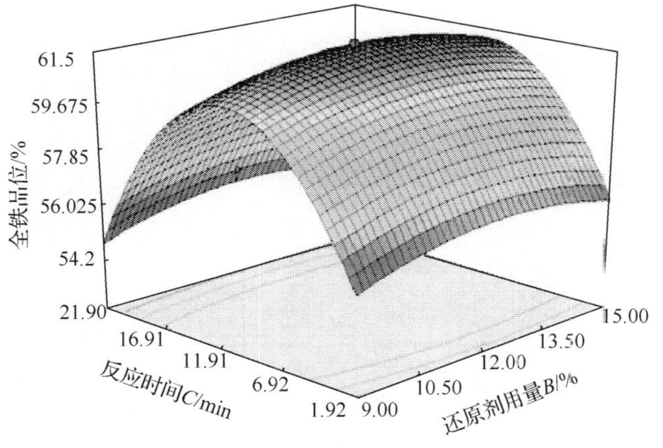

图 7.35　反应温度与还原剂用量对铁品位的交互作用

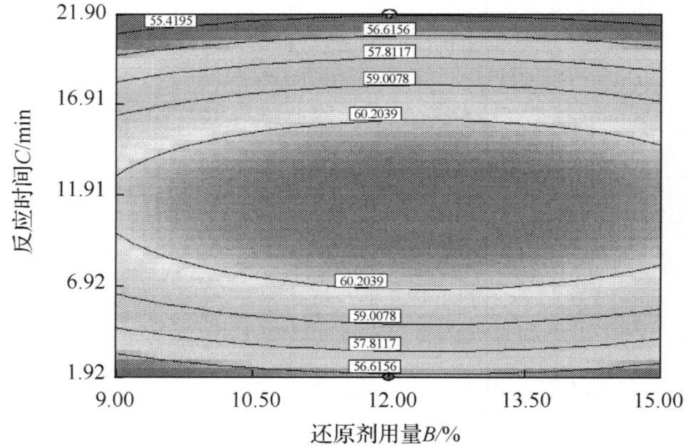

图 7.36　反应温度与还原剂用量对铁品位的交互作用等高线图

图 7.37 和图 7.38 为反应温度与还原剂用量对样品回收率交互作用关系图及其等高线图。

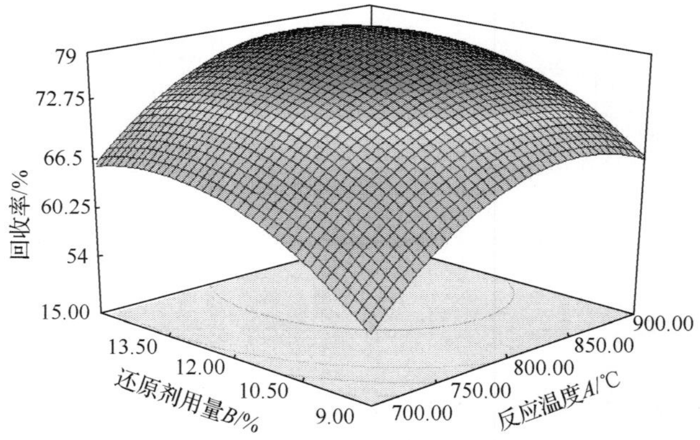

图 7.37　反应温度与还原剂用量对样品回收率的交互作用

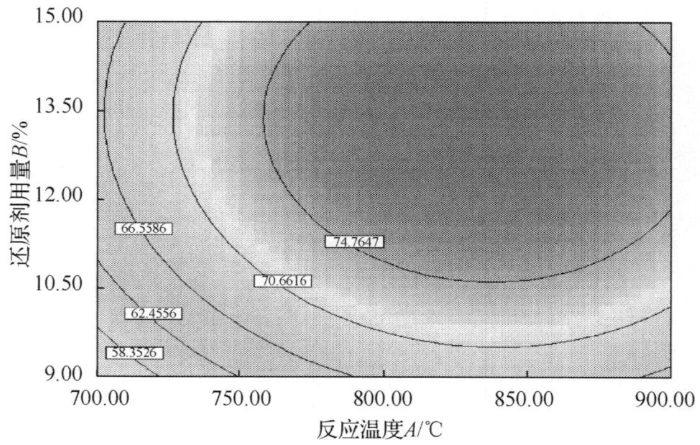

图 7.38　反应温度与还原剂用量对样品回收率的交互作用等高线图

从图 7.37 可以看出，固定反应时间为 10.05min，随着反应温度的增加，回收率先增加后减少。从图 7.38 可知，要使回收率达到 58.35%~74.76%，调整反应温度能有效减少还原剂用量。

图 7.39 和图 7.40 为反应温度与反应时间对样品回收率的交互作用及其等高线图。

从图 7.39 可以看出，还原剂用量为 12%时，随着反应时间的增加，铁回收率先增加后减少。由图 7.40 可知，要使铁品位达到 47.66%~75.26%，调整反应时间效果更佳。

图 7.41 和图 7.42 为还原剂用量与反应时间对样品回收率的交互作用及其等高线图。

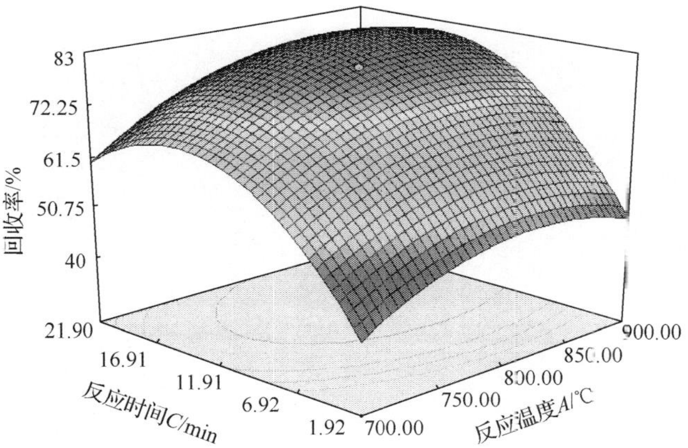

图 7.39　反应温度与还原剂用量对样品回收率的交互作用

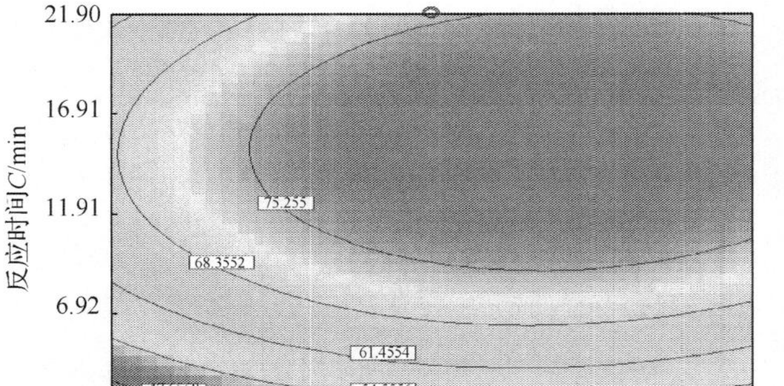

图 7.40　反应温度与还原剂用量对样品回收率的交互作用等高线图

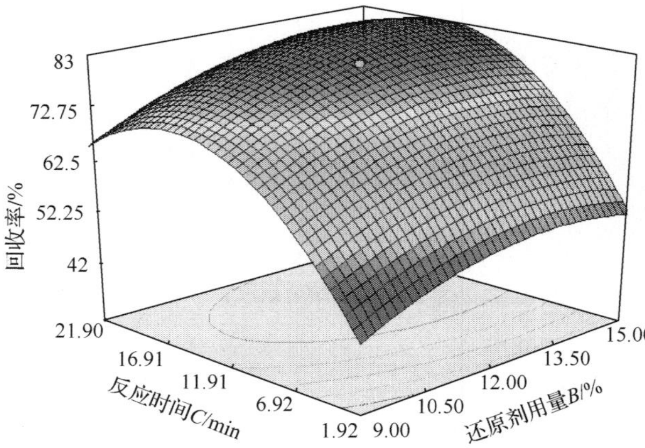

图 7.41　还原剂用量与反应时间对回收率的交互作用

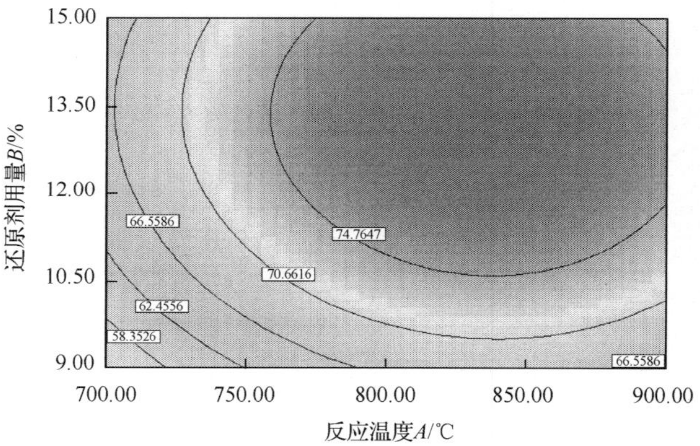

图 7.42　还原剂用量与反应时间对回收率的交互作用等高线图

从图 7.41 可以看出，随着反应时间增加，铁品位先增加后减少。由图 7.42 可知，要使回收率达到 58.35%~74.76%，调整反应时间比减少还原剂用量效果更好。

4. 优化验证

响应曲面实验研究表明，反应时间对铁精矿品位和回收率的影响效果最为显著。另外，三个响应值之间有着相同的变化趋势，均随着反应温度升高，反应时间延长和还原剂用量增加，铁精矿品位和回收率先增大后逐渐降低。基于实验参数，使用软件参数优化模块对反应温度、还原剂用量、反应时间进行优化，结果见表 7.26，从表 7.26 可以看出实验值和预测值符合度高。

表 7.26 模型验证

反应温度 A/℃	还原剂 B/%	反应时间 C/min	铁品位/%		回收率/%	
			预测值	实验值	预测值	实验值
800	12	10.50	61.34	60.98	80.03	79.40

Standish 和 Worner[31]进行了微波加热还原对比实验。将赤铁矿粉与焦粉和石灰粉按一定比例混合，分别进行微波加热和传统加热还原。研究表明，微波加热还原的反应速率比传统加热还原的反应速率快得多(图 7.43)。

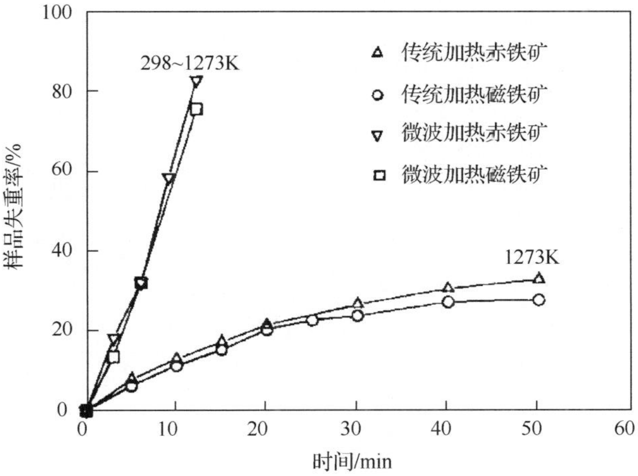

图 7.43 赤铁矿和磁铁矿的微波还原与传统还原比较

在铁矿石实际还原过程中，通常是将铁矿石与碳粉混合制成球团，然后再对球团进行还原。当用传统方法加热时，由于热量不能有效而及时地传递到球团内部以补充布多尔反应所消耗热量，球团中心会变冷，即产生“冷中心”，致使球团中心区域的还原气体浓度降低，反应速率减慢。

碳热还原过程中发生相变可能会使非损耗性物料变成损耗性物料，从而使微波加热过程更为有效。当温度大于843K时，赤铁矿还原是分步进行：$Fe_2O_3 \rightarrow Fe_3O_4 \rightarrow FeO \rightarrow Fe$ 。

还原过程中产生的三氧化二铁是一种非常优良的微波吸收物质，四氧化三铁生成有效地提高了球团的微波吸收性能。由于四氧化三铁局部高温，同时提高了三氧化二铁与四氧化三铁，以及四氧化三铁与氧化亚铁反应界面的温度，因而四氧化三铁的局部高温，既促进三氧化二铁还原成四氧化三铁，又促进了四氧化三铁进一步还原成氧化亚铁。在铁矿石还原过程中，从氧化亚铁还原成金属铁是最困难的一步，如果氧化亚铁像四氧化三铁能够很好地吸收微波，将会对反应十分有利，但氧化亚铁不是良好的微波吸收物质。还原出来的金属铁为海绵铁，能够吸收一定的微波，且还可通过局部电弧使物料加热，因此氧化亚铁-铁反应界面的温度仍然很高，可以保证氧化亚铁还原成铁。

由此可见，微波加热在碳热还原反应中克服了传统加热还原过程中的主要缺点，消除了物料的“冷中心”现象，使反应速率显著加快。

陈津等[32]利用微波加热还原含碳铁矿粉，研究了原料对微波的吸收性能，分析了不同重量、不同气氛下含碳铁矿 z 粉的微波加热状况。在一定温度下，物料的金属化率随配煤比的增加而提高，煤粉粒度对含碳铁矿粉的金属化率有明显作用。在无保护性气氛下，金属化率可达 90%以上。研究了能耗问题，表明改善加热装置是降低能耗的关键。

陈津等[33,34]研究了微波加热还原含碳铁矿粉。在微波功率 15kW、物料质量 1kg 的条件下，研究了不同质量、不同冷却气氛、不同还原剂粒度等对还原效果的影响，研究表明，微波加热含碳铁矿粉还原矿相结构分为金属铁、浮氏体和渣相结构。矿粉颗粒围绕煤粉颗粒进行还原，形成星点状金属铁，进而形成环带状结构。由于矿-煤颗粒界面间还原出的金属铁厚度增大，使初始直接还原反应减弱，尚未还原的氧化亚铁核心依靠碳气化生成的一氧化碳和金属铁中碳的扩散继续还原，形成蠕虫状金属铁连晶结构。浮氏体对微波具有一定的吸收能力，在微波场中自身热碎裂，可加速碳热还原。渣相含有变价铁元素，对微波有一定的吸收能力，有利于渣相中复杂铁氧化物还原。

7.5 微波还原铁鳞混合物

铁鳞是钢铁厂固体废料之一，片状、脆性大。在对钢铁粗加工和深加工过程中，其表面不可避免被氧化成氧化物铁鳞[34]。自 2008 年起，全球每年约产生 1350×10^4t 铁鳞[35-40]。我国铁鳞产量约是钢产量的 1.0%，2011 年我国粗钢产量为 6.8×10^8t，则铁鳞产量为 680×10^4t[36]。铁鳞由于纯度较高，是制备直接还原铁粉的优良原料。

唐昭辉[41]开展了微波还原铁鳞与铁精矿混合物料制备直接还原铁研究，探讨了铁磷配量、还原温度、还原时间、配煤量、脱硫剂配量等因素对还原产物金属化率的影响，并探索磁选电流等磨选参数对还原铁粉品位及回收率的影响。

铁鳞的主要成分和粒度分布见表 7.27、表 7.28，物相分析如图 7.44 所示。

由表 7.27 可知，铁鳞中全铁含量达到 69.18%，氧化硅和氧化铝的总含量为 3.48%。由表 7.28 可看出，150μm 以上铁鳞占 63.34%，粒度较粗。由图 7.44 可知，铁鳞中主要物相为氧化亚铁，其次为四氧化三铁，只有少量的三氧化二铁物相存在，少量的杂质为钙铝硅酸盐。

表 7.27　铁鳞主要化学成分　(单位：%)

名称	TFe	FeO	SiO_2	Al_2O_3	MgO	CaO	P	S	H_2O
铁鳞	69.18	53.70	2.84	0.64	0.62	1.44	0.070	0.020	1.4

表 7.28　铁鳞粒度分布

名称	粒度/μm			
	<80	80 ~ 120	120 ~ 150	>150
铁鳞/%	25.17	5.57	5.92	63.34

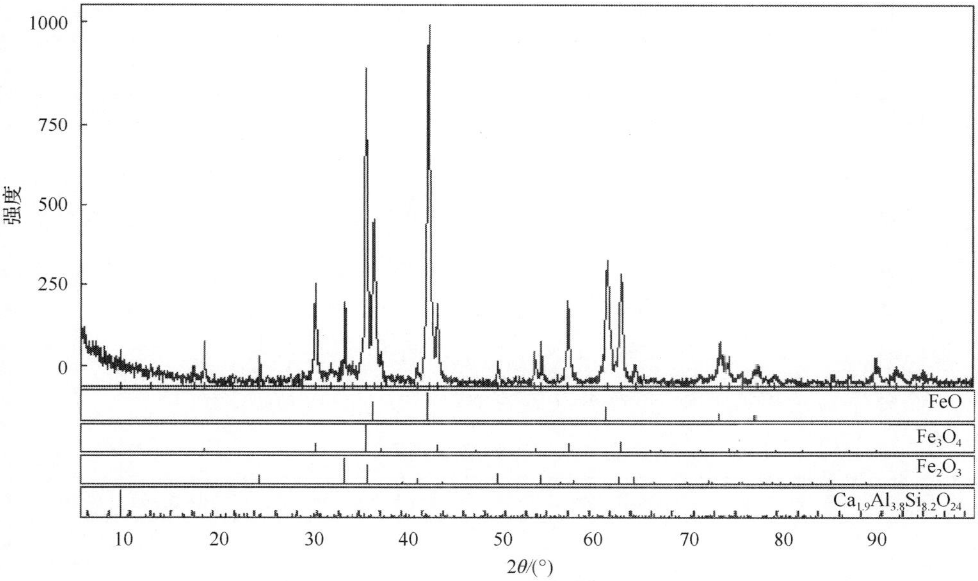

图 7.44　铁鳞 X 射线衍射图谱

铁精矿的主要成分和粒度分布见表 7.29、表 7.30，XRD 物相分析如图 7.45 所示。

表 7.29　铁精矿主要化学成分　(单位：%)

名称	TFe	FeO	SiO_2	Al_2O_3	MgO	CaO	P	S	H_2O
铁精矿	62.98	24.87	6.86	1.36	0.81	0.43	0.033	0.024	5.80

表 7.30　铁精矿粒度分布

名称	粒度/μm			
	<80	80 ~ 120	120 ~ 150	>150
铁精矿/%	96.21	2.75	0.42	0.62

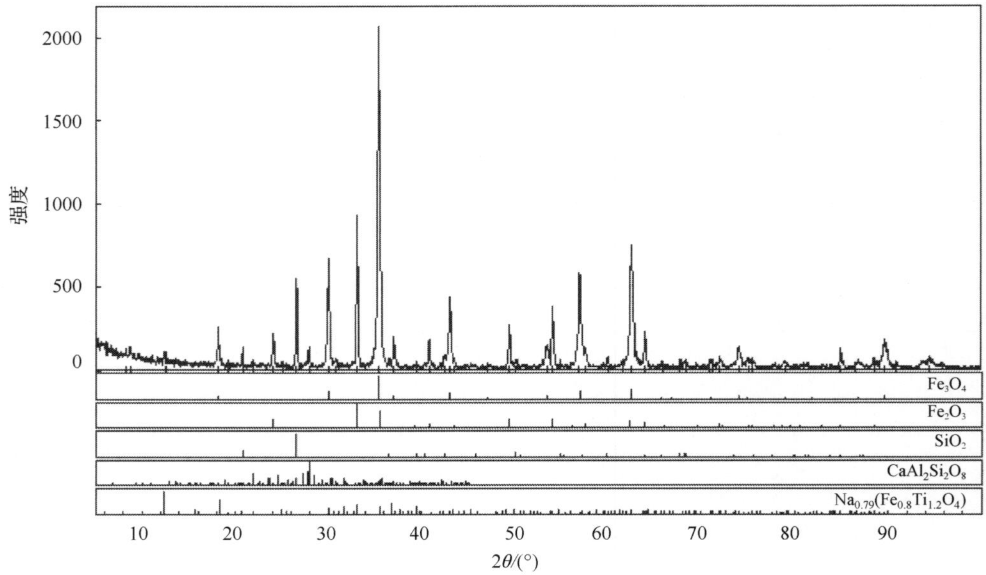

图 7.45　铁精矿 X 射线衍射图谱

由表 7.29 可知，铁精矿全铁含量为 62.98%，氧化硅和氧化铝总含量为 8.22%。由表 7.30 可看出，96.21%铁精矿粒度在 80μm 以下。由图 7.45 可知铁精矿主要物相为四氧化三铁，其次为三氧化二铁，少量杂质为氧化硅。

无烟煤工业分析和 S、P 含量分析结果见表 7.31。

表 7.31　无烟煤工业分析

干燥基水分/%	干燥基灰分/%	干燥基挥发分/%	干燥基固定碳/%
1.79	22.40	9.25	70.42
干燥基全硫/%	干燥基煤中磷/%	干燥基弹筒发热量/(MJ/kg)	
0.90	0.014	26.93	

轻烧白云石主要成分见表 7.32。由表 7.32 可知，轻烧白云石中氧化钙和氧化镁的总含量达到了 87.78%，氧化硅的含量低于 1%，其活性度为 231，磷、硫含量较低，属于较好的冶金生产用原料。

表 7.32　轻烧白云石主要化学成分

名称	CaO	MgO	Al_2O_3	SiO_2	S	P	活性度
含量/%	52.51	35.27	1.45	0.57	0.045	0.14	231

7.5.1　铁鳞配量的影响

当还原温度为 1100℃、还原时间为 60min、配煤量为 25%、外配煤为 25g，铁鳞配比对其还原产物金属化率的影响如图 7.46 所示。

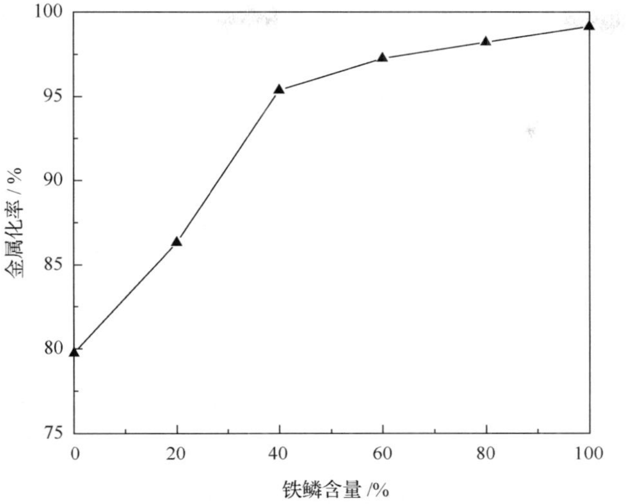

图 7.46　铁鳞配比对铁金属化率的影响

由图 7.46 可以看出，铁鳞加入比例对还原产物金属化率有明显影响。由于铁鳞中杂质含量较少，混合原料中铁鳞含量越高，还原产物直接还原铁中杂质含量越少，质量越高。铁鳞吸波性能不如铁精矿，铁鳞中混加铁精矿可以有效地改善混合原料的吸波性能，大大缩短升温时间，有利于节省能耗。综合考虑认为，还原过程以 60%铁鳞配加 40%铁精矿粉作为还原过程的铁原料。

7.5.2　还原温度的影响

当还原时间为 40min、配煤量为 20%、外配煤为 25g 时，还原温度对还原产物金属化率的影响如图 7.47 所示。

由图 7.47 可以看出，随着还原温度的提高，还原产物的金属化率逐渐提高。由于在微波加热制备直接还原铁的过程中，主要是固体碳还原铁氧化物的直接还原反应过程，而在铁氧化物的还原过程中，以 1000℃等温线作为间接还原和直接还原两种还原方式的分界线，即 1000℃以上为直接还原温度区域[42]。因此，当微波加热还原温度由 900℃提高到 1100℃，还原产物金属化率显著提高，而微波加热还原温度从 1100℃提高到 1150℃，还原产物的金属化率仅提高 0.35%，且在 1150℃还原温度下，还原物料中的小颗粒铁珠联结在一起形成小铁块。在 1200℃，还原出来的铁熔融在一起。在直接还原过程中要避免金属铁块、铁疙瘩的形成，还原温度选择 1100℃。

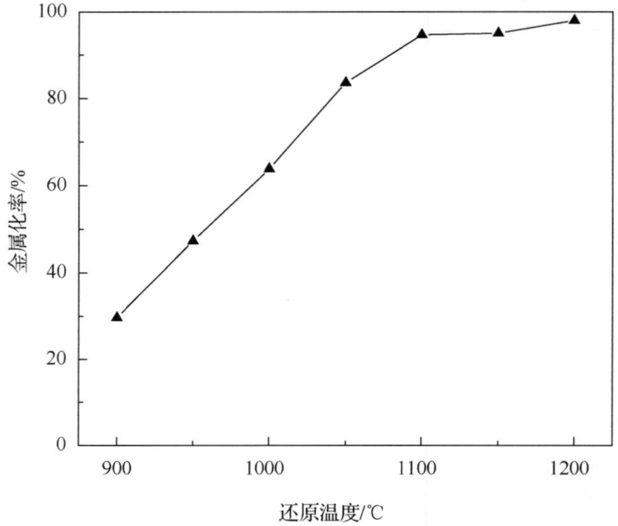

图 7.47　还原温度对铁金属化率的影响

7.5.3　还原时间的影响

当还原温度为 1100℃、配煤量为 20%、外配煤为 25g 时，还原时间对还原产物金属化率的影响如图 7.48 所示。

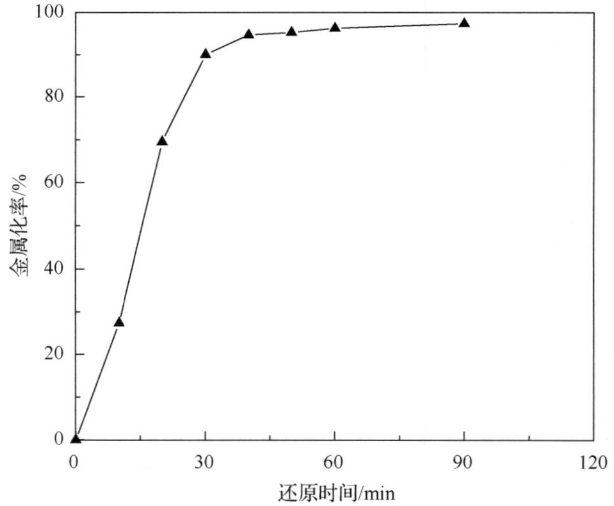

图 7.48　还原时间对铁金属化率的影响

从图 7.48 可以看出，在反应初期(≤40min)，还原产物金属化率随时间的延长而升高，在反应后期(≥40min)金属化率提高幅度缓慢，120min 时直接还原铁部分熔融形成了小铁块。在微波加热还原过程的反应初期，由于产生了粉末状金属铁，属于强吸波体，在微波场中，这些粉末状金属铁可以形成局部高温热点，一方面，热点可以提供克服形核能垒所需的能量；另一方面局部高温热点会促使界面微观粗糙度加大[43]，而微观粗糙度的加大可提供更大密度的凹陷(角)，在凹陷处所需形核吉布斯自由能可大幅度降低[44]。综合考虑认为，还原时间以 60min 为宜。

7.5.4 煤配量的影响

当还原温度为 1100℃、还原时间为 60min、外配煤为 25g 时，配煤量对还原产物金属化率的影响如图 7.49 所示。

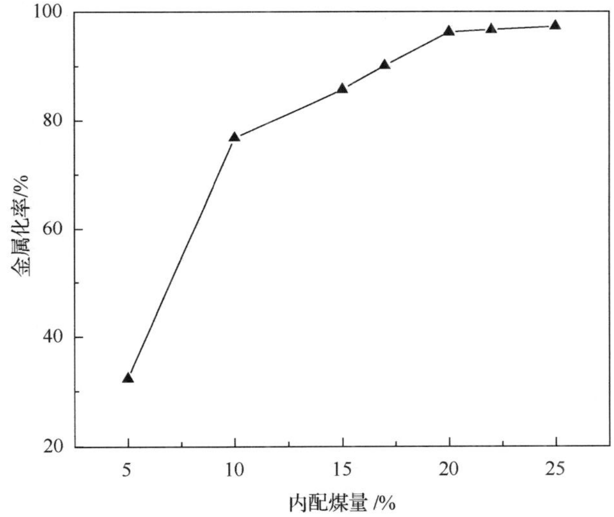

图 7.49 配煤量对铁金属化率的影响

由图 7.49 可以看出，配煤量对还原产物金属化率有明显影响。由于微波加热还原过程中，主要是固体碳还原铁氧化物的直接还原过程。当配煤量过多，还原产物金属化率提高幅度不大的同时增加还原成本，理论配碳量为 20.29%。选择配煤量为物料的 22%。

7.5.5 脱硫剂配量的影响

当还原温度为 1100℃、还原时间为 60min、配煤量为 22%、外配煤为 25g，脱硫剂配比对还原产物金属化率的影响如图 7.50 所示。

由图 7.50 可以看出，脱硫剂配比对还原产物金属化率有一定影响。考虑到还原产物金属化率，脱硫剂加入量确定为 2%~7%，可根据还原产物的脱硫效果来确定。

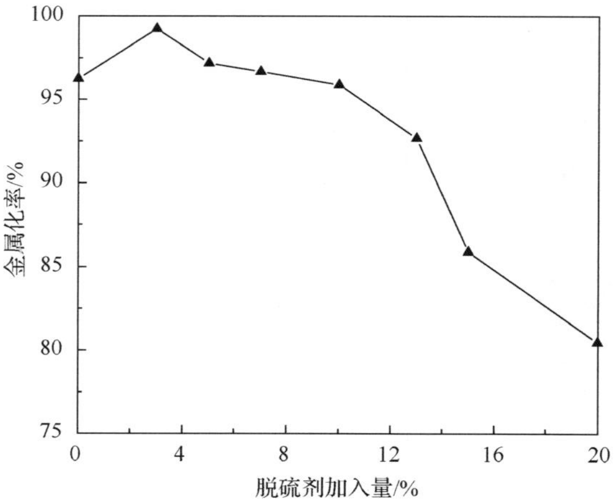

图 7.50　脱硫剂加入量对铁金属化率的影响

7.5.6　还原产物物相与形貌

图 7.51 为微波还原产物的 X 射线图谱。从图 7.51 可以看出，微波还原产物主要含有 α-Fe 单质，还有极少量的四氧化三铁、三氧化二铁及杂质氧化硅。极少量四氧化三铁、三氧化二铁可能是冷却过程金属铁被空气氧化而产生，表明微波还原工艺较为合适。

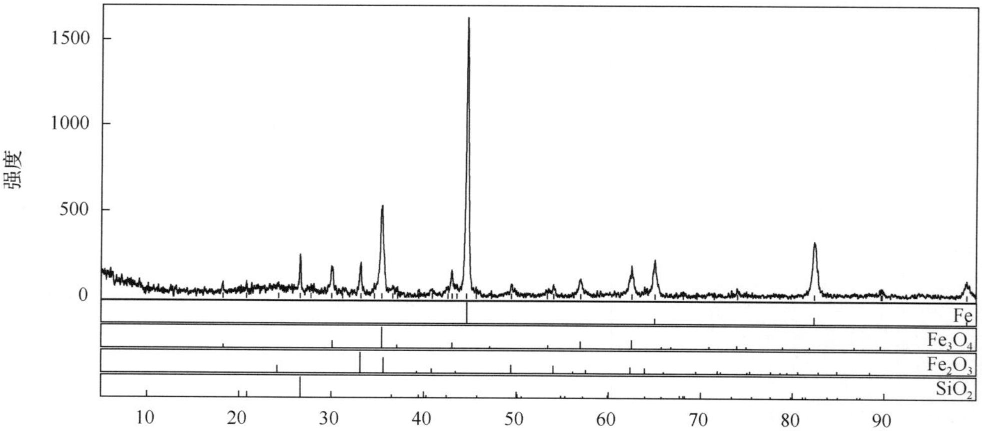

图 7.51　微波还原产物 X 射线衍射图谱

铁精矿、铁鳞的 SEM 分析如图 7.52、图 7.53 所示，还原产物的 SEM 图如图 7.54 所示。

图 7.52 铁精矿扫描电镜图

图 7.53 铁鳞扫描电镜图

(a) 还原产物 (b) 局部放大500倍

图 7.54 微波还原产物扫描电镜图

由图 7.52 可见，铁精矿的颗粒大小不均一、形状多样，且大颗粒表面黏附着少量细小的矿粒。由图 7.53 可知，铁鳞的颗粒表面较光滑、致密，颗粒大小相对均一，大颗粒表面黏附的细小矿粒较多。图 7.54 为直接还原铁粉的 SEM 图。

7.5.7 还原产物的选矿分离

微波还原产物全铁含量都在 80%左右，未达到表 7.33 直接还原铁等级标准的指标要求。因此，需要对还原产物进行选矿处理，提高产物的品质。

表 7.33 直接还原铁判定等级标准(KGDR 802) (单位：/%)

等级	TFe	MFe	η_M	S	P	SiO_2	水分
一级品	≥94.0	≥88.0	≥94.0	≤0.030	≤0.030	≤3.0	≤0.50
二级品	≥88.0	≥81.0	≥93.0	≤0.045	≤0.080	≤6.0	≤0.50
三级品	≥83.0	≥77.0	≥92.0	≤0.070	≤0.10	≤7.0	≤1.00

以金属化率为96.65%，全铁含量为78.11%的还原产物为选矿原料，采用 XCGS 型湿式磁选机选矿分离，选矿指标为回收率 η，计算方法如式(7.4)：

$$\eta = \frac{m_2}{m_1} \tag{7.4}$$

式中，η 为回收率，%；m_1 为选矿前还原物料的质量，g；m_2 为选矿后还原物料的质量，g。

磁选电流强度对还原产物的回收率及全铁含量的影响，结果如图 7.55、图 7.56 所示。

由图 7.55 可以看出，磁选电流强度对直接还原铁的回收率有影响，但不显著。磁选电流强度为 0.5A 时，直接还原铁回收率为 90.5%；当电流强度为 1A 时，直接还原铁回收率为 90.7%；当电流强度为 1.5A 时，直接还原铁回收率为 91.66%；当电流强度提升到 2.5A 时，直接还原铁回收率仅为 91.86%。选择磁选电流强度为 0.5~2.5A，回收率均达到 90%以上。

从图 7.56 可以看出，磁选电流强度对直接还原铁的全铁含量有一定影响。磁选电流强度为 0.5A 时，直接还原铁 TFe 由 78.11%提升到 86.68%；当电流强度为 1A 时，直接还原铁 TFe 降为 83.88%；当电流强度为 1.5A 时，直接还原铁 TFe 仅为 82.79%；当电流强度提升到 2.5A 时，直接还原铁 TFe 仅为 81.18%。磁选电流强度在 1A 以下时，直接还原铁 TFe 均在 83%以上，达到了表 7.33 三级品质量指标要求。

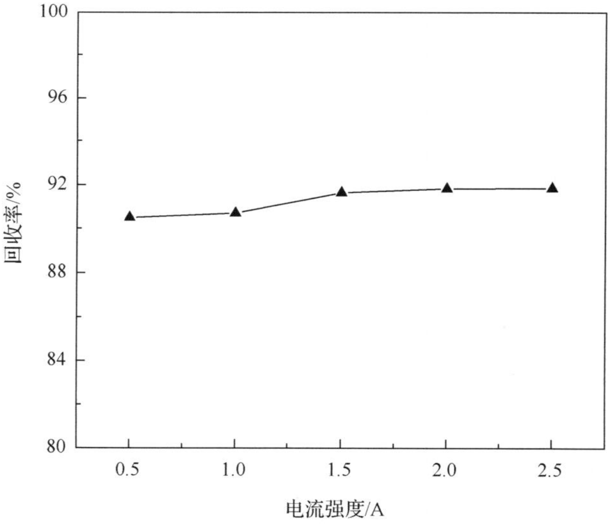

图 7.55　磁选电流强度对直接还原铁回收率的影响

综合分析回收率和产物质量，磁选电流强度选择 0.5A 为佳，得到产品的全铁含量 TFe 为 86.68%，金属铁含量为 83.78%，直接还原铁回收率为 90.5%。

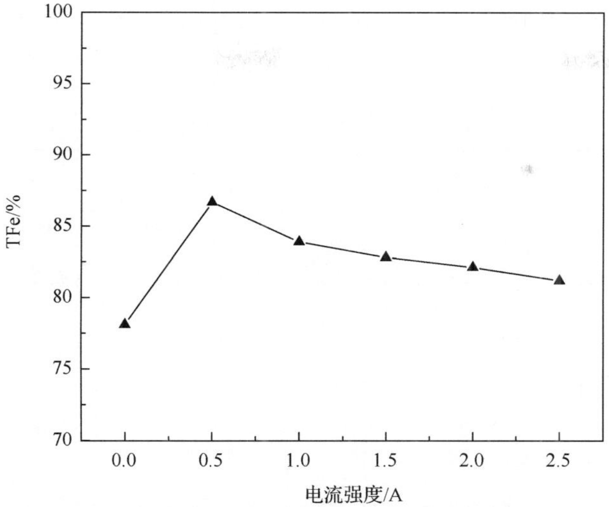

图 7.56 磁选电流强度对直接还原铁全铁含量的影响

7.5.8 脱硫效果

图7.57为磁选电流强度为0.5A,脱硫剂加入量对直接还原铁中硫含量的影响。

图 7.57 可以看出，脱硫剂加入量对直接还原铁中硫含量有显著影响。当脱硫剂加入量为 7%时，直接还原铁中硫含量仅为 0.06%，满足三级品的硫质量指标要求；继续增加脱硫剂加入量，产品硫含量可继续降低。综合考虑，选择 7%脱硫剂加入量为宜。

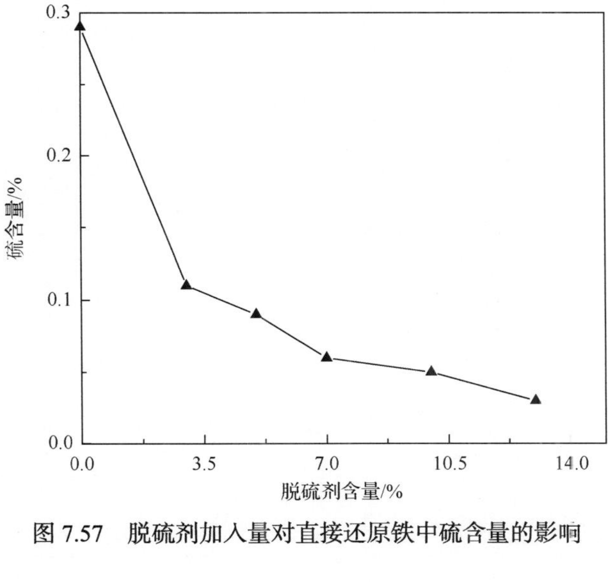

图 7.57 脱硫剂加入量对直接还原铁中硫含量的影响

磁选电流强度为 0.5A，经选矿处理，产品直接还原铁中成分含量分析结果见表 7.34。

表 7.34　直接还原铁成分分析结果　　(单位：%)

参数	TFe	MFe	η_M	C	S	P	SiO_2	水
含量	86.68	83.78	96.65	1.88	0.06	0.02	1.28	0.12

从表 7.34 可知，通过选矿处理，产品达到直接还原铁等级标准中三级品的各项质量指标要求。

7.5.9　响应曲面优化

1. 实验设计与结果

选定对金属化率影响较大的还原温度(℃)、还原时间(min)、配煤量(%)作为响应曲面法优化微波加热制备直接还原铁的主要影响因子，开展响应曲面法优化实验。实验设定的影响因子及响应值分别是：还原温度 X_1、还原时间 X_2、配煤量 X_3；还原效果的考察指标 Y_1——金属化率，即响应值。实验设计与结果见表 7.35。

表 7.35　实验设计与结果

编号	X_1/℃	X_2/min	X_3/%	Y_1/%
1	961	28	9.05	44.19
2	1139	28	9.05	76.70
3	961	52	9.05	61.79
4	1139	52	9.05	89.56
5	961	28	20.95	69.51
6	1139	28	20.95	94.73
7	961	52	20.95	77.63
8	1139	52	20.95	97.68
9	900	40	15	27.58
10	1200	40	15	96.58
11	1050	20	15	69.51
12	1050	60	15	89.20
13	1050	40	5	32.33
14	1050	40	25	89.68
15	1050	40	15	81.03
16	1050	40	15	83.35
17	1050	40	15	81.69
18	1050	40	15	81.62
19	1050	40	15	80.68
20	1050	40	15	84.73

2. 模型精确性验证分析

通过运用中心复合设计来对三个影响因子之间相互作用及各影响因子对模型的回归性影响作用进行分析，并对金属化率这一响应值取二次方模型，得到多项回归方程

$$
\begin{aligned}
Y_1= & -1001.1594+1.6073X_1+1.5857X_2+11.6859X_3-1.1679\times10^{-3}X_1X_2 \\
& -3.5379\times10^{-3}X_1X_3-0343X_2X_3-6.3124\times10^{-4}X_1^2 \\
& +7.6802\times10^{-3}X_2^2-0.1528X_3^2
\end{aligned}
\tag{7.5}
$$

经过拟合计算，式(7.5)的 R^2 值为 0.9010，表明微波还原中有 90.10%实验数据可以用该模型加以解释，其可信度较高。通过方差分析对模型精确性进行分析，金属化率为响应值的分析结果见表 7.36。

表 7.36　方差分析结果

方差项	平方和	自由度	均方值	F 值	Prob>F
模型	6828.23	9	758.69	10.11	0.0006
X_1	3595.54	1	3595.54	47.92	<0.0001
X_2	407.99	1	407.99	5.44	0.0419
X_3	1963.67	1	1963.67	26.17	0.0005
X_1X_2	12.28	1	12.28	0.16	0.6944
X_1X_3	28.16	1	28.16	0.38	0.5538
X_2X_3	47.00	1	47.00	0.63	0.4471
X_1^2	363.39	1	363.39	4.84	0.0524
X_2^2	17.00	1	17.00	0.23	0.6443
X_3^2	420.48	1	420.48	5.60	0.0395

从表 7.36 可以看出，选取模型的 F 值为 10.11，Prob>F 值为 0.0006，表明模型精确度高，模拟效果显著(模型分析中，Prob>F 值小于 0.05 即说明所选模型可信度高，模拟精确)；在该分析表中，X_1、X_2 及 X_3 所对应的 Prob>F 值分别为小于 0.0001、0.0419 和 0.0005，说明还原温度 X_1、还原时间 X_2 及配煤量 X_3 对模型影响作用较大，即对响应值金属化率的影响明显。

在影响因子所取得实验研究水平范围内，上述模型可以对微波加热还原考察指标金属化率进行较精确的预测。图 7.58 为还原产物的金属化率响应曲面预测值与实验值的关系图。

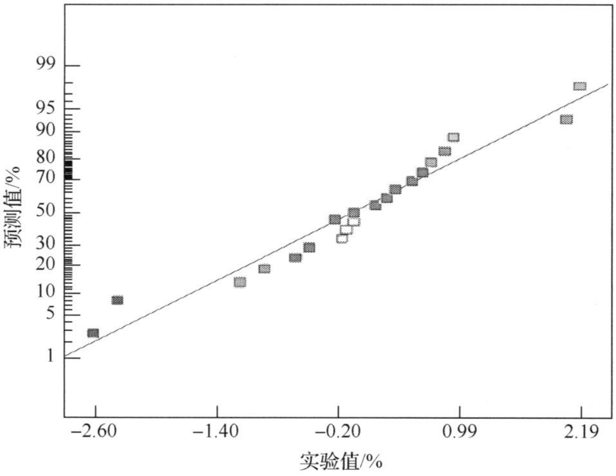

图 7.58　还原产物金属化率预测值与实验值的关系

从图 7.58 可以看出，预测值与实验值比较接近，实验值基本上平均分布于预测值两边，表明实验所选取二次多项式模型适合描述实验因素和还原产物金属化率的相关性。模型可以真实地反映各影响因子与响应值之间的关系，模型有效。

3. 响应曲面分析

方差分析表明，还原温度、还原时间、配煤量三个影响因子对直接还原铁金属化率均有较大影响，通过建立三维图比较和分析各因子对还原产物金属化率的影响[45]。配煤量为 15%，还原温度和还原时间两个影响因子交互影响的响应曲面如图 7.59 所示。

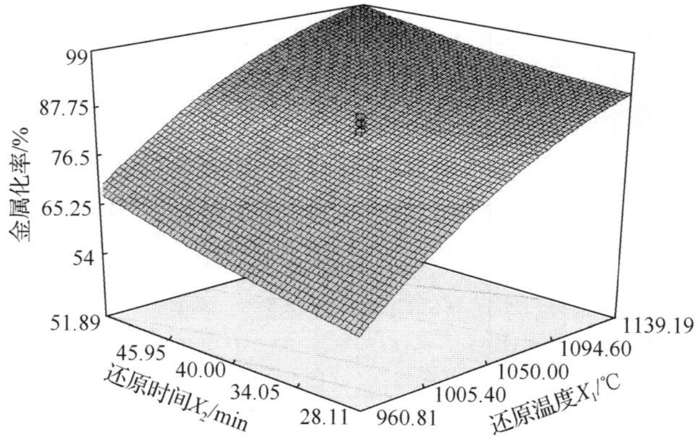

图 7.59　还原温度和还原时间与还原产物金属化率的响应曲面

从图 7.59 可以看出，随着还原温度升高及还原时间延长，直接还原铁的金属化率都有较明显提高，且在还原温度、还原时间二者交汇曲面最高点处金属化率达到最大值。靠近还原时间的曲面斜率明显低于靠近还原温度的曲面斜率，说明还原时间对金属化率影响没有还原温度明显。

图 7.60 是还原温度和配煤量两个影响因子交互影响的三维响应曲面。

从图 7.60 中可以看出，随着还原温度升高及配煤量增加，直接还原铁的金属化率有明显提高，趋势比较接近，但配煤量的曲面斜率较还原温度的曲面斜率稍小，说明还原温度对金属化率的影响作用较配煤量的影响要大。

图 7.61 是还原时间和配煤量这两个影响因子交互影响的三维影响曲面图。

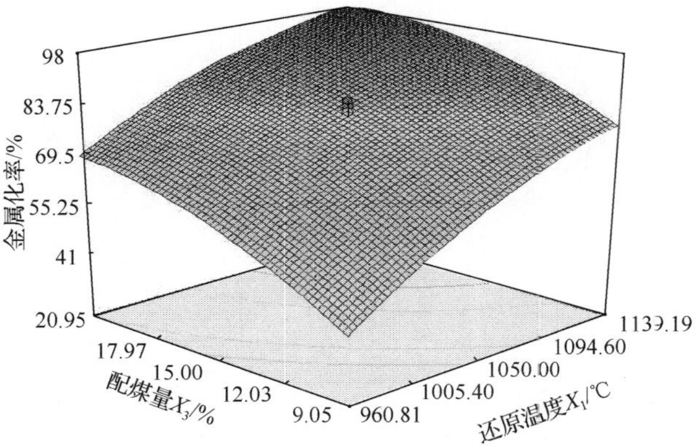

图 7.60 还原温度和配煤量与还原产物金属化率的响应曲面

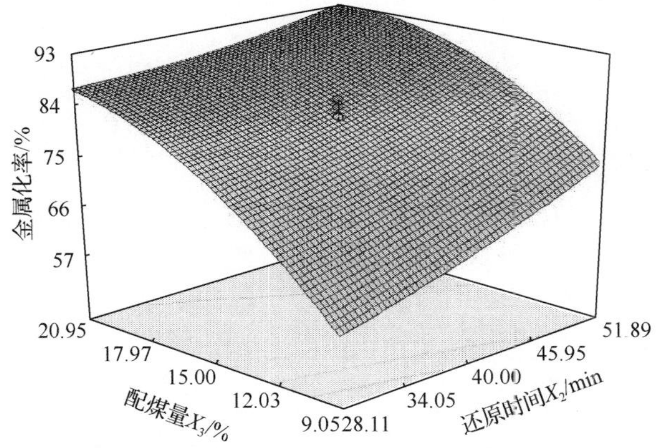

图 7.61 还原时间和配煤量与还原产物金属化率的响应曲面

从图 7.61 中可以看出，随着配煤量的增加及还原时间的延长，金属化率都有明显提高。但还原时间的曲面斜率明显低于配煤量的曲面斜率，说明还原时间对金属化率的影响不如配煤量的影响明显。

因此，在三个影响因子当中，还原温度的影响作用最显著，配煤量的影响作用次之。

4. 优化验证

综合考虑各因素，优化工艺参数为还原温度 1139.19℃、还原时间 28.11min、配煤量 20.95%，在此条件下，预测可得到金属化率为97.06%的直接还原铁。在还原温度 1139℃、还原时间 28min、配煤量 20.95%的条件下进行验证实验，两次平行实验所得到的还原产物金属化率分别为 97.25%、92.21%，平均金属化率为 94.73%，预测误差为 2.46%，说明响应曲面法对微波还原制备直接还原铁进行优化可行，进一步表明模型预测的精确性及优化最佳工艺参数的稳定性和可信性。

7.6 微波还原含锌瓦斯泥

刘秉国 [46]研究了云南某钢铁公司含锌瓦斯泥微波还原脱锌。原料化学成分见表 7.37，高炉瓦斯泥的粒径分布见表 7.38。

表 7.37 高炉瓦斯泥的化学成分

参数	TFe	C	Zn	CaO	Al_2O_3	Pb
含量	19.36%	40.65%	9.60%	2.52%	3.26%	4.50%
参数	MgO	S	SiO_2	As	In	
含量	0.61%	1.55%	2.42%	0.12%	157g/t	

表 7.38 高炉瓦斯泥试样的粒径分布

参数	粒径/mm			
	＞0.206	0.206~0.154	0.154~0.105	0.105~0.074
含量/%	10.47	10.47	8.38	6.80
参数	粒径/mm			
	0.074~0.037	0.037~0.019	0.019~0.010	＜0.010
含量/%	40.84	28.80	3.14	1.57

由表 7.37 可知，瓦斯泥的全铁含量较低，锌的含量较高，并含大量碳。锌在瓦斯泥中主要以未结晶氧化锌和部分尖晶石形式铁酸锌存在。由表 7.38 可知，高炉瓦斯泥的粒径很小，粒径小于 74μm 瓦斯泥高达 74.35%，属于细颗粒物料。

7.6.1 还原时间的影响

当微波功率为 700W，物料质量为 20g 时，微波加热时间对瓦斯泥脱锌率的影响如图 7.62 所示。

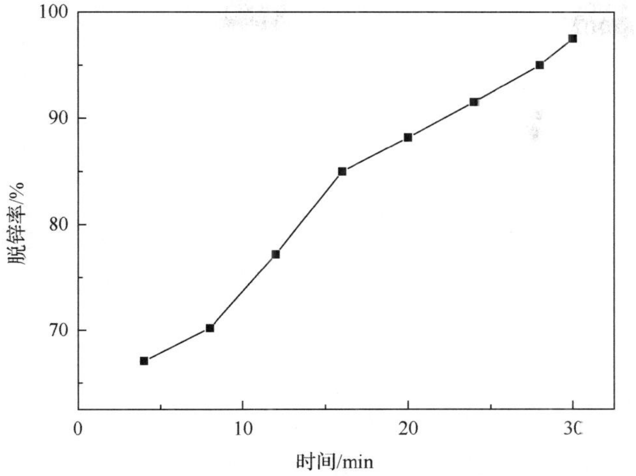

图 7.62　高炉瓦斯泥在不同加热时间下的脱锌率曲线

由图 7.62 可以看出，随着微波加热时间的增加，瓦斯泥的脱锌率逐渐升高。微波加热时间延长至 30min 后，瓦斯泥的脱锌率可达 97.5%。因为其他条件一定，微波加热时间直接决定着脱锌程度。延长加热时间，氧化锌碳热还原进行越充分，瓦斯泥脱锌效果越好，还原焙烧渣含锌量越少；同时，随着加热时间延长，物料中的碳逐渐消耗，而一氧化碳逐渐增加，炉内还原气氛越强，越有利于氧化锌的碳热还原反应。为了促进氧化锌的碳还原，选择加热时间为 30min。

微波场中电炉粉尘碳热还原脱锌表明[47]，随着微波处理时间的增加，脱锌率逐渐提高。微波加热 20min，电炉粉尘的脱锌率达到 80%。

7.6.2　微波功率的影响

当加热时间为 30min、物料质量为 20g，微波功率对瓦斯泥脱锌率的影响如图 7.63 所示。

从图 7.63 可以看出，随着微波功率的增加，高炉瓦斯泥的脱锌率不断提高。微波功率直接决定着碳热还原温度，微波功率越大，单位时间内物料吸收的能量就越多，碳热还原温度就越高，脱锌效果就越明显。选择微波功率为 700W。

7.6.3　物料粒径的影响

当加热时间为 30min、物料质量为 20g、微波功率为 700W 时，物料粒径对瓦斯泥脱锌率的影响如图 7.64 所示。

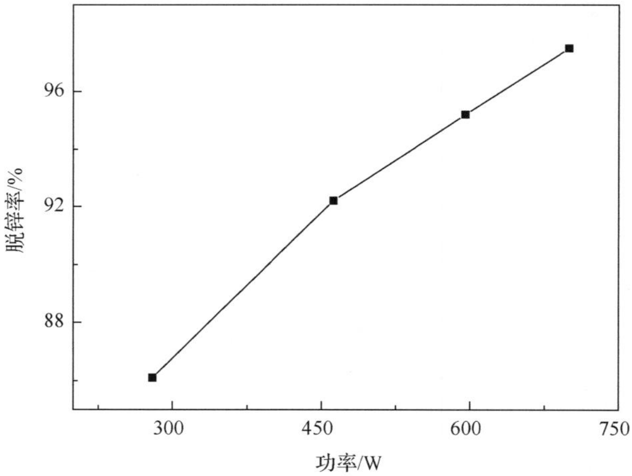

图 7.63　高炉瓦斯泥在不同微波功率下的脱锌率曲线

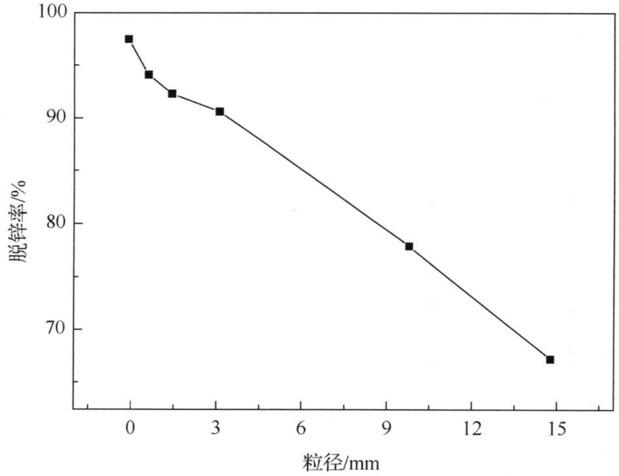

图 7.64　不同粒径瓦斯泥在微波场中的脱锌率曲线

由图 7.64 可以看出，随着物料粒径增大，瓦斯泥脱锌率呈逐渐减小趋势。由于微波碳热还原反应中，当试样碳含量大于 20%时，总反应速率不受布多尔反应的控制[48]，该实验瓦斯泥含碳量远高于 20%。在微波加热条件下，瓦斯泥升温速率很快，碳热还原反应进行迅速，此时反应过程受气相扩散限制。粒径越大，一氧化碳扩散进入球团与氧化锌发生还原反应的速率越小，脱锌率越低。同时，生成的锌蒸气扩散离开球团速率越慢，导致瓦斯泥脱锌率随粒径的增大而减小。选择瓦斯泥粒径为 0.125mm。

7.6.4 优化实验

实验优化工艺参数为微波功率700W、加热时间30min、物料粒径0.125mm，得到微波碳热还原瓦斯泥的脱锌率达97.5%。该条件下瓦斯泥还原渣含锌量为0.4%，符合高炉炉料入炉要求[49,50]。

7.6.5 常规还原与微波还原对比

从图7.65可以看出，与常规碳热还原相比，达到相同脱锌率，微波碳热还原时间比常规碳热还原时间要短很多。微波加热28min，瓦斯泥的脱锌率高达98%；在常规加热条件下，加热50min后，瓦斯泥的温度才能升至1412K，在该温度下焙烧180min后，瓦斯泥的脱锌率才能达到98.3%。

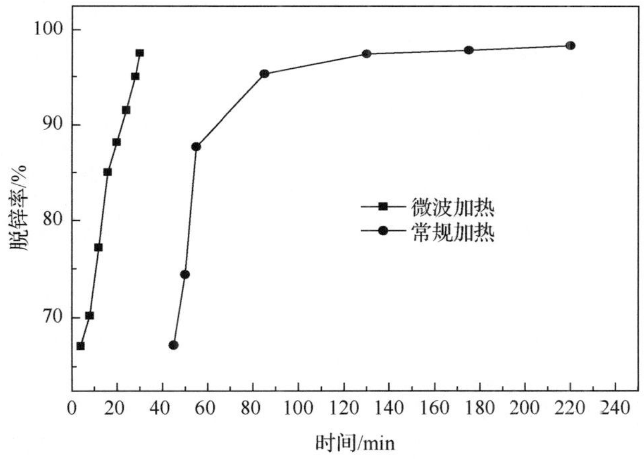

图7.65 常规加热与微波加热瓦斯泥脱锌对比

7.7 微波还原镍矿

红土镍矿是世界上陆基储量最大的镍资源，红土镍矿易开采，但不能选矿富集，冶炼工艺直接针对原矿，冶炼规模大。红土镍矿石成分复杂，矿物种类多，镍钴品位低，加之待回收金属矿物在矿石中扩散分布，回收的技术难度较大，可先对其进行还原焙烧[51]。

畅永锋等[52]研究了菲律宾红土矿的微波还原，红土矿为褐铁矿型红土镍矿。结果表明，还原焙烧过程中产物的物相受含碳量和微波加热时间的影响，改变配碳量和加热时间，还原产物中出现磁铁矿、浮氏体物相和铁镍合金相等不同变化。

Noboru等[53]等研究了微波场下NiO的碳热还原，微波装置为频率2.5GHz的单模腔，探讨了样品在电场或磁场最强的位置对还原反应的影响。结果表明，在600℃时，在磁场中的反应速率要高于在电场中的反应速率。

7.8 微波还原铬铁矿

铬铁矿主要使用于冶金、耐火、化学工业，铬铁矿主要用来生产铬铁合金和金属铬。特别是冶金工业上用途最为广泛。铬铁矿石按成分和用途可分为冶金级、耐火级和化工级及铸石用的铬铁矿矿石。铬产量的65%均用于生产不锈钢和各种特殊合金钢。

陈津等[54]研究了微波加热还原铬铁矿显微结构的变化。研究表明，铬铁矿碳热直接还原可分初期、中期和后期三阶段，分别由CrFe金属形核长大(反应较慢)、相界面反应(反应较快)和残余反应物还原(反应较慢)组成。含碳铬铁矿粉在还原时，微波为其提供还原所需的能量。由于含碳铬铁矿粉还原时，产生的一氧化碳气体不断向外扩散，能够阻止氧化性气体向内扩散，进而快速还原，达到较高的还原度和金属化率。微波加热可使含碳铬铁矿粉快速升温，在铬矿颗粒内部产生大量的热碎裂结构，这种显微热碎裂结构有利于碳气化反应产生一氧化碳的内扩散与反应界面的还原反应，促进还原反应。

7.9 微波还原锰矿

锰矿石强度低，含粉末率高。采用粉料入炉，会显著降低炉料的透气性，恶化炉气的分布，增加炉尘的损失及悬料、结壳、塌料等一系列操作问题，导致冶炼过程不能顺利进行，技术经济指标下降。因此，对粉矿进行烧结造块十分必要。通过烧结造块，不仅可以改善炉料的透气性，改变锰矿粉的物理特性和化学组成，还可以使锰矿粉发生脱水、分解、氧化、还原、烧结等物理化学变化，使锰矿的还原性得到改善，降低冶炼过程的能耗。

Akdogan 和 Eric[55]研究了软锰矿的碳热还原烧结后指出，微波加热对化学反应有促进作用，与常规碳热还原相比，反应时间缩短，反应速率明显加快。

侯向东等[56,57]研究了微波加热含碳锰矿粉固相还原脱磷影响因素和含碳锰矿粉体还原过程中磷的迁移行为，分析了锰矿脱磷的基本原理，探索了加热温度、物料保温时间等因素对脱磷效果影响和磷的迁移分布规律。研究表明，在微波条件下，控制适宜的微波加热温度和保温时间，有利于提高含碳氧化锰矿粉固相还原的气化脱磷率。同时，研究了微波加热含碳氧化锰矿粉固态还原过程中硫的分配[58]。结果表明，随着微波加热温度提高和保温时间延长，锰铁金属化物中含硫量与含铁量呈负增长关系，而与含锰量呈正相关关系；提高微波加热温度和延长保温时间，有利于进一步改善含碳锰矿粉的气化脱硫效果。传统方法冶炼锰铁合金是以炉渣脱硫为主，微波加热含碳锰矿粉以气化脱硫为主，可获得良好的脱硫效果，有利于获得低硫锰铁合金。

中信大锰矿业有限责任公司用微波加热炉进行氧化锰矿石的还原焙烧、用热风循环技术回收余热，在还原煤与氧化锰矿粉的质量比为15%~18%，原料矿粉颗粒度小于100目的颗粒不小于85%，还原焙烧温度380~450℃，还原时间不小于5min，物料最终出口温度不大于80℃，可获得还原率不小于92%、煤耗不大于180kg/t的矿，采用热回收技术在200℃时进料比在常温时进料能耗更低[59]。

罗思强和梁媛[60]开展了无烟煤为还原剂微波加热还原低品位软锰矿的研究，探索了升温特性和还原焙烧效果。研究表明，在微波加热功率为 800W、质量为300g、配碳为 10%的条件下，微波加热含碳软锰矿粉 10min 即可将物料升温至1000℃。在煤粉比例为10%、还原温度为500℃、微波还原30min时，还原率可达到94%以上，后续的锰浸出率更高。粒度对还原速率有一定的影响(图7.66)。

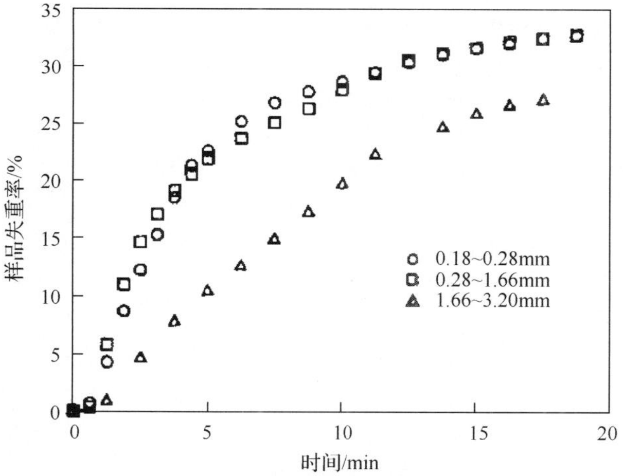

图7.66 软锰矿粒度对微波碳热还原速率的影响

Hua 和 Liu[48]等研究了软锰矿的微波碳热还原，研究表明，微波碳热还原软锰矿是可行的，可以产出强度较高的烧结矿。由于微波的体加热特性，可解决"冷中心"问题，获得较高的还原速率和提高终产物的机械强度。

7.10 微波还原其他物料

Cho 和 Lee[61]为了在不锈钢轧制过程中提高铁鳞的金属回收率，将微波应用于碳热还原阶段中。研究结果表明，微波加热下铁鳞与碳混合料能达到100℃/min

升温速度，经微波还原后，回收的金属颗粒直径为 1~5mm，可实现与未反应石墨粉的快速分离。

Kelly 和 Rowson[62]进行了钛铁矿的微波还原。较低的微波功率与较长的反应时间对两种矿石的还原有促进作用，收得率与表面积随还原反应的进行而增加，金属铁与钛的收得率分别提高 30%、70%。

李保卫等[63]等研究了微波加热还原稀土尾矿，采用微波还原-弱磁选工艺从包钢稀土浮选尾矿中回收铁，在纳米炭质量分数为 0.8%、还原矿球磨 5min、弱磁选磁感应强度为 0.15T 的条件下，可获得品位为 63%、回收率为 54.80%的铁精矿，并使稀土和铌在弱磁选尾矿中富集。

参 考 文 献

[1] 傅崇说. 有色冶金原理(第一版). 北京:冶金工业出版社, 1984.

[2] Edmilson R C, Marcelo B M, Luiz A J, et al. Carbothermal reduction of iron ore applying microwave energy. Steel Research International, 2012, 83(2): 131-138.

[3] Eunju K, Seungyoun C, Joonho L. Kinetics of the reactions of carbon containing zinc oxide composites under microwave irradiation. Metals and Materials International, 2009, 15(6): 1033-1037.

[4] Pickles C A. Microwave reduction of nickeliferous silicate laterite ores//Proceedings of Nickel and Cobalt 2005 -Challenges in Extraction and Production, Calgary, 2005: 285-304.

[5] 黄孟阳. 高钙镁钛精矿制备高品质富钛料新工艺及理论研究. 昆明: 昆明理工大学博士学位论文, 2003.

[6] 张世敏, 彭金辉, 黄孟阳, 等. 微波加热钛精矿含碳球团制取初级富钛料的研究. 稀有金属, 2006, 30(1): 78-81.

[7] 黄孟阳, 彭金辉, 张世敏, 等. 微波加热还原钛精矿制取富钛料新工艺. 钢铁钒钛, 2005, 26(3): 24-28.

[8] 黄孟阳, 彭金辉, 雷鹰, 等. 微波场中钛精矿的温升行为及吸波特性. 四川大学学报: 工程科学版, 2007, 39(2): 111-115.

[9] 黄孟阳, 彭金辉, 黄铭, 等. 微波加热还原钛精矿制取富钛料扩大实验. 有色金属: 冶炼部分, 2007, (6): 31-34.

[10] 孙康. 钛提取冶金物理化学. 北京: 冶金工业出版社, 2001.

[11] 彭金辉, 杨显万. 微波能技术新应用. 昆明: 云南科技出版社, 1997.

[12] 范晓慧, 郭宇峰, 邱冠周, 等. 钛精矿制取富钛料新工艺. 矿产综合利用, 2002, 4: 3-7.

[13] 兰尧中, 刘纯鹏. 催化还原碳钛磁铁矿反应动力学. 金属学报, 1996, 32(5): 502-503.

[14] 张永键, 吴阳红, 王厚忠, 等. 碱金属碳酸盐对假板钛矿碳热还原反应的催化研究. 有色矿冶, 2001, 17(4): 22-24.

[15] 吴剑辉, 孙康, 李伟, 等. 碱金属氯化物对预氧化钛精矿碳热还原反应的协同催化作用. 广东有色金属学报, 2000, 10(1): 25-29.

[16] 兰尧中. 钛磁铁矿还原动力学及钛铁矿等离子熔炼新工艺研究. 昆明: 昆明理工大学博士学位论文, 1990.

[17] Folmo G, 叶匡吾. 挪威采用链篦机－回转窑的钛精矿还原工艺. 烧结球团, 1994, 19(1): 40-44.

[18] 马勇. 钛精矿回转窑直接还原过程结圈可能性的探讨. 湖南冶金, 2003, 31(1): 21-24.

[19] 郭光新. 有关直接还原回转窑结圈的机理及其防止的论述. 四川冶金, 1989, 2: 151.

[20] 徐刚, 刘松利. 钛精矿回转窑直接还原过程结圈问题的讨论. 重庆工业高等专科学校学报, 2004, 19(1): 4-6.
[21] 莫畏, 邓国珠, 罗方承. 钛冶金. 北京: 冶金工业出版社, 2001.
[22] 孙康. 碱金属添加剂在碳热还原过程中的催化行为. 沈阳: 东北大学硕士学位论文, 2000.
[23] 蒋武锋, 刘玉全. 粘结剂对含碳球团还原的影响. 钢铁研究学报, 2000, 12(4): 1-4.
[24] 杨卜. 微波加热钒钛磁铁精矿制备天然微合金铁粉新技术研究. 昆明: 昆明理工大学硕士学位论文, 2003.
[25] 汪云华, 彭金辉, 杨卜, 等. 钒钛磁铁矿制备还原铁粉的碳还原过程的实验研究. 南方金属, 2005(5): 23-24, 27.
[26] 夏锋. 微波碳热还原钒钛磁铁精矿的研究. 重庆: 重庆大学硕士学位论文, 2003.
[27] 陈津. 微波加热还原自熔性含碳球团的应用基础研究. 北京: 钢铁研究总院博士学位论文, 2003.
[28] 王晓辉. 难选铁矿石微波磁化焙烧同步降磷的工艺研究. 昆明: 昆明理工大学硕士学位论文, 2011.
[29] 方启学, 卢寿慈. 微细拉嵌布弱磁性铁矿石分选工艺的进展. 国外金属矿选矿, 1995, 8: 10-15.
[30] 柏少军, 文书明, 刘殿文, 等. 云南某高磷铁矿石工艺矿物学研究. 矿冶, 2010, 19(2): 91-96.
[31] Standish N, Worner H. Microwave application in the reduction of metal oxides with carbon. Iron & Steelmaker, 1991, 18(5):59-61.
[32] 陈津, 刘浏, 曾加庆, 等. 微波加热还原含碳铁矿粉实验研究. 钢铁, 2004, (4): 1-5.
[33] 陈津, 刘浏, 曾加庆, 等. 微波加热含碳铁矿粉还原矿相结构研究. 电子显微学报, 2005, 24(2): 114-119.
[34] Madevi T U, Sampath Kumar M G, Mahapatra P C. Recycling of steel plant mill scale via iron ore pelletisation process. Ironmaking Steelmaking, 2009, 36 (6):409-415.
[35] Seungyoun C, Joonho L. Metal recovery from stainless steel mill scale by microwave heating. Metals and Materials International, 2008, 14(2):193-196.
[36] Zhang Z H, Liu A M, Zhao F C,et al. Development of comprehensive utilization technology of scale. Research on Iron & Steel, 2008, 36(1):1210-1217.
[37] Shatokha V I, Pinchuk S I. Secondary metallurgy resources. Dnipropetrovsk, RIA: DneprVAL, 2009.
[38] Volodymyr, Shatokhaa I, Oleg, et al. Utilising of the oiled rolling mills scale in iron ore sintering process. Resources, Conservation and Recycling, 2011, 55:435-440.
[39] Bantsis G, Sikalidis C, Betsiou M, et al. Ceramic building materials for electromagnetic interference shielding using metallurgical slags. Advances in Applied Ceramics, 2011, 110:233-237.
[40] Sidenor. Personal communication, 2009.
[41] 唐昭辉. 微波加热制备直接还原铁工艺的研究. 昆明: 昆明理工大学硕士学位论文, 2010.
[42] 翟玉春, 刘喜海, 徐家振. 现代冶金学. 北京: 电子工业出版杜, 2000.
[43] Binder K. Monte Carlo Method in Statistical Phys. Oxford: Clarenden Press, 1979.
[44] 闵乃本. 晶体生长物理基础. 上海: 科技出版社, 1982.
[45] Muralidhar R V, Chirumamila R R, Marchant R, et a1. A response surface approach for the comparison of lipase by candida cylindracea using two different carbon sources. Biochemical Engineering Journal, 2001, 9(1):17-23.
[46] 刘秉国. 高炉瓦斯泥碳热还原脱锌实验研究. 昆明: 昆明理工大学硕士学位论文, 2003.
[47] 周云, 彭开玉, 李辽沙, 等. 电炉含锌粉尘在微波场下脱锌的实验研究. 金属矿山, 2006, (356): 82-84.
[48] Hua Y X, Liu C P. Microwave-assisted carbothermic reduction of ilmenite.Acta Metallurgical Sinica (English Letter), 1996, 9(3):164.
[49] 王涛, 夏幸明, 沙高原, 等. 宝钢含锌尘泥的循环利用工艺. 安徽工业大学学报, 2003, 20(4): 131-136.
[50] 曹克, 胡利光, 贾永铭. 水力旋流分离技术在瓦斯泥脱锌工程中的研究. 冶金动力, 2006, (5): 52-55.

[51] Purwanto H, Shimda T, Takahashi R, et al. Recovery of nickel from selectively reduced laterite ore by sulphuric acid leacing. ISIJ Intenational, 2003, 43(2): 181-186.

[52] 畅永锋, 翟秀静, 符岩, 等. 微波加热还原含碳红土矿的研究. 矿冶工程, 2008, 28(5): 76-79.

[53] Noboru Y, Etsuko I, Ken-ichi M, et al. Difference in carbo-thermal reduction reaction kinetics of NiO in microwave E- and H-fields. Materials Letters, 2007, 61(10):2096-2099.

[54] 陈津, 张猛, 赵晶, 等. 含碳铬铁矿粉微波加热体还原显微矿相结构的研究. 电子显微学报, 2008, 27(1): 26-33.

[55] Akdogan J G, Eric R H. Carbothermic reduction behaviour of wessel manganese ores. Minerals Engineering, 1994, 7(5-6):633-645.

[56] 侯向东, 陈津, 史学红, 等. 微波加热含碳锰矿粉固相还原脱磷影响因素分析. 科技创新导报, 2009, (3): 17-19.

[57] 侯向东, 陈津, 张猛, 等. 微波加热含碳氧化锰矿粉体还原过程中磷的迁移行为. 中国锰业, 2009, 27(3): 24-28.

[58] 侯向东, 陈津, 宋平伟,等. 微波加热含碳氧化锰矿粉固态还原过程中硫的分配. 中国锰业, 2010, 28(1): 25-28.

[59] 黎贵亮,邓永光,李维健,等. 热回收型氧化锰矿石微波还原焙烧工艺及设备:中国, 200610124617.X.2007-03-21.

[60] 罗思强, 梁媛. 微波加热还原软锰矿的工艺研究. 大众科技, 2012, (1): 62-64.

[61] Cho S, Lee J. Metal recovery from stainless steel mill scale by microwave heating. Metals and Materials International, 2008, 14(2):193-196.

[62] Kelly R M, Rowson N A. Microwave reduction of oxidised ilmenite concentrates. Minerals Engineering, 1995, 8(11):1427-1438.

[63] 李保卫, 张邦文, 赵瑞超, 等. 用微波还原-弱磁选工艺从包钢稀土尾矿回收铁. 金属矿山, 2008, (6): 45-48.

第8章 微波氧化

8.1 概 述

氧化是冶金的重要过程，是利用氧或氯等强氧化剂来分离提取金属化合物的反应过程。冶金过程常见的氧化反应有氧化焙烧、氯化焙烧、氧化精炼等，氧化焙烧是利用空气或富氧空气对硫化矿或其精矿焙烧去硫，形成金属氧化物或硫酸盐，常用于铅、锌等金属冶炼过程。

我国矿产资源具有品位低、有用矿物嵌布粒度细、矿物共生复杂等特点，复杂共伴生有色多金属矿的高效分离技术难度大。包裹型难处理金矿和复合铂钯矿等属于典型包裹体复杂共伴生矿。难处理金矿硫化包裹的颗粒极为细小，复合铂钯矿中铂钯族矿物主要嵌布在金属硫化物中，部分嵌布在磁铁矿和脉石中，浸出过程中由于矿粒被难溶物质包裹使反应受阻，导致浸出速率变慢，时间延长，进而引发浸出剂消耗量大、能耗高。目前，浸出前常进行氧化焙烧处理，提高后续浸出效果。微波加热具有选择性，可使矿物中吸波性能差异的成分间产生温度梯度和热应力，在矿物界面产生微裂纹，微波氧化焙烧处理可为浸出过程增大反应界面，提供溶液与有用矿物接触的通道，为浸出过程的快速进行提供有利条件。

8.2 微波氧化镍磁黄铁矿

由镍磁黄矿及其他铁质硫化矿中直接获取元素硫，是保护环境和综合利用有价金属的重要课题，可用水蒸气对硫化矿进行氧化焙烧。彭金辉等[1-3]研究了微波加热镍磁黄铁矿水蒸气焙烧获取元素硫，实验所用镍磁黄铁矿主要化学成分：Ni为1.19%，S为20.32%，Fe为33.02%。褐煤固定碳含量35.76%，挥发分45.03%，灰分9.16%，水分10.04%。镍磁黄铁矿磨至160目以下，用水调和，利用其本身的自黏性，黏结成直径为5~10mm的颗粒，在70℃烘烤24h后入炉氧化焙烧。微波加热水蒸气脱硫采用固定床焙烧，料重 50g，微波氧化焙烧后产物磨细至 200目以下，进行磁选分离。

水蒸气氧化焙烧脱除的硫直接以元素硫形态回收，仅生产少量硫化氢(H_2S)气体。元素硫产出量以测定焙烧过程中产生的H_2S气体量和化学分析焙烧中的残硫量来确定。镍磁黄铁矿与水蒸气氧化脱硫过程是一个较复杂的过程，脱除的硫在气相中以 S^0（单质硫）、H_2S 等多种形态存在，将 S^0、H_2S 氧化成 SO_2 测定，可准确测定反应的脱硫情况[4]。

当氧气流量大于 800mL/min，可消除氧气流量对脱硫总速率的影响。微波加热与传统加热镍磁黄铁矿水蒸气脱硫如图 8.1 所示。从图 8.1 可以看出，微波加热下镍磁黄铁矿水蒸气脱硫的速率较传统加热快，80min 内，微波加热脱硫率为 90%，传统加热下的脱硫率只有 40%~60%。

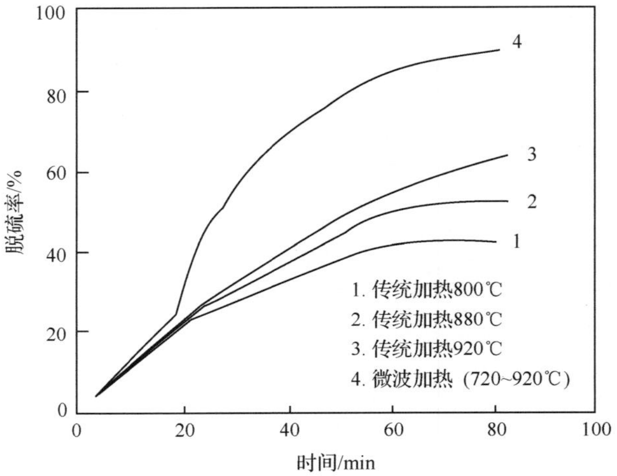

图 8.1　微波加热与传统加热镍磁黄铁矿水蒸气氧化焙烧脱硫对比

微波加热镍磁黄铁矿水蒸气脱硫过程的反应体系温度与时间变化过程为非恒温过程。微波场、温度场和反应场之间存在着复杂的相互关系，物料温度升高加速了反应进行，同时反应也伴随着放热和吸热，对温度场也有影响。氧化焙烧后的镍磁黄铁矿焙砂(Fe_3O_4、Ni、$NiFe_2O_4$ 等)的升温速率大于镍磁黄铁矿，随着反应进行，反应产物吸收了较多的微波，体系反应温度升高，导致了非恒温过程。

过大或过小流量对总脱硫率、元素硫及硫化氢量均不利，当水蒸气流量为 180~240mL/min 时，元素硫产出率最高，硫化氢量最少，尾气中 H_2S 含量为 70%~75%（图 8.2）。

反应体系在水蒸气流量为 180mL/min、200mL/min、220mL/min 时，其脱硫率差异小，均达 90%以上，但流量在此范围外，脱硫率相应较低，非恒温过程的动力学参数见表 8.1 和表 8.2。

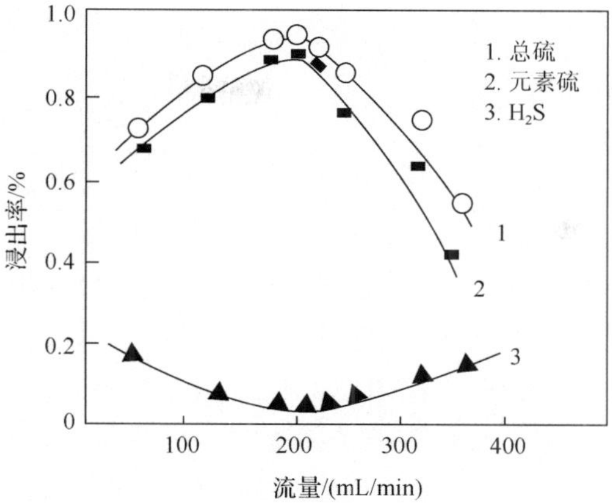

图 8.2　微波场中氧化脱硫的形态和水蒸气流量的影响

表 8.1　扩散活化能与流量关系

流量/(mL/min)	活化能/(kJ/mol)	相关系数
180~220	179.33	0.9852
240	190.24	0.9925
120	201.41	0.9951
320	324.35	0.9848

表 8.2　有效扩散系数

流量/(mL/min)	$\ln D_e = \ln D_0 - E/(RT)$
180~220	$\ln D_e = 14.62 - 21561.90/T$
240	$\ln D_e = 16.25 - 22986.94/T$
120	$\ln D_e = 17.49 - 24216.11/T$
320	$\ln D_e = 33.05 - 38998.88/T$

从表 8.1、表 8.2 中看出，当反应气体流量为 180~240mL/min 时，气固反应扩散活化能出现最小值。

8.3　微波氧化难处理金矿

难处理矿石的浸出难度越来越大，比如富含碳、硫、砷等杂质难处理金矿石，金回收率不高的金矿石。典型难处理矿石直接氰化浸出率为 10%~30%，其原因是毒砂、黄铁矿等硫化物对金形成了包裹，阻碍了金和氰化物的直接接触。同时部分矿石中还含有高活性的有机碳，浸金时，金氰配合物被有机碳从溶液中“劫持”，导致直接氰化时金的浸出率很低[5]。

Huang 和 Rowson[6]利用微波氧化焙烧从难冶炼金矿中提取金，研究了微波氧化处理温度、氧化处理时间及粒径对金回收的影响。研究表明，微波氧化处理可将硫脱除，并增加矿物的比表面积，显著提高金的浸出率和回收率，金的回收率可从 37%提高至 69%~81.2%。

Haque[7]在典型的难处理矿含砷黄铁矿的金精矿氧化焙烧中，应用了微波加热技术。当用微波加热这些难处理矿物时，将砷和硫从矿物基质中分离，游离的金即可进行常规的碱性氰化法浸出。研究表明，80%以上的 As 和 S 以三氧化二砷和二氧化硫形式挥发出去，而铁大部分被氧化成三氧化二铁，金留在适合于常规碱性氰化浸出的焙砂中，金和银的浸出率分别为 98%和 60%。在氢氧化钠存在的情况下对含砷黄铁矿的金精矿进行微波加热处理，可避免生成三氧化二砷和二氧化硫，预处理后的焙砂用氰化法浸出后金浸出率为 99%，银为 70%。与常规氧化焙烧相比，微波加热在氧化焙烧时间和对矿石的要求等方面显示出优越性，常规氧化焙烧含砷黄铁矿的金精矿需要 2~2.5h，而微波氧化时间显著缩短。

乔红光[8]研究了微波氧化焙烧高砷难处理金矿，金矿中主要金属矿物有毒砂和黄铁矿，脉石矿物以石英为主，特点是砷及石英含量高，金则以晶格金的形式分布于毒砂和黄铁矿中。采用氢氧化钠和硝酸钠作为添加剂，其用量分别为 160kg/t 和 20kg/t，随着微波作用时间的延长，浸出率逐渐增加，到 50min 后，浸出率已经达到 80.94%。当加热时间增加到 80min 时，浸出率已经达到 90%以上。并采用正交实验对高锰酸钾、氢氧化钾、硝酸钾三种添加剂对预处理效果影响的大小进行了比较，三种添加剂对实验结果都有影响，添加剂的影响顺序为氢氧化钠＞高锰酸钾＞硝酸钠。在硝酸钠添加量为 10kg/t、高锰酸钾添加量为 2kg/t 情况下，金的氰化浸出率随着氢氧化钠用量增加而升高。仅仅添加氢氧化钠时，浸出率为 91.96%。氢氧化钠添加量为 160kg/t、硝酸钠添加量为 20kg/t，不添加高锰酸钾时，金的氰化浸出率仅为 80.94%。当高锰酸钾用量为 2kg/t 时，浸出率为 87.08%，但随着高锰酸钾用量的增加，浸出率没有明显的增加。在氢氧化钠添加量为 160kg/t、高锰酸钾添加量为 4kg/t，不添加硝酸钠时，预处理后金的氰化浸出率为 93.4%，但随着硝酸钠用量的增加，浸出率反而下降。

魏莉等[9]采用微波氧化焙烧处理了难浸金矿，并且对金的赋存状态、物相及焙砂的微观组织进行了分析。研究表明，金以微粒金和次显微金存在，赋存状态以硫化物包裹金和石英包裹金为主，需打开硫化物包裹金，才能提高金浸出率。当焙烧温度为 480℃、微波处理 15min 时，氰化浸出率为 92.03%；常规焙烧处理，焙烧温度为 770℃，处理时间 35min 时，氰化浸出率为 86.63%。经微波焙烧后，矿物界面变得疏松，颗粒表面产生了大量的孔隙，有利于矿物内金与浸出剂接触，提高金的氰化浸出率。

谷晋川等[10]研究了难选冶金矿固体和矿浆的微波氧化焙烧处理过程及处理

后氰化浸出效果。研究表明，两种物料经微波氧化焙烧后，金浸出率有明显增加，微波处理比其他传统氧化焙烧处理时间更短。

赵俊蔚等[11]研究了微波氧化焙烧处理典型的含碳难处理金矿对金浸出率的影响，研究表明，微波处理温度、处理时间及微波功率对氧化焙烧后物料的浸出效果有明显影响，微波氧化焙烧较传统焙烧有处理温度低、处理时间短、浸出率高等优势，焙烧效果对比见表8.3。

表8.3 微波处理与传统焙烧的对比结果

处理方法	功率/kW	温度/℃	时间/min	焙砂产率/%	焙砂碳品位/%	金氰化浸出率/%
传统氧化焙烧	2	480	60	91.33	0.54	93.08
微波氧化焙烧	2.2	400	30	91.00	0.28	94.42

8.4 微波氧化铜矿

铜是重要的有色金属，而我国铜矿的平均含铜品位为0.71%，矿石品位超过1%的仅占铜矿总量的20%。含铜品位在0.7%以下占总贮量的56%，全国未开采利用的铜资源中有一半以上是属于低品位。黄铜矿是低品位硫化铜矿中的主要铜矿物，又是硫化铜中最难浸出的铜矿物之一[12]。

祝丽丽[13]研究了微波氧化焙烧强化细菌浸出低品位黄铜矿。结果显示微波选择性加热使矿物相界面间热应力发生变化，使金属颗粒与脉石之间产生裂纹，暴露出新鲜的表面，有利于强化细菌浸出进行，接种细菌前进行微波氧化处理，细菌浸出效果更好。原矿及接种细菌前后(A、B)浸出24d后矿石扫描电镜如图8.3所示。

(a) 原矿扫描电镜

(b) A瓶浸出24天后的矿石扫描电镜图

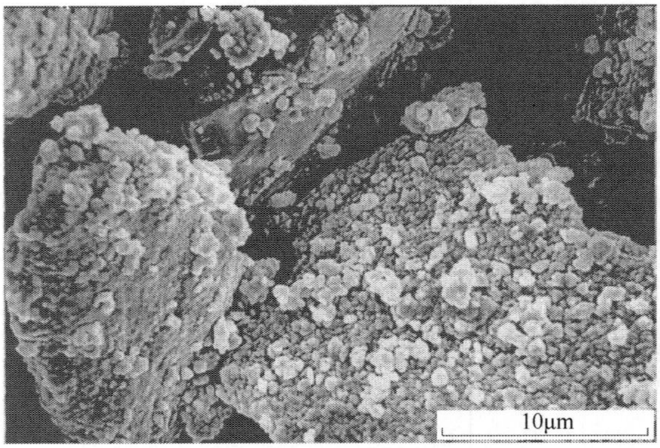

(c) B瓶浸出24天后的矿石扫描电镜图

图 8.3　矿石扫描电镜图

徐志峰等[14]以铜精矿为对象，研究了微波氧化处理后铜精矿加压浸出动力学，铜、锌浸出过程的动力学控制因素。研究表明，微波氧化处理过程中未见铅、锌、硫、砷的挥发损失，微波氧化活化可促进铜精矿铜、锌浸出，铜、锌浸出过程受界面化学反应控制。微波处理前后铜精矿主要元素分析见表 8.4。

表 8.4　微波处理前后铜精矿主要元素成分　　(单位：%)

处理阶段	Cu	Pb	Zn	As	S
处理前	8.63	17.71	18.96	0.56	24.11
处理后	8.64	17.74	19.40	0.57	24.48

徐志峰等[15]针对以黝铜矿为主体矿物的复杂硫化铜矿进行微波氧化处理，促使硫化铜矿晶格化，使难处理的硫化铜矿在一定压力和温度下浸出。结果表明，

微波处理能显著改善矿石浸出性能，处理过程中矿物的有害元素如硫、锌、砷、铅等没有挥发。微波活化后铜精矿加压浸出条件为浸出温度 453K，氧分压 0.6MPa，初始硫酸浓度 1.23mol/L，液固比 5mL/g，浸出时间 2.0h，木质素磺酸钙用量为精矿质量的 1.25%，搅拌速度 500r/min，铜、锌、铁浸出率分别为 86.36%、92.33%和 27.64%。

8.5　微波氧化含钒石煤

石煤是我国作为钒的单独矿床开采的主要含钒资源，五氧化二钒品位较低，一般品位为 1.0%左右。我国从 20 世纪 60 年代开始对石煤提钒进行研究，70 年代开始工业生产，所使用的工艺均为钠化焙烧(NaCl)-水浸或酸浸工艺[16]。这种工艺在焙烧过程生成氯气、氯化氢、二氧化硫混合气体而造成环境污染；钒回收率普遍为 45%~55%，使 50%左右的钒矿资源得不到有效利用。

为改变和取代钠化焙烧工艺，开展了钙法焙烧、空白焙烧和湿法酸浸等工艺研究[17-27]。石煤酸浸提钒要解决的关键问题是在提高五氧化二钒浸出率和回收率的前提下，降低消耗和避免环境污染。

张小云等[28,29]对比了微波氧化焙烧-酸浸、常规氧化焙烧-酸浸和直接酸浸的效果，考察硫酸用量和浸出时间对石煤中钒浸出的影响，结果表明，石煤在 700℃下微波焙烧 60min，硫酸用量为矿样质量的 22%，浸出温度为 90℃时，五氧化二钒浸出率达到 83.50%，比传统加热焙烧酸浸提钒和直接酸浸提钒的浸出率提高了 30%。通过对焙烧熟料酸浸和直接酸浸时氧化铝浸出率的分析发现，五氧化二钒浸出率与氧化铝浸出率呈正相关。结合矿物晶体构造与微波加热原理，认为微波氧化焙烧可破坏钒云母的晶体结构，是提高五氧化二钒浸出率的主要原因。

8.6　微波氧化铝土矿

我国处理的铝土矿 90%以上为一水硬铝石矿，它的浸出性能远比三水铝石或一水铝石型铝土矿差，主要是因为一水硬铝石矿物结晶致密完善，浸出时碱液不易渗入矿粒内与之相互作用；一水硬铝石矿铁铝矿物嵌布掺和均匀，浸出达到一定程度后，矿粒外围的高铁赤泥层成为扩散阻力很大的边界层，严重阻碍了浸出反应的继续进行；同时矿石中二氧化钛在一水硬铝石矿表面生成一层很致密的钛酸钠保护膜，将一水硬铝石矿颗粒包裹起来，也阻碍了浸出反应的进行。

为了强化一水硬铝石矿浸出过程，活化焙烧能大幅度提高一水硬铝石矿的化学活性，改善矿石的浸出性能。王一雍等[30]研究了微波氧化焙烧对一水硬铝石浸出性能的影响，考察了微波氧化温度、微波氧化时间对矿物浸出性能的影响，并对微波氧化焙烧的机理进行了探讨。研究结果表明，微波氧化焙烧能够显著提高氧化铝的浸出率，降低浸出液的分子化。微波焙烧在温度为 535℃、加热时间为 5min 时达到了最佳的效果。微波加热温度过高会造成矿物烧结，影响浸出效果。

参考文献

[1] 彭金辉, 刘纯鹏. 微波场中水蒸气焙烧镍磁黄铁矿获取元素硫. 有色金属工程, 1998, (1): 67-69.

[2] 刘纯鹏, 彭金辉. 微波辐照镍磁黄铁矿直接获取元素硫新技术//全国第二届镍钴学术会议, 金川, 1993.

[3] Liu C P, Peng J H. The physicochemical properties of nickel bearing pyrrhotite and kinetics of elemental sulfur produced under controlled oxygen potential in the microwave field//EPD Congress, Denver, 1993: 499-510.

[4] Vorster W, Rowson N A, Kingman S W. The effect of microwave radiation upon the processing of Neves Corvo copper ore. International Journal of Mineral Processing, 2001, 163(1): 29-44.

[5] 俞海平, 刘菁. 难处理金矿石浸出工艺研究. 广州化工, 2011, (39): 25-27.

[6] Huang J H, Rowson N A. An application of microwave pre-oxidation in improving gold recovery of refractory gold ore. Rare Metals, 2000, 19(3): 161-171.

[7] Haque K E. Microwave energy for mineral treatment process–A brief review. International Joural of Mineral Processing, 1999, 57(1): 1-24.

[8] 乔红光. 广西贵港高砷浮选金精矿微波预处理氰化浸出实验研究. 南宁: 广西大学硕士学位论文, 2005.

[9] 魏莉, 屈战龙, 朴慧京. 微波焙烧云处理难浸金矿物. 过程工程学报, 2009, 9(1): 56-59.

[10] 谷晋川, 刘亚川, 谢扩军, 等. 难选冶金矿微波预处理研究. 有色金属, 2003, 55(2): 55-57.

[11] 赵俊蔚, 郑晔, 邢志军, 等. 微波处理碳质金矿石技术研究. 黄金. 2008, 29(3): 35-38.

[12] 刘大星, 路殿坤, 蒋开喜, 等. 低品位次生硫化铜矿的细菌浸出研究. 有色冶金(冶金部分), 2005, (5): 2-5.

[13] 祝丽丽. 微波和磁场强化细菌浸出低品位黄铜矿的研究. 成都: 成都理工大学硕士学位论文, 2008.

[14] 徐志峰, 胡小刚, 李强, 等. 微波活化铜精矿加压浸出动力学. 有色金属科学与工程, 2011, 2(2): 19-23.

[15] 徐志峰, 李强, 王成彦. 复杂硫化铜精矿微波活化预处理一加压浸出工艺. 过程工程学报, 2010, 10(2): 256-261.

[16] 任觉世. 工业矿产资源开发利用手册. 武汉: 武汉工业大学出版社, 1993.

[17] 欧阳国强, 张小云, 田学达, 等. 微波焙烧对石煤提钒的影响. 中国有色金属学报, 2008, 18(9): 750-754.

[18] 谭爱华. 某石煤钒矿空白焙烧–碱浸提钒工艺研究. 湖南有色金属, 2008, 24(1): 24-26, 57.

[19] 冯其明, 何东升, 张国范. 石煤提钒过程中钒氧化和转化对钒浸出的影响. 中国有色金属学报, 2007, 17(8): 1348.

[20] Navarro R, Guzman J. Vanadium recovery from oil fly ash by leaching, precipitation and solvent extraction processes. Waste Management, 2007, 27: 425-438.

[21] Wang M Y, Xiao L S, Li Q G, et al. Leaching of vanadium from stone coal with sulfuric acid. Rare Metals, 2009, 28(1): 1-4.

[22] Liu Y H, Yang C, Li P Y, et al. A new process of extracting vanadium from stone coal. International Journal of Minerals, Metallurgy and Materials, 2010, 17(4): 381-388.

[23] Wang M Y, Xiang X Y, Zheng LP, et al. Effect of vanadium occurrence state on the choice of extracting vanadium technology from stone coal. Rare Metals, 2008, 27(2): 112-115.

[24] He D S, Feng Q M, Zhang G F, et al. An environmentally-friendly technology of vanadium extraction from stone coal. Minerals Engineering, 2007, 20(12): 1184-1186.

[25] Zhu Y G, Zheng G F, Feng QM, et al. Acid leaching of vanadium from roasted residue of stone coal. Transactions of Nonferrous Metals Society of China, 2010, 20(S1): 107-111.

[26] Chen X Y, Lan X Z, Zhang Q L, et al. Leaching vanadium by high concentration sulfuric acid from stone coal. Transactions of Nonferrous Metals Society of China, 2010, 20(1): 123-126.

[27] Yang K, Zhang X Y, Tian X D, et al. Leaching of vanadium from chromium residue. Hydrometallurgy, 2010, 103(1-4): 7-11.

[28] 张小云, 田学达. 石煤提钒湿法工艺的动力学研究. 湘潭大学自然科学学报, 2005, 27(2): 104-107.

[29] 张小云, 覃文庆, 田学达, 等. 石煤微波空白焙烧酸浸提钒工艺. 中国有色金属学报, 2013, 21(4): 908-911.

[30] 王一雍, 张廷安, 陈霞, 等. 微波焙烧对一水硬铝石矿浸出性能的影响. 过程工程学报, 2007, 4(2): 317-320.

第9章　微波熔炼

9.1　概　　述

熔炼是火法冶金的重要过程，强化熔炼是冶金过程重要的研究方向。微波在还原、氧化、煅烧、干燥等冶金过程表现出显著优势。实践表明，金属粉体可以吸收微波，实现金属粉体的加热升温与熔化，形成的金属熔体可继续吸收微波升温，证明了金属微波熔炼的可行性。微波的高频电磁特性，可加快分子碰撞；其原位能量转化，可强化相间传质，强化反应过程，提升熔炼反应强度。

9.2　微波熔化金属

金属材料具有良好的导电性，其在微波场中没有内部电场产生，微波在金属块体表面时大部分能量被反射，剩余能量在穿透金属过程中迅速衰减，穿透深度大约为微米级，所以微波加热金属块体只能在其表面极薄的部分起作用，加热的效果也非常有限。因此，研究金属的吸波加热性能及熔化特性，对于金属熔炼具有重要依据。

许磊[1]研究了金属铜粉在微波场下的加热升温性能，以及微波加热对金属铜粉熔化过程中烧结性能的影响。在没有任何辅助加热的情况下，在真空条件下直接用微波加热金属铜粉，物料在加热过程保持水平转动，研究了铜粉的升温曲线和熔化行为。

铜粉粒径为 74μm，微波功率为 1.3kW，研究了铜粉质量对升温曲线的影响(图 9.1)。

从图 9.1 可以看出，微波在不使用任何辅助加热的情况下可实现铜粉加热和完全熔化。对比三条升温曲线发现，不同条件下都呈现温度先快速上升，熔化后升温速率出现减慢的趋势，其中相同功率下 50g 与 100g 铜粉熔化曲线在铜粉熔化后(图 9.1 中出现拐点位置)仍有缓慢升温趋势，而 150g 的铜粉在熔化后升温基本趋于稳定，升温趋势不明显。结果表明，在金属铜粉熔化后仍可吸收微波能，继续使铜熔体加热升温，物料质量的影响较为明显。

同时，在微波功率恒定为 1.3kW 作用下，100g 铜粉表现出最优的加热性能，其加热至 1054℃时升温曲线出现明显拐点(图 9.1 中虚线部分)，说明部分金属铜粉开始熔化并吸收热量，且此时的熔化温度较金属铜理论熔点 1083℃略低。

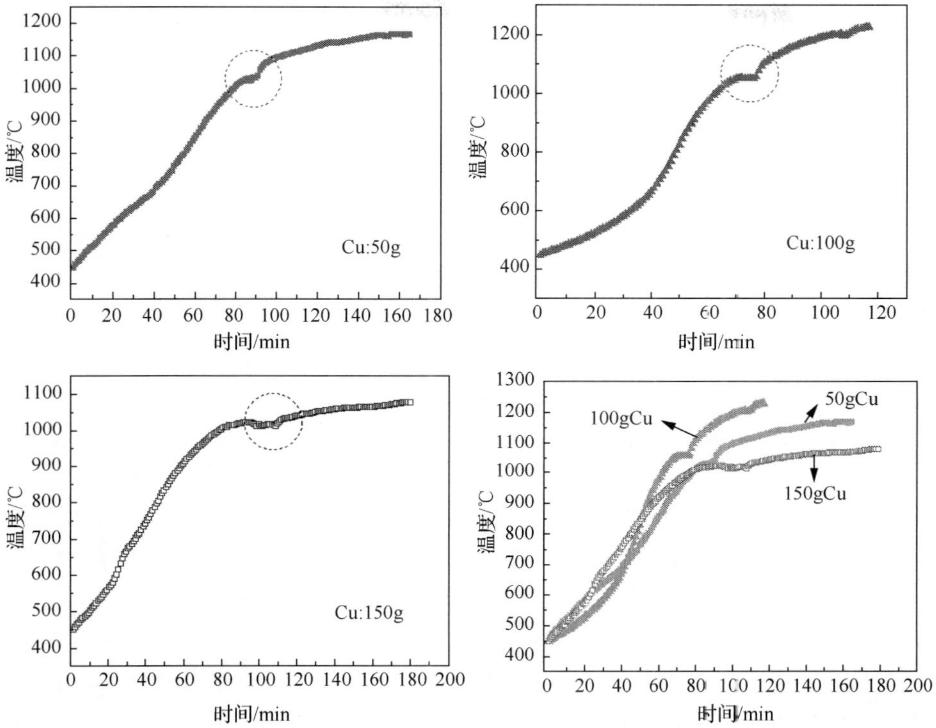

图 9.1 不同质量金属铜粉的微波熔化升温曲线

图 9.2 为 74μm 粒径的 100g 金属铜粉在不同功率微波条件下的升温曲线。由图 9.2 可以看出，当微波功率由 1.3kW 增加到 1.8kW 时，金属铜粉的升温速率快速增加，到达熔点的时间缩短了约 1/3，微波功率的大小对金属铜粉的加热效果影响较大。

微波对物质加热过程的定量描述[2-4]，将微波加热物质升温过程分为两个阶段，初始阶段为物质快速升温过程，此过程为物质吸热升温的最主要阶段；第二阶段为缓慢升温阶段。并通过函数拟合量化表征了两个阶段的升温速率方程，如公式(9.1)所示：

$$T=\begin{cases}at+b, & \text{第一阶段}\\(ct+d)^{\frac{1}{2}}, & \text{第二阶段}\end{cases} \tag{9.1}$$

式中，T 为物料温度；t 为加热时间；a、b、c 和 d 为常数。

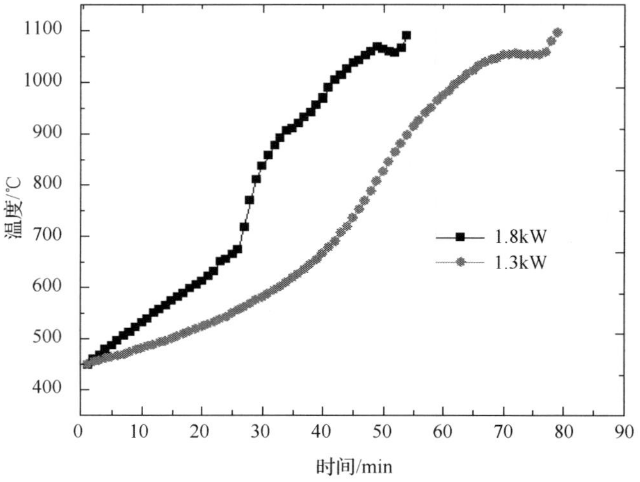

图 9.2　金属铜粉在不同功率时微波熔化升温曲线

对 1.8kW 微波功率加热 74μm 金属铜粉的升温曲线进行了拟合，如图 9.3 所示。从图 9.3 中可以看出，1.8kW 的微波加热 74μm 金属铜粉的升温曲线具有如上所述的两个阶段特征，且初始阶段升温过程与加热时间呈明显的线性增加关系。而在接近 700℃时，铜粉升温速率突然加快，第二阶段的加热前期铜粉升温速率明显快于第一阶段，当加热过程进入第二阶段后期，升温速率开始降低，并趋于缓慢。对加热第一阶段进行线性拟合，对加热第二阶段进行多项式拟合，拟合结果较好：

$$T=\begin{cases}8.8t+443.7,\quad R^2=0.9993, & \text{第一阶段}:0<t\leqslant 26\\ -294.5+49.9t-0.46t^2,\quad R^2=0.9793, & \text{第二阶段}:26\leqslant t\leqslant 55\end{cases}\tag{9.2}$$

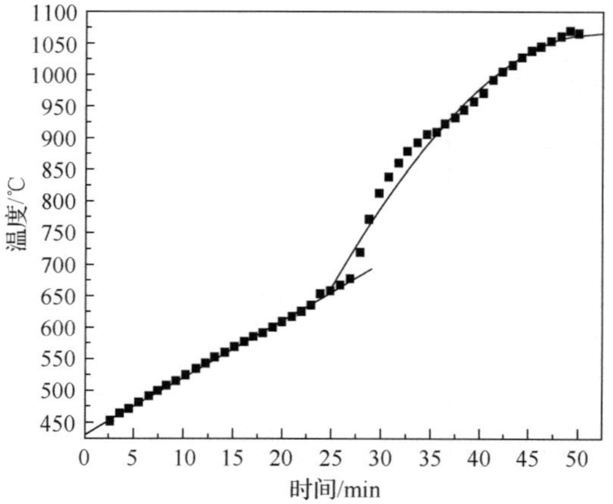

图 9.3　微波加热金属铜粉升温曲线拟合

在微波功率 1.8kW，金属铜粉质量为 100g，铜粉粒径分别为 25μm、38μm 和 74μm 在微波场中的升温曲线如图 9.4 所示。

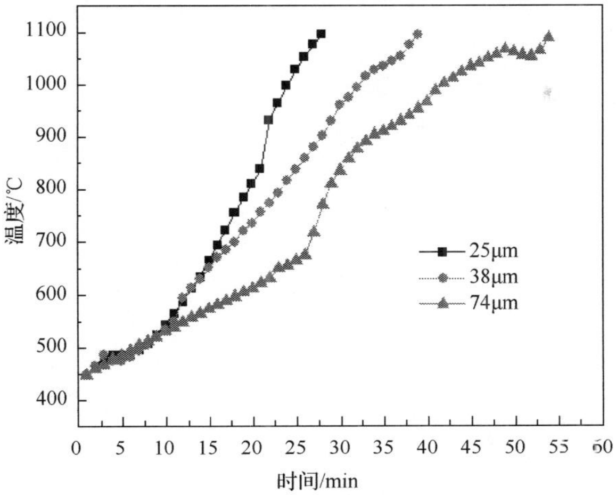

图 9.4 不同粒径金属铜粉的微波加热升温曲线

从图 9.4 可以看出，随金属铜粉粒径的减小，微波加热金属铜粉的升温速率明显提高，100g 粒径为 25μm 的金属铜粉在微波作用下达到熔点的时间，与在相同条件下粒径为 74μm 的金属铜粉相比，加热时间几乎缩短一半。这与 Mishra 等[5]的研究结果一致。同时，从图 9.4 中也可以看出，粒径为 25μm 和 38μm 的金属铜粉的升温曲线几乎为线性增加，没有出现明显的两段升温特征。对 25μm 和 38μm 的金属铜粉的升温曲线进行了线性拟合，如图 9.5 所示。

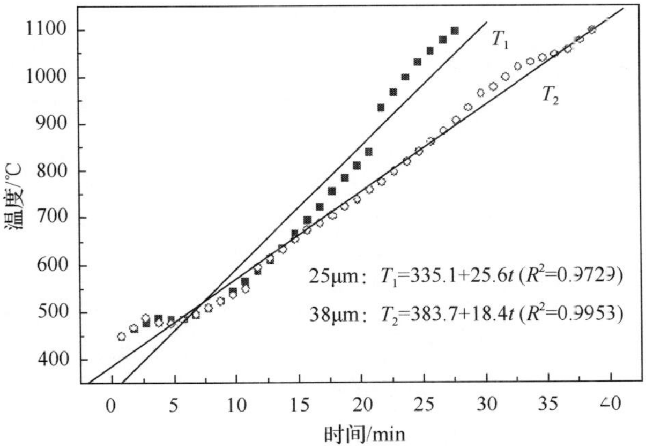

图 9.5 金属铜粉升温曲线拟合(25μm 和 38μm)

从图 9.5 可以看出，拟合得到粒径为 25μm 和 38μm 金属铜粉在微波场中加热的升温速率分别为 25.6℃/min 和 18.4℃/min，而 74μm 粒径铜粉在线性阶段的升温速率为 8.8℃/min，由此可以看出，铜粉升温速率(v)与粒径(r)成反比关系，且具有较好的线性关系，如图 9.6 所示，随着金属铜粉粒径的减小，微波加热的效率越高，升温越快。

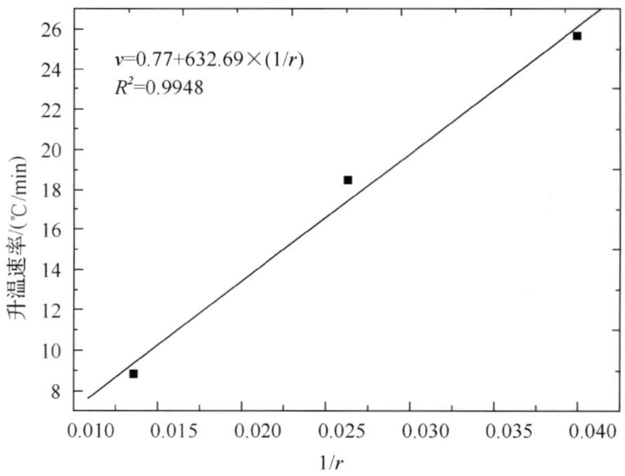

图 9.6　微波加热速率与金属粉末粒径关系

Mishra 等[5,6]分析了金属粉末在微波场的加热行为，认为在微波磁场的作用下金属粉末将感应出一个沿着颗粒表面的电场 E，该电场在颗粒表面形成涡流电流，并产生热量 P，如式(9.3)所示：

$$P = \frac{R_S}{2}\int_s \left|H_t\right|^2 \mathrm{d}V = \frac{2R_S\left|E_0\right|^2}{\eta_0^2} \tag{9.3}$$

式中，E_0 为颗粒表面的电场强度；H_t 为磁场强度切分向量；V 为体积；R_S 为表面电阻($R_S=1/(\sigma\cdot\delta)$)，其中 σ 为电导率，δ 为趋肤深度；η_0 为真空阻抗(377Ω)。

假设金属颗粒是球形的，其直径为 r，则电磁场能量密度 P_E 可表示如下：

$$P_E = \frac{3P}{r} = \frac{6R_S\left|E_0\right|^2}{\eta_0^2 r} \tag{9.4}$$

说明随着微波功率的增加或金属铜粉粒径的减小，金属颗粒在相同条件下吸收的能量越多，温度升高得越快，与本书的实验结果一致。

美国宾夕法尼亚州立大学 Roy 等[7]进行了微波烧结金属粉末研究，发现微波可以有效地加热金属粉末，加热速率可达 100℃/min。

研究结果表明，金属粉末可以吸收微波加热熔化，金属熔化变成熔体后仍然可以吸收微波加热，说明微波熔炼具有可行性，奠定了微波熔炼金属的基础。

9.3 微波熔炼铅

硫化铅(PbS)和氧化铅(PbO)的交互反应在铅冶炼中具有实际意义。硫化铅加氧化铅及少量金属铅的混合物，在650~660℃开始产生二氧化硫，从750℃开始，反应显著进行。在温度为950~980℃时，发生如下反应，且进行快速[4]：

$$PbS+2PbO═══3Pb+SO_2 \tag{9.5}$$

陆跃华和刘纯鹏[8]测定了交互反应在反应物化学计量比 $n_{PbS}:n_{PbO}=1:2$ 时二氧化硫生成速率与时间的关系，并求出了反应的活化能为190kJ/mol。李诚和刘纯鹏[9]推导出了反应速率方程，探讨了反应机理。

彭金辉和刘纯鹏[2,10,11]研究了微波加热下硫化铅(PbS)和氧化铅(PbO)交互反应动力学。

为了与文献的结果[8,9]进行比较，加入量按反应式(9.5)的化学计量比例($n_{PbO}:n_{PbS}=2:1$)来配料。为了消除反应的外扩散，测定了微波加热下氩气流量对交互反应的影响，结果表明氩气流量大于400mL/min，载流对反应速率影响较小，因此，氩气流量选择600mL/min。

微波加热与传统加热交互反应的对比如图9.7所示，微波加热反应率 x 与温度 T 关系如图9.8所示。

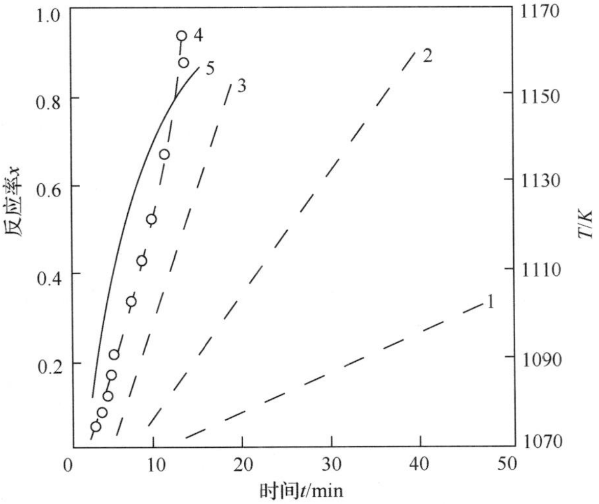

图9.7 反应率及温升与时间的关系

1~3. 传统加热反应率与时间的关系，温度为1073℃、1123℃、1173℃；

4. 微波加热反应率与时间的关系；5. 微波加热温度与时间关系

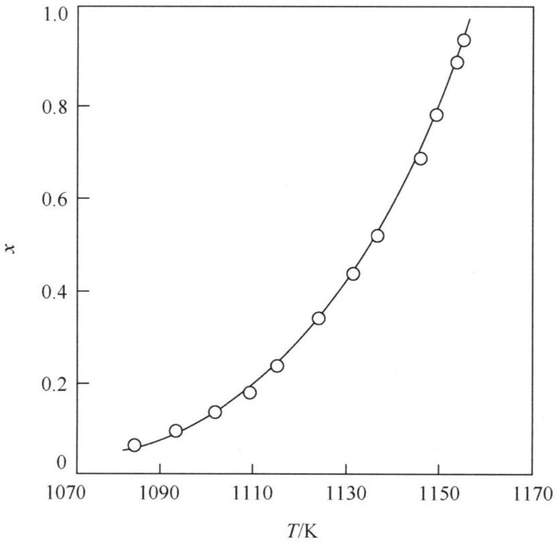

图 9.8　反应率与反应体系温度的关系

从图 9.7 曲线 5 可以看出，微波加热交互反应为非恒温反应，随着反应体系温度逐渐升高，交互反应不断进行。对曲线 5 进行拟合，便得到交互反应时间与温度变化的关系：

$$\ln t = -a/T + b \tag{9.6}$$

即

$$t = c\mathrm{e}^{-a/T} \tag{9.7}$$

式中，a=31232.21；b=29.63；$c=\mathrm{e}^b$；线性回归相关系数为 0.9996。

从图 9.8 中可以看出，微波加热在 1080~1160K 反应速率很快，13min 反应交互反应完成 90%以上，而在相同时间和相应的温度下，常规加热下的交互反应才完成 8%~60%。

在 $n_{PbO}:n_{PbS}=2:1$ 时形成共晶，熔点为 1061K。物料温度高于其熔点，故液态为均相反应。

若用二氧化硫的生成速率表示反应式(9.5)的反应速率，则有

$$\mathrm{d}x/\mathrm{d}t = v = kN_sN_0 \tag{9.8}$$

式中，x 为反应率；k 为反应的速率常数；N_s、N_0 分别为熔体中硫和氧的物质的量浓度。

按反应式(9.5)化学计量比例($n_{PbO}:n_{PbS}=2:1$)配料，故 N_s 和 N_0 在反应过程中不变，所以

$$\mathrm{d}x/\mathrm{d}t = kL \tag{9.9}$$

式中

$$L = N_s N_0 = \text{const} \tag{9.10}$$

$$k = A\mathrm{e}^{-E/(RT)} \tag{9.11}$$

所以

$$\mathrm{d}x/\mathrm{d}t = LA\mathrm{e}^{-E/(RT)} \tag{9.12}$$

因为

$$\mathrm{d}x/\mathrm{d}t \cdot \mathrm{d}T/\mathrm{d}t = LA\mathrm{e}^{-E/(RT)} \tag{9.13}$$

$$\mathrm{d}x/\mathrm{d}t = \mathrm{d}t/\mathrm{d}T\, LA\mathrm{e}^{-E/(RT)} \tag{9.14}$$

根据式(9.11)，可得

$$\mathrm{d}t/\mathrm{d}T = C\mathrm{e}^{-a/T}a/T^2 \tag{9.15}$$

将式(9.15)代入式(9.14)中，得

$$\mathrm{d}x/\mathrm{d}t = ALC\mathrm{e}^{-(E+aR)/(RT)}a/T^2 \tag{9.16}$$

即

$$\mathrm{d}x = aALCR/(E + aR)\,\mathrm{e}^{-(E+aR)/(RT)}\mathrm{d}\mathrm{e}^{-(E+aR)/(RT)} \tag{9.17}$$

对式(9.14)~式(9.17)两边积分，得

$$x = aALCR/(E + aR)\,\mathrm{e}^{-(E+aR)/(RT)} \tag{9.18}$$

令

$$aLCR = m = \text{const} \tag{9.19}$$

则

$$x = Am/(E + aR)\,\mathrm{e}^{-(E+aR)/(RT)} \tag{9.20}$$

两边取对数，得到动力学方程

$$\ln x = \ln[Am/(E+aR)] - (E+aR)/(RT) \tag{9.21}$$

以 $\ln x$ 对 $1/T$ 作图，得图 9.9。

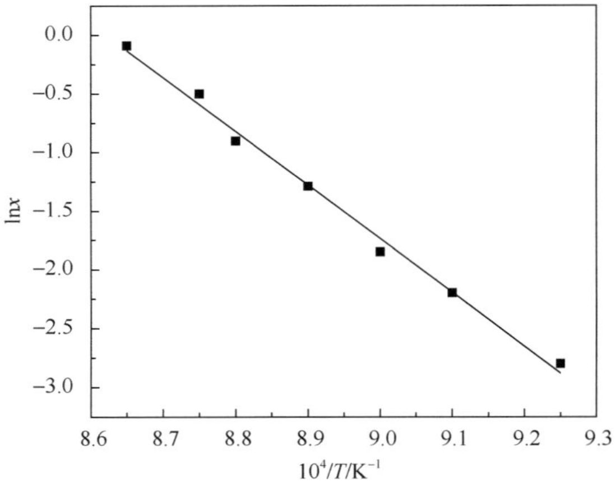

图 9.9　$\ln x$ 与 $1/T$ 关系

根据图 9.9，得

$$\ln x = 41.93 - 48396.59/T \tag{9.22}$$

其线性回归相关系数为 0.9994，交互反应的表观活化能 E=142.76kJ/mol。传统加热方法中交互反应的活化能分别为 190kJ/mol 和 181kJ/mol，与之相比较，微波加热的交互反应活化能较低，促使硫化铅和氧化铅能够在较低的温度下进行较快的交互反应。此外研究表明，微波加热加快了反应速度，降低了能耗，避免了高温过程中铅的挥发损失。

参 考 文 献

[1] 许磊. 微波加热金属铜粉及熔渗烧结钨铜复合材料特性的研究. 昆明: 昆明理工大学博士学位论文, 2016.

[2] 彭金辉. 微波能在有色冶金中的反应机理和应用研究. 昆明: 昆明工学院博士学位论文, 1992.

[3] 彭金辉, 刘纯鹏. 微波场中矿物及其化合物的升温特性. 中国有色金属学报, 1997, 7(3): 50-51.

[4] 彭金辉, 杨显万. 微波能技术新应用. 昆明: 云南科技出版社, 1997.

[5] Mishra P, Sethi G, Upadhyaya A. Modeling of microwave heating of particulate metals. Metallurgical and Materials Transactions B, 2006, 37(5): 839-845.

[6] 李永存. 新型快速微波烧结微观机理的同步辐射在线实验研究. 合肥: 中国科技大学博士学位论文, 2013.

[7] Roy R, Agrawal D, Cheng J. Full sintering of powder -metal bodies in a microwave field. Nature, 1999, 399 (17): 668-670.

[8] 陆跃华, 刘纯鹏. PbS 与 PbO 及硅酸铅反应的动力学和 PbO 的活度. 金属学报, 1988, 24(1): 119-122.

[9] 李诚, 刘纯鹏. PbS 和 PbO 反应动力学及其机理. 金属学报, 1990, 26(2): 83-87.

[10] 彭金辉, 刘纯鹏. 微波辐照下 PbS 和 PbO 的升温速率及其反应动力学. 中国有色金属学报, 1993, 3(1): 25-27.

[11] Peng J H, Liu C P. Interaction Kinetics between PbS and PbO under microwave irradiation//27th Microwave Symposium, Washington D C, 1992, 8: 2-5.

第10章 微波浸出

10.1 概　　述

浸出是湿法冶金中的重要工序，是用适当的溶剂处理矿石或精矿，将被提取的金属以某种离子形态进入溶液，与脉石和其他杂质分离。然而在传统的浸出反应过程中，当浸出进行到一定时间后，通常由于浸出的化学反应生成较为致密的物质包裹未反应的反应核，使浸出反应受阻，浸出速率变慢，浸出时间延长，增加了能耗[1]。

微波加热应用到浸出过程中，可显著强化浸出过程。微波加热下，产生搅拌效应，破坏黏附在矿物表面上的附着物，使矿物新鲜表面重新暴露出来，增强与溶液的接触机会，提高反应浸出速率；对于包裹体矿物，微波的选择性加热有助于在矿物颗粒表面产生微裂纹，增加固液反应接触面积，加速反应。

10.2 微波浸出黄铜矿

黄铜矿是最普通、最难浸出的硫化铜矿，占硫化铜矿中的80%以上，在纯水中的溶解度极低，无氧条件下即使在高温下也难于溶解；在最强的氧化介质中，黄铜矿的溶解比其他硫化铜慢得多[2]。人们研究了分别采用酸性浸出[3]、硫酸高铁浸出[4-6]、氯化物浸出[7-9]、生物浸出[10]、软锰矿浸出[11]、臭氧浸出[12,13]、过氧化氢浸出[14]、酸性重铬酸盐浸出[15]的工艺等处理黄铜矿，但铜的浸出速率依旧非常慢。为了提高浸出速率，硫化黄铜矿、机械活化、添加有机表面活性剂溶解产生的元素硫、添加合适的催化银离子 [16,17]、添加碳粉（煤粉）、添加铁粉或赤铁矿[18-20]等都被用于提高黄铜矿的反应速率。

Antonucci和Correa[21]研究了在硫酸介质中，微波加热黄铜矿，在温度为60℃、pH＝1.6条件下浸出，铜的浸出率超过90%。在酸矿比为1.34，微波功率为7kW，加热时间为13min，能耗为0.602kW·h/kg，铜浸出率达到70%。

10.2.1 三氯化铁浸出

Havlik等[22]研究了微波加热下三氯化铁浸出黄铜矿，原料为160~100μm的黄铜矿精矿，浸出溶液采用盐酸酸化，其盐酸浓度范围为0~1.0mol/L，三氯化铁浓度范围为 0~1.0mol/L。实验结果表明，当三氯化铁浓度为 0~0.05mol/L 时，仅有少量的铜被浸出，而三氯化铁浓度超过 0.1mol/L 时，铜的浸出率随着三氯化铁浓度增加而显著提高，当三氯化铁浓度为 1.0mol/L 时，浸出 3h 后铜的浸出率为 44%左右。酸度对浸出也有明显影响，铜的浸出率随着盐酸浓度提高而增加。XRD 分析表明，浸出产生元素硫的量随着三氯化铁浓度增加而增加；电镜分析表明，元素硫呈多孔球状的形式覆盖在未反应的矿表面上。

Havlik 等[23]研究了微波加热功率、三氯化铁浓度、粒度对黄铜矿浸出的影响。原料为 60~80μm 的黄铜矿，浸出介质三氯化铁的浓度范围为 0~1.0mol/L；盐酸添加量为 0.5mol/L，阻止三价铁水解。每次浸出实验用黄铜矿 3g，浸出液 200mL，温度确定为沸点 104℃。微波功率对浸出率的影响显著（图 10.1）。与其他浸出方法相比，微波浸出的效果更好（图 10.2）。

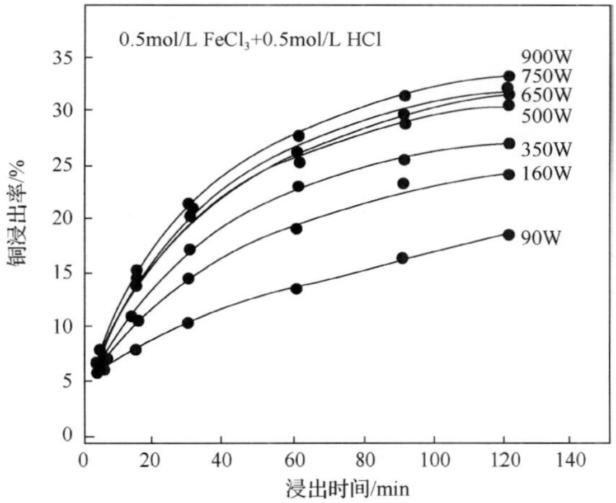

图 10.1 微波功率对浸出率的影响

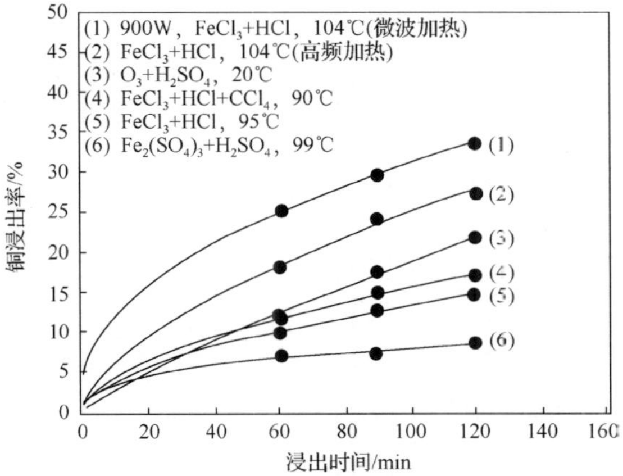

图 10.2 微波加热与其他方法浸出黄铜矿对比

丁伟安等研究了在微波加热下三氯化铁浸出硫化矿[24,25]，其原料见表 10.1，主要铜物相分析见表 10.2。在温度为 105℃、三氯化铁浓度为 120g/L、搅拌转速为 200r/min 的条件下，微波加热方式与传统加热方式对浸出的比较如图 10.3 所示。

表 10.1 硫化铜精矿主要化学成分 （单位：%）

参数	Cu	Fe	S	SiO_2	其他
含量	19.67	31.20	31.95	8.04	9.41

从图 10.3 可以看出，微波加热下铜浸出率比传统加热高。微波加热 40~50min，铜的浸出率为 98.8%~99.05%，渣含铜低于 0.5%，而传统加热需要 3h 以上才能达到上述指标，显示了微波加热的优越性。

表 10.2 硫化铜精矿主要铜物相分析 （单位：%）

参数	原生硫化铜（主要是黄铜矿）	次生硫化铜（主要是辉铜矿）	氧化铜	其他
含量	3.17	15.48	0.91	0.11

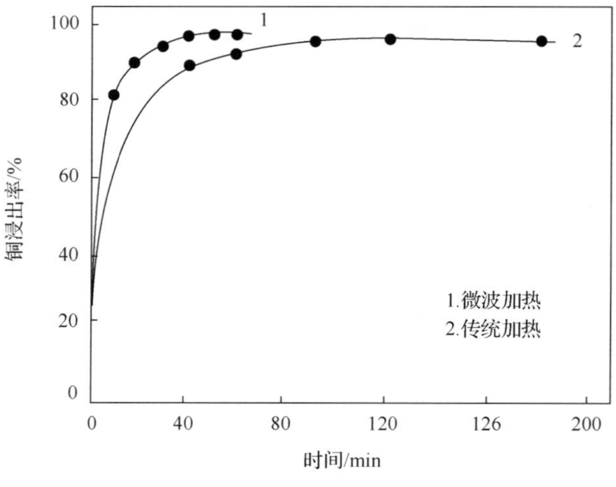

图 10.3 微波加热和传统加热方式铜浸出率对比

硫化铜精矿的三氯化铁浸出主要反应为

$$4FeCl_3+Cu_2S=\!=\!=2CuCl_2+4FeCl_2+S \tag{10.1}$$

$$4FeCl_3+CuFeS_2=\!=\!=CuCl_2+5FeCl_2+2S \tag{10.2}$$

浸出反应属于固体生成物层产生的多相反应过程。研究表明，微波加热浸出反应速率能显著提高，是由于微波加热浸出溶液时，硫化铜矿粒产生的局部热应力将引起裂纹，暴露出新鲜矿粒表面，增加了反应界面，有利于固液反应进行。同时，微波加热使溶液体系快速搅拌并驱散外层生成硫，加速浸出反应的进行。然而，传统加热方式却不具备这些特点。

10.2.2 硫酸浸出

苏永庆和刘纯鹏[26]研究了硫酸介质中，微波加热下用二氧化锰氧化浸出黄铜矿。在二氧化锰 45g，硫酸 106g，浸出液 500mL，微波加热的铜浸出率高于电加热的铜浸出率。研究表明，当硫酸和二氧化锰按一定比例加入浸出黄铜矿多次，如果硫酸和二氧化锰每次均按理论化学计量加入浸出体系，通过浸出 7 次，铜的浸出效率达到 99%，浸出 4 次，铜的浸出效率达到 94%。铜的浸出效率计算如下：

$$\alpha_n = w \cdot y\% \cdot \alpha \sum_{n=1}^{n} (1-\alpha\%)^{n-1} = w \cdot y\% \cdot 50 \times \frac{0.5^n - 1}{0.5 - 1} = w \cdot y(1-0.5^n) \quad (10.3)$$

式中，w 为黄铜矿质量；y 为黄铜矿铜浸出率；α 为某一次浸出的最大浸出效率；n 为浸出次数。

Yianatos 和 Antonucci[27]研究了用微波加热浸出辉钼矿中的硫化铜。辉钼精矿中钼为 42%，铜为 3.6%。结果表明，微波加热 15min 后铜浸出率达到 95%；达到相同指标，传统加热需在 200℃保持 40min。

10.2.3 细菌浸出

徐晓军等[28]研究了微波加热诱变氧化铁硫杆菌浸出低品位黄铜矿。研究表明，微波加热能引起浸矿细菌产生变异，提高菌种的活性，诱变菌比原始菌的活性提高 39.96%。与原始氧化铁硫杆菌相比，诱变菌对原生铜矿的浸出率提高了 31.44%，对次生硫化铜矿浸出率从 53.66%提高到 74.97%，总铜浸出率从 32.43%提高到 56.58%。

10.2.4 过硫酸铵浸出

范兴祥[29]进行了微波加热硝酸银催化过硫酸铵[$(NH_4)_2S_2O_8$]浸出黄铜矿的研究。黄铜矿除富含硫、铁、铜、锌四种元素外，还含有少量镍、铅、铋、铝、镁等，成分见表 10.3。调节初始 pH<2，浸出后采用碘量法测定浸出液的铜含量，浸出渣经水洗、烘干称重，测定渣中的铜含量和元素硫。微波浸出实验装置示意图如图 10.4 所示，微波功率为 1200W，频率为 2450Hz。

表 10.3 黄铜矿原料的化学成分 (单位：%)

参数	S	Fe	Ni	Cu	Zn	Pb
含量	31.130	30.168	0.012	20.095	2.896	0.633
参数	Bi	Al_2O_3	CaO	MgO	SiO_2	As
含量	0.088	0.679	0.440	0.386	5.277	0.555

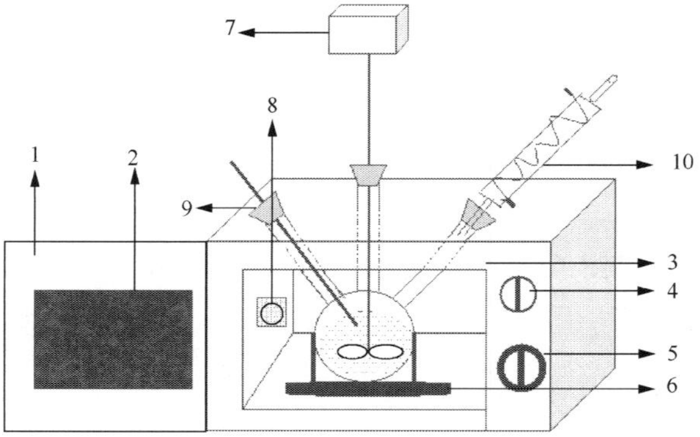

图 10.4 银离子催化过硫酸铵微波浸出黄铜矿的实验装置示意图

1.炉门；2.观察孔；3.微波腔体；4.定时器；5.功率调节；6.烧瓶支座；7.搅拌器；8.排风孔；9.温度孔及取样孔；10.冷凝器

黄铜矿精矿的光学显微镜分析如图 10.5 所示，矿物含量见表 10.4。分析表明，黄铜矿的矿物组成较简单，金属矿物占 91.43%，其中以黄铜矿为主，含少量黄铁矿、闪锌矿、辉铜矿、毒砂、磁黄铁矿、菱锌矿等；非金属矿物占 8.57%，以石英为主，即脉石成分。

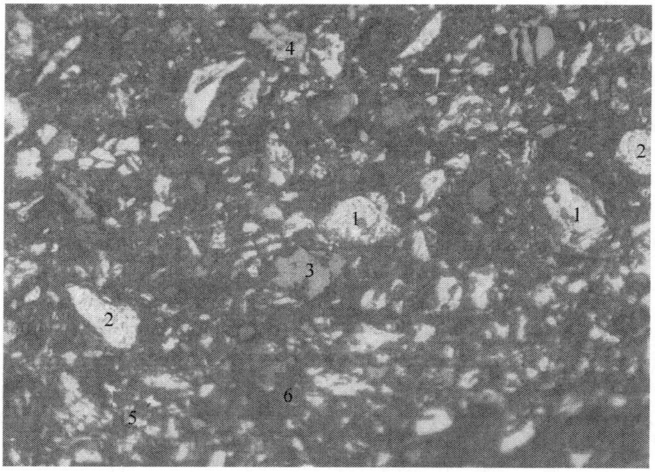

图 10.5 黄铜矿精矿中的光学显微结构

1.黄铜矿；2.黄铁矿；3.闪锌矿；4.磁黄铁矿；5.毒砂；6.石英

表 10.4 黄铜矿精矿各种矿物含量 (单位：%)

参数	黄铜矿	黄铁矿	闪锌矿	辉铜矿
含量	75.25	7.42	2.05	2.18
参数	毒砂	磁黄铁矿	菱锌矿	石英
含量	2.08	1.72	0.73	6.57

各种矿物绝大多数解离为单矿物颗粒(单体)，矿物单体占有率在 90%以上，只有少数矿物未被解离为单体而呈两种矿物连在一起的连生体，约占 10%。矿物颗粒的粒度较均匀，粒径均小于 0.072mm，其中 0.009~0.072mm 的细粒级颗粒占 75%左右。

1. 微波浸出与传统浸出对比

黄铜矿颗粒粒度为 250~300 目，浸出温度 95℃，常规加热和微波加热浸出黄铜矿对铜的浸出率影响如图 10.6 所示。

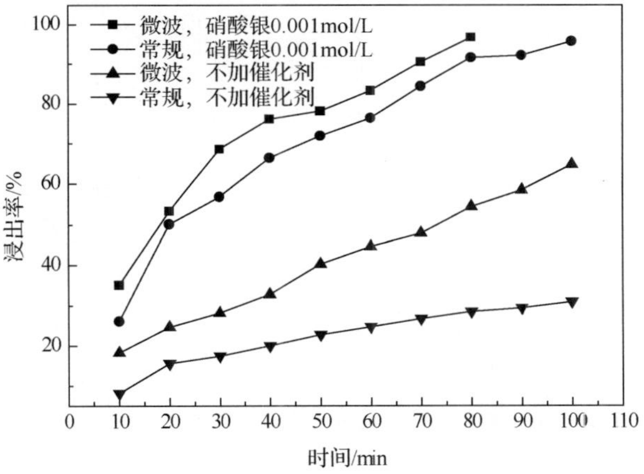

图 10.6 微波加热和传统加热浸出黄铜矿的比较

从图 10.6 可以看出，在同等条件下，微波加热浸出下硝酸银催化过硫酸铵氧化浸出黄铜矿的效果比传统加热的效果好。微波加热 80min，铜的浸出率达到 96.73%，而传统加热为 91.57%，铜的浸出率提高 5.16%；不加入催化剂硝酸银，微波加热 100min，铜的浸出率达到 64.13%，而传统加热为 30.90%，与传统加热浸出相比，铜的浸出率提高了 33.83%，提高了一倍多。由于微波产生的搅拌效应，使产生的元素硫从未反应核脱落，离子扩散克服元素硫的阻力得到改善，明显减少扩散阻力，强化扩散和反应过程，使铜的浸出率得到迅速提高。

2. 浸出剂对浸出率的影响

当粒度为 200~250 目、浸出温度为 95℃、加热时间为 80min、矿浆密度为 25g/L、硝酸银浓度为 0.0010mol/L 时，不同过硫酸盐对浸出率的影响如图 10.7 所示。

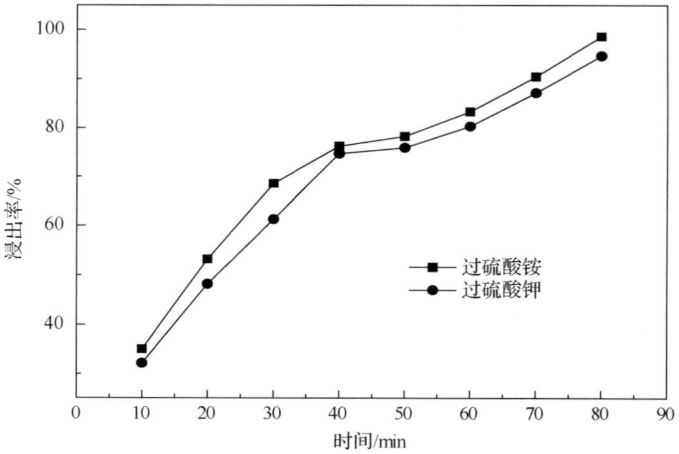

图 10.7　不同过硫酸盐对浸出率的影响

从图 10.7 可以看出，两种氧化剂对铜的浸出效果影响显著，过硫酸铵浸出率略高，过硫酸钾价格高于过硫酸铵，且溶液中钾离子对后续工序带来困难。

在微波加热下，当三氯化铁浓度为 0.50mol/L 时，微波浸出 120min，铜的浸出率仅达到 26.0%左右，微波浸出 180min，铜的浸出率也只达到 33.0%左右。用过硫酸铵作氧化剂，浓度为 0.50mol/L，微波浸出 100min，铜的浸出率达到 64.13%。与用三氯化铁作氧化剂浸出相比，过硫酸铵浸出率几乎是三氯化铁浸出率的两倍，充分显示了过硫酸铵的强氧化效果。

3. 过硫酸铵浓度对浸出率的影响

当原料粒度为 200~250 目、浸出温度为 95℃、加热时间为 75min、矿浆密度为 25g/L、硝酸银浓度为 0.001mol/L 时，过硫酸铵浓度对浸出率的影响如图 10.8 所示。

从图 10.8 可以看出，随着过硫酸铵浓度的增加，浸出率增加，当过硫酸铵浓度超过 0.50mol/L，浸出率提高不明显，选择过硫酸铵浓度为 0.50mol/L。

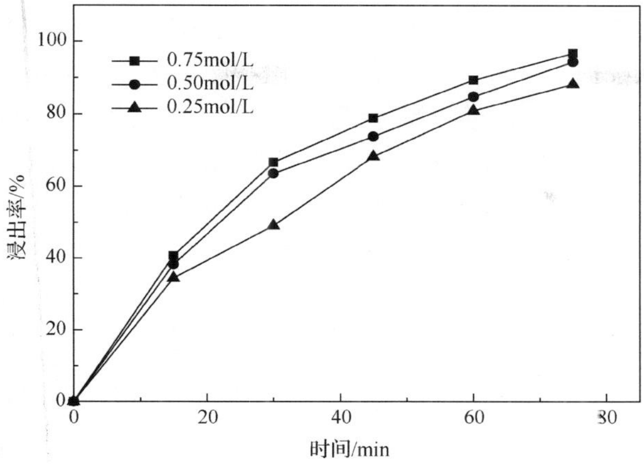

图 10.8　过硫酸铵对浸出率的影响

4. *矿物粒度对浸出率的影响*

当过硫酸铵浓度为 0.50mol/L、加热时间为 75min、浸出温度为 95℃、矿浆密度为 25g/L、硝酸银浓度为 0.0010mol/L 时，原料粒度对浸出率的影响如图 10.9 所示。

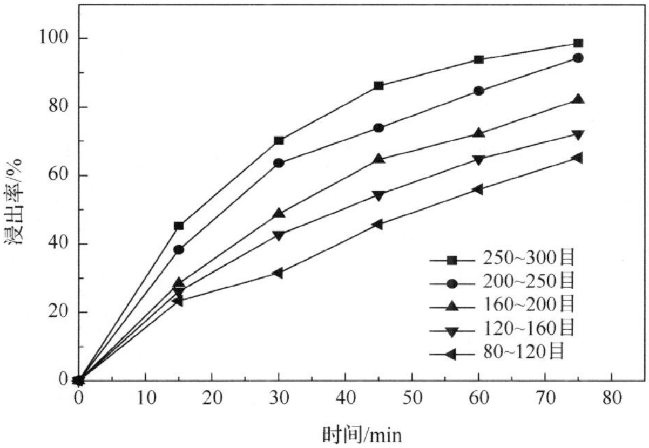

图 10.9　原料粒度对浸出率的影响

从图 10.9 可以看出，原料粒度越细，铜的浸出率越高。但粒度越小，磨矿时间越长，费用就相应增加，处理成本也会增加，因此选择原料粒度 200~250 目为宜。

5. *银离子浓度对浸出率的影响*

当过硫酸铵浓度为 0.50mol/L、粒度为 200~250 目、矿浆密度为 25g/L、加热时间为 75min、浸出温度为 95℃时，银离子浓度对浸出率的影响如图 10.10 所示。

从图 10.10 可以看出，在同等条件下，当无银离子时，铜的浸出率为 51.13%；银离子为 0.0005mol/L，铜的浸出率达到 90.14%，与不加入银离子相比，铜的浸出率提高了 39.01%。然而随着银离子浓度的提高，铜的浸出率升高缓慢，当银离子浓度为 0.002mol/L 时，铜的浸出率达到 96.33%，银离子浓度提高 3 倍，铜的浸出率仅提高 6.19%。故选择银离子浓度为 0.001mol/L 为宜。

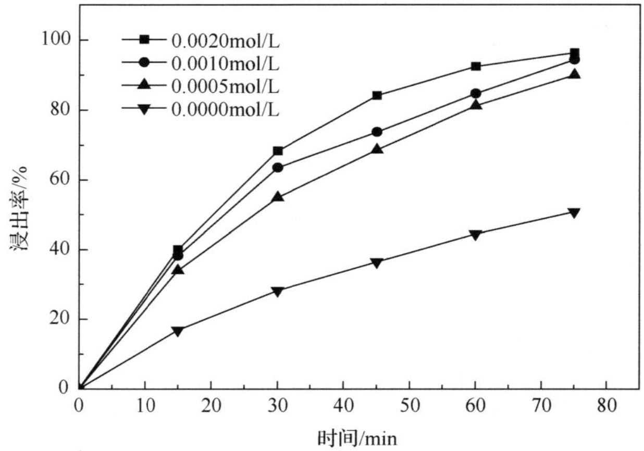

图 10.10　银离子浓度对浸出率的影响

6. 微波浸出动力学

1）温度的影响

当体积为 400mL、微波功率为 200W 时，溶液温度与时间的关系如图 10.11 所示。

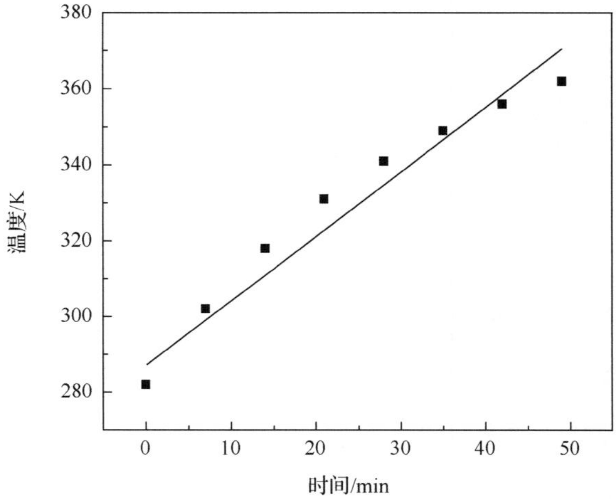

图 10.11　溶液温度与时间的关系

从图 10.11 可以看出，随着微波加热时间的延长，溶剂温度逐渐升高，并用线性回归，得到了溶剂的升温速率方程：T=1.7394t+289.2。

当粒度为 200~250 目、过硫酸铵浓度为 0.50mol/L、硝酸银浓度为 0.001mol/L、矿浆密度为 25g/L、搅拌转速 200r/min，浸出时间、浸出温度对浸出率的影响如图 10.12、图 10.13 所示。

从图 10.12 可以看出，随着微波浸出时间的延长，铜的浸出率也逐渐升高，在溶液未达沸点前，反应属于非恒温过程；图 10.13 也表明，随着温度的升高，铜的浸出率也逐渐升高，在溶液尚未达沸点前，反应属于非恒温过程。

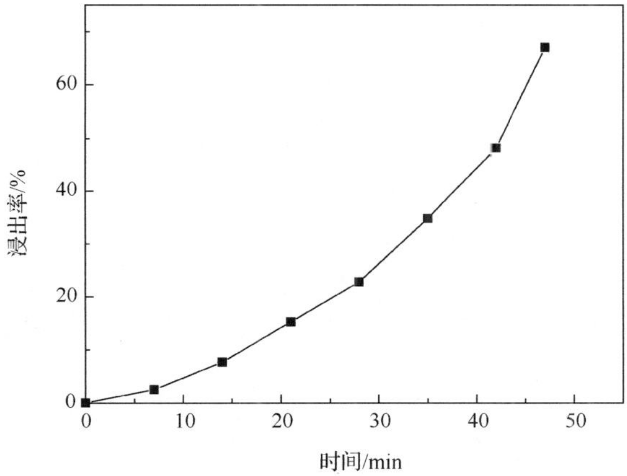

图 10.12 铜的浸出率与时间变化关系

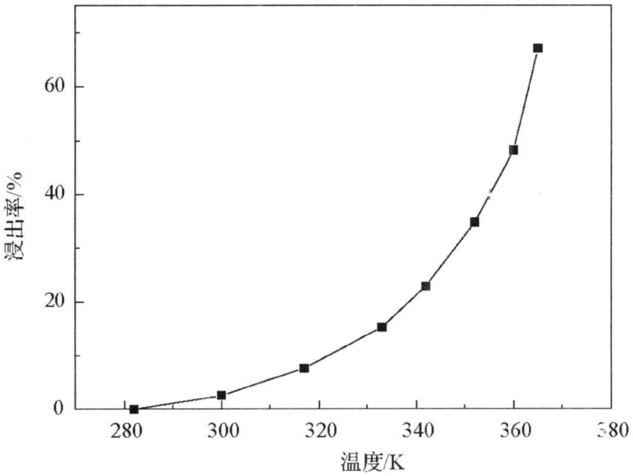

图 10.13 铜的浸出率与温度变化关系

2）非等温浸出动力学方程

微波加热促使微粒破裂，暴露出新鲜矿表面，有利于液固反应进行；在外加电场作用下，极性分子迅速改变方向高速振动，不仅产生了热量，还增加了物质的相互碰撞，强化了反应的进行[30-34]。根据微波加热的特性，可认为反应为化学控制，则反应速率可表示为

$$v=-\frac{1}{M}\frac{\mathrm{d}w}{\mathrm{d}t} \tag{10.4}$$

式中，v 为反应速率；M 为相对原（分）子质量；w 为物料质量；t 为反应时间。其中

$$w=\frac{4}{3}\pi r^3\rho \tag{10.5}$$

而

$$v=s\cdot k\cdot c^n,\quad s=4\pi r^2 \tag{10.6}$$

$$k=A\cdot \mathrm{e}^{-\frac{E}{RT}} \tag{10.7}$$

式中，r 为球形颗粒的未反应半径；ρ 为密度；s 为反应面积；k 为反应速率常数；c 为溶液浓度；n 为反应级数；E 为反应活化能；R 为理想气体常数；T 为温度。

由式(10.4)~式(10.7)得

$$v=-\frac{1}{M}4\pi r^2\rho\frac{\mathrm{d}r}{\mathrm{d}t} \tag{10.8}$$

$$v=-4\pi r^2A\cdot c^n\cdot \mathrm{e}^{-\frac{E}{RT}} \tag{10.9}$$

式中，A 为指前因子。

结合式(10.8)和式(10.9)可得

$$-\frac{\mathrm{d}r}{\mathrm{d}t}=\frac{{M_\mathrm{c}}^nA}{\rho}\cdot \mathrm{e}^{-\frac{E}{RT}} \tag{10.10}$$

式中，M_c 为当浓度为 c 时相对原（分）子质量。

因为

$$-\frac{\mathrm{d}r}{\mathrm{d}T}\cdot\frac{\mathrm{d}T}{\mathrm{d}t}=-\frac{\mathrm{d}r}{\mathrm{d}t} \tag{10.11}$$

结合式(10.10)和式(10.11)得

$$-\frac{\mathrm{d}r}{\mathrm{d}T}\cdot\frac{\mathrm{d}T}{\mathrm{d}t}=\frac{{M_\mathrm{c}}^nA}{\rho}\cdot \mathrm{e}^{-\frac{E}{RT}} \tag{10.12}$$

对式(10.12)求导，得到 $\frac{\mathrm{d}T}{\mathrm{d}t}=1.7394$，令 $\frac{\mathrm{d}T}{\mathrm{d}t}=B$（由图 10.11 中曲线求得

B=1.7394)，则

$$-\mathrm{d}r = \frac{M_{\mathrm{c}}{}^{n} A}{B\rho} \cdot \mathrm{e}^{-\frac{E}{RT}} \mathrm{d}T \tag{10.13}$$

在$[r_0, r]$、$[T_0, T]$上积分，并把$a = 1 - \left(\frac{r}{r_0}\right)^3$代入式(10.13)中得

$$1-(1-x)^{\frac{1}{3}} = \frac{M_{\mathrm{c}}{}^{n} AE}{r_0 B\rho R} \cdot P(\theta) \tag{10.14}$$

式中，$P(\theta) = \left(\mathrm{e}^{\theta}/\theta^2\right)\left(1+2!/\theta+3!/\theta^2+\cdots\right), \theta = -\frac{E}{RT}$，取$P(\theta)$的前两项，并取对数，即得到非恒温浸出动力学方程：

$$\ln\left[\frac{1-(1-x)^{\frac{1}{3}}}{T^2}\right] = \ln\left[\frac{M_{\mathrm{c}}{}^{n} AR}{r_0 B\rho E}\left(1-\frac{2RT}{E}\right)\right] - \frac{E}{RT} \tag{10.15}$$

根据图 10.13 可计算结果见表 10.5，以$\ln\left[\frac{1-(1-x)^{\frac{1}{3}}}{T^2}\right]$对$\frac{1}{T}$作图，得到图 10.14。

表 10.5 黄铜矿非等温浸出动力学方程推导的数据

参数	数值						
时间/min	7	14	21	28	35	42	47
T/K	300	317	333	342	352	360	365
$10^{-3}/T$	3.33	3.15	3.00	2.92	2.84	2.78	2.74
浸出速率 x /[mol/(L · min)]	0.0254	0.0762	0.1524	0.2286	0.3479	0.4827	0.6706
$\ln\left\{\left[1-(1-x)^{\frac{1}{3}}\right]/T^2\right\}$	−16.17	−15.16	−14.54	−14.16	−13.75	−13.40	−12.97

由 Arrhenius 公式：

$$\ln k_{\mathrm{c}} = -\frac{E_a}{R}\frac{1}{T} + \ln A \tag{10.16}$$

式中，k_{c}为表观速率常数；E_a为浸出率为a时的活化能。

根据图 10.14，由直线的斜率可以求得：$\ln\{[1-(1-x)^{\frac{1}{3}}]/T^2\}$=0.9037 − 5128.9/$T$和−5.1289×1000=$-\frac{E_a}{R}$[$R = 8.314\ \mathrm{J/(mol \cdot K)}$]，从而可以求得在实验温度范围内的表观活化能为$E_a = 42.642\mathrm{kJ/mol}$，其线性相关系数为 0.9915，$E_a$值表明在实验

范围温度内是典型的化学控制过程，说明在微波加热下银离子催化过硫酸铵氧化浸出黄铜矿的反应受化学控制。

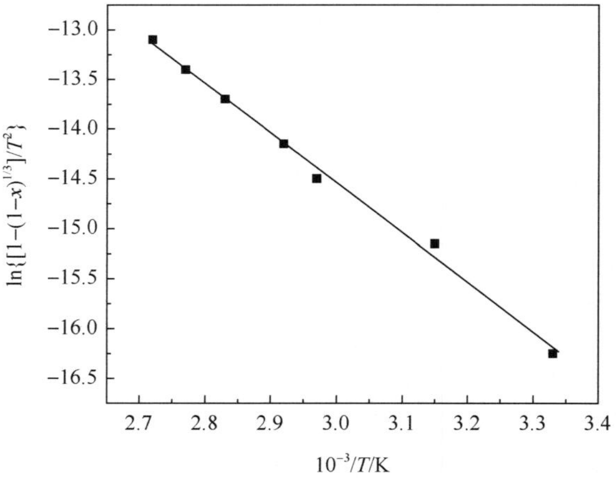

图 10.14　$\ln\{[1-(1-x)^{1/3}]/T^2\}$与 $1/T$ 的关系

3）过硫酸铵浓度的影响

根据图 10.8 的实验数据，以$1-(1-x)^{\frac{1}{3}}$对反应时间 t 作图，得到图 10.15。根据图 10.15，可得到不同过硫酸铵浓度的表观速率常数 k_c 分别 0.0087、0.0078、0.0068；其线性相关系数分别为 0.9950、0.9906、0.9945。再以$-\ln k_c$ 对$-\ln C_{S_2O_8^{2-}}$ 作图，得到图 10.16，并计算出直线的斜率，由此就得到了过硫酸铵浓度的反应级数为 0.2214。

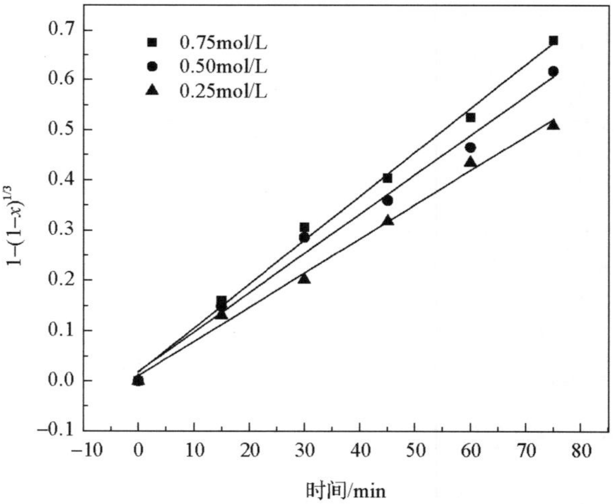

图 10.15　反应时间和$1-(1-x)^{\frac{1}{3}}$的关系

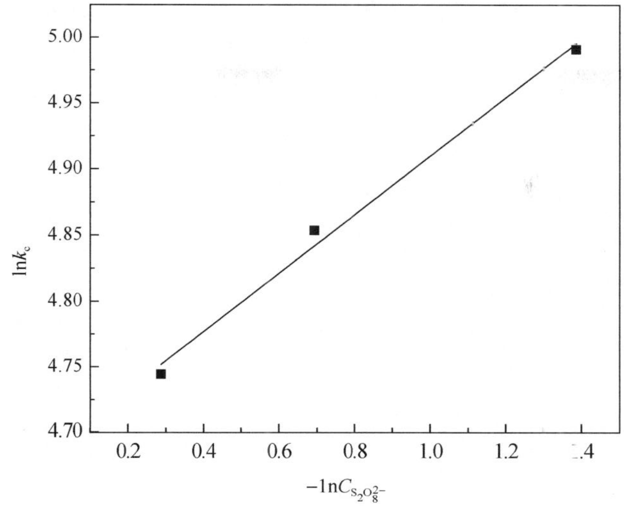

图 10.16 $-\ln C_{S_2O_8^{2-}}$ 与$-\ln k_c$的关系

4）银离子浓度的影响

根据图 10.10 的数据，以 $1-(1-x)^{1/3}$ 对反应时间 t 作图，得图 10.17，其直线过原点。由此得到不同浓度的表观速率常数 k_c。而不加银离子时，其表观速率常数 k_c 为 0.0028。在银离子浓度为 0.001mol/L 时，表观速率常数 k_c 为 0.0078。可见，加银离子后表观速率常数 k_c 提高了 2.79 倍，说明银离子在浸出过程中起催化作用；再以$-\ln k_c$ 对$-\ln C_{Ag^+}$作图，得到图 10.18，由此就得到了的反应级数为 0.1813。

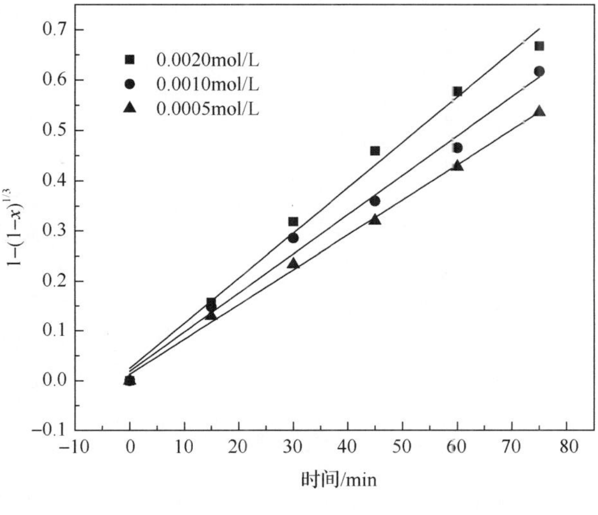

图 10.17 反应时间和$1-(1-x)^{\frac{1}{3}}$的关系

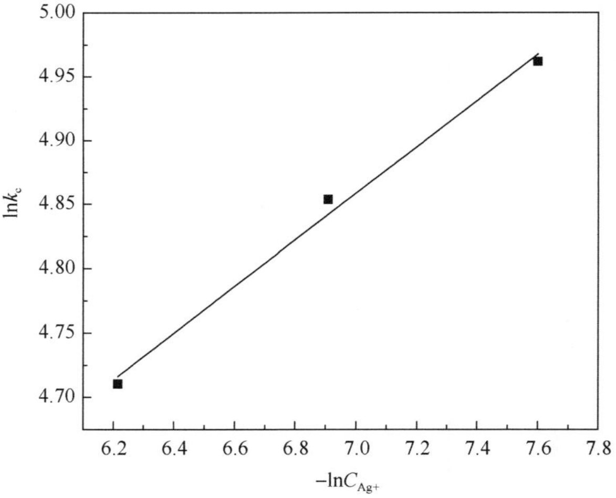

图 10.18 $-\ln C_{Ag+}$与$-\ln k_c$的关系

5）粒度的影响

根据图 10.9 的实验数据，以$1-(1-x)^{\frac{1}{3}}$对反应时间 t 作图，得图 10.19，其直线过原点。由此可得到不同粒度下的表观速率常数 k_c 分别为 0.0099、0.0057、0.0047 和 0.0038。另外，再以 k_c 对$1/r_0$作图，得到图 10.20。图 10.20 表明，k_c 与$1/r_0$成线性关系，直线的斜率为 0.0002702，其线性回归相关系数为 0.9911，进一步证实了微波加热下银离子催化过硫酸铵浸出黄铜矿受化学控制。

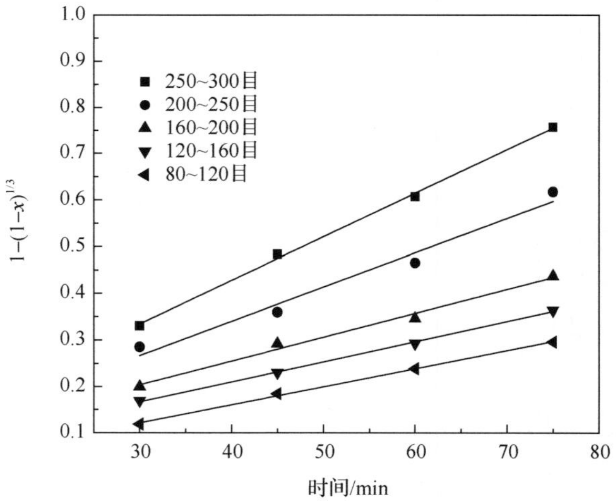

图 10.19 反应时间和$1-(1-x)^{\frac{1}{3}}$的关系

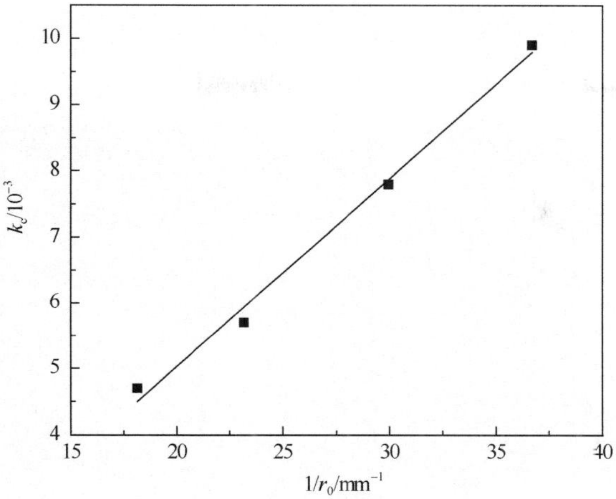

图 10.20 $1/r_0$ 与 k_c 的关系

6）动力学方程

表观反应速度常数 k_c 与反应体系有关，也是浓度及粒度等各参量的函数，可表示为

$$k_c = k_0 C_1^a \cdot C_2^b \cdot C_3^d \cdots r_0^m \cdot e^{\frac{-E}{RT}} \tag{10.17}$$

式中，k_0 为比速率常数。表观速度常数 k_c 与反应体系有关，也就是与银离子浓度、过硫酸铵浓度及粒度三个函数有关。因此，根据式(10.17)，表观反应速度常数 k_c 就可以表示成如下：

$$k_c = k_0 \cdot r^{-1} \cdot [S_2O_8^{2-}]^{0.22} \cdot [Ag^+]^{0.18} \cdot \exp\left(-\frac{42642}{RT}\right) \tag{10.18}$$

由过硫酸铵浓度、粒度、银离子浓度、浸出温度对浸出率的影响讨论及各种实验条件下所得到的表观反应速度常数 k_c 值，可求得 k_0 为 1238.01。因此，得到在该实验条件下微波加热银离子催化过硫酸铵浸出黄铜矿的表观总速率方程：

$$\Phi = 1238.01 \times r_0^{-1} \times [Ag^+]^{0.18} \times [S_2O_8^{2-}]^{0.22} \times \exp\left(-\frac{42642}{RT}\right) t \tag{10.19}$$

7. 浸出渣的矿物学分析

1）浸出渣的矿物组成、嵌布特征及表征

当粒度为 200~250 目、浸出温度为 95℃、Ag^+浓度为 0.001mol/L、过硫酸铵浓度为 0.50mol/L、搅拌转速为 200r/min，pH<1、矿浆密度为 25.0g/L 时，不同浸出时间的浸出渣光学显微结构如图 10.21 所示。

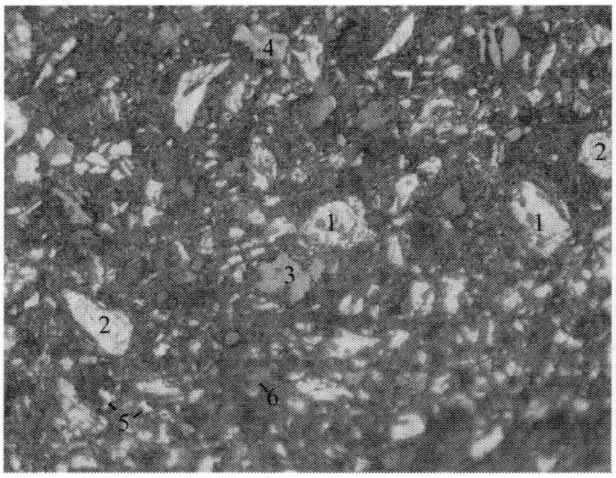

(a) 黄铜矿精矿×200（1.黄铜矿；2.黄铁矿；3.闪锌矿；4.磁黄铁矿；5.毒砂；6.石英）

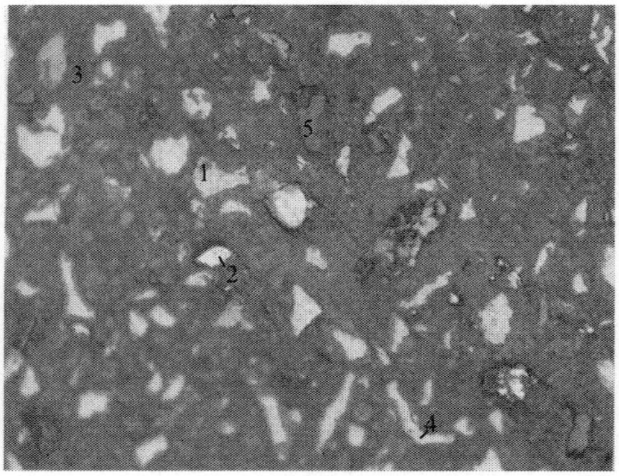

(b) 微波加热浸出40min得到的浸出渣×200（1.黄铜矿；2.黄铁矿；3.闪锌矿；4.磁黄铁矿；5.石英）

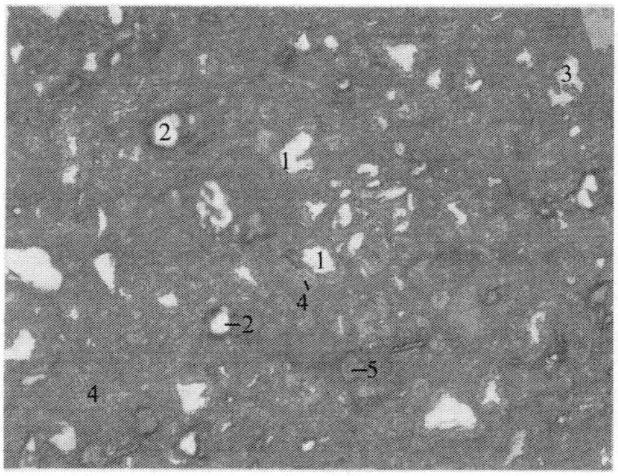

(c) 微波加热浸出60min得到的浸出渣×200（1.黄铜矿；2.黄铁矿；3.闪锌矿；4.元素硫；5.石英）

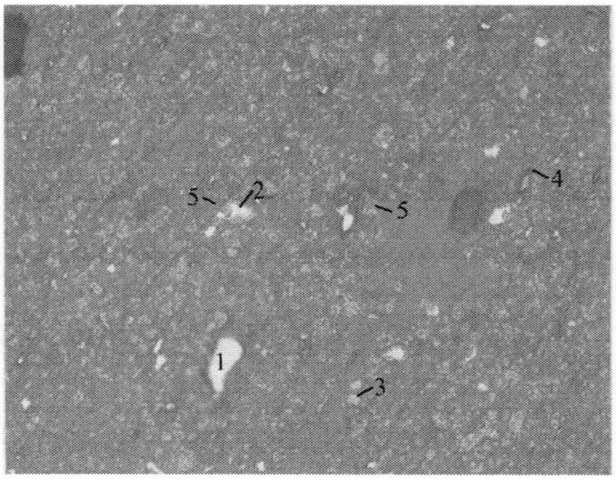

(d) 微波加热浸出80min得到的浸出渣×200（1.黄铁矿；2.黄铜矿；3.闪锌矿；4.石英；5.元素硫）

图 10.21　原料黄铜矿精矿及微波加热下不同浸出时间所得到的浸出渣光学显微结构

通过图 10.21 分析，原料黄铜矿精矿和不同浸出时间所得到的浸出渣矿物组成及嵌布特征见表 10.6~表 10.10。图 10.21(a)中的矿物组成及嵌布特征如表 10.6 所示。

图 10.21(b)的矿物组成及嵌布特征。渣中矿物组成简单，金属矿物约占 90%，其中以黄铜矿为主，含有少量黄铁矿、闪锌矿、辉铜矿、磁黄铁矿、毒砂、菱锌矿等；非金属矿物约占 10%，以石英为主，为主要脉石，各种矿物含量见表 10.7。浸出渣中的颗粒大都为单体，单体占有率在 95%以上。

表 10.6 黄铜矿精矿矿物含量 (单位：%)

参数	黄铜矿	黄铁矿	闪锌矿	辉铜矿
含量	75.25	7.42	2.05	2.18
参数	毒砂	磁黄铁矿	菱锌矿	石英
含量	2.08	1.72	0.73	6.57

表 10.7 微波浸出 40min 后的渣矿物含量 (单位：%)

参数	黄铜矿	黄铁矿	闪锌矿	辉铜矿
含量	69.55	9.70	3.90	2.43
参数	毒砂	磁黄铁矿	菱锌矿	石英
含量	2.18	1.68	1.23	8.70

浸出渣中颗粒的粒径均小于 0.072mm，其中 0.0090~0.072mm 粒级颗粒占 80%以上，而小于 0.009mm 颗粒不到 20%。黄铜矿的粒度分布见表 10.8。

表 10.8 微波浸出 40min 后渣中黄铜矿粒度分布

粒级序	粒径范围/mm	粒度含量分布/%
Ⅰ	0.036~0.072	35.76
Ⅱ	0.018~0.036	27.29
Ⅲ	0.009~0.018	16.94
Ⅳ	<0.009	20.00
合计	<0.072	99.99

由图 10.21(c)的矿物组成及嵌布特征，微波浸出 60min 后渣中矿物组成简单，金属矿物占 82.20%左右，以黄铜矿为主，次为黄铁矿，并含有少量闪锌矿、辉铜矿、磁黄铁矿、毒砂、菱锌矿等；非金属矿物占 17.80%左右，以石英为主，该浸出渣主要脉石，各种矿物含量见表 10.9。

表 10.9 微波浸出 60min 后的渣矿物含量 (单位：%)

参数	黄铜矿	黄铁矿	闪锌矿
含量	60.08	13.35	2.56
参数	辉铜矿	毒砂	磁黄铁矿
含量	1.77	2.13	1.04
参数	菱锌矿	石英	元素硫
含量	1.27	11.80	5.00

浸出渣中矿物解离较好，95%以上颗粒是由单矿物组成的单体，黄铜矿单体占有率达 95.69%。颗粒粒径均小于 0.072mm，0.009~0.072mm 细粒级颗粒占 80%以上，小于 0.009mm 微-极微粒级颗粒约占 15%。

表 10.10　微波浸出 60min 后的渣中黄铜矿粒度分布

粒级序	粒径范围/mm	粒度含量分布/%
Ⅰ	0.036~0.072	30.95
Ⅱ	0.018~0.036	35.65
Ⅲ	0.009~0.018	18.89
Ⅳ	<0.009	14.51
合计	<0.072	100.00

该浸出渣中黄铜矿与图 10.21(b)相比，不仅数量减少，还有明显的溶蚀分解现象，颗粒不规则，边缘常呈锯齿状和港湾状，周边被元素硫所包围，构成镶边结构，本身呈溶蚀残余体存在。经粒度测算，粒度分布见表 10.10。从表 10.10 可以看出，微-极微粒级的颗粒较图 10.21(b)中颗粒明显减少。

从图 10.21(c)还可以看出，浸出渣中元素硫的颗粒有微晶质硫的集合体构成，颗粒大小悬殊，形状多复杂，部分元素硫呈镶边状包裹黄铜矿残余体，而形成镶边结构。浸出渣中其余矿物的嵌布特征与黄铜矿精矿中各矿物嵌布相同。

图 10.21(d)的矿物组成及嵌布特征如下：微波浸出 80min 后，该渣中矿物组成简单，金属矿物很少，含量小于 20%，并以黄铁矿为主，黄铜矿次之，偶见闪锌矿、菱锌矿等；非金属矿物含量相对增加，含量可达 80%，并出现大量的元素硫。矿物颗粒均细，多为微-极微粒级。

2） 金属矿物

(1)黄铜矿，颗粒极细，仅少数达 0.010~0.05mm，多数在 0.009mm 以下，呈尘点状。颗粒大多为溶蚀未完的残余体，形状极不规则，边缘多呈锯齿状，常被元素硫包围构成镶边结构。仅少数黄铜矿呈如滴状包含于闪锌矿中，构成黄铜矿-闪锌矿被包裹型连生体。黄铜矿在浸出渣中的含量为 5%左右。

(2)黄铁矿，颗粒极细，个别可达到 0.05mm，多在 0.009mm 以下，颗粒边缘光滑，无溶蚀现象，也无元素硫包围，含量约 15%。

(3)闪锌矿，颗粒细，多在 0.018mm 以下，常含有乳滴状黄铜矿，构成包裹型黄铜矿-闪锌矿连生体，含量小于 1%。

(4)菱锌矿，颗粒细小，粒度多为 0.009~0.018mm，均为单体，含量少。

3) 非金属矿物

构成该浸出渣的主要物质，以石英、元素硫为主，其余在反光镜下难以辨认。

(1)石英，颗粒大小悬殊，大者可达 0.1mm，一般为 0.009~0.036mm，颗粒内部常含有细粒黄铜矿，构成包裹型黄铜矿-石英连生体，目估含量为 30%左右。

(2)元素硫，该浸出渣中的元素硫颗粒为微晶质硫的集合体，颗粒细小，微-极微粒级，形状不规则，镜下呈云雾，元素硫的颗粒内往往含有未被溶蚀交代的细小的黄铜矿残余体，目估含量可达 40%。

浸出渣中主要矿物含量随着浸出时间的变化如图 10.22 所示。从图 10.22 可以看出，黄铜矿在浸出渣中的含量随着浸出时间的延长而逐渐减少；由于在浸出过程中，黄铁矿未被溶解，故黄铁矿在浸出渣中的含量随着浸出时间的延长而逐渐增加；石英也是随着浸出时间的延长而逐渐增加后逐渐下降。其余金属矿物在浸出渣中的含量基本保持不变。

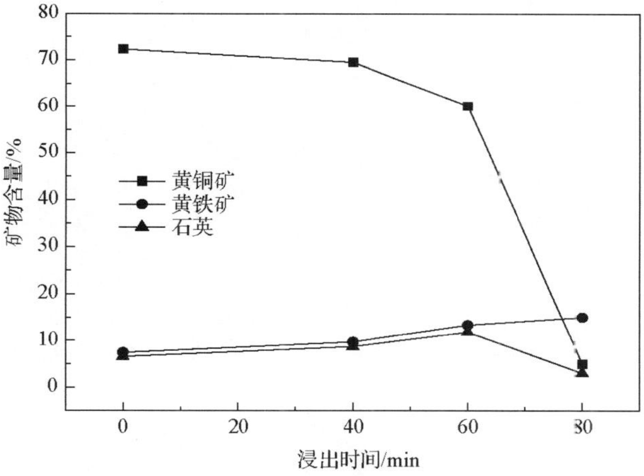

图 10.22 浸出渣中主要矿物含量随着浸出时间的变化

浸出渣中黄铜矿粒度随着浸出时间的变化如图 10.23 所示。从图 10.23 可以看出，当浸出 70min 后，黄铜矿的粒度在 0.009mm 以下占 90%。

浸出过程中，当浸出 60min，浸出渣中元素硫含量(物相含量)为 5.0%，而当浸出 80min 时，浸出渣中元素硫含量为 40.0%。

在粒度为 200~250 目、浸出温度为 95℃、Ag^+浓度为 0.001mol/L、过硫酸铵浓度为 0.50mol/L、搅拌转速为 200r/min、pH<1 和矿浆密度为 25g/L 时，浸出渣 SEM 照片如图 10.24 所示。

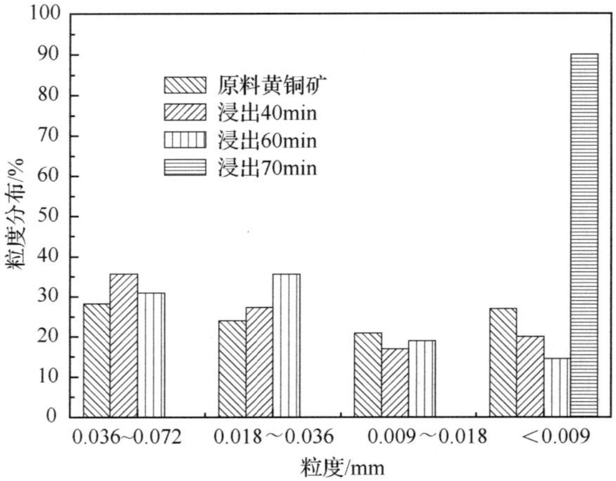

图 10.23　浸出渣中黄铜矿粒度范围随着浸出时间的变化

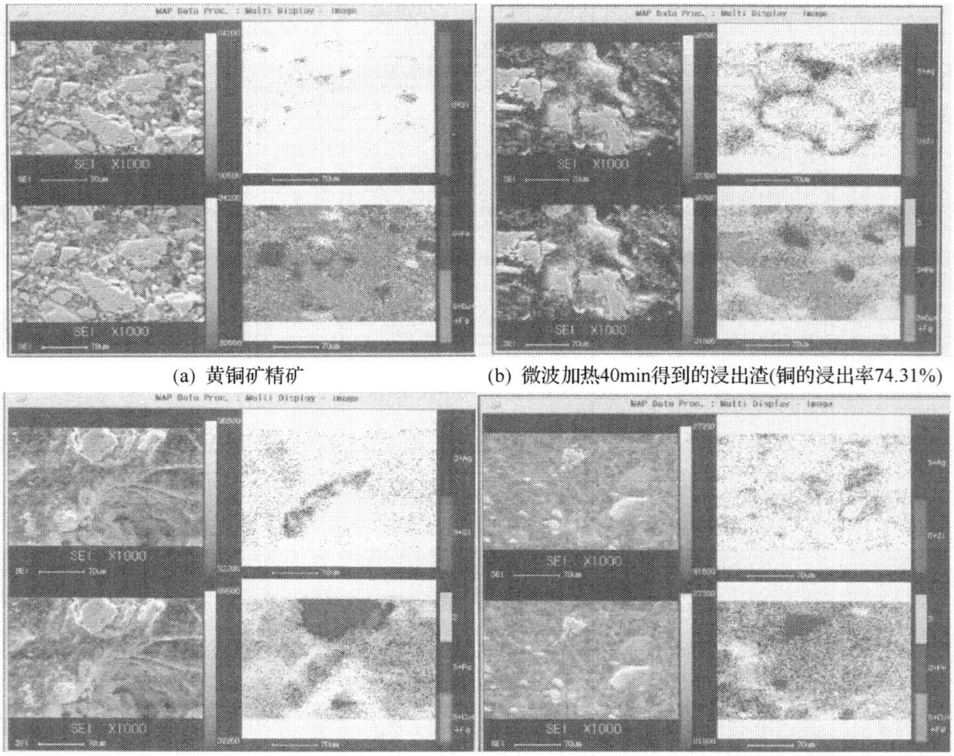

(a) 黄铜矿精矿　(b) 微波加热40min得到的浸出渣(铜的浸出率74.31%)

(c) 微波加热60min得到的浸出渣(铜的浸出率87.41%)　(d) 微波加热80min得到的浸出渣(铜的浸出率94.12%)

图 10.24　原料黄铜矿精矿及微波加热的浸出渣扫描电镜图

从图 10.24(b)可以看出，浸出 40min 后，有少量的元素硫生成，部分包裹在黄铜矿与黄铁矿构成的连生体周围，大部分包裹在被解离的黄铁矿周围，有的呈单体存在于浸出渣中；加入的银离子转化为硫化银沉积在未反应的黄铜矿表面上。另外，浸出渣中的黄铜矿包裹黄铁矿，同时，黄铁矿也包裹黄铜矿，均构成连生体，与图 10.21(b)分析结果一致。与图 10.24(a)相比，图 10.24(b)中黄铜矿所占的比例有所减少，而黄铁矿所占的比例有所增加，元素硫占了很大比例。与图 10.24(b)相比，图 10.24(c)的黄铜矿所占的比例明显减少，尺寸也明显减小；黄铁矿所占的比例增加很明显；元素硫占了很大的比例，少量元素硫呈尘点状嵌布在黄铁矿里，与光学显微镜下观察到的结果吻合；硫化银沉积在未反应的黄铜矿表面上。与图 10.24(c)相比，图 10.24(d)的黄铜矿所占比例很小，大部分呈乳滴嵌布在黄铁矿里，黄铁矿成为金属矿物的主要物相，其解离程度高，但仍然嵌赋着黄铜矿；元素硫占很大比例。

当粒度为 200~250 目、浸出时间为 80min、浸出温度为 95℃、Ag^+浓度为 0.0010mol/L、过硫酸铵浓度为 0.50mol/L、搅拌转速为 200r/min、pH<1 和矿浆密度为 25g/L 时，浸出渣 X 射线图谱如图 10.25 所示。

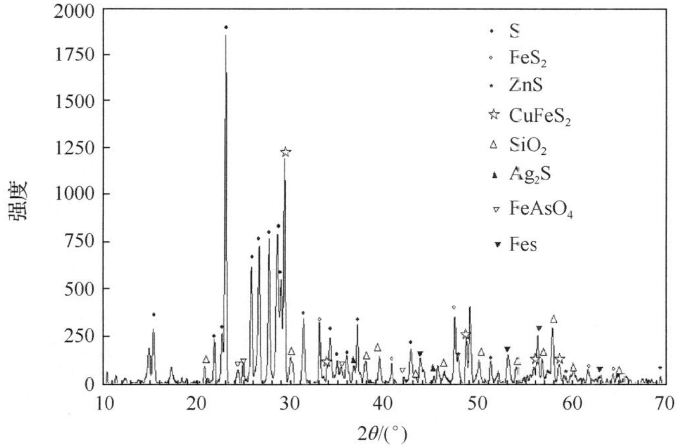

图 10.25 浸出渣 X 射线衍射图谱

从图 10.25 可以看出，该浸出渣中主要物相包括黄铁矿、磁黄铁矿、黄铜矿、元素硫、硫化银、二氧化硅，其中包括少量的硫化锌矿和砷酸铁，与光学显微镜和电子探针分析结果一致。

当粒度为 200~250 目、浸出温度为 95℃、浸出时间为 80min、过硫酸铵浓度为 0.50mol/L、搅拌转速为 600r/min、矿浆密度为 25g/L、银离子浓度为 0.001mol/L、pH<1 时，浸出渣透射电镜如图 10.26 所示，图中的 a 是球状元素硫，b 是黄铁矿。

从图 10.26(b)中可看出，浸出有透明的元素硫生成。图 10.26(a)与(b)相比，图 10.26 (a)中透明部分为元素硫，且呈块状分布、规整、表面光滑，图 10.26(b)中透明部分基本是呈碎片状分散的，规整呈块状的元素硫少见。进一步说明微波加热产生的搅拌打开了附着在黄铜矿颗粒表面上元素硫，并使之脱落分散在浸出渣中，使黄铜矿露出新鲜的表面与氧化剂和催化剂接触，金属离子铜、铁扩散并不困难，进一步证实在微波加热下硝酸银催化过硫酸铵氧化浸出黄铜矿反应遵从化学控制动力学模型。

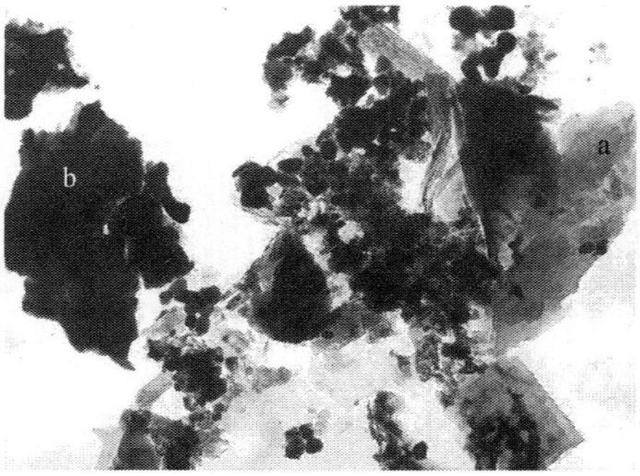

(a) 无微波加热

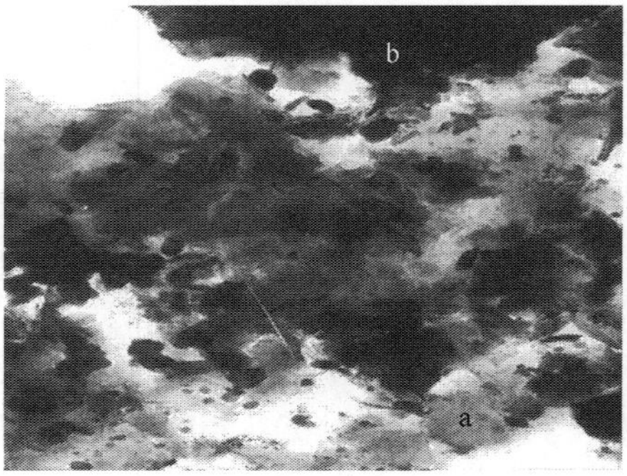

(b) 微波加热

图 10.26 浸出渣的透射电镜图

8. 优化实验

正交实验选取三个因素，具体如下：硝酸银浓度、粒度和时间，选取正交实验表 $L_9(3^4)$（每个因素有三个水平，最多有四个因素）进行正交实验，其结果见 表 10.11。

表 10.11 正交实验结果

实验号	时间 A/min	Ag^+浓度 B/(mol/L)	粒度 C/目	空白实验 D	浸出率 y/%
1	45	0.0005	160~200	1	73.73
2	45	0.0010	200~250	2	87.76
3	45	0.0020	250~300	3	83.94
4	60	0.0005	200~250	3	87.41
5	60	0.0010	250~300	1	92.18
6	60	0.0020	160~200	2	61.10
7	75	0.0005	250~300	2	91.86
8	75	0.0010	160~200	3	84.62
9	75	0.0020	200~250	1	78.25

1) 极差分析

对实验结果进行极差分析结果见表 10.12。按照极差 R 大小的排列出，得到影响主次顺序为粒度、时间、Ag^+浓度。将三个因子浸出率最高的水平组合在一起，即为提出的预测优处理工艺为原料粒度 250~300 目、浸出时间 75min 和 Ag^+浓度 0.0010mol/L。

表 10.12　极差分析结果

水平	时间 A_1	Ag^+浓度 B_2	粒度 C_3	空白实验 D_4	结果
水平 1 的极差和 T_{1j}	245.43	253.00	219.45	244.16	
水平 2 的极差和 T_{2j}	240.69	264.56	253.42	240.72	
水平 3 的极差和 T_{3j}	254.73	223.29	267.98	255.97	740.85=G
各水平极差和的最大值与最小值之差 T_{Rj}	14.04	41.27	48.53	51.97	
T_{1j}的平均值 $\overline{y}_{1j}$	81.81	84.33	73.15	81.39	
T_{2j}的平均值 $\overline{y}_{2j}$	80.23	88.19	84.47	80.24	
T_{3j}的平均值 $\overline{y}_{3j}$	84.91	74.43	89.33	82.32	82.32=$\overline{y}$
各水平极差和平均值的最大值与最小值之差 R_j	3.10	13.76	16.18	5.089	
优方案	75min	0.0010	250~300	空白实验第 3 水平	

2）方差分析

微波浸出黄铜矿的方差分析见表 10.13。给定信度 0.05，查 F 分布表知 $F_{0.10}(2,2)=9.00$，故粒度这个因素的效应达到显著，Ag^+浓度和浸出时间的效应未达到显著。

正交实验表明，Ag^+浓度和时间的三个水平均没有明显差别；而粒度对浸出率的影响达到显著水平。极差分析、趋势图分析，结论都基本一致，所以进行综合实验以验证正交实验得到的最佳条件结果是否可靠，同时为扩大实验提供依据。

表 10.13　方差分析结果表

项目	SS	自由度	MS	F 比	显著性
时间 A/min	34.0085	2	17.0043	0.8006	
Ag^+浓度 B/(mol/L)	302.2473	2	151.1237	7.1153	
粒度 C/目	413.5545	2	206.7773	9.7356	显著
误差	42.4784	2			
总和	792.2887				

根据正交实验得到的最佳工艺进行综合实验，其浸出条件和结果见表 10.14。

表 10.14　综合实验条件和结果

序号	浸出参数							铜浸出率/%
	温度/℃	粒度/目	时间/min	矿重/g	$(NH_4)_2S_2O_8$初始浓度/(mol/L)	Ag^+浓度/(mol/L)	液固比(L/S)	
1	95	200~250	75	10	0.50	0.001	40∶1	94.61
2	95	250~300	85	10	0.80	0.001	17∶1	95.84
3	95	300~400	100	10	1.20	0.001	17∶1	97.12

从表 10.14 可以看出，综合实验 1 与正交实验得到的结果比较，浸出率得到提高，说明了正交实验得出的结论可靠；综合实验 2 与综合实验 1 比较，浸出时间延长 10min，浸出率仅提高 1.23%，说明浸出时间对浸出率影响不明显；综合实验 3 与综合实验 1 比较，粒度对浸出率的影响明显，浸出时间相同，粒度提高，浸出率提高 2.51%。

9. 扩大实验

在综合实验基础上，进行 100g 扩大实验，其浸出条件和结果见表 10.15，金属产出平衡见表 10.16。

表 10.15　扩大实验浸出条件和结果

浸出参数							铜浸出率/%
温度/℃	粒度/目	时间/min	矿重/g	$(NH_4)_2S_2O_8$初始浓度/(mol/L)	Ag^+浓度/(mol/L)	液固比(L/S)	
95	250~300	75	100	2.0	0.001	5∶1	95.28

从表 10.15 中可以看出，得到铜的浸出率为 95.28%，该浸出率与上述实验相比，浸出率基本接近。另外，从表 10.16 可以看出，扩大实验的铜和铁金属平衡。扩大实验还表明，提高过硫酸铵浓度和降低液固比，铜的浸出效率并没有降低。

表 10.16　扩大实验金属平衡

浸出液/L	浸出液铜/(g/L)	浸出液铁/(g/L)	渣重/g	渣铜/%	渣铁/%	铜金属量/g	铁金属量/g	差率/%	
								铜	铁
2.48	8.11	7.73	45.95	0.21	22.74	20.72	29.62	3.56	1.82

10.3　微波浸出含锌物料

锌是一种浅灰色的过渡金属，工业应用广泛。锌的冶炼主要分为火法冶炼和湿法冶炼，湿法炼锌是当今世界最主要的炼锌方法，产量占世界总锌产量的 85% 以上，新建的生产能力均采用湿法炼锌工艺。锌冶炼的主要原料为闪锌矿，冶炼渣尘等含锌物料也逐渐受到重视。闪锌矿是分布最广的锌矿物，自然界中常见的硫化矿，其主要化学成分为 ZnS，几乎总是与方铅矿共生。关于闪锌矿的湿法浸出，文献报道了硫酸高铁浸出、三氯化铁浸出、氯化高铜浸出、细菌浸出、加压浸出、过氧化氢、次氯酸、盐酸浸出等方法[35-41]，但由于常规浸出方法浸出速率慢，微波浸出引起了人们的关注。

10.3.1　三氯化铁浸出

彭金辉和刘纯鹏[30]研究了微波加热三氯化铁浸出闪锌矿。闪锌矿的主要化学成分中 Zn 为 48.40%，S 为 25.18%，Fe 为 6.49%，Pb 为 1.03%；粒度为 76~98μm。盐酸浓度为 0.1mol/L。

在浸出温度 368K、三氯化铁浓度为 1.0mol/L 条件下，微波加热与传统加热下时间与浸出率的关系如图 10.27 所示。

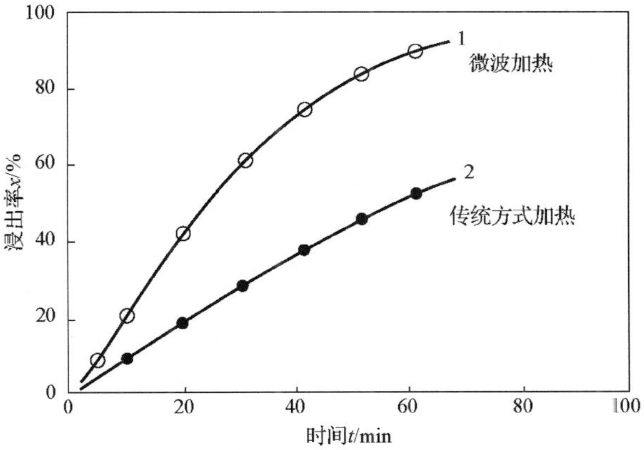

图 10.27　微波加热与传统加热方式下的锌浸出率与加热时间的关系

从图 10.27 可以看出，在相同条件下，微波加热锌的浸出率较传统加热高。加热约 30min，微波加热下的锌浸出率为 59.3%，而传统方式加热浸出率只有 28.4%，显示了微波加热的优越性。

三氯化铁浓度为 1.0mol/L，微波场中锌浸出率 x 与加热时间 t 的关系见图 10.28 曲线 1，溶液温度 T 与加热时间 t 的关系见图 10.28 曲线 2，微波场中锌浸出率 x 与温度 T 的关系见图 10.29。

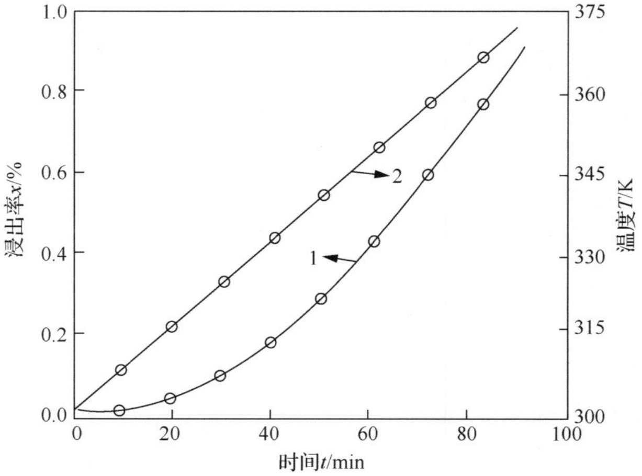

图 10.28　微波场中锌的浸出

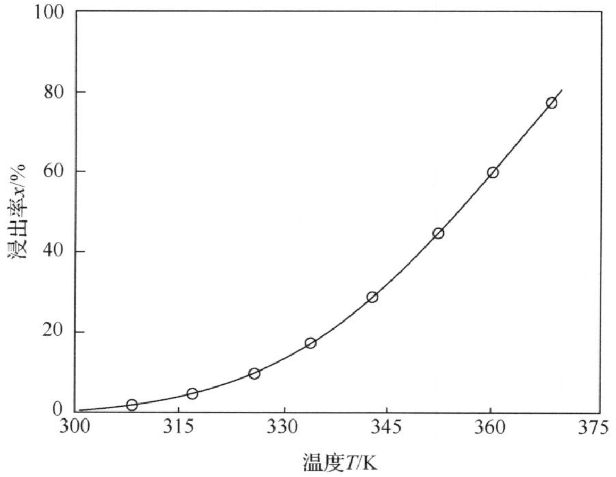

图 10.29　锌浸出率与温度的关系

由图 10.28 和图 10.29 可以看出，随着微波加热进行，溶液温度逐渐升高，反应速率明显加快；微波场中的液固反应在达到溶液沸点以前为非恒温过程。以 $\ln\{[1-(1-x)^{1/3}]/T^2\}$ 对 $1/T$ 作图见图 10.30，并得到 $\ln\{[1-(1-x)^{1/3}]/T^2\}=$ 4.1865–6186.8470/T，其线性回归相关系数为 0.9973，由此求得反应活化能 $E=51.41\text{kJ}/\text{mol}$，可求得 A=1.52×10^4。

在 T 为 368K 的条件下，不同三氯化铁浓度下锌溶解率与时间变化关系见图 10.31。根据图 10.31 的数据，以 $\ln\{[1-(1-x)^{1/3}]/T^2\}$ 对 t 作图，得到图 10.32，其直线过原点。再以 $-\ln k$ 与 $\ln M_{FeCl_3}$ 作图，得图 10.33。

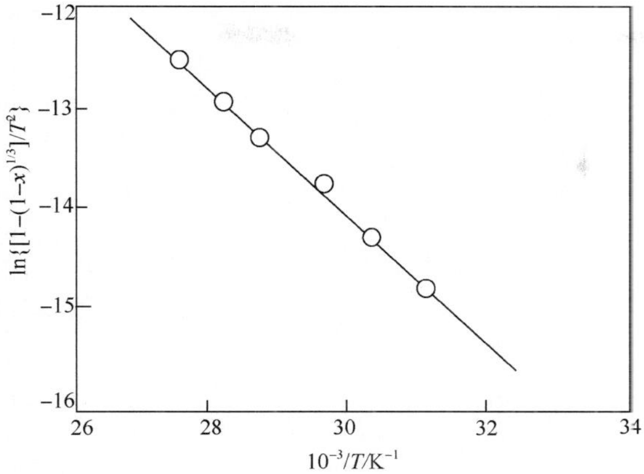

图 10.30　$\ln\{[1-(1-x)^{1/3}]/T^2\}$ 与 $1/T$ 关系

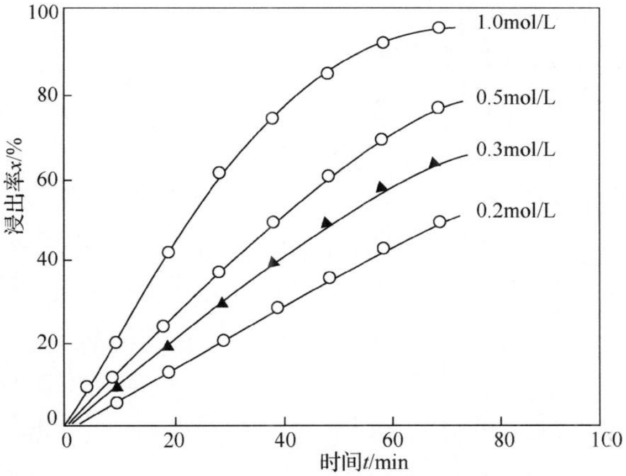

图 10.31　不同三氯化铁浓度下锌浸出率与时间的关系

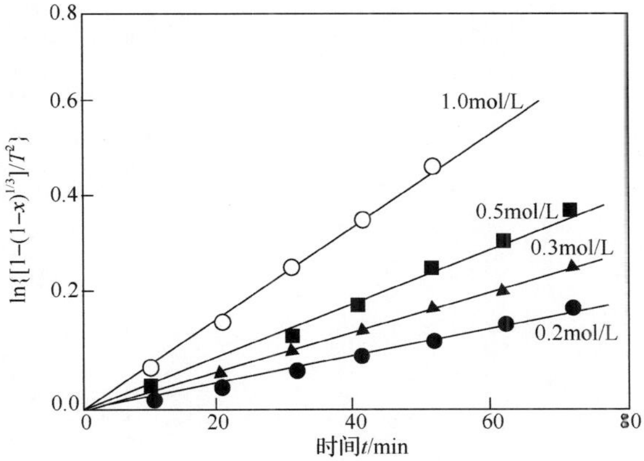

图 10.32　不同三氯化铁浓度下 $\ln\left\{\left[1-(1-x)^{1/3}\right]/T^2\right\}$ 与时间的关系

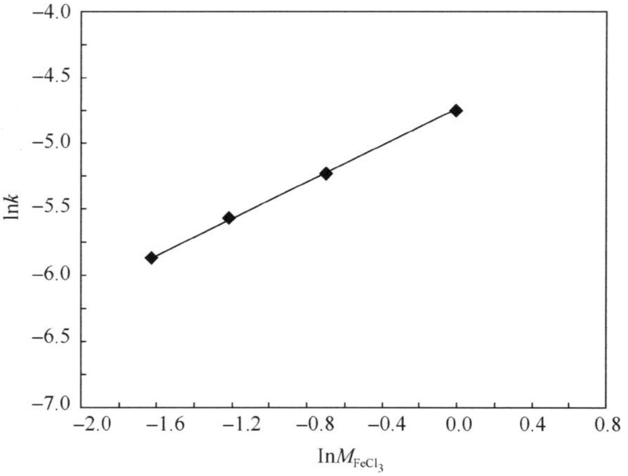

图 10.33　$\ln k$ 与 $\ln M_{FeCl_3}$ 的关系

从图 10.31 可以看出，随着三氯化铁浓度的增加，浸出反应速率也增大。

从图 10.32 可以看出，0.20 mol/L、0.30 mol/L、0.50 mol/L、1.00mol/L 时的表观速率常数 k_c 分别为 2.8756×10^{-3}、3.9006×10^{-3}、5.4299×10^{-3}、8.7755×10^{-3}，其线性回归相关系数分别为 0.9991、0.9994、0.9978、0.9995。

从图 10.33 可以看出，反应级数为 0.69，其线性回归相关系数为 0.9997。

在温度为 368K、三氯化铁浓度为 1.0mol/L 的条件下，进行了不同粒度对 Zn 溶解率的影响实验，其不同粒度下 Zn 溶解率与反应时间的变化关系如图 10.34 所示。图 10.34 表明，随着闪锌矿的粒径减小，浸出反应速率增加且与化学控制模型符合良好。以图 10.35 中求得的 k 对 $1/r_0$ 作图，得到图 10.36。图 10.36 表明，k 与 $1/r_0$ 呈线性关系。图 10.36 的结果进一步证实了浸出反应受化学控制。

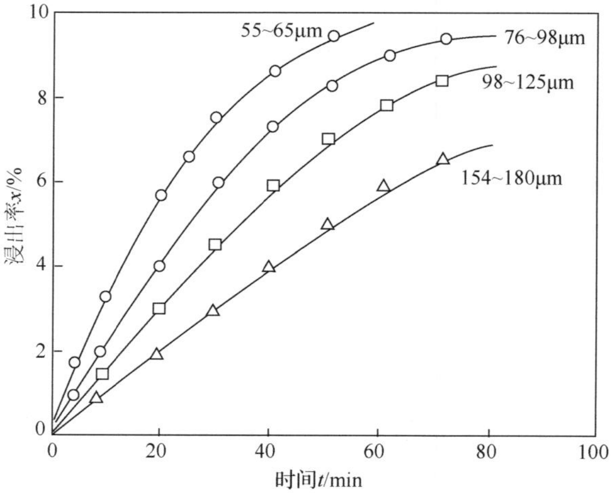

图 10.34　不同粒度下锌浸出率与时间的关系

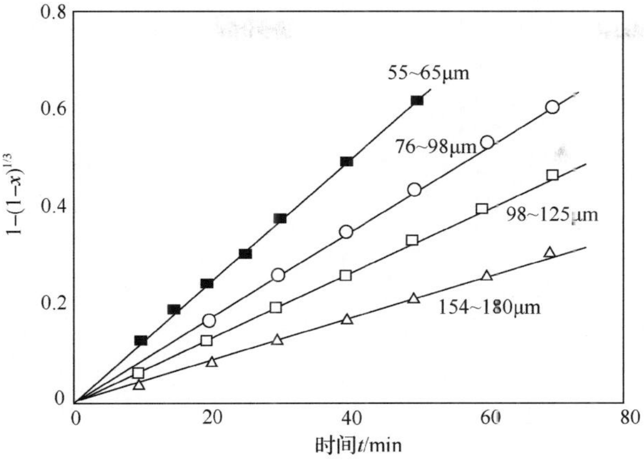

图 10.35 不同粒度下 $1-(1-x)^{1/3}$ 与时间的关系

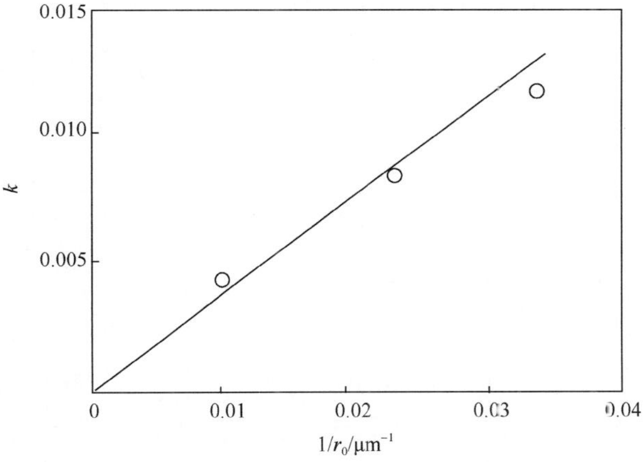

图 10.36 k 与 $1/r_0$ 的关系

微波场中三氯化铁溶液浸出闪锌矿的动力学模型，其表观总反应速率可表示为

$$\Phi = 1.52\times10^4 C_{\mathrm{FeCl_3}}^{0.69}\cdot r_0^{-1}\cdot \mathrm{e}^{-\frac{5.14\times10^4}{RT}}\cdot t \tag{10.20}$$

式中，$C_{\mathrm{FeCl_3}}$ 为 $FeCl_3$ 溶液的浓度；r_0 为球形颗粒初始半径；R 为气体常数；t 为反应时间。

研究表明，三氯化铁溶液浸出闪锌矿时，用微波加热较传统的加热方式获得较高的浸出速率；表明微波加热有利于强化浸出过程，且在湿法冶金领域中颇具应用前景。

10.3.2 硫酸浸出

Peng 和 Liu[42]研究了在硫酸介质中微波加热二氧化锰浸出闪锌矿的动力学实

验。二氧化锰粒度为 76~98μm，用量为化学计算系数的 2.5 倍。硫酸高铁和硫酸均为化学纯，配制溶液用蒸馏水。

在二氧化锰为 2.5g，硫酸为 1.8mol/L，温度为 368K，粒度为 76~98μm 的条件下，微波加热 1 和传统加热 2 浸出闪锌矿的对比见图 10.37。

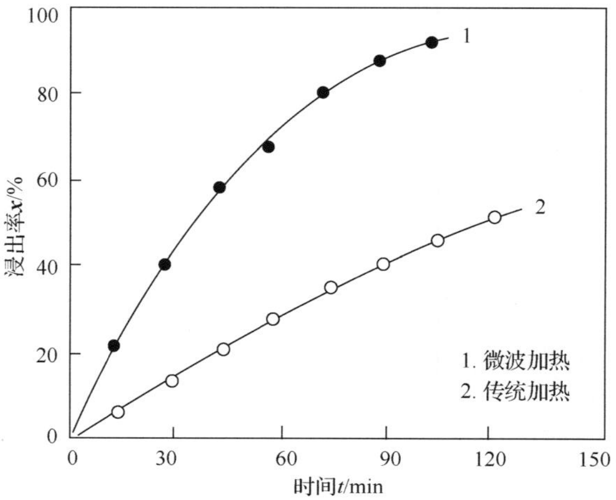

图 10.37 微波加热与传统加热方式下的锌浸出率对比

从图 10.37 可以看出，微波加热 90min，锌浸出率达 92%，传统加热仅 41%，前者是后者 2.27 倍。

在二氧化锰为 2.5g，硫酸为 1.8mol/L，温度为 368K，粒度为 76~98μm 的条件下，锌浸出率与浸出时间的关系见图 10.38 中的曲线 1。溶液的升温与浸出时间的关系见图 10.38 中的曲线 2。锌的浸出率与溶液温度变化的关系见图 10.39。

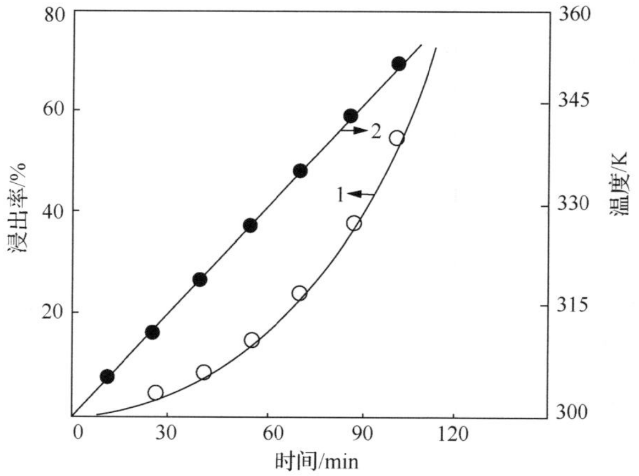

图 10.38 微波加热下锌的加热

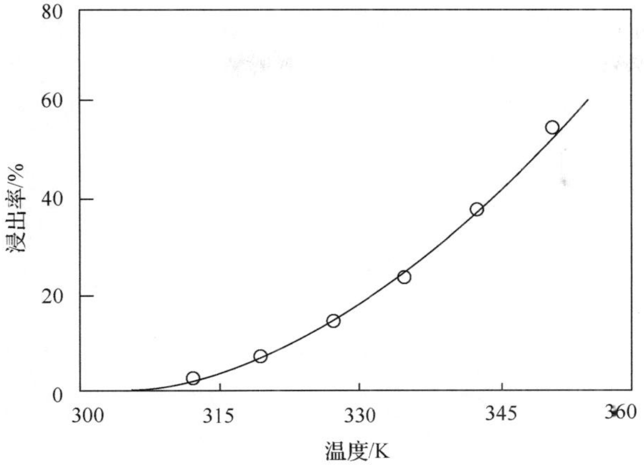

图 10.39 锌的浸出率与浸出温度的关系

由图 10.38 和图 10.39 可以看出，微波加热下溶液温度升温很快，锌浸出率很快。液固反应在达到溶液沸点以前系非恒温过程。根据微波加热特性，该反应属于化学反应，以 $\ln\{[1-(1-x)^{1/3}]/T^2\}$ 对 $1/T$，获得了动力学浸出模型为：$\ln\{[1-(1-x)^{1/3}]/T^2\}=7.8163-7373.1055/(RT)$，活化能为 61.32 kJ/mol，进一步证实了反应属于典型的化学控制。

在二氧化锰为 2.5g，温度为 368K，粒度为 76~98μm 的条件下，硫酸浓度分别为 0.50~1mol/L、0.8~2mol/L、1.2~3mol/L、1.8~4mol/L 条件下，以 $\ln\{[1-(1-x)^{1/3}]/T^2\}$ 对 t 作图，结果如图 10.40 所示。

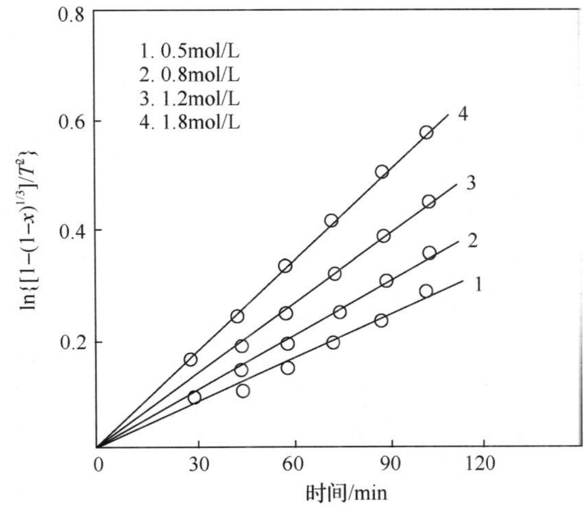

图 10.40 不同硫酸浓度下 $\ln\{[1-(1-x)^{1/3}]/T^2\}$ 与时间的关系

从图 10.40 可以看出，所有曲线通过原点，获得了硫酸浓度为 0.50mol/L、

0.8mol/L、1.2mol/L、1.8mol/L 的浸出速率常数分别为 2.9804×10^{-3}、3.7616×10^{-3}、4.2679×10^{-3}、5.5851×10^{-3}，其对应线性回归相关系数分别为 0.9771、0.9980、0.9990、0.9995。以 $\ln k$ 对 $\ln C_{H_2SO_4}$ 作图，获得了反应级数为 0.47，其线性回归相关系数为 0.9918。

在二氧化锰为 2.5g，温度为 368K，硫酸浓度为 1.20mol/L 的条件下，粒度分别为 55~65μm、76~98μm、98~125μm、154~180μm 条件下，$\ln\{[1-(1-x)^{1/3}]/T^2\}$与 t 的关系如图 10.41 所示。

从图 10.41 可以看出，获得了粒度为 55~65μm、76~98μm、98~125μm、154~180μm 的速率常数分别为 6.5667×10^{-3}、4.2679×10^{-3}、3.2168×10^{-3}、2.2521×10^{-3}，其线性回归相关系数分别为 0.9997、0.9990、0.9985、0.9990。以图中求得的 k 对 $1/r_0$ 作图，获得了 k 与 $1/r_0$ 呈线性关系，进一步证实浸出反应受化学控制。

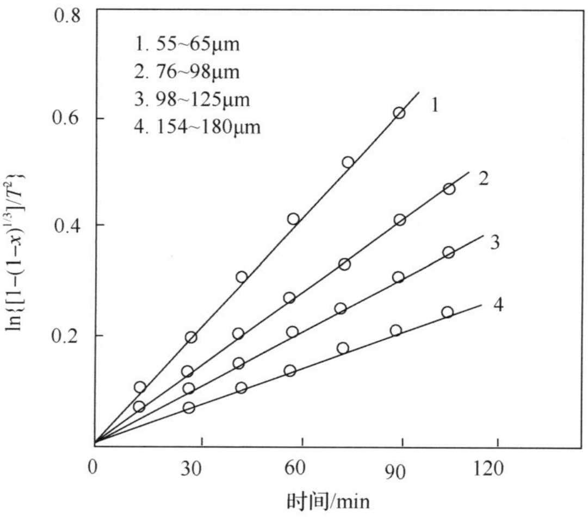

图 10.41　不同粒度下 $\ln\{[1-(1-x)^{1/3}]/T^2\}$ 与时间的关系

在二氧化锰为 2.5g、温度为 368K、硫酸浓度为 1.20mol/L、粒度为 76~98μm 的条件下，硫酸铁浓度为 0~1mol/L、0.3~2mol/L、0.6~3mol/L、0.9~4mol/L、1.1~5 mol/L、1.3 mol/L，锌浸出率与时间变化关系如图 10.42 所示。

从图 10.42 可以看出，当硫酸铁浓度低于 1.1mol/L 时，锌的浸出率随着硫酸铁浓度的增加而增加；但当硫酸铁浓度超过 1.1mol/L 时，硫酸铁浓度增加对锌的浸出率影响不明显。以不同硫酸铁浓度获得 k 对 $\ln C(Fe_2(SO_4)_3)$ 作图，获得了硫酸铁浓度低于 1.1mol/L 和高于 1.1mol/L 的反应级数分别 0.34 和 0。

我国氧化锌矿储量十分丰富，分布较广，其中以云南、贵州两省居首位[43]。氧化锌矿主要是指硅酸锌矿(Zn_2SiO_4)、异极矿[$Zn_4(Si_2O_7)(OH)\cdot H_2O$]和菱锌矿($Zn_2CO_3$)等。这种矿石品位较高，但其含硅量也高，难以用选矿方法加以分离。

用湿法处理高硅氧化锌矿的主要障碍是酸浸时产生硅胶，严重影响矿浆的沉降与过滤。因此，硅酸锌矿床一直未能获得有效的开发利用[44,45]。针对以上情况，国内外对此类矿石进行了大量的湿法冶金处理研究[46]。

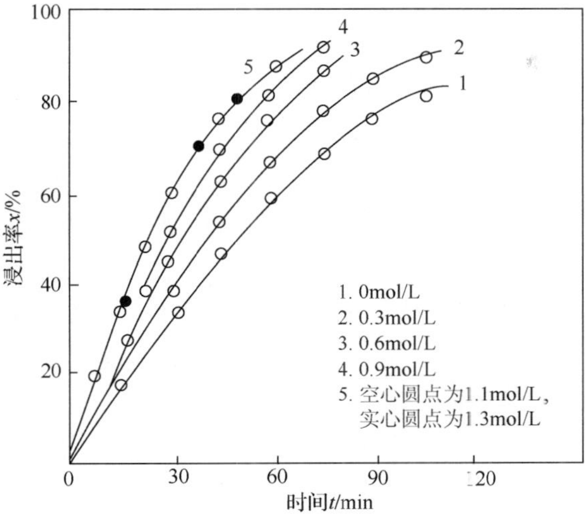

图 10.42　不同硫酸铁浓度下锌的浸出率与时间的关系

Hua 等[47]进行了微波加热下硫酸快速浸出高硅氧化锌矿的研究，其实验原料的化学分析结果见表 10.17，XRD 的分析结果如图 10.43 所示。

表 10.17　高硅氧化锌矿的化学成分　（单位：%）

参数	Zn	Fe	SiO_2	CaO	MgO	Al_2O_3	Pb
含量	33.06	9.43	25.94	6.33	2.19	2.85	1.91

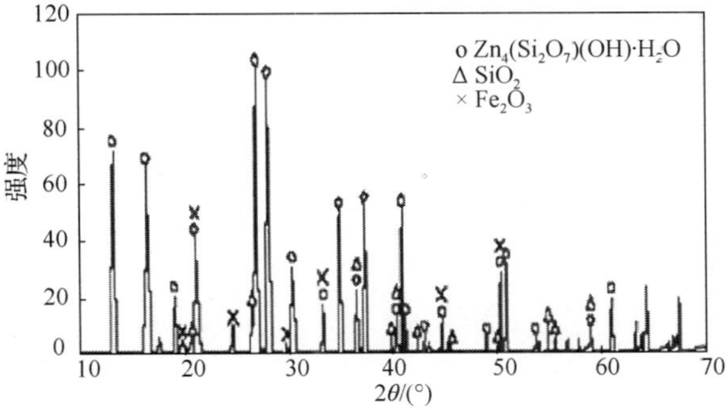

图 10.43　高硅氧化锌矿的 XRD 图谱

图 10.44 和图 10.45 分别为传统加热和微波加热浸出后的样品 X 射线衍射图谱分析。从图 10.44 和图 10.45 可以看出，二者得到的产物不同，即在微波加热下，

是七水硫酸锌($ZnSO_4 \cdot 7H_2O$)产生脱水。

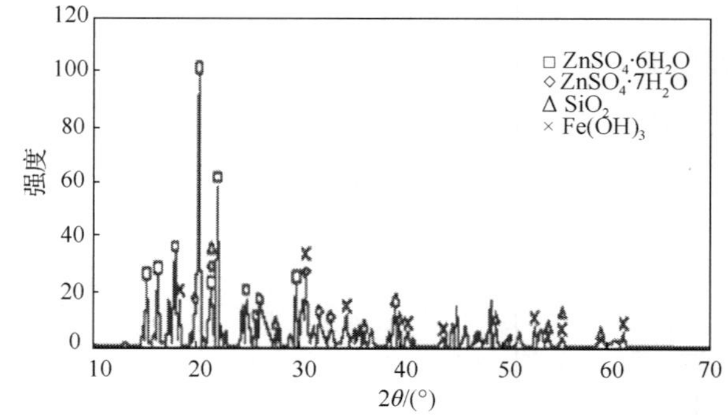

图 10.44 传统加热下硫酸浸出高硅氧化锌矿所得渣的 X 射线衍射图谱

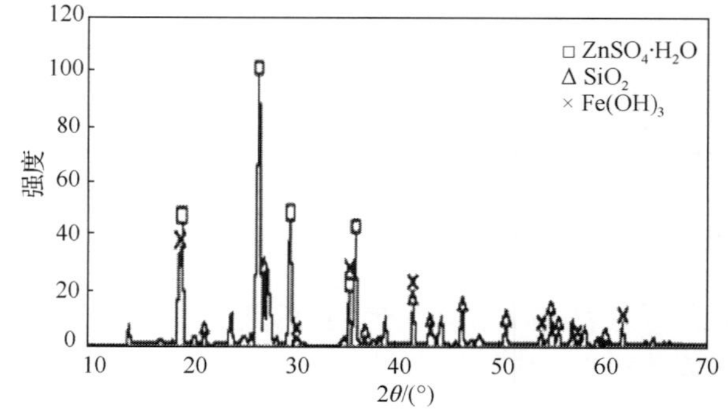

图 10.45 微波加热下硫酸浸出高硅氧化锌矿所得渣的 X 射线衍射图谱

微波加热时间和用水量对锌、硅和铁溶解影响如图 10.46 和图 10.47 所示。

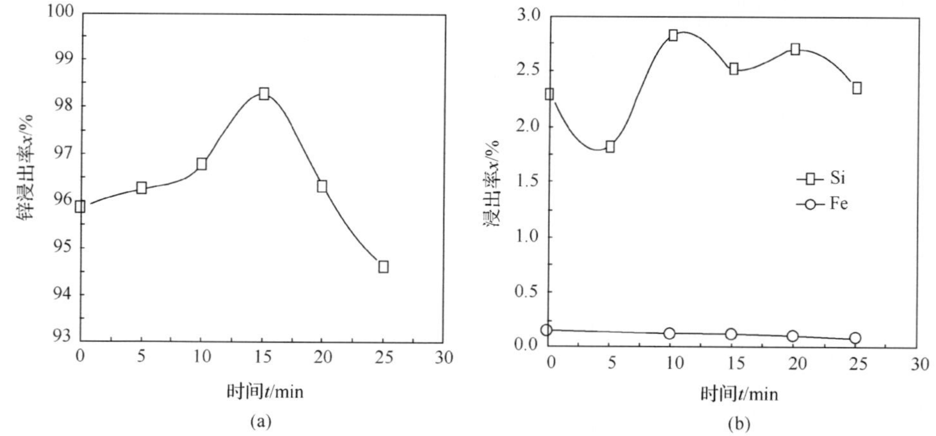

图 10.46 微波加热时间对锌、硅和铁浸出率的影响

由图 10.46(a)可以看出，微波加热时间对锌的浸出影响很明显，当加热时间在 15min 内时，锌的浸出率随着加热时间的延长而增加，但加热时间超过 15min 后，锌的浸出率随着加热时间的延长而降低，其原因是在加热初始阶段，微波能够从室温加热到 120℃，因此促进了异极矿与硫酸反应，锌的浸出率得到提高。而后由于微波加热时间过长，温度过高，导致形成的硫酸锌分解，锌的浸出率就降低。

由图 10.46(b)可以看出，微波加热时间似乎对硅的浸出率没有显著影响，原因是该浸出用水量仅为理论值的 1/10，故浸出没有足够的水分，导致很难形成原硅酸(H_4SiO_4)；而铁的浸出率随着微波加热时间的延长从初始的 0.16%降低到 00.10%，原因是在浸出过程中，原料中氧化铁与硫酸反应形成了硫酸铁，在微波加热下，浸出体系温度升高，与氧化锌反应产生了氢氧化铁和硫酸锌，由于氢氧化铁的形成导致铁的浸出率降低。

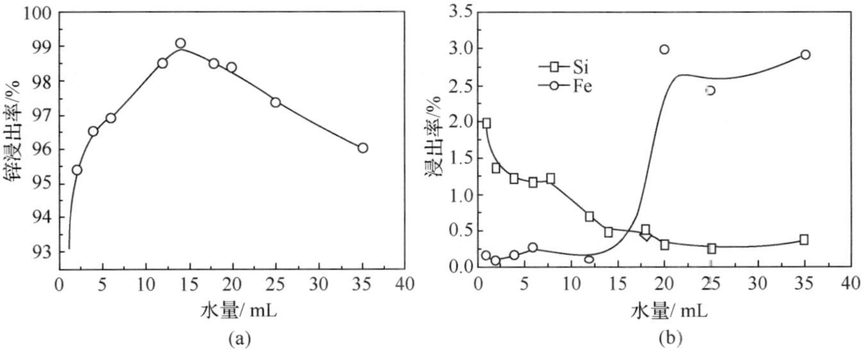

图 10.47 用水量对锌、硅和铁浸出率的影响

从图 10.47(a)可以看出，锌浸出率随着用水量的增加而增加随后又降低。硅酸锌与硫酸反应属于固液反应，反应速率取决于有效反应界面面积和硫酸浓度。当用水量增加，即液固比增加，固体颗粒容易与液相混合，硫酸就均匀分布在原料中。因此，硅酸锌与硫酸的反应界面就增加，反应速率就提高。但当用水量超过 15ml，锌的浸出率随着用水量增加而降低，原因是含水量过高，硫酸浓度降低，反应速率将降低。

从图 10.47(b)可以看出，值得注意的是硅浸出率随着用水量的增加而持续降低，这个结论明显与 Dufresne[48]得到的结果不同，二者不同之处在于实验条件的不同。

总之，增加微波加热时间能提高锌的浸出率，同时减少铁的溶解。用水量增加有利于锌浸出。在最佳条件下，锌浸率可达 99.08%，而硅和铁低到仅有 0.30%和 0.10%。

林祚彦和华一新[49]也进行了高硅氧化锌矿的硫酸浸出的工艺及机理研究，认为微波场与带电胶团发生作用，实际上是使胶团分子随电磁波发生旋转和振动，所以将中和过程置于微波场中，利用微波搅动矿浆，以辅助或代替搅拌装置，促使矿浆均匀反应，有利于溶胶以晶态凝聚，最终改善过滤性能。

10.3.3　氢氧化钠浸出

Xia 和 Pickles[50]研究了微波加热氢氧化钠浸出电弧炉灰的工艺，使用的原料见表 10.18，采用 X 衍射对原料分析结果如图 10.48 所示。原料在 80℃，进行水洗以分离原料中可溶的成分如氯化钠和氯化钾。将得到的渣经烘干，其化学成分见表 10.19。

表 10.18　电弧炉灰的化学成分　　（单位：%）

参数	ZnO	Fe_2O_3	CaO	Na_2O	SiO_2	MnO	MgO
含量	31.2	18.3	15.6	3.8	3.41	2.2	1.35
参数	PbO	Al_2O_3	K_2O	Cr_2O_3	TiO_2	P_2O_5	
含量	1.02	0.68	0.67	0.19	0.05	0.11	

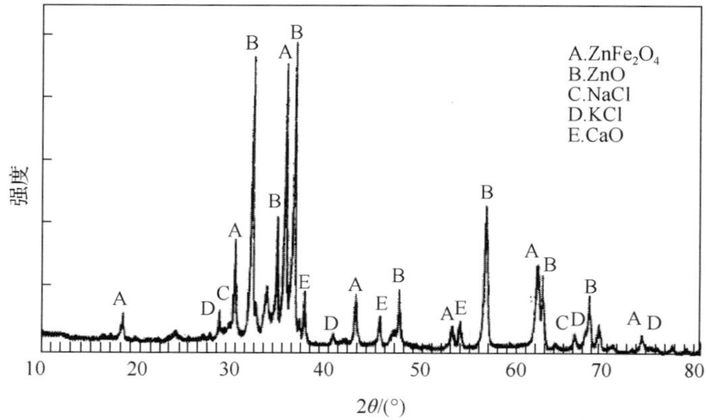

图 10.48　电弧炉灰 X 射线衍射图谱

表 10.19　电弧炉灰的水洗后化学成分　　（单位：%）

参数	Zn	Pb	Fe	Cd	Cr
含量	24.93	2.28	12.81	0.32	0.13

处理电弧炉水洗渣的微波装置功率为 900W（2.45GHz），圆筒反应器由聚四氟乙烯材料制成，带有冷凝回流器。

微波处理电弧炉水洗渣结果如图 10.49 所示。传统加热条件：氢氧化钠浓度为 10mol/L，液固比为 70g/L，温度为 363K，浸出时间为 180min。在此浸出条件下，浸出 180min，锌的最大浸出率为 72%，表明原料中氧化锌已全部浸出。微波加热几分钟，锌浸出率就达到平衡，表明在微波加热下，浸出速率很快。氢氧化钠浓度为 8mol/L，液固比为 180g/L，温度接近沸点，浸出 5min，锌浸出率达到 80%左右。与传统加热相比，浸出溶液有低的摩尔比和高液固比。在微波加热下，氢氧化钠分别为 6mol/L 和 8mol/L，液固比均为 180g/L，温度接近沸点，锌浸出率均比传统加热浸出高出 5%~10%，可能是铁酸锌也被浸出的缘故。

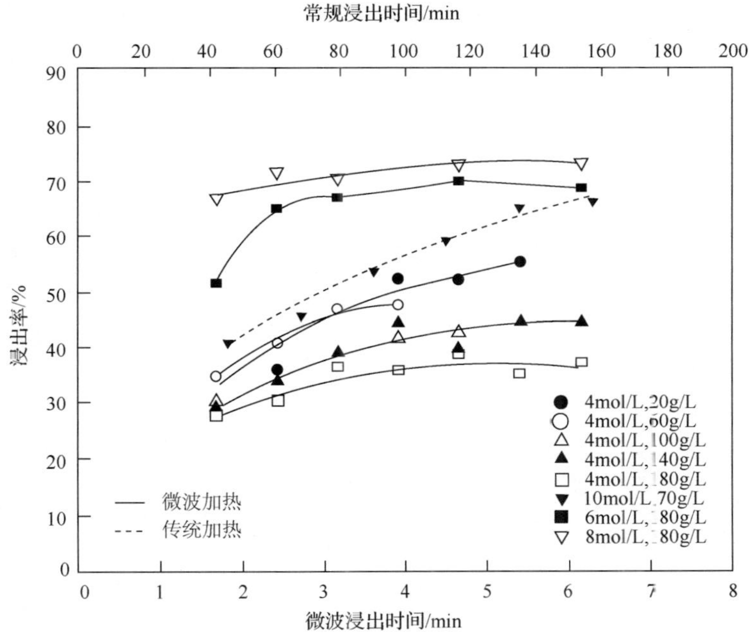

图 10.49　传统加热和微波加热处理电弧炉灰的比较

10.4　微波浸出红土镍矿

红土镍矿含有镍、钴、铁、镁的氧化物，镍、钴的回收是通过熔炼红土镍矿先得到铁镍钴合金，然后用氨水-碳酸铵选择溶解。红土镍矿中镍处于化学浸染状态，很难采取物理方法富集，金属提取比硫化矿困难。

Zhai 等[51,52]研究了微波加热条件下红土镍矿的浸出。在加热时间为 10min，酸矿比为 0.5，矿浆浓度为 16%，加压浸出温度为 220℃，浸出时间为 2h 条件下，得到微波功率和镍浸出率的关系如图 10.50 所示。

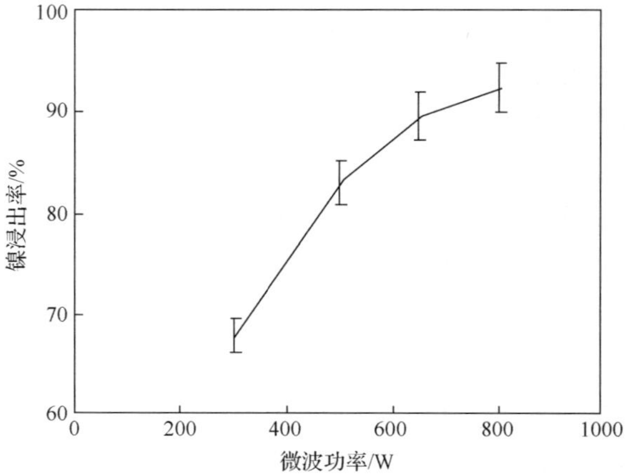

图 10.50　微波功率和镍浸出率的关系

在加热功率为 800W、酸矿比为 0.5，矿浆浓度为 16%、加压浸出温度为 220℃、浸出时间为 2h 的条件下，研究微波加热时间和镍浸出率的关系(图 10.51)。

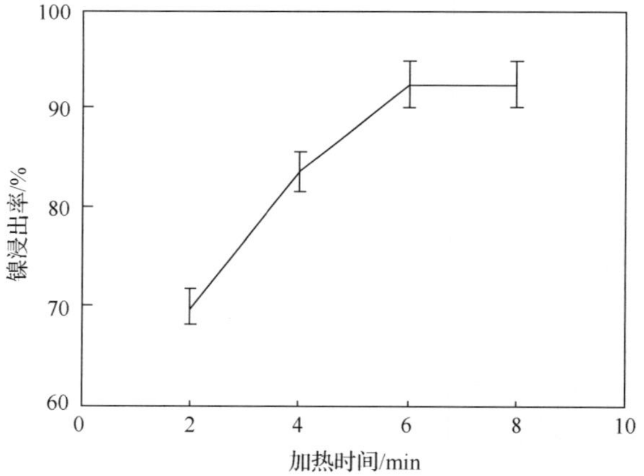

图 10.51　微波加热时间和镍浸出率的关系

当加热功率为 800W、酸矿比为 0.5、微波加热时间为 6min 时，不同浸出时间的影响见表 10.20。

表 10.20　浸出时间对镍浸出率的影响

浸出时间/h	残余酸量/(g/L)	滤液中铁的含量/(g/L)	镍浸出率/%
1.0	27.5	3.61	98.7
2.0	30.7	3.05	99.3
3.0	32.4	2.78	99.3
4.0	32.4	2.45	99.4

在微波功率为 800W、微波加热时间为 6min、矿浆浓度为 16%、浸出时间为 1.5h 的条件下，得到不同浸出时间的影响见表 10.21。

表 10.21　酸矿比和温度对浸出率的影响

酸矿比	温度/℃	残余酸量/(g/L)	滤液中铁的含量/(g/L)	镍浸出率/%
0.25	180	11.3	1.72	30.2
	200	12.4	1.24	49.2
	220	12.9	0.75	67.2
0.5	180	21.8	9.85	53.7
	200	26.0	6.46	85.0
	220	30.7	3.05	99.3
0.75	180	19.1	18.0	61.3
	200	22.0	17.2	85.6
	220	29.5	15.2	99.1
1.0	180	10.3	43.3	74.8
	200	12.9	32.4	84.5
	220	14.2	23.6	90.7

研究表明，镍浸出率和反应体系的温度随着微波加热功率的提高而增加；在微波功率为 800W、微波加热时间为 6min、酸矿比为 0.5、矿浆浓度为 16%、加压浸出温度为 220℃、浸出时间为 1.5h 的条件下，镍的浸出率为 92%。

李亮星和黄茜琳[53]以红土镍矿为原料，研究了微波加热硫酸浸出镍钴的工艺条件，考察了硫酸浓度、微波功率、微波温度、加热时间、液固体积质量比对镍钴浸出率的影响。得到优化工艺条件，硫酸浓度为 3.0mol/L、微波功率为 700W、微波温度为 90℃、加热时间为 2.5h、液固体积质量比为 4∶1，在此工艺条件下，镍浸出率达 91%，钴浸出率为 65%以上。

10.5　微波浸出钛铁矿

我国钛铁矿资源丰富，但以岩矿为主，品位较低(TiO_2 含量为 46%~47%)，钙镁杂质含量高。采用电炉熔炼法生产的钛渣品位约为 80%，难以满足氯化沸腾或生产海绵钛原料的要求。

周晓东等[54,55]研究了微波加热盐酸浸出钛铁矿。结果表明，盐酸浓度为 6mol/L，浸出 1.5h，钛溶解达到最大，产品中二氧化钛的含量小于浸出 3h 的产品中二氧化钛的含量。

黄孟阳、彭金辉等[56-58]研究了微波加热下盐酸对钛铁矿浸出除铁和钛溶解的行为，探讨了浸出剂、盐酸浓度、浸出温度、物料粒度、液固比、浸出时间等因素对钛铁矿钛品位的影响，并分析了浸出动力学和浸出机理。

10.5.1 浸出剂种类的影响

当浸出时间为 20min、微波功率为 400W、液固比为 10∶1、浸出剂浓度为 20%、浸出温度为 160℃时，浸出剂种类对二氧化钛品位的影响如图 10.52 所示。

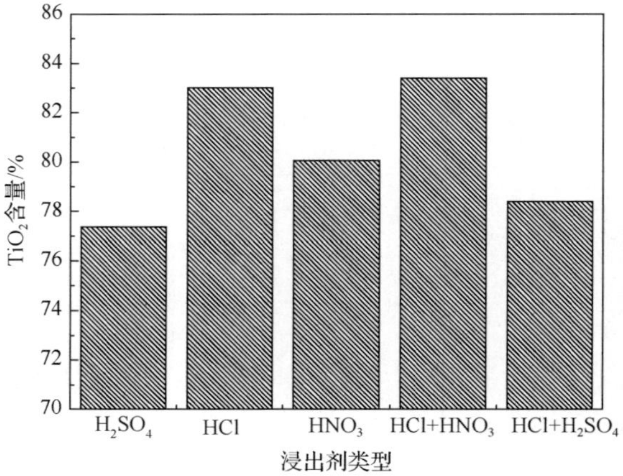

图 10.52 浸出剂种类对二氧化钛品位的影响

从图 10.52 可以看出，浸出剂为盐酸时，渣中二氧化钛的含量比 H_2SO_4 和 HNO_3 高，达到 83.01%。硫酸的浸出除杂效果比盐酸差，杂质钙镁尤其是钙在酸解后会形成体积庞大的硫酸盐沉淀，导致钙不能进入溶液除去而留在渣中影响二氧化钛的品位。硝酸和盐酸的混合酸会形成王水，会促使钛部分溶解，比单一盐酸浸出略高些，但该混合酸对设备的腐蚀性较强。因此，该实验选用浸出剂为盐酸。

10.5.2 盐酸浓度的影响

当浸出时间为 20min、微波功率为 400W、液固比为 10∶1、浸出温度为 160℃时，不同盐酸浓度对二氧化钛品位的影响如图 10.53 所示。

从图 10.53 可以看出，盐酸浓度为 10%时，除杂效果较好，二氧化钛品位为 79.78%。浸出过程中，钛精矿的浸出速度在很大程度上取决于酸的浓度，浓度高会造成钛和铁同时溶出[59]。盐酸浓度低于 10%时，盐酸浓度越高越有利于杂质的浸出而除去，当盐酸浓度增加到 10%以后，随着盐酸浓度的提高，反应后浸出液有乳白色的胶状物质生成，其浊度随着盐酸浓度增高而变浓。这是由于盐酸浓度增高，初级富钛料有大量的钛溶出，而且物料中的硅也会形成絮状硅酸类物质[60]，造成钛损失，且导致过滤困难，故该实验盐酸浓度选定为 10%。

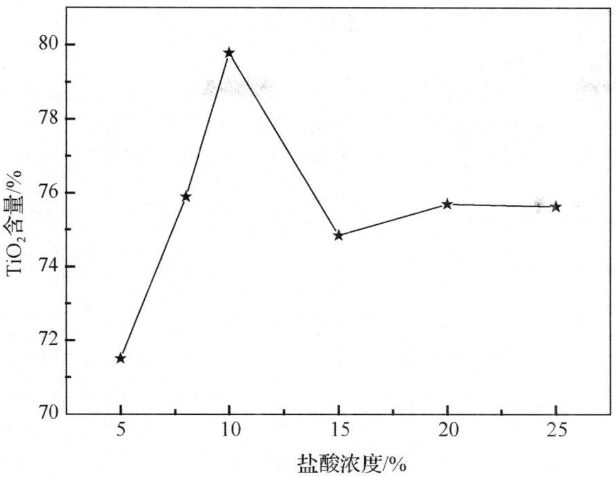

图 10.53 盐酸浓度与二氧化钛品位的影响

10.5.3 浸出温度的影响

当浸出时间为 20min、微波功率为 400W、液固比为 10∶1、盐酸浓度为 10%时，浸出温度对二氧化钛品位的影响如图 10.54 所示。

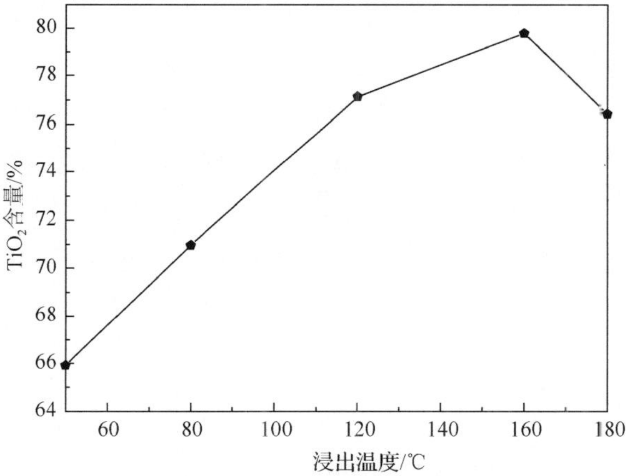

图 10.54 浸出温度对二氧化钛品位的影响

从图 10.54 可以看出，在 50~160℃的范围内，随着温度的升高，渣中二氧化钛的含量逐渐升高，说明这个范围内温度升高对杂质的溶出有利。而升到 160℃以后，渣中二氧化钛的含量开始降低。这是由于温度升高，钛的活性增大，初级富钛料中的钛开始大量溶出进入溶液中。因此该实验的浸出温度选定为 160℃。一般地，浸出温度对浸出过程中化学反应速率和扩散速率都有影响。温度每增加 10℃，扩散速率一般加快 20%，化学反应速率增大一倍[61]。

10.5.4　物料粒度的影响

当浸出时间为 20min、微波功率为 400W、液固比为 10∶1、盐酸浓度为 10%、浸出温度为 160℃，初级富钛料粒度对二氧化钛品位的影响如图 10.55 所示。

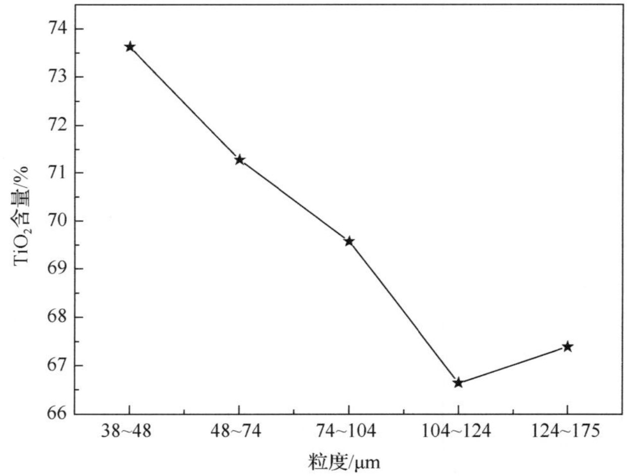

图 10.55　初级富钛料粒度对二氧化钛品位的影响

从图 10.55 可以看出，随着初级富钛料的粒度减小，二氧化钛含量逐渐升高，说明粒度减小有利于杂质的去除。当原料粒度为 48~74μm 时，渣中二氧化钛的含量为 71.28%，原料粒度进一步减小，渣中二氧化钛的含量继续升高，铁和钛溶解速率随粒度变小而加快有所不同[62]。即原料粒度小于 48μm 时，渣中二氧化钛的含量为 73.62%，与原料粒度 48~74μm 时渣中二氧化钛的含量相比，渣中二氧化钛的含量提高了 2.34%，但粒度减小，需要延长磨矿时间，这将增加磨矿工序段的费用，也就增加了生产成本。因此，初级富钛料粒度大小选定为 48~74μm。

10.5.5　液固比的影响

当浸出时间为 20min、微波功率为 400W、盐酸浓度为 10%、浸出温度为 160℃、初级富钛料粒度为 48~74μm 时，液固比对渣中二氧化钛品位的影响如图 10.56 所示。

从图 10.56 可以看出，当液固比为 4∶1 时，渣中二氧化钛含量为 60.33%，液固比为 12∶1 时，渣中二氧化钛含量为 72.01%，二氧化钛含量有较大提高。当液固比为 12∶1 时，在微波加热的作用下，物料与盐酸充分接触，碰撞加剧，加快了体系反应速率，同时浸出体系压力较大，盐酸易于渗透到物料内部，从而强化了反应的进行。因此，液固比选 12∶1。

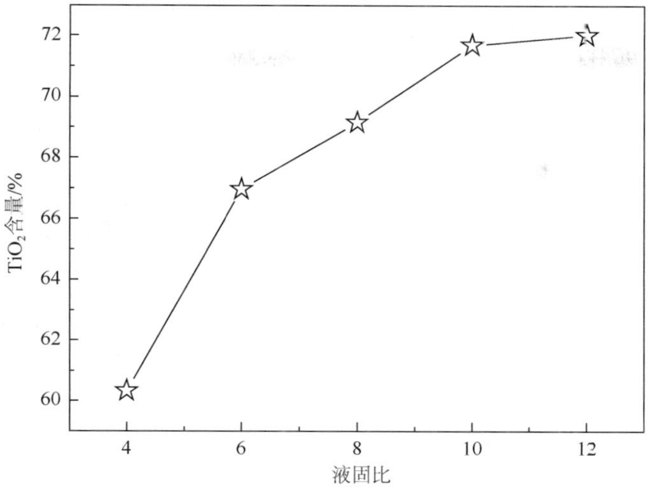

图 10.56 液固比对二氧化钛品位的影响

10.5.6 浸出时间的影响

当浸出温度为 160℃、微波功率为 400W、液固比为 12∶1，盐酸浓度为 10%、初级富钛料粒度为 48~74μm 时，浸出时间对二氧化钛品位的影响如图 10.57 所示。

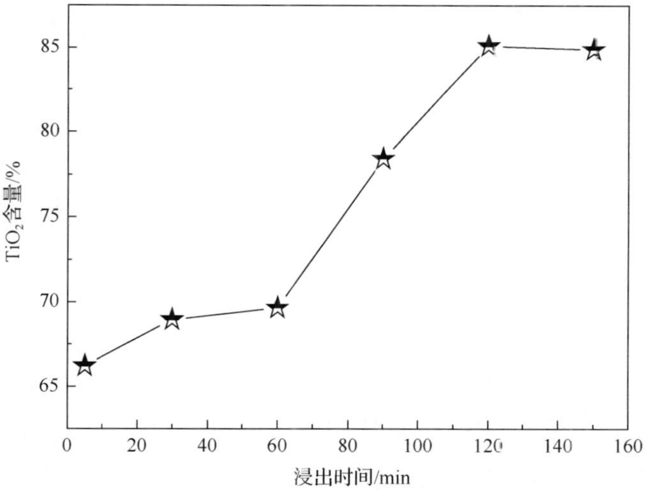

图 10.57 浸出时间对二氧化钛品位的影响

从图 10.57 可以看出，随着时间的延长，二氧化钛的品位有所提高。浸出开始的 30min 内，渣中浸出二氧化钛的含量急剧上升，说明在这段时间内杂质浸出的反应很快，二氧化钛的含量为 75.70%，浸出时间为 120min，富钛料中二氧化钛的品位为 85.77%；但是再增加浸出时间，二氧化钛的品位反而有所下降，这是由于随着时间的延长，物料中的钙镁等易于除去的部分已基本浸出完全，二氧化钛与酸发生反应，生成可溶于水的酸氧钛相，物料中的二氧化钛含量有所降低。

当浸出温度为 160℃、微波功率为 400W、浸出液固比为 12∶1、盐酸浓度为 10%、初级富钛料粒度为 48~74μm 时，浸出时间对初级富钛料中钙、镁和铁浸出率的影响如图 10.58 所示。

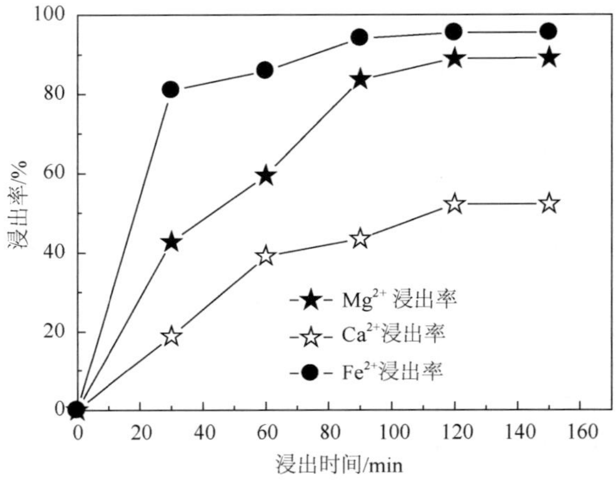

图 10.58　浸出时间对 Ca^{2+}、Mg^{2+}、Fe^{2+}杂质浸出率的影响

从图 10.58 可以看出，和常规浸出相比，杂质 Fe^{2+}的浸出率明显提高。随着浸出时间的延长，渣中的 Mg^{2+}和 Ca^{2+}的含量越来越低，到 120min，Mg^{2+}和 Ca^{2+}浸出率升高缓慢，再延长浸出时间，杂质已很难浸出，同时浸出时间越短，越能提高设备利用率，从而达到降低酸耗、增加设备生产率、降低成本的目的。因此，该实验浸出时间为 120min。

10.5.7　钛的溶解行为

当微波功率为 400W、液固比为 12∶1、浸出温度为 160℃、盐酸浓度为 10%时，浸出时间对钛溶解行为的影响如图 10.59 所示。

从图 10.59 可以看出，浸出时间小于 20min，钛的溶解速度较快；浸出时间在 20min 后，钛的溶解速度减缓。说明浸出时间为 20min 左右时，溶液中钛的含量达到了饱和。再延长浸出时间，此时浸出体系满足钛的水解条件，不断析出偏钛酸沉淀，溶液中的钛含量迅速降低。所以，钛的浸出时间选定为 20min。同时也表明：在盐酸浸出过程，物料中的钛经历了部分 Ti^{4+}的溶解、$TiOCl_2$ 的水解沉淀两个过程。

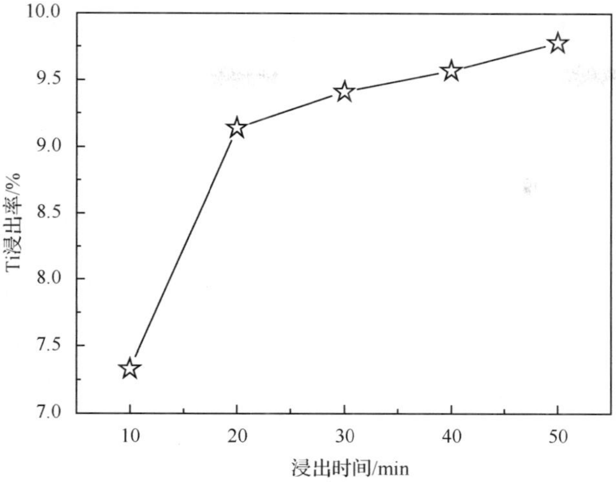

图 10.59 浸出时间对钛溶解的影响

10.5.8 优化实验

根据上述条件得到的结果进行了优化实验，得到优化工艺条件为盐酸浓度10%、温度160℃、粒度48~74μm、液固比12∶1、浸出时间120min，在此条件下富钛料二氧化钛品位92.36%，TFe为1.12%，氧化钙+氧化镁为1.38%，氧化锰为0.16%，产率为64%，钛回收率为90.07%。

10.5.9 浸出动力学

浸出过程中，当浸出剂采用硫酸时，大部分研究是钛多数溶解于硫酸得到硫酸钛；当浸出剂采用盐酸时，铁和钛也同时溶解，但大部分都存在 Ti^{4+}水解形成氧化钛沉淀在矿表面上的规律，这种规律为渣中富集钛提供了依据，而铁则未见有水解的现象，从而实现钛和铁等杂质的分离。其非等温浸出动力学方程推导见式(10.4)~式(10.15)。

1. *微波浸出动力学讨论*

当体系体积为50mL、微波功率为100W时，微波场中浸出体系的温度与时间变化关系如图10.60所示。

由图 10.60 可知，随着微波加热时间延长，溶液温度逐渐升高，用线性回归得到溶液升温速率方程

$$y = 3.9619x + 301.67, \qquad R^2 = 0.9895 \tag{10.21}$$

当粒度为63~75μm、HCl浓度为15%时，微波加热下初级富钛料的铁浸出率

与时间变化如图 10.61 所示。

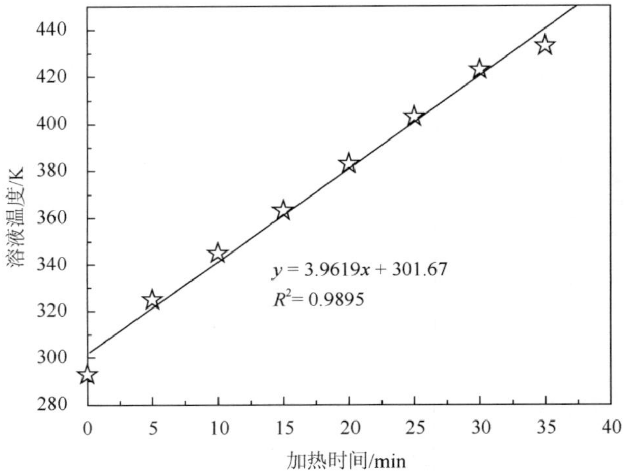

图 10.60　初级富钛料体系温度与时间的关系

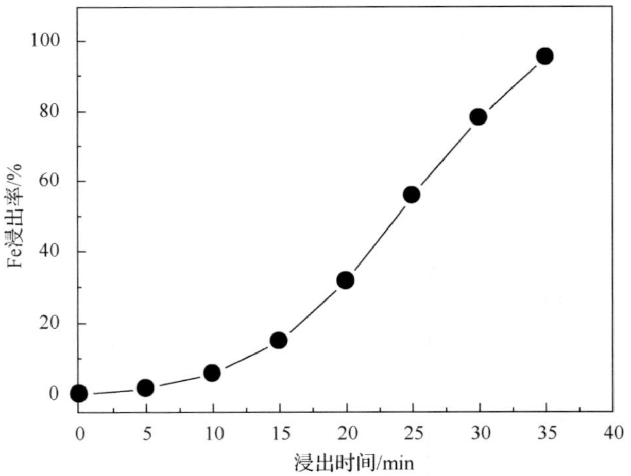

图 10.61　初级富钛料铁浸出率与时间的关系

从图 10.61 可以看出，随着微波加热时间延长，初级富钛料的铁浸出率也逐渐升高，且在这个过程中溶液尚未达到恒温前，反应属于非等温过程。

当粒度为 63~75μm、盐酸浓度为 15%时，微波加热下初级富钛料的铁浸出率与温度变化关系如图 10.62 所示。从图 10.62 可以看出，随着温度升高，初级富钛料的铁浸出率也逐渐升高，且在这个过程中溶液尚未达到恒温前，反应属于非等温过程。

表 10.22 为非等温浸出动力学方程的数据。

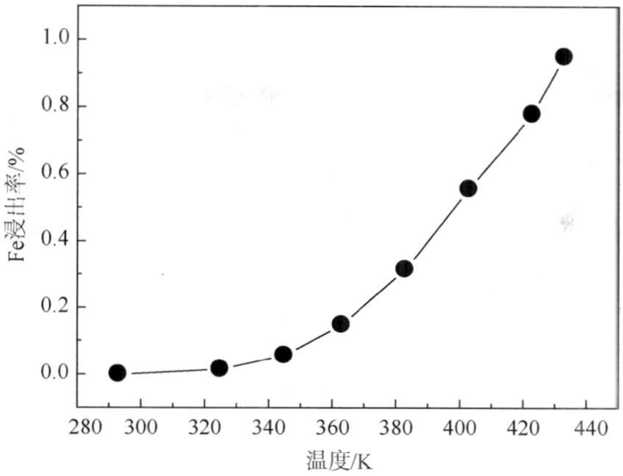

图 10.62 初级富钛料铁浸出率与温度的关系

表 10.22 初级富钛料非等温浸出动力学方程推导数据

参数	数值						
时间/min	5	10	15	20	25	30	35
T/℃	50	70	90	110	130	150	170
$10^{-3}/T$	3.077	2.899	2.755	2.611	2.481	2.364	2.309
$10^{-6}/T^2$	9.467	8.402	7.589	6.817	6.157	5.589	5.334
Fe^{2+}浸出速率 x	0.015	0.056	0.148	0.315	0.556	0.78	0.95
$\ln\{[1-(1-x)^{1/3}]/T^2\}$	–16.86	–15.64	–14.74	–14.02	–13.43	–13.02	–12.60

由 Arrhenius 公式[式(10.16)]，根据图 10.63，由直线的斜率可以求得：$\ln\{[1-(1-x)^{1/3}]/T^2\}=y=-5338.2/T-0.229$ 和$-5338.2=-E_a/R$，求得表观活化能为E_a=44.3818kJ/mol，其线性相关系数为 0.9903，E_a值表明在实验范围温度内是典型的化学控制过程，说明微波加热下盐酸浸出初级富钛料的反应过程受化学控制。

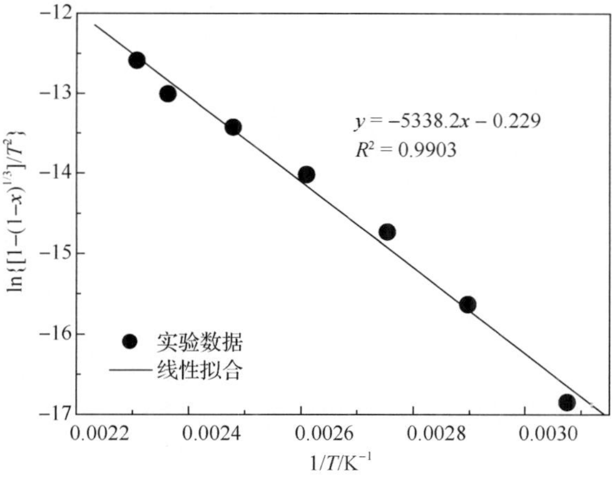

图 10.63 $\ln\{[1-(1-x)^{1/3}]/T^2\}$和$1/T$ 的关系

2. 盐酸浓度的影响

根据图 10.64 的数据，以$1-(1-x)^{1/3}$对反应时间t作图，得到图 10.65。根据图 10.65，可得到不同盐酸浓度的表观速率常数k_c分别 0.0131、0.0165 和 0.0187，其对应线性相关系数分别为 0.9992、0.9990 和 0.9997。再以$\ln k_c$对$\ln C_{HCl}$作图，得到图 10.66，并计算出直线的斜率，由此就得到了盐酸浸出初级富钛料的反应级数为 0.5056。

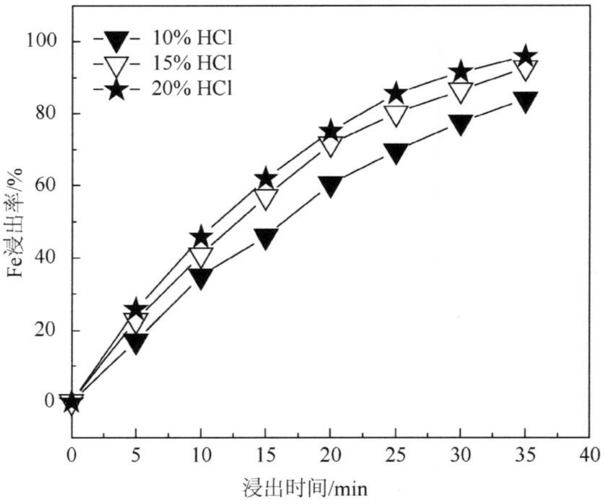

图 10.64 浸出时间和铁浸出率的关系

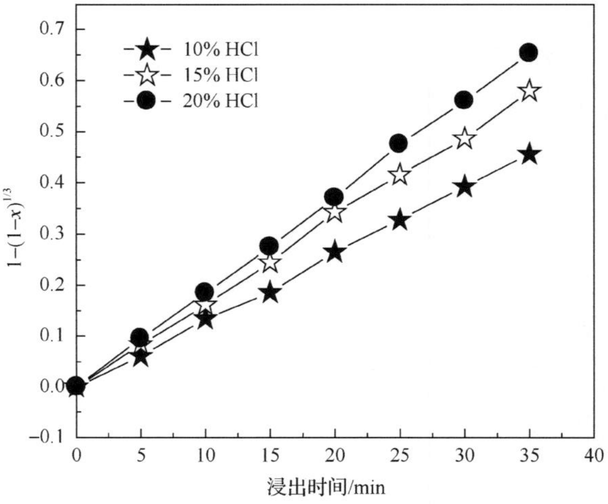

图 10.65 浸出时间和$1-(1-x)^{1/3}$的关系

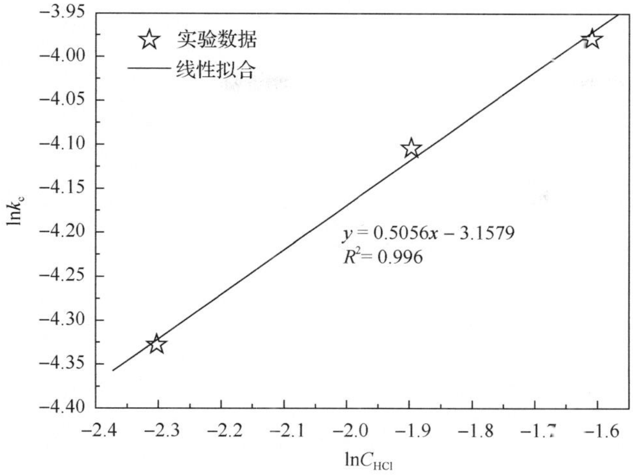

图 10.66　$\ln k_c$ 与 $\ln C_{HCl}$ 的关系

Han 等[63]研究了南美和泰国钛精矿在硫酸中的溶解动力学行为，在酸矿比为 500∶3、温度为 98~118℃的实验条件下，测得反应表观活化能为 64.4kJ/mol，对硫酸的反应级数为 0.55，并且认为溶解过程是由矿粒表面的化学反应控制。该实验条件盐酸浸出铁的动力学和该文献具有相似的规律。

3. 粒度的影响

根据图 10.67 实验数据，以 $1-(1-x)^{1/3}$ 对浸出时间 t 作图，得图 10.68，其直线过原点。由此可得到不同粒度下表观速率常数 k_c 分别为 0.0123、0.0165 和 0.0182。另外，再以扩散控制表观速率常数 k_p 对 $1/r_0$ 作图，得到图 10.69。

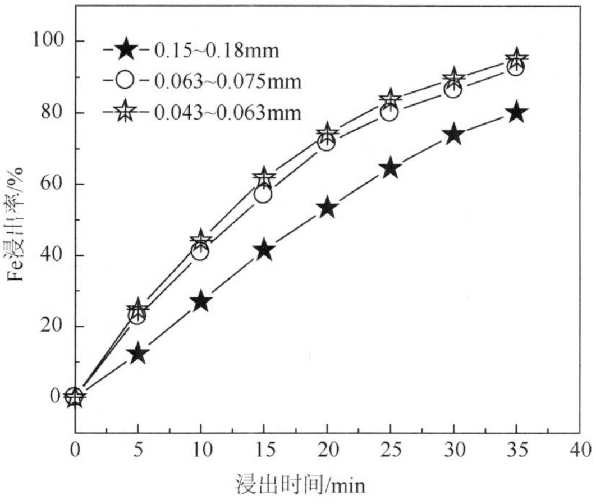

图 10.67　不同粒度条件下浸出时间对 Fe 浸出率的影响

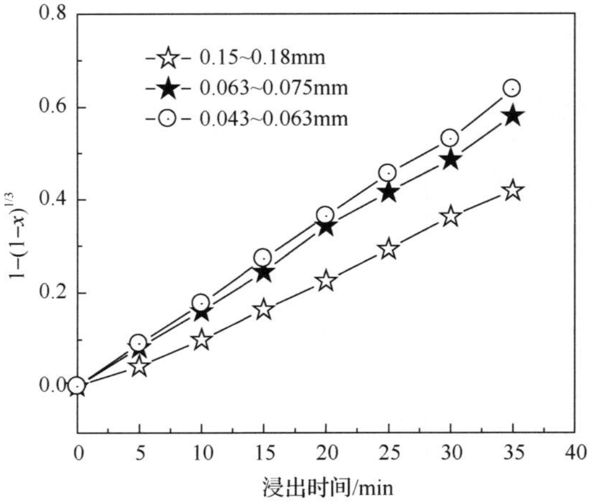

图 10.68　不同粒度条件下浸出时间和 $1-(1-x)^{1/3}$ 的关系

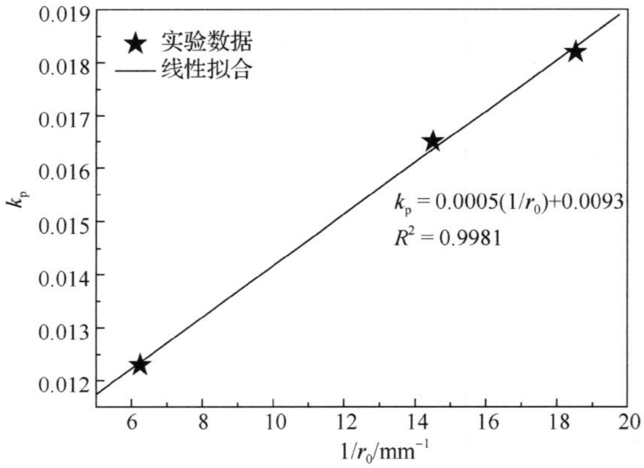

图 10.69　$1/r_0$ 和 k_p 的关系

从图 10.69 可以看出，k_p 与 $1/r_0$ 呈线性关系，直线的斜率为 0.0005，其线性回归相关系数为 0.9981，进一步证明了微波加热下盐酸浸出初级富钛料的过程受化学控制。

4. *动力学方程*

表观反应速度常数 k_c 与反应体系有关，也是浓度及粒度等各参量的函数，可表示为

$$k_c = k_0 C_1^a \cdot C_2^b \cdot C_3^d \cdots r_0^m \cdot e^{\frac{-E}{RT}} \tag{10.22}$$

式中，k_0 为比速率常数。表观反应速度常数 k_c 与反应体系有关，也就是与盐酸浓

度及粒度有关。因此，根据式(10.22)，表观反应速度常数 k_c 可如下表示：

$$k_c = k_0 \cdot r_0^{-1} \cdot [HCl]^{0.5056} \cdot \exp\left(-\frac{44381.8}{RT}\right) \tag{10.23}$$

由盐酸浓度、粒度和浸出温度对浸出率的影响讨论及各种实验条件下所得到的表观反应速度常数 k_c 值，可求得 k_0 为 3.51×10^3。因此，导出了微波加热下盐酸浸出初级富钛料的表观总速率方程：

$$\phi = 3.51\times10^3 \cdot r_0^{-1} \cdot [HCl]^{0.5056} \cdot \exp\left(-\frac{44381.8}{RT}\right) \tag{10.24}$$

10.5.10 浸出机理

在敞开体系中，其压强恒定为标准大气压，体系对应的最高温度也为恒定。对于一些难浸出过程，采用密闭体系，特别是微波场的密闭体系，除了微波场的特点，还给浸出过程提供比敞开体系更高的压力和温度，由于压力上升，提高了溶液的沸点，物料颗粒积存的能量多，加强了破坏或削弱化学键的能力，使活化分子增多，提高浸出过程的反应速率，从而使敞开体系中难反应或者不反应过程变得易于发生。因此，高温高压非常有利于初级富钛料浸出，控制适当的酸浓度、浸出体系温度和压力，使初级富钛料中钙、镁、铁等杂质进入液相，主体元素钛则以四价形式留在固相表面，从而使钛得到富集。此方法符合对难处理矿采用高温高压的处理思路。

因此，利用微波浸出装置的特点，分别测定了非等温过程中空白酸体系和浸出体系的温度和压力(图 10.70~图 10.72)。

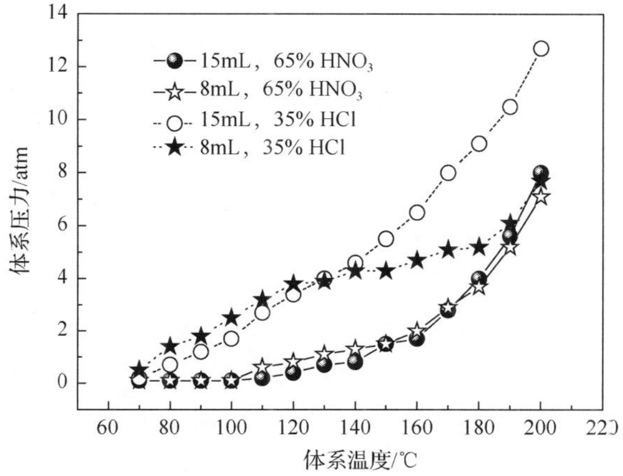

图 10.70 不同体积下不同酸的温-压曲线

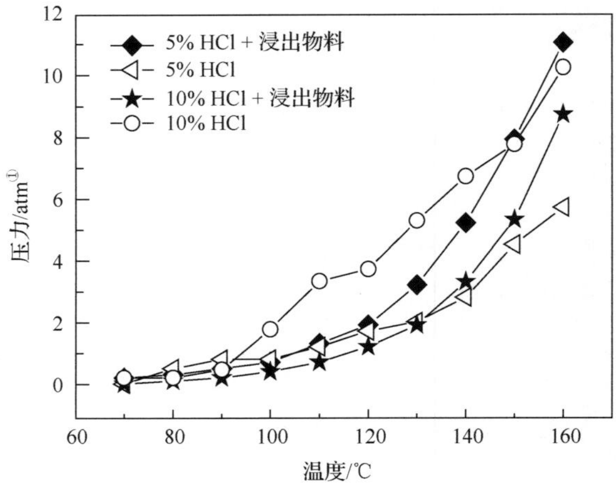

图 10.71　体系有无原料时盐酸的温-压曲线

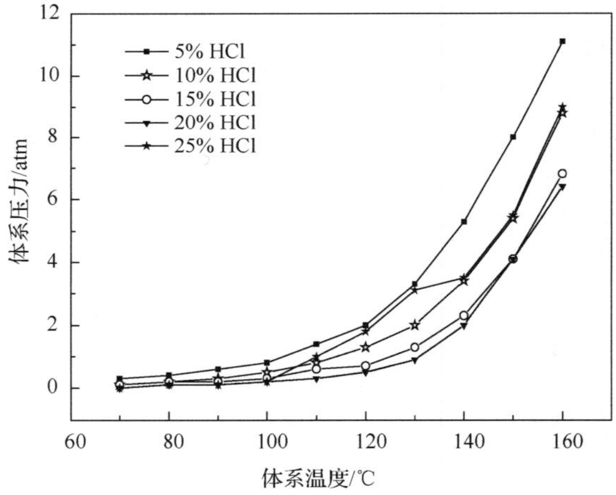

图 10.72　不同浓度下有原料时盐酸的温-压曲线

从图 10.70~图 10.72 中可以看出，在相同的温度下，盐酸体系的压强较高，且浓度越稀，压强越高；在浸出前期，同一体系不同体积的酸温度相差不大，但随着温度的升高，体积越大，压强越大；而在有初级富钛料的体系中，随着盐酸浓度的升高，压强减小；同样浓度和温度下，有初级富钛料的体系压强高。

10.6　微波浸出方铅矿

方铅矿的主要化学成分为硫化铅，是一种比较常见的矿物，并且是分布最广

①1atm=101325Pa。

的铅矿物，常与闪锌矿伴生共存。方铅矿常呈立方体晶形，铅灰色，具有金属光泽，硬度为2.5，密度为7.4~7.6g/cm^3。方铅矿也是铅冶炼的最主要的矿物，工业生产主要采用火法冶炼。国内外高校和科研院所一直研究铅的湿法冶炼，湿法处理方法主要有三氯化铁[64-69]、硝酸铁[70]、二氯化高铜[71]、盐酸[72,73]等浸出硫化铅，常规浸出速率较慢。

彭金辉和刘纯鹏[74]研究了微波加热下三氯化铁浸出方铅矿的实验。原料的硫化铅矿主要化学成分：Pb为82.42%，S为12.94%，Fe为 0.09%，Zn为0.12%。

当氯化钠浓度为3.0mol/L、盐酸为1mol/L、三氯化铁为0.6mol/L、温度为368K、粒度为76~98μm、搅拌转速为1200r/min时，微波加热与传统加热条件下铅浸出速率的对比如图10.73所示。

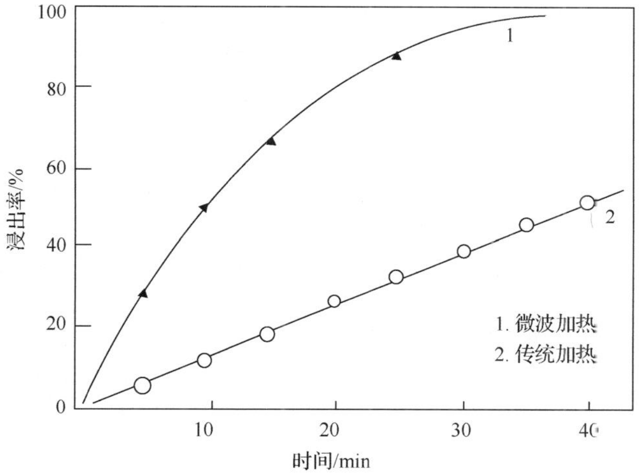

图10.73 不同加热方式下浸出率对比

从图10.73可以看出，在相同温度、三氯化铁浓度和粒度条件下，微波加热下铅浸出速率较传统加热方式下速率快。微波加热约30min，铅浸出率为93%，而传统加热下只有37%，显示了微波加热方式的优越性。

当三氯化铁浓度为0.5mol/L、氯化钠浓度为3.0mol/L、盐酸浓度为1mol/L、粒度为76~98μm时，浸出温度对浸出率影响如图10.74所示，图10.74中曲线1为铅浸出率与时间变化关系；图10.74中曲线2为浸出温度与时间变化关系曲线。

当三氯化铁浓度为0.5mol/L、氯化钠浓度为3.0mol/L、粒度为76~98μm时，铅浸出率与温度变化关系如图10.75所示。

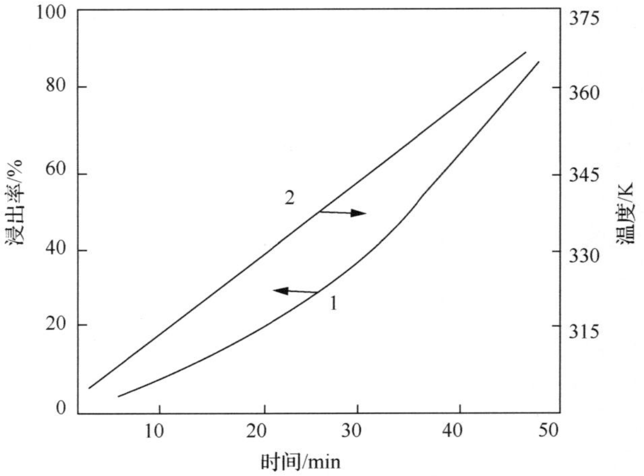

图 10.74　非恒温过程中铅浸出率与溶解温度同时间变化关系

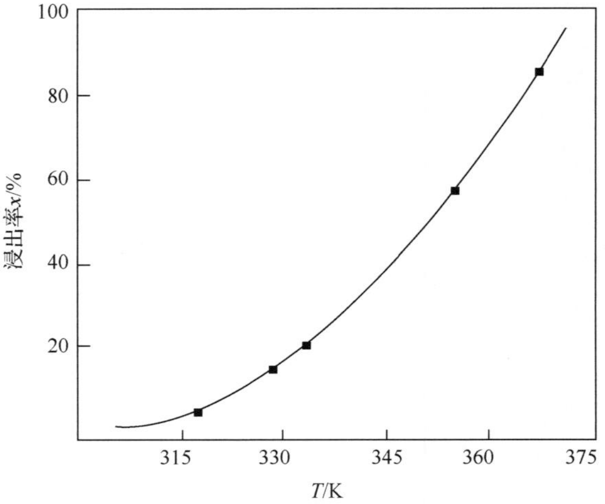

图 10.75　铅浸出率与温度的变化关系

从图 10.74 和图 10.75 可以看出，随着溶液温度的逐渐升高，反应速率明显加快，微波加热下的溶液反应在达到溶液沸点以前系非恒温过程。

以 $\ln\{[1-(1-x)^{1/3}]/T^2\}$ 对 $1/T$ 作图（图 10.76），并得到

$$\ln Q = \ln\{[1-(1-x)^{1/3}]/T^2\} = 537673 - 66.8068/T \tag{10.25}$$

由此求得反应活化能 $E_a = 55.60\text{kJ}/\text{mol}$，其线性回归相关系数为 0.9986。

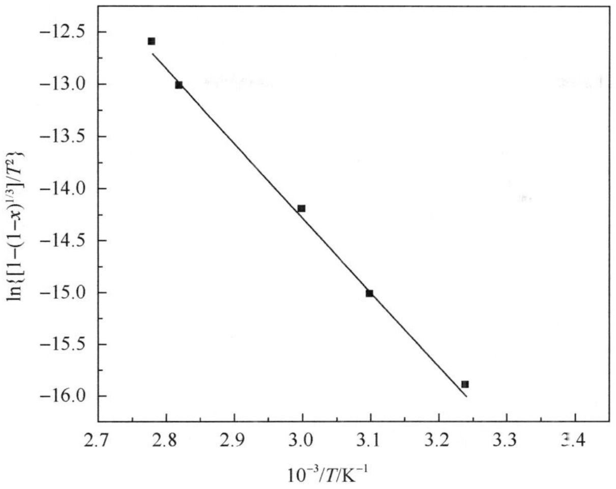

图 10.76　$\ln\{[1-(1-x)^{1/3}]/T^2\}$ 与 $1/T$ 关系

在氯化钠浓度为 3.0mol/L、盐酸浓度为 1mol/L、温度为 368K、粒度为 76~98μm 的条件下，不同三氯化铁浓度下铅浸出率与时间变化关系如图 10.77 所示。

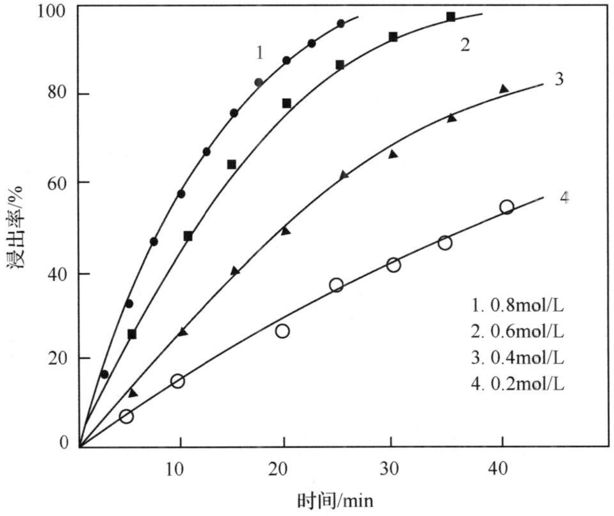

图 10.77　不同三氯化铁浓度下铅浸出率与时间变化关系

从图 10.77 可以看出，随着三氯化铁浓度增加，浸出速率亦随之增大。根据图 10.77 的数据，以 $\ln\{[1-(1-x)^{1/3}]/T^2\}$ 对 t 作图(图 10.78)，直线过原点，由此可得 0.20mol/L、0.40mol/L、0.60mol/L、0.80mol/L 时的表观速率常数 k_c 分别为 5.5914×10^{-3}、1.0552×10^{-2}、1.9330×10^{-2}、2.5445×10^{-2}，其对应的线性回归相关系数分别为 0.9981、0.9993、0.9998、0.9997，以 $\ln k_c$ 与 $\ln C_{FeCl_3}$ 作图(图 10.79)，得

反应级数为 1.12，相关系数为 0.9947。结合方程 $\ln\{[1-(1-x)^{1/3}]/T^2\}=537673-66.8068/T$ 和 $\ln\{[1-(1-x)^{1/3}]/T^2\}=\ln\{[MC^nAR/(B\rho E)](1-2RT/E)\}-E/(RT)$，可求得 $A=1.12\times10^5$。

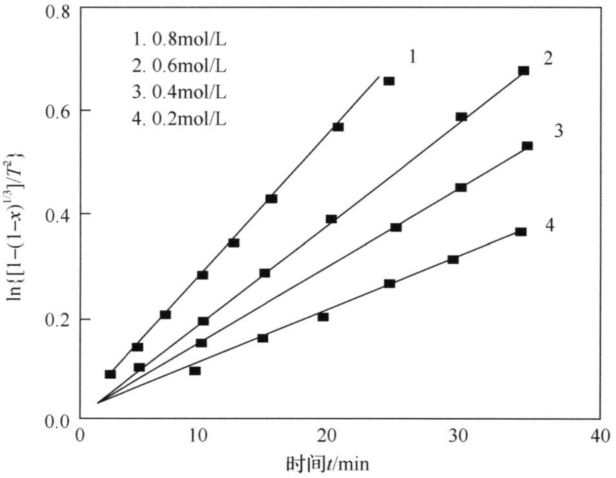

图 10.78　不同三氯化铁浓度下 $\ln\{[1-(1-x)^{1/3}]/T^2\}$ 与时间的关系

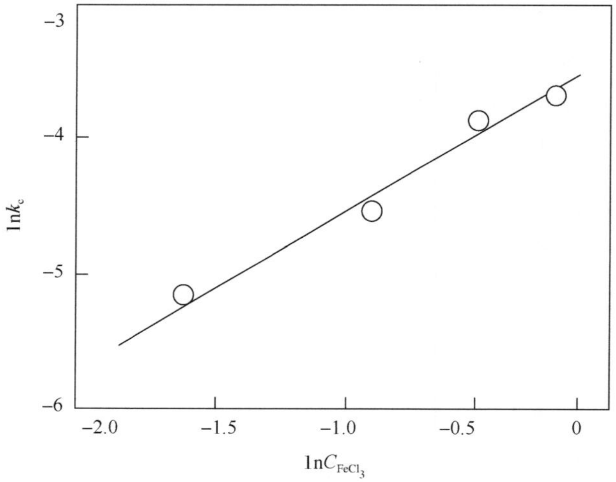

图 10.79　$\ln k_c$ 与 $\ln C_{FeCl_3}$ 的关系

当氯化钠浓度为 3.0mol/L、盐酸浓度为 1.0mol/L、三氯化铁浓度为 0.60mol/L、温度为 368K 时，不同粒度下铅浸出率与反应时间的变化关系如图 10.80 所示。

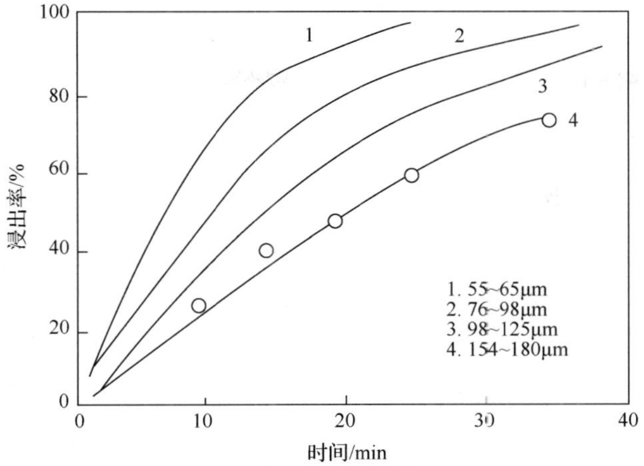

图 10.80　不同粒度下铅浸出率与反应时间的关系

从图 10.80 可以看出，随着硫化铅粒径减小，浸出速率增快且与化学控制模型符合良好(图 10.81)。以图 10.81 中求得的 k 对 $1/r_0$ 作图，得图 10.82。

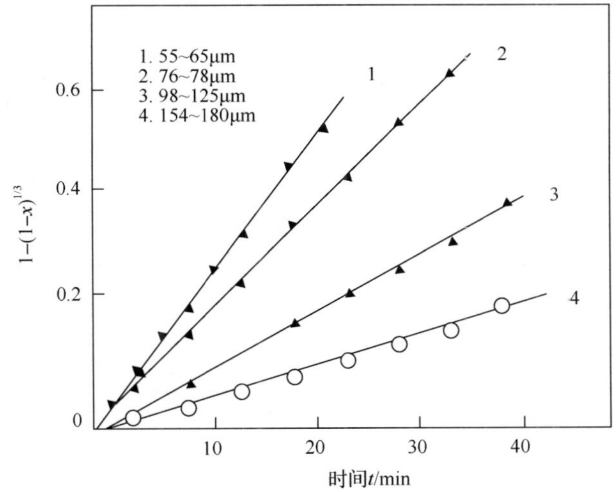

图 10.81　不同粒度下 $1-(1-x)^{1/3}$ 与时间的关系

从图 10.82 可以看出，k_c 与 $1/r_0$ 呈线性关系，其线性回归相关系数为 0.9986，进一步证实了浸出反应受化学控制。

微波加热硫化铅矿常压浸出的表观总速率方程为

$$\varphi = 1.12\times10^5\cdot C_{FeCl_3}^{1.12}\cdot r_0^{-1}\exp\left(-\frac{5.56\times10^4}{RT}\right)\cdot t$$

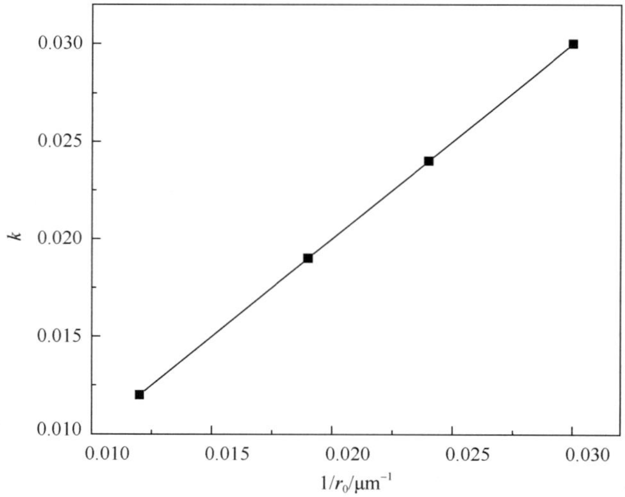

图 10.82　k 与 $1/r_0$ 关系

10.7　微波浸出含铝物料

佟志芳等[75]进行了微波处理高炉含铝炉渣的实验，其实验原料为高炉铝酸钙炉渣，由高炉冶炼制得，炉渣主要由 $2CaO \cdot SiO_2$、$12CaO \cdot 7Al_2O_3$ 组成。浸出液用工业氢氧化钠、氢氧化铝及化学纯碳酸钠配制而成。其中，Na_2O 的质量浓度为 7g/L，氧化铝的质量浓度为 7g/L，Na_2CO_3 的质量浓度分别为 60g/L、80g/L、100g/L、120g/L。微波加热作用下浸出，反应时间为 40min 时，浸出用液中 Na_2CO_3 质量浓度在 80g/L 以上，氧化铝浸出率皆可达到 80%以上。而传统加热浸出，只有当 Na_2CO_3 质量浓度为 120g/L、浸出时间超过 100min 以后，氧化铝浸出率才达到 80%以上。结果表明，微波加热浸出较传统加热浸出快，微波浸出降低了浸出用液 Na_2CO_3 质量浓度，缩短了浸出时间。

粉煤灰是火力发电厂排放的固体废物，是一定细度的煤粉在锅炉中燃烧(1100~1500℃)后，由除尘器收集到的粉状物质。我国已有 20×10^8t 粉煤灰累积堆存量，到 2020 年，我国粉煤灰堆存量将会达到 30 多亿 t [76,77]。粉煤灰的物理化学性质一般取决于燃煤的品种、煤粉细度、燃烧方式、燃烧温度及粉煤灰的收集和排灰方式。粉煤灰的物相主要由石英、磁铁矿、莫来石、玻璃体和少量碳等组成[78]。广大科研工作者开展了从粉煤灰中提取铝的研究[79-82]。部分研究者[78,83]将微波引入粉煤灰提取铝的浸出工艺。

赵剑宇和田凯[84]等研究了微波助溶从粉煤灰提取氧化铝的新工艺，将一定配比的粉煤灰、碳酸钙、纯碱在 1250~1300℃高温炉烧结 30min 成为熟料，将熟料冷却、粉碎、过筛后与碳酸钠水溶液配成一定液固比的料浆，放入微波场中分二级加热浸出(先在 450W 的微波功率下浸出 2~3min，然后在 720W 的微波功率下浸出 8~10min)，经过滤，生成的铝酸钠进入液相，而硅酸二钙和碳酸钙等不溶物留在滤渣中。研究表明，微波加热明显加快了氧化铝溶出速度，并提高了氧化铝提取率。

朱石嶙等[85]研究了硫酸介质中微波浸出粉煤灰，原料取自热电厂锅炉排干灰，粉煤灰与酸液的质量体积比为 1∶1.4，采用正交实验考察酸浓度、浸出时间、加热时间等因素对 Fe、Al 浸出量的影响，最佳工艺条件为粉煤灰与酸液的质量体积比为 1∶1.4，硫酸浓度为 60%，浸泡时间为 14h，加热时间 7min，浸出率为 76.5%，较常规加热的提取率提高，明显缩短提取时间。

10.8 微波浸出蛇纹石

我国有丰富的蛇纹石资源，已探明的储量超过 15×10^8t。由于蛇纹石矿为叶片状或鳞片状晶体，分化层较大，开采过程中产生大量蛇纹石矿粉(MgO 含量占 30%以上，占开采量的 1/3~1/2)，因不宜作烧制钙镁磷肥的原料，常被当做废料抛弃，既浪费资源又污染环境[86]。

蛇纹石[$Mg_3Si_2O_5(OH)_4$]是由硅氧四面体和氢氧镁八面体复合而成的 1∶1 型层状硅酸盐矿物，蛇纹石的理论化学式为 $3MgO\cdot 2SiO_2\cdot 2H_2O$，其主要有价元素为硅和镁，常伴有一定量的稀有金属，如镍、钯等[87,88]。蛇纹石湿法加工综合利用中，酸浸过程是整个流程中第一个重要工序。该过程涉及液-固多相复杂反应，通常是一个较慢的反应过程[88]。

万勇等[89]提出了微波加热蛇纹石硫酸浸出方法，探索了微波加热时间、微波强度、硫酸浓度、液固比及蛇纹石矿粒度等因素对氧化镁浸出率的影响。矿石呈墨绿色，表面呈油脂光泽并具有白绿斑纹，主要矿物为蛇纹石，含少量的磁铁矿，化学成分见表 10.23。

表 10.23 蛇纹石矿主要化学成分 (单位：%)

参数	SiO_2	MgO	Fe_3O_4	Cr_2O_3	Al_2O_3	NiO	CaO
含量	38.97	38.13	13.15	1.52	0.38	0.35	0.11

分析表明，蛇纹石属 1∶1 型三八面体层状结构硅酸盐矿物，其单元晶层由一层硅氧四面体片和一层氢氧镁八面体片构成，化学通式为 $Mg_3Si_2O_5(OH)_4$。在强酸介质中，蛇纹石的层状结构可全部被破坏，镁等可溶性成分进入溶液，硅形成多孔的、易反应的无定形氧化硅。

表 10.24 列出了微波加热和传统加热蛇纹石酸浸结果。从表 10.24 可以看出，在酸浸条件基本相同的情况下，微波加热所用时间比传统加热的要短得多，而氧化镁的浸出率却比传统加热的高，表明蛇纹石微波加热酸浸速率比传统加热的快得多。

表 10.24　微波加热与传统加热酸浸结果对比

加热方式	反应温度/℃	液固比	硫酸浓度/%	反应时间/min	矿山粒度/目	搅拌速率/(r/min)	浸出率/%
微波加热	95～100	4∶1	40	45	＜200	无需搅拌	97.6
传统加热	95～100	4∶1	40	120	＜200	>200	91.3

10.9　微波浸出贵金属物料

贵金属主要指金、银和铂族金属(钌、铑、钯、锇、铱、铂)8 种金属元素。这些金属大多数拥有美丽的色泽，对化学药品的抵抗力相当大，在一般条件下不易引起化学反应。

Barakat 和 Mahmoud[90]研究了从废催化剂回收铂的实验，铂的回收率为 97.5%。为了缩短浸出时间，Jafarifar 等[91]研究了微波协助浸出废催化剂回收铂的实验，废催化剂化学成分见表 10.25。

表 10.25　废催化剂样品化学成分　(单位：%)

元素	质量分数	元素	质量分数
Pt	0.20	Fe	0.19
Re	0.43	Al	95.5
Ca	0.31	Si	1.3
Mg	0.27	C	1.8

当微波功率为 150W、液固比 5∶1 时，浸出时间对浸出率的影响如图 10.83(a)所示；当浸出时间为 5min、微波功率为 150W 时，液固比对浸出率的影响如图 10.83(b)所示。

从图 10.83(a)中可以看出，微波加热时间在 2.5min 之内，浸出率很快，浸出 2.5min，浸出率大于 80%；当浸出 5min 后，铂的最大浸出率为 98.3%。从图 10.83(b)中可以看见，当液固比为 2∶1 时，最大回收率为 98.3%。获得的产品成分分析见表 10.26。由表 10.26 可以看出，铂的纯度比传统加热浸出高，表明在传统加热中有少量的杂质被浸出。

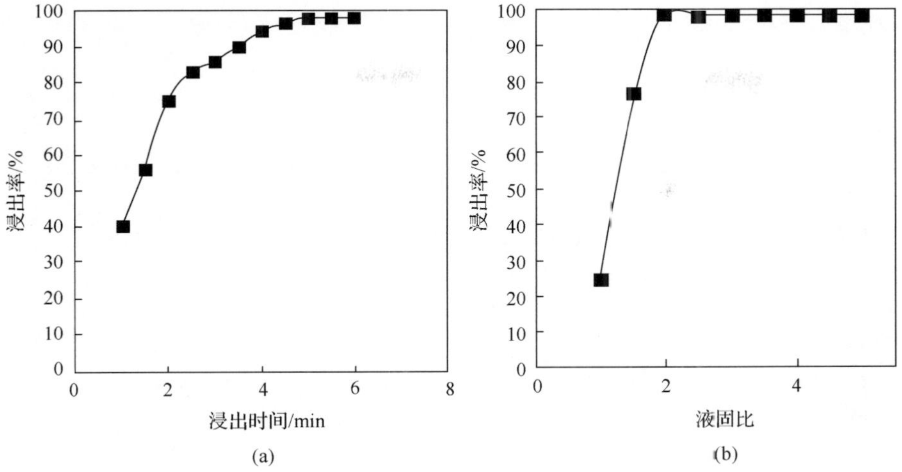

图 10.83 浸出条件对铂回收率的影响

表 10.26 催化剂样品化学成分 （单位：%）

元素	质量分数	元素	质量分数
Pt	99.3	Fe	0.02
Re	0.03	Al	0.47
Ca	0.01	Si	0.15
Mg	0.02	C	Nil

表 10.27 为常规加热浸出和微波浸出的结果对比。从表 10.27 中可以看出，与常规加热酸浸相比，微波条件浸出率很高，获得产品的纯度也高，且浸出酸度低，即液固比减小，王水用量减少，大大减少反应剂的用量，可减轻对环境的影响。

表 10.27 浸出效果对比

参数	常规加热酸浸出	微波浸出
浸出时间	2.5h	5min
液固比	5	2
铂回收率/%	96.5	98.3
铂粉末纯度/%	98.8	99.3

参 考 文 献

[1] 丁伟安. 微波加热在湿法冶金中的应用. 有色金属(冶炼部分), 1997, (3): 43-44.

[2] Padilla R, Zambrano P, Cruiz M. Leaching of sulfidized chalcopyrite with H_2SO_4-NaCl-O_2. Metallurgical and Materials Transactions B, 2003, 34(2): 153-159.

[3] Eung H C. Leaching studies of chalcopyrite and sphalerite with hypochlorous acid. Metallurgical Transactions B, 1987, 18 (2): 315-316.

[4] Dutrizac J E. Elemental sulphur formation during the ferric sulphate leaching of chalcopyrite. Canada Metallurgical Quarterly, 1989, 28 (4): 337-344.

[5] Dutrizac J E. Ferric ion leaching of chalcopyrite from different localities. Metallurgical Transactions, 1982, 20 (12): 303-309.

[6] Naoki H, Hajime M, Tsuyoshi H, et al. Enhancement of chalcopyrite leaching by ferrous ions in acidic ferric sulfate solution. Hydrometallurgy, 2001, 60 (3): 185-197.

[7] Tetsuji H, Makoto K, Yasuhiro A, et al. The leaching of chalcopyrite with ferric chloride. Metallurgical Transactions, 1986, 17 (1): 19-28.

[8] Lu Z Y, Jeffrey M I, Lawson F. The effect of chloride ions the dissolution of chalcopyrite in acid solutions. Hydrometallurgy, 2000, 56 (2): 189-202.

[9] Dutrizc J E. The leaching of sulphide minerals in chloride medium. Hydrometallurgy, 1992, 29 (1): 1-45.

[10] Gómez E, Ballester A, Blázquez M L, et al. Silver-catalysed bioleaching of a chalcopyrite concentrate with mixed cultures of moderately thermophilic microorganisms. Hydrometallurgy, 1999, 51 (1): 37-46.

[11] Devi N B, Madhuchhanda M, Rao K S, et al. Oxidation of chalcopyrite in the presence of manganese dioxide in hydrochloric medium. Hydrometallurgy, 2000, 57 (1): 57-76.

[12] Havlik T, Skrobian M. Acid leaching of chalcopyrite in the presence of ozone. Canada Metallurgical Quarterly, 1990, 29 (2): 133-139.

[13] Havlik T, Dvorscikova J, Ivanova Z, et al. Sulphuric acid chalcopyrite leaching using ozone as oxidant. Metall, 1999, 53 (1-2): 57-60.

[14] Antonijevic M M, Jankovic Z D, Dimitrijevic M D. Kinetics of chalcopyrite dissolution by hydrogen peroxide in sulphuric acid. Hydrometallurgy, 2004, 71 (3): 329-334.

[15] Antonijevic M M, Jankovic Z, Dimitrijevic M. Investigation of the kinetics of chalcopyrite oxidation by potassium dichromate. Hydrometallurgy, 1994, 35 (2): 187-201.

[16] Ballester A, Gonzalez F, Blazquez M L, et al. The influence of various ions in the bioleaching of metal sulphides. Hydrometallurgy, 1990, 23 (2): 221-236.

[17] Ballester A, Gonzalez F, Blazquez M L, et al. The use of catalytic ions in bioleaching. Hydrometallurgy, 1992, 29 (1-3): 145-160.

[18] Sanchez E C, Umetsu Y, Saito F. Acid leaching of chalcopyrite concentrate with hematite power as an effective promoter. Resources and Material, 1997, 113 (8): 631-634.

[19] 张永德, 李旿值, 阮仁满. 黄铜矿的湿法冶金工艺研究进展.稀有金属, 2005, 29 (1): 84.

[20] Al-Harahsheh M, Kingman S W. Microwave-assisted leaching-a review. Hydrometallurgy, 2004, 73 (3): 189-203.

[21] Antonucci V, Correa C. Sulphuric acid leaching of chalcopyrite concentrate assisted by application of microwave energy//International Conference Copper 95, Electrorefining and Hydrometallurgy of Copper, The Metallurgical Society of CIM, Santiago, 1995, 3: 549-557.

[22] Havlik T, Sulek K, Briancin J, et al. The Use of high frequency-heating in chalcopyrite leaching. Metall, 1998, 52 (10-11): 624-627.

[23] Havlik T, Popovicova M, UkasIk M. Use of microwave energy for chalcopyrite leaching. Metall, 2003, 56 (3): 131-134.

[24] Ding W. Leaching behaviour of complex sulphide concentrate with ferric chloride by microwave irradiation. Rare Metals, 1997, 16(2): 153-155.

[25] 丁伟安. 微波加热下下硫化铜精矿三氯化铁浸出. 湿法冶金, 1996, 57(1): 53-55.

[26] 苏永庆, 刘纯鹏. 微波加热下硫酸浸溶黄铜矿动力学. 有色金属, 2000, 52(1): 62-68.

[27] Yianatos J B, Antonucci V. Molybdenite concentrate cleaning by copper sulfation activated by microwave. Minerals Engineering, 2001, 14(11): 1411-1419.

[28] 徐晓军, 宫磊, 孟运生, 等. 氧化铁硫杆菌的微波诱变及对低品位黄铜矿的生物浸出. 有色金属, 2005, 57(2): 93-97.

[29] 范兴祥. 一种环境友好的黄铜矿浸出新工艺及理论研究. 昆明: 昆明理工大学博士学位论文, 2006.

[30] 彭金辉, 刘纯鹏. 微波场三氯化铁溶液浸出闪锌矿动力学. 中国有色金属学报, 1992, 2(1): 46.

[31] Peng J H, Liu C P. The kinetics of ferric chloride leaching of sphalerite in the microwave field. Transactions of the Nonferrous Metals Society of China, 1992, 2(2): 46-49.

[32] 彭金辉, 刘纯鹏. 微波辐照下硫化铅矿常压溶解动力学. 有色金属, 1993, 45(1): 68-71.

[33] Peng J H, Liu C P. Kinetics of leaching sphalerite with pyrolusite simultaneously by microwave irradiation. Transactions of the Nonferrous Metals Society of China, 1997, 7(3): 152-154.

[34] Orumwense A O, Negeri T. Impact of microwave irradiation on the processing of a sulfide ore. Mineral and Metallurgical Processing, 2004, 21(1): 44-51.

[35] Crundwell F K. Kinetics and mechanism of the oxidative dissolution of a zinc sulphide concentrate in ferric sulphate solutions. Hydrometallurgy, 1987, 19(2): 227-242.

[36] Venkataswamy Y, Khangaonkar P R. Ferric chloride leaching of sphalerite in the presence of an organic solvent for Sulphur. Hydrometallurgy, 1981, 7(1): 1-5.

[37] Guy S, Broadbent C P, Lawson G J. Cupric chloride leaching of a complex copper/zinc/lead ore. Hydrometallurgy, 1983, 10(2): 243-255.

[38] Chaudhury G R, Sukla L.B, Das R P. Kinetics of bio-chemical leaching of sphalerite concentrate. Metallurgical Transactions B, 1985, 16(4): 667-670.

[39] Vazarlis H G. Hydrochloric acid-hydrogen peroxide leaching and metal recovery from a Greek zinc-lead bulk sulphide concentrate. Hydrometallurgy, 1987, 19(2): 243-251.

[40] Corriou E P, Gely R, Viers P. Thermodynamic and kinetics study of the pressure leaching of zinc sulfide in aqueous sulfuric acid. Hydrometallurgy, 1988, 21(1): 85-102.

[41] Kolodziej B, Adamski Z. Dissolution of sphalerite in aqueous hydrochloric acid solutions under reduction conditions. Hydrometallurgy, 1990, 24(3): 393-406.

[42] Peng J H, Liu C P. Kinetics of leaching sphalerite with pyrolusite simultaneously by microwave irradiation. Transactions of the Nonferrous Metals Society of China, 1997, 7(3): 152-154.

[43] 李军旗. 湿法处理高硅氧化锌矿的工艺研究. 湿法冶金, 1996, (4): 32-35.

[44] 陈永梅, 覃庆文, 黄红军. 高硅氧化锌矿酸浸脱硅过程研究进展. 湖南有色金属, 2005, 21(1): 14-16.

[45] 周德林, 窦明民, 陈世明. 高硅氧化锌矿全湿法冶炼工艺的研究、应月与发展. 有色金属(冶炼部分), 1995, 19(3): 1-6.

[46] Bodas M G. Hydrometallurgical treatment of zinc silicate ore from Thailand. Hydrometallurgy, 1996, 40(1): 37-49.

[47] Hua Y, Lin Z, Yan Z. Application of microwave irradiation to quick leach of zinc silicate ore. Minerals Engineering, 2002, 15(6): 451-456.

[48] Dufresne R E. Quick leach of siliceous zinc ore. Journal of Metals, 1976, 28(2): 8-12.

[49] 林祚彦, 华一新. 高硅氧化锌矿硫酸浸出的工艺及机理研究. 有色金属(冶炼部分), 2003, (5): 9-11.

[50] Xia D K, Pickles C A. Microwave caustic leaching of electric arc furnace dust. Minerals Engineering, 2000, 13(1): 79-94.

[51] Zhai X J, Fu Y, Zhang X. Intensification of sulphation and pressure acid leaching of nickel laterite by microwave radiation. Hydrometallurgy, 2009, 99(3-4): 189-193.

[52] 翟秀静, 符岩, 李斌川, 等. 红土矿的微波浸出研究. 有色矿冶, 2008, 24(5): 21-24.

[53] 李亮星, 黄茜琳. 微波辅助硫酸浸出红土镍矿的研究. 中国有色冶金, 2012, 41(2): 84-86.

[54] 周晓东. 微波加热—盐酸浸出制备酸溶性富钛渣的探索. 云南冶金, 1995, 24(6): 35-40.

[55] 周晓东, 洪品杰, 戴树珊. 微波加热-盐酸浸出制备高钛渣的探索. 云南冶金, 1997, 26(3): 34-38.

[56] 黄孟阳. 高钙镁钛精矿制备高品质富钛料新工艺及理论研究. 昆明: 昆明理工大学博士学位论文, 2008.

[57] Xia H Y, Peng J H. Non-isothermal microwave leaching kinetics and absorption characteristics of primary titanium-rich materials. Transactions of the Nonferrous Metals Society of China, 2010, 20(4): 721-726.

[58] 孙艳, 彭金辉, 黄孟阳, 等. 含钛料浸出除杂过程中的改性剂研究. 钢铁钒钛, 2005, 26(3): 29-32.

[59] Jackson J S, Wadsworth M E. A kinetic study of the dissolution of Allard Lake ilmenite in hydrochloric acid. Light Metals, 1976, 1: 481-540.

[60] 戴朝嘉, 陈洲溪, 刘茂盛. 用稀盐酸酸洗富钛料制取人造金红石的实验研究. 钒钛, 1994, (2): 31-35.

[61] 金钦汉, 张寒琦. 微波技术在分析样品预处理中的应用. 岩矿测试, 1992, 11(1-2): 87-94.

[62] Olanipekun E O. A kinetic study of the leaching of a Nigerian ilmenite ore by hydrochloric acid. Hydrometallurgy, 1999, 53(1): 1-10.

[63] Han K N, Rubcumintara T, Fuerstenau M C. Leaching behaviour of ilmenite with sulfuric acid. Metallurgical Transactions B, 1987, 68(2): 325-330.

[64] Kim S.H, Henin H, Warren G W. An investigation of the thermodynamics and kinetics of the ferric chloride brine leaching of galena concentrate. Metallurgical Transactions B, 1986, 17(1): 29-39.

[65] Dutrizac J E. The dissolution of galena in ferric chloride media. Metallurgical Transactions B, 1986, 17(1): 5-17.

[66] Warren G W, Kim S H, Henein H. The effect of chloride ion on the ferric chloride leaching of galena concentrate. Metallurgical Transactions B, 1987, 18(1): 59-69.

[67] Fueratenau M C, Chen C C, Han K N, et al. Kinetics of galena dissolution in ferric chloride solutions. Metallurgical Transactions B, 1986, 17(3): 415-423.

[68] Sohn H Y, Bark H D. Communications-the mixed-control kinetics of ferric chloride leaching of galena. Metallurgical Transactions B, 1989, 20(1): 107-110.

[69] Wang S, Fang Z, Wang Y, et al. Electrogenerative leaching of galena with ferric chloride. Minerals Engineering, 2003, 16(9): 869-872.

[70] Fuerastenau M C, Nebo C O, Elango B V, et al. The kinetics of leaching galena with ferric nitrate. Metallurgical Transactions B, 1987, 18(1): 25-30.

[71] Dutrizac J E. The leaching of galena in cupric chloride media. Metallurgical Transactions B, 1989, 20(4): 475-483.

[72] Awakura Y, Kamei S, Majima H. A kinetics study of nonoxidative dissolution of galena in aqueous acid solution. Metallurgical Transactions B, 1980, 11(3): 377-381.

[73] Nunez C, Espiell F, Garcia-Zayas J. Kinetics of nonoxidative leaching of galena in perchloric, hydrobromic, hydrochloric acid solutions. Metallurgical Transactions B, 1988, 19(4): 541-546.

[74] 彭金辉, 刘纯鹏. 微波加热下硫化铅矿常压溶解动力学. 有色金属, 1993, 45(1): 68-72.

[75] 佟志芳, 毕诗文, 杨毅宏. 微波加热加热下高炉铝酸钙炉渣的浸出性能. 东北大学学报(自然科学版), 2005, 26(2): 148-151.

[76] 刘兴德, 牛福生, 倪文. 粉煤灰的资源化利用现状与研究进展. 建材技术与应用, 2005, (1): 12.

[77] 王云红, 郑福国. 大型火力发电厂粉煤灰的综合利用. 节能与环保, 2005, (7): 43.

[78] 鲁晓勇, 朱小燕. 粉煤灰综合利用的现状与前景展望. 辽宁工程技术大学学报, 2005, 24(2): 295.

[79] 朱石嶙, 张霞, 刘万毅. 从粉煤灰中提取硫酸铝和硫酸铁的微波法实验. 宁夏工程技术, 2004, 3(1): 48-50.

[80] 方荣利, 陆胜, 解晓斌. 利用粉煤灰制备高纯超细氧化铝粉体的研究. 环境工程, 2003, 21(5): 40.

[81] 王丽华, 王东升. 利用粉煤灰制备氯化铝溶液的实验研究. 桂林工学院学报, 2005, 25(2): 202.

[82] 方荣利, 王琳. 生态化利用粉煤灰制备高纯超细氢氧化铝. 化学工程, 2005, 33(3): 29.

[83] 赵剑宇, 田凯. 氟铵助溶法从粉煤灰提取氧化铝新工艺的研究. 无机盐工业, 2003, 35(4): 40-41.

[84] 赵剑宇, 田凯. 微波助溶从粉煤灰提取氧化铝新工艺研究. 无机盐工业, 2005, 37(2): 47-49.

[85] 朱石嶙, 张霞, 刘万毅. 从粉煤灰中提取硫酸铝和硫酸铁的微波法实验. 宁夏工程技术, 2004, 3(1): 48-50.

[86] 谢海云, 胡显智, 张文彬. 钛白废酸浸出蛇纹石矿粉及产品制备研究. 矿产综合利用, 2002, (1): 39.

[87] 杨保俊, 于少明, 单承湘. 蛇纹石硫酸浸出过程动力学研究. 硅酸盐学报, 1999, 27(1): 65.

[88] 杨保俊, 于少明, 单承湘. 蛇纹石硫酸浸出过程工艺条件的优化研究. 合肥工业大学学报, 2002, 25(4): 501.

[89] 万勇, 于少明, 陆亚玲, 等. 蛇纹石微波加热硫酸浸出的实验研究. 矿物学报, 2004, 24(4): 347-350.

[90] Barakat M A, Mahmoud M H H. Recovery of platinum from spent catalyst. Hydrometallurgy, 2004, 72(3): 179-184.

[91] Jafarifar D, Daryanavard M R, Sheibani S. Ultra fast microwave-assisted leaching for recovery of platinum from spent catalyst. Hydrometallurgy, 2005, 78(3): 166-171.

第 11 章　微波冶金其他工艺

11.1　概　　述

随着微波冶金技术的不断发展，除在微波助磨、微波干燥、微波煅烧、微波还原、微波氧化、微波熔炼、微波浸出等典型冶金单元的应用研究外，在微波加热处理汽车尾气用废催化剂、含锌废催化剂、载金活性炭再生、选矿处理及其他冶金过程中的应用得到日益拓展，其应用前景广阔。

11.2　微波处理含锌废催化剂

醋酸乙烯是目前世界上产量最大的有机化工原料之一。生产醋酸乙烯主要采用乙炔合成法，以载有醋酸锌的活性炭作为催化剂。乙炔法技术简单，催化剂价廉、活性高及选择性好，但催化效率下降快、寿命短，以至于使用后产生大量的废催化剂，给工业再生产和环境造成巨大压力[1,2]。目前，废醋酸锌/活性炭催化剂的分离主要有物理分离法和化学分离法。物理分离法直接萃取或洗脱醋酸锌，操作简单，但锌回收率低；化学分离法通常采用酸浸出锌，虽然浸出率较高，但是会产生大量废液[3-12]。因此，迫切需要探索出综合利用醋酸锌/活性炭废催化剂的新工艺。

李雷等[13]针对醋酸乙烯合成工艺中废催化剂的再次利用问题，提出了微波处理对氨水浸出废弃催化剂中锌的影响，其废催化剂的主要成分见表 11.1。

表 11.1　废催化剂主要成分

参数	C	Zn	Fe	Si	Mg	Ca
含量/%	81.71	8.76	0.5	0.15	0.007	0.015

分别称取 100g 未经预处理的废催化剂、微波处理和常规加热预处理过的废催化剂、经乙醇预处理过的废催化剂，均加入 38.75g 碳酸氢铵和 90mL 氨水，按液固比 2∶1，搅拌浸出 3h，洗涤 3 次，过滤，不同处理方式对锌浸出率的影响如图 11.1 所示。

从图 11.1 可以看出，经乙醇处理和未经处理的废催化剂的锌浸出率很低，而经过常规加热和微波加热处理过的废催化剂的浸出率较高。催化剂失活的主要原因之一就是由于使用过程中大量结焦造成催化剂表面严重污染，活性炭的孔道被堵塞[14,15]。乙醇处理很难将废催化剂表面的烧结物清洁掉，因此，经乙醇处理和未经处理就直接浸出，浸出剂很难与内部的浸出物接触，浸出率自然会受到影响。而经过加热处理，有机堵塞物受热分解挥发，活性炭的大部分孔道被打开，大大增加了浸出剂与浸出物的反应面积，可以提高浸出率。

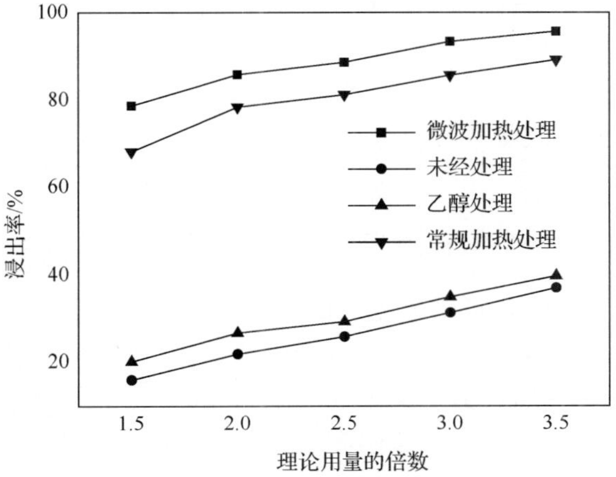

图 11.1　不同预处理方式对锌浸出率的影响

图 11.2 和图 11.3 是采用常规加热处理和微波处理 300g 废催化剂至 950℃的升温曲线。

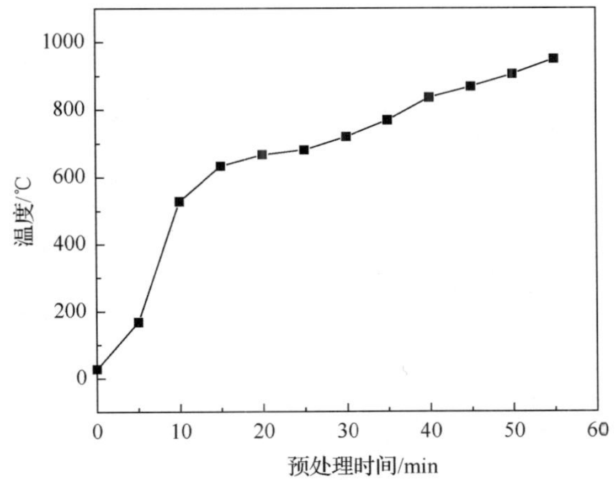

图 11.2　废催化剂在常规预处理条件下的升温曲线

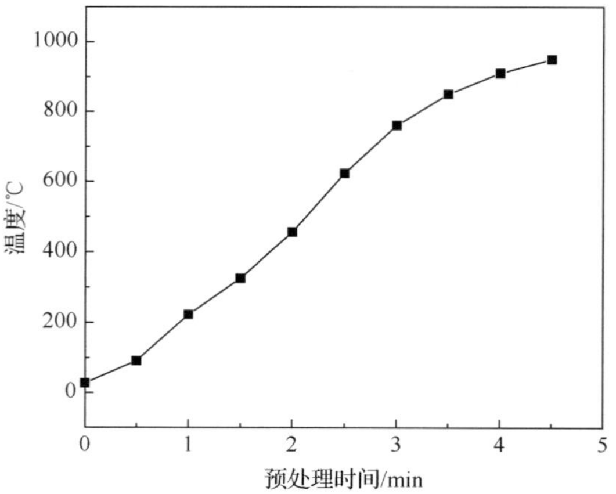

图 11.3　废催化剂在微波预处理条件下的升温曲线

由图 11.2 和图 11.3 中可以看出，微波加热升温速率快，在 4min 内迅速从室温升高到 950℃；而常规加热方式是由表及里地传递热量，升温时间较长。

张正勇等[16]提出微波处理废触媒-酸浸提锌新工艺，探索微波预处理温度和保温时间对浸出率的影响，并对微波预处理废触媒机理进行分析。与未预处理的废触媒进行对比浸出实验，实验结果表明，微波预处理对废触媒的浸出率有很大提高，微波预处理样品的浸出率为 96.58%，而未预处理的废触媒浸出率仅为 42.35%。微波处理温度、保温时间对锌浸出率的影响结果分别如图 11.4、图 11.5 所示。

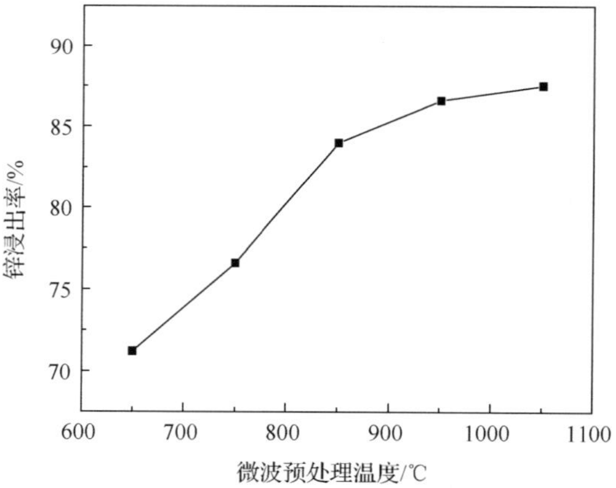

图 11.4　微波处理温度对锌浸出率的影响

由图 11.4 可以看出，提高微波处理温度，可显著提高锌的浸出率，预处理温度从 650℃升高到 950℃时，锌的浸出率从 71.2%增大到 86.9%：当预处理温度为 1050℃时，浸出率为 87.5%，增加并不明显；另一方面，醋酸锌分解得到的氧化锌与碳反应，产生一定的锌蒸气，为了减少锌蒸气的挥发导致的能量消耗，温度不宜超过 950℃，故选取微波处理温度为 950℃。

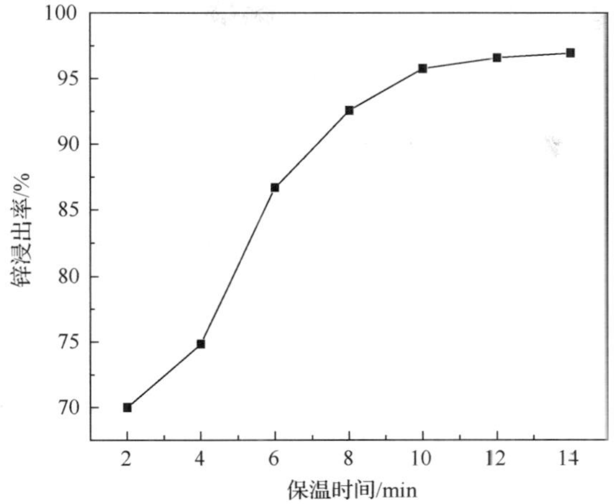

图 11.5　保温时间对锌浸出率的影响

由图 11.5 可以看出，随着保温时间的延长，锌浸出率逐渐增高，当保温时间大于 12min 时，浸出率变化不大；当保温时间为 14min 时，浸出率 96.95% ；当保温时间为 12min 时，浸出率 96.58%。说明微波处理保温 12min 足以打开被堵塞的活性炭孔道，是由于微波加热温升速率较快，废触媒在短时间内迅速吸收微波能量，热量由内向外传递，使废触媒各部分受热更均匀，对废触媒中残留的醋酸锌和有机树脂的破坏性更大，在较短时间内打开被堵塞的废触媒孔道。

废催化剂微波处理前后的 SEM 如图 11.6 所示。从图 11.6 可以看出，废触媒中残留的有机树脂聚合物在微波快速加热下分解，一方面打开堵塞的活性炭孔道；另一方面使包裹的醋酸锌重新暴露出来，易于浸出剂进入废触媒内部与锌反应，从而提高锌的浸出率。

(a) 微波预处理后　(b) 未处理

图 11.6　微波处理前后废触媒的 SEM 图

吕传涛等[17]对比了传统和微波处理对废触媒剂浸出效果。原料废催化剂进行传统加热处理对锌浸出的影响。用马弗炉以 25℃/min 的升温速率加热到 100℃、150℃、200℃、450℃，恒温处理 2h，然后均加入质量浓度为 30g/L 的盐酸作浸出剂，液固比为 4∶1，在 30℃下搅拌浸出 1h，结果如图 11.7 所示。

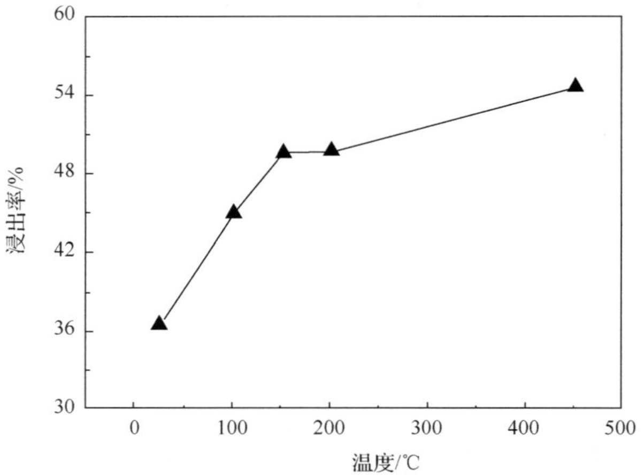

图 11.7　传统加热温度对浸出率的影响

从图 11.7 可以看出，随着温度的升高，浸出率不断提高，锌浸出率从 25℃时的 36.40%提高到 450℃的 54.58%，提高了 18.18%。表明废活性炭内部被堵塞的孔道，在传统加热处理条件下仍未打开，盐酸不能进入将锌浸出。

加入质量浓度为 30g/L 的盐酸作浸出剂，在 30℃下搅拌浸出 1h，微波处理时间对废催化剂锌浸出率的影响如图 11.8 所示。

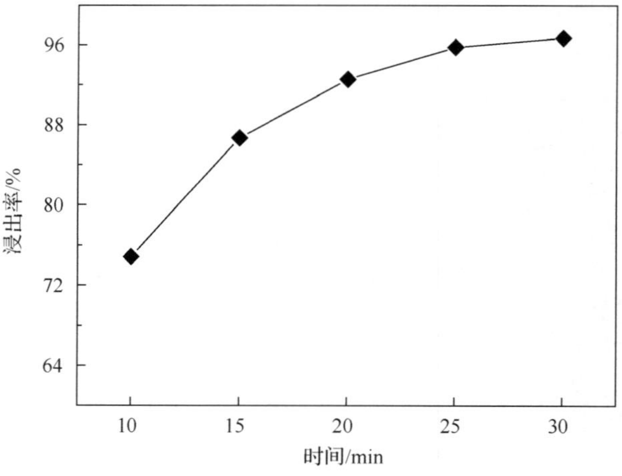

图 11.8　微波处理时间对浸出率的影响

由图 11.8 可看出，微波预处理时间小于 30min 时，锌的浸出率随着微波预处理时间的延长而提高，但微波预处理时间达 30min 后，锌的浸出率不再明显提高，说明预处理时间再延长对锌的浸出率影响不显著，而且，随时间的延长，碳损失越大，选择微波处理时间为 30min 较适宜。

在传统加热 450℃、恒温预处理 2h 条件下，盐酸作浸出剂，锌浸出率为 54.58%；而采用微波预处理 30min，盐酸浸出，锌浸出率达到 96.68%，结果表明微波处理对原料的作用较传统加热对锌浸出率影响有明显的不同。水能很好地吸收微波物质，本身作为发热体，当微波处理时，废活性炭中游离水分子急剧蒸发，产生蒸气压，从原料内部向外爆发性压出，如此剧烈作用，使原料的多孔结构更为显著，内部表面积进一步扩大，这样非常有利于浸出剂的浸入，将锌浸出[18]。

Li 等[19]在微波场中对醋酸乙烯合成废催化剂提取锌进行了半工业化实验，对锌浸出影响因素进行了分析，半工业化实验微波设备为昆明理工大学非常规冶金教育部重点实验室研制。

对浸出时间、固液比、浸出剂用量进行研究，得到了最优条件，在最优条件下锌的浸出率可达 93.45%。浸出后的废渣中几乎全部为碳，说明在该条件下浸出效果很好(表 11.2)。

表 11.2 最优条件下半工业化实验结果

实验	废催化剂中的锌含量/%	浸出渣中的锌含量/%	锌浸出率/%
1	10.04	0.44	95.62
2	8.96	0.77	91.41
3	10.32	0.69	93.31
平均值	9.77	0.63	93.45

11.3 微波处理汽车尾气用废催化剂

汽车尾气废催化剂中制造过程中使用了大量金属，将这部分金属和稀有金属作为二次资源加以回收利用，不仅可以获得一定的经济效益，还可以提高资源的综合利用率，从而实现可持续发展[20]。汽车尾气催化转换装置中大多数都使用多组分的固体催化剂，根据组分作用的不同，可将催化剂细分为主催化剂(活性组分)、共催化剂(共催化作用物质)、助催化剂(提高催化性能)和催化剂载体(起到支撑作用和优化催化剂过程的作用)，各种组分在催化剂的制备过程中存在着相互作用，组分的存在状态会发生改变，在催化剂的内部形成新的微结构[21,22]，并且在使用过程中，活性组分物质的形态、结构及数量会因使用条件而发生变化。

废催化剂中的金属(Cu、Ni、Co、Cr)和铂族金属(Pt、Pd、Rh 等)的整体含量较高。废催化剂中铂族金属的品位高，回收过程投资少、成本低、效益高，比从有色金属矿石中提炼铂族金属有着巨大优势，汽车废催化剂的回收有着广阔的市场前景[23,24]。

陈安然[25]研究了微波焙烧-水浸法从汽车尾气净化用废催化剂中回收贵金属钯(Pd)、铑(Rh)。汽车催化剂的载体为圆柱蜂窝状陶瓷堇青石结构，经破碎、磨矿处理，物料的平均粒径为2.12μm，其主要化学成分及各种金属元素含量结果见表11.3。

由表11.3可知，贵金属钯的含量为1698g/t，铑的含量为242g/t，其品位远高于矿石中贵金属的品位。含量较高的元素分别为铝和硅，考虑固液分离时的难度，应控制二者的溶解。

表 11.3　汽车废催化剂中各金属元素含量

元素名称	百分含量/%	元素名称	百分含量/%	元素名称	百分含量/%
Al	30.9697	La	1.3530	Cl	0.1278
O	28.2575	F	0.9600	K	0.1132
Si	16.6640	Fe	0.6782	B	Trace
Ce	5.9719	Na	0.4071	P	0.0305
Zr	2.2040	Ti	0.3900	Zn	0.0193
Ba	1.5400	Ca	0.3864	Ga	0.0148
C	1.4340	S	0.2373	Cr	0.0098
Pd	1698g/t	Rh	242g/t		

使用X射线衍射仪对原料进行物相分析，分析结果如图11.9所示。

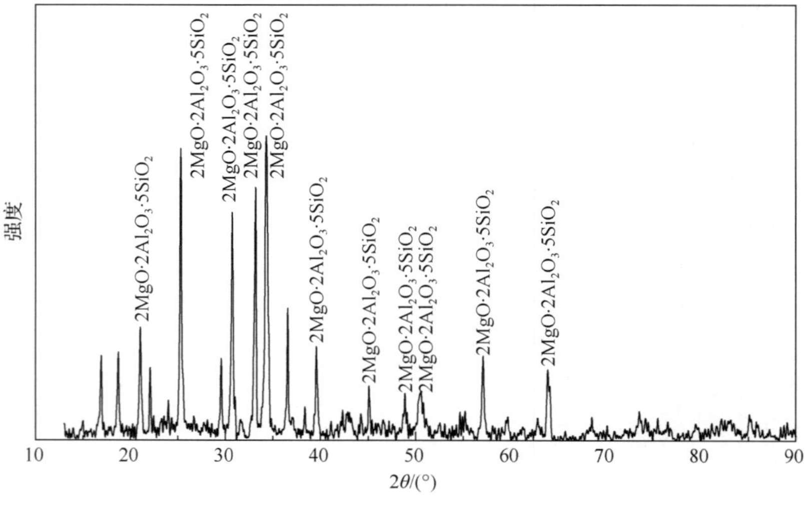

图 11.9　原料的X射线图谱

从图 11.9 可以看出，催化剂的主体为镁质堇青石，主要包含氧化铝、氧化镁、氧化硅。氧化铝存在许多同质异晶体，主要有 γ-Al_2O_3、β-Al_2O_3 和 α-Al_2O_3 三种晶体，其中 α-Al_2O_3 属于三方晶体，单位晶胞是棱状结构，结构最紧凑，活性低，稳定性高，是三种形态中最稳定的晶型。刚玉具有良好的化学稳定性能，但是刚玉的振荡性差并且难以烧结，往往需要一些添加剂以降低烧结温度，促成烧结。石英无机矿物主要成分是氧化硅，并含有少量杂质成分，如三氧化二铝、氧化钙、氧化镁等，为半透明或不透明。三种组分的化学性质均十分稳定，常温下难以焙烧，反应速率缓慢。因此选择添加硫酸氢钠。

11.3.1　保温时间的影响

当废催化剂为 20g、焙烧温度为 300℃、物料试剂配比为 1∶8、加水 500mL，常温水浸 30min 时，Pd、Rh 的浸出率随保温时间的变化如图 11.10 所示。

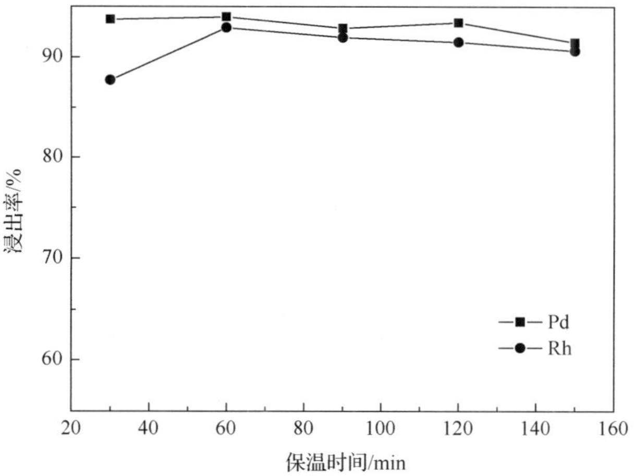

图 11.10　保温时间对浸出率的影响

由图 11.10 可以看出，当保温时间达到 60min 时，Pd、Rh 浸出率分别达到 93.97%、92.91%，60min 以后，钯、铑的浸出率随着时间延长略有下降，但钯的浸出率始终高于铑的浸出率，因为铂族金属钯的化学性质较铑要活泼，更容易和试剂反应。随保温时间的延长，Pd、Rh 的浸出率降低程度没有常规焙烧明显，是因为在熔剂和物料充分混合时，采用微波加热，物料体系的内部就形成新的热源，物料被整体加热，较常规焙烧减少了传热过程所需的时间。

11.3.2　焙烧温度的影响

当废催化剂为 20g、物料试剂配比为 1∶8，保温时间为 60min、加水 500mL、常温水浸 30min 时，Pd、Rh 的浸出率随焙烧温度的变化如图 11.11 所示。

由图 11.11 可见，随着焙烧温度的升高，铂族金属钯、铑的浸出率均有所增加，当焙烧温度达 500℃时，Pd、Rh 的浸出率分别达到 99.36 %、93.32 %。

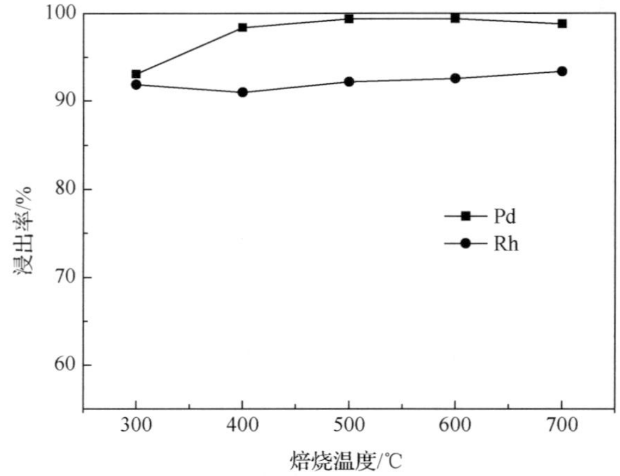

图 11.11 焙烧温度对浸出率的影响

11.3.3 物料配比的影响

当废催化剂为 20g、焙烧温度为 500℃、保温时间为 60min、加水 500mL、常温水浸 30min 时，Pd、Rh 的浸出率随物料与试剂配比的变化如图 11.12 所示。

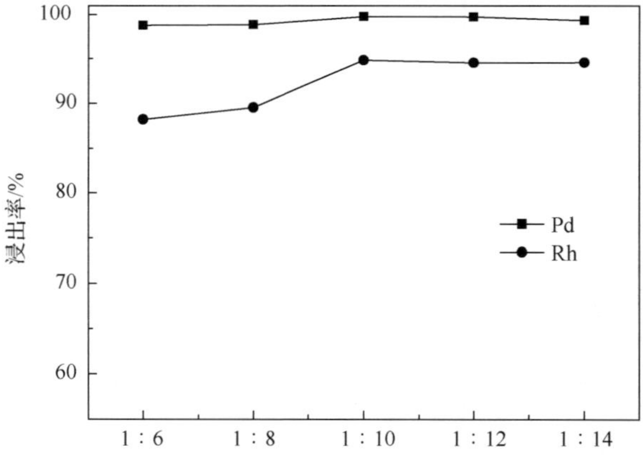

图 11.12 物料与试剂配比对浸出率的影响

由图 11.12 可以看出，物料与试剂配比对钯的浸出率影响不大，而铑的浸出率则随着物料与试剂配比的增加而增加，当配比为 1∶10 后，贵金属铑的浸出率基本稳定。当配比为 1∶10 时，Pd、Rh 的 99.74 %、94.79 %。

11.3.4　物相与表面分析

对原料和微波焙烧实验在最佳条件下所得的浸出渣进行分析，原料和浸出渣的物相分析如图 11.13 和图 11.14 所示。

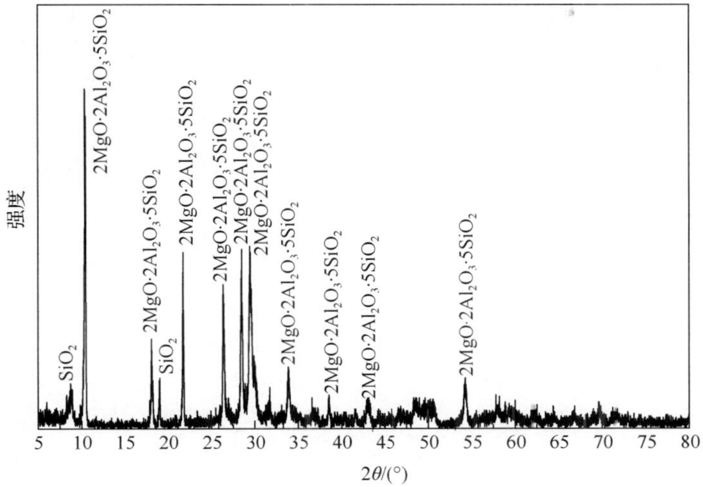

图 11.13　原料的 X 射线图谱

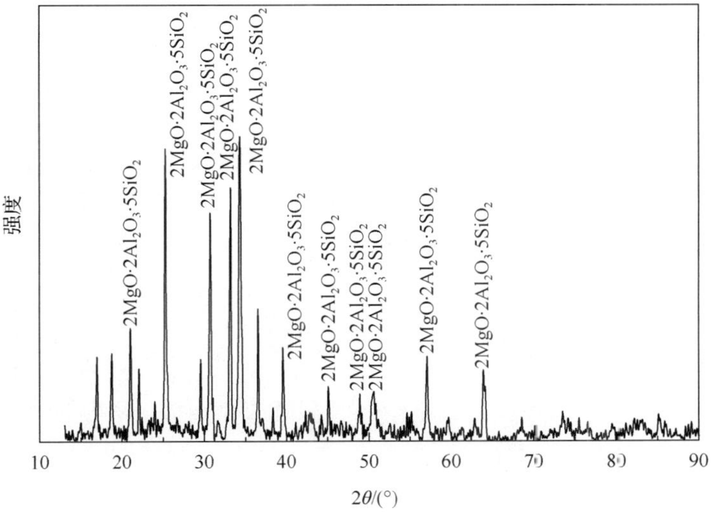

图 11.14　浸出渣的 X 射线图谱

对比原料和浸出渣的 X 射线衍射图谱可以发现，物料主体镁质堇青石的含量已有了很大的降低，并有很多新相生成，验证了微波强化助浸的优势。

原料和微波焙烧所得的浸出渣的 SEM 图如图 11.15 所示。

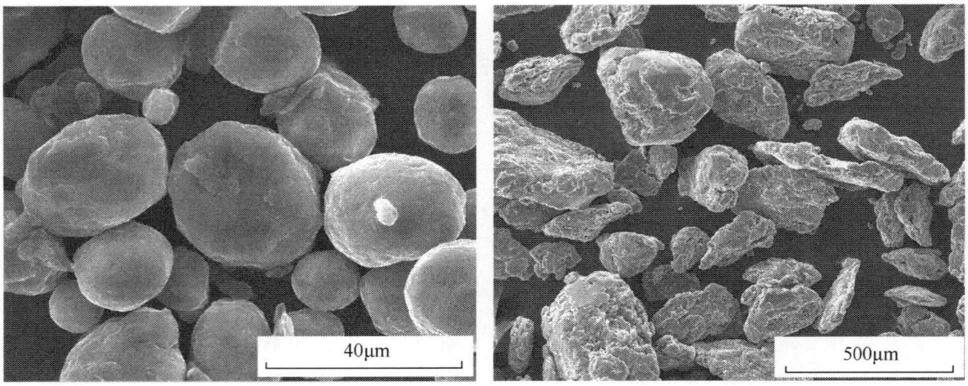

(a) 原料　　(b) 浸出渣

图 11.15　原料和浸出渣的扫描电镜图

由图 11.15(a)和(b)对比可见，微波浸出渣颗粒上有大量裂纹，表明物料在参与反应的同时，内部分子振动也引起了自身结构的破坏，将包裹的 Pd、Rh 暴露出来，因此促进了浸出反应的进行。而浸出渣的结构表明，固液反应只能单纯地在物料颗粒表面进行，传热传质过程也仅发生在颗粒的表面上，试剂要与载体颗粒内部的贵金属反应，就必须先破坏载体，所以在常规实验中，必须增加试剂量和焙烧温度，才能提高浸出率。微波加热处理对浸出过程具有明显的优越性。

11.4　微波再生载金炭

活性炭是一种优良的吸附剂，能吸附多种有机物和无机物。活性炭具有多孔结构，吸附容量大、速度快，能有效地吸附气体、胶态物质及有机色素等，因此广泛应用于食品工业、化学工业和环境保护等各个领域，它还有一个最大的特点就是饱和后可以再生。

活性炭具有很强的吸附能力，主要是由其特殊的表面结构和表面化学特性所决定，活性炭电化学性质对吸附性能也有作用。对活性炭进行氧化改性处理可使两者性质同时发生改变，缓和的氧化使表面含氧基团增多，结构的微孔变化不大，吸附性能变化也不大。强氧化改性则使其微孔隙结构遭到破坏，过渡孔隙增多，吸附性能明显降低[26-28]。

炭浆法已成为提金的重要方法。使用的活性炭经多次循环使用后，其吸附能力显著下降，若不进行再生，仅靠补充新炭来提高金吸附率，必将增加生产成本，因此，经济和高效地再生活性炭颇为重要[18]。热再生法因具有再生效率高、应用范围广等优点而成为目前应用最多、工业上最成熟的活性炭再生方法，若采用传统加热再生方法，一般分为干燥、高温炭化及活化三个阶段，从而导致成本升高[29]。

彭金辉[30]研究了微波加热法再生废活性炭工艺，用微波加热的方法对味精厂的废活性炭进行了再生处理。研究表明，在微波频率为 2.45GHz、最大功率为 800W 的多模腔体微波炉中，微波加热时间超过 10min 后，活性炭的亚甲基蓝吸附值达到 180mg/g，并保持不变，说明微波热处理对活性炭再生具有显著的效果。这是由于活性炭具有较高的介电损耗系数，为强吸收微波物质，微波加热 1~2min 后，活性炭的温度可迅速升至 650℃以上，活性炭中的水分子及其他有机物因被迅速加热而急剧挥发，产生蒸气压，从原料内部向外部爆发性压出。

国内外学者开展了微波再生提金用活性炭研究，表明再生效果与再生温度、再生时间紧密相关，并与传统再生进行对比发现，微波再生优势显著[18,30-32]。再生温度对活性炭再生效果的影响见表 11.4、表 11.5。

表 11.4　温度对活性炭活化再生的影响(频率 2.45GHz，时间 2min)

活性炭	温度/℃	表观密度/(g/mL)	pH	磨损率/%	金吸附能力/(kgAu/ tC)	金吸附速率/[mgAu/(tC ·min)]
再生活性炭	650	0.680	10.2	0.670	18.65(74%)	0.042
	700	0.680	10.1	0.610	20.40(78%)	0.067
	750	0.660	10.2	0.660	20.60(79%)	0.075
	800	0.630	10.1	0.460	22.67(87%)	0.101
原炭		0.480	10.0	1.20	26.00	0.330

注：括号中的百分数是其前面的数值与原炭 26.00 的比值。

表 11.5　温度对活性炭活化再生的影响(频率 0.915GHz，时间 2min)

活性炭	温度/℃	表观密度/(g/mL)	pH	磨损率/%	金吸附能力/(kgAu/ tC)	金吸附速率/[mgAu/(tC ·min)]
再生活性炭	650	0.680	10.2	0.520	18.65(80%)	0.142
	700	0.650	10.8	0.500	20.40(89%)	0.144
	750	0.650	10.8	0.500	20.60(91%)	0.220
	800	0.660	10.8	0.460	22.67(91%)	0.220
原炭		0.480	10.0	1.20	26.00	0.330

注：括号中的百分数是其前面的数值与原炭 26.00 的比值。

从表 11.4、表 11.5 可以看出，与原始活性炭相比较，微波再生后的活性炭的表观密度较高，磨损损失较小。随着活化温度升高，活性炭金吸附能力增强。用频率 2.45GHz 的微波在 800℃温度下进行加热时，金吸附能力达 22.67 kgAu/tC，为原始活性炭金吸附能力的 87%。用频率 0.915GHz 的微波在 750℃、800℃温度下进行加热时，再生活性炭金吸附能力已达到原始活性炭的 91%。再生活性炭吸附金速率随活化温度升高而加快并且受微波频率影响。与 2.45GHz 频率比较，用 0.915GHz 频率的微波活化后，再生活性炭的金吸附速率较高，在 750℃或 800℃温度下，0.915GHz 频率的微波活化再生活性炭的金吸附速率最高，达 0.220 mgAu/(tC • min)。对于再生活性炭的金吸附能力和金吸附速率，最佳的条件为 0.915GHz 的微波在 750℃温度下加热。

在 750℃的温度下，用 2.450GHz 和 0.915GHz 频率的微波加热升级，活化时间对活性炭活化再生的影响见表 11.6、表 11.7。

表 11.6 时间对活性炭活化再生的影响（频率 2.450GHz，温度 750℃）

活性炭	活化时间/min	表观密度/(g/mL)	pH	磨损率/%	金吸附能力/(kgAu/ tC)	金吸附速率/[mgAu/(tC ·min)]
再生活性炭	0.5	0.626	9.2	0.600	19.00(73%)	0.685
	1.0	0.623	9.8	0.630	19.60(75%)	0.350
	2.0	0.660	10.0	0.660	20.60(79%)	0.075
	5.0	0.632	10.6	0.560	21.60(83%)	0.738
	10.0	0.630	11.0	0.560	21.60(83%)	0.547
原炭		0.480	10.0	1.20	26.00	0.330

注：括号中的百分数是其前面的数值与原炭 26.00 的比值。

表 11.7 时间对活性炭活化再生的影响(频率 0.915GHz，温度 750℃)

活性炭	活化时间/min	表观密度/(g/mL)	pH	磨损率/%	金吸附能力/(kgAu/ tC)	金吸附速率/[mgAu/(tC ·min)]
再生活性炭	0.5	0.640	9.2	0.560	22.55(87%)	0.101
	1.0	0.650	10.8	0.550	22.30(86%)	0.126
	2.0	0.660	10.0	0.520	24.80(95.4%)	0.220
	5.0	0.670	11.6	0.500	24.85(95.5%)	0.115
	10.0	0.650	11.0	0.530	24.85(95.5%)	0.114
原炭		0.480	10.0	1.20	26.00	0.330

注：括号中的百分数是其前面的数值与原炭 26.00 的比值。

从表 11.6、表 11.7 可以看出，随着活化时间的增加，金的吸附能力增强，与 2.450GHz 频率的微波相比较，用 0.915GHz 频率的微波加热再生后，活性炭的金吸附能力通常较好。用 0.915GHz 频率的微波加热 5min 和 10min，最高金吸附能力达到 24.85 kgAu/tC，是原始活性炭的 95.5%。值得注意的是，用微波加热 2min，金的吸附能力已达到 24.8 kgAu/tC。

在 750℃的温度下，用 0.915GHz 频率的微波加热 2~5min，废活性炭的再生能取得理想的效果。

在酸洗涤过的废活性炭在氮气氛中，750℃的温度条件下用马弗炉进行活化再生，活化时间对活化再生效果的影响见表 11.8。

表 11.8　时间对废活性炭活化再生的影响（马弗炉、氮气氛，温度 750℃）

活性炭	活化时间/min	表观密度/(g/mL)	pH	金吸附能力/(kgAu/tC)	金吸附速率/[mgAu/(tC·min)]
再生活性炭		0.704		16.10(62%)	0.024
	1.0	0.710	9.9	21.10(83%)	0.057
	5.0	0.717	10.0	22.60(87%)	0.053
	10.0	0.723	10.5	22.80(88%)	0.052
	30.0	0.710	11.0	23.25(89%)	0.062
原炭		0.480	10.0	26.00	0.330

注：括号中的百分数是其前面的数值与原炭 26.00 的比值。

从表 11.8 可以看出，传统方法中，活化时间增加，再生活性炭的金吸附能力同样增加，当活化时间为 30min 时，再生活性炭的金吸附能力达到 23.25 kgAu/tC，为原始活性炭的 89%。在传统的马弗炉中，对废活性炭加热活化 5min 和 10min，再生活性炭的金吸附能力仅为原始活性炭的 87%和 88%，而用 0.915GHz 频率的微波加热活化 2min，再生活性炭的金吸附能力达还原活性炭的 95%，从中可看出，传统加热活化方法再生的活性炭的金吸附能力比微波加热再生的低。微波加热再生活性炭的金吸附速率比常规加热法的要高得多。

在空气气氛中，700~750℃温度下，用 0.915GHz 频率微波加热 5min，进行扩大实验，每次处理量为 2.25~6.0kg，结果见表 11.9。还考察了活性炭层、预热时间、各种能耗等因素的影响。

表 11.9　活性炭扩大实验结果

参数	编号									
	1	2	3	4	5	6	7	8	9	10
废活性炭/kg	2.25	2.25	2.27	2.38	5.97	6.00	6.24	6.32	5.99	6.10
预热时间/min	65.5	35.3	40.0	49.3	54.7	64.0	91.2	129.0	31.2	69.2
炭层转动	不	不	是	不	是	是	是	是	是	不
炭层深度/cm	5.5	5.5	5.5	5.5	5.5	5.5	5.5	5.5	5.5	11.0
金吸附能力/(kgAu/tC)	25.12 (102.50%)	21.34 (87.10%)	26.00 (106.12%)	22.00 (90.00%)	22.00 (90.00%)	20.50 (83.67%)	20.50 (83.67%)	22.00 (89.80%)	24.00 (98.00%)	23.50 (97.00%)

续表

参数	编号									
	1	2	3	4	5	6	7	8	9	10
微波能/kW	2.63	4.97	5.34	1.58	5.99	6.89	5.47	3.26	7.24	12.50
单位微波能耗/(kW·h/kgC)	1.91	1.95	2.37	0.87	1.36	1.83	1.74	1.75	0.94	3.60
单位电能耗/(kW·h/kgC)	2.73	2.76	3.38	1.24	1.94	2.61	2.49	2.50	1.34	5.14
加热速率/[℃/(min·kW·kgC)]	6.10	5.99	5.96	13.60	8.55	7.71	7.00	6.56	10.60	3.24
原炭					24.5					

注：括号中的百分数为再生后活性炭与原炭的吸附性能比。

通常，活性炭的再生分为两个过程：通过酸洗涤，消除活性炭的无机物；在650~800℃的高温下加热，消除有机物，改进活性炭的孔隙尺寸和活性。在活化前，需对湿活性炭进行预加热，表 11.10 为对流加热、热空气、微波三种方法对湿活性炭预加热的能耗比较。

表 11.10　不同方法对湿活性炭预加热的能耗比较

参数	对流加热		热空气		微波(0.915GHz)	
湿度/%	50.0	10.0	50.0	10.0	50.0	10.0
加热时间/min	25.0	6.25	25.0	6.25	25.0	6.25
电能/(kW·h)	2.46	0.84	1.08	0.16	1.67	0.21

从表 11.10 可以看出，在三种预加热方法中，热空气预加热是最节能的。用 0.915GHz 频率的微波预干燥湿活性炭时，所需的能耗为 1.67kW·h，而表 11.9 表明，平均总耗能为每千克活性炭 2.38 kW·h(数据来自表 11.9 中的实验 5~8 项的平均值)。用于活性炭活化的电耗仅为 0.71 kW·h，是总能耗的 30%，剩余 70%的能耗主要用于湿活性炭的预加热过程之中。

表 11.11 为微波、热空气预加热与微波活化组合、热空气(回转窑)法活化再生活性炭的成本比较。

朱云、彭金辉等[33,34]将废载金炭进行再生研究。对经预处理后的载金用废活性炭开展了微波加热再生中试，微波电源的工作频率为 0.195GHz，功率为 0~20kW 连续可调。料层的直径为 700mm，转盘转速为 30min 一转，微波输入功率为 18kW，加热时间为 30min，加热过程中采用烟气处理系统将再生过程中产生的气体排出微波腔体。废活性炭在微波加热升至 800℃，取五个不同位置测定碘吸附值，均达到 1100mg/g 以上，得到了高质量的活性炭。由于该微波加热中试装置可实现连续进出料生产，每天可处理废活性炭 400kg，全年按 300d 计算，年处理活性炭可达到 120t，且无需通入水蒸气。

表 11.11　几种方法活化再生活性炭的成本比较(1000kgC/24h)

活化方式	设备资金成本/元				操作成本/10^6 元
	微波发生器	微波反应器(多模腔体)	热空气加热(仅为回转窑)	总计	
微波(湿度 10%)	90000(75kW)	90000		180000(33%)	0.092
微波(湿度 50%)	48000(40kW)	90000		138000(49%)	0.050(39.76%)
热空气+微波(湿度 50%)	36000(30kW)	90000	60000	186000(31%)	0.0685(17.47%)
微波(湿度 10%)	36000(30kW)	90000		126000(53%)	0.0365(57%)
传统回转窑(湿度 50%)				270000	0.083

注：括号内的数据为占整体的比值。

采用传统的热再生法，需经过较长的时间才能由表及里进行加热，形成微孔，且不可能形成新的微孔，为提高再生后活性炭的吸附能力，需要通入一定量的水蒸气进行活化以形成新的微孔；而采用微波加热可克服上述缺点，采用微波加热时，经过解吸后的废活性炭中游离的水分子急剧蒸发，产生蒸气压，从原料内部向外暴发性压出，有利于疏通孔道，物料的多孔结构更为显著，内部表面积进一步扩大[35-37]。

11.5　微波处理对选矿的影响

解振朝等[38]利用微波处理钛铁矿，将矿样平铺于瓷盘中，平均厚度为 1cm，之后置于微波炉中，研究了不同处理时间、功率等条件下微波处理对钛铁矿浮选效果的影响。研究表明，微波加热改善了钛铁矿的可浮性，这是因为钛铁矿表面的 Fe^{2+}被氧化成 Fe^{3+}，吸附的药剂量增加，使其回收率有所增加。

Fan 和 Rowson[39]对微波预处理对钛铁矿的浮选进行研究。研究结果表明，微波加热对钛铁矿的可浮性有较大的改善。在相同的条件下微波预处理钛铁矿与传统浮选，钛铁矿的金属利用率得到很大提高。而影响钛铁矿微波预处理浮选的主要因素为微波加热功率与微波加热时间。当微波加热 1min 时，钛铁矿回收率在水淬的情况下由 65.5%增加至 87.1%。

Vorster 等[40]对微波处理硫化铜进行了研究。研究结果表明，在处理 90s 后可有效地降低浮选的能耗。经微波预处理的矿石较未经预处理的矿石冷水淬功指数变化 15%，矿物的量对微波处理效果有重要的影响，过量矿物则可能导致微波作用效果减弱，量太少容易导致熔化从而增加功指数。

Lovas 等[41]采用微波处理铜矿，强化铜矿的磁选及浸出。实验证明，与传统加热方式相比，微波处理可改善铜矿的理化性质，微波处理有助于铜矿的磁选，并且对后续处理工艺中铜的浸出有积极作用，结果见表 11.12。

表 11.12　微波处理铜矿磁选结果

产品	产品得率/%	品位/%		复原/%	
		Cu	SiO_2	Cu	SiO_2
磁选	41.22	25.08	15.81	62.53	21.29
原料	100.00	16.53	30.61	100.00	100.00

11.6　微波冶金其他工艺

11.6.1　微波焙烧红土镍矿

黄丹丹等[42]改变传统焙烧的处理方式，采用微波处理红土镍矿，从而改变矿相结构和预还原效果。以微波处理后的红土镍矿为原料，分别进行了熔炼温度、时间及碱度对熔炼效果的影响。实验表明经微波处理后提高了红土镍矿的利用率。

11.6.2　微波处理钼精矿除油

王鹤峰和徐秋生[43]研究了超声波、马弗炉及微波对钼精矿除油的影响。结果表明，超声波、马弗炉及微波处理对除油都有一定效果，从除油效果看，微波处理方式最好，结果见表 11.13。

表 11.13　不同处理方式对除油效果的影响

设备名称	时间/min	功率/W	温度/℃	实验前含油量/%	实验后含油量/%	降油率/%
超声波	25	150	常温	1.435	0.983	31.50
微波炉	25	800	400	1.435	0.408	71.59
马弗炉	25	4000	400	1.435	0.549	61.84
微波炉	25	800	600	1.435	0.074	94.86
马弗炉	25	4000	600	1.435	0.173	87.93

参 考 文 献

[1] 黄子证, 杨林松. 乙炔法合成乙酸乙烯中乙酸锌/活性炭催化剂生产中的问题分析. 石油化工, 1999, 28(2): 124-127.

[2] 王春鹏. 国内外醋酸乙烯生产现状及技术发展. 化工科技市场, 1996, (6): 11-15.

[3] 陈晨. 乙炔法合成乙酸乙烯催化剂的研究进展. 工业催化, 2003, 11(11): 7-11.

[4] Hu X J, Lei L C, Chu H P, et al. Copper/activated carbon as catalyst wastewater treatment. Carbon, 1999, 37(4): 631-633.

[5] Wang Y L, Wan Y Z, Dong X H, et al. Preparation and characterization of antibacterial viscose-based activated carbon fiber supporting silver. Carbon, 1998, 36(11): 1567-1571.

[6] Ramos R L, Ovalle-Turrubiartes J, Sanchez-Castillo M A. Adsorption of fluoride from aqueous solution on aluminum-impregnated. Carbon, 1999, 37(4): 609-611.

[7] 韩志萍. 从废活性炭载体中回收乙酸锌的研究. 湖州师专月报, 1995, 17(5): 37-39.

[8] Slavor S. Regenaration of inert support from an industrial catalyst for the synthesis of phthalic anhydride. Khim Ind(Sofra), 1984, 56(6): 252-255.

[9] 鲍慈光, 赵逸云, 冯若, 等. 利用超声波从废催化剂中回收活性炭的研究. 南京大学学报, 1995, 31(4): 243-247.

[10] 袁爱群, 蒙国华, 周泽广, 等. 从乙酸乙烯废催化剂中回收乙酸锌制备无毒磷. 上海涂料, 2005, 43(3): 30-32.

[11] 张皓东, 张俊, 董占能. 废乙酸锌催化剂综合利用的研究. 中国资源综合利用, 2004, (2): 3-5.

[12] 吕传涛, 彭金辉, 范兴祥, 等. 影响废催化剂提取锌的因素研究. 化工环保, 2006, 26(1): 48-51.

[13] 李雷, 尹伟, 彭金辉, 等. 醋酸乙烯合成用废催化剂提锌新工艺研究. 金属矿山, 2007, (4): 85-87.

[14] 马昌菊. 工业报废 Zn/C 催化剂失活机理的研究. 维纶通讯, 1994, 14(4): 17-22.

[15] 李士宽. 乙酸锌触媒收率问题探讨. 维纶通讯, 1995, 15(4): 28-31.

[16] 张正勇, 张泽彪, 彭金辉, 等. 微波预处理对载醋酸锌废触媒锌浸出的影响. 有色金属学报, 2008, 18(1): 393-396.

[17] 吕传涛, 彭金辉, 范兴祥, 等. 微波预处理废触媒剂提锌的实验研究. 有色金属(冶炼部分), 2006, (3): 14-15.

[18] 彭金辉, 杨显万. 微波能技术新应用. 昆明: 云南科技出版社, 1997.

[19] Li W, Peng J H, Zhang L B, et al. Pilot-scale extraction of zinc from the spent catalyst of vinyl acetate synthesis by microwave irradiation. Hydrometallurgy, 2008, 92(2): 79-85.

[20] Harjanto S, Cao Y C, Atsushi S. Leaching of Pt, Pd and Rh from automotive catalyst residue in various chloride based solutions. Materials Transactions, 2006, 47(1): 129-135.

[21] 张群. 铂族金属废料的回收利用与资源可持续发展的思考. 科技信息(学术版), 2006, 4: 26-29.

[22] 朱岩. 废催化剂回收利用现状综述. 常州工程职业技术学院学报, 2010, (4): 44-50.

[23] 王淑玲. 铂族金属的现状及对策研究. 中国地质, 2001, 28(8): 23-27.

[24] 王永录. 废催化剂中铂族金属的回收利用. 贵金属, 2010, 31(4): 55-63.

[25] 陈安然. 微波焙烧-水浸法从汽车尾气废催化剂中强化浸出贵金属 Pd、Rh. 昆明: 昆明理工大学硕士学位论文, 2012.

[26] 韩严和, 全燮, 薛大明, 等. 活性炭改性研究进展. 环境污染治理技术与设备, 2003, 4(1): 33-37.

[27] 蔡芬芬, 朱义年, 梁美娜. 活性炭改性的研究进展及其应用//中国环境科学学会学术年会优秀论文集. 北京: 中国环境科学出版社, 2008.

[28] Liu Y H, Yang C, Li P Y, et al. A new process of extracting vanadium from stone coal. Chemistry and Materials Science: International Journal of Minerals. Metallurgy and Materials, 2010, 17(4): 381-388.

[29] 张颖, 李光明, 陈玲, 等. 活性炭再生技术的发展. 化学世界, 2001, 42(8): 441-444.

[30] 彭金辉. 微波加热再生味精厂中废活性炭. 林产化学与工业, 1998, 2(18): 89-90.

[31] Huaque K E, MacDonald R J C, Oda S J, et al. The microwave reactivation of CIP spent carbon//25th Annual Meeting of the Canadian Mineral Processors, 1993.

[32] 钟启愚 译, 废活性炭微波再生, 有色金属文摘, 1992, 6: 65.

[33] 张利波, 彭金辉, 张世敏, 等. 微波加热中试装置的研制及再生载金炭的实验. 冶金设备, 2002, 135(5): 36-37.

[34] 朱云, 周晓奎, 陈雯. 废活性炭提金及再生的研究. 昆明理工大学学报(自然科学版), 1998(3)： 9-13.

[35] 彭金辉, 张世敏, 张利波, 等. 微波辐射麦秸制造活性炭. 环境污染与防治, 2000, 22(5): 1.

[36] 彭金辉, 张世敏, 张利波, 等. 微波辐照瓜子壳制造活性炭. 资源开发与市场, 1999, 19(5): 259.

[37] 彭金辉, 张世敏, 张利波, 等. 微波辐射蚕豆杆制造活性炭. 林产化学与工业, 1999, 19 (1): 81.

[38] 解振朝, 谢建国, 朱超英, 等. 微波辐射改善钛铁矿可浮性研究. 矿冶工程, 2010, 30(5): 52-54.

[39] Fan X, Rowson N A. Fundamental investigation of microwave pretreatment on the flotation of massive ilmenite ores. Mineral Process, 2000, 8(1-2): 167-182.

[40] Vorster W, Rowson N A, Kingman S W. The effect of microwave radiation upon the processing of Neves Corvo copper ore. International Journal of Mineral Processing, 2001, 163(1): 29-44.

[41] Lovas M, Murova I, Mockovciakova A, et al. Intensification of magnetic separation and leaching of Cu-ores by microwave radiation. Separation and Purification Technology, 2003, 31(3): 291-299.

[42] 黄丹丹, 袁熙志, 韩珊珊, 等. 红土矿微波处理后冶炼镍铁实验研究. 铁冶金, 2011, 42(6): 19-24.

[43] 王鹤峰, 徐秋生. 钼精矿除油实验研究. 中国钼业, 2010, 34(1): 19-24.